60

新中国美学六十年

全国美学大会（第七届）论文集

潇牧　张伟　主编

文化艺术出版社
Culture and Art Publishing House

目　录

美学基本理论研究

略论马克思主义实践观的存在论维度

中国美学研究

西方美学研究

序

汝　信

　　由中华美学学会和鲁迅美术学院主办的第七届全国美学大会暨"新中国美学六十周年"全国学术会议，于2009年8月在沈阳召开。这是我国美学界的一大盛事，也是近年来美学研究成果的一次集中的展示和交流。大会上发表的论文现已结集正式出版，这是全国美学大会第一次出版论文集，对美学感兴趣的广大读者将能从中获取有关我国美学发展状况的最新信息，相信本书会受到公众的热情欢迎。

　　新中国成立以来，我国美学研究蓬勃发展，取得了令人瞩目的成就，在经过的六十年历程中虽然也有曲折起伏，但比较而言美学作为哲学社会科学的学科之一，在学科建设方面进展还算是顺利的，如今富有自己特色的当代中国美学理论正在苗壮生长并逐步走向成熟。可以说，目前是历史上我国美学发展最好的时期。特别是"十七大"作出了兴起社会主义文化建设新高潮，推动"文化大发展、大繁荣"的重大战略部署后，全国各地都在大力开展文化建设，人民群众的审美需求空前高涨，这就为美学的繁荣发展创造了十分有利的客观条件。美学研究和审美教育是文化建设的重要组成部分，对贯彻以人为本、提高人的素质和促进人的自由全面发展起着独特的不可替代的作用，理所当然地日益受到人们的重视。

　　美学的春天已经来临，这次全国美学大会正是充分反映了现时代的这一发展趋势。

　　从这次大会上宣读的许多论文可以看出，我们美学工作者这些年来付出了辛勤的劳动，无论从美学研究的深度或广度来说都达到了新的水平。今天的中国美学在马克思主义思想指导下呈现出多样化发展的大好局面，内容丰富多彩，包罗万象，从理论到艺术实践、从历史到现实、从传统到现代、古今中外诸多美学问题都进入了研究的视野。尤其可喜的是，我们的一些美学研究者勇于解放思想，独立思考，面向新时代，放眼世界，广泛地吸收新知识，在研究工作中应用新概念和新方法，力求在理论上有所突破和创新。新中国美学的发展中始终贯彻着这种不断探索的精神，特别是在我国美学研究中占重要位置的有关美学的哲学基础的思考和论辩，从上个世纪五六十年代围绕认识论问题展开的美学大讨论开始，到"实践美学"、"后实践美学"、"当代本体论美学"的相继提出，再至从后现代观点对传统美学观念发起的挑战，都是从不同的角度、不同的层面对美学基本问题的探索，开阔了人们新的视野。可以预期，这种探索和创新还将一直继续下去，为我国的美学研究不断增添新的活力。还有一点值得注意，有的研究者在总结和回顾新中国六十年美学的发展历程时，除了充分肯定取得的成就外，也进行了深刻的反思，思考我国美学研究还有哪些缺失和不足。这样的反思也很有必要，是中国美学逐步走向成熟的表现。

开展美学研究，重视在理论上创新，决不是意味着要抛弃以往的美学遗产或否定传统美学在现代的价值。相反，只有充分尊重历史，才能深刻认识现实和把握未来。因此，关于中外美学史的研究一直是美学学科建设中的重要环节，近年来这方面的研究成绩卓著，为美学理论的发展提供了有力的支持。

无论中国或外国，历史上都有丰富的美学思想和悠久的美学传统，这些优秀的文化遗产是人类创造的共同精神财富。现代美学的发展不能离开传统的基础，中国美学必须扎根于中国传统的土壤。新中国美学的发展应是传统在新的历史条件下合乎规律的继续和进一步发展，而不是传统的断裂。当然，我们今天也是以创新的精神去研究中外美学史的，对美学遗产采取批判继承的态度，努力在传统和现代之间建立一种有机的联系。我们不能囿于传统，而是要从当代的视野出发，去发掘和弘扬传统美学思想中的精华，给予新的理解和诠释，并以此为基础融汇创新，使传统融入现代思想而获得新的生命力。

美学是一门与现实生活紧密相关的学问，美学的发展需要不断地从现实生活中汲取营养，需要研究现实生活中出现的新现象，回答现实生活中提出的新的美学问题。随着时代的前进，社会生活发生急剧的变化，产生了一系列与人民群众生活有密切关系的新的美学问题，如生态美学、日常生活审美化、大众传媒与网络文化、文化产业等等。我们的美学研究者贴近生活，及时地对现实中出现的这些新现象、新问题从美学上作了探讨，为美学研究充实了许多新的内容，从而大大超越了传统美学的研究范围，这次美学大会开设了"艺术产业化"的论题就是很好的尝试。

上述的几个方面并不能概括这次美学大会的全部学术成果，但无论哪一方面的研究，其总的目的都是为了要创造我们今天所需要的体现新时代精神的有中国特色的美学理论。美学研究和创新需要有一个良好的学术环境和宽松的学术气氛。坚持和贯彻"双百方针"，鼓励实事求是的科学研究和大胆探索，开展不同学术观点的自由讨论，是促进学术繁荣和美学发展的必要条件。学术繁荣了，才可能有理论上的创新。希望本书的出版能为推动美学问题的自由讨论作出应有的贡献，给这次全国美学大会画上一个圆满的句号。

当代中国美学问题研究

中国美学缺少什么

阎国忠

中国美学在改革开放的三十年中有了很大发展，这是有目共睹的。重要的是中国美学踏上了一条富有开放性、包容性和综合性的路。中国美学具有光辉的前景，在世界美学中可望获得更加显赫的地位，因为中国美学有马克思主义哲学作为自己的根基，有一百余年学习和研究西方美学的经历，有博大深邃的中国传统美学和文化这样的思想与学术渊源。当奠基在两大文明之上的美学传统，在以马克思主义哲学为根基的哲学基础上汇合在一起的时候，也就是当美学不再停留在马克思主义词句上，不再对中国传统美学和西方美学做简单比附与拼合，而是真正深入到它们的精髓中，进行哲学层面的综合的时候，我们相信，那就是中国美学完全成熟并堂而皇之地步入世界之林的时候。当然，这个目标与我们现在的状况还有相当的距离。相对而言，我们的美学还缺少许多东西。

一

中国美学①缺少借以与现实对话的话语，缺少批判的否定的精神。

也许我们不能将作为哲学分支的美学与经济学、法学等经验学科相比，要求美学具有直接的现实性、可操作性，但是，无论如何，美学不能漂浮在空中，以至于只是学者们的自言自语。从这个角度进行审视，不能不承认，我们的美学虽然也经常涉及一般的文学艺术和审美教育问题，并且形成了像文艺美学、技术美学、审美教育学这样的分支学科，但总体说

----

① 这里和以下讲的中国美学，主要是指目前处于主流地位的美学。

来，"学院"气依然很重，许多问题的讨论并没有超出纯学术的范围，因此在作家、艺术家、科学家和教育家中几乎没有产生值得重视的影响。这里，一个根本的问题是，我们的美学还没有找到切入现实的途径和属于自己的话语。这就是说，美学还没有作为一种本体论去关注人的诗性的生存问题，还没有作为一种认识论去解决审美之如何可能的问题，还没有作为一种价值观去讨论如何以审美的方式观察和评判现实的问题。我们的美学基本上还属于西方马克思主义者批评的"肯定的美学"，在某些人的美学中，甚至宁愿回到孤独的个体的心灵中，空谈心理结构的"建设"，而不愿意面向现实，拒绝对现实任何意义的批判和否定。

美学的生命在现实中，美学本质上是批判的否定的。人类的审美活动是在两个层面上进行的：就客体来讲，是经验的层面与超验的层面；就主体来说，是感性的层面与理性的层面。美学所要回答的是如何从前一个层面过渡到后一个层面并与之融通在一起。在这个意义上，美学是超越之学，而不是实证之学。而超越就是对现实，包括对经验与超验，感性与理性双方面的批判和否定。历史上真正有影响的美学，从柏拉图、亚里士多德到康德、黑格尔，到杜夫海纳、海德格尔，都是批判的否定的美学。后现代主义之所以在美学领域兴起和传播开来，就是由于它是现代资本主义的对立物，是人们习惯了的非人的现实——一切被异化了的经验或超验，感性或理性的存在的对立物。

美学之所以成为批判的否定的，因为审美活动就客观方面来说，是康德所讲的"无目的而合目的"的活动。作为"无目的"的活动，审美活动区别于认识活动和道德活动，作为"合目的"的活动，却又与认识活动和道德活动紧密地交织在一起。美是一种价值判断，它的核心是美，但不仅是美，真、善永远是其中一种潜在的必然的因素。就是因为这个原因，审美活动才具有了可传达性，而美学才具有了社会意义，并成为一种社会意识形态。美学无论如何不能脱离与社会政治、道德、宗教、文化的纠葛。把潜藏在审美活动中的真、善的因素彰显出来，从而揭示审美活动的社会价值和意义，是美学的天职和基本功能。美学之所以成为批判的否定的，还因为审美活动就主观方面说，本身就具有批判的否定的内在机制。审美活动只有在这些内在机制得到调动并协调在一起的情况下才有可能。其中，形式是一个因素。马尔库塞讲：形式"指把一种给定的内容（即现实的或历史的，个体的或社会的事实）变性为一个自足整体所得到的结果"。① 在这个意义上，内容实际上是亚里士多德讲的"质料"，形式则是"质料"的组织者、统摄者、规范者。形式是一种伟大的范塑和造型的力量。形式所提供的总是与既定世界不同的异在世界，因而总是具有一种将人们从有限存在中解放出来的功能；肉体是另一个因素。伊格尔顿称美学是"肉体的话语"。认为美学的产生是"肉体对理论专制的长期而无言的反叛的结果"。② 人对自然的感知和交往，不是仅仅靠知性或理性，更重要的是通感，是妙悟，是包括心灵在内的整个肉体。肉体所提供的信息总比知性和理性丰富得多，鲜活得多，完整得多。在知性与理性因遭到社会文化和环境的压抑而扭曲，而异化的情况下，肉体往往能够透出一个不甘沉沦的、反叛的自我。再一个因素是模仿。卢卡奇曾深入探讨了模仿这一具有否定性指向概念的意义。认为模仿能够通过"目的性中断"将自然"还原为纯粹视觉、听觉和想象的形象"，从而使"拜物化"的自然转化为与人相关并"充满诗意的偶然性"的自然。③ 所谓人与自然的"和解"，所谓"诗意的栖居"，应该是从模仿开始；第四个因素是想象。依照萨特的理解，"想象是意识的整体"，而不是意识"偶然"和"附带"的能力。想象总是把知觉"挪到它处"，"避开所有尘世的束缚"，总是"表现为对存在世界中这一条件的否定，表现为一种反世界"。④ 想象一方面与本我，与肉体，与潜意识相关，另一方面与情感，与爱，与信仰相关，因此，想象所展开的常常是生命中最不安分的另一面。还有一个因素是爱。美与爱是相互依存，互为因果的两个范畴。孔老夫子讲："里仁为美。"爱是对丑陋、平淡、冷漠、孤独、无聊、仇恨的拒绝和否定。"爱是对不可及的理想目标的想象的追求"。⑤ 如果说，美是自由的表征，那么，爱就是自由的体验和张扬。只是由于有爱在，我们才渴望并试图改变这个世界。

一个是客观的目的论原则，一个是主观的功能论原则，这就是美学成为批判的否定的美学的依据与出发点。前一个原则使美学与社会、人生、

① 马尔库塞《理性与革命》，程志民等译，重庆出版社 1993 年版，第 196 – 197 页。
② 伊格尔顿《审美意识形态》，王杰、傅鹏根、麦永雄译，广西师范大学出版社 2001 版，第 1 页。
③ 卢卡奇《审美特性》第二卷，徐恒醇译，中国社会科学出版社 1986 年版，第 214、235 页。
④ 萨特《想象心理学》，褚朔维译，光明日报出版社 1988 年版，第 281、208 – 209 页。
⑤ 桑塔耶纳语。转引自欧文·辛格《超越的爱》，沈彬等译，中国社会科学出版社 1992 年版，第 34 页。

自然联结在一起，成为人类文明的一个不可或缺的组成部分；后一个原则则使美学自身结成了一个自足的整体，并获得了仅仅属于它的、无以取代的话语权。因此，美学的批判或否定，不同于政治的、道德的、宗教的和文化的批判与否定，因为它的旨趣不是有限的功利主义，而是以真、善、美的统一为最终指向的无限的生命境界，同时，因为美学有仅仅属于自己的独特的途径和方式，所有的意向和结论都是在对审美活动的反思中自然地得出的。

二

中国美学缺少对人的整体的把握，缺少爱这个重要的理论维度。

从 20 世纪初，心理学美学被介绍到中国之后，人们就相信，与美的对象相对应的是人的"心理本体"，审美活动就是孤立绝缘、心理距离、内模仿、移情作用等的心理经验或体验。直至 21 世纪初，在主流一派的表述中，美学仍被区分为美的哲学、审美心理学和艺术社会学，审美活动被直接等同于直觉、想象、情感等的心理活动。虽然人们也常常提到叔本华、尼采和生命哲学，提到马克思、弗洛伊德，提到现象学和存在主义，但是这并没有使人们从心理主义的影响中超离出来，将人还原为生命或存在的整体。

在西方哲学史上，理性主义之后，生命哲学把生命当作哲学的基点；生命哲学之后，心理主义把心理当作哲学的核心，对于美学来说都是里程碑式的进步。生命哲学强化了肉体、感性、无意识在审美活动中的意义；心理主义则揭示了制约审美活动的各种心理机制和功能。从理性主义到生命哲学，再到心理主义，似乎是经历了一个否定之否定的过程。心理主义试图把正在兴起的科学主义思潮引进到美学中来，用实验心理学的观念和方法，将人从社会与自然环境中孤立出来，对审美活动做经验层面的描述，并使美学认识论化，因而逻辑地把美学引向了相对主义。逻辑实证主义、语义学和现象学都对它进行了批评。但是，至少从上世纪二三十年代起，西方美学就逐步摆脱了心理主义的羁绊，在分析哲学或在现象学、存在主义的意义上重新审视审美活动问题了。

人是个整体，这一点在德谟克利特时代就朦胧地意识到了，"小宇宙"这个概念连同"认识你自己"那段有名的箴言成了检视和考验人们智慧的永恒的话题。人是个整体，遗憾的是，从分工——脑力劳动与体力劳动、管理者与被管理者、有产者与无产者——开始，人就被渐渐地分割开来了。体现在精神领域里，就是肉体与灵魂、感性与理性、有限与无限的对立。在中世纪之前，这种区分和对立被理解为是由神或上帝先验地决定的，人类并无权进行选择。亚当的堕落是必然的，因为上帝虽然按照自己的形象造了他，却又给了他一具充满肉欲的形体。13世纪到文艺复兴，人们终于明白了，上帝之所以给了人以肉体，是相信人能够利用同样来自上帝的那点理性的星火，节制自己，超越有限。但是这种大半来自希腊人的朦胧意识经不住理性的真正考量。进入工业社会后，人的分工更加精细了，劳动和社会交往把人切割成七零八落的碎片。人应该是怎样的？社会应该是怎样的？英国经验主义和大陆理性主义从不同的文化背景出发给出了不同的说法，而这就是后来德国古典哲学所不得不面临的最根本的问题。康德和黑格尔试图调节肉体与精神、感性与理性、有限与无限的矛盾，为人类的未来寻找一个理想的出路。但是在现实中他们看不到任何可能的前景，只好把希望寄托在理性自身或它的外在形式——艺术、宗教和哲学上。歌德和马克思之所以伟大就在于，一个从对艺术反思中，一个从对社会历史的考察中发现人作为整体的现实的可能性与必然性。马克思相信，人类由分工导致的异化是不可避免的，但是人本质上是个整体，使人成为真正的人，是可以通过消灭私有制，消灭体力劳动与脑力劳动、工业与农业、城市与农村三大差别，实现人自身的全面发展来逐步达到的。

人不仅是"一束知觉"，也不仅是一组符号；不仅是经验的集合体，也不仅是理性的存在物，人是个整体，它自身，它与它所生活的世界都不可分割地联结在一起，这就是审美活动之成为可能的根据。因为美的第一个定性就是整体：统一、匀称、秩序、节律、和谐，只有自身是整体的人才可能成为审美的主体。这一点，毕达哥拉斯讲的"内外感应"也许包含了更多的真理。当你面向星空，欣赏星空那种寥廓、幽远、绚丽的美，或者面向大海，品味大海那种浩渺、涌动、壮阔的美，你不是只是看，或者听，同时在闻、嗅、触，甚至你的神经系统、血液循环系统、呼吸系统都在影响你的情趣和判断。你是用生命的整体与大自然对话和交流。即便你不是面对真正的星空或大海，而是面对画面上的星空和大海，如果你不能从中感到扑面而来的浸人肺腑的清凉，隐隐传来的声响和超越时空与想象的神奇，就不能体悟其中的美。美的魅力，不仅在于它能够冲击我们的直觉，激发我们的想象或者勾起我们的回忆，更在于它能够使我们在物我两忘的情境中回复到整体，消除人与自然的距离，激起和增进对自然和人生的爱。

关于爱以及爱与美的关系，柏拉图、圣奥古斯丁、圣托马斯·阿奎那、休谟、斯宾诺莎、康德、弗洛伊德、马克思·舍勒、乌纳穆诺、弗罗姆等有过许多讨论，中国美学基本上没有涉及。如果我们从现有语言中寻找一个与美相对应的词，以表达促使我们作出美的判断，或由美的判断激起的那种感受和心情，这个词只能是爱。这是潜藏在直觉、想象、愉悦背后的更根本的东西。爱不属于某种器官，不属于某种意念，不属于某种情趣，爱是整个生命对作为整体的自然，——它的统一、匀称、秩序、节律、和谐作出的回应。世界上如果没有美，就不会有爱；同样，没有爱，也不会有美。美有优美、壮美、崇高之美、滑稽之美、悲壮凄厉之美、幽默诙谐之美，大美或至美，美是个家族；爱则有性爱、友爱、敬爱、怜爱、博爱、惠爱、大爱或圣爱，爱也是一个家族，如果说美是作为协调、匀整、完善的整体的表征或象征，那么，爱就是人类趋向整体，克服孤独、分离、疏远的意向和冲动。从作为个体的事物的美，到作为类的事物的美；从作为个体的精神的美，到类的精神的美；从作为事物与精神的综合体的现实的美，到作为超越自我和现实的终极境界的美，即至美或大美，美是有秩序的；从两性的爱到母爱，从友爱到博爱或仁爱，从惠爱（自然之爱）到对终极境界——存在、道、理念的爱，即圣爱或大爱，爱也是有秩序的①。美的秩序与爱的秩序似乎是同一秩序的两面。美与爱同样植根于性、交往、生产、归依或归属、自我实现的生命内趋力中，同样以自由——人与自然的统一为最终指向，美与爱具有共同的意义，这就是通过协调理智、意志、情感，通过整合真与善，构成人的以自由为归宿的超越性心理结构，从而使世界充满美与爱。

美是难的，爱也是难的，因为它们跨越在肉体与心灵、感性与理性、有限与无限之间，但是美和爱可以互相参证，在对爱的反思中可以而且必然能够透出美的秘密。

---

① 中国古代的孟子、董仲舒、王阳明等都肯定爱有个"以其所爱及其所不爱"，"仁民而爱物"的秩序；西方从古代的柏拉图、普罗丁、圣奥古斯丁到现代的 M. 舍勒、蒂利希、乌纳穆诺等许多哲人对爱的秩序都有过或详或略的讨论。

三

中国美学缺少形而上的追问，缺少相应信仰的支撑。

超验之美（至美或大美）以及与它相关的超验之爱（圣爱或大爱）都是形而上层面，即信仰领域的事。美学的基本功能之一就是确认并论证这种形而上的追索和信仰之如何可能。中国美学从西方美学借鉴了"自由"概念，从传统美学吸取了"天人合一"概念，把它视为审美活动的最高境界和美学的最高旨趣。但是何谓自由？审美自由与生命自由有何区别？何谓"天人合一"？"天人合一"与人和自然的统一（自然人化）有何区别？至今未有一个完整的阐释，而且，既然涉及形而上或信仰领域，就有一个超越性的问题，但至少在主流一派美学中我们并没有看到与此有关的较深入的讨论。"自由"或"天人合一"因此还只是一种承诺，而不是美学自身的内在目的和逻辑指向。"自由"或"天人合一"还不能成为中国美学的理论和精神的支撑，因为它本身的合法性还有待于审视和确证。

应该说，形而上的追索和信仰的确立是人类走向文明的一个重要的标志。第一，标志着人类有了自我意识和类意识；第二，标志着人类有了共同的经历和共同的体验；第三，标志着整个世界和它的未来成了人类反思的对象。黑格尔讲，"信仰是一种知识"，但这不是"纯粹识见"意义上的知识，而是一种建立在知识和对知识的反思基础上的"纯粹意识"，是"已上升为纯粹意识的普遍性了的实在世界"[①]。所谓理念、太一、上帝、自我、意志、存在等都只是抽象化、异在化了的人类自身，是它的哲学或神学的表达。形而上的追索和信仰的确立和生存、安全、交往一样，是人的一种基本需要，——实际上即是对与自然最终和解的需要，对真、善、美相统一的理想境界的需要，对自我确证和自我实现的需要。无论任何时代和地域的人，只要还没有脱离生理与心理，感性与理性，有限与无限的对立，就需要有一种以人自身的完整和自由为核心内容的信仰的支撑。可以说，对于没有摆脱"原罪"的人，信仰是一种召唤的力量；对于被肢解为"碎片"的人，信仰是一种统摄的力量；对于困囿在有限理性和意志的

---

① 参见黑格尔《精神现象学》下册，贺林、王玖兴译，商务印书馆 1987 年版，第 70 – 75 页。

人，信仰是一种超越的力量。

美学开始于经验之美（事物之美）与超验之美（美本身）的区分以及超验之美作为一种信仰的确认。柏拉图之所以感叹"美是难的"，就在于事物之美何以"分有"美本身，从而被认为是美的，同时，美本身又如何超离美的事物而成其为美本身的。超验之美，即美本身虽然从根本上说来自于经验之美，但是，这里讲的经验，不是任何个体的人的哪怕一生中积累起来的经验，而是人类在千百年中共同经历和体验过的经验。这种经验已经作为"原始意象"先于个人经验沉淀在人们的无意识中，成为人们判断事物之美与丑的先验的尺度。因此，超验之美或美本身的确认不是经验范围的事，而是超验范围的事，是柏拉图以为的"回忆"，实即信仰领域的事。但是，超验之美或美本身作为一种信仰与一般宗教的信仰不同，超验之美与经验之美一样，是由主体与对象两个方面的因素构成的，就对象来讲，超验之美是与同样超验的真、善统一在一起，是理念、道或存在的显现；就主体来讲，超验之美是理性、意志、情感协调在一起，是自我价值的实现。超验之美既是人的目的，也是道路，它所承载的是人的自我救赎的渴望和宿命；既是外在的，也是内在的，是人类从现实的苦难中挣扎着站立起来，成为真实的、自由的人的象征。

从经验之美到超验之美，即从感性到理性，从个体到整体，从必然到自由，这是整个人类社会面临的历史性问题。这个问题的真正解决是要靠改造自然，包括人本身的物质实践。但是，这个问题作为一种意识或理论，首先是个美学问题，因为正是从"合目的"的审美活动中，人们发现了实现这一目的的可能性的根据。审美活动与认识、伦理、功利活动不同，它的基本特性就是消除感性与理性，个体与整体，必然与自由的对立，使人处在"物我两忘"的游戏状态中。审美活动的主体是由客体激发起来的生命体验，即爱；客体是由主体的体验，即爱所显现的美。正是美与爱这种我中有你和你中有我的密切关联，构成了审美活动通往自由的内在机制与秩序。没有任何活动能像审美活动那样，需要调动人的全部潜能和能力，包括理性与非理性，意识与无意识，感觉与超感觉，使人的机能充分协调起来；没有任何活动能像审美活动那样需要打破所有将人类分割开来的藩篱，包括种族的、阶级的、地域的、职业的，使人们在"共通感"的交流中彼此融通起来；也没有任何活动能像审美活动那样需要人与自然的完全和解，彻底克服人的"自阉"和"自闭"，实现"自然的人化"与人的自然化。我们相信，无论个体的人或人类，生命是个自我完善的过程；相信心灵在与自然的交往中不断地净化着，相信整个世界会越来越一体化，现代文化所带来的孤独、疏离、迷惘、失语将为人与人间的更亲密的交流和信任所取代，所以如此，是因为有史以来的生活实践告诉我们，无论任何时候，任何地点，人或人类不会没有美和爱，不会拒绝美和爱。美与爱对于被称作"压抑性"的文明永远是个颠覆者，对于真正符合人性的文明则是绝对的建设者。

四

从根本上说，中国美学缺少的是可以作为依恃的与时代、与社会的现代化进程，与审美和艺术发展的总体趋向相适应的完整的哲学。

中国美学，从王国维时候起，一直在寻找着一种可以依恃的哲学。20世纪40年代前是康德、叔本华、克罗齐、黑格尔，50到70年代是马克思，80到90年代是弗洛伊德、尼采、萨特、海德格尔，进入21世纪后，一方面是后现代主义，特别是后结构主义的兴起，另一方面是文化学或文化哲学的冲击，中国美学出现了"去形而上"与所谓多元化的倾向，从而陷入了一种无所依傍、无所适从、随机式与拼盘化的状态。当然，我们不能无视现在依然十分活跃的，以马克思主义的实践概念为基本立足点的主流一派美学，但是，从几位代表人的身上可以看出，实践概念（以及自然人化）本身已经脱离马克思的原典，被赋予了新的个性化的含义；马克思主义的基本原理——剩余价值与劳动异化理论，生产力与生产关系、经济基础与上层建筑，社会存在与社会意识的理论正在受到质疑或淡出；而且，一些基本问题的立论和阐释与马克思主义几乎没有关系。

美学作为哲学的一个分支，从来就是隶属于一定的哲学体系的。鲍姆嘉登之前的柏拉图、亚里士多德、圣奥古斯丁、圣托马斯·阿奎那、休谟，鲍姆嘉登之后的康德、谢林、黑格尔、叔本华、克罗齐、杜夫海纳、海德格尔，凡在美学史上产生过重大影响的美学都是如此，无一例外。这是因为美学的宗旨和根本出发点是通过对审美现象的研究，探讨和解决感性与理性，人与自然的关系，也就是人的基本生存问题，而它的前提就是将审美活动从人类的全部生命活动中抽象开来，给它一个确切的定位；就是将审美活动与认识活动、伦理活动以及其他功利活动区别开来，厘清它们之间的关系；就是将美与真、善在不同层面上的差异与关联揭示出来，以指明它们的不同意义，无疑，这些都属于存在论、认识论方面的问题，需要有一定的哲学的支撑。同时，也只有在一定的哲学的框架内，美学的批判性、否定性问题，美学对人的整体把握问题，美学在信仰层面上的话语权问题才有可能获得确认和解决。

中国美学需要建立在哲学的基础上，但是，不是任何哲学，而是植根于我们自己的时代，能够回应这个时代提出的问题的哲学。无疑，开放的、不断充实和发展着的马克思主义依然是中国美学主要的哲学基础。因为，迄今为止，还没有一种哲学能够像马克思主义哲学那样，不仅为科学地探讨感性与理性、人和自然的关系，审美活动与其他生命活动的关系提供了基本的理论依据，而且为这些关系的实际解决开辟了道路。所谓开放的、不断充实和发展着的，就是不把自己看成是最后的、僵死的、不可更易的，而是需要适应变化了的客观现实，吸纳中外一切新的有价值的学术成果，对已有命题和结论不断进行审视、阐释、修正和丰富的。马克思主义哲学永远在建设中。① 特别在近一百年来世界哲学有了极大的推进的情况下，马克思主义哲学极需要通过批判和整合进一步充实、更新、完善自己。中国美学为了自身的发展，应该而且必须介入到以马克思主义哲学为基础的哲学的建设中。这是中国美学面临的最基本的问题，也是最前沿的问题。

---

① 梅洛·庞蒂说"哲学生存于历史和生活中"，但"它不满意于已经构成的东西，作为表达活动，哲学只能通过放弃与被表达者一致，通过远离被表达者以便从中看到意义的方式来自我表现"。（见《哲学赞词》，杨大春译，商务印书馆 2000 年版，第 37 页）马克思主义正是这样的哲学。由于它"生活在历史和生活中"，"不满意于已经构成的东西"，所以永与历史同行，与历史共在。

文艺美学："双重变革"与"集体转向"

王德胜

1978 年开始的中国社会改革与思想解放运动，为最近三十年间中国人文学科的建设和发展提供了前所未有的机遇，同样也为中国美学的学科建设、理论创新与思维变革创造了崭新条件。从这个意义上说，中国社会在改革开放、思想解放道路上走过的三十年，也是中国美学开放改革、解放思想的三十年，是中国美学自 20 世纪初开始尝试现代理论建构以来最为生动的三十年。特别是，这三十年中，跨越两个世纪的中国美学在中西各种学术思潮复杂影响下，经历了学科建设形态的多重改变，呈现出空前活跃的学术气象，从而为多层次、多侧面地书写三十年中国美学学术史提供了丰富的理论资料。

在所有变化中，诞生于 20 世纪 80 年代初、转型于 20 世纪 90 年代中期以后的文艺美学研究及其理论建构，应该说是相当引人注目的。这种对文艺美学的瞩目，大致可以从两个方面来分析。

其一，作为一种基本上属于"本土特色"的理论，在文艺美学出现之始，便承载了学术思维与理论建构"双重变革"的艰巨任务。就文艺美学的学术思维"变革"方面而言，它所针对的，是 20 世纪 80 年代之前数十年间中国美学研究的"政治化"思维形式——美学的任务与革命社会的总体意识紧紧捆绑在一起，凭恃社会建设的政治目标来确立美学的理论功能，进而以"革命思维"驾驭"审美思维"，以社会守护责任"修正"美学的人性建设责任，美学在各种文艺现象、文艺活动面前基本上扮演了一个以特定"政治医术"实现自身特定社会功能的"代言"角色。毫无疑问，这种"政治化"思维形式既不符合美学本来的功能定位，同样也有悖于改革开放与思想解放整体语境下的中国社会文化局势与需求。而如何能

够成功"变革"原有学术思维形式，让美学重新回归其本来的方向，正是
20 世纪 80 年代初中国美学界迎面而来的问题。显然，文艺美学的提出，
是改革开放初期中国美学界一个非常适合时宜的"思想解放"行动①。正
因此，当文艺美学倡导者们打破理论上的各种禁忌，张扬文艺的"审美"
特性研究——尽管"审美"原本就应该无可争议地成为文艺的基本存在形
态——以此或回避或抵制那种强调政治义务、社会革命功能的"美学"思
维，这种对"政治化"美学思维的大胆变革，在中国美学界迅速获得普遍
认同和积极响应；"文艺美学"这一几乎完全"中国式"的理论形态，不
仅异军突起于当时的中国美学研究领域，而且很快以"学科化"建设姿态
赢得人们的广泛关注。值得指出的是，在文艺美学诞生之初，几乎所有文
艺美学研究者都强烈地关心这一"新的"理论区别于一般美学的不同思维
指向，即强调文艺美学研究直接指向文学艺术本身，关注文学艺术的审美
本体特性及其特殊规律，这一点显然也是以"回避"正面冲突的方式呈现
了 20 世纪 80 年代中国美学对"政治化"思维形式的反叛——在这里，直
接的社会政治意识形态原则不再被摆在首要位置，"审美"以其曾经被压
抑的巨大魅力冲破并化解了人们在理论上对政治意识形态利益的服从意
识。就此而言，最近三十年里，文艺美学研究从无到有地崛起为美学领域
的主要理论形态，并且成为人们的重要关注对象，不能不说是 20 世纪中
国美学后半期发展进程上的一个重大事件，也是一个具有特定的超学术史
意义的重要事件。

　　文艺美学所担负的"变革"理论建构的使命，则主要涉及美学本身的
学科形态改造工作。在"文艺美学"被提出以前，现代中国美学基本上定
位于哲学学科属性，逻辑思辨的研究理路与注重抽象的理论特性几乎成为
美学唯一的存在形态。即便是审美心理的研究，也大多放弃经验实证的工
作而转向与哲学演绎相关联的理论阐释——在一定意义上，也正是这种高
度概念化的美学学科形态构造，为数十年间中国美学被特定社会意识形态
"政治化塑造"提供了必要的条件。而 20 世纪 80 年代以后，文艺美学研
究及其理论建构一个不可忽视的方面，就是它为美学打开研究门路、从单
纯的哲学方向进行突围提供了一个实际有效的文本，进而也为致力于实现

---

　　① 从这个意义上来说，"文艺美学"的提出，是中国美学界积极参与中国社会改革开放、
思想解放运动的重要举措，也是中国美学自身"改革开放"、"解放思想"的一个带有标志性的成
果。参见拙文《文艺美学：理论建设与当代问题》，《文艺争鸣》2007 年第 11 期。

美学学科形态改造的中国学者提供了一种理论希望，即在抽象思辨的哲学话语之外，美学还可以、也应该拥有更加广大的话语空间，以便更加具体而感性地表达自身对人性建设的理论话语权。事实上，在很长一段时间里，由于政治意识形态的一元性主导，中国美学很少也很难以"真正美学的"方式进入文学艺术领域；审美立场的严重缺席，使得中国美学几十年间只能在"政治化"思维下，以哲学式的抽象，表达对文学艺术的概念性说明。文艺美学的提出及其理论研究活动的展开，一方面体现了中国美学力图建构自身审美话语的意图，另一方面也开启了20世纪最后年代里中国美学打破既有学科形态、拓展学科发展空间、丰富美学建构内容的门户。特别是，文艺美学所主张的对文学艺术现象进行具体细致的审美经验研究的学术理路，无疑启发了20世纪80年代中国美学界对各种具体审美问题的探究热情，使得各种"非哲学的"现象得以进入美学研究视野。20世纪80年代中国美学界各种部类美学研究的泛起，不能不说与文艺美学所揭示的具体现象研究方向没有关系。可以认为，至少，在建构具体现象、具体问题的审美研究形态这一点上，文艺美学提示了一种"具体研究"的可能性范式。而这一点，对于现代以来、特别是20世纪后半叶以来的中国美学，显然是一种不可忽视的变革行动。也正是20世纪80年代以后，中国美学理论建构首先通过学科形态改造的方式，产生了前所未有的变化。

其二，文化视野的获得与确立，导致文艺美学研究在20世纪90年代以后发生"集体转向"。相比较而言，这一点对今天的中国美学可能更具有实质性意义，同时也是近些年来人们格外关注文艺美学研究及其理论建构意图的重要原因。进入20世纪90年代以后，随着中国社会文化的大变革、大转型，尤其是代表都市市民精神诉求和文化利益的大众文化活动的广泛崛起，中国社会的文化价值建构目标发生了新的、广泛的改变，包括艺术/审美在内的人的精神活动呈现出明显的指向性转移。特别是，随着大众文化消费性生产模式向整个社会文化活动领域的迅速扩张，包括文艺美学在内，整个美学价值体系都面临直接的挑战。曾经作为文艺美学理论之本体根据的"审美原则"，开始直接遭遇种种"非审美"甚或"反审美"精神的威胁。纯粹审美精神在世俗的现实价值目标面前的脆弱与无奈，文学艺术本身对感性利益的形象书写，等等；既直接限制了文艺美学行使自身"审美"话语的能力，也从本体层面质疑了文艺美学作为审美立法者的权力。也因此，20世纪90年代中期以来，通过直接引入西方文化研究的理论与成果，在文化研究的广泛性中"集体转向"超越一般文学艺术现象与活动的泛审美/艺术文化研究，便不仅是文艺美学研究的一种学术策略，更应该被理解为整个文艺美学建构基础和理论内容的"自我革命"。

这种"革命"的最实质性的意义，集中体现在：由于文化视野的获得与确立，20世纪90年代中期以后，文艺美学研究及其理论建构工作初步形成了突破一般艺术现象、艺术经验的研究范式。如果说，在文艺美学的早期倡导者那里，文艺美学研究及其理论建构的基本指向，是以"审美范式"替换"政治范式"、以审美经验研究的具体性突破哲学思辨的抽象性，那么，随着文化丰富性的不断展开，随着艺术现象、艺术经验在人的日常生活领域"非审美"乃至"反审美"的泛化呈现，原先那种具有精神纯粹性和独立性意义的"审美范式"开始变得模糊和歧义。文化多样化的结果，同样也使得审美经验研究的具体性出现多样化、复杂化的趋势。因此，文艺美学研究及其理论建构在实现对"政治范式"的替换、哲学思辨抽象性的突破之后，其本身也面临了"范式变革"的难题。而解决这一难题的契机，正是通过20世纪90年代中期以后文化视野的获得与确立来实现的：文艺美学研究开始不再固守纯粹审美的本体自设，而是主动利用新近获得的文化视野，在一个更为广泛的领域里形成了一种"泛文本化"审美批评的研究范式——一方面，作为研究对象的独立艺术经验泛化为文本形态的文化经验，艺术现象的审美纯粹性流落于作为文本存在的文化的审美呈现方式和呈现形态；另一方面，文艺美学研究的理论工作主要不是继续为艺术现象、艺术经验进行"审美立法"，也不再局限于为精神超越性的艺术理想进行本体辩护，而是转向对于以审美文本形式呈现出来的各种文化经验展开生动的批评。这样，一般艺术经验研究范式的单纯性、独立性和有限性被打破，作为"泛文本化"审美批评的文艺美学不仅扩大了自身在当代文化语境中对于艺术活动本身的言说能力，同时也从艺术经验本身出发确立了自身对于整个文化领域的价值建设功能。尽管这种研究范式的又一次转换迄今为止仍有不少质疑和反对之声，但它依然成为今天文艺美学研究领域一道集体性的"风景"。

进一步分析，就20世纪90年代中期以后中国的文艺美学研究及其理论建构工作而言，已然发生的这一"集体转向"的核心，是它在致力于一种新的研究范式的建构过程中，在一个更加广泛的文化活动层面，有意识地为文艺美学提供了超越"审美/非审美"二元对立的理论前景。事实上，由于文化变迁的广泛性和多样性，不断带来日常生活经验向艺术经验的直接扩张，进而导致以艺术活动为"集散地"的人的审美活动的经验分化与变异；原来界线分明的"审美"与"非审美"价值对立的基本前提，已不再是文艺美学研究可以理所当然地凭恃的根据。对文艺美学来说，纯粹审美的超然精神已不能作为理论建构的绝对价值目标，同时也丧失了其作为文艺美学行使价值判断权力的唯一性。相反，对于人和人的具体生活之本体存在根据的"感性"的高度关注，则有可能使文艺美学在超越绝对化的"审美/非审美"对立中重新建构价值批评话语，并且同时超越"审美/非审美"的二元对立。由此，在文艺美学研究"集体转向"中，一个令人感兴趣的事实是：当文化视野的获得与确立带来文艺美学研究范式的突破之际，对人的感性利益与原则、感性表达与实现的具体关注，成为文艺美学在展开自身新的理论建构之时，超越"审美/非审美"对立的基本形式。这一基本形式的形成，使得文艺美学研究在面对超越"审美/非审美"对立的当代艺术现象和艺术经验时，不至于无话可说。

可以认为，文艺美学研究的这一"集体转向"，在很大程度上甚至已经影响到 20 世纪 90 年代以后整个中国美学的研究方向。美学已然不是仅仅关心各种精神概念和概念历史的抽象理论，美学研究也不再是逍遥于文化多样性变革之外的独立活动，而是通过文化的省思展开价值批评的人文思想体系。

（本文系教育部人文社科重点基地重大项目《文艺美学元问题与文艺美学学科体系建设研究》相关成果）

中国实践美学六十年：发展与超越

——以李泽厚为例

徐碧辉

众所周知，实践美学是新中国成立以来产生的最重要的美学理论成果。中国实践美学有众多代表人物，其中，以李泽厚的实践美学最具有典型性，影响最大，遭受批评也最多。除李泽厚之外，还有朱光潜后期，蒋孔阳、刘纲纪、周来祥、杨恩寰、梅宝树、李丕显、杨辛、甘霖，以及中青年一代学者，如朱立元、张玉能、邓晓芒等。因篇幅所限，本文只就中国实践美学最有影响的代表人物李泽厚的实践美学作一番描述与分析，其余的，只能另文讨论了。

一、实践美学的发展历程

（一）20 世纪 50 年代后期~60 年代前期：实践美学的萌芽与雏形

中国实践美学观点萌芽于 20 世纪 50 年代末期的美的本质的大讨论。李泽厚用马克思的《1844 年经济学—哲学手稿》中的实践观点去解释美的本质，提出，美既不是客观的也不是主观的，而是客观性和社会性的统一，被称为社会实践派，形成实践美学观点的萌芽。

60 年代以后，李泽厚的美学观完全转向了实践论。他强调："只有遵循'人类社会生活的本质是实践的'这一马克思主义根本观点，从实践对现实的能动作用的探究中，来深刻地论证美的客观性和社会性。"李泽厚给美下了一个颇具代表性的定义："就内容言，美是现实以自由形式对实践的肯定，就形式言，美是现实肯定实践的自由形式。"① 这一表述后来成为实践美学对美的本质的经典表述。

60 年代，李泽厚虽然仍然强调美的客观社会性内容，但已经把讨论的重点转向了美的客观社会性的哲学根基——自然的人化问题，并基本上提出了自然人化的核心思想——自然和人关系的改变，自然不再作为人类的仇敌，而是在实践改造的基础上，以其感性吸引人，成为人的审美对象。因此，可以说，从 60 年代开始，李泽厚的实践美学观点已具备了雏形。80 年代，当他补充进内在自然人化的思想以后，自然人化学说得到了完整的表述。80 年代末以后，李泽厚把视野重点转向了美感问题，应该说，只有在那时，实践美学观点才真正得到展开。萌芽阶段的实践美学虽然有许多局限性，但却是实践美学产生的源头。正是实践观点的提出，把美的本质问题置放到一个坚实的哲学和现实基础之上，使得以后可以在这一基础上开展有声有色的研究，也为中国美学今后的发展打下了基础。

（二）20 世纪 70 年代末~80 年代前期：实践美学的形成与发展时期

70 年代末，"文革"结束，中国社会开始 20 世纪的第二次现代性思想启蒙运动。由于美学的人文性质和在一定程度和意义上远离政治的特性，在 70 年代末、80 年代初政治还乍暖还寒的时候，美学受到整个社会空前的关注，掀起了 20 世纪的第三次"美学热"。在这场美学热中，李泽厚是领军人物。在 70 年代末期，大多数人还在 17 年和"文革"话语中随波逐流的时候，他已在其《批判哲学的批判》中运用实践观点，较早地在国内提出了"主体性"学说，并用主体性学说去批判当时已经僵化保守的辩证唯物主义和历史唯物主义二分法；创立了"积淀"说，用积淀说去解释人类的认知、伦理和审美心理结构的形成和传承。在《批判》和随后的一系列论文中，他把马克思主义阐释为一种实践论哲学，提出历史唯物主义哲学就是实践论，并用"积淀说"去补充、改造康德的知情意三分说，对人类文化心理结构作出了独到解释。对于传统的真善美之间的关系，他提出了"以美启真"和"以美储善"说，认为审美境界是最高的人生境界；21 世纪将是教育的世纪。

---

① 李泽厚《美学三题议》，《美学论集》，上海文艺出版社 1980 年版，第 164 页。

（三）20 世纪 80 年代后期以来：实践美学的深入与分化时期

80 年代，李泽厚发表了三部中国思想史论著，① 较为系统地研究和阐发了中国传统思想脉络。李泽厚在这个领域所提出的一些观念和命题为中国当代学界广泛采纳，几乎已成为中国思想史研究的共识的新的资源和背景，如"儒道互补"、"天人合一"等。而思想史研究为他的哲学和美学研究提供了广泛的历史文化资源。80 年代以后，李泽厚不满足于仅仅从西方学术史中寻找美学的理论依据，而是深入到中国传统文化之中，以传统儒家的实用理性和乐感文化来对抗、补充西方工具理性所造成的异化，以中国传统的宗教性道德作为新时期思想文化建设的思想资源，从而在对传统文化的"转换性创造"中为中国未来的精神文化建设提供一份思想参照。在这一时期，李泽厚发表了《美学四讲》、《世纪新梦》、《己卯五说》和《历史本体论》、《实用理性和乐感文化》等著作。在这些著作中，他进一步阐述了实践美学和人类学哲学本体论学说，提出了"内在自然人化"、"新感性"、"人的自然化"等学说。这几部著作和这些学说在 90 年代的遭遇是一个很值得回味的话题，虽然它们对实践美学有所深化和系统化，但它对社会的影响远远没有 50 年代那篇论文②大，更赶不上 70 年代末期的《批判》和 80 年代初期的两篇文章③以及《美的历程》。这其中有深刻的历史原因，主要是社会文化的转型，精英文化的消退及大众文化的兴起，以及西方后现代思潮在中国的滥觞。在后现代语境中，传统哲学被作为形而上学被指责，李泽厚式的叙事被称为宏大叙事而遭到批判和解构。

另外，自 80 年代开始，实践美学观点在得到广泛赞同的同时，也开始出现分化。由于对"实践"概念的不同理解，导致同样持实践美学观点的学者之间，对美学基本问题产生了不同理解。包括朱光潜后期、蒋孔阳、刘纲纪、杨恩寰、梅宝树、李丕显以及后来的中青年一代学者之间，在实践观点的前提下，纷纷提出自己的独立的主张。这种情况在进入新世

---

① 《中国古代思想史论》、《中国近代思想史论》和《中国现代思想史论》，后收入《李泽厚十年集》，安徽文艺出版社 1990 年版。

② 《论美感、美和艺术》，最初发表于《新建设》1957 年第 6 期，后收入李泽厚《美学论集》，上海文艺出版社 1980 年版。

③ 《康德与主体性论纲》、《关于主体性的补充说明》，见《李泽厚哲学美学文选》，湖南人民出版社 1985 年版。

纪以后变得更明显。一些学者打出了"新实践美学"旗号，一方面以示与李泽厚的实践美学相区别，另一方面与"后实践美学"争论。这一方面使得中国美学呈现繁荣局面，另一方面也使问题更显得复杂化、多元化。美学发展的多元化无疑已成为一种趋势。

二、20 世纪 80 年代实践美学关键词

（一）"实践"与历史唯物论

实践概念是中国哲学界 80 年代用得最多、也是最前卫、最具先锋性的一个概念。自 70 年代末的真理标准讨论之后，这一概念就成为中国哲学界反对"文革"中各种主观主义哲学最强有力的武器。一切从实践出发，一切都要在实践中去检验。而真正把这一概念运用到学术中成为学科建构的基础和关键词、并建构起一整套新的学术概念的，当属以李泽厚为代表的实践美学。自 60 年代开始，李泽厚便强调必须从社会实践中去理解美的本质，并由此提出"美是自由的形式"的定义。

关于实践概念，李泽厚反复强调的是，它的内涵就是使用和制造的工具的物质生产。他说：

> 我以为，马克思的实践哲学也就是历史唯物主义。因之，应当明确在形态极为繁多的人类实践活动中，何者是属于基础的即具有根本意义的方面，我以为这就是历史唯物主义强调的经济基础，而其中又是以生产力为根本的。生产力——这不就正是人们使用工具、制造工具以进行物质生产的实践活动吗？[1]

总之，实践哲学即历史唯物主义，具有严格的科学性和革命性是二者的有机统一。它以生产劳动和社会发展的客观规律为根本基础，以历史行程朝向自由王国为奋斗目标，科学地研究和制定符合客观发展规律的每一特定历史时期的任务。[2]

在西方哲学史上，培根以前，哲学的重心是本体论，是探讨宇宙本体

---

[1] 李泽厚《批判哲学的批判》，台北风云时代出版公司 1990 年版，第 245 页。
[2] 同上，第 456 页。

和起源的哲学。无论是唯物主义还是唯心主义，都建立在朴素的猜测和思辨基础之上。自培根以来，随着近代科学的发展，包括数学、物理学和化学上的一系列发现，以及恩格斯所说的科学上的三大发现，等等，使得哲学认识论本身成为哲学的重点。康德以前，无论是经验论还是唯理论，都具有极大的片面性。经验论走到极端，便成为贝克莱式的唯我论和休谟式的不可知论，而唯理论走到极端，成为沃尔夫和莱布尼茨式的独断论。康德的功绩在于，他试图把经验论和唯理论综合起来，既保留经验论的感觉论，又使得这种感觉论具有普遍性，这就是他所谓"先天综合判断"如何可能的问题。同时把科学与宗教调和起来，为科学发展开辟道路，也为人类的精神信仰留下空间。但康德的"先天综合判断"究竟如何可能，他最终还是没有解决，只能归结为神秘的"先验直观"。而马克思的实践论哲学，则把哲学的重心重新拉回到了本体论，但不是像古希腊人那样，对宇宙本体和起源的一些朴素猜测，而是从人类历史的实践活动中去探讨人类生存、发展的道路。这样，哲学回到了本体论，但不是宇宙本体论，而是历史本体论、实践本体论、人生本体论。但马克思和恩格斯并未真正从哲学角度明确提出历史本体论概念，而只是提出了一些至关重要的原则、观点。从这个意义上说，李泽厚的历史本体论概念，是对马克思哲学的一个合理引申和发展。

如果说，希腊人的哲学重点在于追问"世界的本体是什么"，近代哲学的重点在于追问人类"如何认识世界"，则马克思主义的实践哲学的重点在于探讨"人类如何生存"、人类历史的本体是什么。这样，哲学从古代的形而上学追问到近代的认识论追问，到马克思主义的历史本体论追问，从宇宙落实到社会，从外界的物质存在回到了人。对宇宙空间的认识，对世界存在形态的探讨，这些问题终究可以从科学上得到解决。但人类自身的命运，人本身生存的意义和价值，等等，这样一些问题，却永远会是每一代人都会面临的问题。因此，哲学从物质世界领域回到社会领域，从物质本体论（或者唯心主义的精神本体论）回归历史—实践本体论，这是一个必然的趋势。而回到历史，回到实践，回到社会，以往那些关于世界、关于宇宙的各种形而上学猜测也就被解构了。随着科学的发展，它们将成为科学研究和探讨的对象，却不再是哲学思辨的对象。正因如此，所以海德格尔认为，马克思是古典形而上学哲学的解构者。从这个意义上，李泽厚的历史本体论哲学的提出，是中国哲学家对马克思哲学的一个极大的发展，是在 20 世纪 70 年代中国的社会历史条件下提出来的中国式马克思主义的一个学说。

出版于本世纪的《实用理性和乐感文化》中，也许是吸收了批评者的意见，或是受了批评者的影响，李泽厚扩大了实践的内涵，把实践区分为狭义和广义两个方面：

"实践"概念至少需分出狭义和广义的两种（《批判》曾区分 practice 和 praxis）。狭义即指上述基础含义，广义则包容宽泛，从生产活动中的发号施令、语言交流以及各种符号操作，到日常生活中种种行为活动，它几乎相等于人的全部感性活动和感性人的全部活动，其中还可分出好几个层次。而狭义、广义之分只是一种"理想型"的理论区分，在现实中，二者经常纠缠交织在一起。物质操作与符号操作、物化劳动与物态化劳动、物质活动与精神活动，便经常难以截然二分。今日技术与科学、生产力与科技的交织，更说明着这一点。同样，"实践"本是人类独有的超生物性的行为活动，但人作为动物族类有生物性的活动和需要，如吃饭、性交、睡觉、群体中的交往，等等，因此在很大的一部分的人类实践活动中，超生物性与生物性也是经常渗透、重叠、错综、交织在一起的。因此，这狭义、广义的区分只有哲学视角的意义。《批判》之所以强调实践的基础含义（狭义），是为了强调人类主要依靠物质生产活动而维系生存，其他包括语言交流、科学艺术、宗教祈祷等等广义的实践活动，都以这个基础为前提，如此而已。[①]

历史唯物论和实践论的贯通，使得李泽厚的人类学本体论有了一个宏阔、坚实的哲学基础。历史唯物论，也是他以后再三说明、反复强调的。这使得他以后对个体生存意义的注重，对个体感性生命价值的强调，对个体如何从偶然性的被抛入世界的状态中摆脱出来，赋予这个偶然性、一次性的生命以意义，以偶然性主动去建造、构筑必然性等等思想，显得其来有自，顺理成章，具有坚实的背景和基础。而对实践概念的狭义与广义的区分，使得个体感性的活动作为一种广义的实践活动与他强调为基础的使用和制造工具的物质生产活动之间有了一种理论上的内在联系。

---

① 李泽厚《实用理性与乐感文化》，见《实用理性与乐感文化》，三联书店 2005 年版，第 4 页。

（二）"主体性"

这是 80 年代中国哲学界运用得跟"实践"同样多的一个范畴。哲学界广泛运用它来表达人不是机器、不是社会大机器上的一个齿轮或螺丝钉，而是具有自由意志、有独立价值的完整的生命存在，每一个个体都应该受到应有的尊重。"人是主体"成为时代的最强音，一个时代人们争取更多生存空间和人生价值的哲学表达。这一概念早在李泽厚出版于 70 年代末的《批判哲学的批判》中已经提出来，但真正产生学术影响的是在论文《康德哲学与建立主体性论纲》发表之后。这篇论文本是为纪念康德诞辰 200 周年而写的，发表于一个内部刊物《中国社会科学院研究生院学报》，却引起了强烈的社会反响。

《批判哲学的批判》——群体主体性的确立

李泽厚的主体性概念也有一个内涵逐渐丰富、重点由群体向个体的迁移过程。这一概念在《批判哲学的批判》一书中已经提出：

> 人类学本体论即是主体性哲学。如前所述，它分为两个方面，第一个方面即以社会生产方式的发展为标记，以科技工艺的前进为特征的人类主体的外在客观进程，亦即物质文明的发展进程。另一方面即以构建和发展各种心理功能（如智力、意志、审美三大结构）以及其物态化形式（如艺术、哲学）为成果的人类主体的内在主观进展。这是精神文明。两者以前一方面为基础而相互联系、制约、渗透而又相对独立自主地发展变化的。人类本体的这种双向进展，标志着"自然向人生成"即自然的人化的两大方面，亦即外在自然界和内在自然（人体本身的身心）的改造变化。①

《批判》的着力之点在于确立主体性的内在方面——文化心理结构面的社会实践基础，在于指出康德所谓先验的认识结构（感性直观和知性直观）、伦理结构（绝对命令）和审美结构（审美共通感）并非神秘的、先验的东西，而是在人类社会历史的实践过程中，由外在活动、规范向内在而内化、凝聚、积淀而来，因此，它的根源必须立足于人类的实践活动。

---

① 李泽厚《批判哲学的批判》，台北风云时代出版公司 1990 年版，第 326 页。

并强调实践对心理结构的最终决定作用。

《批判》已提出个体感性的独特作用，指出在主体的心理结构的自然人化（即认识、伦理和审美）中，认识和伦理都指向审美，历史、总体、理性最终落实到个体、自然和感性之上，[①] 但是，总体来说，《批判》更注重和强调的是主体性的前一方面，即历史必然性、社会的理性方面。实际上，《批判》的确有一种历史理性主义倾向，虽然它一直在批判黑格尔的历史理性主义。它本身强调的是历史的必然性，是人类总体的生存、延续对个体的决定作用，是个体必须作出符合于人类总体历史发展进程的选择，其生命才有意义。

主体性哲学系列提纲——个体主体性

在关于主体性的几个提纲中，李泽厚的立场已发生了转变，其着力之处由《批判》时期确立历史唯物论和实践论的基本观点转向在历史唯物论的基础之上确立个体主体的地位，强调在工具—社会本体之外建立心理本体尤其是情本体的重要性。哲学基础并未改变，但其重心已开始发生偏转。他要确立的是个体主体作为感性生命存在的独一无二性，不可重复性，是偶然来到世上的个体感性生命独特的存在价值。个体来到世上，"是被扔入的"，活着"不是人的选择和决定，它只是一个事实"[②]，但是这个被扔到世上的每一个个体都要求确立一种意义、价值。而如果仅仅把个体的意义纯粹定位于感性肉体存在，那人与动物就没有区别；如果仅仅只有普遍的心理结构，人又被等同于机器了。人既不是动物，也不是机器，应该确立的仍是在历史、总体之中的感性个体的意义。

他严厉批评"从黑格尔到马克思主义，有一种对历史必然性的不恰当的、近乎宿命的强调，忽视了个体、自我的自由选择并随之而来的各种偶然性的巨大历史现实和后果"。[③] 预言文化心理问题将成为未来世界最重要的问题：

> 不是经济上的贫困，而是精神上的贫乏、寂寞、孤独和无聊，将日益成为未来世界的严重课题。……不仅是外部的生产结构，而且是

---

① 李泽厚《批判哲学的批判》，台北风云时代出版公司1990年版，第523页。
② 李泽厚《第四提纲》，见《实用理性与乐感文化》，三联书店2005年版，第243页。
③ 李泽厚《康德哲学与建立主体性的哲学论纲》，见《实用理性与乐感文化》，三联书店2005年版，第214页。

人类内在的心理结构问题，可能日渐成为未来时代的焦点。语言学是
20 世纪哲学的中心，教育学——研究人的全面生长和发展、形成和
塑造的科学，可能成为未来社会的最主要的中心学科。①

这些话语可能是"文革"以后最早从哲学上论述关于感性、个体价
值、个人存在意义的话语了。也正是由此，李泽厚的主体性提纲才在当时
产生了巨大影响。"主体性"概念成为新时期中国人的现代性诉求和渴望
的最具有学术性和前卫性的表达。在《关于主体性的补充说明》中，李泽
厚明确地从理论上补充进了个体主体性的维度，这样，李泽厚的"主体
性"概念就包含了两个双重结构：

主体性概念包括有两个双重内容和含义。第一个"双重"是：它具有
外在的即工艺—社会的结构面和内在的即文化—心理的结构面。第二个
"双重"是：它具有人类群体（又可区分为不同社会、时代、民族、阶
级、阶层、集团，等等）的性质和个体身心的性质。这四者相互交错渗
透，不可分割。②

在两个双重结构中，"《论纲》强调这个作为基础的外在工艺—社会
的客观社会结构是历史的原动力，是构成主体性的本质现实，……但《论
纲》的主题却是对人类本体的第二个方面，即提出作为主体性的主观方面
的文化—心理结构问题。"③ 李泽厚一方面从人类学角度论证、强调这个
人性结构是在历史总体的过程中，由人类群体的语言、符号所决定的，而
语言、符号最终是受到使用和制造工具的物质生产实践制约的，另一方
面，他的宗旨是确立个体、个性作为独一无二的生命存在的不可代替的价
值，因此，个体、个性不是被动的被必然性和总体决定，而是应该主动去
选择、确立自己。

中国的马克思主义将在论证两个文明建设中把美学—教育学即探究人
的全面成长、个性潜能的全面发挥作为中心之一。这里，不是必然、总体
来主宰、控制或排斥偶然、个体，而是偶然、个体去主动寻找、建立、确
定必然、总体。这样，偶然和个体就避免了荒谬和焦虑，在对超越的追求

---

① 李泽厚《康德哲学与建立主体性的哲学论纲》，见《实用理性与乐感文化》，三联书店
2005 年版，第 217 页。

② 李泽厚《关于主体性的补充说明》，《李泽厚哲学美学文选》，湖南人民出版社 1985 年
版，第 164 页。

③ 《关于主体性的补充说明》，《实用理性与乐感文化》，三联书店 2005 年版，第 219 页。

中，获得了历史性，正是这历史赋予偶然和个体以意义与结构（即总体和必然）。

回到感性的人，回到美，回到历史，将与个体的全面成长相并行。哲学并不许诺什么，但它表达希望。它是科学加诗。上帝死了，人还活着。主体性将为开辟自己的道路不断前行。[1]

在"主体性"系列提纲的第三、第四提纲中，李泽厚主要对个体主体性进行了探讨，个体如何在社会—历史—实践中为自己作为偶然性的存在确立一种意义和价值。李泽厚认为这种意义在于主动去寻找、建立必然性，在于在个体本身自由直观的认识、自由意志的选择和自由享受的审美愉悦中，建立属于每个个体的独一无二的本体。因此，个体生命成为本体。但并非单纯动物性的感性生命，而已是积淀了理性的感性重建。

（三）"积淀"

这一概念是李泽厚自己造出来的，是为了表达在历史—实践过程中，社会性和理性因素如何进入人的心理，成为一种文化—心理结构，这种文化—心理结构也就是李泽厚所说的主体性的人性结构："这种主体性的人性结构就是'理性的内化'（智力结构），'理性的凝聚'（意志结构）和'理性的积淀'（审美结构）。它们作为普遍形式是人类群体超生物族类的确证。它们落实在个体心理上，却是以创造性的心理功能而不断开拓和丰富自身而成为'自由直观'（以美启真）、'自由意志'（以美储善）和自由感觉（审美快乐）。"[2]

实践美学用自然的人化学说去解释美和美感的本质，它们通过积淀，使社会的、理性的因素向个体感性心理沉淀、累积：

总起来说，美感就是内在自然的人化，它包含着两重性，一方面是感性的直观的非功利性的；另一方面又是超感性的、理性的具有功利性的。这就是我1956年提出的"美感的矛盾二重性"。从那时起，我就一直认为，要研究理性的东西是怎样表现在感性中，社会的东西怎样表现在个体中，历史的东西怎样表现在心理中。后来我造了"积淀"这个词，就是指

---

① 李泽厚《关于主体性的补充说明》，见《实用理性与乐感文化》，三联书店2005年版，第232页。

② 《关于主体性的补充说明》，《李泽厚哲学美学文选》，湖南人民出版社1985年版，第168页。《关于主体性的补充说明》，《实用理性与乐感文化》，三联书店2005年版，第222页。

社会的、理性的历史的东西累积沉淀成了一种个体的、感性的、直观的东西。它是通过"自然的人化"的过程来实现的。这样美便是对自己存在和成功活动的确认，成为自我意识的一个方面和一种形态。它是对人类生存所意识到的感性肯定。所以我称之为"新感性"。这就是我解释美感的基本途径。一句话，所谓"新感性"即"自然的人化"之成果是也。①

同其他概念一样，李泽厚把积淀分为狭义和广义两种含义。狭义的"积淀"特指社会性的理性的因素内化、沉淀为审美心理结构，广义的积淀则包含整个人类的文化—心理结构，即除美感结构之外，还包括科学—认识和道德—意志结构。从艺术创作上，积淀又体现为生活向艺术的积淀。李泽厚把艺术作品分三个层面：形式层、形象层与意味层，它们分别与"原始积淀"、"艺术积淀"和"生活积淀"相关联，但相互间又是渗透的。

积淀概念在整个20世纪80年代在学术界得到广泛承认，特别是当时从由于反思"文革"的错误到对整个民族的传统文化进行反思，从思想传统上寻找"文革"悲剧发生的思想文化和历史根源。积淀说恰好为这种反思提供了一个在当时是极为新鲜而有表达力的概念。但是，社会的、理性的因素如何向个体感性心理积淀？这种积淀是否有生理学和心理学根据？其具体过程如何实现？这些问题都需要具体科学的发展进一步探究，这也是人们对积淀说提出的质疑。

（四）"自然的人化"和"新感性"

实践美学用马克思的《1844年经济学—哲学手稿》中的"自然的人化"来解释美的本质。20世纪50年代，李泽厚用它来解释自然美的本质；60年代以后，他对这一概念进行了扩展，用它来解释美的本质，并区别"直接的自然人化"和"间接的自然人化"。80年代以后，这一概念被反复论述，其内涵也不断得到扩展、补充和完善，包含美的本质和美感的本质，被分为"外在自然的人化"和"内在自然的人化"两个方面。

所谓"自然的人化"在李泽厚那里有明确的含义，它并非指把人的意识或情感、思想通过象征、拟人、比喻等修辞手法赋予自然，使自然成为人的情感意识的某种物化象征。他认为这种对自然人化的理解是一种唯心

---

① 《美学四讲》，《美学三书》，安徽文艺出版社1999年版，第516－517页。

主义理解，它遮蔽了自然的人化的真正含义。他所谓的"自然的人化"就是指人对自然的实践改造。美就是自然的人化，包括人化的过程和成果。在自然人化过程中，自然本身的形式规律为人所掌握和运用，成为自由的形式。因此，美不是主观化的"自由的象征"而是客观性的"自由的形式"。

"狭义的自然人化"与"广义的自然人化"

自然的人化最早只被用来解释美的本质。李泽厚它分为狭义和广义两个方面。狭义的自然人化是"自然的人化"的基础含义，是指人通过劳动、技术去改造自然事物使之符合于人的目的，即人对自然的直接改造。广义的"自然的人化"是指随着人对自然的实践改造所导致的人和自然的关系的改变，自然由从前与人敌对、陌生的对象变成为为人的对象，"人化"的对象。

自然的人化指的是人类征服自然的历史尺度，指的是整个社会发展达到一定阶段，人和自然的关系发生了根本改变。"自然的人化"不能仅仅从狭义上去理解，仅仅看做是经过劳动改造了对象。狭义的自然的人化即经过人改造过的自然对象，如人所培植的花草等等，也确乎是美，但社会越发展，人们便越要也越能欣赏暴风骤雨、沙漠、荒凉的风景等等没有改造的自然，越要也越能欣赏像昆明石林这样似乎是杂乱无章的奇特美景。这些东西对人有害或为敌的内容已消失，而愈以其感性形式吸引着人们。人在欣赏这些表面上似乎与人抗争的感性自然形式中，得到一种高昂的美感愉快。[1]

李泽厚强调，狭义"自然的人化"是广义"自然的人化"的基础，狭义"自然的人化"发展到一定阶段才会有广义"自然的人化"。换言之，只有当人对自然的实践改造达到一定程度、人能够在一定程度上掌握、利用自然规律为人的目的服务的时候，自然与人为敌的性质才会逐渐消失，从与人敌对的力量变成为人的力量，成为人化的自然。

"广义的自然人化"概念的提出，对于实践美学具有重要意义。只有不是从狭隘意义上理解自然的人化，而是从广义上去理解，才可能理解美与美感的产生。所谓"自然的人化"，不仅仅是人对自然的直接的改造，更重要的是，在人类改造与征服自然的实践活动中，人们在一定程度上掌

---

[1] 李泽厚《美学四讲》，见《美学三书》，安徽文艺出版社 1999 年版，第 494 – 495 页。

握了自然的规律和自然的形式，使得自然的规律与形式成为为人所掌握的规律，也就是李泽厚60年代讲的"真"主体化了，成为人所掌握、运用的主体形式，从而使得人与自然的关系发生了根本的变化，自然由从前那种与人敌对、仇视的对象变为跟人亲近、亲切的对象，也因此，自然才能成为美。这就是广义自然的人化作为"人改造自然的历史尺度"的意义。正因为有了广义自然的人化，人才能欣赏那些并未经人直接改造过的对象，如星空、太阳、月亮、沙漠、暴风骤雨等等。①

外在自然的人化和内在自然的人化

在20世纪60年代的《美学三题议》中，李泽厚已经提出，自然人化有客体和主体两个方面，这也就是后来所说的自然人化的内外两个方面。"内在自然的人化"是"指人本身的情感、需要、感知、愿欲以至器官的人化，使生理性的内在自然变成人。这也就是人性的塑造。"② 内在自然的人化包括两个方面：感官的人化和情欲的人化。感官的人化就是感官的社会化，在实践中，随着人类实践水平的提高，感官不再仅仅是维持人类生存的器官，它融入了社会性、理性。这样一来，感官的直接功利性消失，它的非功利性开始呈现，成为人感知、欣赏美的器官。情欲的人化是指人繁衍后代的生理欲望被人化为爱情。这也就是《批判哲学的批判》中所讲的"吃饭不只是充饥，而成为美食；两性不只是交配，而成为爱情"。③

内在"自然的人化"的成果就是"新感性"。"'新感性'就是指的这种由人类自己历史地建构起来的心理本体。它仍然是动物生理的感性，但已区别于动物心理，它是人类将自己的血肉自然即生理的感性存在加以'人化'的结果。"④ 如果说"外在自然的人化"的过程和结果是美的本质的话，"内在自然的人化"则是打开美感之谜的钥匙。感性本来是个体的人的自然生理现象，内在自然的人化使得这种原本是纯粹生理性、动物性的现象积淀，融进了理性的、社会的因素。"由活动到观照，这既是外在自然人化的行程，也是内在自然人化的行程，包括审美心理结构的历史产生过程。它们本是同一人类历史进程的内外两个不同方面，它们同时进

---

① 关于"广义自然的人化"，可参见拙文《也说自然的人化》，《广播电视大学学报》2005年第3期。

② 李泽厚《美学四讲》，见《美学三书》，安徽文艺出版社1999年版，第510页。

③ 李泽厚《批判哲学的批判》，台北风云时代出版公司1990年版，第522－523页。

④ 李泽厚《美学四讲》，见《美学三书》，安徽文艺出版社1999年版，第509页。

行，双向发展。"①

李泽厚认为新时代的思想文化改造的任务就是要建立"新感性"。"新感性"本是法兰克福学派第二代表人物马尔库塞的概念，李泽厚借用它来强调改造个体感性在中国现代性进程中的重要意义。但与马尔库塞不同的是，他恰恰是在与马氏相反的意义下使用这一概念。马氏强调的是个体感性生命的非理性存在，是用个体的感性和情欲去改造社会政治，去反对政治对个体的异化。而李泽厚恰恰强调的是如何在感性中熔铸理性、如何使个体的感性与动物性的情欲区别开来，成为健全的理智的存在。

三、20 世纪 90 年代之后实践美学的新发展——"人的自然化"与"情本体"

（一）人的自然化

在李泽厚的人类学历史本体论哲学中，"自然的人化"并非单纯的"自然向人生成"的过程，在"自然向人生成"的同时，被人化的自然和人类的心理本身也有一个回归自然的问题。亦即人类的心理在不断地内化、凝聚、积淀理性和社会性因素的同时，也有一个感性重建的问题，这便是"人的自然化"。"自然的人化"概念来自于马克思的《1844 年经济学—哲学手稿》，"人的自然化"则是李泽厚的独创。"自然的人化"概念在 20 世纪 50 年代已经提出，而提出"人的自然化"则已是 80 年代。

在《批判》和前两个"主体性提纲"中，李泽厚着重强调在历史实践过程中"自然向人生成"，即自然的人化。并指出，正是由于自然的人化，由于人对客体自然和主体本身的实践改造，才形成了人的认识、伦理和审美结构。在《关于主体性的第三个提纲》中，他提出，不但自然有一个人化问题，而且被人化的自然和人的心理都有一个重新建构感性、回到自然的问题，也就是人的自然化问题。因为，一切历史、必然、总体都只有通过现实、偶然、个体去建造、去构筑，因而，个体的感性生存和心理成为美学关注的焦点。从而，与自然的人化对应的人的自然化问题也成为美学的核心。在历史发展的行程之中，由"人化"所构筑的社会、权力、

---

① 李泽厚《美学四讲》，见《美学三书》，安徽文艺出版社 1999 年版，第 511 页。

语言、知识等等往往会产生异化，对个体感性生命产生压抑，从而，摆脱过度人化所造成的异化，重新回到自然、重建个体感性就成为美学所要探讨的问题，这也就是"人的自然化"。

自然的人化就内在自然说，是人性的社会建立，人的自然化则是人性的宇宙扩展。前者要求人性具有社会普遍性的形式结构，后者要求人性能"上下与天地同流"。前者将无意识上升为意识，后者将意识逐出无意识。二者都超出自己的生物族类的有限性。前者主要表现为集体人类，后者主要表现为个体自身，它的特征是个体能够主动地与宇宙自然的许多功能、规律、结构相同构呼应，以真实的个体感性来把握、混同于宇宙的节律从而物我两忘、天人合一。①

这样，中国传统讲的"与天地参"就有了非常具体的另一种含义。这个含义即是审美的最高层次，即冯友兰讲的"天地境界"，也就是生命力。这里的"生命力"并非生物性的，恰好是超生物性的，又仍以生物性的个体的现实生存为基础。"这个体已经是积淀了理性的感性重建，是具有人生境界的人性感情（自然的人化），而又与宇宙节律相并行的感性同构（人的自然化）。"所谓生命、生存、个体的感性存在只有在这个层次上说才是有意义的："这才是伟大的生。中国古典传统的庆生、乐生、'天地之大德曰生'、'生生之谓易'，才有其现代的深刻意义。"②

在《美学四讲》和《己卯五说》中，李泽厚论述了人的自然化的具体含义。他说，人的自然化是自然的人化的对应物，是整个历史过程的两个方面。跟自然的人化一样，人的自然化也包括"硬件"与"软件"两个方面。"硬件"包含三个层次或三个方面的内容：一是人与自然共生共在，即人与自然环境、自然生态的关系，人与自然界友好和睦，相互依存，不是去征服、破坏，而是把自然作为自己安居乐业、休养生息的美好环境；二是人对自然的欣赏与体验。人把自然景物作为欣赏、欢娱的对象，人栽花养草、游山玩水、投身于大自然中；三是人通过某种学习，如呼吸吐纳，使身心节律与自然节律相吻合呼应，而达到与"天"（自然）合一的境界状态，如气功等等。自然的人化是规律性服从于目的性，人的自然化是目的性服从于规律性。

---

① 李泽厚《关于主体性的第三个提纲》，见《实用理性与乐感文化》，三联书店 2005 年版，第 240 页。

② 同上，第 241 页。

　　李泽厚认为，自然的人化在构造了人化的文化心理结构的同时，也造成了语言、权力、社会等等的异化，总体、群体对个体，历史必然性对个体的偶然性，历史理性对个体感性造成了压迫。人自然化便是对这种异化与压迫的反抗，并且，只有当在自然人化的基础上实现人的自然化才能克服这种异化。

　　只有"人自然化"才能走出权力——知识——语言。人才能从 20 世纪的语言——权力统治中（科技语言、政治语言、"语言是家园"的哲学语言）解放出来。自然界和人的自然生物存在都不是语言、权力。① 关键在于如何在自然性的吃、性、睡、嬉中，社会性的食、衣、住、行和"工作"中，既不退回到动物世界，也不沦为权力——知识——语言的社会奴隶。而这也就是我以前讲的"天人合一"为特征的美学课题。②

　　如果说自然的人化是工具本体的成果，则人的自然化就是在工具本体的基础上确立情本体。自然的人化是人类学历史本体论概念，而人的自然化则是由人类学历史本体论向个体生存论的延伸。这样，李泽厚的人类学历史本体论哲学便从人类学历史本体论领域顺理成章地进入了个体生存论领域，由哲学真正进入了美学。

　　因此，"人自然化"的"软件"即是美学"问题"。它指的是本已"人化"、"社会化"了的人的心理、精神又返回到自然去，以构成人类文化心理结构中的自由享受。③

　　自然的人化过程产生了巨大的工具本体，成为人类不断进步、文明不断向前发展的物质基础，同时这个工具本体也产生着相当的副作用，那就是对个体的心理和情感所造成的异化作用。因此，文明越是发展，工具本体成果越是显著，人类理性越是高度发达，就越需要以审美和艺术作为这种巨大的工具本体和理性的解毒剂。因而，当自然的人化发展到一定程度时，人与自然关系的另一方面——人的自然化问题就愈益突出，建立在自然人化基础之上的人的自然化就成为当今社会的迫切需要。人的自然化，其核心就是要在工具本体的基础之上建立人的心理（情感）本体。

---

　　① 因为"人化"，内外自然今天或多或少都已处在语言—知识—权力以及商业文化（如方兴未艾的旅游业）的控制下，世上已无一片干净土。但空气、阳光、高山流水，自然节律毕竟还有其独立自足的存在。——原书注。

　　② 李泽厚《己卯五说》，见《己卯五说　历史本体论》，生活·新知·读书三联书店 2003 年版，第 263－264 页。

　　③ 李泽厚《己卯五说　历史本体论》，生活·新知·读书三联书店 2003 年版，第 264 页。

在李泽厚的"自然人化"理论中，自然的人化概念清楚、明晰，它成为李泽厚实践美学的核心概念。而人的自然化却总有些空洞，有些缥缈。除了第三个方面比较实在之外，前两个方面都有些空洞。人与自然如何和睦相处？人如何把自然作为欣赏的对象？应该说，人对自然的亲近、依赖，人以欣赏的审美的态度去对待自然，这是人与自然的关系的重要的方面，也是在自然人化的历史前提下才能谈得上的。李泽厚谈到，人的自然化就是"天地境界"，是在自然人化的基础上的"天人合一"。那么，"人的自然化"作为一个哲学和美学概念，其具体的内涵是什么？李泽厚讲了三个方面。但仅有这三个方面吗？人本身的心理、人的身体、人生存的环境，这些涉及人的感性存在的因素难道不都存在着自然化的问题？人的自然化是否就是情（心理）本体？换言之，情本体是否就只是指人的自然化？这些问题都需要进一步仔细地研究。

但是，毫无疑问的是，人的自然化概念具有极大的阐释空间，它的提出，使得实践美学有可能从一般性地对美的起源的哲学分析走向具体的对美的内涵的分析，它是实践美学真正建立起来的核心，是实践美学从人类学本体论哲学美学走向个体生存论美学的关键词。因此，对人的自然化概念内涵的分析、解释，就有可能成为实践美学理论向纵深推进的一个关键环节。

（二）情本体

出版于21世纪的《实用理性和乐感性文化》中，李泽厚集中论述了"情本体"理论。这里，他发挥20世纪80年代思想史研究的独特优势，把中国传统儒家重情的思想引入他的学说。情本体理论本是人类学历史本体论哲学逻辑发展的结果。但这里，关于"情"的具体内涵，他引入了原典儒学关于"孝"的学说。他认为，儒家以亲子情为核心、以自然血缘生理关系为基础的孝亲之情，是作为人生本体之"情"的基础，把这种情辐射、弥散开来，建立一个充满人情味的社会，这才是新世纪所要寻求的和谐社会。

他对比了原典儒学与宋儒的区别，指出，宋儒把原典儒学以"孝"为核心改造成为以"仁"为核心，试图建立起一个超验的道德本体，但终究归于失败。因为在中国不像西方有本体与现象、此岸与彼岸"两个世界"的区分。在西方，支配哲学的基本观念是"两个世界"，两个世界在哲学上表现为多种二元因素之间的相互对立、分割，如现象与本体、物质与精神、存在与意识，等等，在宗教上则表现为此岸与彼岸、尘世与天堂、今生与来世等的对立与冲突。西方哲学要致力于弥合这两个世界的裂痕，而宗教则是要人舍弃现世、此岸、尘世、人间的幸福以保证永生、来世的幸福。但是在中国，并没有这样一种"两个世界"的传统。中国的"巫史传统"使得中国只有"一个世界"，在现象与本体、此岸与彼岸、物质与精神之间并没有不可逾越的鸿沟。所谓"道"并非某种脱离现实物质世界的超验本体，而常常是起源于、存在于、植根于现实世界的，人们通过某种直接体验或悟解的方式是可以把握它的。一花一世界，一树一菩提。因此，在中国没有超验本体，本体就在经验世界之中，在日常生活世界之中，在人的感性生活过程之中。从而，通过某种艺术或内心直接体验和领悟活动，可以直接超越人的现实存在，摆脱现实存在境遇对精神和心灵的羁绊，从而达到精神高度自由的人生境界。从而，宋儒把"仁"作为儒学的核心，想要以此为基础建立起某种超验的道德本体，却由于始终与经验缠绕在一起而归于失败。

就情感而言，中国传统文化所讲的情感与西方基督教对上帝的情感也有极大差别。李泽厚对比了西方基督教建立在罪感文化基础上的绝对理性化的、否弃自然人性的情感论和中国传统建立在乐感文化基础上的感性自然情感论。他认为，基督教的情感其实是一种绝对理性主义的情感，它通过理性确认对上帝的皈依，对上帝毫不犹豫、绝对服从，这种服从以否弃人天生自然的亲情、友情、爱情等世俗情感为前提。在基督教的情感中，人类的灵魂要经过惨厉的磨炼、痛苦、煎熬，最后洗清一切世俗情感的杂质，在对上帝的无条件服从中得到灵魂的洗礼与升华。

相反，儒家以血缘亲情为核心的孝——仁观念，对人的自然情感不但不否定，而且还把它看做是人生最根本的、最重要的东西，是人的情感之所由来和建立的基础。在儒家的观念中，理想的社会里，人与人之间相亲相爱，正是在血缘亲情的基础上经过"推己及人"、"老吾老以及人之老、幼吾幼以及人之幼"这样的心理过程而建立起来的。李泽厚的人类学历史本体论主要继承了儒家这种建立在血缘亲情基础上的普遍仁爱学说。

> 儒家所倡导的伦常道德和人际感情却都与群居动物的自然本能有关：夫妻之于性爱，亲子、兄弟之有血缘，朋友之与群居社交本性。

从而儒家的情爱可说是由动物本能情欲即自然情感所提升（社会化）的理性情感。虽然最初阶段（无论是原始民族或儿童教育）都有理性的强制和主宰，但最终是以理性融化在感性中为特色，与始终以理性（实际是知性特定观念）绝对主宰控制有所不同。中国文化传统对经由内心情理分裂、灵肉受虐、惨厉苦痛即由理性在残酷冲突中绝对主宰感性而取得升华，是比较陌生的。①

但是，"情本体"之"情"并非完全是自然情感，它是自然情感的升华，在某种意义上也是对自然情感的超越。通过"推己及人"的心理过程，由这种孝亲之情可以升华出对他人、社会及整个宇宙的广泛的关爱与同情，因而它并非局限于血缘亲子情感的狭隘的个体的自私之情，而是具有广泛性、社会性、普遍性。

儒家的"情"是以有生理血缘关系的亲子情为基础的。它以"亲子"为中心，由近及远，由亲至疏地辐射开来，一直到"民吾同胞，物吾与焉"的"仁民爱物"，即亲子情可以扩展成为对芸芸众生以及宇宙万物的广大博爱。②

出于自然之情而超越自然之情，基于血缘之爱而超越血缘之爱。一方面是生物性、本能性的血缘亲情，另一方面是社会性、超生物性的普世之爱。经李泽厚阐释、改造过的奠基于原始氏族社会的血缘自然关系的儒家"孝亲"之说在21世纪工业化、现代化条件下重新焕发出了生命力，成为新世纪中没有信仰、没有精神家园的中国人的人生本体和精神家园。

李泽厚提出，美学将是未来的第一哲学，美学是人类学历史本体论的起点也是终点。

美学作为"度"的自由运用，又作为情本体的探究，它是起点，也是终点，是开发自己的智慧、能力、认知的起点，也是托寄自己的情感、信仰、心绪的终点。……它（即人类学历史本体论）以审美始（发明发现），以审美终（天地境界）。它肯定理性是人性形成的关键，展望理性更为广阔的未来。它尽管反对理性作为"本体"吞并认

---

① 李泽厚《实用理性与乐感文化》，见《实用理性与乐感文化》，三联书店2005年版，第76页。

② 同上，第74页。

知和情感，但更反对现在正时髦和流行着的各种形态的反理性主义。它坚信科学发展将有益于人类，强调深入探究复杂多端的情理结构，因为这与人的个性潜能的健康发展和精神生命的情感真实有关。①

李泽厚的人类学历史本体论哲学走到这里画上一个句号。从人类始，以个体终；从人类的物质生产实践始，以个体生命境界终；以社会性、理性始，以感性、情感终。但这个"情感"又不是纯粹心理、非理性的情欲之"情"，而仍是积淀、融合了理性和社会性的人性化的"情"。他反复强调的是，关键在于"情"与"理"的不同比例的配置、组合。

李泽厚的哲学的出发点虽然是作为人类存在的"总体的人"，但是，他的着眼点却是作为独一无二的"个体"的存在，他的哲学最后是要为这种偶然的、感性的、却是独一无二的个体存在提供一种精神上的归宿。不论这种归宿是否恰当，不论是否同意他的具体观点与结论，但他的读者却不能不为他的作品中所流露出来的对于人类的深挚的热爱所打动，不能不为其中的沧桑之感和苍凉之感所震撼。李泽厚的学说与著作总是有一种悲怆之感，一种对于人类命运与未来的强烈关注，一种强烈的责任感和道义感，也许正是这一点，才使他的学说在 20 世纪 80 年代风靡一时，独领风骚，成为那个热情而浪漫的年代的学术代表和精神标志；而也许正是他的学说这种气质，才使得 90 年代以后，在大众文化兴起之后、在"躲避崇高"成为主导、痞子精神成为时尚的时代，遭受冷落的命运。然而，任何时代、任何社会，不论其主流精神状态如何，对人的精神的关怀，对人的命运的关注永远都是需要的，因而，李泽厚的学说在今天也才有它独特的价值与魅力。尽管，它也许充满着矛盾，充满着对立。

四、实践美学存在的问题

(一) 思维方式上的二元论

李泽厚的实践美学是从对康德哲学的批判改造中产生和建构的。康德二元论的思维方式也为李泽厚所继承，其双重性、矛盾性也鲜明地体现在

---

① 李泽厚《实用理性与乐感文化》，见《实用理性与乐感文化》，三联书店 2005 年版，第 115 页。此为本书最后一段。

了李泽厚的哲学上。康德把现象与本体世界区分开来，制造了一系列"二律悖反"，如认识论中时空有限与无限、因果关系（必然）与自由的二律悖反，伦理学中善与幸福的二律悖反等。李泽厚试图以马克思的实践哲学批判继承和改造康德的批判哲学，因此，在他的哲学中也存在许多相互对立的矛盾。比如：

总体（类）与个体

必然与自由

人与自然

工具本体（物质生产）与心理本体（情本体）

类（群体）主体性与个体主体性

理性与感性（社会性与生物性）

自然的人化与人的自然化

……

他的目标则是把这些相互对立的矛盾方面结合、统一起来。他始终强调的是从人类总体生存发展的历史过程去理解、解决这些问题与矛盾，把哲学建基于人类的社会历史基础之上，使康德哲学中看起来很神秘的先验的认识、伦理和审美结构有一种后天的、人类学的实践根源与依据，从而在保留康德哲学的深刻性的基础上去掉康德哲学的神秘性，把它从一种先验哲学改造为历史唯物论的实践哲学。

李泽厚用马克思的历史唯物论的实践论融入、改造了康德的先验哲学，一方面保留、继承了康德的二元论思维方式，承认康德在自然与人、思维与存在、客体与主体、必然与自由之间所划定的界限，认为二者之间的对立是近代哲学中一个没能解决的难题，承认康德的批判哲学弥合二者之间对立的巨大努力和取得的成就，另一方面，扬弃了康德哲学中神秘的"先验直观"（即主观合目的形式，包括"知性直观"、"理知直观"和"自由直观"），把这种直观改造为人类通过改造自然（包括客体自然和主体自然，即人类的心理结构）所获得的文化—心理结构，即理性的、社会性的因素内化、凝聚、积淀到内在的、感性的、个体性的心理之中去，成为一种看似先验、实则仍是后天的获得性的文化—心理结构。这种文化—心理结构在认识领域是"理性的内化"，表现为数学和逻辑等知识结构，其物态化对象化的形态便是科学和认识论；在伦理领域是"理性的凝聚"，表现为看似先天的"良知"、"良心"等，其物态化对象化的形态是伦理学；在审美领域则是"理性的积淀"，表现为看似先天的审美判断力或审美共通感，其物态化对象化形态便是艺术。这样，在康德那里不无神秘色彩的超感性的"先验直观"（包括"知性直观"、"理知直观"和"自由直观"）被改造成为具有实践性、客观性、普遍性与社会性的人类实践成果，成为可以理解、可以解释的人类后天实践活动成果。

同时，李泽厚也保留了康德哲学把审美看成是认识与道德之间的桥梁、通过审美的自由直观联结自然与人、客体与主体、现象与本体这种哲学架构。所以，李泽厚一直强调，在康德哲学中，伦理学高于认识论，美学高于伦理学。康德是从审美走向道德，从机械论走向目的论，从美走向崇高，从纯粹美走向依存美。美之所以能担当起联结必然与自由、认识与伦理、自然与人之间的桥梁的任务，正是因为美具有无目的的合目的性，这种无目的的合目的性便来源于人的先验的自由直观，一种神秘的审美共通感。而李泽厚则去除了康德美学的目的论色彩，代之以审美的"自由积淀"说。他认为，不是自然界的神秘的目的，而正是人的实践活动，使人的心理不再是动物性的自然生理感受，而成为积淀了历史实践成果的文化心理结构。人吃饭不仅是充饥，而且是美食，两性关系不是交配，而是爱情，这正是因为社会性、理性的因素融入了感性、生物性心理之中，才使人具有了这种超生物性的心理结构。

但是，在这个过程中，总体（类）与个体、理性（社会性）与感性（自然性）、人与自然、必然与自由、工具本体与心理本体始终是他无法摆脱的二元对立的矛盾。他始终未能走出二者之间的矛盾冲突，始终使自己的学说处于二者之间的紧张对立之中。哲学家深邃的思维和宽广的视野使他的理论具有他的同代人所无法比拟的深刻性，但过于宽泛的理论兴趣却也限制了他的美学的具体化和深化。当他讨论到具体的美学问题时，往往总是不由自主地回到这些问题所得以产生、存在的根源上去，从精神回归物质，从心理回到哲学，从现实回到历史，从感性回归理性。他就像在总体与个体、感性与理性、历史与心理之间走钢丝一样，始终无法摆脱二元论的处境而真正深入到具体的美学问题之中，从而真正建立起系统完整的美学理论。

（二）自然人化的"度"

李泽厚的实践美学的核心概念是"自然的人化"。"自然的人化"在马克思那里是一个重要的哲学概念，但马克思所讲的自然的人化主要指人与自然之间的哲学关系，即人对自然的实践改造。马克思已经谈到"欣赏音乐的耳朵"、"感受形式美的眼睛"等"五官感觉的形成是以往全部世界史的产物"，谈到"感觉的社会性"是在实践过程产生的。① 也就是说，自然人化的基本思想已由马克思奠定。但马克思并未具体从美学上来论述美的本质与美感的本质，以及自然的人化如何在认识论、伦理学上发挥作用。明确地把自然的人化理论应用到美学上，并扩展到认识论、伦理学，把自然的人化过程看成一个外在自然界与内在心理结构同时双向行进的过程，从而合理地解释人类如何能产生数学、逻辑等康德所谓的"先验的"认知结构，如何能具有"先天性"的"良知"，如何能形成共通性的审美感，这是中国哲学家和美学家的功绩。在这个意义上，李泽厚提出的"外在自然人化"和"内在自然人化"的完整学说，是对马克思自然人化理论的一个深化，在某种意义上也是马克思理论的一个发展。它使得马克思主义美学对于美和美感的本质有了一种合理的解释，并为进一步研究美和美感的具体形成机制、结构等留下了广阔的空间。

但是，作为美学理论来说，李泽厚的实践美学的自然人化理论并非已经完美无缺，成为一个自足体系。恰好相反，它留下了许多问题，这些问题是进一步发展实践美学所必须面对和解决的。

"自然的人化"解释的是仅仅是美和美感的起源，是从起源上来解释美和美感的本质。但是，自然的人化实际上只是美和美感的必要条件，而非充分条件。这也就是说，自然的人化是美得以产生的前提，只有自然的人化才能产生美，美的本质也只能通过自然的人化去解释、理解，但自然的人化并不必然产生美；除了自然的人化，美作为一种价值得以产生还有其他一些条件。正如一些批评者所言，有的自然的人化不仅不是美，反而是丑；不仅不是善，反而是恶。那么，在自然人化的过程中，哪些是美的，哪些是丑的，如何认定其美与丑，它们的尺度如何确定？这涉及形式美、美的形式结构等具体的美学问题。此外，自然的人化应该有一个"度"，超过这个"度"，自然的人化便不再是美，那么，这个"度"在哪里？如何掌握这个"度"？

按照李泽厚的人类学本体论，人与自然的关系在人类从游牧文明进入

---

① 参见马克思《1844 年经济学—哲学手稿》中"共产主义"一节。

农业文明时代已经发生了质的变化，广义自然的人化已经产生。从那以后，不但那些直接人化的成果是美，那些没有被人化改造过的自然更为人所欣赏，人们也更需要、更能够欣赏那样一些未经改造的美。但为什么人与自然的关系改变、广义的自然人化产生以后人们更需要、也更能够欣赏那些未经改造和人化的自然之美？此外，人对自然的人化改造并未因为进入了农业社会而停止，相反，农业社会里，由于铁器和火药的使用，对自然进行"人化"改造的脚步加快了。进入工业社会以后，更改变了大气、河流、土壤等的化学构成，造成极大的污染。那么，建立在生产力和科技发展基础之上的这些"自然的人化"本身是否是美？如何分别科技带来的美和它带来的丑？如何发扬光大、铺张扬厉其美而避免其丑？这些都是需要具体深入研究的问题。

再者，按照李泽厚的人类学历史本体论，认识论、伦理学和美学都是自然人化的成果。李泽厚分别以"理性的内化"、"理性的凝聚"和"理性的积淀"来区别它们。但是，理性是如何"内化"、"凝聚"和"积淀"的？在"理性的内化"、"理性的凝聚"和"理性的积淀"之间，是否存在着某种共通的因素？为什么同样的自然人化过程，会产生理性的内化、凝聚和积淀的不同结果？"以美启真"和"以美储善"具体如何实现？认识论、伦理学和美学之间如何沟通？李泽厚曾经谈到"先有伦理，后有认识。认识规则（语法、逻辑）是从伦理律令中分化、演变出来的"。并强调"这一点至为重要"。① 但他只是提出这个概念，却并没有论证。因此，李泽厚的自然人化理论，建构了一个包容认识论、伦理学和美学的宏大理论构架，但是，它只是搭起了一个框架。要真正把这个框架变为一个宏伟的建筑，尚需要解决更多具体问题。

（三）双重（多重）本体

李泽厚的实践美学对于"本体"概念有多种用法：人类学本体论、工具本体、心理本体（情本体）、度的本体性、历史本体论，等等。他自己认为这里实际上有两个本体：工具本体和心理本体。其他概念只是与本体相关，而非指它们本身就是"本体"。其中，人类学本体论和历史本体论都是一种"本体论"，而不是说有一种"人类本体"和"历史本体"。而

---

① 李泽厚《第四提纲》，见《实用理性与乐感文化》，三联书店 2005 年版，第 245 页。

"度"这一概念只是具有"本体性"，也就是说，度的地位非常重要，从它的重要性上说，它几乎可以成为一种本体，具有了"本体性"。这当然也是一种解释。实际上，李泽厚有把"本体"概念泛化的趋势。学者赵汀阳认为，"本体"在李泽厚那里并非西方传统哲学意义上的宇宙之本或宇宙之源，或万物之本，不是 ontology，而仅仅指它"很重要"。说某种东西是本体，即是指这种东西"很重要"、"非常重要"。这也可聊备一说吧。

李泽厚先生自己承认的本体只有两个：工具本体和心理本体。工具本体是社会实践所造就的物质性力量。李泽厚始终坚持历史唯物论观点，强调物质性的社会实践对社会的根本性和决定作用。因为人首先需要活着才能谈得上其他，生存是第一义的历史活动，历史的基础是人们为争取生存而进行的各种实践活动，这是社会的基础，是为千万年来的人类生存和发展的历史所证明的。他为了强调这一点，用了一个颇具刺激性的名字——"吃饭哲学"。但是，人又是个体的，社会的理性的实践是通过个体活动去实现的，在社会实践过程中同样形成了个体的心理结构，包括认识、意志和审美，这是心理本体。在李泽厚看来，工具本体和心理本体在实践中相互缠绕，纠结。历史上，更基础的是工具本体，但社会发展的趋势是心理本体问题越来越突出。当人类科技发展到一定水平，生存问题基本上解决之后，个体感性的问题、个体生存的意义和生存的状态问题便会成为一个社会最重要的问题的。所以他概括自己的学说是三句话："历史建理性，经验变先验，心理成本体。"

这样，李泽厚的实践美学便的确有了双重本体：工具本体和心理本体。关于工具本体和心理，在《美学四讲》中，他讲得很明白：

人类以其使用、制造、更新工具的物质实践构成了社会存在的本体（简称之曰工具本体），同时也形成超生物族类的人的认识（符号）、人的意志（伦理）、人的享受（审美），简称之曰心理本体。这"本体"的特点就在：理性融在感性中、社会融在个体中，历史融在心理中，……有时虽表现为某种无意识的感性状态，却仍然是千百万年的人类历史的成果；深层历史学（即在表面历史现象底下的多元因素结构体），如何积淀为深层心理学（人性的多元心理结构，）就是探讨这一本体的基本课题。……寻找、发现由历史所形成的人类文化——心理结构，如何从工具本体到心理本体，自觉地塑造能与异常发达了的外在物质文化相对应的人类内在的心理——精神文明，将教育学、美学推向前沿，这即是今日的哲学和美学的任务。①

在这里，李泽厚提出建设心理（主要是情本体）的问题。以心理本体来克服、化解、消融社会工具本体对人的个性的压抑与异化。而心理本体恰恰关涉到个体本身的生存，每个个体独特的生本能、死本能、性本能等。这些因素一方面是人与生俱来的生物性本能，另一方面它们已经融入了社会性、理性等因素。因而，如何把握社会性与个体性、理性与感性之间的关系成为关键所在？

人类的历史遗产首先是工具本体，不同时代、社会的物质文明，历史具体地提供和实现个体的不同的生（如生活方式）、性（如婚姻形态）、死（如战死或寿终的不同意识）和语言（Sapir – whorf 理论）。但它们虽然是社会的理性的形式和数字，却同时又是活生生的个体的独特经验和心理。所以人类历史的遗产也包括心理本体。工具本体通过社会意识铸造和影响着心理本体，但心理本体的具体存在和实现，却只有通过活生生的个人，因之对心理本体和工具本体不仅起着充实而且起着突破的作用。如果再粗略分解一下，则"食色性也"，马克思与弗洛伊德所涉及的根本问题，是个体又兼社会的；海德格尔的"死"基本上是种个体的自我意识自我醒觉；维特根斯坦基本涉及的是社会性，不承认有私人语言。看来，以马克思和弗洛伊德所提供的人类生存的基础上，融会维特根斯坦和海德格尔，似是当下哲学——美学可以进行探索其命运诗篇的方向之一。这诗篇与心理本体相关，心理本体又与个体——社会即小我——大我相关。②

实际上，这里提纲挈领地提出了一个非常粗略的哲学纲要，这个纲要和李泽厚以前的哲学思路相比有了明显的差别。《批判》和后来的"主体性"系列提纲，主要是在马克思的实践哲学基础上融合改造康德的先验哲学、容格的集体无意识学说和皮亚杰的发生认识论，其重点在于确立文化——心理结构的历史唯物主义基础，从人类学历史本体论角度解释个体感性存在的社会性、理性根源；这里则进一步提出了深入研究个体感性存在的具体思路：生、性、死几种心理本能和语言的社会历史根源。这几种心理本体都是个体感性的，但又确实关乎社会的理性；它们是自然生物性能，却又是社会历史遗产；不同的社会物质文明具体地提供了不同的生存、两性关系和死亡的意识。亦即在马克思的实践论生存论基础上，融合

---

① 李泽厚《美学四讲》，见《美学三书》，安徽文艺出版社 1999 年版，第 465 页。
② 同上，第 466 – 467 页。

弗洛伊德对性本能研究、海德格尔对死本能的探讨以及维特根斯坦对语言的分析。

李泽厚后来的研究可以看做对这一提纲的间接接续与展开。在后来的哲学和美学著作中，他分别从各个不同的角度对工具本体和心理本体问题作过论述。比如，《历史本体论》讨论了人类的生存问题，也就是他讲的"吃饭哲学"，提出了一个重要的哲学概念——"度"，并把"度"看成一个具有本体性的范畴；《实用理性和乐感文化》中进一步论述了"度"作为哲学概念的各个层面，即本体层面和操作层面；阐述了"情本体"学说。具有本体性的"度"可以看做是一种工具本体，而"情本体"则是一种心理本体。但李泽厚并未沿着他这里所提出的思路，建构一个以马克思和弗洛伊德所提供的人类生存为基础、融会海德格尔和维特根斯坦学说的系统化的哲学——美学体系。

但是，"本体"概念可以指称"非常重要"吗？换言之，"非常重要的"、"根本性的"就是"本体"吗？"本体"可以是双重甚至多重的吗？

此外，李泽厚的实践美学中还有许多问题，如"自然的人化"和"人的自然化"的关系，作为哲学美学的实践美学如何进一步向审美经验、审美心理等领域深化，美作为"自由的形式"如何解释现代艺术，"以美启真"、"以美储善"这两个极重要的命题如何实现，"情本体"作为实践美学向个体生存论深化的命题如何展开，在一个允满强权和阴谋的世界里，美学如何能成为"第一哲学"，等等，这些都是值得深入探讨、研究的问题，也是美学进一步发展不可回避的问题。

当代中国美学：问题与反思

刘悦笛

从 1978 年到 2008 年，中国美学走过了三十年风风雨雨的历程。在 20 世纪 70 年代的封闭与衰颓之后，从 80 年代"美学热"的突奔和激进，90 年代回归"学科本位"的退守与深化，直到 21 世纪初逐步与世界美学前沿接轨，中国美学这三十年的变化可谓翻天覆地，对这段美学历程进行深描和评述，具有非常重要的学术价值和现实意义。

一、中国美学三十年的"基础研究"

从美学这门学科的独特历史来看，确定这三十年美学研究的起点是很重要的。在十一届三中全会召开之前，美学界就似乎感受到了"春消息"，1977 年就出现了大量的学术探讨的文章，"形象思维"、"共同美"问题这旧与新的两个热点问题被提了出来，研读马克思主义美学经典著作的论文开始大量出现，朱光潜也回到了美学史研究的领域。① 在全会召开之前，美学界发表的文章数量已经基本同 1964 年持平，这似乎是一个"美学复兴"的信号。

然而，当代中国美学研究的真正起点还应该定位在 1979 年，这不仅由于十一届三中全会开启了纠正"左"倾错误的拨乱反正，从而为学术研究廓清了自由的空间，而且，在这一年发表的美学学术论文的数量也迅速激增，竟有接近百篇之多。这表现在，一方面朱光潜、蔡仪、王朝闻等老一代美学家开始重新执笔写作，另一方面李泽厚、蒋孔阳、刘纲纪这些新

---

① 朱光潜《研究美学史的观点和方法》，载于《文学评论》1978 年第 4 期。

起的美学家也大量发表作品。其中，最具有标志性意义的是，以中国社会科学院哲学研究所美学研究室与上海文艺出版社文艺理论编辑室合编的《美学》杂志（1979 年 11 月创刊）为代表的一系列的美学刊物陆续创刊，对于整个美学在废墟上的重建起到了关键的作用。后来陆续出版的刊物包括中国社会科学院文学研究所文艺理论研究室编《美学论丛》，四川省社会科学院文学研究所编《美学文摘》、中国艺术研究院外国文艺研究所编《世界艺术与美学》，等等。

目前，美学在中国复兴的趋势，与美学刊物的大量出现是相互匹配而同时出现的，近年来出现了美学刊物集体性创刊与复刊的潮流。在《美学》复刊前后①，2006 年最新创办的美学杂志有：北京大学美学教研室主办的《意象》，苏州大学美学研究所主办的《中国美学研究》。原来由汝信主编、商务印书馆出版的《外国美学》和复旦大学文艺学美学研究中心编的《美学与艺术评论》也得以复刊，此前已经创办的美学刊物还包括《中国美学》和《中国美学年鉴》，等等。

在 1978 年开始的"美学复兴"与 2008 年前后的"再次复兴"之间，中国美学的基础研究所取得的成就可谓是巨大的，这主要体现在"西方美学史"与"中国美学史"这两种历史的专业研究方面。

这三十年来，最早取得学术成就的是西方美学史研究，在中国，至今西方美学史仍被看作是进入美学这门学问的基本门径。自从 1963 年朱光潜开始出版《西方美学史》（上册）和汝信、杨宇的《西方美学史论丛》出版之后，西方美学史的研究曾一度衰落。在 80 年代初，这种衰退的局面得到了改观。朱光潜的《西方美学史》被反复再版和重印，其撰写范本也成为了中国式的西方美学史撰写的"基本范式"，影响的深远是显而易见的，这种学术影响并不局限在大陆地区，港台美学界也深受这本《西方美学史》的影响。

在这种基本范式的影响下，蒋孔阳的《德国古典美学》、汝信的《西方美学史论丛续编》、阎国忠的《古希腊罗马美学》、朱狄的《当代西方美学》纷纷得以面世。这便在 20 世纪 80 年代的初期，打开了西方美学研究的局面，并确立了"通史"与"断代史"研究同时进行的格局，而且，西方美学史也不仅仅局限于对于 20 世纪之前的西方古典美学的研究，20

---

① 李泽厚名誉主编、滕守尧主编《美学》复刊第 1 卷，南京师范大学出版社 2006 年版；聂振斌、刘悦笛执行主编《美学》复刊第 2 卷，南京出版社 2008 年版。

世纪的美学史也被纳入到了研究视野之内。在 20 世纪 80 年代向 90 年代转型的时期，陆续出现的西方美学史专著主要有杨恩寰的《西方美学思想史》、张法的《20 世纪西方美学史》、李醒尘的《西方美学史教程》、毛崇杰、张德兴、马驰的《二十世纪西方美学主流》、牛宏宝的《20 世纪西方美学主潮》、朱立元主编的《现代西方美学史》，等等，可以说，西方美学史的研究在此时更为深入了。

迄今为止，最重要的两套"西方美学通史"，一套是由蒋孔阳、朱立元主编的《西方美学通史》七卷本，另一套则是由汝信主编的《西方美学史》四卷本。《西方美学通史》第一卷为古希腊罗马时期的美学（范明生著）；第二卷为中世纪和文艺复兴时期的美学（陆扬著）；第三卷为十七八世纪的美学（范明生著）；第四卷为德国古典美学（曹俊峰、朱立元、张玉能、蒋孔阳著）；第五卷为 19 世纪的美学（张玉能、陆扬、张德兴等著）；第六卷、第七卷为 20 世纪的美学（朱立元、张德兴等著）。该书根据西方哲学和美学基本同步发展的实际情况，将整个西方美学的历史演进划分为"本体论"、"认识论"和"语言学"三个阶段，从而力图揭示出西方这段历史的基本发展规律。

汝信主编的《西方美学史》共四卷，历时近 8 年完成，集中了当代中国美学界老中青三代学者来共同撰写。第一卷为"西方古代美学"，分为古希腊罗马美学和中世纪美学两编（凌继尧、徐恒醇著）；第二卷为"西方近代美学（上）"，分为文艺复兴时期美学与启蒙运动时期美学两编（彭立勋、邱紫华、吴予敏著）；第三卷为"西方近代美学（下）"，分为德国古典美学与 19 世纪其他诸国（主要指英法两国）美学思潮和流派（李鹏程、王柯平、周国平等著），第四卷为"西方现代美学"（金惠敏、霍桂寰、赵士林、刘悦笛等著），该卷从"形式美学"到"后现代美学"共分为 16 章，邀请了部分国外专家参与撰写。这套美学史在详实的资料基础上，对于重要美学思想家的思想、各个时期的重要美学流派和思潮都进行了深入的研究，达到了西方美学通史研究在当前中国的最前沿水平。该四卷本将美学的历史作为一个整体性发展着的美学思想史，从而将哲学理念、艺术元理论和审美风尚三者相结合的逻辑建构的"美学思想"置于历史的框架中，形成了完整的历史整体。①

---

① 汝信主编《西方美学史》第一卷，中国社会科学出版社 2005 年版。

随着西方美学史研究的深入，中国美学史的研究也陆续展开。真正意义上的中国古典美学的通史研究，就开始于 20 世纪 80 年代，此前的美学史研究更多是零碎的研究，难以将中国美学的历史贯通下来。我们认为，迄今为止的中国美学史研究基本上形成了两种"基本范式"，一种是狭义上的美学研究范式，另一种则是广义上的"大美学"或"泛文化"研究范式。

第一种范式，其所确立的基本原则，就是按照传统的中国哲学史的写法来撰写中国古典美学史，这种写法当中又有两种"亚类型"：一类是按照"思想史"的写法来写作的，另一类则是按照"范畴史"的写法来写作的。

最早进行规划的中国美学史的写作，就是按照第一种范式进行的，它是本是由中国美学史的写作小组来实施的，最后得以完成的是李泽厚、刘纲纪署名的《中国美学史》。按照《中国美学史》确立的中国美学的基本构架，在禅宗诞生之前，中国美学以儒家美学、道家美学、楚骚美学思想为三大主干。作为第一部以"中国美学史"为名的专著，该书在哲学的高度深入解析历史诸家美学思想的同时，也高屋建瓴地建构了整个中国美学史的思想架构。可惜的是，由于种种原因，《中国美学史》目前并没有完成，希望刘纲纪仍在规划《中国美学史》七卷本的写作任务能够早日完成。如果说，未完成的《中国美学史》两卷本基本上是"美学思想史"的话，那么，叶朗的《中国美学史大纲》则是基本梳理完成了整个中国美学历程的"美学范畴史"，这也是第一部将完整的中国美学史呈现出来的著作。《中国美学史大纲》以老子美学为起点描述到近代美学，突出了以"审美意象"为核心的古典美学精神，对"审美心胸"理论也着墨颇多。作者抓住每个时代最有代表性的美学思想和美学著作，注重把握美学范畴和美学命题的演变和发展，将中国古典美学范畴的演变呈现了出来。

总之，李泽厚、刘纲纪的《中国美学史》为"美学思想史"的写作提供了范本，而叶朗的《中国美学史大纲》则为"美学范畴史"的写作提供了范本。按照《中国美学史》写作的思路，主要的专著有林同华的《中国美学史论集》、周来祥的《论中国古典美学》与其主编的《中国美学主潮》、敏泽的《中国美学思想史》三卷本，王兴华的《中国美学论稿》、陈望衡的《中国古典美学史》。此外，于民的《气化谐和》、葛路、克地的《中国艺术神韵》、韩林德的《境生象外》和朱良志的《中国艺术的生命精神》都试图从整体上把握中国美学的精神命脉，写得都十分有特色。按照《中国美学史大纲》写作的思路，最主要的著作是王振复主编的《中国美学范畴史》，该书认为先秦至秦汉是中国美学范畴的酝酿时期，魏晋至隋唐是中国美学范畴的建构时期，宋元至明清则是中国美学范畴的完成和终结期。

第二种范式是一种为中国美学家所独创的范式，这是一种以审美哲学为基础结合了文化史、艺术史、审美意识史的写法，其主要聚焦在中国历史上每一个时代的审美趣味、艺术风貌的流变上面。这种写作范式是由李泽厚的《美的历程》所开创的，它既不同于规范的美学思想史的写作模式，更不同于那种艺术史的写作模式，而是开创了本土化的新道路。

按照这种"大美学"或"泛文化"范式的写法，在《美的历程》之后，出现了两套试图重写中国古典美学史的专著，一套是陈炎主编的《中国审美文化史》四卷本，另一套则是许明主编的《华夏审美风尚史》十一卷本，巧合的是，这两套丛书同时出版在2000年。《中国审美文化史》按历史朝代来断代，共分为先秦卷（廖群著）、秦汉魏晋南北朝卷（仪平策著）、唐宋卷（陈炎著）和元明清卷（王小舒著）。按照著者自己的意见，这种中国审美文化的研究，既区别于逻辑思辨类型的审美思想史，也不同于现象描述类型的审美物态史，这种独特的形态是指"介于'道'、'器'之间的文化形态"、"介于归纳、演绎之间的描述形态"和"介于理论、实践之间的解释形态"。①《华夏审美风尚史》也是通过断代史组合成为了通史的结构，所谓"审美风尚"亦即一个民族的共同的生活过程中形成的一种具有共同性特征的审美趣味、艺术情趣、时尚习俗与生活风俗的审美观照的总和，② 其具体内容包括《腾龙起凤》（许明、苏志宏著），《俯仰生息》（王悦勤、户晓辉著）、《郁郁乎文》（彭亚非著）、《大风起兮》（王旭晓著）、《六朝清音》（盛源、袁济喜著）、《盛世风韵》（杜道明著）、《徜徉两端》（韩经太著）、《勾栏人生》（刘祯著）、《残阳如血》（罗筱筱著）、《俗的滥觞》（樊美钧著）和《凤凰涅槃》（蒋广学、张中秋著）。

① 陈炎主编《中国审美文化史》第一卷，山东画报出版社2000年版。
② 许明主编《华夏审美风尚史》序卷，河南人民出版社2000年版。

二、中国美学三十年的"学术热点"

从 1978 年开始，美学这门学科就开始延续了从 1956 年下半年持续到 1964 年为止的"美学大讨论"的余温，这种美学热点的嬗变最初也是同"美学热"的升温与降温相伴生的，后来更是随着中国社会向市场经济的转型而产生了历史性的变化。从历史发展的角度，下面就来逐一梳理这些"美学热点"问题：①

（一）"共同美"论争

最初的美学论争都是同主流意识形态的变化相系的，具体而言还是同阶级论相关的。在 1977 年《人民文学》第 9 期上刊发了何其芳的散文《毛泽东之歌》，同时记录下作者在 1961 年 1 月 23 日与毛泽东的谈话，毛泽东说："各阶级有各阶级的美，不同阶级之间也有共同美。"此后，从 1978 年到 1982 年，对于"共同美"的探讨逐步深入，还专门为这个问题进行了多次的笔谈和座谈会。论争的焦点最先出现在"共同美"是否存在的问题上，但后来的论争的焦点则聚焦在能否超越绝对的客观论和狭隘的阶级论的问题，曾有论者力图以审美主体与客体的相互关联来阐释美的"共同性"的问题。在某种意义上，这种论争本身又回到了美的本质论争上面，但又衍生出来许多新的问题，这已为这三十年来美学的学术论争开了个好头。

（二）解读"手稿热"

所谓"手稿热"，指的是从 1980 年开始对马克思青年时代的著作《1844 年经济学—哲学手稿》的解读热潮，不同的论者对这部手稿都有着不同的理解。从那时开始，对马克思主义美学的基本理解（这同时也是对

---

① 笔者认为，如果更精细的划分，三十年来中国美学的学术热点分别为：1. "共同美"论争；2. 解读"手稿热"；3. "主体性"问题及其大讨论；4. "方法论年"；5. 对"实践美学"的广泛认同；6. "审美心理学"与"审美社会学"研究；7. "诗化哲学"及感性化思潮；8. "实践与后实践"之争；9. "审美文化"研究与"大众文化"批判；10. "比较美学"与"跨文化美学"；11. "世纪美学回顾"；12. "生态美学"与"环境美学"新思路；13. "审美现代性"研究；14. "日常生活审美化"问题；15. "艺术终结"难题。参见刘悦笛《美学》，见李景源主编《中国哲学 30 年（1978—2008）》，中国社会科学出版社 2008 年版。

于美学基本原理的基本理解）几乎都绕不开这部在巴黎手稿的理论启示。这个问题的争论，还可以追溯到 1979 年蔡仪发表在《美学丛刊》创刊号上的《马克思究竟怎样论美？》的长文，这篇针砭主观唯心主义、重申客观论美学立场的论文，遭到了具有实践论意识的论者们的批判。到了 1980 年，《美学》第二期上专门刊发了朱光潜重译的《1844 年经济学—哲学手稿》（节选），并同期发表了朱光潜的《马克思的〈经济学—哲学手稿〉中的美学问题》、郑涌的《历史唯物主义与马克思的美学思想》、张志扬的《〈经济学—哲学手稿〉中的美学思想》三篇重头文章，开启了对手稿解读的热潮。必须看到，在对马克思的《1844 年经济学—哲学手稿》的研究当中有两种阐释方式，一种是"六经注我"式的，另一种则是"我注六经"式的，李泽厚、朱光潜、蔡仪在对手稿的阐发当中比较注重将之吸纳到自我的美学主张当中，并相互之间形成了持续论争的关系，而诸如刘纲纪、蒋孔阳、程代熙这样的马克思主义研究者则更注重对于马克思思想本身的研究。但无论怎样，许多重要的美学命题都被阐发了出来，并对当时的美学界产生了重要而广泛的影响。如果从青年马克思本人的思想来说，"美的规律"、"异化劳动"的思想被广为引用和接受，其中主要聚焦在"美的规律"的基本含义、"劳动创造了人"该如何理解和"异化劳动"究竟能否创造出美这类的问题上；如果就对马克思的思想阐发而言，"自然人化"和"人的本质力量的对象化"的思想，对于创造中国化的马克思主义美学来说似乎更为重要，"自然人化"的思想已经成为了后来位居主流的"实践美学"的重要维度，而"人的本质力量的对象化"在 20世纪 80 年代中期的美学基本原理当中，可能成为了最占据主导的美学核心思想。这些都显露出《1844 年经济学—哲学手稿》对于 80 年代中国美学建设的重大意义，这种影响也延伸到了 90 年代。

（三）"主体性"问题及其大讨论

在"人性论"和"人道主义"的哲学论争之后，关于人性与异化的思想继续深入得以讨论，于是，唯物主义的"机械反映论"与青年马克思的"人本主义立场"之间的分歧昭然若揭。由此出发，在整个 20 世纪 80年代思潮当中占据思想领军者地位的"主体性"思想也得以出场。这还要回到发表在 1979 年《美学》创刊号上李泽厚的《康德的美学思想》一文和《批判哲学的批判——康德哲学述评》一书的重要启示上面，① 李泽厚通过马克思主义哲学的视角阐发了康德的"三大批判"的总体思想，从而将"主体性"问题提升了出来。这种"实践主体性"由于有力配合了思想解放进程而上升为正统主流。实质上，实践主体性既包含连通主客体之物质实践活动的主体基本规定性，又吸纳了受康德思想浸渍的自由主体性，它是从审美自由出发调和二者的产物。在文学领域，这种主体性思想在刘再复那里转化为"文学主体性"的思想②，这一思想引发了巨大的反响和争议。于是，文学究竟是"反映论"还是具有"主体性"的，就成为了划分文学理论阵营的一条红线，在传统的马克思主义者与新近的马克思主义发展派之间也形成了观点分歧。

（四）对"实践美学"的广泛认同

从 20 世纪 80 年代至今，占据美学思想主流的美学流派恐怕唯有"实践美学派"。"实践美学"公认的提出者是李泽厚，它发端于五六十年代的美学大讨论，那时，善学好思的朱光潜先生主张"主客统一"、朴实无华的蔡仪先生力主"客观唯一"、年轻激进的李泽厚则倡导"客观性与社会性统一"，还有高尔泰、吕荧主张的"主观派"更独树一帜。如果上升到哲学高度，这场论争可以简化为客观派与社会派的对峙，这与前苏联的"自然派"与"社会派"之争是类似的（前南斯拉夫哲学界也有"实践一元论"的思想）。进入 80 年代，美学界的大部分同人最初都接受了主客统一的基本主张，并将之作为美学原论的立足点，但是这种统一究竟在哪里？更多的论者被李泽厚的"统一于实践"的说法所折服，于是，实践派越到 80 年代后期就越成为了主流。这种实践美学的主流趋势，还与整个美学教育是相关的。王朝闻主编的《美学概论》曾被再版过二十九次之多，"这本书，原是 1961 年计划要编写的全国高等学校文科教材之一。大约从 1961 年冬开始，教材办公室先后从一些高等学校和研究单位抽调了二十几位同志，分别参加编选资料，研究、讨论提纲和起草初稿的工作"③，这些参编人员基本上在后来都成为了实践美学的坚定支持者，这

---

① 李泽厚《康德的美学思想》，见《美学》创刊号，上海文艺出版社 1979 年版。李泽厚《批判哲学的批判》，人民出版社 1979 年版。
② 刘再复《论文学的主体性》，《文学评论》1985 年第 6 期、1986 年第 1 期。
③ 王朝闻主编《美学概论》，人民出版社 1981 年版。

本概论也基本上崭露出了美学实践观的萌芽，它对于后来美学概论的写作
具有范本的意义。

（五）"实践与后实践"之争

从 20 世纪 80 年代中期开始，实践美学就遭到了反对者的攻击。早在
1986 年，刘晓波就疾呼"超越理性主义"、回归"感性个体无限的生命"，
从而弹响了生命美学的激进前奏。刘小枫所倡导的"诗化哲学"所形成的
泛感性化的思潮在 80 年代也产生了重要的影响。在此之后，80 年代占据
主流的实践美学终于遭到了 90 年代"后实践美学"和"生命美学"的质
疑和反动。在学理上，"积淀说"成为了批判实践美学的"突破口"，后
来许多学者共同提出的"后实践美学"的观念引起了人们的关注。的确，
步入 90 年代，实践美学话语悄然丧失了 80 年代独有的政治和文化批判功
用，美学热也由喧嚣浮躁而日渐疲惫沉寂。特别是随着市场经济转轨，以
都市为根基的大众审美文化自下而上侵蚀蔓延，而实践美学话语却因蜗居
而失去了言说新生文化的功能。这样，曾经以"显学"自居的美学最终退
归到学术场，而同政治和社会"场域"相对疏离。正是在这种时代语境
内，后实践美学和生命美学由边缘逐渐向中心移动，并在 90 年代中后期
成为令人瞩目的思潮。后实践美学和生命美学诘问"实践"作为美学基础
的缺失，或以"人的存在——生存"本体、或以"生命活动"为核心的
审美活动、或以"基础存在论"来取而代之。① 在理论来源上，海德格尔
建构的"基本存在论本体论"对后实践美学和生命美学的影响深远，其最
基本的启示作用就在于"此在"的本体论，这启发生命美学的以存在本身
或生命本体来取代实践基石，从而实现美学根基的转换，同时，又把艺术
和审美置于该存在本体论基础上，并以此为生命美学的逻辑起点，并力图
逃逸出主客分立或者主体性哲学的先在构架。

（六）"审美文化"研究与"大众文化"批判

20 世纪 90 年代初期，随着实践与生命之争的深入，审美与文化之合
亦即"审美文化"研究也逐渐被学者们所关注。在内在层面上，审美主义
的"生命艺术化"延展为生命美学的价值取向；而在外在层面上，审美主

---

① 阎国忠《走出古典——中国当代美学论争述评》，安徽教育出版社 1996 年版，第 497 -
499 页。

义"艺术化生存方式"却成为了审美文化的核心规定，因而，审美文化就成为了"艺术与生活融为一体的文化"①。当然，这两种取向直接与20世纪80年代的"主体性张扬"和"文化的守望"相关联，但在更深层面却同二三十年代业已建基的中国审美主义传统血脉相通。更重要的是，在现实意义上，这种"审美文化"研究所反对的是将美学作为一门"玄学"进行研究，而是要美学"走下去"、"沉下去"，从而关注现实的文化现象。与此同时，随着法兰克福学派理论的引进，特别是马尔库塞"新感性"和阿多诺"大众文化"理论的译介，中国学者也开始使用西方马克思主义的理论武器来对大众文化进行激进批判，而且都采取了一种咄咄逼人的社会批判立场。随着市场经济的逐步建立，这种立场被逐渐淡化，大众文化批判也被一种更广义的"文化研究"所取代。

（七）"生态美学"与"环境美学"新思路

在1994年，中国学者提出"生态美学"概念并召开了几次大型学术研讨会，直到2007年举办到了第四届，有关生态美学的探讨成为美学界的理论热点之一。正如"生态美学"的倡导者所见："生态美学是生态学与美学的有机结合"，实际上是从生态学的方向研究美学问题，将生态学的重要观点吸收到美学之中，从而形成一种崭新的美学理论形态，从广义上来说它包括人与自然、社会及人自身的生态审美关系，是一种符合生态规律的当代存在论美学。② 这种新的美学思路是20世纪80年代以后国际生态学已取得长足发展并渗透到其他学科的结果，它在中国得到了长足的发展，从2000年底开始，中国学者们陆续出版了有关"生态美学"的一系列专著，标志着生态美学已进入更加系统和深入的探讨阶段。与此同时，在国际美学界时兴的"环境美学"和"自然美学"研究也大量被译介过来，中国学者也开始从本土文化当中发掘环境与自然美学的资源，并积极参与到与国际美学界的对话当中。

（八）"日常生活审美化"与"艺术终结"难题

步入新的世纪，最重要的美学论争的焦点就是"日常生活审美化"问

---

① 参见聂振斌、滕守尧、章建刚《艺术化生存——中西审美文化比较》，四川人民出版社1997年版。
② 曾繁仁《当代生态美学的发展与美学的改造》，见汝信主编《中国美学》（总第一辑），商务印书馆2004年版。

题，这既是受到国际学术界的"同时性"的影响，也是对当代中国的文化现实变化的积极折射。所谓"日常生活审美化"实际上就是直接将审美的态度引进现实生活，大众的日常生活被越来越多的艺术品质所充满。这个问题原本是当代欧美"文化研究"中的热点专题，迈克·费德斯通的社会学理论和沃尔夫冈·韦尔施的"审美泛化"论被广为关注。而今，审美与日常生活的联系性无疑成为了"生活美学"的历史前提。但是，在中国美学界，更多争论的是"究竟是谁的审美化"的社会阶层之争，有论者指出日常生活审美化是中产阶级文化的体现，也有论者认为这种历史趋势指向的是一直"审美民主化"。近几年以来，美国哲学家阿瑟·丹托的"艺术终结论"开始对中国美学界产生了影响，在中国对艺术终结难题的探讨有近百篇论文出现，并已有关于艺术终结的第一部本土专著出版。① 艺术终结问题的展开，始终是同两个问题相关的，一个就是"分析美学"的理论研究，另一个则是"当代艺术史"的实际发展。这也促使中国的学者更多从本土文化的角度来看待艺术终结问题，并积极参与到当代国际美学前沿领域当中，从而通过相互对话而推动这个问题在全球的发展。

三、中国美学三十年的成就与缺失

综上所述，美学这门学科在这三十年间得到了全面的发展，取得的成绩是有目共睹的，但是其中还存在着某些问题：

一是关于美学的基本原理方面，实践美学所取得的成就虽然是巨大的，也被认为是 20 世纪中国美学当中影响最大的美学学说，并曾对当代中国的思想启蒙起到过推动的作用，然而，三十多年来学者们仍然囿于"实践美学范式"在做工作，即使有所推进也是在"后实践美学"的领域内实施的，目前尚没有更新的美学模式出现。实践美学也确实在面临着两方面的挑战，一方面的确许多学者指出实践美学是建基在主体性哲学基础上的，而这种主体性思想基本属于现代性的范畴，因而实践美学需要用存在哲学抑或后现代思想的武器来加以超越，从而拯救其思想中本有的理性与感性、个体与群体之分裂；另一方面，实践美学难以对市场经济社会建立以来的社会和文化现实给出理论的阐释，特别丧失了对当代审美文化的

---

① 刘悦笛《艺术终结之后——艺术绵延的美学之思》，南京出版社 2006 年版。

解析能力。在 2004 年"实践美学的反思与展望"研讨会上，对实践美学安排了五个专题的谈论，这也可以被视为反思实践美学的缺失的五个问题："实践美学中的理性是否压倒了感性？""实践美学中的哲学是否代替了美学？""实践与生存是何关系？（总体是否压倒了个体？）""实践美学是否与当代审美文化脱节？""实践美学的问题与前景（工具与符号的关系）"。① 无论怎样，对当代中国美学思想的最重要挑战就是，如何超越原有的"实践—后实践"美学格局，同时继承中国传统美学的丰富遗产，从而走出一条"中国化"的美学思想的新路？换言之，"实践美学之后"中国的美学思想走向何方，这是尚待美学界的学者们探究的最核心问题之一。除了实践美学与后实践美学之外，当代中国美学先后在三个领域取得了突破：其一是"审美文化"的相关研究，其二是"生态美学"的研究几近形成"中国学派"，其三则是对于"日常生活美学"的研究方兴未艾，这几个新的方向都试图突破传统的美学研究范式，无论是在研究对象上（超出了传统美学研究的边界），还是研究方法上（采取了更为新颖的方法论），都将中国美学大大地向前得以推进了许多。

二是对于西方美学思想的研究，这三十年来已经取得了重要的成果，而且越来越与当前的国际美学前沿衔接了起来。众所周知，随着中国社会这三十年的改革开放，对于西方美学思想的引进、研究和借鉴也逐步走上了正轨，20 世纪 80 年代由李泽厚主编、滕守尧从事实际工作的"美学译文丛书"共出版了 51 本，并计划出版百本西方美学著作，最新备选的著作时间到了 1981 年。从语言的角度看，过去对于德文美学著作的译介得到了重视，如今随着英文成为国际性的语言，似乎从其他语种（如意大利文）角度来做相关美学研究的人们并没有将前辈的事业更好地承继下去。更重要的是，当代中国对于西方美学的整体研究还是有问题的，那就是从20 世纪中叶开始就偏重于康德、黑格尔以来的大陆哲学传统，20 世纪 80年代之后现象学、存在主义传统的美学又得到了普遍关注，即使关注英语美学也更多是对于格式塔和符号论美学颇有热情，而真正对在英美世界占据绝对主导的"分析美学"传统鲜有研究。这就是当代中国美学界西方美学研究的现状，它更加注重去借鉴具有人文主义传统的美学，而对于具有科学精神的西方美学传统却采取了拒斥态度。其中，语言问题是最为关键

---

① 这次研讨会的历史性记录，参见王柯平主编《跨世纪的论辩——实践美学的反思与展望》，安徽教育出版社 2006 年版。

的，如果说当代的盎格鲁—撒克逊美学传统关注的问题是"如何走出语言"的话，那么，当代中国美学恰恰没有经历这种"语言学转向"的洗礼，如何"走进语言"并在语言哲学的基础上来翻过身来研究中国美学，势必在将来成为新的美学生长点。

三是对于中国自身的美学传统，的确在这三十年来获得了整体考量和微观探究，如何研究中国美学的方法论也在逐渐被确立起来。可以看到，无论是对于整个中国美学通史的"通观式"的研究，还是对于个别具体美学问题和美学家思想的微观研究，这些都已经全方位得到了推动。然而，对于中国美学的研究，还有某些问题值得注意，比如，在美学思想的研究当中更多忽略了作为美学思想基础的哲学思想的研读，在中国美学研究者自身素质方面缺乏西学的修养，等等。当然，其中最重要的，就是如果突破以往的中国美学的"写作范式"。如前所论，按照"思想史"、"范畴史"和"文化史"写法的各种尝试均已经出现，许多学者都已经意识到仅仅通过思想和范畴来把握中国美学是难以体悟到其"真精神"的，所以，从审美文化、审美风尚各个角度来重写美学史的诉求越来越强烈。这种尝试对中国美学写作范式的创新尽管非常重要，但问题是，以目前的美学研究者的"胆"、"才"、"识"、"力"，确实难以将美学的"道"与"器"二者的研究完美结合起来，换言之，这些重写美学史的新的理念，难以在实施的过程当中被贯彻到底。或许，从"跨学科"的角度来看待这个问题会更加清晰，艺术史、人类学、考古学、心理学等各种学科都会为美学史提供养料，各种新旧的方法论亦可以为美学史提供新的视角。此外，由于外语的限制，如何将中国传统美学思想的精髓译介到国外去，也成为急待解决的问题。

四是当代中国美学还有一个缺失，就是对于艺术哲学的领域关注还不够。比照 20 世纪欧美美学的发展，以"分析美学"为主流的欧美美学，基本上以艺术问题作为美学研究的绝对核心，甚至就将美学直接等同于"艺术哲学"。当然，这种视野的局限已经被揭露了出来，所以，当代欧美美学也开始关注"艺术之外"的研究对象，这也就是日常生活美学、自然和环境美学在近些年来兴起的学科性缘由。然而，对照地看，当代中国美学恰恰缺乏的就是对于艺术的哲学研究，这也是美学学科在中国的特殊性使然。由于大多数的美学工作者都是属于文学系，所以，在对于美学的研究上面，文学这门亚门类往往成为了美学研究者们内心中取代"艺术"的东西，艺术哲学的研究往往就被文学理论的研究取而代之，或者说，关于文学的美学统领了关于艺术的美学。如何回到艺术，特别是回到视觉艺术或者造型艺术（欧美的美学更多关心的就是这类艺术），来进行新的美学思考，也成为了未来中国美学所要努力的方向。

最后，还有一个问题，就是"与世界对话"的问题。当代美学的研究需要警惕的是，一方面，不要像20世纪80年代早期那样，在相对封闭的条件下"闭门造车"，在缺乏学术积累和传承的基础上空洞地构建美学体系；另一方面，在而今这样的"八面来风"的历史语境当中，如何不随波逐流，找到自己的理论自足点，就显得格外重要了。当代的美学研究需要学者们更多地参与到国际美学的前沿当中，与当代国际美学研究者们积极对话，当然，这并不是要成为西方新思潮的"传声筒"，而更重要的是，在这种对话当中发出自己的、本土的声音。

总而言之，通过对于这三十年来美学学科的历史进程、研究成果、得失问题的考察，我们已经概略地对于1978到2008年"当代中国美学史"进行了一种反思性的梳理。美学这门学科，尽管目前面临着"跨学科研究"的挑战，但是最重要的历史教训，还是要回到"哲学本位"上来加以言说。这也是面临当代美学研究的两种不健康的趋势而言的：一种就是美学的"去哲学化"，在很大意义上，美学倒变成了"诗化的哲学"与"哲学的诗化"，从而降低了其学术的品格和思辨的本性；另一种，则是美学的"去艺术化"和"去生活化"，美学研究不仅超离艺术而"独在"，从而成为了"自说自话"的玄学，从而割裂了与活生生的"现实生活"的血肉关联。如此一来，在当代中国的美学研究里面，如何让美学回到——"作为哲学的美学"与"直面生活与艺术的美学"——这两半拱心石上面去，就成为紧要的问题。

当代文化语境与中国美学

萧 牧 李 雪

对于中国原生文化来说，美学是舶来品。在西方，美学是内源自生的，在中国，美学是外源引进的。美学传入中国以后的学科建设，主要是用本土的美学实践材料来阐释西方美学学科的理论。基于这样一个基本判断，高建平先生在 2004 年提出了"美学（或西方美学）在中国"与"中国美学"的区别问题。他认为，"在中国，当前美学的发展之路，就是要从'美学在中国'向'中国美学'发展"，建立不同于中国古典美学又区别于由西方传进的美学的现代中国美学。而之所以可以有不同于来自西方的美学的中国美学，主要的学术思路是文化多样性。本文就此发表不成熟的看法，就教于诸位。

一、建设中国美学应当超越"文化多样性"思路

全球化和多样性，可以看成是当代文化语境的内在悖论。文化多样性思路，首先是欧洲对美国文化霸权的警惕和反对，然后才是非西方国家反对西方文化霸权的借用工具。

李鹏程先生指出：文化多样性学说是博厄斯文化相对主义的现代版。[①] 弗朗兹·博厄斯的经典著作《原始人的心智》批评文化进化论是人种中心论，主张"进步"难于定义，强调历史的个别性和文化的复数性。[②] 文化相对主义与文化多样性主张的核心观点是认为人类有许多不同的文化，各种文化是独立的，不同的文化各自具有其独特的价值，没有好坏高低之

---

① 李鹏程《文化相对主义的意义和问题》，《中国人民大学学报》2007 年第 6 期。
② ［美］弗兰兹·博厄斯《原始人的心智》，项龙、王星译，国际文化出版公司 1989 年版。

分，应该受到同等的尊重。文化多样性理论，强调文化的不同和独立性，这便成了建立中国独立美学的理论基础。似乎是有道理的。但是从文化相对主义发展而来的文化多样性思路留给人们的疑问是，第一，对各种不同的文化是否真的不应作出任何价值判断？第二，文化除了具有多样的表现形式之外是否具有内容上的普世性？第三，博厄斯等文化相对主义者所反对的文化进化是否存在？

文化进化论者怀特和哈定等人说，博厄斯学派的文化相对主义在美国曾经统治数十年之久，这一学派反对斯宾塞、摩尔根、泰勒的文化进化论的观点。在很长一段时间里，人们似乎认为博厄斯甚至已经摧毁了进化论。但是今天，文化进化论正在复苏。① 文化进化论与文化相对主义的争论是西方文化人类学上的一桩公案。文化进化论就其现代起源上来说是对18世纪启蒙运动时期被广泛接受的社会进步思想的理论阐释而与达尔文学说的影响关系不大。因为"早在达尔文之前就已经有了对社会和文化的进化的研究。"文化进步的思想甚至可以追溯到古希腊的亚里士多德和卢克莱修。文化进化论者主张文化是进化的，以泰勒、摩尔根为代表的老一代文化进化论者认为文化作为一个整体由阶段到阶段的一般发展，而以怀特等人为代表的新一代则在肯定文化的整体进化的基础上承认各种类型的文化的特殊进化，认为这是进化的两个路径。②

文化进化论者主张文化的普世性，认为存在文化的普遍价值，而进化论者这一主张极易从人类的知识系统本身得到证明。其次，文化多样性思路所依托的文化相对主义对文化进化论的反对以为可以瓦解文化进步观念，但文化本身的进化是一种可以观察的世界现象。文化的进步不仅表现为一种文化自身的持续性，而且也表现为对其他文化的接受和融合。那么，共时性存在的不同文化是否真的不能区别高低好坏呢？"例如，非洲中部的黑人，澳洲人，伊斯吉摩人和中国人的社会理想均与欧美人不同，他们对于人类行为所给予的价值是无可比较的，一个认为好的而别个则认为不好的。"③ 这种文化等值论是经不起追问的：食人部落的文明与现代城市文明有没有先进和落后的区分？科学并不比部落神话更接近真理，而只不过是现代西方部落偏爱的神话而已吗？显然并非如此。

---

① ［美］托马斯·哈定等《文化与进化》，韩建军、商戈令译，浙江人民出版社1987年版。
② 同上。
③ ［美］博厄斯《人类学与现代生活》，商务印书馆1985年版。

　　文化多样性所主张的文化价值多元的观点，在世界文化背景下往往以文化民族主义的面貌出现，作为对抗西方中心主义和文化帝国主义的反抗话语，其价值是应当肯定的，但文化多样性思路由于其理论自身的缺陷，所以并不是一个解决中国美学建设问题的完美思路。用文化多样性思路来构建当代中国美学，将导致片面强调中国美学异质性，陷入列宁所批评的企图建立纯粹无产阶级文化的歧途。

　　而文化进化论之所以遭到文化相对主义的长期抵抗，在于文化进化论的文化优势法则和进化潜势法则很容易成为文化帝国主义推行自己文化价值，奉行弱肉强食的丛林原则的理论借口。用文化进化论作为中国美学建设的思路也有些文不对题。拉兹洛是一个文化进化论者，但在他的理论中包容了文化多样性思想，并且给予了较多的论述。① 这给我们一些启发，就是要超越文化多样性思路，不仅如此，还要超越文化进化论与文化多样性的对立。

　　我们注意到了 2005 年 10 月 20 日联合国科教文组织在巴黎通过的《保护和促进文化表现形式多样性公约》②，在这个公约中包含了文化间性的概念，但实际上，文化间性与文化多样性属于不同的理论，它们强调的重点是不同的甚至是相反的，文化多样性理论强调不同文化之间的差异性，而文化间性理论强调不同文化之间的互涉性。

　　间性理论自胡塞尔主体间性出发，经克里斯蒂娃的互文性，巴赫金的对话理论，伽达默尔的视界融合，到哈贝马斯的交往行动理论那里发展出文化间性术语。他认为"我所提出的交往行为理论和话语伦理学同样适用于处理国际关系和不同文化类型之间的矛盾，即是说，不同信仰、价值观、生活方式和文化传统之间，必须实现符合交往理性的话语平等和民主，反对任何用军事的、政治的和经济的强制手段干涉别人、通过武力贯彻自己意志的做法"。③ 也就是说异质文化之间应是平等交往对话关系。

　　"文化间性"的理论预设是共识的可能性，"共识是建立在对个性和多元性的承认之上的。真正的共识绝不会否定差异，取消多元性，而是要在多元的价值领域内，对话与论证的形式规则达成主体间认识的合理的一

---

① E. 拉兹洛《决定命运的选择》，生活·读书·新知三联书店 1997 年版。
② United Nations Educational，Scientific and Organization：保护和促进文化表现形式多样性公约［EB/OL］巴黎：UNESDOC. 2005［2009 - 8 - 12］.
③ 章国锋《哈贝马斯访谈录》，《外国文学评论》，2000 年第 1 期。

致，并将这一前提引入语言交往"①。文化间性理论以承认文化差异多样性为前提，但它并不把间性归结于差异性，这也是哈贝马斯与德里达的分歧所在。同时文化间性理论承认存在着文化的进化，并且认为交往是进步的机制。所以文化间性理论主张把在社会交往过程中应遵循的"正义原则"和"团结原则"应用到主体文化与他者文化的关系中，来保证各种不同文化通过交往对话达成理解、共存和融合。文化多样性公约把"文化间性"定义为：不同文化的存在与平等互动，以及通过对话和相互尊重产生共同文化表现形式的可能性。我们认为，文化间性理论超越了文化多样性与文化进化论的对立，可以供我们在建设中国美学的过程中作为思考的起点。

二、"美学在中国"的提法与现代中国文化认同

"'美学在中国'不同于'中国美学'"的提法，应当是受到了舒斯特曼"'美国哲学'与'哲学在美国'不同"的说法的启发。在 2002 年与高建平等人关于实用主义美学的谈话中，舒斯特曼使用了这样的说法，而且说"我们已经在'哲学在美国'与'美国哲学'之间作了区分。当我们说'中国哲学'的专家时，我们所说的，不是北大的某一位康德专家，而是儒家与道家的专家"。这里的逻辑是，美国哲学应当是美国自生的哲学，中国哲学也应是土生土长的中国货。"美学在中国"与"哲学在美国"的思想路径是一致的，它们背后隐含的则是文化认同问题，而文化认同对于现代中国更有其不容忽视的现实意义。在很多人的潜意识当中都有一个观念，就是只有中国传统文化才是中国文化。提出"美学在中国"与"中国美学"之间的区别，其思想背景应当就是是否认同自晚清以来开始转型的、不同于中国传统文化的中国现当代文化。也正是在这个意义上，"美学在中国"与"哲学在美国"的最大不同，在于它还是被当做对西方文化的反抗话语使用的。

中国传统文化是在华夏大地上独立发展起来的，作为文明源头之一的华夏文化，是与希腊文化、阿拉伯文化、非洲文化等并肩而立的。中华五千年的文化传统，有自己完备而自足的、与西方文化完全不同的体系，其

---

① 章国锋《哈贝马斯访谈录》，《外国文学评论》，2000 年第 1 期。

与西方文化的差异体现在包括语言、生活方式、人生哲学、学术形态、政治形态等各个方面。

但是，西方文化从晚明开始渗入中国，到晚清时期形成了西学东渐的潮流，特别是两次鸦片战争后，西方文化如潮水般涌入中国。中国文化开始转型，这种转型最重要的是知识体系和传播方式的改变，现代知识系统包括学科分类进入中国，改造了中国人的精神，新式学校取代了私塾，现代大众传播媒介主要是杂志和报纸兴起，现代出版业如商务印书馆出现，到20世纪头十年，西学开始转道日本输入中国，形成了西学进入中国的一个高峰。"在许多方面，康有为、严复、梁启超、谭嗣同、章炳麟、王国维等人事实上是突破性的一代；他们是真正的价值转型者和来自西方的新思想的肩负者。"① 1915年到1923年的新文化运动，在一定意义上是晚清时期西学东渐的一个总结，中国旧文化遭到前所未有的冲击批判，西方的民主和科学思想得到弘扬，打倒孔家店，欢迎德先生和赛先生，成为当时最响亮的口号，以白话文取代文言文，改良过的欧美新文化替代旧文化，空前地解放了人们的思想。新文化运动为中国现代文化举行了奠基礼，自由主义、三民主义，特别是马克思主义成为中国文化的新的建构性因素。由此我们可以看出，中国现代文化一出场就以批判传统文化、接受西方文化为基本取向，并且形成了不同于旧文化的新的文化机制。

这种新文化在中国大陆几经变迁，始终居于主导文化地位。但是在上个世纪90年代国学热中却隐然形成了对新文化的认同危机，人们的困惑在于中国当代文化的尴尬：面对西方的失语症和与传统文化的不相干，这使中国文化处于无根和失去自我的状态，产生了一个"我是谁"的问题。

我们必须用文化间性的理论来厘清对中国现代文化的认识。中国现当代文化具有建构性，这首先是对中国传统文化进行的解构，并对西方文化批判地选择，作为新文化的建构基础。异质文化的互涉性在各国各民族文化中都有体现。英国哲学家罗素在《中西文明比较》一文中写道："不同文化之间的交流过去多次证明是人类文明发展的里程碑。希腊学习埃及，罗马借鉴希腊，阿拉伯参照罗马帝国，中世纪的欧洲又模仿阿拉伯，而欧洲文艺复兴时期的欧洲则仿效拜占庭帝国。"② 比如日本文化，645年日本

---

① 王跃、高力克编《五四：文化阐释与评价》，山西人民出版社1989年版。
② ［英］罗素《一个自由人的崇拜》，胡品清译，时代文艺出版社1988年版。转引自中华孔子学会编《经济全球化与民族文化多元发展》，社会科学文献出版社2003年版。

的大化改新全面学习中国的文化与制度，除了宦官制度没有学，差不多照搬了中国的唐朝文化与制度：而1868年的明治维新又开始了文化上脱亚入欧的历程，过去被看成立国之本的儒学遭到了无情的批判。这样两次很彻底的文化改造，日本对外来文化都采取了拿来主义，为我所用，变他为我的态度，但是你既不能说日本文化是中国文化，也不能说日本文化是西方文化，尽管日本文化里充斥着中国文化因素和西方文化因素，却是道地的日本文化。在我们的中国传统文化中，儒、道、释三大主流之一的佛教来源于印度，但我们并不把它看成不属于中国传统文化，宋明理学甚至出现了儒释合流的趋向。中国文化对西方也存在巨大影响。从科学技术上看，包括中国的四大发明在内的技术，对世界都产生了巨大影响，推动了世界文明的进程。从政治制度上，欧洲人当提到文官选拔制度时，都认为它是来源于中国，而事实上也确实是西方受到宋明时代科举制度的启发才形成了当今西方的文官选拔制度。从艺术方面看更是对西方影响不浅，从洛可可时期的华丽装饰上即可看出中国艺术对西方艺术的影响。法国东方学家保尔·瓦莱里（Paul Val6ry）更坦率地承认，“我们的艺术、我们的知识中的很大一部分，都要归功于东方。”[①] 但这些影响也并没有使西方人认为他们的枪炮制造、文官制度或艺术风格不是自己的。

纯粹的民族文化模式只有在不同文化完全隔绝的状态下才能存在。而在开放条件下，不同文化总是你中有我我中有你。

其实，新文化已经与我们须臾不可分离。离开了新文化，我们甚至不会说话，不会生活。熊月之先生在《西学东渐与晚清社会》这部书中指出由日本转译到中国的西学新名词的大爆炸现象，这种新名词不仅完成了对中国现代哲学社会科学人文学科话语系统的新旧转换，而且在相当程度上实现了中国日常生活话语的改造。譬如以下新名词成为现代中国哲学社会科学人文学科学术话语系统的广泛和关键的支撑点：社会、政党、政策、政府、民族、阶级、哲学、主义、思想、观念、范畴、系统、真理、知识、主体、客体、主观、客观、绝对、相对、感性、理性、具体、抽象、现象、艺术、美学等[②]我们无法想象离开这些新名词，今天的人文社会科学研究怎么搞，极而言之，甚至我们会无法思维。中国现代文化正是在西方以现代科学为代表的文化知识系统的引进改造基础上建立起来的。如果

---

① 徐淦《“中”为“洋”用：中国美术对西方的影响》，《文艺研究》2000年第6期。

② 熊月之《西学东渐与晚清社会》，上海人民出版社1994年版，第674页。

当前是"美学在中国",而不是"中国美学"的说法得以成立,那么"现代中国文化是西方文化在中国"的说法也会成立。显然,这并不符合现当代中国文化作为自成体系的文化系统的事实。

我们所面对的正是芬伯格指出的现代性的悖论,"现代性是一个悖论式的概念。一方面,它显然是指现代科学技术、各种民主政体和城市化等事物的普遍完成。……还有另外一种关于现代性的文化观念,在这种观念中,现代性是西方传统,更明确地说是美国文化这一特殊传统的表达方式。"①

对现代性最严峻的批判来自以爱德华·W. 萨义德为代表的后殖民主义文化批判理论,这种理论认为:第一,存在着西方与非西方文化的本质差别,西方统治东方。"人们对于西方与非西方之间的边缘地带间的地理的和文化界限的感觉与认识非常强烈,我们甚至可以认为这些边界是绝对的。……'东方'、非洲、印度、澳大利亚为欧洲所统治,尽管那里住着不同人种的人。""西方对非西方世界的大规模统治现在已经是为人们所接受的历史研究的一个分支了。现在,就其研究范围而论,已是全球性的了。"② 第二,西方对东方的文化统治是与文化普世价值的语境相结合的,这种结合依靠的是西方殖民者的权力。"帝国的巨大地理疆域,特别是英帝国的,与正在普遍化的文化语境已经结合在一起。当然,是权力使这种结合成为可能。""最主要的是统治他们(其他文化——引者)的能力。这一切又产生了所谓对土著的'职责',在非洲或其他地方为了土著的利益或者为了祖国的'声誉'而建立殖民地,这是文明人的使命措辞。"③第三,西方对非西方的文化统治方式是多途径传播宗主国文化,使其渗入殖民地的日常生活和意识形态。"统治不是静止不动的,而是以许多方式传播宗主国的文化。在帝国的领域,统治对日常生活的细节的影响的研究只是现在才开始。一系列较新的研究描述了帝国的主题是如何编进了大众文化和小说结构中或历史、哲学和地理的语境中去。"④ 后殖民主义文化批评是以文化相对主义为理论后援的。这种批评揭示了西方世界在后殖民时期对非西方世界推行文化帝国主义政策所导致的文化殖民。这种理论在

① 安德鲁·芬伯格:《可选择的现代性》,陆俊、严耕等译,中国社会科学出版社2003年版。

② 爱德华·W. 萨义德:《文化与帝国主义》,生活·读书·新知三联书店2003年版,第150—151页。

③ 同上,第151页。

④ 同上。

中国引起了共鸣，但是显然存在理论适用上的错位。因为中国现代文化虽然向西方学习，却又是建立在对西方现代性批判的基础上的，是作为西方资本主义的批判者出现的，并不属于后殖民范畴。套用后殖民话语来解读中国现当代文化是于理不通的。后殖民主义文化批判的西方与非西方二元对立思维也难于避免在拒斥西方文化霸权的同时滋养非西方国家的文化民族主义、文化孤立主义。这是中国的文化建设应当避免的误区。所以，超越后殖民主义文化批评是建设中国美学所必需的。

中国现当代文化尽管以文化自我批判的立场，吸取了西方先进文化为我所用，但就其文化形态来看仍属于中国文化的创造性发展，如果我们在这一点上基本认同，就可以解决现在在中国存在的美学是"美学在中国"还是"中国美学"的问题。尽管当代中国美学是学习西方的产物，尽管它的学理依据是德国和俄国舶来的马克思主义，但是它已经中国化了，已然是中国美学。文化间性理论寻求共同的普世的文化价值，我们进一步认为，从这个意义上说，区分美学在中国和中国美学是没有意义的，当前的问题不是要"建立现代中国美学"，而是在已有的现代中国美学基础上如何进一步发展它。

三、中国美学发展以中国文化生态建设为根基

中国现当代美学如何发展？

这里的问题首先是出发点问题。高建平先生主张：中国美学的建设，"更重要的是当代中国人的审美与艺术实践所提出的理论要求。中国美学必须在这个基础之上建立起来"。他认为个案分析固然重要，"但我们不能没有理论前提，我们无法凭空从个案研究中生长出理论来。我们需要做的是把理论放到实践中去检验，在检验中发展理论，而不是离开已有的理论而走向单纯的对艺术品的体验。"[①] 但是有两点似乎需要澄清，第一，作为中国美学建立的基础的"当代中国人的审美与艺术实践所提出的理论要求"是什么？其实，如果我们保持观察立场的一致，就可以看到，中国现当代的审美和艺术实践和中国美学一样，所面临的是西方作为他我在自我中的存在。所以这种实践提出的问题只能是中国和作为他我的西方的间性

---

① 高建平《文化多样性与中国美学的建构》，《学术月刊》，2007 年第 5 期。

问题。第二，我们"已有的理论"是什么？如果是指我们已经有了自己的美学理论，显然与高先生所说的现在是"美学在中国"的基本判断有自相矛盾之处，因为这个判断告诉我们，我们还没有属于自己的理论，而在这里却又主张从已有的理论出发。那么这个"已有的理论"的答案只能是高先生先前看成是"美学在中国"的那个中国美学。

所以，无论如何提出问题，中国美学发展都会转换成当代与传统，中国与西方的问题。中国美学的发展要面向未来，必须参与与世界各国文化的对话，也就是说要从文化间性出发，这是我们的必经之途。但是这种对话不仅要面向世界各国，也要面向中国传统文化。"通过美学上的国际对话，我们一方面可能了解当代国际美学的新的成果，另一方面，也可以在一种对话的语境中重新省视我们自身的文化遗产，建设我们自己的具有当代性的理论。"① 这也是高建平先生主张的。

首先是直面中国当代文化语境，从现当代已经形成的文化出发。如前所述，虽然我们的现当代文化接受了许多外来的因素，但它并没有被其他文化所同化，而是形成了一个新的整合的文化。其群体和社会借以表现其文化的形式是独特的，具有中国特色的。文化模式，按照美国学者本尼迪克特的观点，是指各种文化特征相协调并表现出整体特质的整合状态，一种文化模式就是这种文化的诸成员所能普遍接受的长期存在的文化结构。② 晚清以后开始转型的中国现当代文化，无疑具有此种特征。也就是说我们如今的文化已经形成了含有西方和东方因素的新的文化模式。我们要发展中国美学，不应该是另起炉灶，而是在这个语境下，在我们如今的这个文化的基础上，深入研究我们当前的美学实践来发展具有中国特色的、已经被现代化的东西。不能否定我们现在的语境去建立所谓纯粹的中国美学，而只能发展现代的、具有中国特点的美学。

中国文化现在的状况是不能回头，因为我们无法离开当代文化语境，也不能抛开转型后的现当代文化，我们已经走不回去了，只能往前走。但是，这并不等于说，可以对传统文化采取简单否定的态度。在这一点上，新文化运动是可以检讨的，作为文化创造活动，新文化对传统文化的解构是必需的，因为与遭遇的资本主义文化相比，中国带有封建性的传统文化整整落后了一个时代。但是从一元整体的文化观出发对传统文化简单地采

① 高建平《文化多样性与中国美学的建构》，《学术月刊》，2007 年第 5 期。
② 露丝·本尼迪克《文化模式》，华夏出版社 1987 年版，第 35－44 页。

取不加分析地弃之不用的态度，则带来了林毓生所说的"中国意识的危机"和古今中外之争的连绵不绝。如此，今天我们仍需要以现代思维方式和知识视野来回望中国传统文化，对中国传统文化梳理研究，并进行现代整合与话语转换。在这个意义上，我们赞成高建平先生的批评："在学术圈里，一些中国美学家们目前所做的事是，努力整理一些传统的中国美学概念，例如'气'、'韵'、'骨'等等，并将之与一些西方美学概念并置在一起，形成一种中国传统概念与西方美学概念并置而混合的状态。这种并置状态实际上并不能构成理论的体系，而只是一些美学的教学体系而已。"① 这种工作是表面化的，对与中国现代美学发展并无大的助益。我们应当做的是：从我们现有的美学体系出发，去重新省视我们自身的文化遗产，不仅要去审视和发掘中国传统文化的现代价值究竟在何处，还要进行传统文化的现代话语转换，这需要一些很扎实的工作，像"礼"、"乐"、"气"、"骨"这样一些概念是完全与中国现代美学体系不相衔接的，你不能拿来直接贴在中国现代美学体系上。所以需要我们在范畴转换上下一番真工夫，在古今之间做很好的连接。

在全球化背景下，中国美学的进一步发展仍然是和中国现代文化发展对全球化的回应联系在一起的。只有建立起良好的文化生态，才有可能发挥出中国美学的生命力和创造力。

建设生态文化是以文化开放和文化间性为前提的，中国未来的文化选择，应当以多维的价值思考为基本方式，继续坚持文化开放态度，对不同源的文化成分兼容并蓄。当然不能排除在文化选择上要趋利避害。必须打破文化迷信，对于无论是传统的还是西方的及其他的文化持以批判的目光，进行有选择的汲取。但是无论如何只有兼容并蓄才能趋利避害，形成"生态共荣"。单一的文化缺乏避害能力，也缺乏自我批判自我反省能力，它所生成的是马尔库塞所批评的单向度的社会和单向度的人。"生态文化"则由于多种文化因素的杂交、互惠共生，从而产生强大的抗害能力。丹尼尔·贝尔曾经批评资本主义文化，认为在资本主义经济技术体制、政治模式和思想领域存在内在矛盾，经济上的效率原则、政治上的平等原则和思想领域的"反制度化"相互敌对。② 但是，在我看来，这种内在矛盾特别

---

① 高建平《全球化背景下的中国美学》，《民族艺术研究》，2004 年第 1 期。
② ［美］丹尼尔·贝尔《资本主义文化矛盾》，赵一凡译，生活·读书·新知三联书店 1989 年版。

是思想领域的反体制性，恰恰提供了资本主义内生的批判精神，从而使资本主义通过自我批判有自我修正和生长的可能。所以，文化生态不是要求文化因子的单一性或无矛盾性，而是要求狼和羊保持生态平衡的多样性的统一。

多种文化因子的生态共荣才能对中国美学提供广阔的生长空间和强力的文化支撑，从而焕发中国美学的活力。

认识论·实践论·本体论

——论当代中国美学研究思维方式的嬗变与发展

张 伟

中国当代美学从 20 世纪五六十年代的美学大讨论开始，经过 80 年代的"美学热"的传播，再到 21 世纪初实践美学和后实践美学的论辩，在当代美学家们的共同努力下，通过对西方现代美学的学习、吸收和消化，以及通过对中国古典美学的当代转型的尝试与努力，已经形成了世界性影响的学科，在前两届世界美学大会上可以听到中国学者的声音和 2010 年将在北京召开的世界美学大会就是明证。在这六十来年的时间里，当代中国美学研究的思维方式也发生了重大的变化，经历了从认识论美学到实践论美学，再到本体论美学的嬗变。这三种美学研究思维范式的转换说明人们对美的理解正在发生根本性的变化，体现了我国当代美学研究的深化与发展。

一、认识论美学开创了当代中国美学新格局

中国当代美学的开端是从 20 世纪五六十年代展开的美学大讨论开始的。1956 年朱光潜先生通过接受马克思主义唯物论的学说，在《文艺报》上发表了自我批判文章《我的文艺思想的反动性》，文章中把他美学思想的发展与对克罗齐的认识紧紧联系在一起，认为自己过去的美学思想"是从根本上错起的，因为它完全建筑在主观唯心论的基础上"。[①] 他逐渐转向了马克思唯物主义认识论的立场，在《美学怎样才能既是唯物的又是辩证的》一文

---

① 《朱光潜先生美学文集》第三卷，上海文艺出版社 1983 年版，第 4 页。

中，明确地提出：美感的对象是"物的形象"而不是"物"本身。"物的
形象"是物在人的既定的主观条件的影响下反映于人的意识的结果，所以
只是一种知识形式。就其为对象来说，可以把"物"称为"物甲"或者
"物乙"，物甲是自然物，物乙是自然物的客观条件加上人的主观条件的影
响而产生的"物"。① 后来他的美学思想经过发展，得出结论："美是客观
方面某些事物、性质和形状适合主观方面意识形态，可以交融在一起而成
为一个完整形象的那种特质。"② 从这里我们明显可以看出，朱光潜先生
在这里更多地是从认识论方面来讨论美学问题的，我们还可以看出他的一
系列观点逐步由唯心主义认识论转向了马克思唯物主义认识论。

与此同时，蔡仪、贺麟、黄药眠等人在《文艺报》和《人民日报》
等报刊发表了对朱光潜先生美学思想的批判文章。蔡仪先生认为美学应该
属于关于美的存在和美的认识的关系及其发展法则的学问，美在于客观的
现实事物，现实事物的美是美感的根源，也是艺术美的根源。从这种认识
论的方法论出发，蔡仪先生把美学分为讨论美的存在的美论、讨论美的认
识的美感论与讨论美的创造的艺术论。

我们知道李泽厚是实践美学的代表人物，但是，在 20 世纪 50 年代，
李泽厚的实践美学还是遵循认识论路线的。为了超越蔡仪先生的客观认识
论美学和朱光潜先生的主观认识论美学，他在前苏联美学的影响下开创了
中国的实践论美学。他提出美是客观性与社会性的统一的观点，认为"美
是客观的。这个'客观'是什么意思呢？那就是指社会的客观，是指不依
赖于人的社会意识，不以人们的意志为转移的不断发展前进的社会生活、
实践"③。李泽厚虽然强调的是美的客观性和社会性，但实际上他还是从
客观认识论的立场上来强调实践而没有从真正的本体论立场上来规定实
践，并没有把实践赋予本体地位。他明确主张："美学科学的哲学基本问
题是认识论问题"，"美是第一性的，基元的，客观的；美感是第二性的，
派生的，主观的。承认或否认美的不依于人类主观意识条件的客观性是唯
物主义与唯心主义的分水岭。"④

尽管 20 世纪五六十年代的美学大讨论的美学研究出发点是认识论的

---

① 《朱光潜先生美学文集》第三卷，上海文艺出版社 1983 年版，第 34 页。
② 同上，第 71 - 72 页。
③ 李泽厚《美学旧作集》，天津社会科学院出版社 2002 年版，第 94 页。
④ 李泽厚《论美感、美和艺术》，载《哲学研究》1956 年第 5 期。

路线，但是我们应该肯定由朱光潜、蔡仪、李泽厚等人参加的美学大讨论推动了美学学科的普及与发展。当时的美学大讨论在《文艺报》、《人民日报》和《光明日报》等报刊连续发表不同观点、不同学说的文章，在批判者与被批判者之间展开了相互的批判和论争。据不完全统计，在长达近十年的讨论中，参加讨论专家学者达数十人之众，发表各种观点的文章达数百篇之多。这个时期，美学问题成了全国人民讨论的热点话题和关注的焦点。虽然参加争论的各个派别的人的思维方式是以认识论为前提的，我们还是应该肯定地说认识论美学开创了当代中国美学的新格局，为当代美学发展奠定了重要的理论基础。

二、实践论美学推动中国当代美学走向新阶段

中国当代美学从 1978 年讨论"共同美"问题，到朱光潜先生于 1979 年在《文艺研究》第 3 期《关于人性、人道主义、人情味和共同美问题》文章的发表，开始了新的发展阶段。同年，中国社会科学院哲学研究所美学研究室编辑出版了大型丛刊《美学》，中国社会科学院文学研究所文艺理论研究室也编辑出版了《美学论丛》丛刊。蔡仪先生在《美学论丛》上发表了《马克思究竟怎样论美？》的一文，文章批判了实践美学的观点，并从"美的规律"角度阐述了自己的理论主张。蔡仪先生文章一经发表，立刻引来许多的反驳文章，形成了新时期以来的又一场美学争论。

朱光潜先生在 20 世纪 80 年代的美学研究明显转向了实践论美学，体现了 20 世纪 80 年代中国美学从认识论美学向实践美学过渡的特征。进入 80 年代，朱光潜先生仍坚持"美是主观与客观相统一论"的观点，但是，在后来在论争中，朱光潜先生逐渐摆脱了认识论立场，吸收了马克思关于"精神生产"和"生产劳动"思想，把审美当做一种特殊的实践即艺术生产活动，认为美是人在生产实践过程中既改变世界从而也改变自己的一种结果。他将自己的美是主客观统一说与马克思的实践论相结合，形成他晚期的实践论美学理论体系。

这时期李泽厚先生的实践美学观点发生了很大的变化。如前所述李泽厚先生在 20 世纪五六十年代主要是从物质生产的实体和认识论路线出发来理解实践的。到了 20 世纪 80 年代，李泽厚先生通过对康德主体性思想的吸收，突破了认识论的框架，强调了实践的本体特性，形成了他的"主

体性实践哲学"。李泽厚先生对"主体性实践哲学"的强调，摆脱了认识论中对客体的依赖性，肯定了实践的主体性，为审美的主体自由开辟了道路，显示了实践美学的巨大活力。

在实践美学形成和发展过程中蒋孔阳先生的美学思想是十分重要的组成部分。他是从审美关系的角度来界定美学的："美学应当以艺术作为主要对象，通过艺术来研究人对现实的审美关系，通过艺术来研究人类的审美意识和美感经验，通过艺术来研究各种形态和各种范畴的美。"① 蒋孔阳先生扩展了实践观点创造的内涵，认为审美的实践活动主要是一种精神创造性活动，由此，建构起他的"实践—创造美学"的观点，提出了"美是人的本质力量对象化"命题。

除了朱光潜、李泽厚、蒋孔阳外，刘纲纪、周来祥等人也都是实践美学的倡导者，他们撰写了许多实践美学的文章，形成了广泛的影响。

作为中国当代美学重要流派之一的实践论美学突破了认识论美学重物不重人和二元对立思维的局限，用马克思主义的实践观点阐释人类的审美活动，一方面强调了人的主体性，使人得到了不同程度的解放，另一方面强调了审美的主客观统一的创造过程，推动中国当代美学走向新阶段。

三、本体论美学成为当代中国美学不同学派的共同走向

中国知识分子在 20 世纪 80 年代末期经历了一场巨大的政治风波，当代中国美学界受到了重创，在被中央政府点名的 12 名知识分子中就有李泽厚、高尔泰、刘再复和刘晓波四位人士，被点名的学者占其他学科知识分子的三分之一，此后，中国美学界进入了一个缄默期。

在世纪之交，中国当代美学又进入了一个相对活跃的时期，突出的标志就是出现了实践美学和后实践美学之争。这场争论表明当代中国美学研究的思维方式由 20 世纪末实践论美学思维方式取代了认识论美学思维方式以后，转向了本体论美学思维方式。

1994 年杨春时发表批判实践美学的文章并提出建立超越美学即所谓"后实践美学"的构想。杨春时针对实践论美学的理性主义倾向，强调要对个体的存在与活动的丰富性给予足够的重视，提出以"主体间性"为其

---

① 《蒋孔阳全集》第 3 卷，安徽教育出版社 1999 年版，第 40 页。

本体论基础来建构他的"生存—超越美学"。这种美学主张从生存出发，把审美当做超现实的生存活动和解释活动。杨春时的"生存—超越美学"是把"生存"作为其学说的逻辑起点的："生存是哲学本体论的基本范畴基础，哲学的逻辑起点，是不证自明、无可怀疑的公理。"① "我们以生存作为美学的逻辑起点，推导出美学范畴体系和审美本质规定。"②

朱立元等人对杨春时以"主体间性"理论为核心建构的超越美学提出反批评，形成了实践美学与后实践美学的争论。面对后实践美学对实践美学的质疑，朱立元认为实践美学至今并未过时，但是实践论美学要突破以求知为目标的认识论美学的束缚，跳出主客二分的认识论思维模式，现在需要人们做的是为其确立真正的实践本体论的哲学基础。③ 他认为实践原本是作为人的存在方式来理解的人生实践，这样看来，马克思主义的实践范畴本身就包含着存在论维度。他将马克思的实践论和海德格尔的存在论思想相结合，对实践论美学加以发展，形成了他的"实践存在论美学"。王德胜、陈炎等人认为实践美学作为马克思主义美学的基本框架是合理的，但需要本体论视角和个体感性价值加以改造、修正。王德胜认为，实践为美学提供了逻辑和历史两方面的本体论深度，应进一步全面根据实践的本体规定来展开和深化美学对人的问题的具体关怀，从而使美和审美既是一种"类"的价值体现，又首先是个体实践的价值根据。④ 陈炎认为需要用实践本体论来改造并完善实践美学。实践美学所要建立的本体论，要从人与自然、人与社会之间的中介环节，从实践入手而将世界重新统一起来。⑤ 他们这些人的观点被称为"新实践美学"。

一个有趣的现象是实践美学始作俑者李泽厚先生本人的思想也在不断发生变化，从坚持"工具本体"的实践论立场，转向了"情本体"的本体论立场。他从20世纪80年代末开始提出"情本体"概念，"情本体"概念的提出标志他从"工具本体"走向到"情本体""改弦更张"的转变。他认为从程朱到阳明再到现代新儒家，讲的都是"理本体"、"性本体"，这些"本体"仍然是使人屈从于以权力控制为实质的知识——道德体系或结构之下。他所提出的"情本体"，不是道德的形而上学而是审美

① 杨春时《生存与超越》，《黑龙江社会科学》1995 年第 4 期。

② 杨春时《走向后实践美学中》，安徽教育出版社 2008 年 9 月版，第 12 页。

③ 朱立元《在具体分析基础上修正"实践美学"》，《光明日报》1997 年 7 月 12 日。

④ 王德胜《"实践美学"需要发展而非"超越"》，《光明日报》1997 年 7 月 12 日。

⑤ 陈炎《"实践美学"与"实践本体"》，《学术月刊》1997 年第 6 期。

的形而上学，这表明他已经从实践论美学走向了当代本体论美学。徐碧辉在《情本体——实践美学的个体生存维度》一文中指出哲学已从认识论转向了实践论，此后，又转向了生存论。"人活着"是哲学的出发点。"为什么活"，涉及人生的意义和价值问题，是伦理学问题。而"活得怎样"，则是美学问题。哲学的追问最后走向了美学，而历史的发展也同样走向了美学。李泽厚提出的"情本体"的命题扩展了实践美学的个体生存论维度。①

通过以上的分析，我们可以看到无论是以李泽厚为代表的"实践美学"，还是以杨春时为代表的"后实践美学"，抑或以朱立元等人为代表的"新实践美学"，尽管他们的观点大相径庭，但是他们都把本体论作为其美学理论的哲学基础，只是他们对本体的理解不同而已。由此可见，由实践论美学思维方式转向本体论美学思维方式，成为当代中国美学不同学派的共同走向。

四、本体论美学应该成为当代中国美学的新视野

应当承认，本体论不是什么新的词汇，古希腊时期的哲学就是本体论哲学。从笛卡儿的"我思故我在"命题的提出导致了哲学的"认识论转向"，本体论哲学开始日趋式微。当代美学中的"生存"、"存在"、"生命"等词语倒是显得新潮而时尚，但是，我们想说的是"生存"也好，"存在"也好，还是什么"生命"等这些概念都是本体的概念，由这些概念建立起来的美学都应该属于本体论美学。

这里讲的本体论不是传统意义上的实体本体论，而是复兴了的当代本体论。这种本体论的复兴是由海德格尔完成的。他的目的是通过对"在"的把握去认识存在，即对"存在是如何存在"的问题的追问也就是追问存在的意义问题，而不是对"存在是什么"问题的追问。康德最苦恼的事情是如何"把握外在世界的实在性"的问题。海德格尔认为我不在世界之外，世界也不在我之外，两者是一体的存在。这其实就是道家的"物我同一"的状态。海德格尔以"此在"于时间的境域的展开来进行形而上学的追问"为什么在者在无反倒不在？"对"无"的追问显然是非科学的，

---

① 徐碧辉《情本体——实践美学的个体生存维度》，《学术月刊》2007 年第 2 期。

理应是哲学的问题。科学只问"在者"，哲学才能问"无"。因为"无"是科学所达不到的，所以，谈论"无"是一种智慧，也是一种人生境界。人们要谈论"无"只能用非科学的方式如哲学、美学等方式来进行。从这里他完成了从认识论到当代本体论的转换。在当下美学界，"恢复美学形而上学，重建美学形而上学本体"的呼声日盛。伽达默尔主张重建美学形而上学，在他看来，美的概念就是一个普泛的形而上学概念。当代本体论美学复兴的原因首先在于思想家们对美学的功能和性质的反思的结果。现代西方大多数美学家拒绝承认传统本体论的合法性并把对本体论的批判作为自己的任务。特别是实证逻辑主义的日益发展，使传统本体论走向了反面。维特根斯坦"拒斥形而上学"和宣告"哲学的终结"的结果反而使本体论获得了新生。在无根的时代，人们对时代精神的呼唤和对安身立命之根的追寻是本体论复兴的原因之一。人类思维经过否定之否定后，本体论的复兴是人类思维的发展和认识深化的结果。其次，人的问题再度成为美学研究的热点是本体论复兴的现实基础和理论前提。人们认识到人是与众不同的存在者，是以领悟自己的存在方式而存在着的，人以外的存在者不能意识到自己的存在。人领悟到自己的存在就是领悟自我存在的意义和价值，这就需要本体论的论证。最后，本体论的复兴说明美学研究的认识论转向以后，美学的许多问题都依赖于美的本体问题的合理解决。当代本体论复兴是美学观念的当代变革，是美学自身发展的再一次否定之否定的上升。

应该认识到，美学的本体论的问题不能一劳永逸地解决，这说明当代本体论美学也要变化和发展，即是说在不同的时代本体论具有不同的内涵，也同样被不同地加以承诺。因为随着人的思维能力的发展，美学视野也必然地会得到扩展，这就是当代本体论美学的建构。当代本体论美学是指将人的生存作为本体的承诺的理论，因为只有人的存在，才有人的世界，才有本体论美学的存在。当代本体论美学把人的生存作为本体承诺表明了"此在"的出场状态。本体是一种承诺而不是实体。与人无关的"终极"存在和"终极"解释无效。人即本体，情感、意志、烦恼、焦虑、恐惧等都曾经构成过不同的本体论前提。当代本体论美学和传统美学的区别在于传统美学以"何者存在"的追问方式去追问"在者"。因此，"在"被遮蔽和遗忘了。只有根据生存建立起来的本体论美学才是有根的本体论美学即当代本体论美学。当代本体论美学由"美的本体是什么"的追问，改变为"美的本体应是什么"的追问。前者的提问方式是科学的提问方式；后者是哲学的提问方式，这种提问方式取消了对象性的思维方式，关注的是本体的意义和价值。当代本体论美学和传统美学的区别还在于传统美学的基础是"何物存在"的本体论事实，而当代本体论美学的基础是"说何物存在"的本体论承诺。"本体论承诺"一词最早见于奎因1943 年写的《略论存在和必然性》，说一个人对语言的使用是他对之作出承诺的本体论。奎因提出本体承诺的理论体现了对本体论前提自觉的理论要求。他认为任何理论家都有某种本体论的立场，都包含着某种本体论的前提。奎因对本体论的新的理解，改变了形而上学的命运，重新确立了本体论的地位。本体论问题就是"何物存在"的问题，但是，这里有两种截然不同的立场：一种是本体论事实问题即"何物实际存在"的问题，这是时空意义上的客体存在问题；另一种是本体论承诺问题即"说何物存在"问题，这是超验意义上的观念存在问题。这样他就否定了传统本体论的概念和认识论立场上的方法，认为并没有一个实际存在的客观本体。本体问题就不是一个事实性的问题，他把传统本体论问题转换成了理论的承诺的问题。这样，本体承诺就不是一个与事实有关的问题，而是一个与语言有关的问题，是思维前提的建构的问题，因此，它也是一种承诺和悬设的问题。所以，李泽厚把"情"承诺和悬设为美的本体；杨春时把"生存"承诺和悬设为美的本体；朱立元把"存在"承诺和悬设为美的本体；潘知常把"生命"承诺和悬设为美的本体；张伟把"类"承诺和悬设为美的本体。这样，我们就可以理解为什么他们都在坚持本体论美学，但是，观点却大相径庭的原因了。

我们都是文化多元论者，在美学研究中也应该持有宽容的态度，容忍不同的见解的存在，容忍商榷和争鸣的展开。但是，无论观点有多么不同，一定要站在当代思维的高度，站在时代的前沿，去面对所研究的美学问题。这个"思维的高度"就是当代本体论美学的视野。

进入当代本体论美学视野，我们就要把美的本质和美的本体区别开来。在认识论美学和实践论美学那里把美的本质等同于了美的本体，认为本质是共相，是从内容和形式中抽取出来的共有的特性，它存在于一切事物之中。它表示事物的普遍联系，因而是事物的相对稳定的方面。与本质相对立的是事物的现象，是处于经常变异的现实中出现的实际状貌。这种本质论认为有一个决定事物存在的本质即是其所是的东西，以此与其他事物的现象相区别。当代本体论美学认为"本体"是从人的生存出发的一种目的论的思维假定，是逻辑的承诺和建构。"本体"体现了"生成"的动态性，以区别"已成"的本质规定性。精神的"本体"存在之为存在就在于它是可能存在的境遇，是一种悬设的生成。"本体"的建构是为了给人的生活世界提供安身立命之所。这样，本体论的问题就成了人与生活世界的存在的价值和意义的问题。"本体"没有本质，只有意义，其意义出现在"本体"的敞开的过程之中。美学的本质主义局限表现在：第一，美学本质主义将终极本质和现象对立起来，认为终极的存在是唯一真实的存在。这样，美的本质是真实的，而美的现象是虚假的。这是柏拉图以来的"理念论"的延续和发展。第二，美学本质主义将本质的存在和人的存在对立起来，把以人学为指归的活生生的美学存在看成了远离人和生活世界的存在。第三，美学本质主义立场追求绝对的客观性，其实在审美中这种绝对的客观性是根本不存在的。美学本质主义立场将自然的属性作为实体，这样丰富多彩的审美世界被无主体的自然宰割，这是与生存没有联系的理论体系。

我们强调当代中国美学研究的本体论美学视野并不是认为其他思维方式和方法对美学研究没有意义，在哲学上有个命题"没有本体论的认识论无效"，意思就是说所有的思维方式和方法都应该建立在本体论的基础之上，没有本体论做基础，美学的研究是缺乏理论前提的，也是没有出路的。

美学与全球化时代的新文化

彭 锋

深入发展的全球化，已经将地球变成了一个村落。不同文化之间的交往，呈现出前所未有的频繁和深入。为了适应全球化时代的新要求，我们不仅需要调整政治观念、经济观念、伦理观念，还需要调整文化观念。从近年来兴起的跨文化研究中可以看到，探寻和建设一种适应全球化时代的新文化，成为许多学者的共识。适应全球化时代的新文化是一种怎样的文化？它是否以牺牲文化多样性为代价？如何才能够形成这种新文化？如此等等问题成为今天关注文化建设的学者们思考的焦点问题。本文尝试从美学的角度切入这些问题的讨论之中，力图证明（1）美学的复兴是全球化时代的产物；（2）不同文化之间在审美上最容易形成共识；（3）这种审美共识是适应全球化时代的新文化赖以建立的基础。

———

对于全球化究竟从何时开始，不同学者有不同的看法。有学者认为全球化始于 16 世纪，有学者认为始于 19 世纪，有学者认为始于 19 世纪 70 年代至 20 世纪 20 年代之间，不过更多的学者认为始于 20 世纪 60 年代。①对于多数中国人来说，改革开放之后才感受到全球化时代的一些气息，只有到了 21 世纪之后才感觉到全球化不再是理论而是事实。加入世贸组织、成功举办奥运会、以及即将举办世博会，让中国拉近了与世界各国的距离。互联网、移动电话和出境旅游的兴起，让中国人的生活可以轻松地跨

---

① Heinz Paetzold, "Aesthetics and the Challenge of Globalization," in Ales Erjavec (ed.), *International Yearbook of Aesthetics*, Volume 8, 2004, p. 125.

出国门。鉴于中国的特殊情况，我们将有关讨论限于 21 世纪。

让我们从一些现象谈起。21 世纪的国际美学出现了一些新的动向。首先是美学的整体复兴。从 50 年代过来的美学家，对于美学由沉寂走向兴盛深有体会。基维（Peter Kivy）对于美学在 50 年代的沉寂记忆犹新，对于美学在今天的兴盛充满自豪："如果某些哲学的分支还承受着'沉寂'的绰号，那么，无论美学还是艺术哲学，都不再是其中的一员；它们获得了前所未有的兴盛发达。……如果让任何一位出版商在（比如说）1959 年来考虑一套哲学指南系列读物，我敢肯定美学指南不会包括在该计划之内。但今天，不包含美学指南的这种计划是不可能被考虑的。"①通过这种对比可以发现，美学由哲学学科中的丑小鸭变成了白天鹅。其次，美学由欧美中心走向了全球，成为了真正的国际美学或者全球美学。从 1913 年举办第一届世界美学大会算起，迄今已经举办了 17 届大会。前 14 届有 13 届在欧洲举办，只有一届在加拿大的蒙特利尔举办。考虑到蒙特利尔的主要语言是法语，虽然它在地域上属于北美，在文化仍然属于欧洲。因此，可以毫不夸张地说，那时的国际美学实际上就是欧洲美学。但是，进入 21 世纪之后，情况有了根本性的变化。2001 年第 15 届世界美学大会的举办地是日本东京，2004 年第 16 届世界美学大会的举办地是巴西里约热内卢，2007 年第 17 届世界美学大会的举办地是土耳其的安卡拉，2010 年第 18 届世界美学大会的举办地是北京。世界美学大会有长达 10 年时间没有在欧洲举办，这让不少欧洲学者感到大为震惊。这种现象从一个侧面反映美学从欧洲中心走向了世界各地。

全球化导致美学由欧洲中心走向世界各地比较容易理解，世界美学大会举办地的变迁就能很好地说明问题。据舒斯特曼（Richard Shusterman）的观察，全球化之所以导致美学的欧洲中心解体，原因在于出现了两种新倾向：第一，全球化使得英语的地位不断上升，进而使得英美美学变得更为重要。第二，中国和日本等亚洲国家的美学家有一种强烈的要求，"要复兴他们自己的美学理论传统和艺术实践传统。他们不再认为美学一定首先就是西方美学，不再认为最好的艺术一定首先是西方艺术。尤其有趣的是，许多开明的西方艺术理论家和美学家正在得出同样的结论，他们开始越来越欣赏亚洲的艺术，越来越承认亚洲美学理论的价值了。"尽管这两

---

① Peter Kivy, "Aesthetics Today", in Peter Kivy（ed.）, *The Blackwell Guide to Aesthetics*（Oxford: Blackwell, 2004）, p. 4.

种倾向有些相左，但它们"都体现了传统的欧洲大陆美学的旧有霸权在衰落"。①

　　如果说全球化时代美学摆脱欧洲中心的现象比较容易理解的话，为什么会出现美学的兴盛就不那么好理解了。艾尔雅维茨（Ales Erjavec）有一种看法，能够较好地解释这种现象。在艾尔雅维茨看来，美学之所以在全球化时代兴盛起来，原因在于全球化导致的政治格局、经济形式和社会形态，与美学自身的特性非常吻合。艾尔雅维茨援引哈特（Michael Hardt）和奈格里（Antonio Negri）等人的说法，认为经济全球化必然导致民族国家强权的衰落，代之而起的是一种新的强权形式，一种新的帝国的诞生。这种新的帝国或强权形式，不再建立在单个民族国家的基础上，因而失去了中心。全球化时代的"强权已经采取了新的形式，由依据唯有追求真理的逻辑联合起来的一系列国家组织和超国家的组织组成。这种新的全球形式的强权就是我们所说的帝国。……美国没有形成帝国主义工程的中心，今天任何民族国家都不可能形成帝国主义工程的中心。帝国主义终结了。任何国家都不可能以现代欧洲国家曾经扮演的方式成为世界的领导者"。② 艾尔雅维茨等人关于全球化时代政治格局的构想，与哈贝马斯（Jürgen Habermas）寻求超越民族国家的政治共同体一致，③ 代表全球化时代政治构想的一种趋势。美学学科的开放性和非霸权性，与全球化时代的去中心倾向相适应。艾尔雅维茨指出："如果数十年前美学还是艺术哲学和美的哲学的话，那么今天它已经转变成了一个各种平行的理论话语共存的广大领域。美学今天显然不再被视为一种霸权，而是某种东西的'第二特性'，无论这个东西的'第一特性'是什么，无论它是艺术史、比较文学、解构主义、批评理论、艺术社会学、文化研究，还是音乐学、舞蹈理论。就像今天的帝国那样，美学也失去了中心，或者具有诸多不同的中心。"④ 正因为美学没有中心，没有严格的限制，因此它可以包容众多不同的理论。就"第一特性"来说是艺术史的东西，就"第二特性"来说可以是美学，

---

　　① 彭锋《实用主义美学的新视野——访舒斯特曼教授》，《哲学动态》2008 年第 1 期，第 66 页。

　　② Michael Hardt and Antonio Negri, *Empire* (Cambridge, Mass.: Harvard University Press, 2000), p. xii - xiv. 转引自 Ales Erjavec, "Aesthetics and/as Globalization: An Introduction," in Ales Erjavec (ed.), *International Yearbook of Aesthetics*, Volume 8, 2004, p. 5.

　　③ 参见哈贝马斯《超越民族国家?》，载贝克等《全球化与政治》，王学东、柴方国等译，中央编译出版社 2000 年版。

　　④ Ales Erjavec, "Aesthetics and/as Globalization: An Introduction," p. 7.

就"第一特性"来说是文化研究的东西，就"第二特性"来说也可以是美学，尽管艺术史与文化研究截然不同。换句话说，由于美学在"第一特性"上没有任何确定的所指，或者说由于美学实际上只是一个"空的能指"（empty signifier），因此它可以包容许多不同甚至冲突的理论。就像全球化时代失去中心的政治共同体一样，由于它不再建立在单一的民族国家的基础上，因此任何民族国家都可以囊括进来，不管它们之间存在多大的不同甚至严重的冲突。由此，我们就不难理解美学为什么会在全球化时代兴盛起来，因为全球化时代的政治、经济和文化需要像美学一样的开放性和包容性。换句话说，美学可以培养出全球化时代所需要的那种开放性和容忍力。如果真的是这样的话，美学学科的不确定性，或者长期以来人们对美学学科的合法性的质疑，在全球化时代就不再是它的缺点，而是它的优势。因为"作为不同甚至冲突的知识和理论话语领域的一个充满分歧的集合体，美学只有在它不被严格界定的时候才有可能。尽管它携带的普遍意义比较模糊，但正是这种特征让它可以成为一个全球概念。而且，任何严格定义都不仅让美学变得僵化，而且无视了这个事实：美学不再是'哲学大厦中的一部分'，……而是一种横向知识，不仅忽略了传统的学科划分，而且忽略了文化差异，特别是后者在今天显示了它的多产本性"①。根据艾尔雅维茨，在全球化时代，美学之所以变得多产而富有活力，关键在于它可以忽略文化之间的差异。

二

　　如果真如艾尔雅维茨所言，美学可以忽略文化差异，那么美学就可以为建设全球化时代的新文化作出贡献。现在的问题是：为什么美学可以忽略文化差异？我想其中一个重要的原因在于，具有不同文化背景的人们在审美上最容易达成共识。正是这种审美共识，是全球化时代的新文化赖以建立的基础。

　　审美与个人趣味有关，是一个最难形成共识的领域。康德将审美判断确定为反思判断，以区别于认识活动中的规定判断。所谓规定判断是从一般到特殊的判断，它是认识判断的典型形式。反思判断是从特殊到一般，

---

① Ales Erjavec, "Aesthetics and/as Globalization: An Introduction," p. 8.

它是审美判断的典型形式。由于没有事先确定的概念和准则可以依循，因此反思判断是完全自由的。① 事实上，即使审美有了确定的标准，人们也不会拿它们当真，因为对标准的违背不会造成严重的后果。在其他领域中，违背标准，就有可能受到公众的谴责，甚至遭到法律的惩罚。由于在审美判断问题上，既没有抽象的标准，也不会因违背标准而产生严重的后果，因此就可以充分展示个人的偏爱。所谓审美共识，既不可能，也无必要。然而，正是这种宽松性，使得具有不同文化背景的人们在审美判断上容易达成共识。我们可以套用康德的特殊修辞，将审美共识称之为建立在无共识基础上的共识。

当我们说审美判断难有共识的时候，这种说法只是适合于某种文化共同体内部。在任何一个文化共同体内部，在审美判断问题上受到的制约都最小。借用康德的经典说法，审美判断是无功利、无概念、无目的的。由于没有功利、概念、目的的限制，在审美判断上就很难达成共识。共识往往是限制的结果。不同的文化之所以呈现出不同的特征，原因在于它们的限制不同，依据限制而形成的内部共识不同。文化多样性，实际上是限制的多样性，内部共识的多样性。在某个方面限制程度越大，内部共识越强，体现出来的文化风格或差异就越明显，不同文化之间要在这个方面达成共识的难度就越大。换句话说，在同一文化内部共识越强的方面，在不同文化之间就越难形成共识。现在的问题是：我们能否反过来说，在同一文化内部共识越弱的方面，在不同文化之间就越容易形成共识？当前国际美学和艺术领域中的潮流，在某种程度上支持这种判断。无论在美学研究还是艺术创作领域，人们发现，具有不同文化背景的人们在审美判断问题上最容易达成共识。

1994－1997 年，科马（V. Komar）和梅拉米德（A. Melamid）实施了一个名为"人民的选择"（The People's Choice）的系列绘画项目。他们雇佣民调机构来调查人们对艺术的偏好，范围涉及亚洲、非洲、欧洲和美洲十多个国家。调查的结果显示，全世界人民在审美判断上具有惊人的一致性：最受欢迎的颜色是蓝色，其次是绿色；具象绘画比抽象绘画更受欢迎；最受欢迎的画面构成要素有水、树木和其他植物、人物（尤其喜欢妇女和小孩，同时也喜欢英雄人物）、动物（尤其是大型哺乳动物，包括野

① Immanuel Kant, *Critique of Judgment*, translated by Werner S. Pluhar (Indianapolis: Hackett Publishing Company, 1987), pp. 18 – 19.

生的和驯化的在内）。从科马和梅拉米德以民意测验数据做指导画出来的作品中，我们可以看到，全世界人民喜欢的风景画似乎出自一个原型，即东非那种散落树木的草原景观。①

　　一些在不同文化圈中生活过的人也发现，具有不同文化背景的人们在审美上的差异并没有想象的那么大。首先，爱美之心人皆有之，不同国家、不同文化圈中的人们都爱美。正如威尔什指出的那样，"所有文化都看重美，所有人都看重美的事物，对美的赏识是普遍的。"② 其次，尽管不同文化对何物为美的看法有所不同，但是，"的确存在某些有关美的鉴赏的普遍范型，某些审美偏爱对于在任何文化中生活的人们都有效，对于与这些范型相符合的事物，所有人都会将它们评价为美的。"③ 根据威尔什的观察，全世界人民在自然风景、人体、艺术等方面的审美判断上，并没有多大的差异。就自然来说，都喜欢草原景观；就人体来说，都喜欢身材匀称、五官端正、皮肤光洁、头发浓密而有光泽；就艺术来说，都喜欢具有惊人之美的作品，如泰姬陵、蒙娜丽莎、贝多芬的第九交响曲等等。④ 有鉴于此，威尔什主张人类对于美的赏识具有普遍性。我们将这种普遍的美的赏识称之为审美共识。

　　人类为什么会形成美的共识？对于这个问题，今天有不少美学家喜欢从进化心理学、脑神经科学、认识论等方面来寻求理论支持。在一些超文化美学（transcultural aesthetics）家看来，⑤ 人类的审美共识具有遗传学上的基础。人类对美的偏爱在二百万年前的更新世（Pleistocene）时期就已经形成，有关信息保存在人类遗传基因之中。人类之所以偏爱东非草原景观，原因在于人类最初是在东非大草原上由类人猿进化为人的，人类对美

　　① 关于科马和梅拉米德的方案的评论，见 Dennis Dutton, "Aesthetics and Evolutionary Psychology," in Jerrold Levinson (ed.), *The Oxford Handbook of Aesthetics* (Oxford and New York: Oxford University Press, 2003), pp. 697 – 698; Lev Kreft, "The Second Modernity of Naturalist Aesthetics," *Filozofski Vestnik*, No. 2 (2007), pp. 83 – 98.

　　② Wolfgang Welsch, "On the Universal Appreciation of Beauty," in Jale Erzen (ed.), *International Yearbook of Aesthetics*, Volume 12, 2007, p. 6.

　　③ Wolfgang Welsch, "On the Universal Appreciation of Beauty," p. 7.

　　④ Wolfgang Welsch, "On the Universal Appreciation of Beauty," pp. 7 – 10.

　　⑤ cross – cultural aesthetics, transcultural aesthetics, intercultural aesthetics 这三个英文术语在汉语中都译为跨文化美学，考虑到它们之间存在某些细微的差别，我将 cross – cultural aesthetics 译为跨文化美学，将 transcultural aesthetics 译为超文化美学，将 intercultural aesthetics 译为文化间美学。关于这三个英文术语的辨析，见王柯平《走向跨文化美学》，中华书局 2002 年版，第 100 – 101 页。

的偏爱受到当时生存环境的影响。①

三

但是，一些多元文化论者担心，强势的普遍论会给某些非主流文化造成压力。为了避免这种压力，超文化美学近来有向文化间美学（intercultural aesthetics）发展的趋势。与超文化美学单纯追求审美共识不同，文化间美学在追求审美共识的同时，又力图保持审美多样性。如何能够做到既追求共识又保持多样呢？对于文化间美学来说，尽管审美共识依然十分重要，但不像超文化美学家主张的那样，这种共识是事先决定了的（比如，由遗传基因决定了的），而是一个尚未实现也许也无法实现的乌托邦。换句话说，审美共识，是具有不同文化背景的人们共同追求的理想，而不是现在或过去的事实。② 鉴于这种理想是无法实现的，因此它依然可以庇护审美判断的多样性。如果说后现代美学注重审美判断的多样性，超文化美学注重审美判断的普遍性，文化间美学注重的就是某种能够包容多样性的普遍性。

这种包容多样性的普遍性是如何可能呢？首先，让我们假设审美判断中的普遍性或者审美共识体现的是众多审美趣味中的一种。比如，审美共识欣赏红色，审美多样性欣赏蓝色、黄色、绿色等等。在这种情形下，如果说对审美共识的追求会导致审美多样性的丧失，就一定意味着一个人由喜欢蓝色等颜色改变为欣赏红色之后，就不再欣赏蓝色等颜色了。科恩（Ted Cohen）正是在这种意义上来论证没有必要改变趣味，因为一旦一个人由欣赏比如说流行音乐改变为欣赏古典音乐之后，他就不再欣赏流行音乐了，从前从流行音乐中获得的乐趣就为从古典音乐中获得的乐趣所取代了，就最终获得的都是乐趣来说，花费时间和精力去追求这种"取代"毫无必要。③ 现在的问题是：如果一个人欣赏红色之后仍然可以继续欣赏蓝色等颜色，那么就可以证明对普遍性的追求并不以牺牲多样性为代价，花

---

① Dennis Dutton, "Aesthetics and Evolutionary Psychology," p. 698.

② 关于审美普遍性作为理想而不是事先的标准的论述，见 Liliana Coutinho, "On the Utility of an Universal's Fiction," conference paper of "Gimme Shelter: Global Discourses in Aesthetics" (Amsterdam, 2009).

③ 具体论证，见 Ted Cohen, "The Philosophy of Taste: Thoughts on the Idea," in Peter Kivy (ed.), *The Blackwell Guide to Aesthetics*, p. 171.

费时间和精力去改变趣味就有必要，因为这样不仅可以扩大我们的欣赏领域，而且可以拓展我们的欣赏深度。比如，丹托（Arthur Danto）就强调，对于艺术界的风格知道得越多，对某一种风格的理解就越深，有关这种风格的经验就越丰富。丹托说："艺术上相关的谓词的种类越多，艺术界的个别成员就变得越复杂；一个人对艺术界的总体成员知道得越多，他对它的任何成员的经验就越丰富。"① 由此可见，不断改变或者提升我们的趣味很有必要，因为这样可以让我们在欣赏的广度和深度上都得到提升。

其次，让我们假设审美共识不是众多审美趣味中的一种，而是一种超级趣味或者无趣味，一种无法实现的理想趣味。比如，审美多样性欣赏红色、黄色、绿色、蓝色等等，审美共识欣赏无色。一方面，无色因为包含成为红色、黄色、绿色、蓝色等等的全部可能性，因而是一种超级颜色；另一方面，由于根本就不存在这样的无色，因此它只是一个无法实现的理想颜色。这种超级颜色或者理想颜色的存在，不仅并不妨碍红黄绿蓝等颜色的存在，而且可以让它们变得更加鲜艳。如果真的是这样的话，对作为理想的审美共识的追求，就并不会妨碍审美多样性的共存。

但是，这并不意味着不发生任何变化。尽管都主张审美多样性，没有普遍性理想的后现代美学，与推崇普遍性理想的文化间美学之间存在重要的区别。简单说来，在有普遍性理想的情况下，多样性将发展成为相互欣赏的多样性；在无普遍性理想的情况下，多样性将发展成为相互对立的多样性。在全球化时代，审美和艺术在很长时间里依然会体现文化差异性，但这些差异性将受到共同追求普遍性的理想的调和，由此，不同文化之间将不再是敌对关系，而是欣赏关系。也许我们可以借用德里达的"无条件的好客"概念，② 来表达这里的欣赏关系。只有发展出这种"无条件的好客"态度，才能维持多元文化的存在，才能进一步在此基础上建设一种适应全球化时代的新文化。我想进一步强调的是，"无条件的好客"只能是审美意义上的欣赏，因此在此基础上建立起来的全球化时代的新文化，只能是一种审美文化。今天，全球范围内的审美化进程，③ 已经预示一种普遍的审美文化的来临。

---

① Arthur Danto, "The Artworld", in James O. Young (ed.), Aesthetics: Critical Concepts in Philosophy (London: Routledge, 2005), Vol. 2, p. 25.

② 有关论述，见德里达《论好客》，广西师范大学出版社 2008 年版。

③ 有关审美化进程的描述，见韦尔施《重构美学》，上海译文出版社 2002 年版。

中国美学：从主义出发还是从形态出发

王建疆

　　美学与文化多样性问题是 2010 年北京国际美学大会的议题之一。也是这次全国美学会的议题之一。美学与文化的多样性密切相关，美学的多样性更与文化的多样性息息相关。但美学的多样性并不是美学名称的多样性，也不是审美主义的多样性，而是研究对象的多样性所导致的美学形态的多样性。而这个多样性始终无法离开审美形态的多样性。近年来，有学者强调审美的文化多样性问题，但我认为，这不是个主义的问题，而是个现实的问题，更是一个形态的问题。文化的的多样性，应该通过审美形态的多样性体现出来。强调文化的多样性之于美学的关系，最终必须落实到审美形态上。因为正是中国独有的审美形态系统，才构成了中国美学与西方美学的区别，从而构成了人类文化多样性之一极。但当代中国美学的最大缺陷却恰恰在于除了美学名称的繁杂外，就是美学主义的增殖，而于审美形态的深入研究却少得可怜。

一、当代中国美学的现状

　　当代中国美学五花八门，名目繁多，只要是一种行业，只要是一门学科，甚至只要是一个国名，就都可以冠以"美学"。如工业美学、农业美学、科技美学、商业美学、军事美学、医疗美学、证券美学；数学美学、物理美学、生物美学、饮食美学、美容美学、足疗美学、厕所美学等，不一而足。既不涉及美学原理，又不能解决实际问题，因而是一种毫无灵魂的为美学的美学，或叫做"美学"的美学，意在为所谓的美学名分而圈地。这种美学的美学还包括所谓的越南美学原理、老挝美学原理、柬埔寨美学原理之类等而下之的泛原理、多原理主张。这是我在近几年的研究生论文评审中屡屡见到的。我曾在上世纪90年代中期对美学的美学提出批评，提出要搞美学上的计划生育①；又在本世纪初提出反对美学原理上的无通约性②。这种美学的美学带来的专著的大量出版，形成了一种虚假的繁荣，掩盖了美学与非美学的界限，将美学泛化的同时又将其倭化。好像这个世界上最容易研究的学问就是美学了；这个世界上最容易出的书也是美学了。这种为了虚假的美学名分而进行的美学制造的确反映了当代中国美学学科建设中的低水平重复的一面。

相形之下，主义的美学伴随着全球化背景下西方美学思想的传播而在中国大陆有了很大的市场。主义的美学与美学的美学相比，最大的特点在于不以横向存在的名词组合为依据，而是以纵向的思想贯穿为旨归，从而出现了现代主义美学、后现代主义美学、后后现代主义美学，以及与之相对应的所谓后实践主义美学、感性主义美学、理性主义美学、超越主义美学、游戏主义美学、神性主义美学，生产主义美学、消费主义美学、否定主义美学、苦难美学、死亡美学、生命美学等。目前，中国的主义的美学正在为自己的西方血统和所谓的穿透力而自豪。相较于美学的美学的庸俗和浅薄，主义的美学好在问题意识强烈，创新意识强烈，穿透意识强烈，从而引领世界美学潮流。但其不足在于只陶醉于抽象思辨和社会批判，而无视审美形态的存在，从而既割断了与审美现实和美学史的联系，又忽视了中国的和东方的美学，也忽视了文化的多样性，具有明显的假大空特征。假，即在其命题经不起推敲，如所谓中国的现代主义美学，自视为美学的霸主，将自己放在超越实践、超越日常生活、超越古代美学，超越现代主义和现代性，又超越后现代美学的绝对崇高的位置上，其逻辑起点就在于认为只有中国的现代主义的美学才是超越的，其他的美学包括古典美学、实践主义美学都不是超越的。但事实却告诉我们并非如此。中国和古希腊古典美学因其跟道和理念相联系，自然具有形而上的对于器和现实的超越性。面对中国古代在道的统摄下的修道的内在实践，以及由有无虚实的统一所构成的艺术境界和人生境界，你能说它不具有内在的超越性吗？

① 《当代中国美学现状评析》，1994年第6期《学术论坛》，1995年第3期《人大复印资料·美学》，《1996中国哲学年鉴》，1998年《当代学者文论精粹》，1998年《中国特色社会主义文库》。

② 《以道观之》，《学术月刊》笔谈，2007年第5期，《新华文摘》2007年第16期。

同样，面对古希腊关于美是超越现实的理念的美学理论，你能否认它的精神超越性吗？面对东西方宗教所共同具有的由信仰而支撑起来的超越对象和感官的悦志悦神型的审美，你能说这里不存在外在的超越吗？近代美学的将真善美加以区别，提出审美的超功利性原理，如康德关于美的"无目的的和目的性"，美的四个契机说，崇高论等，尼采关于货币时代的审美人格、悲剧精神的表述等，又怎能不是超越的呢？因此，所谓中国的现代主义美学的自我分封，具有明显的虚假性。它把人类如此丰富的美学形态只概括为现代主义的和后现代主义的，无疑抹杀了美学的多样性，其原因在于根本不知道美学多样性背后的审美形态的多样性，以及审美形态多样性背后的文化多样性。所谓大，就是大而无当，要把美学的所有合法性、一切的话语权都归结为中国的现代主义美学，无疑是拉现代主义美学的虎皮作自己的大旗，虚张声势而已。所谓空，一是因其大而不当，内涵空乏，似乎只要在自己的美学主张前加上个"后"字，就可以否定一切，超越一切了。一是因其未能将主义的美学落实到形态的美学上，并不能说明美、崇高、丑、荒诞等审美形态，哪个是现代主义美学的，哪个是后现代主义美学的，因而只能是一种空泛的理论。而其盲目自大，却在唯西方马首是瞻的观念下把美学引入歧途①。

所谓的现代主义美学除了其理论与美学史的脱离外，还表现在其理论自身的自相矛盾上：1. 现代性与审美现代性的自相矛盾。如说"现代性主要包含了两个基本层面，一个层面是社会的现代化，它体现出启蒙现代性即理性主义对社会生活的广泛渗透和制约；另一层面是以艺术等文化运动为代表的审美现代性。它常常呈现为对前一种现代性的反思、质疑和否定。历史地看，两者之间存在着一系列的紧张关系"②。所谓中国的现代主义美学认为，现代性是有问题的，而审美现代性是没问题的；现代性是低俗的物质主义的，而审美现代性是崇高的、精神主义的。殊不知，建立在现代性基础上的审美现代性又如何脱离现代性的制约？审美现代性与现代性之间必然有着斩不断理还乱的联系，因而必然具有审美的和非审美的属性相互扭结在一起的特点，更具有审美的多重性特点。如果硬要把现代

---

① 参见《光明日报》2009 年 7 月 14 日 "学术笔谈"《美学与日常生活》杨春时、王德胜、彭锋的专题讨论文章。

② 周宪《审美现代性批判》，商务印书馆 2005 年版，第 57 页。另，参阅杨春时的《现代性视野下的美学与文学》。

性跟审美现代性区分开来，甚至对立起来，就无异于对一个活的肌体进行肢解。2. 如果说现代性是反传统的、去宗教的，审美现代性却是对现代性的超越，那么，审美现代性是否就是不反对传统，也不去宗教的？如果说是，那么，它的区别于传统的或古典美学的地方在哪里？如果不是，即它既反对传统，又去宗教，那么，它又怎么与现代性相区别，从而确立自身呢？实质上，审美现代性与现代性同根互生，有很多一致性特点，如世俗化、物质化、肉身化、反传统的标新立异性等。就宗教而言，现代性说"上帝死了"，而审美现代性虽然把人视为上帝，但实质上却都是去宗教化、去神秘化、去神圣化，从而背离崇高的审美形态。因此，现代审美主义要超越现代性，就如自己的右手想战胜自己的左手，或自己的左手想战胜自己的右手那样，想左手胜就左手胜，想右手胜就右手胜，只是个随心所欲的问题，并不能真正判别哪只手的力气更大。3. 从审美形态上讲，审美现代性或现代审美主义，都有着明显的去审美、泛审美倾向。这个倾向大概在文艺复兴时期那些嘲讽教会的文学作品如《十日谈》等中就已经开始了。这虽然是针对基督教的，但不能说它是超越，因为它本身是对人的肉身性、欲望性的肯定，是对人的终极关怀、精神信仰的怀疑，因此不仅不是超越的，反而是反超越的，是一种世俗化的倾向。至于左拉的自然主义小说，波德莱尔的诗歌，以及西方现代派文艺作品，哪个又不是去审美的呢？伴随现代性而生的现代审美主义就是在这种"上帝死了"之后的世俗的还原或大众的狂欢，在艺术手法和艺术风格上就是现实主义、自然主义、浪漫主义、批判现实主义、象征主义、达达主义、超现实主义、未来主义，等等。在审美形态上就是悲剧、喜剧同台，优美与崇高并生，滑稽和荒诞大行其道，从而构成了一个大众的日常审美，即一个世俗的、本真的，又是五味杂陈的现代人生审美形态。这种现代审美形态本身就是现代性的审美表征，不可能寄生于现代性又超越现代性。相反，只能说是摆脱了古典审美，背离了古典审美。但这种摆脱和背离只要从审美形态出发，就可以明显地看出，是对内审美、崇高审美形态的破坏。它在俗美——自然主义和现实主义的描写方面、怪美——现代主义、现代派的审美观方面得到了超前发展，而在内审美、崇高等方面却极大地退步了。其原因仍在于现代性及其肉身主义、物质主义、技术主义、理性主义、消费主义思潮对大众审美的影响。美学研究如果忽视了对审美形态美学的研究，无视各种审美形态的存在，势必闭门造车，只能在臆造的理论园地里独步六合。4. 有人认为，"审美主义在现代性的语境下，举起了文学艺术的反叛大旗，一直反抗着启蒙现代性的工具理性与价值理性所带来的一系列负面效应。因此，我们可以看出在这个时期的审美主义所呈现出来的是对文学艺术自律性的捍卫，对独特的艺术表现手法的推崇，对区别于现代社会平庸化生活的精英文化的迷恋，对充满'韵味'（本雅明语）意味的精神世界的追求等"。文学艺术本身就有着对现实的超越的一面，不论是在古典文学还是在现代文学中都是如此。因此，把文学艺术的这种具有普遍意义的超越只归结为现代主义美学的特质，是不是有点爱有所偏，而不顾及其他？把文学艺术视为反现代性甚至等同于反现代性的审美现代性，实际上违背了欧洲文学艺术始于现代启蒙的历史事实。正是起始于文艺复兴的现代启蒙主义，才使得欧洲的文艺有了既不同于古典文艺，又不同于中世纪文艺的特质。因此，启蒙是现代文艺的生命之根，焉有文艺自反其根的道理？这种将文艺与反现代性相等同的等同说的另一个问题在于它掩盖了文艺审美形态的多质多层次的特点。文艺一直存在着感官型审美的悦耳悦目和一般性审美的悦心悦意，以及内审美的悦志悦神的形态间的差异，不可一概而论。那种低俗的感官型审美的文艺作品，是要被更高的审美形态超越的对象，自身又如何成为对现代性的超越者，又如何成为宗教衰落之后人类的拯救者？5. 主义的美学我们耳熟能详，如无产阶级美学，资产阶级美学云云，这些过去充斥于耳的美学，尽管概括起来非常容易，但其于简单对立之外，实质上是把现实简单化了、把世界简单化了、把美学简单化了，把文化的多样性问题简单化了。整个美学就是现代主义美学与后现代主义美学的对立，然后在对立中判处高低、比出胜负，然后确立美学的盟主，实则是江湖主义的再生，而不是真正的审美主义。

　　主义的美学的致命的弱点在于其把美学作为社会批判的武器的同时，却忽视了美本身是什么的学术问题，从而失去了美的本体，成为凌驾于美学之上的而又与审美格格不入的思想教条。时下那些走红的主义的美学，哪个是关心审美本体，探讨审美秘密的呢？这种以抽象的主义代替具体的审美形态研究，以批判社会来掩盖审美贫乏的做法是不利于审美活动的开展，也不利于美学的研究的。审美是一种鲜活的当下的体验和感悟，最忌讳什么主义的干扰。同样，文艺创作也不是通过对主义的高扬才成功的。相反，过分的主义化会给文艺创作带来主义先行的弊端，从而最终影响文艺创作。就美学而言，以主义划界的美学研究，会把丰富的美学形态简单化、抽象化，从而限制美学的博大视域，并使美学泛化为审美文化研究，从而降低了美学的品位。

与美学的美学之浅薄和主义的美学之假大空相比，形态的美学看似传统，但它立足于文化的多样性，具有民族审美传统的识别标志，根植于审美实践和审美历史的丰厚土壤中，是有根有源的美学。虽没有主义美学的炫耀，但也没有主义美学的高蹈，而具有主义美学所没有的实在和经久。也就是不一定高明，但却一定是中庸（用）的，符合中国实际的，也是理论联系实际的。

只有对审美形态的研究，才能真正深入到审美和艺术的内里，对审美的性质、特点和规律进行符合实际的、专业化的分析，从而厘清审美与非审美的、美学与非美学的之间的界限，把美学研究推向新的境界。

二、中国美学的识别标志

在全球文化多样性及文化价值观念多元化的今天，中国问题①日益突出，不可避免。所谓中国问题，就是在人们谈论人类世界上任何国家的问题时都不能离开这样的问题，即"那中国怎么样呢？""那中国会怎么样呢？"这不仅是因为中国作为一个大国在当今国际事务中的地位日益提高了，而且还在于中国是人类历史上唯一一个保留了古代文明形态和国家形态的国家。也就是说，中国的民族、中国的国土、中国的语言文字、中国的伦理教化、中国的宗教信仰、中国的文化形态等都是在经历几千年后仍然保留着它的基本形态，尽管其疆域的大小有所变化，人口的数量有所变化，但基本的文明形态和基本的国家形态并没有变化，而其他古代文明如埃及文明、巴比伦文明、印度文明则早已改变了其古代形态。今天我们除了已找不到巴比伦古国外，古埃及、古印度也早已没有了其古代的完整形态，至少已经在语言和宗教方面面目全非了。正因为如此，全世界的问题域中，都少不了一个中国问题。凡谈论美学问题，就都离不开一个中国美学的问题，即中国美学是什么，中国美学怎么样了的问题。如果撇开这个问题而谈西方美学，甚或世界美学，那么，不仅其论域是狭窄的，而且还会因其没有参照而出现偏差。因为中国问题是一个谁也绕不开的问题。中

---

① 参见吴炫主编 2008 年《原创》杂志"篇首语"。

国的美学也是一个绕不开的美学。

主义的美学把审美主义概括为三种形态，即感性审美主义、游戏审美主义、神性审美主义①，但我们不禁要问："那中国有无审美主义呢？"近年来有大量的论文开宗明义，不遗余力地在讲中国的审美主义。前述所谓中国的现代审美主义或审美现代性，实际上就是一个虽然不符合中国美学实际但仍关系到中国美学的理论。

中国的美学是超越了现代审美主义和后现代审美主义的简单划分的。它自有一个系统。这就是在儒家和道家所共同构成的"道"的下面形成了一个道统的传统以及这个道统下面的美学系统。这个系统的关键词就是道、气、心、性、乐、神、悟、境（另文）。而且这个系统下面有一个审美形态的体系。这就是中和、神妙、气韵、意境四大审美形态②。这个审美形态系统构成了中国美学的识别标志。相对于建立在与理性主义对立基础上的感性审美主义，中国美学建立在道本体和对道的修养、感悟的基础之上，因而是超越感性与理性对立的道性主义；相对于西方游戏审美主义，中国美学建立在心性的觉悟基础之上，因而是超越外在游戏的心性审美主义；相对于西方的神性审美主义，中国美学建立在神妙审美形态的基础之上，实际上包含了对审美风格、审美鉴赏的概括，而无西方神学的痕迹。因此，无论从审美形态还是从审美主义的角度看中国美学，这里都由一个不同于西方的美学系统。

中国美学系统不同于西方美学系统的原因有三。第一，中国古典美学历来都是从具体形态把握出发的，而不是从主义抽象出发的。中国古代美学、文学和艺术理论中有大量的关于气韵、神妙、品位、意境的论述，从而形成了自己的审美形态系统，但这些论述都是在对道的领悟和对艺术、对人生的品评中自然生发出来的，而不是从主义中演绎出来的，因而具有结合创作和鉴赏的实践性、实在性和独特性。第二，中国的美学具有人生论的形态特点。它建立在对人生意义、人生境界、人生价值的感悟的基础之上，是感悟主义的，而不是认识主义的；是价值论的，而不是认识论的。所以，建立在认识论基础上的审美主义并不适应于建立在价值论基础上的中国审美形态的概括。第三，中国的审美形态不同于西方的审美形

① 余虹《审美主义的三种类型》，《中国社会科学》2007 年第 5 期。
② 参见拙文《审美形态新论》，《甘肃社会科学》2007 年第 5 期。此观点已写入朱立元主编《美学》和王建疆主编《审美学教程》中。

态。西方的悲剧、喜剧、丑、荒诞，甚至崇高等，在我们过去的教科书中一直作为正统的审美形态而涵盖了中西方美学。但实际上，中国只有苦戏而无悲剧，其喜剧形式、丑的形式、荒诞的形式也与中国不同。甚至中国的崇高也缺乏西方的惨厉（李泽厚语）。

作为形态的美学，中国美学的主要特征是建立在内审美基础上的人生美学。这与中国哲学的特征是相一致的。人生审美形态是与艺术审美形态不同的审美形态。主要表现在更加重视对于人生修养、人生境界的研究和对生命意义的把握。按哲学家张世英的说法，西方哲学中没有境界一说，有的只是生活世界的说法。而人生境界正是人的心灵觉悟，冯友兰称之为觉解的程度。张岱年先生也说，中国哲学和思想的精华在于其人生论。这种建立在人生感悟和人生境界基础上的审美形态，实质上就是精神型的、境界型的内审美。

我与一般美学家探讨人生美学不同的是，我首先给这种人生美学所依赖的研究对象进行了审美形态的定位和分类。一般的人生美学在划定了他与艺术美学的界限之后将其研究对象定位在人生道德修养上。但我却是在道德修养之上提出了内审美理论①。我认为，研究美学问题，首先离不开对于审美形态的研究，因为审美形态关联着审美与人生样态、审美境界、审美趣味、审美风格、历史沉积和逻辑分类等诸多要素，而且也是一个民族审美识别系统中的重要一环。通过对审美形态的研究可以及时而准确地发现不同民族审美系统间的差异。如中国的中和、神妙、气韵、意境之于西方的悲剧、崇高等，就是互为识别，难于混同的。另外，如果不从审美形态出发研究人生美学，就很难与道德伦理研究区分开来。我的硕士导师黄海澄先生曾说过，与法律的强制性和道德的半强制性相比，审美的功能在于把系统生存与发展的目的内化为个体的内在的情感追求，从而对于美的对象心向往之、情喜爱之、行效尤之。②确实是准确地划分了道德与审美的边境。在我看来，审美并不一定要借助于道德，而是有着超越道德约束的情感自觉和内在能动。这种情感的自觉就是心灵的觉悟，就是人生境界的内审美。这种内审美已经不再是道德要求，也不再是道德觉悟，而是

① 始见于王建疆《修养 境界 审美——儒道释修养美学解读》，中国社会科学出版社 2003 年版。又见《审美的另一世界探秘——对"内审美"新概念的再思考》，《西北师大学报》2004 年第 2 期，《人大复印资料·美学》2004 年第 7 期。

② 黄海澄《系统论、控制论、信息论美学原理》，湖南人民出版社 1986 年版。

人的心灵觉悟所达到的超越了道德规范和道德希冀的内乐。孔子一生是讲仁义礼智信等伦理道德的，但孔子审美的最高境界却是"吾与点与"的所谓"曾点气象"。这个"曾点气象"就显然不是道德伦理范畴的，而是心灵觉悟的、无拘无束的，是内审美的人生境界。至于道家，则是完全超越伦理道德的另一种自然之道，但老庄，尤其是庄子，对于中国美学的贡献却不在儒家之下，甚至如徐复观所说，中国的艺术精神主要是由庄子塑造的。因此，以往人生美学的道德伦理的研究范式亟待突破。而这种突破不是依赖于伦理学的研究成果，而是依赖于美学自身的研究成果，具体讲就是审美形态的研究。只有从审美形态上区分了伦理学与美学，才能够将人生美学的研究引向深入。

其次，人生境界的内审美的确有着不同于艺术的感性形象性审美的一面，具有超越形象和感官性的一面。而且，中国古代人生论的大师们，如老庄就有着明显的排斥感官和形象，甚至否定艺术的一面。老庄尤其是老子，断然否定艺术和艺术审美。如说"五色令人目盲，五音令人耳聋"云云。儒家的孔孟荀等人，虽然并不直接反对艺术，而且也提倡诗、乐的教化功能，但在他们看来，不仅人生境界的审美可以跟艺术的审美共存，如孔子肯定《诗经》和韶乐的"至善至美"，也充分肯定颜回的自得其乐，形成"孔颜乐处"的内审美形态，而且人生境界的审美似乎还要超出艺术的审美，如子路、冉有、曾参、公西华侍坐章所昭示的那样。朱熹的注释中已经说明了这一点。这种内审美虽然不借助于艺术和艺术审美，但同样能够达到艺术至境，甚至超越艺术境界。在老庄孔孟荀的著作中，其所描述的人生最大快乐如孔子"风乎舞雩，咏而归"，庄子"澹然无极而众美从之"等，就从来都不是艺术的。相反，"令人目盲"之形象，"令人耳聋"之音乐，却是被老子所批判的。因此，从审美形态出发研究人生美学问题，是人生美学研究既突破艺术美学局限又取得人生美学提高甚至升华的一个关键。相较于主义的美学的主义先行，这种形态的美学研究也许是破解中国美学之谜的最好的钥匙。

最后，中国的内审美形态不仅区别于西方主流的认识论美学，而且也不同于西方基督教的内省美学。认识论美学是在主观与客观、感性与理性的框架内，围绕人的感官与对象之间的关系而展开美学思辨的。而内审美如荀子所言"无万物之美而可以养乐"者，又如道家之"心斋"、"坐忘"者，佛家之"禅悦"者，恰恰是在无须感官参与，又无对象的情况下的精神性、境界型的审美。这种内审美理论填补了认识论美学的缺陷，就是在充分肯定人的感官审美或形象审美的同时，挖掘出了感官型审美之外的另一种审美形态。而这种审美形态恰恰在中华审美传统的人生美学中具有举足重轻的地位。因此，从内审美出发研究中国的人生美学，就不仅是符合中国实际的，而且也是具有理论创新的。这种内审美不同于西方宗教源自信仰的能省和由狂热所引起的悦志悦神，也不同于西方人本主义心理学家马斯洛所讲的"高峰体验"，而是在心灵恬静中的感悟和灵动，连带着巨大的人生幸福感和快乐感。是一种庄子所说的"澹然无极"的"天乐"，是"得至美而游乎至乐"的"大美"和"至乐"。既不借助于宗教，也不借助于对象，但内审美的现实却是确定无疑的。因此，内审美形态的人生美学研究是符合中国实际，因而具有科学性的。西方的主义的美学五花八门，但于中国的美学总是隔了一层，这与它无视中国美学的存在，不懂中国的审美形态有关。对中国美学的研究只有先从中国的审美形态入手，才能获得感性的也是第一性的，或是真理性的认识，否则只能是雾里看花，不得其详。相反，如果能够真正从中国的审美形态入手，那么，中国人研究中国美学就不至于跟着西方人走而构造一些不切实际的审美主义的架子，而与中国的审美历史和审美现实相脱节。同样，如果西方人研究中国美学也能做到从审美形态出发，那么也就不至于忽视中国的美学，从而中国问题在美学方面就会得到一个比较好的解决。

三、中国美学的真正超越

"美学在中国，还是中国美学"的问题是一个在 2002 年北京国际美学大会上产生过较大反响的问题。也是一个西方美学界十分关心的问题。问题所指在于拷问中国有无美学。

放眼全球，美学已被西方的主义美学所瓜分。在众多的西方美学流派之后，中国的主观派、客观派、主客观统一派、实践派、后实践派、生命美学派、科学美学派，又有哪一个不是在西方美学的笼罩之下？而且这些流派都还在西方 19 世纪的形而上美学层次上，并未实现更新换代，进入西方的主义美学的主流话语系统。

但与这种理论上的落伍相比，我们发现，中国的审美并没有落伍，也没有西化，中国的审美传统还在延续，而且还在世界舞台上光彩照人。这不仅可以在 2008 北京奥运开幕式上见到，而且可以从当代的中国电影、中国国画、中国园林中看到。但到底看到了什么样的中国式审美，这就需要审美形态的概括。这些中国传统审美形态的延续方式，无非意境、气韵、中和、神妙、空灵、阴柔和阳刚之类。因此可以说，相对于中国美学研究在理论上的西方化、主义化，中国的审美形态还是中国的审美形态，中西泾渭分明。这种现象意味着什么呢？只能说明我们的主义先行的美学研究早已脱离了中国的审美形态。

中国美学研究与中国传统和中国现实的严重脱节首先就表现在与中国审美形态的脱节上。西方有大量的悲剧论、喜剧论、优美论、崇高论、丑论等论著，都是研究审美形态的。柏拉图提出美是理念的命题，首次深入到感官审美背后的内审美形态。亚里士多德研究悲剧的审美形态。康德同时研究优美和崇高的审美形态。黑格尔研究艺术审美中的各种审美形态。尼采研究悲剧的审美形态。车尔尼雪夫斯基研究崇高、丑和滑稽。西方有大量的悲剧论、喜剧论、优美论、崇高论、丑论、荒诞论等论著。中国在传统审美形态方面的论述虽与西方的逻辑表述系统不同，但也是围绕神妙、气韵、中和、意境等审美形态展开，而且达到了非常精细的程度。如司空图的《二十四诗品》，还有"二十四画品"，"三十六书品"等。但中国美学不仅在审美形态研究方面远未达到西方的系统化程度，而且就连研究中国传统审美形态在当代表现的论著也几乎没有。这种无视自己的民族传统和审美实践，不在自己的脚下研究自己的审美形态，而是好高骛远跟在西方的主义美学后面摇旗呐喊，会逐渐丧失美学家的自我的。

审美形态的研究之所以重要，在于其识别标志性。正是这种识别标志性才构成了审美的多样性，进而是美学的多样性。美学的多样性又反过来证明了文化多样性。比如中国传统的人生境界审美、人生美学、内审美形态等，就是中华民族审美的识别标志，同时也就是中华审美的文化多样性表征。审美形态是审美范畴，但并非所有审美范畴都是审美形态。审美形态具体生动地体现在现实审美和文艺审美中，渗透在审美创造、审美欣赏和审美批评中。因此，对审美形态的研究可以说是回归美学的本体。但不无遗憾的是，当代中国美学研究正好缺少对于中国美学审美识别标志的概括，因而研究者往往不能明确地称谓中国美学是一种什么样的美学。缺乏理论概括的原因就在于缺乏理论自觉。甚至近年来国内有的新编美学教科书已经完全取消了审美形态范畴，这无疑是一种历史性的倒退。这种做法于美学和文化的多样性而言，就只能是舍己而随他，在取消了美学上的自我的同时，也就取消了文化的多样性。

西方美学从 20 世纪开始有一个很大的特点，就是不再从对原理的探讨出发，也不再从对审美经验的总结开始，而是从哲学的、语言学的、社会学的、科学的、心理学的、脑科学的角度出发，高度学科化、主义化，甚至科学化。在全球化语境下，西方美学曾经沿着审美形态研究所走过的路，正在被各种主义和方法所解构，美学的研究已经杂糅在文化的研究之中，从而将美学边缘化、泛文化化。这无疑是对西方美学传统自身的挑战。中国美学是否还要跟在西方这种解构主义美学的后面亦步亦趋，这是关系到中国美学命运的事情，因而值得深思。

中国现代美学的精神传统及其当下意义

金 雅

本文所说的"中国现代美学"在时间跨度上主要指 19 世纪末 20 世纪初至 20 世纪 40 年代。而在学科的意义上,"中国现代美学"很大程度上是 20 世纪初叶由王国维、梁启超、蔡元培等先驱引进西方美学的理论、观念并与中国传统美学资源相交融而建构起来的。中国现代美学孕育于中华民族苦难深重的年代,古今中西思想文化的撞击交会及其针对中国自身问题的突出立场,使得中国现代美学在建构伊始就具有自身鲜明的特色,即它并非只是纯粹学科意义上的理论美学,同时它也是关怀现实关注生命的人生美学。中国现代美学积极吸纳了西方美学的学科意识与理论意识,从而呈现出与中国传统美学思想不同的学科理论特征;另一方面,中国现代美学也以突出的人生精神、内在的诗性情怀、强烈的文化批判意识,传承、融会并发展了中西美学、文化、艺术的某些精神传统。中国现代美学以直面现实中人的生存及其意义为核心所形成的一些重要特征与品格,在当下以经济与技术为前提的全球化语境中,在今天这个高度重视技术、物质、效益的现实社会中,在应对当代新生活的挑战中,有其重要而独特的意义。

首先,突出的人生精神是中国现代美学的重要精神传统之一。

人生精神是中国哲学的基本传统,也是中国古典美学的基本传统。它体现的是对于人生的关注与深情、体验与融入。"中国文化的主流,是人间的性格,是现世的性格。"[①] 作为中国传统文化最具代表性的儒家文化与道家文化,尽管在价值取向与表现形式上有着显著的差异,但它们都体

---

① 徐复观《中国艺术精神》,华东师范大学出版社 2001 年版,第 1 页。

现出关怀人生、关注人格精神的共同立场。理想人格实现处也即审美人生实现处，这正是中国传统文化的哲学精神与美学精神。孔子主张在生命境界中，"道"、"德"、"礼"、"仁"的追求和修养都应内化为"游"之"乐"，即经过情感的转化由外在的规范而成内在的自觉。"完善的人格，应该兼有事功与审美两个方面"①，从而将对社会的责任贡献与自我精神上的快乐融为一体。"仁者不忧"②；"生生之谓易"③。儒家着力倡导的是对现世生命的热情与关爱，是由己之生命扩展到人之生命、宇宙天地之生命，对一切都抱有仁爱。但儒家之"知生"是要"惜生"，而非"苟生"。其中最为关键的是儒家的生命不仅仅是一己的生命，也是天下众生，是因为珍惜生命、爱护生命而对生命拥有责任。因此，"朝闻道，夕死可矣"④。相对于生命的宝贵，真理、责任、理想具有更高的价值。对于人来说，生的价值既在于生命过程本身，也在于超越生命而获得永恒的意义，是以广阔的胸襟和宏大的理想作为支撑，让生命在前进中永远不忧不惧，永远"刚健、笃实、辉光、日新"。这种美善相济的生命境界具有内在的审美意味，它是一种阳刚清新的美，也是一种忧乐圆融的美，在某种意义上，也是一种崇高悲壮的美。而无论处在哪种境界，它都体现出追求精神崇高与人格完美的内在情怀。与儒家相比，道家追求的是生命之"游"。"游"是庄子非常钟情的一种生命存在形式和生命活动方式。"逍遥游"不是某种具体的飞翔，它象征着不受任何条件约束、没有任何功利目的的精神的翱翔，因此它也是一种绝对意义上的消解了物累的心灵自由之"游"。这一舒逸清灵、高旷畅达的美境正是与"人间世"之"天下无道"、"祸重乎地"的惨痛景象相对举的。强烈的绝望与热切的憧憬构成了庄子深刻的痛苦与矛盾，也呈现出庄子对于生命最真切的关怀。庄子把"游"划分为不同的层次，认为每一个体各有自己的命限，应顺应自然，适性自在。应该承认，以庄子为代表的道家哲学在追求生命智慧时，更注重的是生命的适性自在，而不是生命的激扬抗争。虽然这种超越具体的得失忧患、崇尚无用无为、追求生命适性自在与精神自由解放的哲学，多少具有消极的色彩。但是，在本质上，庄子的体道游道和孔子的依仁达乐，都是以人的生

---

① 陈望衡《中国美学史》，人民出版社 2005 年版，第 27 页。
② 《春秋》孔子著，（魏）何晏集解《论语》，上海古籍出版社 2003 年版。
③ 陈戍国点校《四书五经·周易》，岳麓书社 2002 年版。
④ 《春秋》孔子著，（魏）何晏集解《论语》，上海古籍出版社 2003 年版。

命的安顿作为自己思考的基础与核心。因此，它们不仅是一种哲学，更是一种包孕着审美（艺术）精神的人生哲学。中国古典美学虽没有明确的美学理论体系的建构，但我们的先哲早已对人生作出了认真智慧的富有审美（艺术）精神的考量。

中国古典美学的这个传统，在建国以后当代美学的发展中，曾一度淡出。建国以来，我们主要接受了前苏联文学艺术理论的影响，把审美看做是一个认识论的问题，而对人生论、价值论等采取了排斥的态度。50年代开展的美的本质问题的大讨论，更多的是试图在知识论立场上来解决这个重要命题。事实上，这种力求客观科学的立场很难洞透审美的意义和价值问题。

回望中国现代美学，古典美学的人生论传统不仅没有中断，还得到了新的提升与发展。中国现代美学诸大家具有深厚的国学渊源，且大多有直接的西方文化背景。中国现代美学积极吸纳了西方现代哲学与美学的成果，把现代生命学说与中国传统人生哲学相联系，突出了生命、情感、个性在审美中的根本地位与意义，从而使中国古典美学的人生精神得到了承续，又对中国古典美学的伦理精神有所淡化，呈现出美学的新的启蒙意义。美学在现代中国，不仅是一门新的学科，也是一种人性启蒙与人格建设的武器。王国维以"境界说"、梁启超以"趣味说"奠定了中国现代美学突出的人生旨向，将美、人生、艺术的问题紧密联系在一起。梁启超讲生命要秉持趣味的精神，以情感为原则，激扬奋发地开拓与享受生命的境界。此后，朱光潜以"情趣"、丰子恺以"真率"、宗白华以"境界"等范畴升华和丰富了中国现代美学人生精神的内涵与格调。中国现代美学以深切的人生情怀与温暖的生命关怀将艺术、人生、美相联系，倡导"生活（的）艺术化"（梁启超、宗白华、郭沫若、丰子恺、田汉等）、"人生的艺术化"（朱光潜、宗白华等），要求文学艺术通过陶养美感修养与人格情趣提升与美化生命的境界。人生精神构成了中国现代美学突出的精神传统，并以富有现代意义的情感启蒙与生命启蒙呈现了自己的立场与态度。

其次，内在的诗性情怀也是中国现代美学的重要精神传统之一。

中国现代美学面对民族的苦难与文化的危局，几乎从一开始就上升到了哲学的高度。无论是王国维、梁启超，还是朱光潜、宗白华等，都是从哲学步入美学的。在深切的现实人生与个体生命的关怀中，他们也都呈现出对人生终极理想与生命至高意义的苦苦思索与追寻。这种思索与追寻使得他们的美学思想与理论学说体现出优美的内在诗性品格，伴随着浓郁的理想精神。

中国传统文化中，儒道各家各有具体的发生语境和针对问题，但在根本上，都是为了使人的现实生命获得安顿。而在中国古代哲人看来，最理想的安顿无疑是在富有艺术（审美）品格的人生中体味生命的愉悦，实现生命的自由。"中国哲人注重的不是感性从自然状态向社会伦理状态的生成，而是感性从社会状态向审美状态的生成。"① 在生命的安顿处，中国哲学、美学、艺术融通为一。具有审美意味的诗性主体的建设成为中国传统文化与哲学的重要命题之一。它在人、自然、社会、宇宙的关系中主张的是和谐而不是对立。从中，儒家确立了"从心所欲，不逾矩"的个体与整体、感性与理性达致和谐的准则，道家则发展了"物我两忘"而"道通为一"的率性自然的理想。李泽厚在《华夏美学》中谈到，儒家的肯定性命题和独立人格、道家的否定性命题和超世形象交融互补，构成了中国传统文化形象中艺术化的人的最高理想。② 这种艺术化的人的人格精神在中国现代美学中突出地表现为以出世来入世的"人生艺术化"理想。"人生艺术化"非以艺术来出世、游世或厌世，而是要求以艺术精神来提升人格，超越小我达成大化，追求生命过程的非功利性和生命意义的诗意性。梁启超以"趣味主义"来阐释"生活的艺术化"精神，认为"生活的艺术化"就是"无所为而为"的精神，是"把人类计较利害的观念，变为艺术的、情感的"。这种人生的境界是"趣味化、艺术化"的境界，实践主体由情而动，有真性情，有大情怀，将小我之兴味与众生宇宙之运化相融通，最终超越小我之成败得失而达致真生命创化之"春意"，从而体会生命的美与意味。在中国现代美学史上，梁启超以"趣味"和"生活的艺术化"的理论第一个明确开启了融哲思与意趣为一体的有味生活的实践方向。宗白华则将"意境"的范畴"上升到人生观、宇宙观的形而上层面加以诠释"③。他把意境纳入了整个人与世界的关系格局之中，认为意境的意义就在于"化实景而为虚境，创形象以为象征，使人类最高的心灵具体化、肉体化"④。正是从这样的宏观高度出发，宗白华也第一次

---

① 刘小枫《人类美学的含义》，《美学新潮》第 1 期，四川社会科学院出版社，1986 年版。

② 参见李泽厚《华夏美学》，天津社会科学出版社 2001 年版，第 168－169 页。

③ 欧阳文风《宗白华与中国现代诗学》，中央编译出版社 2004 年版，第 71 页。

④ 宗白华《中国艺术意境之诞生》，《宗白华全集》第 2 卷，安徽教育出版社 1994 年版。

深刻地窥见了艺术意境的生命底蕴。他指出："主观的生命情调与客观的自然景物交融互渗，成就一个鸢飞鱼跃，活泼玲珑，渊然而深的灵境；这灵境就是构成艺术之所以为艺术的'意境'。"① 因此，意境的底蕴就在于"天地的诗心"和"宇宙诗心"，它不可能是"一个单层的平面的自然的再现，而是一个境界层深的创构。从直观感相的模写，活跃生命的传达，到最高灵境的启示，可以有三层次"。② 这也就是从"情"到"气"到"格"，从"写实"到"传神"到"妙悟"。意境诞生于"一个最自由最充沛的深心的自我"，蕴涵于"一个活跃、至动而有韵律的心灵"。③ 飞动的生命和深沉的观照的统一，至动和韵律的和谐，缠绵悱恻和超旷空灵的迹化，成就了最活跃最深沉、最丰沛最空灵的自由生命境界，使每一个具体的生命都可以通向最高的天地诗心，自由诗意地翔舞。因此，宗白华的意境论不仅是对中国艺术精神的深刻发掘，也是对诗意的审美人格和审美人生的标举。由意境，宗白华不仅深刻地阐释了中国艺术的动人情致，也由艺术通向了本真的哲学境界和诗性的人生境界。

中国现代美学的这种诗性精神既来源于中国传统美学的艺术化人生精神，也来源于西方现代美学的传统，如康德美学的审美无利害性思想与价值论视角，尼采美学的艺术形而上学精神，德国浪漫派美学人生与诗合一的主张等。中国现代美学在苦难的现实人生中升华出美的诗意，主张超越的人生品格与生命精神。这种诗意与精神在整体上表现为宏阔的生命视野与情感的深沉，成为中国现代美学的主导性品格。梁启超、朱光潜、丰子恺、宗白华等都强调个体生命、群体社会、宇宙大化三者的融合，强调个体生命境界的诗意提升与升华。这种生命意向与哲学意向使得他们对美的理解与阐释大气而灵动，不拘泥于具体的细枝末节。如梁启超对中国古典作家的鉴赏就侧重于作家的精神人格与人格魅力；宗白华对中国传统艺术的赏析则以民族精神、时空意识、生命情调、艺术意境等为中心，着意于体味民族艺术的理想神髓与民族心灵的高旷灵逸。这些大家及其审美实践奠定了中国现代美学诗性品格与理想精神的神髓。

此外，值得注意的是，对美的诗意与理想的追寻，并不妨碍这些现代美学大家的文化反思与批判。在某种意义上，正是对于中华文化的深切忧

---

① 宗白华《中国艺术意境之诞生》，《宗白华全集》第 2 卷，安徽教育出版社 1994 年版。

② 同上。

③ 同上。

患和反思批判促进了中国现代美学理论与美学精神建构的意识与勇气。

中国现代美学孕生于民族苦难、文化落后、民众麻木的历史背景中，对于那些先驱者与建设者们来说，这不仅是美学思想、意识、学科自身发展的历史，也必然是为时代大潮所激荡的文化更新史、思想更新史。启蒙、反思、批判，这样一些新的理性精神，在中国现代美学的诸多思想家身上，都可真切地感受到。

20 年代，梁启超扛着"诗界革命"、"小说界革命"等旗帜最早向温柔敦厚、中和内敛的传统审美意识发起冲击，他批评中国的诗教总以"含蓄蕴藉"为文学的正宗，对于中国文学史上"以'多愁多病'为美人模范"的病态审美理念给予了辛辣的嘲讽。情感与个性的解放成为梁启超艺术与审美的两大基本准则，是对中国封建文化长期以来钳制人性压抑生命的批判。写于 1932 年的《谈美》是朱光潜的成名之作。在《开场话》中，朱光潜提出谈美在当时的中国是"太紧迫"了，因为中国人急需"免俗"。谈美就是对那些"俗人"与"伪君子"的批判与警醒。40 年代，宗白华深情地呼唤"中国文化的美丽精神往那里去"？他说"中国民族很早发现了宇宙旋律及生命节奏的秘密，以和平的音乐的心境爱护现实，美化现实，轻视科学工艺征服自然的权力。这使我们不能解救贫弱的地位，在生存竞争剧烈的时代，受人侵略，受人欺侮，文化的美丽精神也不能长保了，灵魂里粗野了，卑鄙了，怯懦了，我们也现实得不近情理了。我们丧尽了生活里旋律的美（盲动而无秩序）、音乐的境界（人与人之间充满了猜忌、斗争）。一个最尊重乐教、最了解音乐价值的民族没有了音乐。这就是说没有了国魂，没有了构成生命意义、文化意义的高等价值"①。艺术、审美被提升到与生命意义、文化意义甚至国魂相等的高度。由此，中国现代美学的建设者们洋溢着高度的理论使命感，迸发出批判与创造的巨大热情，从而使得中国现代美学呈现出情感与理性交接的绚烂光华。理论如此生动而成为理论家人格的写照，梁启超、朱光潜、丰子恺、宗白华等无不如此。他们直面中国文化的现实、文学艺术的现实、审美的现实，或批判、或弘扬、或反思、或建构，使得美学思想与理论呈现出前所未有的生机与活力。美学不仅是一种学术的建构，也是一种文化的反思、思想的激扬，这也成为中国美学发展史中一道独特的景观。

---

① 宗白华《中国文化的美丽精神往那里去?》，《宗白华全集》第 2 卷，安徽教育出版社 1996 年版。

20 世纪以来，在我国，美学的建设曾几度引起学者与社会的关注。但是，我们的学科与精神资源主要来自西方。虽然我们自己不乏独特的艺术、审美精神的传统，但这些传统因为各方面的原因，在当代美学的建设中并未能很好地接续。当代美学建设虽几度掀起高潮，但美学理念或局限在对美的本质的抽象探讨上，注重美学理论自身的完善与建构；或深受德国古典美学的影响，几乎把美学变成艺术哲学。这两种情况在近年的美学建设中有所突破。生态美学、日常生活审美化等思潮与实践，尽管学界看法存在分歧，但美学、审美与人的生存、生活的关系无疑日渐密切。

确实，我们所面对的社会生活已经产生了巨大的变化。科技指征的强化、效益原则的强化，使得审美的人文意义具有了更为深刻的针对性。美、人、人生之间的关系无疑仍然是美学活动与审美批评必须面对与解决的基本问题。美学应该是热的，美学理论应该是有血性与责任的。美学研究的方法与角度可以有多种，但其关注的重心只有一个，那就是生活与生命。为此，以人生精神、诗性情怀和批判意识等为标志的中国现代美学的精神传统，在当前新的世纪之交的巨大社会变革与价值转型中，在当代民族新美学的建设中，应该引起我们的关注。

中国美学的系统建设，应该全面发掘民族美学的资源，贯通民族美学的血脉与精神，在此基础上与西方美学的新资源相融会。只有在中西古今相融会的广阔视野中，当代中国美学的建设才会有新的突破，民族美学精神才能在更高的平台上获得提炼与确立，美学也才能更好地融入现实的生存与鲜活的生命中，发挥它应有的人文意义与功能。事实上，中国传统文化的审美人生精神经中国现代美学的发挥与创新，已达到了新的层面。在理论范畴的建构与审美精神的建设上，也形成了自己有代表性的成果与特色，这些都需要我们认真地发掘、梳理与总结。

中国美学的现代发生与当代困境

谷鹏飞

中国传统美学自 20 世纪初转型以来，已经历了百年的学术发展历程。从向西方学习，到全面接受马克思主义，再到回到传统并努力创建有中国特色的美学理论体系，中国美学的现代发展既有着自己的辉煌，同时也存在着困惑和不足。今天，中国美学究竟应该如何继续深化自己的理论建设，才能在 21 世纪得到新的更大的发展，这是摆在每一个中国美学研究者面前的问题。

一、中国传统美学的现代性困境

以"仁"为基石，以"礼"、"乐"为柱石、以"和"为拱心石的儒家哲学—美学扩展为"华夏美学"（李泽厚语），其解释有效性实基于古代农业社会的结构方式，虽在深层制约着中国人的心性结构，却也包含着现代性困境。一方面，"礼"、"乐"作为一种不可或缺的文化机制和行为样式，它形塑中国民族文化心理结构，传承中华本位文化精神；另一方面，中国古代以"和"为美的"礼乐"传统缺乏一种悲天悯人的悲剧意识和个体生存的在世关怀，不利于美的完善和塑造；现代新儒家与中国生命美学学派（姑且这样称呼）均以"心性"为中心诉求一种"礼"的人道主义和"乐"的自由主义，却忘却了这两位儒家传统文化的"哼哈二将"在经历了中国近现代文化转型以后早已成了"难兄难弟"，难以再寄予厚望。与之不同的则是新时期实践美学、后实践美学以及生态美学等的"实践"、"活动"与"和谐"和马克思主义美学的跨世纪联姻。当三家高擎"礼"、"乐"为传统美学的精神气质和心路历程时，其表达的至多也只是一种对传统美学的现代信仰姿态，背地里实际上早已暗度陈仓——马克思主义美学成了中国美学现代性进程中的座上宾。马克思主义美学的意义在于它为中国美学的现代性来临充当了"助产士"，却也同时扮演了中国传统美学的直接"掘墓人"角色。西方现代美学在经历了一个多世纪的移植与嫁接后，终因水土不服或血型不合而难成气候。中国传统美学这棵老树也发不出新芽，它在遭遇世界现代性的进程时已耗尽生命力。因此在总体上说，尽管今日中国美学姿态纷呈，妖娆迷人，实际上却似一个做了绝育手术的妇人，它开不出现代中国人的审美之花来，它与中国人的审美感受和审美需求基本上是隔膜的，难以成为现代中国人的艺术和审美的代言人。

二、20 世纪初中国美学的现代发生及其历史进程

对于中国传统美学所面临的现代性困境，应该说中国美学学人早已有所认识。这种认识始于王国维。王国维美学的意义首先在于其为中国现代美学确立了审美主体性原则，由此标志着中国传统美学的现代发生和真正意义上的中国现代美学建设的开始。不是上帝或理念，不是天道或教化，而是人的生命、生存及实践活动才是美的本源。这成为整个 20 世纪中国美学建设一以贯之的主旋律。

王国维通过引入西方美学的"崇高"精神，确立了中国现代美学审美主体性原则。在《红楼梦评论》、《屈子文学之精神》里，王国维借用中国古典美学范畴"壮美"这一"旧瓶"装进了西方美学的"崇高"精神这一"新酒"。自此以后，中国现代美学由现实人生而审美境界，由审美境界而社会历史，成为一种内含主体感性力量与理性精神的二元张力结构，并通过鲁迅而成为制约中国现代美学发展的基本逻辑结构。

对"崇高"与"悲剧"问题的审理是将王国维视作中国美学奠基者的主要依据。"崇高"与"悲剧"原本属于西方近代美学范畴，王国维则将其移植进来，并结合中国传统美学和中国社会实际作了现代化的处理。王国维在引进西方这对范畴时，同时征用了中国古代美学源远流长的近似于西方"崇高"的范畴："壮美"。这就表明，王国维既是站在中西美学会同的平台上，又是站在古今美学转型的平台上看待问题的。他说："美之为物有二种：一曰优美，一曰壮美。苟一物焉，与吾人无利害之关系，

而吾人之欣之也，不观其关系而但观其物，或吾人之心中无丝毫之欲存，而其观物也，不视为与我有关系之物，而但视为外物，则今之所观者非昔之所观者也，此时，吾心宁静之状态名之曰优美之情，而谓此物曰优美；若此物大不利于吾人，而吾人生活之意志为之破裂，因之意志遁去，而知力得为独立之作用，以深观其物，吾人谓此物曰壮美，而谓其感情曰壮美之情。"①

王国维的"境界"论实质上是以"崇高"为搭建平台的。王国维"悲剧"观及悲剧意识集中表现在他的"天才苦痛"说和他对人生的幻灭感上。而作为话语形态的论述则表现在通过《红楼梦评论》和《人间词话》所传达的对艺术及人生的自觉的悲剧意识上。王国维的悲剧意识和崇高精神应是现代中国发端之际一个觉醒的文人对社会和人生所作出的积极回应。其意义在于他站在中国社会和文化现代性的端口上努力为当时中国现代性的发展提供架构力量，并由此预示着后世的中国在社会、艺术与人生上都要经历一个崇高式的奋进历程。

王国维美学贡献还在于使审美本身成为艺术原则获得自觉。在写于1903年的《论教育之宗旨》一文中，王国维借用康德对人类心理能力知、情、意结构的划分，在中国现代美学史上第一次明确地将"美"从"真"、"善"一统中划出来，获得了独立的地位。② 在写于1904年的《叔本华之哲学及其教育学说》、《孔子之美学主义》等文中进一步论述了审美无利害的观念："吾人于此桎梏世界中，竟不获一时救济欤？曰：有！唯美之为物，不与吾人之厉害相关系，而吾人观美时，亦不知有一己之利害。"③ 但这种艺术的独立性主张同时要求其关涉现实人生，"美术之价值对现在之世界人生而起者，非有绝对的价值。其材料取诸人生，其理想亦视人生之缺陷逼仄而趋于其反对之方面。如此之美术，唯于如此之世界，如此之人生中始有价值耳"④。艺术超功利性与现实人生相关切这两方面的矛盾统一，实则揭示出中国现代美学在开端之际必须经历的"崇高"的苦难历程：审美必须是自律的，否则便无以自立；审美又必须是他律的，否则便没有生存的价值和发展的可能。中国现代美学所内含的崇高精神也

---

① 《王国维遗书·静庵文集》第5册，上海古籍出版社1983年版，第44页。
② 刘刚强编《王国维美学论文选》，湖南人民出版社1987年版，第1页。
③ 《王国维遗书·静庵文集》第5册，上海古籍出版社1983年版，第29页。
④ 同上，第55页。

无法获得历史和逻辑的展开。

鲁迅的启蒙主义美学直接秉承王国维创立的现代美学精神，讲求艺术的社会功用及其审美特性的统一，这为后世中国美学现代性定下了基调。一方面，"由纯文学上言之，则以一切美术之本质，皆在使观听之，为之兴感怡悦。文章为美术之一，质当亦然，无所系属，实利离尽，究理弗存。"另一方面，"文章之于人生，其为用决不次于衣食，宫室，宗教，道德。……所以者何？以能涵养吾人之神思耳。涵养人之神思，即文章之职与用也。"① "在一切人类所以为美的东西，就是与他有用——与为了生存而和自然以及别的社会人生的斗争上有意义的东西。"② 鲁迅《摩罗诗力说》张扬一种酒神般的摩罗精神，这种精神本质上是鼓歌不止的个体主体性精神。"人得是力，乃以发生，乃以漫衍，乃以上征，乃至于人所能至之极点。"③

鲁迅对于现实人生与个体存在，客观再现与主观表现，理性深度与情感真实，社会功用与审美追求等问题的矛盾统一，几乎触及现代中国美学的所有问题域，因而是王国维与鲁迅——而非与蔡元培——才是中国现代美学发展的双子星座。

出于对传统文化的无限眷恋，王国维试图借用西方美学特别是德国古典美学来重新阐释中国古典美学，以期在内忧外患的世界风云际会中为中华文化的发展开出一剂救世良方；鲁迅则站在启蒙主义者的立场上直接宣判传统美学死刑。应该说，不管王、鲁二人如何不同，但使美学服务于中国社会的现代性建设和国民性的改造这一终极目标，却是始终一致的。他二人代表了以后一个多世纪中国美学学人进行美学现代性言说的两种基本姿态，并在实质上为任何一个传统国家在走向现代化的过程中进行的文化和美学建设规定了基本方向。王国维的《红楼梦评论》、鲁迅的《摩罗诗力说》也因此成为现代性美学阅读的经典性文献。只有懂得这一点，我们才能理解为什么后来中国社会、文化在每一次风云曲折之际，美学总是被作为一件法器而祭——美学见证了我们社会民族在走向现代化过程中的每一分悲怆与欢欣，美学承担了它不该承担的过重负担——这种状况直到今天依然没变。

---

① 《鲁迅全集》第 1 卷，人民文学出版社 1981 年版，第 71 页。
② 同上，第 263 页。
③ 鲁迅《坟·摩罗诗力说》，人民文学出版社 1981 年版，第 49 页。

在蔡元培美学中，一个值得注意的倾向是其对社会现实内容的淡化和审美自然形式因素的强化。所谓"社会现实内容的淡化"，就是蔡元培祈求通过审美教育，可使个体人格内容得以突出，社会人生内容退居次位；所谓"审美自然形式因素的强化"，则是强调自然美及美的形式。"美育之目的，在陶冶活泼敏锐之性灵，养成高尚纯洁之人格。"[1] 蔡元培认为，自然美不仅能成为进行美育的绝好场所，而且自然美本身就具有审美意义。因此主张重视城市美化，多设以自然美为主的公园，布置山水名胜，在都市道路两旁多植花木，道路交叉点设空场、置喷泉、花畦等。[2] 在《美术的起源》、《美术的进化》及《美学的研究法》等文中，重视研究原始艺术的线条式样、色彩配合、材料品种以及节奏、对称、比例、调和等形式美规律以及实验方法对美学走向科学的重要性。应该说，蔡元培在中国现代美学的历史上更多地是作为一个美学学科的觉醒者而占有一席之地。可以说，由王国维开启的中国现代美学发轫之际的紧张二元结构，到蔡元培这里得到一定程度的松解。这种"松解"一方面可以说是对中国传统美学精神的复归，却同时也成为中国美学现代性的推进的羁绊。

20世纪中国美学在王国维、鲁迅、蔡元培等人的早期奠基上，又先后经历了中后期的宗白华、吕澂、朱光潜以"美感经验"（审美态度、移情、直觉）为核心的美学建构，蔡仪以"典型"为核心的美学建构，高尔泰以"自由"为核心的美学建构，李泽厚、朱光潜、蒋孔阳以"实践"为核心的美学建构，周来祥以"和谐"为核心的美学建构，直至现在的杨春时等人的后实践美学，邓晓芒、易中天的新实践美学、潘知常的生命美学、曾繁仁等的生态美学等以"生存"、"实践存在"、"生命"、"生态"为核心的美学建构，这些建构无不围绕着美学的"主体性"原则而摇摆于自律论和他律论之间。

中国传统美学整个现代性的转型过程中一直需要面对的是"古今"问题与"中西"问题。而在一种前现代、现代与后现代美学并存的情况下，这两个问题实际上又是一个问题，那就是如何立足传统，面向现代以求得发展？但问题的复杂性还在于，西方美学早在20世纪的60年代就已放弃现代美学的种种经验而向后现代转向，这使中国美学一时多少有点无以适从。但西方美学的后现代转向能够使美学直接面对生活本身而非某种哲学

---

① 《蔡元培美学文选》，北京大学出版社1983年版，第169页。
② 同上，第158－159页。

思考方式，这使西方美学获得了民主化的契机，实际上也为中国美学的现代发展注入一支强心剂。20 世纪 80 年代的美学大讨论中，客观派、主观派、主客观统一派、客观性和社会性统一派之所以最后能为"实践美学"所一统，实际上在很大程度上是由于其顺应了这一美学发展的世界潮流。"实践美学"通过其核心概念"实践"所内含的主客体的相互关联性及主体所具有的社会和历史维度统摄四派美学诸范畴。实践美学在中国能获得长足发展除了自身具有的理论品格外，还基于一种意识形态历史唯物主义的强大支持。当然，不容忽视的是，中国美学自 20 世纪 90 年代以来，虽然引进了不少西方后现代的美学话语形态，但由于其现代性初始基础过于薄弱而使移植来的后现代美学难成气候。文化的发展也有其自身规律性，"生吞活剥"和"食古不化"的做法都是要不得的。这里有一个例外，那就是马克思主义美学。马克思主义美学之所以能在中国经久不衰，既得益于其在政治意识形态领域占有制高点，又得益于其"实践"范畴同时兼具手段与目的双重功能而直抵人类审美活动本质，还得益于其独特的社会学视角与以儒学为主流的"华夏美学"具有内在气质的天然一致。由此观之，在未来的很长一段时间内，马克思主义美学在中国仍然是主流。

中国美学"西化"的一个直接后果是使美学的发展与社会文化处于一种隔绝状态，这在使美学甩去一身拖累得以轻松发展的同时，却也与人们的日常生活日益隔膜，最终走向一条学院化的发展道路。这也是为什么其时美学流派不少而建设不多的原因。

20 世纪 90 年代后期以来，随着中国现代化进程的加快，"以经济建设为中心"成为"唯经济之命是从"，表面上与经济相去甚远的美学和其他文化一起被边缘化。一系列社会和文化问题暴露出来，受这些问题的刺激和"人文精神大讨论"的感染，美学试图再一次肩负起补弊纠偏的社会使命：生命美学想开出一种传统美学的现代坦途来；生态美学则直接标举一种世界和全球化的胸怀，技术美学则试图在一个工具理性盛行的世界里重新唤回人文关怀，如此等等，都是美学学人对此作出的积极回应。

三、21 世纪伊始中国美学建设

中国社会正处于全面转型期。据官方资料统计，2003 年中国人均 GDP 达到 1090 美元，预计 2020 年达到 3000 美元。根据世界多国的长周期发展经验，这是一个经济起飞国家发展的关键阶段。在这一阶段，现代社会转变的三大经济结构——产业结构、城乡结构、就业结构均发生转型。与此相应，政治领域、文化领域也要发生相应的转型。政治领域的转型非本文所论，单就文化的审美领域而言，现在实际上并未建立起一种与其相匹配的审美文化。因此我们要问：转型起的中国社会应配享一种什么样的审美文化？

鉴于中国美学自身的发展一直很少纯粹过，因而关注一下中国思想文化界的发展动向不无裨益。首先值得一提的是上个世纪90年代的"人文精神"大讨论，这场讨论堪称是继上个世纪五六十年代和80年代两次美学"大讨论"文化思潮论争的一种延续，然而由于其没能真正抓住现代性问题的症候而建树不多。时隔近10年的2004年，又发生了轰动中国文化界的两件大事：一件是"甲申文化宣言"的发表，另件是"读经运动"的提倡。这两件大事影响到中国文化建设的方方面面，可以看做是世纪初中国文化发展的基本方向。然而具有历史讽刺意味的是：中国社会及文化现代化从发轫之初到步入正途均以弃绝传统，提倡科学、民主为发展坦途，尽管其间付出的牺牲和得到的教训难以计数，但毕竟表明了历史的进步。然而由于历史和现实的原因这位从异国他乡请来的贵宾总难以得到中国社会阶级及民众的认同，难以扎根为中华民族的集体无意识。因此，当我们提出要"弘扬中华优秀传统文化"时，须审慎对待："五四"以来，中国社会和文化现代性的基本经验就是"反传统"。因此，今日任何对传统的强调，除却作为一种重新崛起的大国在谋求世界地位和发展空间所必需的民族文化认同和文化情结根由外，均须首先回应自"五四"以来中国社会形成的这种"反传统"，否则便不具有合法性。这给今日美学的发展出了一道极大的难题：是迎合今日主流文化思潮以证明自身的存在价值呢？还是继续走中国美学已经初步开出的现代发展之途？其中所含的悖论不言而喻。20世纪初，中国美学的主流倾向是"反传统"；21世纪伊始，中国美学又力主"回归传统"。20世纪初的"反传统"是为了破旧立新，救亡图存；21世纪伊始的"回归传统"是要确证自我，迎接挑战。它们都既是出于中国美学自身发展的需要，更是中国文化现代性对社会现代性作出的积极回应，其中，传统与现代美学，东方与西方美学，在整个中国美学现代性的进程中时而被无限拉长为古今之争，时而被压缩为民族美学与世界美学之论，而且几者又经常错综复杂地纠结在一起。

　　因此，对于今日的中国美学建设，不是让它回到传统，更不是让它全盘西化，重要的是直接面对美学事实本身：什么样的美学才是今日中国人需要的美学？由中国传统美学资源、马克思主义美学与西方现代美学一道构筑的中国现代美学大厦是否是适合今日中国社会和文化的美学？若是，应当如何建设？若不是，应当如何调整？诸如此类的问题，非常复杂，需要我们一点一滴地去做。可以肯定的是，不管新世纪中国美学的现代性建设是对传统美学精神的再生还是西方现代、后现代美学思潮的欢迎，是一种美学民主化的契机还是审美意识形态的捆绑，是新的美学原则的崛起还是传统审美精神的失落，我们都必须摈弃二元论的思维模式，在理念上祈求一种适合于今日中国人生存和感受的新的美学的到来，尽管它在现在还是一种乌托邦。

"主体间性"美学理论对中国
美学发展的意义

戴冠青　陈志超

随着哲学对自然、对人与社会的认识不断发展和深入，美学也在不断地发展、转向，当然也不断引起争论。在西方，由最初的客体性哲学影响下的客体性美学，发展到近代的主体性哲学影响下的主体性美学，直至现代，启蒙现代性受到批判和质疑，主体性哲学逐渐让位于主体间性哲学，有关主体间性美学理论也相继被提出，如存在论美学、现代解释学美学、生态美学、超越美学、修辞论美学等。随着西方美学著作不断地被翻译和介绍到中国，中国学术界也开始从西方美学理论中汲取营养，不断建设和完善自己的美学体系。在这种具有独特创新意义的美学建设中，杨春时等一批学者作出了贡献。杨春时比较系统地建构了自己的主体间性美学，成为中国后实践美学中"主体间性"美学的主要理论代表。他认为存在不是客体性的，也不是主体性的，而是主体间性的。本真的存在必须消除主客对立，必须恢复世界与人的同一性，即把世界当做主体而不是客体，存在是自我主体与世界主体之间的共在。这种主体间性的共在只有超越现实存在，进入审美活动才可能实现，审美就是主体间性的充分体现。在审美和文学活动中，世界不再是客体，而是成为与自我主体亲近、交往、对话并最终融合为一体的主体。同时，我们也应当克服主体思想的片面性，在主体间性基础上建设现代美学。①

德国现象学哲学家胡塞尔为了避免自我论，曾经首先提出主体间性的概念；存在主义哲学家海德格尔受其影响，在晚期的"天地神人四方游

---

① 杨春时《杨春时访谈录》，《美学研究》，2006 年第 10 期。

戏"说中把人与世界的关系看作主体间性的关系；法兰克福学派的代表人物哈贝马斯的交往理性也强调人与人之间的主体间性。① 而伽达默尔的解释学美学，巴赫金的"复调理论"和"对话理论"等也都是在主体间性的启发下产生的。在中国，长期以来几乎没有人涉及主体间性理论。直至1997 年，金元浦发表了《论文学的主体间性》② 一文，可以说是最早将主体间性理论运用于文艺理论研究，在文中，他解说了主体间性的涵义及其本质规定性，但并未深入挖掘主体间性的内涵。21 世纪初，杨春时对实践美学的主体性理论进行了反思，认为主体性理论是启蒙理性的核心，而现代哲学已经由主体性走向主体间性。于是，他开始以主体间性理论阐释审美和文学活动，并于2002 年发表了《文学理论：从主体性到主体间性》③ 一文，比较系统地梳理了主体性到主体间性的历史演变过程，并对主体间性理论作了较全面的阐发，力图由此建立自己的主体间性美学。

可以说，"主体间性"美学理论改变了我们的审美思维方法，对我们的审美实践具有重要的指导作用。因此，我们希望通过对"主体间性"美学的理论特征及其对中国美学理论建构的影响进行探讨和审视，力图揭示其在中国当代美学发展中的价值和意义。

一、"主体间性"美学的理论特征

"主体间性"美学理论的代表人物杨春时指出，主体间性是指在主体与主体的关系中确定存在，存在是主体之间的一种交往、对话和体验，并由此达到互相之间的理解与和谐。当然，主体间性并不是非主体性，而是超越主体性，把与客体对立的片面主体转化为与主体交往的全面主体即交互主体，从而使主体成为真正的主体，即自由的主体，也使世界成为真正的人的世界。④ 我们可以看到，主体间性美学受到了伽达默尔的解释学观念的影响。伽达默尔以主体间性思想建构了现代解释学。他认为文本（包括）世界不是客体，而是另一个主体，解释活动的基础是理解，而理解就是两个主体之间的谈话过程。"在这种'谈话'的参加者之间也像两个人

---

① 杨春时《杨春时访谈录》，《美学研究》，2006 年第 10 期。
② 金元浦《论文学的主体间性》，《天津社会科学》，1997 年第 5 期。
③ 杨春时《文学理论：从主体性到主体间性》，《厦门大学学报》（哲学社会科学版），2002 年第 1 期。
④ 杨春时《美学》，高等教育出版社 2004 年版，第 20 页。

之间一样存在着一种交往（Kommunikation），而这种交往并非仅仅是适应（Anpassung）。本文表述了一件事情，但本文之所以能够表述一件事情归根结底是解释者的功劳。本文和解释者双方对此都出了一份力量。"①。杨春时和伽达默尔都指出现代审美应是一种主体间性的活动，而不是片面的主体性的活动，无论是对艺术还是对自然的审美，都是主体间性活动。杨春时正是在伽达默尔解释学的启发下，提出了主体间性的存在论，认为主体间性使世界变成一个本真的存在。它把现实存在的主体与客体的对立转化为自我主体与世界主体之间的平等交往，建立了一个主体间的生活世界，以达到本真的存在，它们之间可以自由交往、对话、理解。本真的存在何以可能，就在于超越现实存在，也就是超越主客对立的状态，进入物我一体、主客合一的境界。在主体与主体的平等关系中，人与世界互相尊重、互相交往，从而融为一体，这就是主体间性的存在。② 当然，这种主体间性在现实中不可能存在，只有在审美活动中才可能真正实现。在"主体间性"美学看来，审美不只是一种情感活动，它也是一种对存在的体验和对生存意义的理解，是获得真理的一种方式。它是主体间性的活动，具有超越性、自由性的特征。可见，存在、自由、主体、超越便是主体间性美学的主要属性。具体说来，主体间性美学的理论特征主要表现在以下几个方面。

（一）主体间性美学认为，在审美实践中不仅主体具有主体性，客体也具有主体性，也是另一主体。

"主体间性"美学认为在审美活动中，主体与世界的关系发生了根本性的变化，不再是对立的主客关系，而是主体与主体的同一关系。所有客体都带有主体性。此时，由于审美理想的作用，审美主体突破了现实关系的束缚，自我由片面的、异化的现实个性升华为全面发展的自由个性，这就是审美个性；世界由死寂、异己的客体变成有生命的、亲近的另一主体。两个主体之间互相尊重、彼此欣赏，以至于最后融为一体，达到主客合一，物我两忘的境界。在人与自然的关系上，我们把自然看做有生命的主体，而不是征服的对象；在人与人的关系上，审美超越了现实的社会关

---

① 伽达默尔《真理与方法》（下卷），上海译文出版社 1999 年版。
② 杨春时《本体论的主体间性与美学建构》，《厦门大学学报》（哲学社会科学版），2006年第 2 期。

系，变主客对立关系为主体与主体的平等交往关系，审美的同情取代了利益的冲突，从而使他人成为审美对象。审美在艺术活动中最鲜明地体现了主体间性的关系。艺术中的自我与世界的关系已经转化为艺术主体与艺术形象的关系，艺术主体与艺术形象完全同一，我中有你，你中有我，彼此难以区分，共同成为艺术（审美）个性的表现。① 以对文学作品的审美为例，我们知道，文学审美活动包含了四个要素：作者、作品、读者、世界。在主体间性美学理论中，它实际上是四组主体间的关系。除了"作者与读者"这一对有生命，有思维的主体，还包括了"世界与作品"另一对主体。表面看来，世界与作品是一对客体，但是一旦进入审美活动之中，它们就具有了主体性。因为进入审美主体视野中的"世界"是具有主体性的"世界"，这一"世界"不仅带上了审美主体的情感特征和审美理想，而且它还是具有生命的活生生的主体，让审美主体可以与之对视、交流甚至互相融入。"作品"则不但具有了作者的主体性，而且进入读者审美视野的"作品"，它也必然带上读者的主体性，包括读者的审美前见、审美个性和审美追求等。同样，"作品"也是具有生命的活生生的主体，审美主体通过作品，可以与创造主体对话，与作品中的人物对话，甚至与自我对话，去获取理解和认知，主体间也由此达到了沟通和融合。由此可见，审美实践是一种鲜明的独特的主体间性的创造性活动。

（二）主体间性美学认为，主客不是二元对立的，而是主客统一的。

"主体间性"美学认为在审美活动中，主客不是二分的，而是一体的。在启蒙理性的影响下，主体性美学建立在主客对立基础上的片面主体性导致人与自然，人与社会的冲突。而主体间性美学理论提出后，主客二元对立的格局被打破，主体不再局限于有感知、有情感、有理智的人，而是扩充到万事万物；世界不是作为无生命的、缺乏能动性的客体存在着，更不是作为人类认识、改造的对象存在着，而是作为人之外的另一个主体存在着，这样，世界主体才能够与人平等对话，和谐共处。② 极左时期，个人崇拜、英雄主义、人定胜天等一系列极端强调人的历史作用的理念无一不

① 杨春时《本体论的主体间性与美学建构》，《厦门大学学报》（哲学社会科学版），2006年第2期。
② 杨春时《文学批评理论的主体间性转向》，《中州学刊》，2006年第3期。

使人们误入歧途，特别是人类中心主义者过度强调人在宇宙中的主体地位，把除人之外的其他万物都看做与主体对立的客体，如把人看做是大自然的主宰，人可以征服自然，让大自然为人类所用，结果造成人与自然对立，导致生态环境的恶化，人也遭到了自然的惩罚。其实自然既是人的客体，又是具有自己的发展规律与生命状态的另一主体，是主客统一的。因此人与自然的关系是两个主体之间的关系，他们不应该是征服与被征服的，不应该是对立的、冲突的，而应该是平等的统一的互相尊重的。由此可见，在主客对立的格局被打破后，世界（除人之外的其他万物）不再是一种被主体征服的客体，而是作为与人平等的另一主体存在着，他们之间是平等沟通，对话的关系，是主体与主体的关系。就这一点来说，主体间性美学对主体性美学是一种发展，它开启了人们认识审美实践、认识世界的新思维。

（三）主体间性美学认为，主体对客观世界的把握是主体与主体的交往、对话与同情，从而达到充分的体验与理解。

杨春时在《论审美解释》中阐明了审美体验的源初性、浑融性、无限性和非自觉性。这种审美体验的历史性和超历史性决定了审美解释的历史性和超历史性。因此，在审美活动中，基于审美体验的审美解释必须是主体间性的，是主体与主体的交往、互动、理解、同情。审美解释应以充分的主体间性，沟通审美主体与对象主体，克服历史的间距，达到充分的互相理解。① 从这一角度来说，文学的审美阐释也是一种主体间性的活动。我们知道，文学是一种生命创造，作家的精神个性与生命意义通过文本得以体现并向读者言说。因此文学本质上是交流的，它是两个主体，即创造主体作者与审美主体读者交流的平台，是沟通一个生命与另一个生命的桥梁，这种交流和沟通甚至是跨时空跨国界超历史的。例如现代人并不认识李白本人，但却能感受到体验到他的潇洒襟怀和旷达精神，这种体验来自于李白的诗歌文本，来自于他的《梦游天姥吟留别》、《将进酒》、《月下独酌》等诗作。也就是说，李白通过诗歌向我们表现或展示了他的精神气质，读者则通过诗歌走进了李白心灵，去聆听他的心脏跳动，去破译他的语言密码，去回应他的情感诉说，去理解他的豪放个性；可以替他不平，

---

① 杨春时《论审美解释》，《吉首大学学报》（社科版），2004 年第 2 期。

也可以为他叫好。因此读者的体验和理解是决定性的，否则，李白的表现和展示就失去了意义。而文学阐释，就是要通过阅读和阐释，把潜藏在语言之中的这种精神价值和生命特征揭示出来，让人们共赏。可见，审美活动不同于一般的社会活动，它是自由的、超越的。虽然社会活动（即实践）的积淀是构成审美的前提基础，但是审美则是超物质的一种主体间性活动，是两个主体之间的交往、对话和回应，从而达到沟通和理解。

总之，在主体间性美学看来，审美作为对世界的最高把握，是一种沟通和理解的过程。理解只能是主体间的行为，只有主体与主体在审美过程中的交互体验、充分交流、互相同情才能达到真正的沟通和理解，从而完成对世界的把握。审美意义正是通过这一把握，达到自我主体与世界主体的互相尊重与和谐共在。总之，审美之所以可能，只能是一种主体间性的过程。①

二、主体间性美学理论在美学界的影响

2002 年，有关探讨主体间性美学理论的文章在《厦门大学学报》（哲学社会科学版）刊发后，中国美学界掀起了"主体间性美学理论"的争论热潮。杨春时、苏宏斌、李咏吟、张弘先后发表了《文学理论：从主体性到主体间性》②、《从实践美学的主体性到后实践美学的主体间性》③、《论文学的主体间性——兼谈文艺学的方法论变革》④、《主体间性：走出审美现代性的悖论》⑤、《审美活动的主体性与主体间性》⑥ 等，肯定主体间性理论在当代文艺理论的进步性。2003 年，王雅君、曹明海、巫汉祥、

---

① 杨春时《主体性美学与主体间性美学——兼答张玉能先生》，《汕头大学学报》，2004 年第 6 期。

② 杨春时《文学理论：从主体性到主体间性》，《厦门大学学报》（哲学社会科学版），2002 年第 1 期。

③ 杨春时《从实践美学的主体性到后实践美学的主体间性》，《厦门大学学报》（哲学社会科学版），2002 年第 5 期。

④ 苏宏斌《论文学的主体间性——兼谈文艺学的方法论变革》，《厦门大学学报》（哲学社会科学），2002 年第 1 期。

⑤ 张弘《主体间性：走出审美现代性的悖论》，《厦门大学学报》（哲学社会科学版），2002 年第 3 期。

⑥ 李咏吟《审美活动的主体性与主体间性》，《厦门大学学报》（哲学社会科学版），2002 年第 3 期。

曾繁仁又分别发表了《认识论研究的主体间性视域》①、《当代文本解读观的变革》②、《论美学与文艺学的内在主体间性》③、《试论当代存在论美学观》④ 等文章来讨论主体间性美学。在此期间，这些学者主要还是持支持主体间性美学的态度的。2004 年后，陆续有学者开始发表论文批判主体间性美学，如《主体间性是后实践美学的陷阱——与杨春时教授商榷》⑤、《评"主体间性美学"——兼答杨春时先生》⑥、《实践美学的价值论维度》⑦、《美学主体间性"转向"商酌》⑧、《主体间性与文学批评》⑨、《文艺研究如何走向主体间性——主体间性讨论中的越界、含混及其他》⑩，其中主要是张玉能对主体间性的质疑和批判。同时，杨春时也积极回复，进行反批判，发表了《主体性美学与主体间性美学——兼答张玉能先生》⑪、《从客体性到主体性到主体间性——西方美学体系的历史演变》⑫、《主体性美学与主体间性美学》⑬、《文学批评理论的主体间性转向》⑭、《本体论的主体间性与美学建构》⑮，更加全面地解释了和揭示了主体间性美学的理论特征。其他一些学者也纷纷发表论文，表达自己的观点，如

---

① 王雅君《认识论研究的主体间性视域》，《中共中央党校学报》，2003 年第 2 期。

② 曹明海《当代文本解读观的变革》，《文学评论》，2003 年第 3 期。

③ 巫汉祥《论美学与文艺学的内在主体间性》，《厦门大学学报》（哲学社会科学版），2003 年第 6 期。

④ 曾繁仁《试论当代存在论美学观》，《文学评论》，2003 年第 3 期。

⑤ 张玉能《主体间性是后实践美学的陷阱——与杨春时教授商榷》，《汕头大学学报》（人文社会科学版），2004 年第 3 期。

⑥ 张玉能《评"主体间性美学"——兼答杨春时先生》，《汕头大学学报》，2005 年第 2 期。

⑦ 张玉能《实践美学的价值论维度》，《三峡大学学报》（人文社科版），2005 年第 3 期。

⑧ 尚延龄、尚缨《美学主体间性"转向"商酌》，《河西学院学报》，2007 年第 1 期。

⑨ 张玉能《主体间性与文学批评》，《华中师范大学学报》（人文社科版），2005 年第 6 期。

⑩ 吴兴明《文艺研究如何走向主体间性——主体间性讨论中的越界、含混及其他》，《文艺研究》，2009 年第 1 期。

⑪ 杨春时《主体性美学与主体间性美学——兼答张玉能先生》，《汕头大学学报》（人文社会科学版），2004 年第 6 期。

⑫ 杨春时《从客体性到主体性到主体间性——西方美学体系的历史演变》，《烟台大学学报》（哲学社会科学版），2004 年第 4 期。

⑬ 杨春时《主体性美学与主体间性美学》，《中文自学指导》，2006 年第 5 期。

⑭ 杨春时《文学批评理论的主体间性转向》，《中州学刊》，2006 年第 3 期。

⑮ 杨春时《本体论的主体间性与美学建构》，《厦门大学学报》（哲学社会科学版），2006 年第 2 期。

《文学理论的客观性与主体间性》①、《自我构成与历史认识中的主体间性》②、《在"文本间性"与"主体间性"之间——试论文学活动中的"复合间性"》③、《认识论与本体论：主体间性文艺学的双重视野》④、《美学主体间性"转向"商酌》⑤、《论文学的主体间性》⑥、《美学研究的范式转换：从主体性到主体间性》⑦，等等。不仅如此，学术界也开始把主体间性美学的理论扩大化，把它运用到实际的审美解释中，如《论生态美学的主体间性》⑧、《论文学语言的主体间性》⑨、《与童年对话——论儿童文学的主体间性》⑩、《虚拟主体：间性、艺术与哲学》⑪、《主体教育理论：从主体性到主体间性》⑫、《网络写作的主体间性》⑬。综观上述研讨论文，可以看出学术界对主体间性美学主要有以下三种态度：

（一）认为主体间性美学的提出适应时代的要求，是中国现代美学理论建设的进步

持这一观点的学者主要以杨春时、金元浦、苏宏斌、朱晓军等为代表。新世纪以来，杨春时发表了一批关于主体间性美学的文章，在分析主体性美学在新时期的历史局限和理论缺陷的基础上，他鲜明地揭示了建构主体间性美学的进步性和必然性，并具体地阐发了主体间性的含义以及主体间性在文学审美中的意义。苏宏斌则指出，以往美学只研究对象意识，

① 金永兵《文学理论的客观性与主体间性》，《北京大学学报》（哲学社会科学版），2004年第6期。
② 李和臣、仰海峰《自我构成与历史认识中的主体间性》，《教学与研究》，2005年第2期。
③ 刘悦笛《在"文本间性"与"主体间性"之间——试论文学活动中的"复合间性"》，《文艺理论研究》，2005年第4期。
④ 苏宏斌《认识论与本体论：主体间性文艺学的双重视野》，《文学评论》，2007年第3期。
⑤ 尚延龄、尚缨《美学主体间性"转向"商酌》，《河西学院学报》，2007年第1期。
⑥ 宋妍《论文学的主体间性》，《濮阳职业技术学院学报》，2007年第1期。
⑦ 朱晓军《美学研究的范式转换：从主体性到主体间性》，《理论学刊》，2005年第7期。
⑧ 杨春时《论生态美学的主体间性》，《贵州师范大学学报》（社科版），2004年第1期。
⑨ 杨春时《论文学语言的主体间性》，《厦门大学学报》（哲学社会科学版），2004年第5期。
⑩ 李利芳《与童年对话——论儿童文学的主体间性》，《兰州大学学报》（社科版），2005年第1期。
⑪ 黄鸣奋《虚拟主体：间性、艺术与哲学》，《福建论坛》（人文社会科学版），2005年第3期。
⑫ 冯建军《主体教育理论：从主体性到主体间性》，《华中师范大学学报》（人文社科版）2006年第1期。
⑬ 欧阳友权《网络写作的主体间性》，《文艺理论研究》，2006年第4期。

这是一种局限，要引进自我意识和他人意识，即主体间性的观念。他认为主体间性理论的探讨可以帮助我们的文艺学研究摆脱本质主义倾向和二元论思维方式，从而实现方法论上的变革。① 金元浦也认为，"主体间性"是互为主体之间所进行的相互作用，相互对话，相互沟通，相互理解。在当代文学理论与批评中，交流日益显示出其重要性，因此，主体间性的出场便成为一种历史要求。② 朱晓军认为，主体间性美学的提出克服了传统实践美学的局限和矛盾，在文艺创作和审美实践中具有积极作用，是美学研究的一大进步。③ 这些学者都对主体间性美学的提出持肯定的态度，他们看到了传统的主体性美学在现代审美语境中存在的缺陷，认为它已不能完全适应现代审美实践的需要，只有主体间性美学才能解决审美何以可能的问题，才能真正实现审美的自由和超越。

（二）认为主客本来就是二分的，所以主体间性美学不能成立，不应成为中国现代美学的新转向。

张玉能、易中天、尚延龄、尚缨等学者都对主体间性美学理论持质疑或反对态度。张玉能可能是对杨春时的"主体间性"美学观反对最激烈的一个学者。他在多篇质疑的论文中，针对主体间性美学认为的"主体间性"就是"在世界的所有可以称为主体的存在之间的交流、对话、沟通、交往等等的关系属性"，"而所谓'主体'就是自由自觉的存在"等观点进行批驳，认为这是把"主体"的概念任意扩大到一切存在之上，主体的概念主要应是人的存在，并认为主体间性美学是"历史的错位"、"哲学观念的扭曲"、"美学理论的倒退"、"后实践美学的陷阱"，等等④……他在《主体间性与文学批评》一文中指出，"主体"的概念主要是人的存在，自然界的一切动物、植物、无机物在一般情况下不是主体，只有在人的想象之中才可能转化为主体。但是他也提出"三个世界的主体间性"的观点，说明文学与文学批评都与主体间性有着密切的关系，从主体间性的角度来审视文学批评似乎可以比较合理地理解和阐释文学的社会、作者、文本、读者的关系，从而更加开放地把握文学的意义和价值。尚延龄、尚

---

① 苏宏斌《论文学的主体间性——兼谈文艺学的方法论变革》，《厦门大学学报》（哲学社会科学），2002 年第 1 期。
② 金元浦《论文学的主体间性》，《天津社会科学》，1997 年第 5 期。
③ 朱晓军《美学研究的范式转换：从主体性到主体间性》，《理论学刊》，2005 年第 7 期。
④ 张玉能《主体间性与文学批评．华中师范大学学报》，《人文社科版》，2005 年第 6 期。

缨在《美学主体间性"转向"商酌》一文中对杨春时的《中国美学的主体间性转向》提出质疑和商榷,认为"'世界主体'不能担当主体,'自我主体'的主体性被杨春时先生曲解",所以,他们觉得主体间性不能成立。他们还认为杨春时提出的审美活动中的解释活动的基础是理解也不科学,觉得杨春时的这种文学阐释不以文本为基础和依据,是胡乱阐释,必然丧失文学阐释和批评的意义和价值。所以,他们认为杨春时的主体间性美学观存在理论缺失,不应也不可能成为中国现代美学的新"转向"。在文章最后,他们还以 2004 年 11 月 3 日《光明日报》所报道的一则消息为例进行批驳:××剧院根据鲁迅小说《阿 Q 正传》、《药》改编的话剧,打着解构鲁迅的名义,把阿 Q 写成一个赤裸裸的性饥渴者,而吴妈则成为一个敢爱敢恨并充满情欲的女人。最终,二者在阿 Q 临刑前圆了房,阿 Q 被砍头后血被蘸成人血馒头,成为某大人物的壮阳药。这部戏内容荒唐,表演色情,很多人表示不满,认为是玩弄鲁迅、强暴鲁迅,拿名著开涮玩得出了圈。他们认为之所以产生这样的恶果是因为阐释者不受文本(客体)制约而是以自己的"理解"为"基础"来阉割作品的。因此,杨春时的"主体间性"美学观容易成为这类"解释活动"、演出活动的理论张本。① 总之,他们反对的理由是认为主客本来就是二分的,客体永远是客体,不可能也不能当做主体,没有客体也就没有所谓的主体。

(三)认为主体间性美学是当代文艺理论的进一步发展,但它仍存疑,有待商榷。

"主体间性"美学理论的热潮过后,一些学者通过对主体间性理论进行了更深入的探讨和研究,因此态度比较谨慎,观点也比较中立。刘悦笛把"主体间性"看做是作者、读者的对话,而对于客观对象(如:作品等)则提出"文本间性"。他认为,"文本间性"与"主体间性"已成为文学活动关注的焦点,但是人们往往忽略了在这两种"间性"之间还存在一种"复合间性"。因此,他把二者综合起来,提出了"复合间性"的美学观点②。宋妍在肯定主体间性理论提出的必然性和优越性时,也认为主体间性理论还存在缺陷,并指出当前文学界、美学界对主体间性理论运用

---

① 尚延龄、尚缨《美学主体间性"转向"商酌》,《河西学院学报》,2007 年第 1 期。
② 刘悦笛《在"文本间性"与"主体间性"之间——试论文学活动中的"复合间性"》,《文艺理论研究》,2005 年第 4 期。

的几大误区①。巫汉祥提出美学和文艺学的理论建构正在由主体性向主体间性推进。完整的主体间性是由两个层面构成的，即外在主体间性和内在主体间性。内在主体间性，实际上就是自我主体的多重内在主体之间的交互关系，即感性主体与理性主体，原欲主体、自我主体与超越主体，本真主体与异化主体，此在主体与彼在主体这四种类型的多重内在主体及其"主体交互性"。② 一些学者在研究、分析那些支持或反对主体间性美学理论的观点后，发现了主体间性美学理论暴露出的一些问题，并对此进行反思，提出一些商讨性的见解。比如郭湛就提出要阐明主体性、主体间、主体间性、交互主体性的关系③，认为这些关系是研究主体间性美学必须解决的问题。

　　总之，主体间性美学理论的提出引起了学术界相当热烈的讨论，既有认可的，也有质疑和批评的，但不管怎么说，它在中国当代美学界产生的广泛影响是毋庸置疑的。虽然支持这一理论的学者认为主体间性美学理论克服了主体性美学的缺陷，反对这一理论的学者的则认为主体间性美学理论过于强调主体性而否定了世界的客观性。但我们也不难看出，有些探讨的观点也在逐渐走向接近和交会，甚至对主体间性理论进行了丰富和补充。例如，张玉能在批评"主体间性美学"的同时，也阐发了主体间性在文学批评中的作用，虽然解释是不一样的，但是和主体间性美学理论已经有了相交点了。而刘悦笛提出的"复合间性"理论观点也可以说是对主体间性美学理论的一种丰富和补充。因此，我们相信，通过更加深入的讨论，主体间性美学理论一定会得到更加系统的完善和发展。

三、主体间性美学在中国当代美学发展中的意义

　　自朱葆伟、李继宗在《交往·主体间性·客观性》④、马智在《不宜用"主体间性"》⑤、陈建涛在《论主体间性》⑥、陈金美在《论主体性与

①　宋妍《论文学的主体间性》，《濮阳职业技术学院学报》，2007 年第 1 期。
②　巫汉祥《论美学与文艺学的内在主体间性》，《厦门大学学报》（哲学社会科学版），2003 年第 6 期。
③　郭湛《论主体间性或交互主体性》，《中国人民大学学报》，2001 年第 3 期。
④　朱葆伟、李继宗《交往·主体间性·客观性》，《哲学研究》，1992 年第 2 期。
⑤　马智《不宜用"主体间性"》，《人文杂志》，1993 年第 4 期。
⑥　陈建涛《论主体间性》，《人文杂志》，1993 年第 4 期。

客体性、主体间性的关系》①、金元浦在《论文学的主体间性》② 中提出了主体间性的理论观点后，杨春时汲取并融合了现代西方美学与中国古典美学的理论资源，明确提出了人与世界关系的主体间性，即本体论意义上的主体间性美学理论，认为实践美学建立在主体性的基础上，主体性哲学不能说明审美的自由性，还导致主客二元对立。而主体间性的理论视角，消除了主客对立，把世界看成是与人一样的主体，人、世界最终融为一体，这就为二者的交往、对话提供可能，从而克服了主体性美学强调主体性的片面性，只有在主体间性的基础上建设现代美学。才能解决审美何以可能的根本问题。可以说，主体间性美学理论改变了人们认识世界的思维方法，它肯定了人的主体作用，也强调了客体的主体性意义。

（一）主体间性美学理论从主客二分到主客一体，改变了认识世界的思维角度并为审美实践提供了一种新的理论方法。

主体间性美学理论克服了人与世界的对立，建立了一个自我主体与世界主体和谐共存的自由的生活方式。在审美实践中，审美过程不再是主体对客体的征服，而是两个主体间充满人文关怀的一种对话、沟通和理解，由此实现了主客一体的融合和统一。

这一理论视角开启了人们的思维方法，并被运用于具体的审美实践之中。李利芳在《与童年对话——论儿童文学的主体间性》一文中将主体间性理论引入儿童文学研究领域，提出儿童文学具有主体间性之内在属性，她从"童年原生性的间性倾向"、"儿童文学活动就是与童年对话的过程"、"经典儿童文学的主体间性意识"三方面来进行了充分的论证③，让人耳目一新。欧阳友权的《网络写作的主体间性》一文则指出互联网的平等交互和自由共享使文学的主体性向主体间性延伸，网络写作是间性主体在赛博空间里的互文性释放，这是对传统主体性观念的媒介补救。④ 冯建军的《主体教育理论：从主体性到主体间性》一文阐述了"近代的教育理论是在主体性框架中建构的，其历史的意义不容低估。但当代的发展使主体性教育理论陷入了困境，所以，当代的教育理论应当开始主体间性的

① 陈金美《论主体性与客体性、主体间性的关系》，《求索》，1997 年第 5 期。
② 金元浦《论文学的主体间性》，《天津社会科学》，1997 年第 5 期。
③ 李利芳《与童年对话——论儿童文学的主体间性》，《兰州大学学报》（社科版），2005 年第 1 期。
④ 欧阳友权《网络写作的主体间性》，《文艺理论研究》，2006 年第 4 期。

拓展。主体间性为教育理论提供了新的哲学范式和方法论原则，从而在新的基础上还原了教育和教育研究的本真"①。还有不少学者在主体间性理论的启发下，提出了"虚拟的主体间性"②、"生态美学的主体间性"③、"文学语言的主体间性"④ 等理论观点，可以说都是由主体间性美学理论延伸而出的对当代一些审美领域重新审视的新视角。

（二）主体间性美学理论促进了中国当代美学理论建构的创新和完善。

中国美学界从 20 世纪 80 年代后，不仅着力于引进西方当代美学理论，并且进行了中国化和本土化的建构，而且也开始注重建设具有中国特色的现代美学理论，如李泽厚的实践论美学可以说就是其中最有代表性的理论成果，他把中国美学推向了一个新的阶段。在总结前人的美学理论的成就及其局限性的基础上，本世纪初，杨春时等学者汲取了东西方美学的理论资源，提出了"主体间性"美学理论，可以说，这是对前实践美学的一种挑战，也开启了后实践美学的新天地，虽然这一理论还不太完善，但它在中国美学界的影响是不言而喻的，起码它激发了中国美学研究者的创新思维，促使有个性的有理论创新意义的美学理论和审美方法的产生，也促使人们在审美实践中通过新的理论视角来获得更丰富的审美自由和心灵超越，由此也促进了中国当代美学理论建设的完善。

当代，"主体间性"美学理论也还有许多问题未能解决。首先，主体间性美学论者认为主体间性理论解决了认识何以可能，自由何以可能，也就是审美何以可能的问题。但是，它是否具有普遍适用性还有待商榷，它的审美是一种主体间的对话、交流、理解的理论是否适用于审美活动之外的实践如网络世界、教育学等，也还值得探讨，否则难免会出现理论适用范围的盲目扩大甚至理论方法的滥用等问题。其次，对"主体间性"美学理论的"主体间性"与"相对主体性"或"准主体性"这些概念之间的

---

① 冯建军《主体教育理论：从主体性到主体间性》，《华中师范大学学报》（人文社科版），2006 年第 1 期。

② 黄鸣奋《虚拟主体：间性、艺术与哲学》，《福建论坛》（人文社会科学版），2005 年第 3 期。

③ 杨春时《论生态美学的主体间性》，《贵州师范大学学报》（社科版），2004 年第 1 期。

④ 杨春时《论文学语言的主体间性》，《厦门大学学报》（哲学社会科学版），2004 年第 5 期。

联系和区别也还需要进一步厘清。"准主体"是杜夫海纳概括的，他认为作为艺术作品的审美对象的最本质特征就在于它是交互主体性的纽带。① 他说："我们也有权把审美对象作为准主体来对待，因为它是一个作者的作品：在它身上总有一个主体出现，所以我们可以不加区别地说作者的世界或作品的世界。审美对象含有创造它的那个主体的主体性。主体在审美对象中表现自己；反过来，审美对象也表现主体。"② 在这里的"准主体性"与"主体间性"的关联还应该得到更准确的把握。再次，主体间性美学认为审美应该是自由的，超越的，但是所有的自由和超越都并非是绝对的，都是有限制有条件的，都必须受到客体规定性的限制，那么如何处理这种自由与限制的关系，也是主体间性美学在理论建构时不能不充分考虑的。再一方面，主体间性美学理论的建构也可以从中国古典美学中得到一些启示，也许会有更广阔的思维空间。虽然中国的主体间性美学理论是在西方主体间性理论的影响下提出的，但是，主体间性的思维方法在我国古典美学中已有所揭示，道家美学和禅宗美学都承认自然、世界是权利主体，而不是孤立的客体，也不是自我的符号，在自我主体与自然、世界权利主体的交往、经验中才产生了美感。儒家美学也把他人作为权利主体，通过伦理性的交往而达到一种"中和之美"。但是由于中国"天人合一"的哲学思维，人与自然，人与社会没有充分分离，主体性与客体性也没有充分确立，一切都只建立在情感体验的基础上。但是中国古典美学中这种主体间性思维方法的最早表现，对中国当代主体间性美学理论的建构却有十分重要的启示作用。

可以说，"主体间性"美学理论的提出在中国美学理论发展史上具有特别的意义。它在感知世界时从主客二分到主客一体，改变了人们认识世界的思维角度，在某种程度上克服了主体性美学的理论缺陷，解决了前实践美学没法解决的一些问题；它的提出也开辟了审美实践的新视野，为审美实践提供了一种新的审视方法，促进了美学理论建构的创新和完善，是当代美学理论发展中具有独特意义的重要成果。但是，作为一种新的美学理论形态，它面临着学者们的质疑也是必然的，因为它还有很多有价值的理论探讨空间，也有不少问题有待商榷，还需要不断的发展与完善。倘能进一步汲取中国古典美学的理论资源，深入完善主体间性美学理论体系，那么它一定会对中国当代美学理论的发展产生越来越重要的作用。

---

① 张永清《论作为艺术作品的审美对象的交互主体性》，《人文杂志》，2006 年第 5 期。
② 杜夫海纳《审美经验现象学》，韩树站译，文化艺术出版社 1992 年版，第 264 页。

中国少数民族美学研究：回顾与反思

邓佑玲

一、中国少数民族美学研究历史回顾

中国少数民族的审美活动和美学思想可以追溯到史前的旧石器时代和神话时代。但探讨建立中国少数民族美学学科则始于 20 世纪 80 年代末 90 年代初。1989 年秋，在四川阿坝藏族自治州汶川县召开了少数民族美学思想研讨会，标志着中国少数民族美学研究的开端。这次会议以后，相继召开了数次跟民族美学研究相关的会议，研究中国少数民族美学的文章、专著纷纷涌现。总结十多年来民族美学的研究历史，其研究成果主要体现在以下几个方面：

第一，召开专题研讨会。从 1989 年开始，专题研究中国少数民族美学的研讨会主要有：（1）1989 年秋在四川阿坝藏族自治州汶川县召开了少数民族美学思想研讨会。会议认为，少数民族审美文化是中华民族审美文化的重要组成部分，内容十分丰富，但与之相关的研究仍停留于分散的、浅层次的研究上。会议提出了如何站在中华民族整体审美文化的制高点上来观察研究少数民族的审美意识发展的历史流程等非常有价值的问题。但由于这项研究工作刚刚开始，最需要的是开拓性研究。（2）1990年 10 月，由全国民族院校文艺理论研究会和湖北民族学院在湖北恩施市共同主办的全国少数民族美学思想讨论会。这次会议讨论了少数民族美学思想研究的现状、性质、途径和方法。会议认为少数民族有各自的美学思想，其存在形态主要是理论形态、形象形态和生活形态三种，内容非常丰富，但长期以来没有得到关注，研究很不够，这种状况亟待扭转。会议研究了少数民族美学思想研究的对象、目的和方法，强调研究其个性的重要性。会议认为，编写一部少数民族美学思想史是当时民族美学思想研究的一项紧迫任务。会议决定编辑出版《中国少数民族美学思想研究丛书》。① (3) 广西第一、二、三、四届民族美学研讨会。② 会议的中心议题是民族审美意识和民族旅游经济。会议讨论了民族审美意识的界定及其特征、民族美学方法论、中华民族审美意识特征、民族审美意识与民族旅游经济等问题。(4) 1998 年召开了广西第五届民族美学研讨会。③ 会议的中心议题是民族审美文化与民族旅游经济。会议讨论了民族审美文化、中华民族审美文化、民族审美文化教育、民族文化与民族旅游、民族旅游文化的特性等问题。(5) 2000 年召开了中国美学与民族艺术学学术讨论会。会议认为，目前的中国美学实际上只是中原汉民族的美学，未能将众多少数民族美学资源包容在内，需要建构一种将各少数民族丰富的美学资源包容在内的、名副其实的中国美学。

第二，出版相关著作。20 世纪 80 年代末 90 年代初以来出版了一系列中国少数民族美学的著作，其中有影响的是：(1) 1988 年，红旗出版社出版的由全国民族院校文艺理论研究会主编的《民族风情与审美》④。这部著作的出版为后来召开少数民族美学思想研讨会起到了资料和理论准备的作用。(2) 1989 年，四川民族出版社出版了全国民族院校文艺理论研究会委托编写的《中国少数民族古代美学思想资料初编》⑤，初步整理古代少数民族美学思想资料，为后来的相关的研究奠定了很好的基础。(3) 1994 年，青海人民出版社出版了《中国少数民族美学思想研究丛书》五种，包括：《中国少数民族审美意识史纲》⑥、《民族审美心理学概论》⑦、《民族艺术与审美》⑧、《初民的宗教与审美迷狂》⑨、《中国少数民族原始艺术》⑩。这一丛书的出版产生了很大的影响，对于中国少数民族美学学科建设起到了推动作用。(4) 1999 年，湖北教育出版社出版了《西部审

---

① 宣国、光宗等《全国少数民族美学思想研讨会纪要》，《湖北民族学院学报》1991 年第 1.2 期。

② 黄天兵、韩佳卫《广西第四届民族美学研讨会综述》，《广西师院学报》，1998 年第 1 期。

③ 杨昌雄《广西第五届民族美学研讨会综述》，《广西社会科学》，1999 年第 4 期。

④ 全国民族院校文艺理论研究会编《民族风情与审美》。

⑤ 鲁云涛编《中国少数民族古代美学思想初编》，四川民族出版社 1989 年版。

⑥ 冯育柱、于乃昌等《中国少数民族审美意识史纲》，青海人民族出版社 1994 年版。

⑦ 梁一儒《民族审美心理学概论》，青海人民族出版社 1994 年版。

⑧ 刘一沾《民族艺术与审美》，青海人民族出版社 1994 年版。

⑨ 于乃昌、夏敏《初民的宗教与审美迷狂》，青海人民族出版社 1994 年版。

⑩ 向云驹《中国少数民族原始艺术》，青海人民族出版社 1994 年版。

美文化寻踪》①。（5）2000 年，辽宁民族出版社出版了《蒙古族美学史》②。（6）2004 年，民族出版社出版了《民族生态审美学》③。各少数民的美学思想专题研究如于乃昌的《西藏审美文化》④、朱慧珍的《民族文化审美论》⑤、梁一儒的《民族审美文化论》⑥ 等也相继出版。

第三，发表论文。十多年来，有关少数民族美学的理论文章自 20 世纪 90 年代以来越来越多。例如，王右夫的《少数民族美学研究断想》⑦范阳的《民族美学的理论基础及其研究途径》⑧、王德胜的《文化视野中的民族美学》⑨、梁一儒的《民族审美心理学概论》⑩、王世德的《论民族美学》⑪、杨昌雄的《民族审美文化论》⑫ 等。研究和讨论的议题涉及民族美学的定位问题、民族审美意识问题、民族美学研究的方法论问题、民族美学的现代化问题，等等。2000 年于乃昌发表了《走进边缘——中华美学格局中的中国少数民族美学》⑬，指出少数民族审美文化和美学思想历史悠久、发育完整、蕴含丰富、形态鲜活，具有"现代性"价值和东方文化特征。他认为 21 世纪中华美学应该加大力度研究少数民族美学。据不完全统计，目前，此类理论文章已经达到 300 余篇。同时，研究少数民族美学的专题研究论文几乎涉及了 55 个少数民族审美活动的方方面面。

第四，创办刊物。1981 年第一个全国性的专门发表少数民族作家作品的大型刊物《民族文学》得以创办。1983 年《民族文学研究》在京创刊，该刊物是研究中国少数民族文论和美学思想的专门学术理论刊物，创刊以来，发表了许多有关中国少数民族文学研究的理论文章。到 1988 年，全国各种少数民族文学艺术刊物已有一百多种，有的地方还创办了自己的

---

① 彭书麟等《西部审美文化寻踪》，湖北教育出版社 1999 年版。
② 满都夫《蒙古族美学史》，辽宁民族出版社 2000 年版。
③ 黄秉生、袁鼎生《民族生态审美学》，民族出版社 2004 年版。
④ 于乃昌《西藏审美文化》，民族出版社 1999 年版。
⑤ 朱慧珍《民族文化审美论》，广西人民出版社 2004 年版。
⑥ 梁一儒《民族审美文化论》，中国传媒大学出版社 2007 年版。
⑦ 王右夫《少数民族美学研究断想》，《新疆师范大学学报》，1991 年第 3 期。
⑧ 范阳《民族美学的理论基础及其研究途径》，《学术论坛》，1992 年第 3 期。
⑨ 王德胜《文化视野中的民族美学》，《社会科学家》，1993 年第 4 期，第 50－56 页。
⑩ 梁一儒《民族审美心理学概论》，青海人民出版社 1994 年版。
⑪ 王世德《论民族美学》，《西南民族学院学报》，1996 年第 3 期，第 47－52 页。
⑫ 杨昌雄《民族审美文化论》，《广西民族研究》，1999 年第 3 期。
⑬ 于乃昌《走进边缘——中华美学格局中的中国少数民族美学》，《西藏民族学院学报》，2000 年第 1 期。

诗歌、音乐、美术、影剧等专门刊物，其中有二十多种是用少数民族文字出版。专门研究民族文学的刊物有中国社科院民族文学所的《民族文学研究》、广西的《民族艺术》（1985 年创刊）、宁夏的《宁夏艺术》、《民族艺林》云南的《民族艺术研究》、西藏的《西藏艺术》等，为研究者探讨中国少数民族美学问题提供了的理论平台。其中由广西民族文化艺术研究院主办《民族艺术》杂志，对民族美学的研究贡献尤大。由于具有独具个性的办刊风格，该刊在国内外学术界具有较大的学术声誉，获得了国内外学者的信任和肯定，团结了一批具较高学术水准、从事民族民间文化艺术研究的学者，被国家文化部、国家民委有关领导誉为"民族民间文化艺术研究的一面旗帜，一个不可多得阵地"，具有较高的知名度和品牌效应。

第五，设立专业、开设课程、培养教学研究队伍。中央民族大学早在1988 年就在民族学专业下开辟了民族艺术与审美研究方向，招收和培养硕士研究生。目前在中央民族大学中国少数民族艺术专业下开设民族艺术审美研究方向，招收和培养硕士研究生，培养民族美学研究人才。随后，许多综合性院校特别是民族院校先后开设类似专业培养相关人才。有些设在哲学系，有些设在中文系等。例如，"审美人类学与民族审美文化研究"已成为广西师大中文学科文艺学学科创建博士点的重要研究方向。青海民族学院、云南大学、云南民族大学、广西民族大学、中南民族大学中的相关院系招收中国少数民族艺术专业民族审美研究方向硕士生。此外，许多院校还开设少数民族美学专业课和公共课，为普及少数民族美学知识，扩大相关研究成果作出了突出的贡献。例如，中央民族大学设立了"民族艺术与审美"课程，以单个民族为独立的教学单元，在民族学、美学、文学、文化人类学等学科的基础上，对中国少数民族的代表艺术如文学、音乐、舞蹈、工艺美术、建筑、服饰等，结合不同地区、不同民族的文化、自然生态环境进行较为全面的介绍和分析，为学生了解和欣赏少数民族艺术提供理论和实践基础。这些课程的设立，培养了学生广阔的审美视野，有利于提高学生的艺术修养以及对中国多元优秀审美文化的吸收、接纳和继承创造的能力。

此外，由笔者主持的全国教育科学"十一五"规划规划"中国少数民族审美教育理论建设研究等课题，也取得了较多的科研成果。同时，中国少数民族美学的研究人员也越来越多。据不完全统计，目前在这一领域的研究人员已经超过百人，这是可喜的。

总之，经过近20年的努力，中国少数民族美学研究经历了从无到有、从不受重视到开始受到关注的过程，队伍越来越壮大，科研成果越来越多，总体上取得了积极的进展。

二、中国少数民族美学研究存在的问题及其原因

目前，作为一门分支交叉学科，中国少数民族美学的研究仍处于起步阶段，尚存在许多问题，例如学科的基本界定、研究对象、研究内容以及本学科的基本话语体系、学科体系建构等问题的探讨，才刚刚开始。研究机构及研究力量分散、研究经费投入严重不足。进入21世纪以后，民族美学的研究处于相对沉寂的状态。原因是一部分早期民族美学研究人员由于退休等原因而疏于研究活动，一部分学者则转向艺术人类学等其他研究领域，还有个别研究者过早离世，总之，研究力量的分散和后继研究队伍培养的断层，无疑都是民族美学研究在新世纪不尽如人意的原因之一。在整个美学界和民族学界，中国少数民族美学的研究还处于非常弱势的状态。中华美学会中没有中国少数民族美学专业委员会或者类似的分支机构就是一个突出的明证。

中国少数民族美学之所以处于目前的困境，主要有以下原因：

1. 对美学的认识存在严重误区。中国的美学思想自古有之，不仅历史久远，内容丰富，而且自成一体。不过，中国没有西方现代科学意义上的美学。作为一门学科，美学从西方引进刚刚走过一个世纪的时光。美学的引进对于中国美学的发展起到了强有力的推动作用。在这一引进过程中，西方的美学成为主流。近百年美学学科在中国的引进和发展，基本上沿用的是西方美学的一整套范畴和话语体系。这样，从美学引入中国的100多年来，似乎形成一种认识上的误区，即美学就是西方式的美学，中国美学也应当用西方美学的话语体系来建构。在这种观念影响下，不仅汉民族的许多优秀的美学思想未得到挖掘梳理，中国各少数民族的美学思想更难能进入中国美学的视野。当然，我国老一代的学者诸如王国维、蔡元培、宗白华、周来祥、叶朗等非常重视中国传统的美学思想。无奈，他们的努力目前还难以全面转换西方美学话语习惯。在大多数人的心目中，一谈到美学，无非是柏拉图、亚里士多德、黑格尔、鲍姆加登、歌德、席勒……自20世纪90年代以后，也有不少学者开始反思中国美学学科建构

中的困境，质疑西方美学范畴体系在中国文化土壤上的适应性问题，也试图立足中国文化传统建构中国美学学科。但其中的多数学者只看到汉民族的传统，而忽视了中国自古以来就是一个多民族国家、中华文化应包含各民族文化的元素在内，中国美学应包括各民族的美学在内的历史事实。中国文化和西方文化在本质上属于两种差异较大的文化体系，中国美学学科的建构从根本上来说，必须用中国的话语体系。如果说西方的美学是主体与客体二元对立的认识论的，中国的美学则是主体与客体合一的体验论的。因此，一谈到中国美学，在我们的头脑中，应当有柏拉图、亚里士多德、黑格尔、康德、鲍姆加登、歌德、席勒等思想家和美学家的位置，但更重要的是要有孔子、老子、庄子、孟子等诸子百家以及刘勰、钟嵘、张彦远、严羽思想家的位置，也应有举奢哲（彝族）、阿买尼（彝族）、元结（鲜卑）、法拉比（突厥）、元好问（鲜卑）、萨都拉（回族）、萨班·贡嘎坚赞（藏）、荔枝（回族）、纳兰性德（满族）、法式善（蒙古族）、伊湛纳西（蒙古族）等少数民族的艺术家、艺术理论家、哲学家的位置。用西方美学来研究中国人的审美活动，这是无可厚非的，用西方美学的话语体系来建构中国美学也是一种有益的尝试。但是，从根本意义上说，中国的美学应当还是扎根于中国多元文化的土壤之上。

2. 中国美学学科发展"先天的营养不良"。笔者所说的"先天的营养不良"主要是从学科建设的资源及其发展历程来说的。学科理论范式是西方的，学科资源未及整合中华民族丰富的审美资源，学科发展时间不长。这都是中国美学学科发展"先天营养不良"的体现。如上所述，中国美学学科发展是在接受、阐释西方美学学科理论情景中展开的。中国美学学科的发展史更近于西方美学的接受史。因此，也有人说，中国美学应该被称为"西方化的中国美学"，而笔者认为是"西方化的中国汉族美学"。王国维引进了西方美学的学科概念，如"崇高"、"美学"等。朱光潜先生将完整的西方美学体系介绍给了国人，并使美学作为一门学科在中国文化中扎根。美学进入中国的第一阶段，在王国维和朱光潜、蔡元培等大师的学术思想中，尽管他们各自都有丰富的国学底蕴，但西方学术文化思想的影响仍十分深远。中国美学发展的第二阶段是新中国建国后，随着国家政治生活环境的变化，在政治、经济、教育、科技、文化等领域，中国与前苏联建立密切友好的关系，因此，从半殖民地半封建地脱胎而来的新中国，在如上诸多领域，广受前苏联的影响。在20世纪50年代中后期到60

年代的美学大讨论中，美学界沿袭前苏联美学界的话语模式，追寻美的本质问题，构建美学思想体系。中国美学发展的第三个阶段是 20 世纪 80 年代改革开放以后的这段时间。随着美学译丛以及学人进出西方各国，西方现代、后现代美学等学术思潮迅急冲击着中国美学等各个学术领域，美的本质问题不再是核心话语，建立在西方文化、西方美学基础上的中国美学体系遭到质疑。中国美学学人在解读西方美学经典文献如马克思的《巴黎手稿》、康德的《判断力批判》的基础上进入到学术反思、学术重建及挖掘中国本土美学资源，建设本土化的美学体系的新境界。中国台湾学者傅伟勋在 1985 年评论当时的大陆哲学的研究状况时说："整个地说，'文革'结束以后不但有批判的继承，且有创造的发展倾向的是美学这一部门。"他列举了朱光潜、蔡仪、宗白华的论集以及李泽厚、叶朗、周中明、杨辛、甘霖等人的著作后说："我在美学这部门看到了一缕学术突破的小小的希望。"① 中国台湾学者所说的学术突破或希望就是：美学理论的蜕变和民族审美意识的再生，其表现有三：一是对朱光潜先生所说的"见物不见人的美学的扬弃"，李泽厚由客观论唯物美学蜕变到"实践论美学"，蔡仪的"新美学"在 1980 年代以后重新改写，美学走向"人学"，以主体的人为主，美的问题与人相关联。二是新"天人合一"论美学的萌生和成长。三是对全人类艺术与审美超越的追寻，表现出向世界美学思潮汇合的努力。②

在反思中国美学在 20 世纪后半叶所走过的历程时，我们发现既有学术理论的蜕变和民族审美意识的觉醒与再生，但是就在这理论的蜕变和再生中，中国 55 个少数民族的审美文化仍被搁置或冷落在主流学术话语之外。在 80 年代美学探讨的园地如《美学》、《美学论丛》湖北的《美学述林》、天津的《美·艺术·时代》，四川的《美的研究与欣赏》以及《美学新潮》等专业刊物，基本为汉族美学和西方美学所占领，少数民族美学在 20 世纪 80 年代中国美学研究界仍处于"失语"状态。导致这一状况的原因，除了学术研究自身的历史延续性因素外，也就是说到 80 年代，美学学人仍旧沿袭着五六十年代的话题与问题，即美的本质问题的探讨。另一方面的原因是传统的文化中心论思想的影响。在春秋战国时期就已经形

---

① 傅伟勋《大陆学者的哲学研究书评》，海峡两岸学术研究的发展，《中国论坛》杂志社，1988 年版。

② 陈继法《马克思〈巴黎手稿〉与中国大陆美学的蜕变》，《东亚季刊》，1993 年第 1 期。

成的"夷夏"观念，至汉时得到进一步强化，即形成"华夏中心"论，在中原地区周边分布的族群分别被贬称为"北狄"、"南蛮"、"西戎"、"东夷"。类似孟子的"吾闻用夏变夷者，未闻变于夷者"的文化中心观及文化史观影响深远。长期以来，由于这种文化偏见，中国美学理论和美学史的书写，自觉不自觉的单向度地局限于汉文化的视域里。中国55个少数民族丰富的美学思想未能进入主流美学领域，少数民族美学研究长期处于弱势处境。

3. 忽视少数民族文化包括其审美文化在内的文化的价值。在全球化和经济一体化的背景下，各民族的传统文化对于各民族走向世界历史具有重要的意义，大力弘扬民族文化有利于民族自觉、有利于促进文化多元化，有利于民族之间的和谐。少数民族审美文化是中国传统审美文化的重要组成部分，离开少数民族审美文化建构的中国美学是不完整的。从某种意义上说，建构中国美学的出路之一就是要充分挖掘和利用55个少数民族的审美文化。

4. 学科设置的不合理。对中国少数民族美学的研究主要与以下几个学科有关：一是民间文学（民俗学）。这一学科主要研究少数民族的文学作品，包括神话、史诗、民间故事等口传文学，其方法主要借助于文学史等学科，有很大局限性。二是民族学。中国民族学的恢复与发展也是20世纪80年代以来的事情，而民族美学并非其研究重点。艺术人类学作为人类学的分支学科虽然对于民族美学、民族艺术研究比较直接，但由于刚刚起步，很难有突破性进展①。三是美学。但如上所述，在美学被引进中国的百年发展历程中，不仅汉族的审美资源没有得到充分的利用和理论阐释，少数民族的审美思想及其丰富的资源更难能进入主流美学研究视域。面向未来，应当结合现实，研究中国的学科设置，把中国少数民族美学学科放到应有的位置。

5. 美学仍然不受重视。长期以来，我们的教育方针是德智体美全面发展。但是，从课程设置、研究机构的建制、研究队伍的培养、课题研究经费的投入等方面来看，美学的重要性还没有充分体现出来。在不多的经费投入上，少数民族美学的研究也很难争取到相应的位置。在学校教育中，审美教育长期以来受到应试教育的掣肘，难以真正施展拳脚。近几年

---

① 张胜冰、魏云《少数民族审美文化的现实困境与相关理论的探讨》，《思想战线》，2001年第6期。

在素质教育呼声中，民族地区的中小学以及个别高校在地方课程资源挖掘、校本课程建设中，开始多少挖掘一些少数民族艺术审美文化的资源，但与其资源的丰富性及其价值来说，我们的利用和开发还远远不足，具有理论指导意义的民族审美的研究亟待加强。

从美学的产生与发展历程来看，至今仍可以说，美学尚是一门不成熟的学科。在美学学科本身不成熟的情况下，中国少数民族美学学科建设的困境也是可以理解的。即便是汉族美学，也没有完全建立起来。少数民族美学面临目前的困境是建构中国美学过程中的一个必然阶段。所幸的是，我们已经认识到这个问题的重要性。随着美学研究、文化研究及其学科建设的整体反思，面向未来，不仅少数民族美学会有较快的发展，而且会推动中国美学走向成熟。

中国 55 个少数民族的审美文化可谓浩瀚而多样，具体而微地探讨每一个民族的每一种审美文化事象，这是中国少数民族美学和中国少数民族美学史的研究对象，也是基础性的理论研究工作。面对 55 个少数民族丰富的审美文化，为了维护民族文化的多样性，许多问题横亘在我们面前。例如，55 个少数民族的审美模式或者审美个性各是什么？它们是如何产生的？是何时定型的？经历了什么样的发展历程？这些审美文化有什么样的价值？不同民族的审美模式或者审美个性是如何体现在他们的音乐、舞蹈、美术、服饰、建筑和图腾中的？这都需要我们加强少数民族美学的研究来作出科学的解答。

审美现代性的时间意识

——兼论转型期中国美学研究的当代意识问题

杨 光

一

无疑，当前中国的美学、文艺学研究者对于现代性、审美现代性、文化现代性等等颇为"现代"的名词是再熟悉不过了。当前的文艺学/美学围绕审美现代性进行的话语生产，其背景与当代中国文艺学/美学研究转型的普遍呼声密切相关。也就是说，在美学/文艺学范围内展开的"审美现代性"讨论，其背后的学术动力是当代中国的美学、文艺理论建设如何能真正具有"现代性"的品格，真正体现"现代性"的精神的追问，是怎样建立体现当代中国现代性的美学/文艺学新形态的问题。

在西方理论话语系统中产生的"现代性"问题，当它与中国的理论话语发生关系时，"中国语境"就成为不能被忽视的立足点。对于研究个体而言，这是先在的身份，对于研究集体而言，这是基本的立场。这个先在的立场在所有关于"现代性"的讨论中发生着影响。这种影响是贯穿性的，是客观性的，不以研究者的主观意愿为转移的。但是，这并不意味着，我们可以彻底地忘却这个先在立场的存在，完全让其影响自然地发生。正相反，我们必须时时意识到这个先在立场的存在，不时回到这个立场，反思这个立场。由此出发，去发现其影响的实际"显形"，去发掘其影响应然而未然的"隐形"。

应当说，在学界有关"审美现代性"的研究中，对语境意识的强调一直是研究者们十分注意的。尤其是在"全球化"时代，西方"现代性"

理论话语天生具有某种西方中心主义色彩。如果不加以辨析，全盘接受这样的现代性规划无疑会使中国再经历一次"殖民化"过程。然而，意识到中国现代性进程所处语境的重要性并不等于语境意识在我们的现代性探索中实际的确立。问题首先在于我们如何理解所谓的"中国语境"？

理论上讲，语境意识中必然存在着时间的维度，这一维度既是"语境"作为时空统一体的一个部分，也是对"语境"过于鲜明的空间性所指的一个限定。所以，在我们看来，"中国语境"是个过于宽泛的词语。也许正是其作为立场的先在性导致了对其反思的缺席。"中国语境"中的"中国"是一个在时间维度和空间维度界定下的存在。不同时空中的"中国"其语境内涵的差异是巨大的。如果我们满足于笼统地使用"中国语境"，缺乏更为具体的界定，这个词语实际是不可用的。只有针对不同的问题，对"中国语境"进行细分，才能做到有的放矢。对于转型期的中国美学研究而言，"中国语境"需要具体化为"当代中国"，由此突现在这个问题上，"中国语境"在时间和空间两个维度上的特殊呈现。我们认为用"当代中国"取代"中国语境"并不是无聊的文字游戏，而是把"语境意识"中的时间维度挑明，意在指出"当代意识"在中国美学研究转型中的重要性。

何谓"当代中国"？直观上，所谓"当代中国"也只是一个模糊的能指，其所指不仅范围复杂而且始终处在剧烈地变动过程里。甚至可以说，"当代中国"是一个正在形成之中的模糊语境，尤其是对处在这一语境中的人们而言。但是，这个语境的模糊性、复杂变动状态，并不意味着这个语境无法作为立场被我们采用。

要将"当代中国"作为我们的基本立场，仅仅在上述直观层面上认识是不够的。而是要将"当代中国"作为明确的时间—空间指代，通过对其时间之维和空间之维的思考，深入理解并阐明"当代中国"内涵的当代意识和空间定位如何可以成为转型期中国美学研究的立足点这一问题，即把握"当代"这一时间概念和"中国"这一空间概念的特点，为转型期中国所面临的困境——传统和未来的双重压力下，在全球化和民族化的矛盾冲突中——提供可选择的解决方式。以此显示"当代中国"——时间意识和空间意识——作为立足点的理论力量，亦回答"如何可以成为立足点"的问题。

转型期中国美学研究的当代意识是本文关注的重点。"当代"作为一个时间概念，对它的意识就是对于"现在"、"当前"，"当下"的存在意义的理解、认同或反思。这种意识得以确立的主要障碍在于：我们能否在思考"现在"之独特性的过程里，最大限度地消解"过去—传统"和"将来—未来"对"现在—当代"的双重压力。这种消解不是决然地将"过去"与"现在"断裂，也不是封闭"现在"通向"将来"之路的多种选择。换句话说，能够作为我们立足点的当代意识是既能承续历史又能启发未来的，同时这种意识具有某种特质使其不存在于过去，也不会存在于将来。

二

那么，如何思考"现在—当代"？我们认为可以通过分析审美现代性的时间意识进行某些深入的思考。

"时间"意识是西方现代性理论中的重要维度。从"时间"意识入手阐发现代性相关问题，是理解现代性的一个重要途径。西方现代性的"时间"维度实际在两种意义上得到谈论。大卫·库尔珀指出："'modem'（现代）这个术语源于一个拉丁词，意思是'在这个时代'，这一英语单词迅速地演变出两种用法，一是意味着'当代、当今'，另一用法则添加了这样的含义——现代时期，世界已不同于古典的和中世纪的世界。"[①]由此，在后一种意义上，"现代性"被作为一个时间分期概念使用。这里，西方文明的发展过程在时间上被分为古代时期、近代时期、现代时期、后现代时期。其中现代时期又可以进一步细分为早期现代性时期，中期现代性时期或成熟现代性时期，晚期现代性时期。早期现代性有时也被看做与近代是重合的，晚期现代性有时被看做与后现代时期重合。国内很多论述是在这一意义上使用现代性概念的。而在前一种意义上——意味着"当代、当今"的现代，"现代性是质的，而非年代性的范畴"。[②] 彼得·奥斯本认为，这里，时间之于现代性是"某种关于作为历史分期范畴的现代性的新异之物：也就是说，与纪元分期的其他形式（例如神话的、基督教

---

① ［美］大卫·库尔珀《纯粹现代性批判》，臧佩洪译，商务印书馆 2004 年版，第 21 - 22 页。

② ［英］彼得·奥斯本《时间的政治——现代性与先锋》，王志宏译，商务印书馆 2004 年版，第 11 页。阿多诺也有这样的论述"现代性是质的范畴，而不是年代学范畴"，见本书第 23 页。

的、或者朝代的）不同的是，它只根据时间的决定因素和某种非常特别的时间决定因素来定义"①，他将此称为现代性的"内在自指性"。可以认为，现代以其对待当下时间的独特方式获得了属于自身的"质"的规定性，也就是现代性。由此，西方学者可以把关注"现在"、"当下"时间，关注即时体验作为现代性精神的规范性特征，以此为基点生发出对西方现代社会文化之现代特性的种种阐释，从而达到认识西方现代社会的根本目的。目前国内很少从在这个意义上谈论现代性与审美现代性问题，而我们认为现代性理论中存在的对待当下时间的独特方式正可为我们如何思考"现在—当代"提供一种思路，值得进一步的梳理和研究。

现代性"当下"时间意识的基本内容在波德莱尔的现代英雄主义式的审美意识中较早地得到了体现：

"现代性就是过渡、短暂、偶然，就是艺术的一半，另一半是永恒和不变……这种过渡的、短暂的、其变化如此频繁的成分，你们没有权利蔑视和忽略。如果取消它，你们势必要跌进一种抽象的、不可确定的美的虚无之中"，"谁要是在古代作品中研究纯艺术、逻辑和一般方法以外的东西，谁就要倒霉！因为陷入太深，他就忘了现时，放弃了时势所提供的价值和特权，因为几乎我们全部得独创性都来自时间打在我们感觉上得印记。"②

"如同任何可能的现象一样，任何美都包含某种永恒的东西和某种过渡的东西，即绝对的东西和特殊的东西，绝对的、永恒的美不存在，或者说它是各种美的普遍的、外表上经过抽象的精华。每一种美的特殊成分来自激情，而由于我们有我们特殊的激情，所以我们有我们的美。"③

"我们的欢乐、我们的价值、我们的伟大，不在超常之处，不在英雄伟绩中，不在杰出的行为和经验中，而是存在于日常生活及其每一个常规的无名时刻中。"④

"我们从对于现在的表现中获得的愉快不仅仅来源于它可能具有的美，

---

① ［英］彼得·奥斯本《时间的政治——现代性与先锋》，王志宏译，商务印书馆 2004 年版，第 23 页。

② ［法］波德莱尔《现代生活的画家》，载《1846 年的沙龙——波德莱尔美学论文选》，郭宏安译，广西师范大学出版社 2002 年版，第 424－426 页，原文如此。

③ ［法］波德莱尔《1846 年的沙龙》，载《1846 年的沙龙——波德莱尔美学论文选》，郭宏安译，广西师范大学出版社 2002 年版，第 264 页。

④ 转引自［英］戴维·弗里斯比《现代性的碎片》，卢晖临等译，商务印书馆 2003 年版，第 84 页。

而且来源于现在的本质属性。"①

　　马泰·卡林内斯库认为，真正意义的现代化在任何领域都是同创造性相联系的，在创造性意义上，"现代性只能是多元的、局部的和非模仿性的"，由此，他解读波德莱尔对于现代性的美学式定义，认为"当波德莱尔说现代性就在于对现时、对现在之现代性的一种独特感觉时，他是对的，而且不仅仅是在美学上。在波德莱尔看来，这种感觉不可能通过模仿古代大师们学到，人们只能靠自己去获得，靠自己感觉的敏锐性，靠自己面对新事物时的好奇。靠波德莱尔定义为'回复童年'的那种天赋——因为'儿童看一切事物都是新的'，并因此能够更新世界"②。

　　在这里，我们可以看到作为"质"的现代时间意识的一个基本点——突出"当下"，关注"现在"。也就是说，从时间维度上，现代性之所以成为现代性就在于这一时间意识承认"现在—当代"具有无可替代的创造性价值，而且这种时间意识把"现在—当代"作为其衡量、评判一切价值的标准加以确立。"现在—当代"成为现代性时间意识的焦点。

　　以"现在—当代"为立足点，只是现代性时间意识的一个最为基本的内容。要把"现在—当代"独一无二的价值地位确立起来，面对的主要问题是以何种方式处理"现在"与"过去"、"未来"的关系。波德莱尔为短暂、过渡、瞬间的现代性审美价值正名，从而宣告了现代审美意识的诞生，这就是追求新异（the new）的美学。姚斯指出，关于绝对新奇的美学不仅仅是短暂和永恒这一古老对立的晚近变体"过渡、瞬间和偶然，这些特征只能是艺术的一半，艺术需要不变、永恒和普遍的另一半，同样；现代性的历史意识必然以永恒作为对立面……永恒的美只不过是处在过去经验状态中的美的观念，一个由人自己创造并不断抛弃的观念"③。这意味着，在现代审美意识中，时间意识不仅以关注"现在—当代"为其特征，其独特性是在与古代性的永恒时间意识的区别中确立起来的。其中存在着不同以往的处理短暂与永恒的方式，这种方式被弗里斯比称为"短暂与永恒的辩证法"④，被彼得·奥斯本称为"temporalization of 'history'"——

---

　　① ［法］波德莱尔《现代生活的画家》，载《1846 年的沙龙—波德莱尔美学论文选》，郭宏安译，广西师范大学出版社 2002 年版，第 415 页。

　　② ［美］马泰·卡林内斯库《现代性，现代主义，现代化——现代主题的变奏曲》，李瑞华译，《文化现代性精粹读本，周宪主编，中国人民大学出版社 2006 年版，第 92 页。

　　③ ［英］戴维·弗里斯比《现代性的碎片》，卢晖临等译，商务印书馆 2003 年版，第 23 页。

　　④ 同上，第 28 页。

"历史"暂时化的辩证法。①

彼得·奥斯本在《时间的政治》一书中归纳了现代性时间基质的三个特征，我们可以通过对这三个特征的分析，得到"短暂与永恒的辩证法"的基本内容。这三个特征是："1. 专断地把历史性（不同于仅仅年代学上的）现在（historical present）置于过去之上，由此作为对过去的否定与超越，以及对历史进行分期和把历史理解为整体所由出发的立场。……2. 向一个不确定的未来敞开着；未来被赋予的特征只是它可能超越历史性现在，而且把这个现在贬低为将来的过去。3. 有意识地弃绝历史性现在本身，把它当作在不断变化的过去和仍不确定的未来之间的永恒过渡这样一个正在消逝的点；换句话说，现在就是持续和永恒的同一：'此刻'与其说是时间'中'的裂沟，不如说是时间'的'裂沟。……现代性是永久的过渡。"②

我们认为，"短暂与永恒的辩证法"是现代性"当下"时间意识对"过去"、"现在"和"未来"三者关系的崭新模式的揭示，这一模式在现代的审美意识中萌芽并发展起来。在这一模式中，"现在"居于中心的位置。由"现在"为中心，通过"现在"与"过去"、"现在"与"未来"、"现在"本身的三个新型关系架构起整个的现代性"短暂与永恒的辩证法"。

首先，"现在"作为现代性时间意识的焦点，现代性如何看待"现在"？时间之流中的"现在"总是处在流逝之中的，所谓人不能两次踏入同一条河流。在古代性的普遍而永恒的"时间"意识中，"现在"的不断流逝性质使得"现在"不可能具有独立的存在意义。"现在"要么依附于"过去"，要么依附于"未来"，以获取某种永恒性和普遍性，"现在"毫无独创性价值可言。而在现代性的时间意识中，"现在"的不断流逝性质却成为其独立存在意义的来源。在现代性的时间意识中，"'此刻'与其说是时间'中'的裂沟，不如说是时间'的'裂沟"。也就是说，如果我

---

① 这个英文短语在本书中译为"历史"时间化，笔者认为亦可作下列理解。"Temporalization"一词应是由"temporal"变化而来，后者意思为"时间的；时间上的；暂时的"（见《牛津现代高级英汉双解词典》简化汉字本，商务印书馆 牛津大学出版社1996年版，第1192页）。所以这个短语可以译为"历史"暂时化。基于对现代性时间意识以关注瞬间、短暂的"当下"为基本特征的理解，我们倾向于后一种翻译，译为"历史"时间化有些笼统。参见［英］彼得·奥斯本《时间的政治—现代性与先锋》，王志宏译，商务印书馆2004年版，第19页。

② ［英］彼得·奥斯本《时间的政治—现代性与先锋》，王志宏译，商务印书馆2004年版，第31页。

们将"现在"看做"时间中的裂沟",那么这种"现在"仍然是历史性的"现在",此时的"现在"的即生即灭性质仍然被历史性的永恒遮蔽着,"现在"还是依附于"过去"。而认为"现在"是"时间的裂沟",就将历史性的"现在"扭转成为"现在"的历史性,此时"现在"的即生即灭性成为消解历史之永恒性的力量。"现在"不再依附于"过去"而获取永恒性的"授权",而是作为永久的过渡,作为"过去"与"未来"之间的永恒过渡的消逝点,由"现在"本身获取永恒性,也就是瞬间即永恒。在波德莱尔的论述与创作中,我们不难发现他不仅直面"现在"的短暂性与瞬间性,而且以积极地展示"现在"的即生即灭作为其审美意识的重要方面。可以认为,现代时间意识中即生即灭性的"现在",其价值首先以其具有的审美价值而得到昭示。这种美就像我们仰望星空时,某颗"湮灭"之星的光芒。那颗星的"现在"已经消逝,而其消逝时的光芒却穿越几百万光年的时空抵达我们的"现在"。因此,当我们看到那光的一刻,我们也就看到了永恒。

其次,"现在"与"过去"的新型关系。当现代性的"当下"时间从其本身获取永恒性时,"现在"与"过去"的关系就发生了某种颠倒,现代性时间意识开始以"现在—当代"为基点审视"过去—历史"。在这个过程中实际出现了两种对"过去—历史"的审视态度。第一种是奥斯本指出的现代性时间基质的第一点:"专断地把历史性(不同于仅仅年代学上的)现在(historical present)置于过去之上,由此作为对过去的否定与超越,以及对历史进行分期和把历史理解为整体所由出发的立场。"这是我们较为熟悉的所谓社会现代性的线形时间观念。在这种观念中,"新"与"旧"、"现在"与"过去"处在激烈的二元对立中:"旧的"必然是落后的、野蛮的。"新的"一定是先进的、文明的。"新"必然会替代"旧"。"现在"具有绝对的价值,而"过去"则一无是处应当被抛弃。正如奥斯本所说,这种审视是"专断"的,很显然"历史"暂时化的辩证法在这里消失了。这种审视在确立"现在"之价值的同时把"现在"的历史性一并丢弃,是以"永远进步"取代了"永远过渡",这与波德莱尔审美意识中蕴涵的现代性"当下"时间意识已经发生了"偏离"。第二种审视态度在姚斯对波德莱尔的解读中得到了体现,即"现代性的历史意识必然以永恒作为对立面……永恒的美只不过是处在过去经验状态中的美的观念,一个由人自己创造并不断抛弃的观念"。我们认为,正是在这种审美式的审视态度中，呈现出新型的"现在"与"过去"的关系，而这是我们较为陌生的。在这一观念里，"现在—当代"之价值的确立不是以抛弃"过去—历史"的方式进行的，而是以通过"现在—当代"为"过去—历史""赋值"的方式进行。具体而言，这种当下意识信心满满地张扬着当下时间永久的偶然性、过渡性和独创性，它是如此的自信，以至于在这一意识里，"过去—历史"同样是永久的偶然与独创，"过去—历史"和"现在—当代"在这一意义上是平起平坐的。也可以说，这种当下意识将当下时间的价值贯穿于其对"过去—历史"的审视之中，通过这种方式，"过去—历史"不是被抛弃，而是被接纳了。在这一意识中，"现在"不是历史性的现在，但承认"现在"具有历史性，因为"现在"与"过去"是相通的，都是永恒的过渡。在这里，"过去—历史"的创造性亦与"现在—当下"的创造性相呼应，只不过这时的历史创造性已经无法坚持其不可超越的性质，而是像当代的创造性一样承认其所创造的终将消逝，创造不断地取代创造。

再次，现在与未来的新型关系。"未来"以其不确定性获得价值。在某种程度上，未来和过去具有相通之处，坚固的过去和不确定的未来都可以产生取消"现在"的作用。正如彼得·奥斯本所说现在被贬低为将来的过去。在现代性的当下时间意识中，以"现在—当代"为基点审视"未来"也同其审视"过去—历史"一样产生了两种方式：一，社会现代性时间意识中的"未来"。在上面关于这一线性时间意识的历史观的分析中，我们可以发现，这种历史观的实质是"现在"将自己"想象"为未来的先在，由此获得某种自信力或曰"授权"去对付沉重的过去，其结果是既粗暴地抛弃了历史，也透支了将来，"未来"的不确定性在这里已经被通过"现在"的想象确定化了。在这个过程中，尽管看起来，"现在—当代"是脱离了"过去—历史"的束缚，但它又将自身"归顺"了"未来"。它反抗了历史又臣服于将来。结果，"现在"的独立价值仍然是无法彰现。二，而对于审美的当下时间意识来说，"不存在可以保存起来的过去，也不存在着可以被想象成与现在迥然相异的未来"①。坚持永恒过渡性质的"当下"意识到其本身就是不确定的，但它不像前者（即第一种方式）一样追求某种带有幻想成分的确定性，而是就以不确定性作为自身价值呈现的一个重要指标。也就是说，它并不惧怕自身的消逝而是积极

---

① ［英］戴维·弗里斯比《现代性的碎片》，卢晖临等译，商务印书馆 2003 年版，第 345 页。

面对和展现自身必将消逝的"命运"。就像它对待历史一样,这一当下意识通过这种方式将"未来"也接纳到"现在",在充满不确定性的"现在"中"未来"已经显现。

三

以"现在—当下/当代"为基本点,由"短暂与永恒的辩证法"架构起的审美现代性的时间意识集中地展现了现代时间观念的一些特点。这一现代时间观念与我们理解的现代性线性时间观念(在反思现代性的后现代语境中)有着重要的差异。也可以说,在某种程度上,审美现代性的时间意识表现出了现代性的自反性特点。人们可以隐约感觉到这种现代审美式的时间观念具有某些尚未被我们认识的积极意义。就当代意识这个问题而言,"当下/当代"这个时间范畴由此得到了前所未有的独立和积极的价值肯定,并且该意识中的"短暂与永恒的辩证法"为如何立足"当代"处理"过去—传统"和"将来—未来"提供了一些基本的观念和思路。

当我们以审美现代性的时间意识作为参照,反观当前中国美学研究中的当代意识问题,可以发现我们在对当代意识究竟为何,如何建立美学研究的当代意识等问题上仍需深思一二:

对于"当代"之价值的肯定与张扬是现代性的基本特征。当代意识是对当下、现在、当代之存在,对我们身处的这个时间之流的意义、价值、独特性的理解、反思和认同。

那么首先,当代的中国美学研究处于"现在"与"过去"、"未来"的较量之中,我们是否真正坚持了"现在"的立场?是否不经意间臣服了"过去"或者"未来"?或者又矫枉过正地割断了自身与"过去"和"未来"的血脉联系?

以"过去—传统"为例,"传统"这个词的意味太厚重了,以至于当代的人们在面对它时,对于当代的意识几乎总是被其致密的"重量"压抑而成为某种"潜意识"。① 我们的思考似乎无法鲜明的表现出在当代意识

---

① 有学者在研究历史小说时曾指出:历史记载的现成性和人们脑中基本历史事实的先天性会造成历史小说的保守性局限。而这种保守性使得"以现代理性观照历史"这一立足点在创作中的确立始终面临着挑战。参见杨建华等《全球化·本土化·现代性——试论1990年代以来的历史小说》,载《云南师范大学学报》(哲学社会科学版)2007年1月。

主导下建立传统与当代联系的轨迹，而在多数时候，我们以下面的方式掩盖此时的无力——将我们对传统的明显的当代阐释宣称为已被还原到其所处的历史语境之中的"当时"状态。而这根本是不可能的任务。这种作法充其量只能是我们以这种方式向强大的传统表示妥协或争取获得其承认的有利地位的表现。似乎必须经过这一步，我们的思考才能得到某种"授权"。传统固然是不能被抛弃的，但是这一步必须以这种自欺的方式进行吗？西方学者的某些思想对于现在的我们来说，似乎是超前的，似乎是我们奋力追赶而不能及的。但是这种感受却不能否定下列事实，即西方学者那些"超前"的思考不仅没有抛弃其历史传统，他们似乎更倾向于通过再阐发其传统，"萃取"出某些东西与他们的当代思考融合。在这个过程里，经过"现在—当代"这个中介，"传统"被赋予了新的价值得以延续而同时"未来"也在其中被"展示"（而非预言）。尼采、阿多诺、本雅明等等西方思想家都是这方面的生动例子。

可以说，这一西方经验正是审美现代性时间意识中"短暂与永恒的辩证法"引导下的一种具体实践。前文已经表明，这一时间意识是现代性时间之"质"的规定性的一部分，其所体现的是现代性的规范性特征而非描述性特征。在这个意义上，这种时间意识在所有体现现代性特色的理论建构中都可以具有指导意义。故而，我们将这一经验移植到对中国问题的思考中是可行的。但是，这里又有一个西方经验在中国的适用限度问题。就如何对待"传统"这个问题而言，鉴于当前中国社会的复杂性，在前现代性、现代性、后现代性并存的状态中，要以这种观念引导我们对自身"传统"思考，就需要划定一个适用的限度。应当指出，在当代中国的现代性问题上就存在着两个意义上的"传统"：一个是在18世纪中国进入现代化进程以前的近千年的"传统"，这是古典传统或古代传统。第二是18世纪后中国开启的自身现代化的传统，这可以认为是"现代传统"。① 那么，我们的当代意识是否能够接纳所有这两种意义的"传统"？还是只能接纳其中之一？如果只能接纳其中之一，那么另一种意义的"传统"为什么不能被我们的当代意识所接纳？而能被接纳的"传统"又以何种方式在当代呈现自身呢？

---

① 尽管有学者认为中国的封建时期已经蕴育出走向现代化的一些萌芽，中国近代以来的现代化进程有自身文化发展的内部动力，但是相较于西方而言，中国走向现代化仍然存在着一个相当明显的断裂，造成这一断裂的外部因素作用也是十分明显的。

其次，中国美学现代性的"当代"之维究竟意味着什么？这个"当代"的不可替代之处在哪里？如果我们认为"当代"有它的独特价值，那么，就美学而言，这些价值在各个艺术门类中、在审美思潮中、在我们的日常生活中具有那些呈现方式？

应该说，上述审美现代性时间意识的理论梳理仅仅是对这一时间意识一些基本内涵的理论揭示，我们只是表明了这一时间意识是这个样子的。需要指出的是，这一时间意识的具体内涵是在西方的现代性探询过程中逐渐清晰起来的，并不是先已存在对这种时间意识的理论认识才有了相应的现代性理论，而是从波德莱尔那里这种时间意识出现了基本的雏形，其后一些现代性理论家在各个领域中的理论实践使得这一时间意识逐渐得到了完善和清晰。那么，中国美学当代意识的建立若要以此种时间意识为指引，是不能直接地将这一意识的基本内涵转化为某些规则性的条例，用空洞的理论来规定我们的当代意识应该是什么样子的。而是需要在具体领域内的话语实践中将这种时间意识展现出来，这样才能回答上面的那三个问题，从而建立属于我们的当代意识。

空间和时间是人类存在的基本范畴，但是时间和空间的意义是多样而矛盾的。不同的社会或群体会培养不同的时间感受。人们似乎倾向于认为时间和空间是理所当然的，单独客观的，而把各种时间感受及其产生的意义的差异看做是"在根本上应当被理解单一的、客观的、时间上不可避免的运动之矢在概念上或解释上的差异"。美国学者哈维挑战了这种观念，他认为是人类实践活动建构了"时间和空间可能表达的客观品质的多样性"，"物理学家们现在广泛认为，先于物质而存在的（且不说意义），既不是时间，也不是空间；因此，物理的时间—空间的客观品质不可能被理解为独立于物质过程的品质"，也就是说"只有通过对物质过程的调查研究，我们才能恰当地为我们关于时间和空间的概念奠定下基础。"在这种唯物主义观下，"时间和空间客观概念必定是通过服务于社会生活再生产的物质实践活动与过程而创造出来的"，"各种独特的生产方式或者社会构成方式，都将体现出一系列独特的时间与空间的实践活动和概念。"①

哈维指出了人们对于时空意识的社会物质实践基础，弗里斯比在《现代性的碎片》一书中对齐美尔、本雅明、克拉考尔的现代性探索进行的分

---

① ［美］戴维·哈维《后现代状况——对文化变迁之缘起的探究》，阎嘉译，商务印书馆 2004 年版，第 252 – 256 页。

析则给我们实际展示了如何通过对现代社会构成的研究来探询现代性的时间意识。在论述齐美尔时，他指出齐美尔将冒险中的加快的时间描述为"它的气氛是……绝对的现在感，生活进程被加速到某一点上：这一点既没有过去，也没有未来，因而只能以一种与既往内容相比常常是无关紧要的强度将生活抑制在其自身内部"。"冒险家同时也是非历史的人和当代本质的最有力的例证。一方面，他由没有过去所决定……另一方面，对他而言，未来并不存在。"弗里斯比认为"冒险呈现出动态特征，充斥其中的是一种不同的时间体验方式。"这种现在即时感就是现代性的体验。① 在论述本雅明时，弗里斯比认为，本雅明"对现代史前史的辩证意象意欲阐明的'当下时间'，并不简单地作为一种现在时间，而是一种过去和未来之间的界限被暂时突破的时间。依照这一思路的历史学家乃是一种回顾式的预言者，比起那些与时俱进者，他们能够告诉我们更多"②。

通过哈维的观点和弗里斯比的实践，我们完全有理由认为，对于建立中国美学研究的当代意识而言，以中国目前的社会构成和生活状况为关注点，注重从中发掘其所蕴涵的中国人的现代审美体验和时空意识，这是可行的也是必要的。这里的关键问题是我们要寻找体现中国当代特点的"现代性的碎片"。

在我们看来，处于社会现代化进程中的中国人，对"当代体验"可以做如下的理解：它根本上是人们对所处环境的切身感受。这感受是当下的，从时间维度上，是对"现在"的体验。所谓"现在"，尽管有"过去"和"未来"的因素存在，但是在这两种因素的张力性存在中，"现在"的独具一格的意义也在彰显着自身。"过去"的积淀（即所谓的传统）固然因其历史性的价值，具有某种永恒的意义不能被抛弃，但这不能遮蔽"现在"中可能蕴涵的历史性价值；"未来"固然具有无限的可能性，其似乎生而具有的超越性价值为人们提供着追寻的方向，但这同样不能遮蔽"现在"作为方向之起点的重要性。也就是说，"现在"是历史性与超越性的交织，同时，它不是"过去"，也不是"未来"，只是"现在"。由此，对于"现在"的体验是唯一的。作为"现在"体验的核心，同时作为在"全球化"时代的现代性体验，过渡、易逝与偶然在所有的当

---

① ［英］戴维·弗里斯比《现代性的碎片》，卢晖临等译，商务印书馆2003年版，第88－90页。

② 同上，第349页。

下体验中是共通的。当代中国也不例外。在这个意义上讲，没有什么特殊的现代性体验，也没有什么特殊的现代性。而就此推导出中国人的当代体验就是西方的审美现代性，这样的结论无疑又是武断。谁也无法否认，当代中国有着自己的历史承继，也有着通向未来的独特方向。所以，在当代中国这个意义上，中国人当代体验的特性中仍然存在不同于西方审美现代性的部分。而这些部分究竟为何？目前我们尚无法得到明确的结论。但可以肯定的是，这些部分就蕴涵在当代中国的社会构成、审美思潮、日常生活和艺术作品之中，而且其存在状态极有可能是"碎片"的形式。所以，去找寻这些碎片，以微观社会学的方法将其中的时空意识和当代体验揭示出来，这对于转型期的中国美学建设，对于其美学现代品格的确立是一个不可忽视的任务，需要我们的共同努力。

新中国六十年美学研究历史回顾

王鹏周

　　新中国六十年美学研究的历程，乃以马克思主义的根本观点及人类视界理论来解构美学，由 20 世纪 50 年代初的美学大讨论拉开序幕，经过六七十年代，八九十年代再进入高峰至新世纪形成"地球村"美学。始终贯穿一条红线，即世界自然物质本体和人类实践本体的美学思辨关系，亦即真与善的关系。物质本体（真）与实践本体（善）关系及智慧本体（真）与道德本体（善）关系的审美互动，从而引出百家争鸣的美学繁荣、多姿多彩的喜人局面。

　　世界自然物质本体与人类实践本体的思辨磨合是一个永恒的话题。我们的先祖"天人合一"的理念，在为论述物质本体、实践本体关系发轫的同时，也为我们梳理两者的关系创造了一个永远走不尽、看不清的迷宫。用马克思主义哲学关于客观物质世界与人类感性世界的实践美学视野武装的现代美学家们，在新中国六十年美学研究的链条上镶上了诸如实践美学、自然美、本质力量感性显现说、现代美学、"情本体"、后现代美学、后实践美学、主体间性美学、身体美学等一颗颗闪光诱人的美学研究宝珠，在这些熠熠生辉的宝珠中，以世界物质本体此马克思主义根本观点作为美学解读依据的美学学者理论最为坚实。此坚实现象的背后是：我们人类凭以立足的地质"平台"；理论原由是：处于自然客观物质现实世界本体的人，包括人类生活，"不是意识决定生活，而是生活决定意识"。"这种观察方法（符合客观自然界生活实际的观察方法——笔者注）并不是没有前提。它从现实的前提出发，而且一刻也不离开这种前提。它的前提是人，但不是处在某种幻想的与世隔绝、离群索居状态的人，而是处在于一定条件下进行的现实的、可以通过经验观察到的发展过程中的人。只要描绘出这个能动的生活过程，历史就不再像那些本身还是抽象的经验论者所认为的那样，是一些僵死事实的搜集，也不像唯心主义者所认为的那样，是想象的主体的想象的活动。"①（这个"生活"、"一定条件下"即是我们赖以生存的地质平台）从而出现像蔡仪、朱光潜、李泽厚等这样的重物质世界本体的美学大家，20世纪90年代初以前，李泽厚一直为此主流学派的代表，亦即"自然人化"说的代表。

李泽厚先生在强调"人对自己生存环境的自然界的改造"的同时，应该包括内在的自然的人化，即感官的人化和心理的人化，此其实已包括了人类的"全方位实践"的内容。已摆脱那种抽掉自然赋予人类的"有血有肉有思想"的"血肉灵式实践"即美学实践的"空壳"。再经过七八十年代的物质实践工具理性美学观，物质本体美学与实践美学又开始相互"游离"。至新世纪的生态美学。此新中国六十年的美学研究历史，正如世界美学研究心路一样："如果说，哲学的主流在古希腊时期是本体论，在近代是认识论，在20世纪是元哲学，则自马克思开始，哲学已从认识论了实践论，马克思以后，又转向了生存论。"② 六十年的美学研究，就是这样从人类"全实践美学"本体到形上的自然世界物质本体再到新世纪的生态自然美学本体此研究"心路"，皆经过肯定、否定、否定之否定即"正、反、合"美学研究逻辑历史阶段。

新中国20世纪50年代至80年代的美学研究，自然物质作为作为"理论支撑主体"，工具理性、人的异化思潮盛行。此与时代背景即热火朝天的轰轰烈烈的"自然人化"运动有密切的联系。歌颂大黑烟囱、歌颂钢铁、人的异化在某种程度上被美化。但以此同时，人自于自然动物群中"鹤立鸡群"地独立出来，从那一"瞬间"起，美学感受、美学创造等的美学因子即随人而产生，反过来说，即只有人才有"福气"与美同行。自然物质本体的行为对象不只人，但美的行为对象却是人的"专利"，譬如：羊上山吃青苗。可以吃得"片甲不留"。蜜蜂虽然为人们酿出很多很多蜜，但它们绝对写不出脍炙人口的美文《荔枝蜜》。人以外的动物，她们与客观物质世界的关系只有眼前暂时实用（真），却绝对没有目的（善），从

---

① 马克思、恩克斯《德意志意识形态》，《马克思恩克斯选集》第一卷，第30-31页。

② 徐碧辉《从工具本体到情本体——从人类学实践论美学到个体生存论美学》，厦门大学美学与文论研讨会论文 2007 年 11 月。

而就演算不出美的方程等式来。但人天生具备的美，（也可以说是自然"馈赠"的尺度）随着人类的不断进化，美也不断地丰富。美作为形而上的东西，是附在人类发展、社会发展、经济发展此物质经济基础之上的，客观自然物质基础越是发展，水涨船高，美也在不断的在发展。古人的"天人合一"基本上较笼统，美的历史发展到今天，人的精神层面的东西更显得强劲。如"网恋"、"网情"、"博客"、"网上聊天"之类不是很明显吗？现代美学大家宗百华先生引用古代中西画论很清楚地说明了这一点。宗百华先生引用了清朝名画家邹一桂对西洋画透视法的否定。"西洋人善勾股法，故其绘画于阴阳远近，不差锱黍，所画人物、物树，皆有日影。其所用颜色与笔，与中华绝异。布影由阔而狭，以三角量之。画宫室于墙壁，令人几欲走进。学者能参用一二，亦其醒法。但笔法全无，虽工亦匠，故不入画品。"① 中国画家确是用"俯仰自得"的精神来欣赏宇宙，或是音乐的境界，或是舞蹈的境界。"有情有势的自然是有声的自然。"② 朱光潜先生在 70 年前曾用十分通俗的话语道出："离开人的观点而言，自然也本无所谓美丑，美丑是观赏者任凭自己的性分和情趣见出来的。" 又说："我们去欣赏一片山水觉其美时，就已经把自己的情趣外射到山水里去，就已把自然加以人情化和艺术化了。"同时，他进一步指出"艺术是情趣的表现，而还必须超出的根源就是人生。"③

新中国六十年来，在 20 世纪 50 至 80 年代，世界客观物质本体美学研究的核心价值观，即自然人化，导致人的"异化系数"越来越大，引起美学界的警醒。许多美学专家学者关注人化自然这个重大的美学课题，对自然物质本体与实践本体理论进行重新"分离组合"：自然物质界、实践界其实都要从人的感性、人的"优存"出发。所谓自然物质界，是人的对象。实践界，有物质的实践，有精神的实践。这些实践，其实都是自然对人的尺度塑造的结果。人必须回归自然，才是回到母亲的怀抱。自然塑造人，教给人以有头脑、有思维、有能力，但另一方面，人不能妄自菲薄，"人定胜天"。自然对人，就像"老虎拜师"的古老寓言：猫教给老虎许多本事，但暗底下留一手（爬树）。自然的无限奥秘，留的不只是"一

---

① 宗百华《美学散步》上海人民出版社，第 96 页。
② 同上，第 99 - 100 页。
③ 朱光潜《谈美》。转引自《中华美学学会通讯》2007 年第 1 期，第 17 页。徐书城《自然美——并非难题的难题》一文。

手"，而是"许多手"，人甚至不能像老虎一样有任何理由自大。所以，许多美学专家学者提出"自然的复魅"，是很有高见的。在自然的人化的同时，人也在不断的"自然化"，人类只不过是整个物质世界的一分子，包括血、肉、发达的大脑。

人类发展了自己的文化。当下多媒体文化不断递升的后现代科学背景，又加速为人类自身的自然化颁发了"市场准入证"。如互联网文化，你就难说其为自然世界物质层面或人的思维精神实践界层面。如读书、写作，与其说是一种实践活动，不如说是一种精神活动更准确。一百个人读《红楼梦》，有一百个林黛玉。从写作来讲，在具备了思想条件、写作技术条件之后，"慨投篇而援笔，聊宣之乎斯文"、"精骛八极，心游万仞"。①在绘画中，新中国六十年来的水墨画，继承了写意的传统，这也是大大有别于西方的科学透视画，这更是最明显的富含精神元素的产品。书法当中的气势，散文诗歌当中的写意等不胜枚举。自然物质界与人的实践界磨合出人的生存状态，包括智慧与道德。智慧属于真，道德属于善。此真与善的内涵，使我们的美学，超出了声、色、形的我们的"局限感性"或"有限感性"的层面，已上升到精神的层面了，此即为我们苦苦探索的美学的意蕴。

正如世界美学研究从柏拉图的形上的客观自然理念到到康德的感性、刺激②美学再到现代的生态美学，我国中华民族的美学研究经历的三个阶段，从老庄的天人合一（人化自然）再到上半个世纪的客观物质美学（自然人化）再到新世纪的自然美学、生态美学（人化自然），一样，我们新中国六十年的美学研究也经历了肯定、否定、否定之否定的过程：我国新世纪的美学研究，正是在对解放初期美学研究的自然实践平行，再到对上世纪七八十年代的自然人化，再到新世纪对自然人化的否定，当下第三阶段的生态存在论美学，是对人化自然的完善。我们现在的美学研究，正处在第三阶段，即正、反、合的"合"阶段。此阶段，是对前阶段否定之否定，但这并不是完全回到原简单的"物质感官心理"实践，而是增加了许多现代的因素，如"情本体"等。

民族大地美学，成了当下美学第三阶段（人的自然化）强劲的助推

---

① 陆机《文赋》，上海古籍出版社 1986 年 8 月第一版，第 95 页。
② 德国美学大家康德在《纯粹理性批判》导言里说："知识从哪里开始呢？我们知道，人的感官接受到来自对象的刺激，形成表象，这便给知性活动提供了素材。"

器，或者说，当下美学正走向大地绿色生态美学：第一，大地绿色美学对天人合一美学的"势能"支持；第二，民族绿色生存方式对现代存在论美学的"动能"支持；第三，民族景观对"自然复魅"美学的支持。如贵州贞丰地质绝品圣母峰被景观专家定位为"大地母亲"、"地质绝品"，是人类的圣母。当地布依民族拜为"布依圣母"。此即是明证。

美学是人类生存质量的标志。人类离理想社会越近，美学越是凸显其价值，"美学这门学科是整个文化建设的不可缺少的组成部分，以美学为必要基础的审美教育是提高人的素质、促进人的自由全面发展的有效途径。因此，美学研究和审美教育在社会主义精神文明建设中承担着重大使命，其根本目的就在于通过美的鉴赏和艺术教育，提升人的精神境界，使情感得到陶冶、思想得到净化、品格得到完美，从而使身心得到和谐发展、自身得到美化。"① 人的精神品格是不可少的，正如康德所说："有两种东西，我对它们的思考越是深沉和持久，它们在我心灵中唤起的惊奇和敬畏就会日新月异、不断增递，这就是我头上的星空和心中的道德律。我无须去寻求它们或仅仅推测它们，仿佛它们隐藏在黑暗之中或在视野之外的领域。我看见它们就在我面前，直接和我实在的意识相连接。"②

人由于实践本体造就了后天属于自然现实世界的人，但人本身既属自然物质世界本体（包括肉、血、大脑），同时又是有极丰富的精神世界的人；一方面，自然的人化构造为合于人的实践目的的物质世界，为美的产生奠定了她的客观的感性基础；另一方面，在人与自然的良性相互作用中，自然也将自身的尺度实现于人本身，从而使人在更高的层次上实现人性的全面复归，恢复人化然过程中被社会异化的人的自然本性。

在当下关于世界物质本体与人类实践本体的美学研究中，关于人化自然的及关于人性的全面复归的美学理论，有两种很有趣的很能启迪人们思考的关于"自然全美"③ 的绿色话题：一是关于物质自然本体与"我"此实践本体经验"美学周边"的认定问题，即"大地美学"观。大地不是艺术品，也不是风景画，而是大地自然。"对大地艺术的观照，与艾伦·卡尔松（Allen Carlson）所说的自然审美鉴赏的三种重要范式是息息相关

---

① 汝信《富有创新精神的美学论著》，《人民日报》2008 年 1 月 3 日《文艺评论》。
② 康德《三批判书》，人民日报出版社 2007 年 9 月版。
③ 徐碧辉《自然美难题研究编者按》，《中华美学学会通讯 2006 年第 1 期》第 2 页，"自然美是自然而然地存在的。"

的：（1）对象范式（the object paradigm），就是把自然的延展视为类似于一件艺术品。（2）风景或风景模式（the landscape or scenery model）则将自然当做风景画来加以观照。（3）环境范式（the environmental pardigm）的关键就在于把自然当成自然（regards nature as nature）把自然的延展及其组成部分同更广阔环境语境之间的有机关联当成根本性的。""大地艺术可以成为第三种自然审美范式的典范。因为，大地艺术才是真正的让自然成为自然的艺术样式。自然既不是装饰，也不是风景；既不是艺术属性的对象化，也不是风景画的聚焦点。如果说，前两种范式都折射出我在那里，那么，大地艺术则是要——让自然在那里！大地艺术对自然的轻微改动，目的在于使人去观照：所观照的不是艺术，而是自然本身；所观照的不是被改的，而是未被改动的（或按自然规律而变的）。"① 二是物质自然环境美学与"我"（即艺术美学）的"粘连"问题。物质自然环境美的"变动不居"、自然美的"全感觉"、自然美的起源、自然美的"价值判断"此四特点，使"传统的艺术美学家感到十分棘手。"②

当下美学研究"自然全境"理论的"自然美学无限周边"、"大地美学挣脱艺术羁绊"理论，可以说是六十年美学研究从以往的肯定、否定、走向否定之否定亦即从正、反、走向合的美学研究较高层次阶段，与社会学领域的"和谐"是契合的。更与"以人为本"的科学发展提法契合。

"自然美学全境"理论给当下生态存在论美学以基础性支持。自然既不是"人造"的艺术，也不是仅供观赏的风景，而是包括"我"在内、"我"的一呼一吸、一作一息、一举手一投足，即我的所有"一生"、所有一生的"存在方式"都属于客观物质自然的"自然美学全境"。人类只不过是一个从自然环境中剥离出来的智力物种。即如帕斯卡所说，人是自然界"能思想的苇草"。物质自然为我们"规定"了严格的尺度，自然对我们的规范是"限定你没商量"。我们违背自然，就是违背我们自己。对于此，美国海洋生物学家、著名作家莱切尔·卡逊（Rachel Carson）于1962年已给我们指出来，她在1962年出版的《寂静的春天》一书中通过形象的解读，应用形象思维的表述话语，无情地揭露了美国农业、商业为追逐利润而滥用农药对生物与人体的危害进行了有力的抨击。形象地论证

---

① 刘悦笛《当代大地艺术的自然审美思考》，《中华美学学会通讯》2006年第1期，第7页。
② 彭峰《环境美学的兴起与自然美的难题》，《中华美学学会通讯》2006年第1期，第8、9、10页。

了我们和自然"全境审美关系"。

其一，给予"自然复魅"足够的"加力"。物质本体与实践本体的对立源于人类的"长官意识"：深层原因是对自然人化的过度追求。甚至达到"自然的去魅"，其实这是人类在科技达到一定的程度之后，"心血来潮"导致的结果。

其二，给予"理直气壮地"吸收西方生态文化理论提供环境依据。"生态"一词是西方首先提出来的。1866 年，德国德国动物学家海克尔在"探讨动物与有机和无机世界的整体关系"的意义上首次使用了"生态学"一词，美国海洋生物学家著名作家莱切尔·卡逊于 1962 年出版了《寂静的春天》。到今天，生态理念已深入人心。

其三，给予人类此"物质自然世界的实践产品"提供更优质的"物种生存环境"。

其四，有利于我们更好地解读理解哲理类艺术。美学的形式是文学艺术包括整个真善美，但其"骨子里"却是哲学。"自然全境美学"就像一"新版本课本"，使我们能更好地掌握形象艺术及思辩哲学。

其五，给予民族生态文化的弘扬。贵州的三大民族"三大歌"即是明证。此即"侗族大歌"、"苗族飞歌"、"布依族古歌"。此三大歌当下的演绎正方兴未艾。已分别登上 CCTV 青歌赛或中央"一黄"影视话语等"高端平台"。

其六，给予专家学者拓展美学视界提供了无比广阔的美学研究空间。新中国六十年美学研究，正被"自然全美"、"大地美学"的时空包围着。我们的先祖提出的"天地人合一"的"全美学"正在为今天的"地球村"新美学作着全新的诠释。呈现出"即古老又年轻"的新中国美学研究范式。这是巨大的"不在场"的深层美学研究能量。其中，"国学"现象、乡村现象、自然原生态现象等，即是"在场"的最好的说明。此几近"宇宙化空间"的美学研究空间，是一种"自然自在的自我运行"，当我们用"生态存在论"、"原生态"等的美学话语时，都难以框定"自然自在"的美学空间。

美学基本理论研究

略论马克思主义实践观的存在论维度

——与董学文、陈诚先生商榷之二

朱立元　刘旭光

对于董学文、陈诚先生批评我们的文章《"实践存在论"美学、文艺学本体观辨析——以"实践"与"存在论"关系为中心》①，笔者已经写了《全面准确地理解马克思主义的实践概念》② 一文与之商榷，但限于篇幅，关于马克思的实践观与存在论的关系这一更为重要和根本的问题尚未涉及。本文拟着重讨论这个问题。

董文名义上是"以'实践'与'存在论'关系为中心"来辨析我们的美学"本体"观，可文章中除了扣上一些莫名的"帽子"外，实际上对这个问题并未作出多少有价值、有意义的学理性辨析。我们认为，围绕这个方面展开真正的学术探讨的态度应当从这样一些问题开始——"本体论"与"存在论"这两个术语的内涵究竟是什么，它们究竟要解决什么样的问题？马克思的实践哲学中有没有存在论思想，或者说他的实践观是否包含着存在论维度？我们的基本观点是：马克思的实践观中不但确确实实包含着存在论维度和内涵，而且他的与实践观紧密结合的存在论思想还为现代存在论的建立和发展作出了开创性的贡献，同时也为我们当前和今后的美学、文艺学研究及发展，切实开启了一种崭新的可能性。我们提出"实践存在论"美学，正是以马克思唯物史观固有的存在论思想及其与实践观的结合为理论基础的。

---

① 发表于《上海大学学报》2009 年第 3 期，本文引用该文中文字均称"董文"，不一一注明。
② 见《上海大学学报》2009 年第 5 期。

一、对本体论、存在论、世界观等概念之辨析

董文对西方哲学中的一些基本概念缺乏全面、深入乃至于基本的了解，在文章中常常把"本体论"与"存在论"乃至与"世界观"、"宇宙观"等等概念、范畴混为一谈。为了给我们之间的学术论争提供一个必要的前提和基础，本文试图首先厘清这些概念、范畴的内涵及其彼此间的差异。

先谈"本体论"与"存在论"。不错，"本体论"与"存在论"在西文中是同一个词 ontology，但董文却没有去追问一下这两个译名的优劣曲直；它引了海德格尔的话，却弄不明白为什么说海德格尔对"存在问题"的追问是对"本体论"的超越。实际上，虽然关于 ontology 的中文译名，国内学术界里出现很早，且最为流行的是"本体论"——另一个出现很早，但却不甚流行的是"万有论"——但严格说来，这两个译名均缺乏词源学根据，均未顾及 ontology 的本意。从词源学角度说，ontology 是由 ont 加 – logy 构成的，它的本意当是表示"一门关于 ont 的学问"。哲学中表示学科名称的词根多源自希腊文，德国哲学家 Goclenius 在 17 世纪最先构成 ontology 一词时同样如此。在希腊文里，οντ（ont）是 ον（on）的变式，ον（on）则是 ειναι（相当于英文中的不定式 to be）的中性分词，也就是说，on 直接相当于英文中的 being。因此，ontology 这个词的本意当是表示"一门关于 being 的学问"。① 由此，在最近十多年来里，国内学术界对 ontology 的翻译中又出现了两个最为流行的新的译名："是论"（以俞宣孟先生为代表）和"存在论（学）"（以孙周兴先生为代表）。在我们看来，尽管在对 ontology 的翻译和理解上，两个译名的主张者间还存在着较大分歧，但其共识却是显然的：ontology 是一门关于 being 的学问，因此，对于 ontology 来说，"本体论"这一译名极不准确。虽然"是论"或"存在论"哪个译名更好，尚可进一步讨论；但有一点是不言而喻的：二者产生分歧的根源仅仅在于对 being 的理解有所不同。同时，无论是英文中从不定式 to be 转化而来的名词概念 being 还是德语中从不定式 sein 转化而来的名词概念 Sein，都同时兼有汉语中的"是"和"存在"两方面

---

① 这段文字主要参考了俞宣孟先生的考证成果，见《本体论研究》，上海人民出版社 1999 年版，第 14 页。

的含义，但基于多方面的考量，我们更倾向于将 ontology 理解为"存在论"。①

尽管如此，考虑到"本体论"这一译名曾经在较长时间里极为流行②，我们主张，对 ontology 这个词的翻译和理解还是应当基于学术史的发展实际。大体上说，当这个词被译成"本体论"时，指称的主要是西方哲学史上哲学家们在探讨"存在"问题时所形成的从"实体"的角度去规定"存在"的一种实体主义或实体中心主义的哲学形态，这种哲学把"事物的存在"作为自明的，在此前提下去追寻"存在者"确定不变的"实体"或者"本体"；而当这个词被译成"存在论"时，更多的是指在赫拉克利特、巴门尼德等"前苏格拉底时代"哲学家们那里已经开启，在从柏拉图到尼采的形而上学家们那里却被中断，而后由马克思奠定了全新的理论基础，并经海德格尔等人"重新提出"的对存在问题之思考的新维度，这里先简单介绍一下后者的基本观点。海德格尔通过"解析存在论的历史"，揭示了"存在"（on, Sein, being）和"存在者"（onta, Seiende, beings）之间的"存在论差别"。根据他的研究，"本体论"只是关注了"存在者"的"存在"，而没有关注"存在"本身。他将之称为"存在的被遗忘状态"，并要求直接切入"存在"从而开创了探讨存在问题的新方向。这个新方向的突出特点在于：以生成性取代实体性，以非现成性取代现成性，不是追寻实体，而是描述存在之显现及其过程。海德格尔不仅是世界普遍公认的 20 世纪最伟大的哲学家之一，而且正是以他对传统"Ontologie"所作的深刻反思、批判和崭新思考著称于世，他的相关思想无疑是不容忽视的。综合以上各方面因素，我们认为，有必要把作为一门分支学科的"ontology"和对于这门学科所探讨的问题的某些具体的解答方式区分开来，而解决这一问题的最简便易行的做法就是：用"存在论"来标志作为一门与形而上学密切相关的哲学分支学科的"ontology"，用"本体论"来指称"ontology"的发展过程中具有实体性追求的特定历史形态③。有学者甚而主张用"传统本体论"和"现代存在论"两个术语，来标示这门学科的两种不同的历史形态：

---

① 参见朱立元《关于文学本体论之我见》，《浙江大学学报》，2007 年第 5 期。

② 据俞宣孟先生研究，"本体论"这一译名在 70 多年前就已进入中国学界，且流行最广。见《本体论研究》，上海人民出版社 1999 年版，第 14 页。

③ 关于学界对于本体论一词的误译与误解，我在《走向实践存在论美学》一书中已经作了充分说明。

$$存在\begin{cases}什么存在\to存在者\to实体——传统本体论\\如何存在\to存在方式\to关系——现代存在论\end{cases}存在论①$$

在我们看来，虽然这样的区分是否合法、有效，自可进一步讨论，而且在对"现代存在论"的理解方面，上引观点也未必完全准确、到位，但谁也无法否认这样一个客观事实：传统西方哲学和现代西方哲学在对待和处理 ontology 的问题上是有根本区别的，不了解这个区别就不能理解现代哲学的发展。这一点已渐渐成为了学界的普遍共识。而董文却认为"实践存在论"等概念只是"对哲学本体论的套用，是本体论泛化的表现，许多并非是本体论的。"显然，这一"牛头不对马嘴"的无端指责本身清楚地表明，"存在论"与"本体论"之间的联系和区别还根本没有进入到他们的理论视野之中，他们自然也就更不可能意识到，就对 ontology 的研究和问答来说，现代"存在论"实际上构成了对传统"本体论"的超越。

首先，传统本体论的理论目标源自于对世界的统一性和确定性的追求。那么，这一理论目标的确立意味着什么呢？对世界的统一性和确定性的追求，使得本体论一定要从活生生的、多样化的现实世界中抽象出确定的、单一的"本体"，而这种本体一定是实体性的。"实体"是被反思出的世界的统一性和确定性的载体，它被认定为是构成世界万物之存在的绝对纯一且静止不变的木原或基质。西方哲学史上亚里士多德建构的"存在之学"即本体论在这方面堪称典型。亚氏对于本体论的系统建构，首先是通过明确规定本体论的研究对象和研究方法来实现的。他指出，本体论"以分离的、存在而不运动的东西为对象"②，它"研究既不运动又可分离的东西"③。这样一来，研究对象本身决定了本体论的研究方法必然是"用抽象的办法对事物进行思辨"、"研究存在也要用这同样的方式"④。在此，本体论是研究分离的、不运动（静止）的东西，即实体，按亚里士多德的另一重要表述，也就是研究"作为存在的存在"（to on hei on）⑤，与

---

① 该区分和该表引自杨学功、李德顺《马克思主义与存在论问题》，载《江海学刊》2003 年第 1 期。相近观点的文章还可参见贺来《马克思哲学与"存在论"范式的转变》，载《中国社会科学》2002 第 5 期。另，为表述和行文的方便，本文使用了"传统本体论"和"现代存在论"的提法，但这并不意味着笔者完全同意这一区分的提出者对"本体论"、"存在论"的分析和理解。

② 亚里士多德《形而上学》，中国人民大学出版社 2003 年版，第 228 页。

③ 同上，第 121 页。

④ 同上，第 220 页。

⑤ 同上，第 58 页。

此类似的表述是"作为存在物的存在物"①，亚氏多次强调，对作为存在的存在的思辨属于同一门科学，② 这便是本体论。亚氏的本体论必然遵循"实体性思维"。

很显然，这种"实体性思维"是在确信事物是静止不变的，且具有统一性这一前提下，相信可以从事物中分析或反思出实在之物的思维。"实体性思维"必然把一个抽象物作为具体，而这个作为具体的抽象物被设定为认识论的目的。由于"实体"不可再被分析了，所以"实体"就成了"绝对"，成了认识的终点。结果，"实体"的单一性和静止性使得我们不得不把事物感性具体的部分抽象掉，把事物理解为一个一成不变的自在之物。所谓"先验主体（本体）论"和"物质本体论"其实都属于这种实体性思维的产物。

其次，传统本体论的实体性思维还必然导致二元对立的思维模式。确立实体，抽象出本质，一成不变地看待事物，必然造成事物中可变的和不变的部分的对立，本质性和非本质性的部分的对立。而最大的对立就是主体和客体的对立（主客二分），也就是思维和存在的对立。"实体"和"本质"是精神抽象的结果，而可变的和运动的是感性的现实，一旦确立起一个确定的实体性的本质世界，就必然和感性的具体的现实世界对立起来。在传统本体论中，"实体"和"本质"的世界压倒了现实世界，主体和客体的二分和对立构成了认识论的前提，而为了解释认识的真理性，加之对立双方是孤立而静止的，因此就必须用一方去吞噬掉另一方。

最后，以实体性思维为突出特征的传统本体论实际上是建立在理性推论基础上的独断论。在这一方面，康德在《纯粹理性批判》中对传统本体论所作的系统、深刻、致命的批判已经为我们提供了诸多有益的启示（限于篇幅，不作引述）。说传统本体论实际上是一种独断论，这是因为，无论是"物质实体"还是"我思"之"我"的"先验实体"都是被理性设定出来的，是被理性从概念中演绎出来的，无法被经验地证明。于是，理性又只好强行设定，作为某种"先验意识结构"的"我"和作为某种"实体"的"物"的"存在"都是自明的。这样一来，在传统本体论中，"物"、"我"不仅均作为自明的最基本的"实体"、作为不容置疑和未经审视的"绝对预设"而存在，而且还被当成了认识的前提和真理的最后

---

① 亚里士多德《形而上学》，中国人民大学出版社2003年版，第64页。
② 同上，第61–63页。

根据。

由上面三点可见，传统本体论的根本问题在于，一切"存在"，无论是"我"，是"物"，还是那些别的什么"绝对预设"，都与现实的人、与人们的经验生活无关，完全不具有感性的现实性。在这样一种本体论中，思维远远地跳出了人的生存世界，跳出了活生生的人，思辨地抽取出一些只对思维着的理性而言才"真实"、才"有意义"的所谓"实体"。质言之，在传统本体论中，"存在问题"实质上并没有被回答，而是被遗忘或者说被视为自明的了。这是因为，在其中，关于"存在"的思考被置换为了对于"本体"的追问，而对于存在的"本体"的追问就意味着，"存在"本身已经"存在"并且已经被承认了。结果，在"存在"本身由于被视为自明的而被遗忘了的情形下，理性就从自身出发，从自身中演绎出一个理性化的彼岸世界，然后停留在那里，却不去追问这些抽象的东西是"谁"，在什么样的"生存状态"下去进行的抽象；它追求真实，却无视"人的现实存在"和人的"现实生活世界"；理性获得了"真实"，却放弃了整个现实世界。

而现代"存在论"则恰好在以上几个方面突破和超越了传统"本体论"。由于董文完全无视，甚或根本不了解传统"本体论"与现代"存在论"之间的重大区别，自然也就无法理解"本体论"自身的局限性，以及马克思的与其"实践观"紧密结合的"存在论"思想对于传统"本体论"思想的突破和超越（这个问题下面详谈）。

令人惊讶的是，董文不仅完全无视"存在论"与"本体论"之间的重大差别，而且对"本体论"一词本身的内涵也缺乏足够清晰的认识，结果在表述时陷入了极度的概念混乱之中，请看董文以下这段文字：

> "本体论"（英文 Ontology，德文 Ontologie）一词，源于拉丁文，本义是关于世界"本体"、"本原"、"存在"的学说，其思想来自古希腊哲学。学界也有将其译为"存在论"的，这里的"存在"，应指世界上一切事物的客观存在。从这个意义上讲，"本体论"问题也就是世界观的问题。

短短一段话，问题多多。一是把"本体论"概括为"本体"、"本原"、"存在"三重意义，却不对这三者的不同内涵作任何解释和辨析，并且一上来就犯了思想史方面的知识性错误。事实上，ontology 一开始就是关于"存在"的学说，特别是在前苏格拉底时期。不仅如此，ousia 一词还出现在了柏拉图的理论中，并在亚里士多德那里成为主词①。由此从哲学史和 ontology 的内在逻辑结构来说，"存在"是核心的和在先的，对"本体"和"本原"的追问是"存在论"的派生样态。二是从"存在论"一下子转到对"存在"概念的界定，并且说"存在应指世界上一切事物的客观存在"。这种肤浅而武断的说法，既没有任何学术史的根据，又显然与传统"本体论"的内涵不符，不过是一种陷于狭隘的认识论视野下凭空臆想出来的典型的机械唯物论观念，实际上是在滥用"客观"一词（这一点下文再展开论述）；更重要的是，"ontology"源自对系词所规定的主词的抽象，凡可用系词 be 规定的都被作为"存在者"而被思考，至于这个"存在者"是主观的还是客观的乃是存在之后的事情。三是从"存在论"再一下子转到"世界观"问题上，经过这两个"转"，董文实际上已经把"存在论"偷换为"世界观"了，这是又一个重大的混淆。"世界观"（world view）这个概念本身同样有着极为复杂的历史演变过程②，而董文在未对其作出任何界定的前提下，就在"存在论"和"世界观"之间画上了等号，其目的在于将关于"存在论""上升"到"世界观"的"高度"来展开他所谓的"商榷"，这样一来，哲学讨论中关于"存在论"的不同理解和解答，即被其"合乎逻辑"地推演为"世界观"的对立，从而为其后给"实践存在论"扣上一顶"唯心主义"的帽子提供貌似"扎实"的基础。这种典型的"上纲上线"式的"批判"逻辑，不仅手法拙劣，而且充分暴露出作者对哲学基本概念理解的粗陋和运思逻辑的混乱。

在汉语学术界，一般认为，所谓"世界观"（world view）即指人们对世界总体的看法，包括人对自身在世界整体中的地位和作用的看法，亦称宇宙观。它是自然观、社会历史观、伦理观、审美观、科学观等的总和，哲学则是它的理论表现形式。而"本体论"（抑或"存在论"）作为 ontology 发展过程中的一种特定的历史形态，仅仅是哲学中的一部分、一个方

① 详见刘旭光《亚里士多德 ousia 的哲学意义》，载上海师范大学学报 2005 年第 4 期。
② 限于篇幅，这里不做具体展开，可参见［美］大卫·K. 诺格尔（David K. Naugle）《世界观的历史》，胡自信译，北京大学出版社 2006 年版。

面，虽或在一定时期是主要的部分①。二者在范围大小、所指内容、核心含义、致思重点等方面都大不相同，绝不可等而视之。概而言之，世界观既是总体性、概括性的，又是具体的，与人们的个体经验紧密结合的，每一个人都会有自己的世界观，而每个个体世界观的形成是由其具体的社会存在决定的，而存在论则是积极反思的结果，是以哲学理论形态呈现的，只有哲学家才会去建构存在论。哲学领域的"存在论"诚然可能会以一种间接的、潜移默化的方式影响着具体的人、人群乃至时代的世界观，但它并非直接地就是"世界观"本身。做个不恰当的比方，Y 染色体决定着人的性别是男是女，但总不能说 Y 染色体就是男人吧！董文把"本体论"、"存在论"和"世界观"混为一谈，不但充分表现出了其思维的混乱和粗糙，而且实际上陷入了机械唯物主义的思维定式：它首先将物质与精神、存在与思维何者为第一性的问题当做"世界观"的核心（这一点学理上是否成立、是否完整尚可讨论），而后又将之视作所有哲学的核心和基础，再（实际上毫无根据地）将之硬当做"哲学"中的"本体论"或"存在论"的核心，然后把由哲学上的第一性问题的不同回答派生而来的唯心还是唯物的区分当做政治价值的标尺，来批判以马克思的实践唯物主义即唯物史观为基础的"实践存在论"是夸大实践的主体性而否定世界的物质性、第一性（关于这一点下文将详细论述）。显而易见，董文的这种思维的混乱既源自对"存在论"的曲解，也是其价值观上的机械化的表征。

这三个问题从一开始就暴露了董文在研究马克思主义时的非马克思主义态度：既不实事求是，又不深入研读原典；自己故步自封，也不允许别人在理论上探索和进取；死死抱住上世纪前期形成的一些所谓的"马克思主义"的肤浅教条和陈腐观念不放，还以此为据给别人乱扣帽子、乱打棍子。

董文在对我们的指责中，最能体现其乱扣帽子和思想僵化的，是关于"物质统一性"的问题。这是董文把我们划入"唯心主义"的最重要的尺度和"根据"，文章说：

实践不能决定物质的客观存在，不能决定世界的物质统一性问

① 对于"本体论"（存在论）在整个哲学体系和哲学史的地位，学界论证颇多，概言之，或认为其是哲学不可或缺的基础，或认为只是哲学发展的一个阶段，或认为只是哲学研究的一个部分等。

题，也不能涵纳人类的一切行为和世间的万物。因此，实践不能作为本体，也不具备本体的意义。

其实，最后这一句恰恰是我们要说的，正因为"实践不能作为本体，也不具备本体的意义"，所以我们才提"实践存在论"而不说"实践本体论"！这里的无端指责，再次暴露了董文不能区分"本体论"与"存在论"的问题。然而，董文的前一句话在我们看来则是纯属杜撰，事实上没有谁说"实践决定物质的客观存在"，也没有人怀疑这个"世界的物质统一性"。董文先把"存在论"偷换为"客观存在"说（表明其根本不明白"存在论"基本内涵），接着就把"实践存在论"篡改为"实践决定物质的客观存在"论，并把这种杜撰的罪名强加于我们，进而对这种自己制造的幻影加以无情的批判。

实际上，我们思考与讨论的是比"物质客观存在"更深层次的问题：所谓客观存在如果不进入人的实践活动，不成为实践的对象性的存在，它是如何显现出来，并如何被人知道？任何人都无法否认，正是人在现实的具体的实践活动中才认识到了物质统一性，而不是我们认识到了物质统一性才去实践！这就是"实践存在论"对"物质统一性"的根本看法。在这个问题上我们和董文的差异在于，我们不仅看到了"世界的物质统一性"，而且还认识到了"世界的物质统一性"是通过，并且就在现实的具体的人的实践活动中才得以显现和确证的；而董文则只是简单地、不加审视地把"世界的物质统一性"当做一个无条件的、自明的教条接受了下来而已。

董文上述这些错误、含混或褊狭产生的根源在于，它一开始就把"存在论"问题偷换成"认识论"问题，即把"存在问题"首先看成世界与人的认识、存在与意识的关系问题，把相对于人的意识而言的外部世界在时间上的先在性看成是"存在论"的核心问题而实际上恰恰把一切存在者的存在（问题）遮蔽了。换言之，在还没有弄明白"存在论"究竟追问什么问题的时候，就想当然地判之为"唯心主义"。董文说：

　　　在马克思主义世界观中，世界的物质统一性和客观存在性，是不以人的意志为转移的。人类的社会历史，只能是这种客观存在的一部分。它不能超越于这种客观存在而走向所谓精神的自由。人类的实践，毕竟是有限的。从人的"存在"即"此在"出发来解读"存在"的意义，它的有效性只能限制在人的某些活动的范围之内，超出这个范围，就可能变成一种"唯意志论"的命题。

董文这段以"马克思主义"权威代言人口吻所说的话，实际上却把"实践"与世界的"物质统一性"、"客观存在性"人为地对立了起来。这充分暴露出他所坚持的不是马克思的实践唯物主义即历史唯物主义观点，而恰恰是马克思一再批评的机械唯物主义或旧唯物主义的物质本体论。俞吾金先生在《如何理解马克思的实践概念》中曾经正确而中肯地批评某些马克思主义哲学教科书的作者对马克思物质理论和本体论学说的双重误解，指出不管他们"是否愿意使用本体论这一术语，本体论承诺始终是存在的，而他们自觉地或不自觉地承诺的本体论正是亚里士多德、霍尔巴赫、费尔巴哈所主张的抽象物质的本体论。这正是对马克思的物质理论和本体论学说的误解。在《巴黎手稿》中，马克思批评了自然科学研究中存在的那种'抽象物质的（abstract materielle）或者不如说是唯心主义的方向'（《马克思恩格斯全集》第四十二卷第128页），并写道：'只有当物（die Sache）按人的方式同人发生关系时，我才能在实践上（praktisch）按人的方式同物发生关系'（同上第124页注2）。马克思从来不像传统哲学家那样去谈论与人的实践活动相分离的抽象物质，他关注的是物在人的实践活动中与人之间的关系。在《关于费尔巴哈的提纲》中马克思更明确地指出，应该从实践，而不是从传统哲学家所说的、与人的活动相分离的物质或事物出发看问题。这些论述清楚地表明，马克思的本体论绝不是被他某些追随者所误解的抽象物质的本体论而是一种实践唯物主义即生存论的本体论。"[1] 我们认为，俞吾金先生这里所引用的马克思批评离开人的实践的抽象的物质本体论的观点，以及他所作的理论阐述，完全适用于批评董文中的相关观点，并且直接回应了董文关于"认为马克思的哲学终结了传统的物质本体论，建构的是一种新的本体论，那就和马克思本体论的原意不相符合了"的观点，无须我们再费口舌。

在我们看来，董文的上述理解和批评，是对唯物论的粗暴而肤浅的解释，是其作者把自己对马克思的肤浅和狭隘的理解教条化，然后又把这些

---

[1]　俞吾金《如何理解马克思的实践概念》，《哲学研究》，2002年第11期。

教条当做批判他人的棍子。但这仅仅表明，作者还只是站在认识论层次，而不能从存在论的高度思考问题。而我们认为，必须而且只能从人的社会存在、社会实践的角度，去看待所谓的"客观存在"①；如果不与人的社会存在、社会实践发生关系，所谓的"客观存在"就没有意义（并不是说它们就不存在）。耐人寻味的是，董文恰好没有引马克思在《关于费尔巴哈的提纲》中所说的这句名言：

> 从前的一切唯物主义（包括费尔巴哈的唯物主义）的主要缺点是：对对象、现实、感性，只是从客体的或者直观的形式去理解，而不是把它们当做感性的人的活动，当做实践去理解，不是从主体方面去理解。②

至此，人们不禁会问：为什么不去思考马克思所说的"从主体方面去理解"，为什么不把所谓的"客观存在"理解成"对象性存在"？这些问题不是单靠强调离开人和人的实践的所谓"客观存在"所能奏效的。事实上，当董文说只能从"客观存在"去解释"人的存在"时，恰恰是把自己置于马克思所批评的旧唯物主义的圈子里去了。

下面，让我们再来看看董文如下的责难："面对珠穆朗玛峰和暴风雪、宇宙无限与暗物质、火山喷发和彗星相撞，我们如何从人的存在出发去解读存在的意义呢？"我们的回答是：这都是被你所认识到的存在，而你能认识到它们是因为它们已经进入了人的实践范围，成为了人的实践对象，所以与人的存在相关了，对人的存在有了意义。如果没有人的存在，我们只能说，这些对象、事物、现象尽管"在"着，但没有意义，更无法被"解读"。

二、马克思奠定了现代存在论的理论基础

对于马克思究竟有没有"存在论"的思想的问题，我们不应该停留在空洞的争论上，还是让我们看看马克思自己是怎么说的吧。在《巴黎手

---

① 董文中用得最滥的词就是"客观存在"和"唯心主义"，以及马克思的"原义"。但其对这三个词却毫不作分析。
② 《马克思恩格斯选集》第一卷，人民出版社1995年第2版，第54页。

稿》中马克思有一段直接谈存在论的（ontologisch）话，值得我们认真学习、思考：

> 如果人的感觉、情欲等等不仅是［狭］义的人类学的规定，而且是对本质（自然界）的真正本体论的（ontologisch）肯定；如果感觉、情欲等等仅仅通过它们的对象对它们来说是感性的这一点而现实地肯定自己，那么，不言而喻：（1）它们的肯定方式决不是同样的，毋宁说，不同的肯定方式构成它们的此在（Dasein）、它们的生命的特点；对象对于它们是什么方式，这也就是它们的享受的独特方式；（2）凡是当感性的肯定是对独立形式的对象的直接扬弃时（如吃、喝、加工对象等），这也就是对于对象的肯定；（3）只要人是人性的，因而他的感觉等等也是人性的，则别人对对象的肯定同样也是他自己的享受；（4）只有通过发达的工业，即通过私有财产的媒介，人的情欲的本体论的（ontologisch）本质才既在其总体性中又在其人性中形成起来；所以，关于人的科学本身是人的实践上的自我实现的产物；（5）私有财产——如果从它的异化中摆脱出来——其意义就是对人来说既作为享受的对象又作为活动的对象的本质性对象的此在（Dasein）。（参看《1844 年经济学—哲学手稿》刘丕坤译，第 103 页，译文据德文本有改动）①

这段话内容极为丰富和深刻，限于篇幅，本文仅就与"存在论"相关的问题简要谈几点自己的理解：

第一，马克思这里论述 ontologisch 问题时，没有遵循传统"本体论"的思路和方法讨论问题，具体地说，他不是遵循从"实体"角度去规定"存在"的实体主义思路，不是把事物的存在作为自明的，在此前提下去追寻"存在者"确定不变的"实体"或者"本体"（包括所谓"物质本体"），而是总体上在与自然的实践关系中谈论人的存在问题。

第二，马克思把"存在论"与人类学对比起来谈，认为仅仅从人类学角度谈论人的感觉、情欲等等是不够的，必须从"存在论"视角把人的感觉、情欲等看成是对本质（自然界）的真正肯定，即"感觉、情欲等等

---

① 以上引文均据邓晓芒《马克思论存在与时间》，见邓晓芒《实践唯物论新解：开出现象学之维》，武汉大学出版社 2007 年版，第 305 - 306 页。

仅仅通过它们的对象对它们来说是感性的这一点而现实地肯定自己"，也就是说，人是通过他对自然对象的"感性的肯定"——对象化的感性活动（实践活动）来达到"人的实践上的自我实现"的，而这在马克思看来，乃是"真正本体论的"（即存在论的）。很清楚，马克思的"存在论"思想一开始就与其"实践观"紧紧地结合在一起。

第三，马克思把"吃、喝、加工对象等""对独立形式的对象的直接扬弃"，即直接"消灭"、改变对象的感性活动看成是"对于对象的肯定"方式，因为对象的"独立形式"消失了、被人化了，变成人的一部分了，这既是对人的感性力量的肯定，也是对对象的一种肯定。

第四，马克思强调，只有通过"发达的工业"（而不是手工的、作坊的不发达工业），即资本主义私有制（异化劳动）下的大工业，"人的情欲的本体论的（ontologisch，存在论的）本质才既在其总体性中又在其人性中形成起来"（《全集》42 卷 150 页译文为"……才能在总体上、合乎人性地实现"）。我们认为，这里至少包含两层意义：一是人的（情欲）"存在论的"本质不是从来就有的、固定不变的现成存在者，而是生成的、有一个形成和发展的过程的；二是资本主义私有制的异化劳动为一切私有财产和异化的积极的扬弃、为人类解放、为对人的"存在论的"本质的全面占有和人性的复归在总体上准备了现实的条件。

第五，值得注意的是，这段话里已经两次出现和使用了"此在"（Dasein）这个词。董文说，"'此在'一词是海德格尔由德语里表示中性的 das 和系词 sein 组合而构成的。'此在'具有功能上的专属性，是专为'存在'而设定的"。事实上，马克思早于海德格尔 80 多年就已经在"存在论"意义上使用了这个词。上引前一句话指出，人的感觉、情欲等等通过对对象的感性活动来肯定自己有种种不同的方式，而"不同的肯定方式构成它们的此在（Dasein）、它们的生命的特点"，这里的"此在"乃是人的生命活动和感性存在的种种特定的方式；后一句话是讲在共产主义消除了私有财产的异化性质以后，就同时成为人的享受对象和活动对象的一种"本质性对象的此在（Dasein）"即特定存在，这种"此在"既是人的实践（包括享受）活动的对象，又是人的本质力量在对象中的凝定和体现，是人的"对象性的此在"，是"人的实践上的自我实现"。可见，马克思使用"此在"（Dasein）这个词，虽然与海德格尔大不一样，但确确实实是在"存在论"而不是传统"本体论"的意义上使用的。

下面，我们还想引用邓晓芒先生的有关引证和论述进一步说明马克思使用"此在（Dasein）"一词的存在论意义。邓晓芒先生指出：

> 马克思的唯物主义的基石的存在概念本身是建立在人的"此在（Dasein）"之上的。例如马克思说："任何一个存在物只有当它立足于自身的时候，才被看作独立的，而只有当它依靠自己而此在（Dasein）的时候，它才是立足于自身。"（参看刘丕坤译：《1844年经济学—哲学手稿》，人民出版社，1979年，第82－83页。译文据德文本有改动）"因此，对私有财产的积极的扬弃，作为对人性的生命的占有，就是对一切异化的积极扬弃，因而是人从宗教、家庭、国家等等向自己的人性的、也就是社会性的此在（Dasein）的复归。"（参看《1844年经济学—哲学手稿》刘丕坤译，第74页，译文据德文本有改动）所以，当马克思说"不是人们的意识决定人们的存在，相反，是人们的社会存在决定人们的意识"时，他所指的"存在"决不是现存事物或任何自然物，而是人的此在，人的生命活动。①

此外，邓晓芒先生还对下面这句被广泛引用的极为重要的体现马克思实践观的话作了改译：

> 工业的历史和工业的已经形成的对象性的此在（Dasein），是人的本质力量的打开了的书本，是感性地摆在面前的人性的心理学。（参见同上书，第80页，译文据德文本有改动）②

邓晓芒先生对马克思这几段话的准确改译告诉我们，马克思所有使用"此在"一词（Dasein）的语义，首先是指人的、而非其他存在物（者）的特殊性的存在；其次是指在人与自然的实践关系中生成的"对象性的此在"，即人的本质的对象化或者自然的人化的历史成果。这里丝毫没有涉及传统"本体论"的实体性追求，更没有涉及存在的所谓客观性和物质性问题，说明在马克思心目中，"存在论"实际上已经不同于传统"本体论"；"此在"作为存在论的（ontologisch）的核心范畴，所意指和表述的

---

① 邓晓芒《马克思论存在与时间》，《哲学动态》，2000年第6期。
② 同上。

也已经不再是"存在的客观性"之类的旧唯物主义的观点，而是具备了现代"存在论"的思想内涵；这种"存在论"思想在《巴黎手稿》等著作中不仅确凿无疑地大量存在着，而且极为丰富而深刻！

综上所述，我们认为，虽然人们通常认为是海德格尔自觉、明确地以自己的"基础存在论"超越了传统"本体论"，但事实上马克思却早在此前已经在实际上突破和超越了传统"本体论"的实体性思维和追求，并以自己与实践观相结合的独特方式，为现代"存在论"的建立和发展作出了开创性的贡献。由此可见，董文批评我们把马克思的实践观与海德格尔的存在论"畸形结合"是毫无根据的强加于人。毋庸讳言，我们提出"实践存在论美学"，虽然曾经受到海德格尔的某些启发，但真正成为我们观点的理论基础的，乃是马克思的与实践观紧密结合的存在论思想。我们尝试将"实践论"与"存在论"结合，不是与海德格尔的"存在论"相结合，而是与马克思本身的"存在论"思想相结合。由于种种原因，马克思的"存在论"思想在过去相当长一段时间内没有得到充分的重视和研究，有一段时期里甚至可以说完全被遮蔽。可喜的是，自上个世纪90年代起，我国哲学界对马克思实践观以及其中的存在论思想作了多方面的开掘和比较深入的研究，取得了令人瞩目的成就，为我们进一步讨论马克思实践观的存在论维度提供了重要的启示和直接的帮助。

三、马克思实践观的存在论维度

上面已经证明，马克思确凿无疑具有"存在论"思想。下面，我们将进一步说明，马克思的实践观确实包含着存在论维度，或者说，马克思的"存在论"思想就集中体现在其实践观中，与其实践观紧密结合、水乳交融，从而实际上超越了传统"本体论"的视域。

首先，马克思的实践观改变了传统"本体论"追问"存在问题"的方式。传统"本体论"将"存在"视为自明的，或者如海德格尔所说是将"存在问题"遗忘了，进而以内省或思辨的方式确立一个不可怀疑的极点，也就"存在者"之"存在"的根据（如实体、上帝、绝对等），这个"根据"实质上是"本质"，而不是"存在"，然后以演绎的方式展开这个根据的内涵。而马克思认为，"存在者"之"存在"不是自明的，事物的存在是其显现出的存在，事物的存在只有在人类的劳动实践中才显现出来。在《德意志意识形态》中，马、恩在批评费尔巴哈的直观的人类学的唯物主义时作了这样的表述："这种活动、这种连续不断的感性劳动和创造、这种生产，正是整个现存的感性世界的基础，它哪怕只中断一年，费尔巴哈就会看到，不仅在自然界将发生巨大的变化，而且整个人类世界以及他自己的直观能力，甚至他本身的存在也会很快就没有了。"① 这清楚地说明，现存感性世界的基础是感性劳动和生产，即实践，只有在实践中，整个感性世界，包括人和自然界的如此这般的存在，才显现出来。倘若劳动实践一旦中断，"整个人类世界"包括每个个人都将不复存在。可见，劳动实践是人和世界存在的前提，人的存在和世界的存在都不是自明的。我们认为，这就是马克思实践观的存在论维度的核心内涵。

马克思还明确指出，人类生活的现实感性世界不是外在于人或与人无关的，现成的、从来就有的，"不是某种开天辟地以来就直接存在的、始终如一的东西，而是工业和社会状况的产物，是历史的产物，是世世代代活动的结果。……甚至连最简单的'感性确定性'的对象也只是由于社会发展、由于工业和商业交往才提供给他的。"② 换言之，人生存于其中的现实世界乃是人的社会实践的产物。其实，不单单是人所创造的生活世界的存在是这样，自然界的存在也只有作为属人的存在才具有现实性，诚如马克思所说，"自然界的人的本质只有对社会的人来说才是存在的；因为只有在社会中，自然界对人来说才是人与人联系的纽带，才是他为别人的存在和别人为他的存在，只有在社会中，自然界才是人自己的人的存在的基础，才是人的现实的生活要素。……社会是人同自然界的完成了的本质的统一，是自然界的真正复活，是人的实现了的自然主义和自然界的实现了的人道主义。"③ 在这个意义上，自然界乃是通过社会（当然包括社会关系和人的各种社会活动）才获得其"现实存在"的。

以上几段引文说明了这样一个最基本的道理：存在问题，包括人类社会的存在，感性世界的存在，自然界的存在，都是在人类的社会实践之中才呈现出来、才成为问题的；存在者之存在不是自明的，人的社会实践是它的前提。人的实践活动具有逻辑上的优先性和基础性（并非时间上的先

---

① 《马克思恩格斯选集》第一卷，人民出版社 1995 年第 2 版，第 77 页。
② 同上，第 76 页。
③ 马克思《1844 年经济学—哲学手稿》，中央编译局译，人民出版社 2000 年第 3 版，第 83 页。

在性）。借助于这种优先性和基础性，人建立起了自身在存在论领域内的主体性（康德建立起了认识论领域内人的主体性）。这就是说，一切存在问题只有在人的社会历史实践、在人的生存活动中才成为问题。如果离开了人的社会实践，外部世界的实存性和先在性（即客观性）本身并不构成问题，也没有意义；问题是你作为人是如何意识到它的实存性和先在性的？只有当自然对象成为人类生活的基础和实践的对象与内容，它的存在才是有意义的，才会向人显现出来。因此，人的存在，自然界的存在——包括所谓"物质实体"——一切社会存在的根据不是任何超感性的、经验活动之外的实体，而是人的感性的实践活动；"世界"之为"世界"的根据不在于世界之外的超感性实体，而在于它与人的生存实践活动的内在关联。因此，正如马克思在《关于费尔巴哈提纲》中所说，对对象，感性，现实，都必须从主体的方面，把它当做人的感性活动，当做实践去理解。这句话倒过来就是说，一切对象只有从人的感性活动，从实践的角度，才可能得到理解。

其次，马克思的上述思想是对传统本体论的转向和超越，也是对现代存在论的奠基：实践是存在的前提，没有脱离实践的空洞的或抽象的存在，也没有脱离实践的彼岸的存在。由于实践对于存在的逻辑在先性，一切存在，一切关于实体的设定都只能是在实践中生成的，只能在现实的、具体的实践活动的历史性的展开之中生成。因此，必须在根本上改变理解"存在"问题的解释原则和思维方式，确立感性实践活动优先于逻辑和知性、并构成逻辑和知性的存在论基础。

这一转向和超越具体体现于，传统本体论试图确立超越性的彼岸真实世界，确立起超越性的实体，而马克思却在其实践观的指引下以人的感性生存为其存在论的起点和目的。在《德意志意识形态》中马、恩指出："因此我们首先应当确定一切人类生存的第一个前提，也就是一切历史的第一个前提，这个前提是：人们为了能够'创造历史'，必须能够生活。但是为了生活，首先就需要吃喝住穿以及其他一些东西。因此第一个历史活动就是生产满足这些需要的资料，即生产物质生活本身，而且这是这样的历史活动，一切历史的一种基本条件，人们单是为了能够生活就必须每日每时去完成它，现在和几千年前都是这样。"① 人类生存的第一个前提

---

① 《马克思恩格斯选集》第一卷，人民出版社 1995 年第 2 版，第 78－79 页。

和历史的第一个前提实质上也就是对于人而言世界之存在的前提，并不是说只有在这个前提下世界才存在，而是说只有在这个前提下世界的存在才有意义。这个前提奠定了实践在人的存在方面的逻辑在先性。在这个意义上实践决不仅仅是一个认识论问题，而首先是、更根本的是一个存在论中所确立的属人世界的存在论前提。

马克思以最清楚的语言表述了这样一个存在论的前提："全部人类历史的第一个前提无疑是有生命的个人的存在。因此，第一个需要确认的事实就是这些个人的肉体组织以及由此产生的个人对其他自然的关系。"[①] 这种关于前提的确立是对于传统本体论的根本性超越。传统本体论的理论前提要么是先验的，要么是形而上学的，二者的区别在于："物体作为实体和作为变化的客体，它们的认识原则如果表达的是'它们的变化必定有一个原因'的话，那就是先验的；但如果这原则表达的是'它们的变化必定有一个外部的原因'的话，它就是形而上学的……"[②] 但无论是先验的还是形而上学的，二者的共同本质是把某个先天条件作为认识的起点。而马克思的实践观则是把这个先天条件转变为个人的感性活动及其能动的生活过程。这是一种新的考察世界的方法，"这种考察方法不是没有前提的。它从现实的前提出发，它一刻也不离开这种前提。它的前提是人，但不是处在某种虚幻的离群索居和固定不变状态中的人，而是处在现实的、可以通过经验观察到的、在一定条件下进行的发展过程中的人。只要描绘出这个能动的生活过程，历史就不再像那些本身还是抽象的经验论者所认为的那样，是一些僵死的事实的汇集，也不再像唯心主义者所认为的那样，是想象的主体的想象活动。"[③] 这种以人为前提考察世界的方法即唯物史观的方法，概而言之，正是通过实践把人与世界看成一体的存在论思路。

再次，马克思这种以人、以实践中的人为前提的存在论思路是对近代形而上学认识论传统的突破和超越。

众所周知，由笛卡儿"我思故我在"所开启的近代认识论哲学传统，在确立人的主体性的独立地位的同时，也确立了人与世界的现成存在和两者的二元对立，人与世界的关系被看作一种现成存在物与另一种现成存在物之间的认识关系，其结果便是，人与世界这两者均变成了两地分居的抽

---

① 《马克思恩格斯选集》第一卷，人民出版社 1995 年第 2 版，第 67 页。
② 康德《判断力批判》，邓晓芒译，人民出版社 2002 年第 2 版，第 16 页。
③ 《马克思恩格斯选集》第一卷，人民出版社 1995 年第 2 版，第 73 页。

象性存在。而马克思的实践论恰恰以独特的方式在存在论维度上超越了这个传统。

第一，马克思根本不同意这种将人与世界作为现成的、不变的主、客体截然割裂开来、对立起来的主客二分的形而上学，他明确地指出："人不是抽象的蛰居于世界之外的存在物。人就是人的世界。"① 就是说，在原初意义上，人与世界是一体的、不可分割的，人不能须臾离开世界，只能在世界中存在，没有世界就没有人；同样，世界也离不开人，世界只对人有意义，没有人也无所谓世界；同世界不是与人无关、离开人而独立自在、永恒不变的现成存在物一样，人也从来不是离开世界和他人的、固定不变的现成存在者，而是在"现实的生活过程"中存在和发展的。正是人的"这个能动的生活过程"即实践，将人与世界建构成不可分割的一体，也构成了人在世界中的现实存在。所以，马克思的"人就是人的世界"的概括，典型地体现了现代的存在论思想。

第二，更重要的是，马克思的"人就是人的世界"的存在论思想乃是以实践论为基础、通过实践而实现的，它不仅包含着"人在世界中存在"的存在论思想，而且进一步揭示出人最基本的在世方式是实践。他指出，"人们的存在就是他们的现实生活过程"，而人们的这种现实的"全部社会生活在本质上是实践的"②。在此，实践作为人的现实生活过程就是人的存在，就是人存在的基本方式。马克思对以费尔巴哈为代表的旧唯物主义的批评似也可以从这个角度去理解。马克思一针见血地批评费尔巴哈"把人只看作是'感性对象'，而不是'感性活动'，……没有从人们现有的社会联系，从那些使人们成为现在这种样子的周围生活条件来观察人们——这一点且不说，他还从来没有看到现实存在着的、活动的人，而是停留于抽象的'人'，……他没有批判现在的爱的关系。可见，他从来没有把感性世界理解为构成这一世界的个人的全部活生生的感性活动"③。可见，正因为他完全不懂得作为真正感性活动的实践，不懂得正是实践活动"是整个现存感性世界的非常深刻的基础"，所以，他也不懂得人只是通过实践才生成"人的世界"。据此，我们完全有理由推论：人的生活世界，即人与世界统一的"人的世界"本就生成于实践，奠基于实践、统一

---

① 《马克思恩格斯选集》第一卷，人民出版社 1995 年第 2 版，第 1 页。
② 同上，第 72 页、第 56 页。
③ 同上，第 77－78 页。

于实践，实践就是人生在世的基本在世方式，这些属于存在论维度的思想确实就是马克思本人的思想，而不是我们强加给他的。

第三，马克思还强调了人与世界在实践中统一的在世方式是一个不断创造、生成的过程，在此过程中，人与世界相互牵引，相互改变，在自然与社会的互动中推动着文明的进程。用马克思自己的话说便是，"环境的改变和人的活动或自我改变的一致，只能被看作是并合理的理解为革命的实践"。这里的"革命"按我们的理解是广义上的，是指实践活动具有不断变革外部世界和人自身的革命意义。由于人的实践活动就发生在现实可触的感性世界中，所以人通过实践在改变外部世界的同时也在改变着自身（内部世界），这乃是同一个过程。就人与自然的关系而言，人在通过实践创造不断改造自然、创造着人类生存新环境的同时，也在实践中不断改造人自身（"自我改变"），改变人自身的"自然"和心灵，使人一步步摆脱原始状态而走向现代。正如马克思所说，通过劳动，"人就使他身上的自然力——臂和腿、头和手运动起来。当他通过这种运动作用于他身外的自然并改变自然时，也就同时改变了他自身的自然，他使自身的自然中蕴藏着的潜力发挥出来，并且使这种力的活动受他自己控制"①。人的生存环境与人自身的双重改变乃是在历史性的、社会性的实践中不断实现的。正是在这个意义上，他才得出"整个世界历史不外是人通过人的劳动而诞生的过程，是自然界对人说来的生成过程"这样一个伟大结论。在此，实践与存在都是对人生在世的存在论陈述。海德格尔的存在论始终没有达到马克思的实践论的高度，而马克思则把实践论与存在论有机结合起来，使实践论立足于存在论根基上，存在论具有实践的品格。

第四，马克思关于人的本质的论述也体现了存在论的维度。人们都熟知马克思关于"人的本质不是单个人所固有的抽象物，在其现实性上，它是一切社会关系的总和"② 这句名言，看似在给人的本质下定义。其实不然。它一开始就排除了把人的本质看成从无数单个人身上抽象出来的固定不变的现成存在物，而是强调"在其现实性上"是"社会关系的总和"，而既然每个人的社会关系总是处在不断变动中的，那么，每个现实的人的本质，也就只能是在自身社会关系的变动（即社会实践）中动态地生成并不断变化着。对人的本质的这种生成性的揭示也从一个方面展示了马克思

---

① 《马克思恩格斯选集》第二卷，人民出版社 1995 年第 2 版，第 177 页。
② 《马克思恩格斯选集》第一卷，人民出版社 1995 年第 2 版，第 60 页。

实践观的存在论维度。

第五，由于以上几点，从存在论的角度来说，人的存在和对象的存在，就不是先验的我思主体和纯然的"实体"或"物自体"之间的对立，而是实践着的人在其对象性活动中生成的主体与对象；二者本身就是联系在一起的，是相互规定着的统一体；二者之间的统一在逻辑上先于二者之间的对立；二者之间不是对立关系，因此建立在二者对立即主客二分之上的认识论就没有必要了。马克思说过这样一段话："当现实的、肉体的、站在坚实的呈圆形的地球上呼出和吸入一切自然力的人通过自己的外化把自己现实的、对象性的本质力量设定为异己的对象时，设定并不是主体；它是对象性的本质力量的主体性，因此这些本质力量的活动也必须是对象性的活动。对象性的存在物进行对象性活动，如果它的本质规定中不包含对象性的东西，它就不进行对象性活动。它所以只创造或设定对象，因为它是被对象设定的，因为它本来就是自然界。因此，并不是它在设定这一行动中从自己的'纯粹的活动'转而创造对象，而是它的对象性的产物仅仅证实了它的对象性活动，证实了它的活动是对象性的自然存在物的活动。"[①] 在这一段话中，"对象性活动"——我们可以把它理解为"实践"的核心内涵——既创造或设定对象，也被对象所规定，当主客体在对象性活动中统一起来，或者说主客体在对象性活动中生成的时候，主客体之间是辩证统一的关系，而这一关系建立在感性活动之上。主客体在对象性活动（实践）中的辩证统一，从存在论的高度解决了由于主客体的对立而带来的认识论难题，消解了二元对立式的思维模式，从而合理而深刻地解决了主客体的对立（二分）问题（或许在马克思主义实践论的视野下这根本不是问题）。

就这样，马克思通过对实践作为人的现实的、具体的、历史的生存活动和基本存在方式的确认，不但早海德格尔80年就已在存在论层面超越了主客二分的认识论传统，而且在历史感方面，也远比海德格尔对人生在世的现象学展示高明，而海德格尔自己也已经看到了并在一定程度上承认了这一点。他说：

> 综观整个哲学史，柏拉图的思想以有所变化的形态始终起着决定

---

① 马克思《1844年经济学—哲学手稿》，中央编译局译，人民出版社2000年第3版，第105页。

性的作用。形而上学就是柏拉图主义。尼采把他自己的哲学标示为颠倒了的柏拉图主义。随着这一已经由卡尔·马克思完成了的对形而上学的颠倒，哲学达到了最极端的可能性。①

综上所述，马克思实际上充分肯定了人的实践在存在论上的逻辑在先性，以及人的感性活动作为考察存在的前提。而这对于传统本体论来说是颠覆性的，它使得"清除实体、主体、自我意识和纯批判等无稽之谈"②成为必然，它的结果是，传统本体论上的所有概念，如先验、绝对、先天、主体、实体等概念都不能被看作是自明的了，这些观念不再被看作"实体"，而被理性设定为实体的，最终被还原到实践中来。"思想、观念、意识的生产最初是直接与人们的物质活动，与人们的物质交往，与现实生活的语言交织在一起的。人们的想象、思维、精神交往在这里还是人们物质行动的直接产物。表现在某一民族的政治、法律、道德、宗教、形而上学等的语言中的精神生产也是这样。人们是自己观念、思想等等的生产者，但这里所说的人们是现实的、从事活动的人们，他们受自己的生产力和与之相适应的一定交往的发展——直到交往的最遥远的形态——所制约。意识 [das Bewuβtsein] 在任何时候都只能是被意识到了的存在 [das bewuβte Sein]，而人们的存在就是他们的现实生活过程。"③ 换言之，人的现实存在就是他们的现实生活即实践的过程。

马克思实践观的存在论维度集中体现着以下思想：人存在着，但人只是作为实践活动的主体而存在着；世界存在着，但世界只是作为实践的对象才有意义；抛开实践，所谓自在的存在就是没有意义的。存在的自明性被消解了，而实践作为存在的逻辑前提被确立起来，实践作为一切属人存在的现实前提也被确立起来。这一确立本质上是为存在论的诸问题进行奠基，在传统本体论中被视为自明的"存在"，从此建立在实践的基础之上，实践概念成为存在论的基本概念，而且，这些概念都是从实践中才产生的，是实践的产物。就这样，马克思的实践观和存在论紧紧地结合为一体了。在这里，实践是观念的本源，也是存在论诸问题

---

① 海德格尔《哲学的终结和思的任务》，孙周兴选编《海德格尔选集》，上海三联书店1996年版，第1244页。

② 《马克思恩格斯选集》第一卷，人民出版社1995年第2版，第75页。

③ 同上，第72页。

的逻辑前提。

四、马克思实践观的存在论内涵对美学文艺学创新发展的意义

董文还不加论证却耸人听闻地指责笔者：

> "实践存在论"美学、文艺学对个体的"人的存在"的极度张
> 扬，实际上已经走向了精神本体论和审美唯心论，走向了某种极端的
> 个人主义。"实践存在论"美学、文艺学在马克思主义实践观外表的
> 遮掩之下，通过反对主客二元对立和寻求个体生存为幌子，完成的则
> 是对唯物史观和唯物辩证法的瓦解。

且不说这种批评乱扣政治帽子（一目了然，不值一驳），我们只想指
出，它又暴露出董文的知识性错误，即其作者实际上也不能把"存在论"
（ontology）与"存在主义"（existentialism）的生存论区别开来，结果当我
们在讨论"存在论"问题时，董文想当然以为是"存在主义"的"生存
论"，这又是望文生义的结果。总的说来，由于董文在"本体论"、"存在
论"、"生存论"、"主体性"、"此在的基础存在论"等术语、概念的使用
上，不严肃地望文生义，常常把完全不同的概念混为一谈，使得他的"批
评"陷于学理上的极度混乱，仅仅成为"打棍子"的借口。望董先生先
弄清楚这些概念的内涵，再来批判别人。

事实上，如上所述，马克思的实践观中不仅客观存在着丰富、深刻的
存在论思想，认真总结和领会它们，把握其超越传统本体论和主客二分的
认识论的新思路，对于指导我们的美学、文艺学研究具有非常重大的理论
价值和现实意义。

首先，这一思路能够指导我们在美学研究中超越近代以来主客二分的
认识论思维方式。因为这种思维方式一是以主客二元对立为中心，在主体
方面设定感性与理性、灵与肉的二元对立，在客体方面设定本质与现象、
普遍与特殊的二元对立，然后以这一套二元对立模式去解释丰富多彩的审
美现象，这就必然造成一种本质主义的美学思路；二是它把审美活动包括
审美主客体从生生不息的生成之流中拔离出来，切断主体之为审美主体、
客体之为审美客体的"事先情况"，即它们所处的人与现实世界的具体审

美关系，也就切断了审美活动的存在论维度，即人生在世的生活活动或人生实践；三是它把审美活动狭隘化为单纯的认识活动，即把美看作先在的、固定不变的审美客体，而美感则是现成的、同样固定不变的审美主体对美的反映和认识。马克思把实践论与存在论有机结合的思路，可以引导我们全面超越上述主客二分的认识论思维方式，为美学开辟一个实践存在论的新境域。

其次，这一思路提示我们，美学研究应当打破"现成论"的旧框架，建立"生成论"的新格局。前面已经提到，认识论美学的一个基本立足点就是把"美"作为一个早已客观存在的对象来认识，预设了一个固定不变的"美"的先验、现成存在，同样，它也预设了人作为一个固定不变的审美主体而现成存在，所以它把美学的主要任务确定为给"美"和"美感"下定义，从而总是追问"美"和"美感"是什么、"美的本质"是什么等问题。而从实践存在论出发，审美客体和审美主体、"美"和"美感"都不是现成存在、固定不变的，而是在人与世界审美关系的形成和展开中，在具体的审美活动中现实地生成的。这种生成论思路将会带来美学学科的新变革，美学的研究对象、逻辑起点、基本问题、范畴系统、框架结构等问题，都有进一步反思、变革的必要和可能。

又次，这一思路告诉我们，实践是人类的基本在世方式，艺术和审美活动也是种种人生实践中不可缺少的重要组成部分，因而也是人的基本存在方式和在世方式之一。人通过实践成为人，也通过实践得到了发展，其中就包括艺术和审美实践的作用在内。人类社会就是建立在包括艺术和审美活动在内的无限丰富的人生实践基础上的。人类文明通过实践活动得到建构和提升，作为人类文明标志之一的艺术和审美活动也在人类的实践过程中得到发展。反过来，艺术和审美活动也推进了人类实践整体的发展，推进了人类文明的建设。

再次，这一思路启发我们，在众多的人生实践中，艺术和审美活动是人走向全面、自由发展的非常重要的一个环节和因素。人如果只局限于物质生产劳动，而没有审美活动，那么其实践就是不完整的、片面的，这种实践造就的人也是片面的、不自由的。这一方面确立了艺术和审美活动在整个人生实践和人的在世方式中不可或缺的重要地位，另一方面也指明了审美这种独特的实践方式对于促进人的自由、全面发展具有不可替代的作用。

最后，这一思路还昭示我们，艺术和审美活动总体来说是一种精神性的实践活动，按照马克思的说法是一种"精神生产"，是人与世界之间的一种精神性的对话和交流。同物质生产劳动相比，其精神性更强，在人的所有实践活动中，审美活动，尤其是艺术活动，是精神性最强的活动之一。而且，它是一种较为高级的、具有自由性、超越性的精神实践。审美活动一方面发生在广义的人生实践之中，另一方面又是对现实生活活动的超越，也是向着作为高级人生境界的审美境界的提升。在人生实践当中，在人与世界打交道的过程中，会有各种不同的层次，形成各种不同的人生境界，而审美境界较大程度上超越了个体眼前的某种功利性和有限性，达到了相对自由的状态。审美境界不同于并高于一般的人生境界，它是对人生境界的一种诗意的提升和凝聚，一种诗化了的人生境界。这一点在美学、文艺学研究中的另一个特殊意义是，打开了作为外来学科的美学与中国传统美学、文论思想的融通、结合之途，为中西美学的交流、互动和融通即美学理论的中国化提供了新的可能性。

总之，在实践存在论的视域下，艺术和审美活动不仅是人的一种高级的精神需要和交流方式，而且是见证人之所以为人的最基本的方式之一，是人超越于动物、最能体现人的本质特征的基本存在方式之一和基本的人生实践活动之一。

在当前，发掘和研讨马克思实践观的存在论维度与含义，无疑可以对我国当代美学，特别是实践美学的建设和发展提供极为重要的理论启示。当然，在这个重大问题上，学界存在不同意见，开展学术争鸣，是很正常、也很必要的。但是，我们希望这种争鸣应当是摆事实、讲道理的，而不是离开学理性、乱扣政治帽子的。惟其如此，才有利于推动21世纪中国美学、文艺学的健康发展。

"美学的复兴"与新的做美学的方式①

高建平

从 20 世纪 50 年代起到今天，中国美学经历了三次热潮。我想将这三次热潮分别称为"美学大讨论"、"美学热"和"美学的复兴"。"美学大讨论"，指的是从 20 世纪 50 年代起开始的对美学的讨论。这一讨论一直延续到 60 年代初年。随着"文革"的临近，这一讨论才逐渐让位给更为直接的政治和文学论争。"美学热"指的是从 1978 年起，以"形象思维"讨论为开端的美学热潮。这一热潮一直持续到 80 年代后期，其后就为社会、经济、文化等一些学科的研究所取代。发生于 20 世纪末年新的一轮美学热潮，我愿将它称为"美学的复兴"。美学的这新一轮的发展，出现了众多新的话题，在学科内部也发生着深刻的变化。

一、审美批评的困境：从一个小故事谈起

谈到"复兴"，我想首先从一个故事讲起。前几年，有一次闲来翻看一本名叫《文学与哲学》的英文杂志，从中读到一篇小文章，讲述美国一所大学的文学系一位教授的亲身经历。文章说，这位教授有一次和其他几位本系教授一道，给一位外校新毕业来求职的女博士面试。面试官们依照常规问她教育背景和博士阶段研究的情况，博士回答说研究英国维多利亚时代的诗歌。接着，这位女博士就按照要求，从一首诗讲起，用上解构主义、新历史主义、女性主义等各种各样新的主义，将流行的一些批评工具

---

① 本文原系 2009 年 5 月上旬先后在西安外国语大学、陕西师范大学和南京大学美学高等研究所作的讲演，由西安外国语大学教师王洪琛博士根据录音整理，作者阅读了整理稿并对部分内容和文字作了修改。

玩得淋漓尽致，展示她对当代理论的了解。听她讲完后，一位担任面试官的教授问道："但是，你认为这首诗是一首好诗吗？"意想不到的是，这个简单的问题难倒了这位能言善辩，能熟练运用现代批评工具的博士，她找不到合适的语言来解释这部作品的"好""坏"与否，无法回答它是不是一首好诗。这位博士是否最终被录用，我不知道，不过，那已经与我们无关了。我们所关心的，是这样一种问话法是否合适。面试官是否可以问这是一首好诗吗？这么提问是否合适？当然，没有学校会作出这样的规定。这位教授事后也自我怀疑：在美国大学的文学系，已经有好些年不教学生怎样谈论诗的"好"与"坏"了。那么多新的主义出现了，不去跟上，行吗？再用老派的做法，用"好"与"不好"，也就是说，用审美评价来纠缠学生，而不问当代最时髦的种种主义，合适吗？几个暮气沉沉的老人，不想跟上时代，也不到学术会议上与学界新锐人物交锋，只是守在家门口刁难刁难上门有求于己的学生，算什么本领？

当然，这不是说审美感觉不存在。我们读文学作品，喜欢就读，不喜欢就不读。这里面有"好"与"坏"的问题。我们也可以告诉朋友、同学、同事、家人，今天我看了一部好电影，读了一部好小说。你们可以去看！应该去看！从我称赞的神情中，显示出一种高度的肯定，一种发自内心的欣赏。这部作品好啊！但究竟怎么好？回答是：你去看了就知道了！说不出什么，没有理论的术语可对它进行描述。我所做的，只是用神态、语气，传达一种审美感觉。这是可以的，这种情况也是普遍存在的；但是，光有感觉还不够。

我们不能只抒发自己的感觉。这里所说的，不是感觉，甚至不是对感觉的反思，而是这种反思能否纳入到现代批评理论的框架之中。如果我们没有批评的语汇来解说我们的感觉，没有合适的批评理论去回答这部作品如何好，好在什么地方，那么，这种感觉在批评和理论的视野中就不能获得一种存在形式。一部作品给我留下很强烈的经验，使我很感动、激动、兴奋。这个经验有没有语汇来描述它？如果没有，经验就像流水一样消逝了。人的一生就是这样度过的，有经验，无时无地不在，但说不清道不明，后来就忘记了。众多人的无所不在的经验之流，来了又去了，只有理论才能从中打捞出点什么。有了理论，人们可以按照理论去思考经验，从经验中发现点什么，总结出来，记录下来；有了理论，人们就按图索骥，从经验中找到理论的对应物。理论的语汇是需要进入到大学的课堂上，进入到教科书中，再由老师去讲授的；有讲课，有练习，有考查，划定了框架，再由学生在既定的框架基础上发挥，从而最终教会学会，并传承下来。如果老师只是在讲时髦的文化理论，把文学文本当做历史学、心理学、社会学和哲学的文本来研究，不引导他们重视审美经验并对这种经验进行阐释，那么，学生就不会这么做。考学生没有学过的东西，是不公平的。这么说，似乎也有道理。

当然，公平还是不公平，这只是一个虚拟的问题。我们并不知道那位学生是谁，那位教授也许是在说他的一段亲身经历，也许只是编造了这样一个故事而已。故事真实与否，对我们来说，并不重要。文章没有提这位博士的名字。即使提了名字，对于我们来说，也只是一个符号而已。我们实际上面对的是这样一个问题：审美的批评还存不存在？还有没有必要？我们有没有可能建立这样的理论，它不是在一般意义上的辨认：它代表了什么思想？体现了哪个阶级的利益？反映了什么样的社会现象？体现了哪种文化立场？在性别政治中，它起着什么作用？是否宣示了某个亚文化群体的存在？而是使我们在面对文学艺术作品时，回到对作品的美学的评价，使我们关于"好的作品"的感觉与理论接上轨，用这种理论将我们关于作品好坏的经验打捞出来，留存下来。

美学这个学问，我们曾将它想的很抽象、神秘、高不可攀，其实它是从一些很简单，很具体的问题开始的。从"这是不是一部好的作品？"的作品开始，到"为什么是一部好的作品？"我们就行进在通向美学研究轨道上了。如果审美经验在批评和理论中没有地位，如果问这方面的问题不合法，如果是不是一部好的作品不需要问，如果说这方面的问题已经过时了，那么美学也就过时了，这就是所谓"美学的终结"。如果审美批评被"超越"，经验对于艺术批评来说不再重要，审美经验不成为一个可以研究的对象，那么美学这个学科也就"终结"了。如果审美批评被"超越"后就缺了点什么，如果审美批评还能在新的语境中重新获得意义，那么，"终结"后的美学就有复兴的理由。

二、中国美学的盛衰起伏：从 1978 年到 1998 年

从"美学热"到"美学衰退"，正是由于美学与批评的脱节。50 至 60 年代的"美学大讨论"和 70 至 80 年代的"美学热"，涉及了无数的论

题，但核心主题主要有两个：一是美的本质，二是形象思维。"美学大讨论"是从"美的本质"转向"形象思维"，"美学热"是从"形象思维"转向"美的本质"。大体说来，在那个年代，"美的本质"属于美学的哲学一翼，而"形象思维"属于美学的艺术一翼。

1978 年，对于中国当代史来说，是关键的一年。从年中开始的真理标准讨论到年末召开的"三中全会"，都是中国当代史上的重要事件。在思想文化领域，这一年是从对"形象思维"的讨论开始的。1977 年 12 月31 日，《人民日报》发表毛泽东给陈毅的一封信，由此开启了一场对"形象思维"的大讨论。毛泽东的信发表后，出现了形象思维论文的井喷现象。李泽厚、蔡仪、朱光潜分别在短短的两三个月时间里各自发表了 3 篇文章。当时还编了许多论文集和资料集，其中最有名的，是社会科学院外国文学研究所编的《外国作者艺术家论形象思维》一书，编选者有像钱钟书这样一些的顶级学者。美学和文学艺术研究者在那个时代的那种热情，今天已经很难想象。

"形象思维"的讨论是在批判"文化革命"时代的文学理论的背景下出现的。文化大革命在大多数人的眼中是一场动乱，是在革文化的命。但是，说文革时代没有文学艺术，只是一种评价性说法而已。实际上，文学艺术的理论和实践在这场"革命"中扮演了极其重要的角色。从林彪委托江青主持部队文艺工作座谈会，姚文元对新编历史剧《海瑞罢官》的批判，对三个文人邓拓、吴晗、廖沫沙的"三家村"的批判，鲁迅的旗手地位的确立以及借用鲁迅之名对周扬、夏衍、田汉、阳翰生"四条汉子"的批判，郭沫若关于要烧掉自己全部著作的震惊全国的检讨，直到定下八个样板戏，要求塑造"高大全"人物，"三突出"、"主题先行"、"三结合"等等，一套完整的文学理论也逐渐成形。这种理论的特点，就是将文学艺术当做社会政治斗争的工具。

对于中国的文学研究者来说，1978 年是"形象思维年"。"形象思维"重视艺术的特性，反对"文化革命"期间的概念化的艺术。后来关于美的本质的讨论，《手稿》的讨论，"人性人道主义"的讨论都与对艺术的审美特性的关注有关。

如果回到我们前面所提到的问题的话，那么，可以这样描述：文革期间，审美评价只是居于次要的地位。"这是一部好的作品吗？"这个问题在当时会被人理解成：这部作品在政治上正确吗？"坏"作品也不是在审美意义上坏，而是内容有"政治"问题。"形象思维"的讨论，以及因此引发的"美学热"，是要扭转这一点，回到审美评价上来。

强调文学艺术走出概念化、公式化、"主题先行"、"三突出"等方式的文艺，回归其"本来面目"，这是"美学热"时期人们的普遍追求。在这一时期，李泽厚倡导康德美学，审美被看成是无功利的。朱光潜在20世纪30年代所主张的"审美态度说"也重新流行，古老的"距离说"和"移情说"，在80年代的中国焕发了青春。王国维和宗白华也在这一时期受到高度的重视，原因在于他们所代表的康德、叔本华线索的美学倾向和他们将中国美学与西方美学结合起来的努力，符合当时的普遍潮流。

文学艺术的非政治化，在特定的历史时期，能够成为一种政治。"美学热"所具有的要"美"与"和谐"，而不要"斗争哲学"的潜台词，是促成"美学热"的一个重要因素。一种非政治化的要求，成为当时文艺理论体系转换，思想更新，为文艺创作松绑的推动力。

"美学热"也带动了西方思想的引进。在此之前，外国哲学社会科学著作的翻译，有着严格的限制。中国出版翻译书籍最权威的出版社商务印书馆，在"文化革命"前的选题，主要局限于马克思主义三个来源，即德国古典哲学、英国古典政治经济学和法国空想社会主义。马克思、恩格斯以后的西欧的书，列宁、斯大林以后的俄国书是否可以翻译？这在当时是个问题。商务印书馆也曾出版一些现代理论译丛，但只能内部发行不能公开出版。这一禁区是在"美学热"的热潮中打破的。当时，出版了几套丛书：李泽厚主编"美学译文丛书"，甘阳等人主编"文化：中国与世界丛书"，金观涛主编"走向未来"丛书，王春元、钱中文主编"外国文学理论译丛"，这些译丛，不仅具有学术意义，而且具有政治意义，是中国意识形态改变的一股重要推动力量。它们对中国意识形态的转型，学科的发展都起了巨大的作用。此后，当代中国学术从学科意识，到学术话语体系，都发生了深刻的变化。

在改革开放的初期，从文化和文学艺术的角度批判和走出文化大革命，是形成"美学热"重要原因。这一时期逐渐过去。用一种无功利的美学追求来批判"文革"时的工具论，用非政治化来纠正过度政治化，在一个特定的历史时期，会赢得支持和拥护者。但是，文学艺术与社会、政治、伦理、日常生活等等，本来就有着不可分隔的联系。非政治化在改革进程中赢得赞同，是由于当时的特定时代背景和文学艺术的特定状况决定的。经过一段时间，这种倾向所存在的问题就逐渐暴露出来。在一个社会生活迅速发展，不断向文学艺术提出各种问题的时代，无功利的美学最终必然会导致自我边缘化。

从另一方面讲，随着改革开放的深化，经济和社会的各个方面和众多的人文和社会学科，都在吸引着人们注意。这些学科在中国都处在草创阶段，对于人文学者，特别是一些美学研究者们，有着强大的吸引力，能提供更强烈的刺激。这时，越来越多的人走出美学，走向其他各个学科的研究。

当然，会有人说，美学像20世纪80年代初那样"热"，也不是常态。这是一个专门的学科，只需要很少的一些人进行专门研究就可以了。似乎美学研究的淡化，是一件正常的事。严格说来，这个说法是不准确的。从90年代起，美学只是对一部分人来说，是专门化，而对一般公众来说，它已经过时，不再有存在的空间。1997年，我从国外留学回来，想看看这些年国内出版了哪些美学书，于是，到了北京专门销售学术书的三联韬奋书店。在那里的"美学"类书架下，我只看到两本朱狄的书，一本是《当代西方美学》，一本是《当代西方艺术哲学》，还落满了灰尘。其他美学书一本也没有看到。在那些年，出版社不愿意出美学书，书店也不愿意进货，于是，形成恶性循环。结果是，想买美学书的人买不到，写出美学书的人出版不了。那一段时期，许多著名的美学集刊，从《美学》，到《美学论丛》，再到《外国美学》，都陆续停刊。《美学译文》、《美学译林》等美学翻译集刊也相继停办。当然，美学会议还是继续开的，只是在美学会上，谈论的是一些老而又老的话题，提不起人们的兴趣。我的一位同事在一次讨论会上思想开小差，写了一首打油诗，其中有这样几句："美学早乘黄鹤去，长使英雄泪泫然，何能独臂挽狂澜。"他是在调侃我和包括我在内的一些仍在坚持美学研究的人，这样的调侃竟然赢得了不少赞同声音。

这是美学的最低潮。当时，在国内有传说，外国大学里没有美学系，因此也没有多少人研究美学。听说美学在外国也过时了，这是一个极具杀伤力的传言，但这不是事实。

我当时做的第一件事，是推动中华美学学会加入国际美学协会，在中国的出版物上介绍国际美学界的情况。这件事的直接意义，也许是在告诉国内的学术界，在国外是有美学研究的，而且还有很多人在做这件事。当然，更深远的意义，在于通过中外交流，在国内形成美学话题的转变，推动新的做美学的方式。在滑入到谷底时，回升的时候也就不远了。这是我当时的信念。1999 年，我写过一篇小文章，名字叫《美学之死与美学的复活》，将这个信念表述出来。

三、西方美学的困境与新逆转

20 世纪西方美学与中国美学走着不同的路。我曾经在几篇文章中都谈到过，在西方，20 世纪美学经历了三次转向。

第一次转向是 20 世纪初期的"心理学转向"。随着 19 世纪后期"实验心理学"的发展，费希纳"自下而上"方法的提出，心理学美学成为一个潮流。心理学美学是在当时的一股科学取代思辨的大潮流下出现的。一些科学哲学家甚至宣布，思辨哲学到康德就完成了它的历史史命，此后的哲学就应该是科学哲学。美学也是这样，有一种呼声，要求美学不再寄生于庞大的哲学体系之中，而像心理学一样走向实验。20 世纪初，当"科学"成为一种信仰时，出现了"实验美学"的强烈呼声。但是，"实验美学"与"心理学美学"还不完全是一回事。"心理学美学"在世纪初成为一个声势浩大的运动，借"科学"和"实验"这一类上个世纪之初的关键词而获得天然合法性。但是，心理学美学一直处在两难之中，实验不能解决"审美"和"艺术"中的复杂现象，而离开实验，又会滑入到大体系之中。朱光潜先生所写的《文艺心理学》一书，介绍了当时的心理学美学的主要流派的观点。他所介绍的这几家，也正好是这种两难境地的体现。他的书第一章讲克罗齐，而克罗齐却一直对心理学方法持怀疑的态度。第二章讲布洛，布洛是一个热心的实验心理学家，但他的"距离说"却是一种离开实验的内省心理学。其他的各章也有类似情况。这种两难的根本原因在于"心理学"与"美学"的内在矛盾。"心理学"不能解开"美学"的秘密，在当时却硬是给了它一个不可能完成的任务。于是，当时的心理学是实验的，而心理学美学却不是实验的。

第二次转向是 20 世纪中期的语言学转向。20 世纪哲学被说成是语言的世纪，原因在于，在科学哲学宣布取代了思辨哲学以后，一些哲学家们坚持认为，科学哲学所做的只是一些科学研究的方法论研究，这与社会对哲学这个学科的要求相差很远。除了科学研究的方法以外，人类社会生活之中，有着大量的哲学问题，包括对世界、社会、生活的意义追求，对道德伦理，人的价值观随着社会生活的改变，科学技术，特别是生物技术发展，在环境和生态等一系列问题出现后对人与自然关系的看法，等等。美学也是如此。单纯的自然科学方法和实验的手段，并不能解释渗透到人类生活各个领域的人与自然和社会的审美关系，于是，美学在这时就陷入到新的困境之中。在这种情况下，语言学给哲学发展带来了新的契机。20世纪前期哲学的发展，主要是由语言学推动的。语言学改变了人对思维性质的看法。过去，语言只是思想的载体，是传达思想的工具。在语言基础上生长出来的文字，只是使思想传达至远方，留存给后世的工具。20世纪的语言学，使人们认识到，语言不仅是传达思想的工具，而且是思维的工具。我们正是用语言来思考的，语言的边界，也正是思想的边界。这一革命性的思想，对美学和文学艺术的理论，产生了深远的影响。在20世纪，出现了几种不同形式的"符号学"或"符号论"的思想，出现了形式主义和结构主义，出现了以作品为本体的"新批评"和基于语言分析的种种阐释的理论，也带来了作为分析方法的直接移植的分析美学。分析美学将美学定义为"元批评"（meta – criticism），即批评的批评。语言转向所造成的结果，是一个大规模的对"这是好作品吗？"这样的"审美批评"问题的偏离。分析美学提出美学研究的"间接性"。美学家不再回答"这是好作品吗？"这一类的问题，而只是对批评家所使用的概念和范畴进行语义上的分析。对于分析美学家来说，作品的"好"与"坏"并不重要，重要的是用词是否正确。

分析美学的兴起，为美学提出了新的话题，从而带来了20世纪中叶美学的兴盛。在当代西方美学史上，分析美学是一个重要的阶段，留下了很多宝贵成果。它的成果，首先当然对批评概念的讨论和论述，从中发现了很多有意义的话题，并在这些话题的讨论中推动了美学学科的发展；其次，分析美学还努力克服此前心理美学的主观倾向，从更具主观性和个体性的心理走向与客体有着更密切关系的，更具社会性的语言；最后，促使分析美学受到普遍欢迎的，还有一个重要原因，这就是这种美学对当时的艺术最新发展的关注，以及它为艺术下定义的努力。

第三次转向，应该是20世纪后期美学的文化学转向。

分析美学将美学变成一个在西方大学哲学系里只有少数人进行专门研究的学问。这些人用分析的方法，对一些批评的概念进行阐释和澄清。他们保持着一种间接性，回避对艺术作品的"好"与"坏"作用评价。这种研究越做越精深，却使这种研究离开艺术，离开艺术的创作与欣赏，离开人的社会生活越来越远。与美学的日益专门化相反，20 世纪中后期，是一个文化研究日益发展的时期。对底层社会的关注形成了对艺术的精英性的挑战，后殖民运动形成了对非西方艺术的重视，对一些亚文化研究形成了对旧有艺术概念的冲击，所有这一切，都极大地拓展了研究者的视野。但是，这又不是以"美学"的名义所从事的研究。在很长的一段时间里，从事文化研究的人远离美学，认为美学是躲在书斋里的少数人所从事的，与社会没有多大关系的学问。分析美学在兴盛时期所具有的，与当时的先锋艺术之间保持的生机勃勃的对话关系，慢慢成为过去。因此，"文化研究"与"美学"形成了一种对立。这种对立，与古老的文学与哲学的对立关系有相似之处，但又有根本的不同。在这里，"文化研究"不仅是指英国的文化研究学派，而且还包括法国、德国、美国的一些新的从文化的角度对文学艺术进行研究的流派和思潮，还包括一些与文化相关的运动、组织、机构。这包括一个范围宽广，人数众多的文化从业者。这些人对文学艺术感兴趣，但基本上是从社会、政治、经济等不同的角度来接近文学艺术的。他们当然不能完全排斥对艺术的审美评价，但这种评价在一个相当长的时间里不能成为理论论争或实践活动中的话题。另一方面，美学家们认为，这些自称从事文化研究的人，从哲学水准上看较低，所研究的都不是哲学问题，而只是社会学、经济学等学科可能关注的对象，因此，处于他们的视野之外。在一个似乎"文化研究"者与"美学"研究者各做各事，相安无事的时代，"美学"的实际影响力被蚕食了，一些"不被看成正经学问"，"不够哲学水准"的"文化研究"逐渐取得越来越大的吸引力。

联系到前面所说的"是不是好作品"话题，我们可能会看到，分析美学的间接性采取的是与"审美批评"拉开距离的做法，而文化研究则走向多样化，特别是在它的开始阶段，"审美批评"被放到了极其次要的地位。

但是，正如我们在前面所说，"是不是好作品"并不是一个无效的问题，这个问题也不会过时，只是在一段时期没有受到普遍重视而已。到了20 世纪末，它们逐渐走到了一起。美学要经过而不是拒绝文化研究。这种美学研究，是文化研究的哲学化，同时也为审美经验重新回到人们关注的中心位置提供了条件。

四、新的做美学的方式

美学的复兴，并不只是说，我们曾经有过"美学热"，后来，美学变"冷"了，现在呼吁它再次变"热"。或者说，将"热"的标准定义为：美学书可以发行多少本？美学的新书有多少种？美学研究生投考人数有多少？美学课在大学里受欢迎的程度？如此等等。这一类数量的指标还只是外在的，相比之下，更重要的是做美学的方式发生变化。这里用"做"这个词，力图强调，美学不是某种放在那里的东西，它有时受人喜欢，有时被人冷落。相反，美学是一批从事美学的研究者们的活动：他们的思考、生活，他们对美学这个学科的理解，他们切入并定位这个学科的方式。那么，什么是新的做美学的方式呢？当西方学者走出分析美学，中国学者走出主客二分的思辨美学之后，美学向何处去，就成了一个问题。不过，这时的美学所面临的，不是无路可循的彷徨，而是生机勃勃创造和探索。旧的枷锁被打破后，迎来的是新的美学的生长。复兴的意思，主要指的就是这种方式的转换。没有创新，就没有复兴。

用新的方式做美学，首先要做的，是克服伪问题。有一次，我坐地铁上班。在某站上来一位学生，坐在我身边的空位置上，拿着一叠复习提纲，背诵起来：某某认为，美是主观的；某某认为，美是客观的；某某认为，美是主客观的统一；某某认为，美是客观性和社会性的统一……背得我心痒痒地，很想和她谈谈，这么学美学不行。但是，我不认识她，而她显然是要去考试，我要是和她谈，她会听我的吗？谈了以后，她考试还能过关吗？对于这位学生来说，重要的是要考试过关。她也许对美学没有什么兴趣，只是必须有这门课的成绩而已。她也许本来对美学还有一点兴趣，这么一考以后，可能就不再有兴趣了。对于我们从事与美学有关的工作的人来说，重要的是作出设计，让掌握了哪些知识的学生过关，让美学知识使青年学生感到有趣有用。美学发展到今天，还围绕着这样的问题打转转，浪费脑力、纸张和时间，是很悲哀的。这样的美学，还是不复兴为好。美的主观性和客观性的争论，是一个伪问题。原因在于，那种主客二分的哲学本身就走入到迷途。

还是从动物和原始人讲起。动物没有主客二分，世界只是它们的环境，而不是它们的对象。原始人也是如此。所谓主客二分，是将世界对象化的结果。将世界看成是对象，从而可以进行反思，于是，理性发展起来了。罗素在《西方哲学史》一书中写道，哲学是从泰勒斯开始的，他说万物源于水。这句话的意思是说，西方哲学开始于推测对象背后的东西，从而将对象归结为某种本质。万物是源于水？源于火？源于水、火、土、气四种元素？源于数？源于某种其他的本质？这种思路引导哲学走上了一种主客二分的道路。对象有现象与本质，主体有感性与理性，这都是一种二分的哲学构造出来的。如果我们改换一个思路，克服将世界对象化的观念，就可以回到一个素朴得多的思想上来。对于人来说，最本源的应该是人的生命活动。生命活动是一种生命体与环境的相互作用关系。从猿到人的过程，是在工具的使用和语言的发展中，人不断实现自我改造的过程。人的生命活动以及这种活动的不断改造、改进和进化，是一切认识的根源。因此，人与环境在生命活动和实践中所建立的关系，先于认识与被认识的关系。对象性是在认识的过程中形成的。二分的哲学也是在将认识凌驾于实践之上才产生的。我们是在与世界处于相互作用的活动过程之中，形成对主体和对客体的认识。现象与本质，感性与理性，这一切都是后起的概念。这些概念是以人与世界的相互作用为基础而生长起来。哲学家们都关心"看"的问题，但"看"还是晚于"做"并源于"做"。

具体说来，可以区分两种"看"：一种是"凝视"（gazc），一种是"扫视"（glance）。西方哲学中的"形而上学"之源，就来自"凝视"。将自我控制在静止的状态，或端坐或肃立，定睛看对象，努力看清对象，看到对象背后的东西，这是一种"凝视"的态度。这坐和立，就将自我与对象的关系确定为"看"与"被看"的关系了。边走边看，边做事边看，结合自己的活动来看，看为活动服务，这就是一种"扫视"的态度。开汽车的人需要睁大眼睛看前方，不是要看对象背后有什么本质，而是不要开错路，不是撞着行人或障碍物。其实我们生活中绝大多数的看都是如此。动物的看，是为了看到可能的食物和天敌，以趋利避害，对象的"本质"与它无关。人在日常生活中的看，也是如此。第一性的，应该是为着趋利避害的看，只是后来，才发明一种"凝视"的态度，并把这种态度看得高于一切。

与己无关却又凝神观照的态度，由于希腊社会和文化的状况，在希腊哲学中得到了发展。对于毕达哥拉斯来说，"在现世生活里有三种人，正像到奥林匹克运动会上来的也有三种人一样。那些来做买卖的人都属于最低的一等，比他们高一等的是那些来竞赛的人。然而，最高的一种乃是那些只是来观看的人们。因此，一切中最伟大的净化便是无所为而为的科学，唯有献身于这种事业的人，亦即真正的哲学家，才真能使自己摆脱'生之巨轮'。"（伯奈特《早期希腊哲学》，转引自罗素《西方哲学史》，北京：商务印书馆2001年，上卷第59-60页）按照我们通常的理解，奥运会是运动员的节日，最高一等的，是运动的参与者，而最荣耀的是戴上橄榄枝的获奖者；但按照毕达哥拉斯的哲学，最高一等的却是坐在高高的看台上观看的人。

同样思想被希腊人使用到生活之中。本来，在现世生活之中，忙碌地劳动着的人，创造价值的人，才应该是最高一等的。但是，按照希腊哲学，无所为而为的人，只是观看、"凝视"、"观照"的人，才是最高一等的。从这里出发，人们发明了种种美好的词语赞美那些"旁观者"：科学、客观、价值中立、不动情、直观事物的本质，无利害地观赏，等等。这进而构成了一个非常大的传统，从古至今，代代相传。从康德开启的古典美学的传统，是这种态度的传承和进一步强化。

新的做美学的方式，也正是从这里开始转变。美学家们要改变姿态。思辨的美学家们赞美旁观，要凝神观照；分析的美学家们赞美间接性，只对批评的术语进行分析；今天的美学，需要的是一种"介入"的态度。

美学要介入到艺术的创作和欣赏，介入到艺术的发展之中，介入到城市、乡村的再造和环境的保护之中。所谓的日常生活审美化，就要从这里做起。

现代美学致力于宣传一种思想——人与环境的一致。中国人对"自然美"的研究已经很久了。但过去的研究，主要围绕着两种观点在争论：一种是强调自然的"典型性"，一种是强调"人化的自然"。自然的"典型性"似乎不依赖于人而存在，但存在于这种对自然理解背后的，是黑格尔式的"理念的感性显现"，还是离不开人，而且突出强调的是理性。存在于"人化的自然"或"自然的人化"的观点背后的是一种理性积淀为感性的观念。其实，我们日常环境的美，并不依赖于这种积淀，而最美的自然又常常是人迹罕至之处，这种理论都无法提供说明。

自然美需要新的解释模式。这种模式不应该从人作为人的特点出发，而应该从人与动物的连续性出发。自然的美，是从我们的生活环境适应和喜爱开始的，出发点不是"看"而是"居"。中国古代讲画要"可游可居"，那是理想。要画出一个如果我们住在那里，会感到非常惬意，于是，通过一种移情作用，欣赏那里的美。四川九寨沟本来是人与环境共处的美景，后来为了防止对自然环境的破坏而将人迁出，造出只适合观赏的无人区，按照现代美学来看就是不合适的。人与环境共处，设计出人与自然在共生中的资源循环，这才符合美的理想。

"日常生活审美化"是一个十分现代的概念，也可以是一个非常古老的概念。

例如，现代城市兴起，乡村的变化，造成的美的缺失。古代的城市和乡村，都有着自己的风情。前些天到南方，看了一些古代村落，真的很美啊。为什么这些美只是过去的美，新的乡村的美在哪里呢？近年来，城市建设发展很快。北京、上海、广州这些大都市的繁华程度，连欧洲的一些大城市也望尘莫及。但是，中小城市和农村，与欧洲相比则差很多。在现代化过程中，农村急剧破产，城市与乡村两极分化。居住在乡村的人，再也没有当年的对田园生活的自足感，而只有对城市生活的向往，这样的心态是造不出美的环境的。

再如，最近接触到一些文化工程建设方案，有古城区改造，有新的文化标志性建筑设计。总的感觉是，这些工作都迫切需要美学研究者的加入。什么是美的？什么是丑的？这些问题仿佛本来很清楚，但实际上并没有弄清楚。美的东西被拆掉，建起一些丑的东西，还以丑为美。这是美学研究者没有发言权的表现，但归根结底还是美学研究者工作没有做好的表现。

当然，在艺术这个美学的传统领地，要做的事就更多。从当代美术到当代电影，中国的美学家们都缺席。一些在国际激起了波澜的艺术现象，美学家们没有说什么。欧洲从 19 世纪到 20 世纪初的一系列艺术运动和思潮，都与当时的美学发展保持着密切的关系，而中国的美学家们则与这些运动离得很远。

从这些方面看，美学的复兴，既是事实、趋向，同时也是需要。我们来到了一个需要美学的时代，但是，只有转换视角，更新方法，重新定位，美学才能复兴，这个学科才能在中国有辉煌的明天。

人类审美活动的逻辑起点是生命

封孝伦

一、实践受生命决定

很长时间来我们认同"人的本质是实践",因此,我们总是以"实践"作为出发点来思考人类审美的一切问题,仿佛离开了实践所谈的一切审美现象,都与人类无关。

但是,我们从来不问,人类的实践是人类社会万事万物的终极决定者吗?它有别的决定者吗?如果它是最终的决定者,实践为什么发生呢?人何以要如此不知疲劳,无休无止地"实践着"呢?它为什么采用这样的方式而不是那样的方式实践呢?反过来,如果实践是被决定的,它的决定者是谁?

毫无疑问,决定人类之所以要实践的是人类生命。不但实践的内容由生命所决定,实践的形式也由生命所决定。从内容上说,人类的生命存在和生命延续,要补充无穷无尽的能量,要实现无穷无尽的复制——繁衍。他要靠他的生命活动获取、补充这些能量,这是人类之所以要实践的前提,他也还要靠他的生命活动获得并实现生命的复制——谈恋爱、生孩子。从形式上说,人类直立,有发达的大脑,有丰富的感官,手脚有了明显的分工,因此,人类的实践方式使用脚的时候必然是前后交替,迈着方步,使用手的时候必然是双臂合作,十指协调,并且可以越来越灵活,越来越精细地制造和使用工具。也由于人的生命有丰富的感受识别器官和感受神经系统,才使得人类的实践有那样多的方式、形式和形式因素。

如果没有人的生命的需要,人类完全可以不实践。如果人可以不吃不喝、不在劳累之后想有一个安全的栖息地,他也就可以不狩猎,不种地,不傍水而居，不修建房屋，不建造城市，也不必劳心费神地制造什么工具。如果人类生命不是通过两性的结合繁衍延续，他也就不会有谈恋爱的活动，不会产生爱情的苦恼和甜蜜，自然也就不会有那样多轰轰烈烈、平平淡淡、或伟大、或卑琐的爱情故事。人类发生的一切故事，都源自于他的生命。老子说：吾之有大患者，唯吾有身，及吾无身，吾有何患。（《老子》）人类生命，是人类所以要实践的决定者。

按照"逻辑的也是历史的"辩证法法则，历史从哪里开始，逻辑也应从哪里开始，审美是人类特有而普遍的生命活动，研究他的这个特有的生命活动不从他的特有的生命开始而从他为了满足生命需要所发出的活动开始，这在逻辑上就后移了一个环节，哪怕这个环节离真正的逻辑起点只有一步之遥。正是这一步之差，给中国美学的建设带来许多无法解决的问题。也正是这一步之差，使得美学越来越成为一个空口说白话，讲堂上高谈阔论而在实践中不解决实际问题的空洞的无用的理论，越来越被社会审美活动所轻视、所忽视，越来越边缘化。

美学要解决目前面临的问题必须实现逻辑起点前移，必须面对和透彻研究人类生命的问题。人类生命可以提供人类所以要实践的动力和动机，也可以说明人对美的对象何以产生美感，可以有说服力地解释人与自然、社会、人体的审美关系，也可以解释种种艺术现象何以发生发展。

动物也有生命，它们有审美活动吗？笔者不知。但笔者认为人与动物的生命不同，所以不论动物有无审美活动，人类的审美活动是真真切切、实实在在存在着的，可以用人类的生命哲学给予合理的解释。

二、人是三重生命的统一体

说人是生命似乎是在冒把人混同于动物的风险。其实，人就是一种动物，也有与其他动物相同的生物生命。人与其他动物一样，为了维持生命需要补充能量，为了延续生命需要生殖繁衍。只是，人类的这些补充能量、生殖繁衍行为在人类文明进程中成了具有人自身特点的文化行为。但剥除了人类文明文化的附着物，其最基本的生物功能与动物没有不同。这一点无须多谈。

重要的是，人还有两重宝贵的区别于其他动物生命的精神生命和社会生命。

人类精神生命产生很早,"灵魂"是人类精神生命最古老的描述形式。人们相信灵魂,是人们真切地体验到,除了这一百来斤肉体存在之外,还有一个可以独立于肉体运动的精神生命存在着并运动着。人们做梦,是它的日常表现。人们交流彼此的梦想,使得人的精神生命变得活跃并且日益丰富。精神生命同样需要精神食粮的滋养,同样需要精神爱情的满足,同样需要生命活动的时间和空间。可以说,人在现实的时空里追求什么,在精神的时空里也追求什么,而且,在精神的时空里,人的生命需要更为贪婪,其满足更为随意,更为自由。

精神生命并不是神秘的东西,它不过是我们大脑活动的产物。没有大脑,不会产生精神生命。之所以说它是精神生命而不说它是人的生命的一种精神属性,是因为,这个生命可以提供有力的生命动机,产生强大的生命行动,演绎更为丰富精彩的生命故事。每个人的内心里都有一个博大的精神时空,这个精神时空既有往事的记忆,又有想象的创造,既有愿望的表达,又有知识的积累。而在这个博大的精神时空中始终有一个活跃着的,并且独立完整的、充满着生命欲望的"我",这个"我",就是这个人的精神生命。精神生命的诞生具有巨大的人类学意义。它不但使得人的生命活动更有效率,同时拓展了人的生命存在的时间与空间,对人的生物生命能起到安抚、补充和引导的作用。它极大地提高了人类生存能力。因此人类的精神生命一旦产生就永远不会消亡,只会越来越丰富,越来越强大。在这种精神生命活动的基础上,人类创造了宗教、艺术。

人类还有一重生命,就是社会生命。人类是一个社会存在物,他区别于其他社会种群一个最重要的特点是他创造了记录社会活动的语言。因此,人类创造了历史。所以恩斯特·卡西尔认为人是语言(符号)的动物。(卡西尔《人论》)人类历史大量记载了那些在历史上具有标志性的人物和事物。可以说,人通过自己对社会的作用获得社会的记忆,他也就随着人类的历史走向永恒,获得了一重比生物生命更为永长的社会生命。所以人的死亡不能仅仅是肉体生命的死亡,肉体生命死了,但代表这个人的符号及符号系统进入了历史,他的社会生命就还活着。这一点,早已为中国古人深刻了解。孔子说:"君子疾没世而名不称焉。"(《论语》)就是说,有追求的人最怕的是死的时候都还没有成名,这样他死了也就彻底死了。如果他成名了,人类必须通过这个人才能记录相关历史,他的社会生命就延长了。这一点也早被法律所认识,判处一个人死刑,还须剥夺其政治权利终身，否则，他仍然活着。中国古人追求功、德、言三不朽。曹丕说："盖文章者，经国之大业，不朽之盛事。年寿有时而尽，荣乐止乎其身，二者必至之常期，未若文章之无穷。"（《典论·论文》）曹丕只说了言的不朽，现实生活中为国建功，为民立功，也可以获得和强化人的社会生命；通过品行修养和道德范行，为世人所称颂，为历史所记忆，也可以获得和强化社会生命。

上述所言说的都是历史伟人和历史巨人的社会生命。如果我们把"被社会所记忆"称为人的社会生命的话，每个人都有社会生命。社会对其记忆的长与短，对其评价的褒与贬，显示其社会生命的质量。刚出生的婴儿死了，他也有社会生命，只是其社会生命的时间限于他的父母记住他的时间，其社会生命空间只限于他的父母及其家庭成员活动的社会空间。一个人社会生命的强弱长短，与他对社会产生的作用、作出的贡献成正比例关系。

精神生命和社会生命的产生并没有改变人类生命的本质。人在精神生命和社会生命中所追求的，仍然与生物生命保持一致。只是，三重生命有一定的分工和互补。生命追求生存和繁衍、追求永恒，生物生命通过遗传，精神生命通过宗教和艺术，社会生命通过历史实现。同时，从发生上说，三重生命是历时的，但在对生命行为的指挥和驱动上，却可以是共时的。

关键是，人的三重生命与审美有何关系？

首先，它为人类的审美活动的开展和美学理论的研究提供了最坚实可靠的物质前提。人类审美活动的发生是必然的吗，审美是不是人的别的生命活动附带产生的一种偶然现象？假如原始社会那个负重的劳动者没有发出"吭唷吭唷"的喊声，文学艺术会发生吗？进化中的生命是十分节约能量和注重效率的，如果审美活动不是人类生命所必需，它也就不可能在生命进化的漫长过程中一直保持并不断创新和发展。如果它"是"人类生命活动的必然现象，我们也就必须从人类生命的角度思考所有美学问题，面对审美活动也就是面对人类的生命活动。

其次，审美活动的动机是什么？美感产生的心理机制如何？不从人的生命角度考虑就无法说明。人的一切情感的产生都与生命的需要与满足与否有关，生命的需要获得满足，人产生肯定性的情感，生命需要受到拒绝和否定，人产生否定性的情感。从情感体验上说，美感与我们所说的一般情感，本质上没有不同。因此，生命的需要与满足，是认识美感的根本所在。

第三，美与善的区别可以通过三重生命来认识。审美活动是三重生命都有呢，还是只在某一重或两重生命中发生？换一种说法，我们知道生命追求得以实现，生命获得了满足就会产生快感，我们是把三重生命获得的快感都叫做美感呢，还是只把其中一种或两种快感称为美感。从古代人的认识来看，三重生命产生的快感都是美感，因此，美与善是不分的。现代人为了让美学走向独立，为了区隔美与善，把生命在物质上的满足称为善，这样，生命在精神上的满足也就成了美。但实际上，我们呼吸清新的空气，享受明媚的阳光，感受沁人的花香，撩抚清澈的泉水等，都是物质的，我们感觉这都是美。但现代人不把这叫做美，而换了别的概念，叫爽，或者叫安逸。爽有生物生命满足的意味，美则是精神生命的满足。但是我们必须明白，把爽与美区别开来，这是一种约定，不是一种逻辑推演的结果。

第四，三重生命论对美与审美创设了一种新的认识角度。它可以解决美学中原来存在的一些理论矛盾，实现与审美创造的链接。比如，自然美，人体美的解释，从人类生命的角度说明已不是难题，符合人类生命需要的对象就是美的。比如审美创造，从人类生命的角度可以提供标准和规则，比以往的理论更具有实践指导意义。任何创造的结果，如果充分满足人的生命需要就是美的，否定人的生命需要，与人的生命追求相悖相冲突，就是丑的。再比如，人所周知的审美中的共同性和差异性，用三重生命来解释会更自然，更全面合理。生命追求相同相近，审美产生共同性，生命追求个性明显，则产生明显的差异性。

三、生命与生态

从生命的角度，必然考虑到生态。从实践的角度难以考虑生态。因为实践强调对大自然的改造与征服，在改造与征服中不可避免地破坏了生态。这也就是实践美学的历史局限性。人类从农业文明，经工业文明，走向生态文明，"生态"是当前这个时代的主旋律，因此，出现生态美学是历史的必然。但是，在生态文明时代强调生态，与工业文明时代强调实践一样，同样都有历史的局限性。生态与实践一样，也不是人类审美活动的第一逻辑起点。我们说的生态有其特定的决定者，那就是人的生命。不论自然保护主义者如何强调大自然的至尊地位，不管生态保护主义者如何反对人在生态建设中的主体地位，不从人的生命考虑的生态是没有意义的、不可想象的。净化环境的标准是什么？当然是有利于人类的长远生存和发展。一池污染的湖水，如果为净化而净化，使用化学制剂，"净化"得不能饮用，不能养殖，尽管它变得透明，显得干净，这也就不能叫做生态意义上的净化。绿化的标准是什么？也当然是有利于人类的长远生存和发展，有些绿色植物（如紫荆泽兰，俗名飞机草）生命力很强，但它的生长会导致其他有用植物大面积死亡，用这样的植物绿化环境就有失生态之美。

只有从呵护人类生命的角度，从人类长远生存与发展的角度考虑的生态才是真正的生态，有标准的生态，美的生态。人类生命，是生态建设的逻辑前提，生态美学，不能不以人类生命为逻辑起点。

首先人类生命的长远生存与发展决定生态建设和生态保护的目标。我们可以就特定的生态需要否定人类的某一个具体目标，比如退耕还林，为了达到恢复植被的目的，不允许在25度以上的坡地上种庄稼。国家采用返还资金的方式使农民心甘情愿的退耕。这样做的目的，是为了保护青山绿水，使环境更加有利于人类生存。任何牺牲眼前利益的措施，都必须符合人类生命存在和发展的长远目标，失去这个目标，生态的好与不好，美与不美都无从说起，也为人民所不能接受。生物链也好，种群保护也好，如果发展到人受到其他物种的威胁而难以生存的话，这样的生态就不是美的生态了。想象如果虎狼横行，毒蛇遍地，江河泛滥，冰川重现，这样的生态无论如何也不能说是美的生态。

只有有利于人类长远生存的生态才是符合人类生命需要的生态，也才是美的生态。有的生态只满足人类眼前利益，短期利益，而损害了人类的长远利益，这样的生态就不能说是美的生态。如有的污染严重的工厂，迁移内地，虽然为内地发展了眼前的经济，但破坏了当地的环境，于当地人长远的生存与发展造成了毁灭性的破坏，这样的生态和经济就不符合生态美学规则。

其次，生态不仅仅只是相对于生物生命的生态——对自然的保护，也有相对于精神生命的生态——精神文明的建设，也有社会生命的生态——政治文明的建设。建立在三重生命基础上的生态文明，包含了精神文明和政治文明。建立在三重生命之上的生态美包括自然美、艺术美和社会美，而不仅仅是目前只立足于自然的狭隘的生态美和描写了自然生态的艺术美。

长远看来，生态，也不过就是生态文明时期的一个历史性话题。它或许是一个很重要话题，但不是一个永久性话题。而人类生命，则是一个永久性话题，是人类分分钟钟面对的现实问题。人类在一个时期主要以怎样的方式解决它，这个方式就会成为一个核心话题。它可以"实践"的方式出现，也可以"生态"的方式出现，还可以其他的方式出现。但是人类生命的存在与发展永远是它的主旋律。人类生命，是人类审美活动的一切问题和一切形态的总根源。它是人类审美活动的最后的决定因素，因此，它也必然是美学学科建设的第一逻辑起点。

"实践存在论美学" 论争中的哲学基础问题

宋一苇

马克思主义作为当代中国美学、文学理论研究的哲学基础，已经成为一种无法替代的理论资源，因此，如何理解马克思主义及其当代命运，如何从当代视域出发阐释马克思的哲学思想以彰显其理论的精神实质与当代意蕴，关涉到在当代语境中如何建构与发展马克思主义及其美学理论等重大基本理论问题。近年来，在哲学、美学、文学理论等研究领域展开了关于"实践－存在论"或"实践－生存论"的论争，其实质关涉到如何理解马克思主义，以及美学、文学理论研究应该建基于何种马克思哲学基础之上等基本理论问题，因而介入这一理论题域的论争并进一步澄清其论辩的歧义模糊乃至混乱，对于中国当代美学、文学理论研究无疑具有重大的理论意义与价值。

目前，关于"实践存在论美学"论争，形成了积极赞成推进与坚决反对否驳两种鲜明对立的理论立场与观点，其主要代表人物有朱立元与董学文。[①] 朱立元先生是"实践－存在论"美学的积极倡导者与推进者，而董学文先生则站在坚决反对立场上提出了质疑批评。董学文的基本理论立场和观点是，"实践－存在论"美学的提出有悖于马克思主义的基本原则或

---

① "实践存在论"美学论争的主要代表人物有朱立元与董学文。朱立元认为"实践存在论"美学建构为当代美学发展提供了崭新的路向，而董学文则对此提出质疑，认为"实践存在论"美学的提法有违马克思主义的唯物主义原则，难以成立。其主要观点见于朱立元《走向实践存在论美学》（苏州大学出版社 2008 年版）；董学文《"实践存在论"美学何以可能》（《北京联合大学学报》2009 年第 5 期）、《"实践存在论"美学、文艺学本体观辨析》（《上海大学学报》2009 年第 5 期）、《超越"二元对立"与"存在论"思维模式》（《杭州师范大学学报》2009 年第 5 期），后两篇为董学文、陈诚两人署名。本文所引述董学文的观点，凡出自上述三篇论文的不再另行加注。

原理，是对马克思主义的扭曲、颠覆和瓦解，存在着严重的理论上失误。本文以当代语境中如何理解马克思哲学及其美学研究的哲学基础为主要议题，针对董学文在"实践－存在论"美学论辩中表述的基本立场与观点所存在的一些重大理论问题与缺陷，展开进一步的探讨论争。本文认为"实践－存在论"或"实践－生存论"美学致力于在当代哲学思维方式转型的整体背景下打通"实践论转向"与"生存论转向"之间的内在关联，在当代语境下重新阐释和理解马克思的实践美学观点，有助于祛除长期以来传统形而上学思维方式遮蔽下的误读曲解，开启了马克思实践哲学、美学的存在论或生存论视域，对当代美学、文学理论建构与发展具有十分重要的理论意义与价值。

一、实践唯物主义：一个不存在的概念

董学文对"实践－存在论"美学提出了尖锐的质疑批评，其理论基础建立在他所理解的马克思主义基本原则或基本原理之上。在他看来，"实践－存在论"美学"隐含了对辩证唯物论及其唯物史观的批判和否定，其结果是导致马克思主义基本原理的重大改观"，存在着"严重的理论上的失误"，并认为"如果是马克思主义的美学和文艺学，那注定是要建立在唯物史观和唯物辩证法的稳实基础之上的"。显然，马克思主义基本原则或基本原理，成为董学文否驳"实践存在论美学"的基础理据。那么，他所说的马克思主义基本原理是何种意义上的基本原理呢？而"实践－存在论"所导致的马克思主义基本原理的重大改观究竟意味着什么呢？毫无疑问，对马克思主义基本原则或基本原理的理解或表述，是一个关涉到如何理解马克思主义的重大理论问题。同时，这一理解和表述也将构成我们探讨马克思主义美学以及"实践－存在论"美学的基本理论视域或哲学基础。那么，应该以何种理论原则或理论视域来理解马克思主义的基本原理？董学文所认定的马克思主义基本原则或原理，究竟属于何种意义上的马克思主义？对此，我们必须予以严肃认真地思考与追究。

在否驳"实践－存在论"美学的论辩中，董学文提出了他所理解的马克思主义基本原则或原理，认定"马克思主义的本体论和世界观是辩证唯物主义一元论"，并十分明确地将其分别表述为："彻底的唯物主义"、"彻底唯物论"、"科学的辩证唯物主义及其历史观"、"辩证唯物主义一元

论及其历史观"、"辩证唯物论及其唯物史观"、"唯物史观和唯物辩证法"、"辩证法与唯物论的统一"等。显而易见，上述马克思主义基本原理的理解或表述是一套人们十分熟悉的关于马克思主义哲学的理论定位。在此，无须仔细辨别就可以识破其理论来源及其真正面目，因为这种理论表述不过是苏联模式的官方正统马克思主义的某种直接复述或再度重申。20世纪30年代，斯大林《论辩证唯物主义与历史唯物主义》发表，马克思主义的官方正统解释地位得以确立。这种理论定位被尊崇为正统而获得不可动摇的合法性地位，马克思主义哲学因此成为一种僵化的理论教条和公式，任何背离苏联模式的理论探索都被视之为离经叛道的非马克思主义或反马克思主义的行为。董学文虽然并未直接采用"辩证唯物主义与历史唯物主义"的指称，但可以十分确认的是，他所认定的马克思主义哲学基本原理就是苏联模式的"辩证唯物主义与历史唯物主义"，即辩证唯物主义一元论或彻底的唯物主义原则指导下的"辩证唯物主义与历史唯物主义"。

何为彻底的一元论的辩证唯物主义？这种彻底一元论的辩证唯物主义在苏联模式的马克思主义即"辩证唯物主义与历史唯物主义"理论体系中，占据着怎样的地位，发挥着何种意义的功能与作用？就其理论实质来说，彻底一元论的辩证唯物主义也就是一元论的唯物主义，即坚持物质第一性、物质统一性原则的物质决定论或物质本体论。在确立"彻底的一元论的辩证唯物主义"的马克思主义基本原理或基本原则之后，董学文为了否驳"实践存在论"美学，首先否驳的是"实践本体论"美学存在的合法性，其基本逻辑是一以贯之的，即以彻底的一元论辩证唯物主义为理据，否认马克思哲学是实践唯物主义，进而否认"实践论美学"或"实践本体论美学"存在的合法性，为进一步批驳"实践存在论美学"铺平道路。

为了否认"实践唯物主义"存在的合法性，坚持"彻底的一元论辩证唯物主义"，董学文作出一个十分武断的判断："'实践唯物主义'实际上是一个并不存的概念"，"在经典作家那里，从来就没有"实践唯物主义"这个词汇（或曰概念），不论是早期著作还是中后期著作，他们的学说中压根儿就没有这样一种说法。"为了给这一判断提供证据，他还特别引征德文原文、英文和俄文译文来作为自己的判断依据。这段引文出自马克思、恩格斯合著的《德意志意识形态》："对实践的唯物主义者即共产主义者来说，全部问题都在于使现存世界革命化，实际地反对并改变现存的事物。"① 董学文对这段文字进行了牵强的语法分析，认为"这里的'实践的'，都是'唯物主义者'的定语和形容词，不是'唯物主义'的定语和形容词，因此，根本就没有是某一种'唯物主义'类型的意思，也没有以'实践'为本体的意思，而是用来专指彻底的唯物主义者，即共产主义者的特征。"对某种哲学思想进行理论定位，需要从总体上把握其精神实质与理论内涵，并非仅仅看哲学家用什么概念来指称自己的理论思想，因为，单凭思想家对自己理论的概念定论往往无助于问题的真正解决，这本来是理解哲学思想史的一个基本常识。正如马克思曾说"我只知道我自己不是马克思主义者"一样，但我们不能因此就宣布"马克思主义"在马克思学说中是一个根本不存在的概念。② 或许，董学文过于习惯从经典作家那里引经据典、寻章摘句，所以才对"实践的唯物主义者"与"实践的唯物主义"这两个概念进行无谓的语法分析，以此得出"实践唯物主义"这个词汇或概念在马克思的学说中"压根儿"就不存在的结论。不能不说这是一个过于武断和无知的大胆结论。在此我们不妨依董学文的论证方式，看看马克思本人是如何直接表述自己所创立的新的哲学的：在《1844年经济学—哲学手稿》中将其表述为"实践的人本主义"③、在《关于费尔巴哈的提纲》中将其表述为"实践活动的唯物主义"，④ 以及在《德意志意识形态》中将其表述为"实践的唯物主义"。这里有两点需提请人们注意，一是在《德意志意识形态》的手稿中马克思曾特别标示"实践的"这一概念以示突出强调；⑤ 二是马克思本人从未使用过"辩证唯物主义"、"历史唯物主义"这两个概念来称谓自己的理论学说，恩格

---

① 《马克思恩格斯选集》第一卷，人民出版社1995年第2版，第75页。

② 据统计，马克思曾否认自己是马克思主义者，在《马克思恩格斯全集》中出现5处，都是由恩格斯转述的。这句话值得我们深思，表明在马克思恩格斯在世时，对马克思思想学说的改写与涂抹就已经成为一种严重而普遍的现象，马克思以此反对种种以马克思主义为标榜来任意曲解他的学说的做法。

③ 《马克思恩格斯全集》第三卷，人民出版社2002年第2版，第331页。马克思此写道："正像无神论作为神的扬弃就是理论的人道主义的生成，而共产主义作为私有财产的扬弃就是要求归还真正的人的生命即人的财产，就是实践的人道主义的生成一样。"与后来在《德意志意识形态》中将共产主义与实践的唯物主义相互并称是一致的，其变化是以"实践的唯物主义"取代了"实践的人道主义"。

④ 《马克思恩格斯选集》第一卷，人民出版社1995年第2版，第60页。

⑤ 参见广松涉编注《文献学语境中的〈德意志意识形态〉》，南京大学出版社2005年版，第16页。

斯曾使用"历史唯物主义"这一指称，但从未使用过"辩证唯物主义"这一概念。如此说来，董学文所认定的"辩证唯物主义一元论及其历史观"等苏联模式的马克思主义称谓，同样在马克思的学说中"压根儿就不存在"。在此再次强调，对于如何理解阐释马克思主义的精神实质及其真实内涵来说，仅仅围绕着某个指称概念是否存在，其实说明不了什么，更不能真正地解决问题。问题的关键在于，如何从总体上把握和理解马克思的学说，以使其理论的精神实质及其真实内涵得以真正的彰显。

这里的问题是，董学文为什么要如此武断地判定"实践唯物主义"是一个"压根儿"就不存在的概念，其实质是为了坚持"彻底的一元论的辩证唯物主义"，以捍卫其正统合法性地位。我们看到，在这方面他似乎走得太急太远太彻底了。因为，"实践"在马克思哲学中的重要核心地位，无论从哪个层面上说都是无法否定的。董学文似乎也不得不面对这样的事实，他承认存在着"马克思主义的实践观"，但试图将其捆绑在"彻底的一元论的辩证唯物主义"框架上。董学文指出："毫无疑问，马克思主义的实践观是建立在彻底唯物主义哲学基础之上的。"在此，他越发暴露出理论上的根本缺陷。表面上看，他似乎并不否认马克思主义实践观的存在，但是，在如何理解实践在马克思主义哲学中地位的问题上，他却将马克思的实践哲学再度纳入苏联模式的马克思主义之中，将实践哲学"物质本体论化"，从而遮蔽了马克思实践哲学思维方式所具有的革命性变革的思想史意义。

一般来说，由于苏联模式马克思主义的影响以及西方形而上学传统的坚固，对马克思哲学思想进行不同程度的形而上学改写或误读，并不是个别的现象，但是，在当代语境下，像董学文这样如此彻底地对马克思哲学进行形而上学的改写或涂抹，不能不说是一个十分典型的理论案例。如此说来，仅仅证明"实践唯物主义"存在于马克思主义之中，驳倒其"压根儿就没有这样一种说法"的断言，是远远不够的。问题的关键在于，如何有效地祛除遮蔽在"实践唯物主义"之上的层层理论迷雾，将对马克思理论的形而上学改写重新改写过来，真正确立马克思的实践哲学思维方式，彰显其超越近代哲学思维方式的理论视域，以激活马克思主义阐释当代问题的理论活力。因此，有必要进一步辩析董学文是如何将"实践唯物主义"纳入到"一元论的辩证唯物主义"近代形而上学体系之中的。

从本体论层面看，彻底的一元论辩证唯物主义关于物质第一性或物质统一性的理论表述，其实质是一种传统的物质实体本体论；从认识论层面看，彻底的一元论辨证唯物主义关于意识是客观物质世界的能动反映的理论表述，其实质是一种主客二分的符合认识论；从价值论层面看，彻底的一元论辨证唯物主义关于真理的客观反映或认识的理论表述，其实质是一种客观中立的科学实证论。毫无疑问，这种实体本体论、符合认识论和科学实证论的哲学思维方式根植于西方形而上学的理论传统之中。

在此，我们主要从本体论理论层面入手，看一看马克思的实践哲学如何在形而上学的改写之中被本体论化、认识论化和实证论化，并尽可能地辨识其改写过程中所固持的形而上学真实面目。从本体论层面看，董学文对"实践"进行了"实体本体论化"的理解和阐释，将马克思的实践哲学改写为"物质本体论"的传统形而上学哲学。董学文以"物质统一性"或"物质一元论"为本体论根据，在否定"实践本体论"进而否定"实践－存在论"的前提下，指认马克思哲学是一种"物质本体论"哲学。他说："实践不能决定物质的客观存在，不能决定世界的物质统一性问题，也不能涵纳人类的一切行为和世间的万物。因此，实践不能作为本体，也不具备本体的意义。"董学文十分明确地把马克思哲学理解为一种本体论的哲学，而且是"物质一元论"的物质本体论哲学。

虽然，关于本体论（Ontology）这一概念有各种各样的翻译及解释，但作为西方传统哲学中的"第一哲学"，本体论奠定了西方文化思想的形而上学根基。无论将其理解或翻译为，关于"在之所以为在"的学说（在论、有论、存在论），还是关于"是之所以为是"的学说（是论），就传统意义上来说，本体论都应该被理解为，是一种以追问世界终极存在为理论目的的知识形态，一种试图通过逻辑规定的"是"来探究终极实在的"在"的哲学思维方式，亦即一种形而上学的哲学思维方式。"是"之最高逻辑抽象的演绎与"在"之终极超验实在的追问，构成延续两千年之久的"本体论诱惑"或"本体论承诺"的西方哲学传统。"是"与"在"的一体结构，使本体论哲学深陷于抽象与具体、超验与经验、逻辑与实在、本质与现象、终极与变动两元分裂的形而上学深渊之中。由于本体论历史源远流长，要给出一个确定明晰的定义几乎是不可能的，但作为一种哲学提问方式和思维方式，本体论表现出某些共同的理论特征：什么是世界的本原基础、最高本体或终极根据？逻辑如何把握普遍本质、终极实在或超验本体并成为世界的终极解释？本体论哲学预设了现象世界与本体世界、经验世界与超验世界的分离，认为在现象世界、经验世界背后隐藏着支配决定万物的超验本体，超验本体是世界存在的本原、根据和基础，现象世界、经验世界不过是超验本体世界的变相和变体，确信通过逻辑概念能够揭示经验现象背后的超验本体。在西方传统哲学中，本体论既是它的主要研究对象，是它的最高目的和立论前提，又是它用以研究各种问题的理论原则和思维方式。当代哲学将其指认为"本质主义"、"基础主义"、"逻各斯中心主义"或"在场的形而上学"，均可以理解为，是从逻辑规定的"是"与终极实在的"在"这两个不同方面或层面，对本体论的形而上学性质加以理解与定位的不同表述方式。

董学文将马克思哲学指认为以"物质统一性"或"物质一元论"为基本原则的"物质本体论"，不仅使马克思哲学倒退到近代形而上学的框架中，而且将其倒退到更为原始古老的形而上学传统之中。古希腊哲学家按照因果关系的思考模式追究世界的第一因，这种追本溯源的思考方式把某种终极物质、理念、上帝或心灵看作是全部现象的本体根据，并不同程度地设想终极本体的存在，由此奠定了西方传统哲学的形而上学根基。其实，无论是物质、理念、上帝或心灵都是哲学反思的最高抽象而形成的概念，这些概念在其合理性上只能作为理解和说明世界的逻辑根据，而不能作为事实上、实体上或本体上的根据。而形而上学哲学总是倾向于把这些本体概念看作是指称某种实在的本体，从而把概念实体化或实体概念化，这就是西方两千年实体本体论的形而上学。也就是说，作为形而上学，它只能抽象的设想某种超验实体的存在，或超验的设想某种抽象实体的存在。显而易见，这种实体本体论只能抽象地设想"物质"、"精神"等概念实体或实体概念。因此，从实体本体论的思维方式上看，无论是唯心主义的"精神"、"主体"，还是唯物主义的"物质"、"客体"，都不过是一种抽象地本体论设定。这里的关键并不在于唯物或唯心，而是这种本体论的抽象预设，即形而上学的抽象预设。从此意义上说，马克思批判形而上学，以至于主张消灭或终结哲学，主要针对的就是这种形而上学本体论的抽象设定。

相较而言，对于唯心主义的本体论抽象设定，比较容易理解，所以直接将其称之为"概念哲学"、"抽象哲学"或"意识哲学"、"精神哲学"，而对于唯物主义的本体论抽象设定，则往往容易忽视或难以把握。也正是在此意义上，马克思所创立的实践哲学，既批判唯心主义，又批判唯物主义。由于批判的核心对象是本体论的抽象设定，这就要求必须抛弃本体论的问题预设、提问方式及推论方式，即抛弃形而上学本体论的哲学思维方式。这就意味着，仅仅在传统本体论设定的框架内，对某些问题加以置换、颠倒或发展，根本无法完成这一革命性的哲学变革。同时也表明，在本体论问题域中，将"物质"与"精神"、"存在"与"思维"、"唯物"与"唯心"等两元对立概念颠来倒去，依然无法从根本上脱离形而上学本体论的抽象设定。马克思实践哲学的革命性变革意义正在于，它是一种哲学思维方式的彻底革命。1843 年，马克思在《黑格尔法哲学批判》中就已经开始对这种唯物主义的本体论抽象设定进行了批判："抽象唯灵论是抽象唯物主义；抽象唯物主义是物质的抽象唯灵论。……唯灵论变成了粗陋的唯物主义，变成了消极服从的唯物主义，变成了信仰权威的唯物主义，变成了某种例行公事、成规、成见和传统的机械论的唯物主义。"[①]认为离开人及其现实社会生活去抽象的设定物质概念的唯物主义不过是粗陋的"抽象唯物主义"，它与离开人及其现实生活去抽象的设定精神概念的粗陋的"抽象唯灵论"不过是一种东西的同体两面。马克思在《1844年经济学—哲学手稿》中虽然还沿用"本体论"的概念，但已经十分明确地表明了实践哲学的崭新方向："主观主义和客观主义，唯灵主义和唯物主义，活动和受动，只是在社会状态中才失去它们彼此间的对立，从而失去它们作为这样的对立面的存在；我们看到，理论的对立本身的解决，只有通过实践方式，只有借助于人的实践力量，才是可能的；因此，这种对立的解决绝对不只是认识的任务，而是现实生活的任务，而哲学未能解决这个任务，正是因为哲学把这仅仅看作理论的任务。"[②] 之后，在《关于费尔巴哈的提纲》中，马克思更加明确地表达了对唯物主义和唯心主义的双重批判立场："从前的一切唯物主义（包括费尔巴哈的唯物主义）的主要缺点是：对对象、现实、感性，只是从客体的或者直观的形式去理解，而不是把它们当做感性的人的活动，当做实践去理解，不是从主体方面去理解。因此，和唯物主义相反，能动的方面却被唯心主义抽象地发展了，当然，唯心主义是不知道现实的、感性的活动本身的。"[③] 从马克思实践哲学视域看，如果说唯心主义抽象地发展了精神的话，那么与此相

---

① 《马克思恩格斯全集》第三卷，人民出版社 2002 年第 2 版，第 111 页、第 60 页。
② 同上，第 306 页。
③ 《马克思恩格斯选集》第一卷，人民出版社 1995 年第 2 版，第 54 页。

反，唯物主义则抽象地发展了物质。两者表面上看对立难容，其本体论抽象设定的实质内核却同出一体。

与抽象的唯心主义崇尚"无人身的理性"一样，抽象的唯物主义"物质本体论"致使"唯物主义变得敌视人了"。唯物主义离开感性的、对象性的、现实的人的实践活动，以客体的、直观的形式设定"物质"的本体地位，只能得到与现实的、感性的人的实践活动无关的抽象的物质本体。马克思认为，正是由于人的感性的、对象性的实践活动，使自然界成为向人生成的现实的、对象性的存在物，"非对象性的存在物是非存在物。……非对象性的存在物，是一种非现实的、非感性的、只是思想上的即只是想象出来的存在物，是抽象的东西。"因此，"被抽象地理解的，自为的，被确定为与人分隔开来的自然界，对人来说也是无。……抽象的自然界……无非是自然界诸规定的抽象概念。"① 对于以"第一因"或"终极存在"为追问目标的实体本体论来说，"与人分隔开来的自然界，对人来说也是无"，是一个难以接受理解的非一元论或非终极性答案。马克思把这种将"物"、"物质"或"自然界"纳入"自然向人生成"的社会历史实践过程之中来加以考察的实践哲学观点，运用于商品、货币、资本的政治经济学批判分析之中，进一步批判了抽象的"物质本体论"的粗俗本相。在《政治经济学批判 1857—1858 年手稿》中，马克思指出："经济学家们把人们的社会生产关系和受这些关系支配的物所获得的规定性看作物的自然属性，这种粗俗的唯物主义，是一种同样粗俗的唯心主义，甚至是一种拜物教，它把社会关系作为物的内在规定归之于物，从而使物神秘化。"② 这里，我们可以清楚地看到，与实体本体论的物质追问根本不同的是，"实践唯物主义"反对将物质仅仅规定为自然属性，而是将其视为社会历史生产实践的产物，并赋予其具体的社会历史内涵，而那种超历史的或非历史的"第一因决定论"或"终极实在论"的实体本体论追问，不过是一种粗俗的唯物主义或粗俗的唯心主义，同时也是一种粗俗的形而上学本体论。

上述分析表明，本体论思维方式的形而上学性质一经显露，无论是唯心主义的"精神一元论"，还是唯物主义的"物质一元论"，都不过是一种抽象的本体论设定，一种形而上学的抽象设定。作为形而上学，本体论思维方式只能抽象的设想某种超验实体的存在，或超验的设想某种抽象实

---

① 《马克思恩格斯全集》第三卷，人民出版社 2002 年第 2 版，第 325 页、第 335 页。
② 《马克思恩格斯全集》第三十一卷，人民出版社 1998 年第 2 版，第 85 页。

体的存在。马克思所创立的"实践唯物主义"是一种全新的实践哲学思维方式，它已经彻底地抛弃了形而上学本体论的哲学思维方式，抛弃了传统本体论的问题预设、提问方式及推论方式，实现了哲学思维方式的革命性变革。因此，只有清楚地认识实践哲学思维方式与形而上学本体论思维方式的根本区别，才能真正理解马克思哲学超越传统形而上学和近代形而上学的革命性意义。

从此意义上说，"实践本体论"试图以"实践本体"取代"物质本体"，以"主客观统一"弥合主客二分的两元对立，破除了粗俗的、一元论的"物质本体论"，在一定程度上取得了突破性的进展。但是，"实践本体论化"的思维进路，依然笼罩在本体论思维方式的巨大阴影之下，这就极易导致"实践哲学"走向抽象化、形式化、知识化和实体化，逐步抽空其具体的社会历史内涵，使之固化为某种本体论证明或认识论证明的理论根据，因而丧失其革命的批判性锋芒。这里必须申明的是，我们不赞同"实践本体论"的提法，与董学文否定"实践本体论"有着根本的区别。董学文固守在传统形而上学本体论的框架之中，试图将"实践本体论"拉回到"物质本体论"的老路上，彻底封闭"实践哲学"对"形而上学本体论"的突围，进而彻底拆除"实践哲学"向"存在论或生存论"展开的可能性。我们的理论立场和目标是，在当代"后形而上学"语境中，解除传统形而上学本体论的魔咒，激活马克思主义阐释当代问题的理论活力，拓展马克思实践哲学或美学的"存在论或生存论"向度，以凸显马克思实践哲学思维方式的革命性变革意义。

二、马克思与海德格尔：后形而上学的境域融合

正是由于"实践论美学"、"实践本体论美学"甚至包括"后实践美学"没能从形而上学哲学思维方式的层层遮蔽中摆脱出来，始终执著于"实践"的本体论证明、认识论证明或证伪，使"实践"概念本体论化或认识论化，因而依然被拘留在传统形而上学的问题域之中难以跃身突围，"实践存在论美学"的提出才显示出特有的理论意义与语境内涵。也就是说，将"实践论美学"与"存在论美学"共同置于颠覆形而上学的当代理论视域之中，才可能真正地去除实践本体论化的倾向，才可能真正地去除传统形而上学的遮蔽，敞开其后形而上学的理论境域。也正是由于这种

去除形而上学之遮蔽的理论诉求，中国当代美学家从不同角度开启了存在论美学的理论视域，其中具有开拓性探索的著名美学家有张世英、曾繁仁、叶朗、朱立元。① 张世英先生指明存在论为当代哲学发展的新方向，汇通中西方美学，建构起存在论美学的基本理论视域，为当代中国存在论美学研究开辟了崭新的路向并树立了典范；曾繁仁先生以存在论为理论资源，建构起生态存在论美学的崭新形态；叶朗先生融通存在论与中国美学的天人合一思想，建构起具有存在论意蕴的意象论美学；朱立元先生促动实践论美学与存在论美学的对话融合，更是实践存在论美学的积极倡导者。按照现行流行的说法，我们可以说中国当代美学研究已经发生了"存在论转向"或"生存论转向"。值得肯定的是，这一"存在论转向"并不主张抛弃以往美学研究的理论成果，尤其是实践论美学的理论成果，一边倒地走向存在论或生存论，而是十分注重对话与融通，努力尝试马克思主义美学、中国古典美学与存在论美学之间的视域融合。值得注意的是，上述几位学者大多有德国古典哲学或美学尤其是黑格尔哲学或美学的学术研究背景，这对中国当代美学"存在论转向"之所以致力于突破西方形而上学传统的努力，更是别有一番深意在其中。

毋庸讳言，"实践存在论美学"提出的理论资源和基本理路是，试图打通"实践论哲学"与"存在论哲学"之间的理论视域关联。具体而言，它试图在马克思实践论哲学与海德格尔存在论哲学之间建立起某种对话性的境域融合，以彰显其后形而上学语境中"实践论转向"与"存在论转向"的当代意蕴。众所周知，正如"存在论转向"已经成为中国当代美学研究的热点问题一样，关于马克思与海德格尔或"实践论哲学"与"存在论哲学"之间的境域融合，已经成为当代马克思主义研究的热点题域，并深化了马克思主义哲学的当代理解与阐释。对此，董学文似乎所知甚少或视而不见，认为马克思的实践论与海德格尔的存在论是两种毫不相干、完全异质的理论，两者的对话或融合缺乏逻辑上的生成关系，因此，"实践存在论美学"的提出，就"变成了马克思主义与海德格尔存在主义之间的奇异结合"，成为一种生造出来的美学理论体系，而其理论目的是

---

① 主要代表性作品有：张世英的《进入澄明之境》，商务印书馆 1999 年出版，《哲学导论》，北京大学出版社 2002 年出版；曾繁仁的《生态存在论美学论稿》，吉林人民出版社 2003 年出版，《转型期的中国美学》，商务印书馆 2007 年出版；叶朗的《美学原理》，北京大学出版社 2009 年出版；朱立元的《走向实践存在论美学》，苏州大学出版社 2008 年出版。

"海德格尔借马克思的外衣取得其合法性之后，马克思主义随即被完全淹没在存在主义的汪洋之中"，因此，这种美学必然导致用海德格尔来修正甚或取代马克思主义。修正甚或取代马克思主义，这可不是一个轻松简单的判词。在此，董学文始终摆出一副捍卫马克思主义的正统姿态。英国著名马克思主义文化理论家威廉斯曾对这种习惯于以保卫马克思主义正统地位而论战的人进行过尖锐批评，他指出这种"争论的焦点带有浓厚的正统色彩：'他的观点是否马克思主义的？'持此种思想方式的人至今还在某些角落里宣称哪个属于马克思主义或哪个不属于马克思主义。……其实只要人们把马克思主义理论本身看成是积极的、动态的、决非僵化且不断辩证发展的，许多问题就都会得到澄清。"① 或许是由于董学文固持着"物质本体论"传统形而上学立场所使然，或许是由于他对西方当代哲学以及当代马克思哲学研究的无知，在"马克思与海德格尔"的议题中，他犯了许多哲学史上的常识性错误，对海德格尔更是不知所云，越发败露出其简单、机械、"天真"的"唯物主义"面相。② 但，马克思与海德格尔这一议题，事关马克思主义美学的当代理解及其发展命运，在此不能不就其关键性问题作出回应。这里所说的关键性问题的意思是，尽可能地放弃那些基本常识性问题的纠缠，在当代哲学视域中探寻马克思与海德格尔之间相互对话的可能性及其限度。也正是由于此一议题的事关重大，且当代的探寻争辩正逐步艰难而深入地展开，在此难以详尽地就此一题域进行较为全面的论说，针对董学文所提出的一些质疑，仅就此一题域所取得的基本共识加以说明或描述，因为正是这些基本共识构成进一步深入此一题域的基本对话平台或基本理论视域。

毫无疑问，在马克思哲学与当代西方哲学之间展开广泛而深入的对话，是马克思主义当代阐释与发展的题中应有之义，那种把马克思哲学奉为天下独尊而孤立隔绝于西方哲学史之外的正统观念，其独断性与封闭性已经被历史证明为无知以至于愚蠢。因为，马克思哲学自身所具有的批判性、开放性思想品格，敞开了马克思哲学与各种当代思想展开对话的广阔思想空间，并使其在广泛而深入的对话过程中不断激活阐释当代问题的理

---

① 威廉斯《马克思主义与文学》，河南大学出版社 2008 年版，第 3－4 页。
② 董学文将许多概念帽子一股脑地扣在海德格尔头上，而这些恰恰都是海德格尔所明确反对的，只要认真地读过海德格尔的人都会清楚明白。如将海氏的存在论哲学指认为，唯心形而上学、主体性形而上学、此在的绝对主体性、反历史主义、人本主义等等，将海氏的美学指认为，审美本体论、审美形式本体论、抽象的、思辨的、虚幻的艺术本体观、个体性审美等等。

论活力，彰显出理论的当代意蕴。然而，这仅仅构成马克思哲学与当代西方哲学展开对话的一般理由，而问题的关键更在于，由于长期以来对马克思哲学的形而上学改写，已经使马克思主义的阐释与理解倒退到近代形而上学的传统中去了，或者说，形而上学改写所导致的过度阐释已经遮蔽了马克思的本真面目，并使其面目全非，以至于仅靠马克思主义哲学进行理论债务的自身清算，已难以或无法有效的实施和完成。因此，不借助于与西方当代哲学展开对话的理论平台，也就无法有效的实施和完成祛除遮蔽并返还马克思哲学本来面目的理论目的。需要申明的是，这绝不意味着对马克思哲学的低估，而是为了表明解除附着于马克思身上的形而上学魔咒之艰难程度及其当代意义。也正是在此意义上，马克思与海德格尔在颠覆形而上学的理论题域中相遇了，可以毫不夸张地说，此一相遇已经成为当代思想史的重大理论事件。将马克思与海德格尔的相遇置于颠覆形而上学的理论题域中，这就决定了我们应该在何种层面或何种意义上展开两者之间的对话，同时也规定了此一对话的可能性及其限度。

　　作为事关重大的理论事件，马克思与海德格尔相遇，并不是某些人一时心血来潮，毫无缘由地将两者拼接硬凑在一起，而制造出的一个奇异的事况。这一理论事件缘发于海德格尔对马克思学说的特别关注与评价。1946年，海德格尔针对萨特的存在主义的人道主义，写了著名的《关于人道主义的书信》，文中对马克思在哲学史上的地位给予了高度的评价："因为马克思在体会到异化的时候深入到历史的本质性的一度中去了，所以马克思主义关于历史的观点比其余的历史学优越。但因为胡塞尔没有，据我看来萨特也没有在存在中认识到历史事物的本质性，所以现象学没有、存在主义也没有达到这样的一度中，在此一度中才可能有资格和马克思主义交谈。"① 此后，在《哲学的终结与思的任务》等著述中都论及到马克思颠覆形而上学的议题："形而上学就是柏拉图主义。尼采把他自己的哲学标示为颠倒了的柏拉图主义。随着这一已经由卡尔·马克思完成了的对形而上学的颠倒，哲学达到了最极端的可能性。哲学进入其终结阶段了。"② 直到晚年，海德格尔在哲学讨论班以及接受记者采访时仍然谈论马克思。③

---

① 孙周兴选编《海德格尔选集》，上海三联书店1996年版，第383页。
② 同上，第1244页。
③ 参见《晚期海德格尔的三天讨论班纪要》，《哲学译丛》，2001年第3期；奈斯克等编《回答：海德格尔说话了》，江苏教育出版社2005年版。

海德格尔认为，正是马克思完成了对形而上学的颠倒，使哲学进入终结阶段。虽然，海德格尔并未像长篇大论阐释尼采那样阐述马克思，但他所提出的问题无疑是事关重大的。显然，此一题域不容轻易地打发了事，值得我们认真对待并深入地细查追究。正如对马克思与海德格尔思想关联颇有研究的艾尔德雷德指出的那样："毫无疑问，马克思是西方谱系当中非常重要的思想家，他在哲学史、社会科学以及政治史上的影响是巨大的，所以刻画海德格尔和马克思两位重要思想家之间关联线索的任务就无可非议地形成了。"① 因为此一题域关涉到如何理解马克思哲学与西方形而上学之间的关系，进而关涉到如何理解马克思颠覆形而上学的哲学变革的根本性质及其真实意蕴的重大问题。

海德格尔对马克思如何终结形而上学没有进一步的论述，但他提示我们进入真正理解马克思哲学革命性变革的路标。其一是，从西方形而上学发展的内在逻辑看马克思哲学变革的重大意义以及这一变革在突破西方形而上学的内在逻辑后所开启的新的哲学思维方式；其二是，从西方20世纪哲学转向或终结的整体范式转换的语境中理解马克思哲学变革的当代意蕴；其三是，海德格尔之后任何试图将马克思哲学改写为近代形而上学的哲学倒退已经被宣告为无效。

形而上学的历史构成了一个巨大的思想迷宫，盲目地进入其中，不仅难得要领，往往会淹没或迷失掉其中。因此，如何进入历史，如何切入历史，从哪里寻找历史的入口，成为梳理反思这一问题的关键所在。如何面对如此庞大的历史遗迹，如何处理如此繁复的思想遗存，无疑是一个令人踌躇的难题。海德格尔提示我们，只有从西方形而上学发展的内在逻辑出发，才可能真实地理解马克思哲学变革的重大意义以及这一变革在突破西方形而上学的内在逻辑后所开启的新的哲学思维方式。因为，任何一种思想体系及思维方式的确立都以不同的形式同形而上学的命运与逻辑发生着或隐或显的关联，只有在西方形而上学的内在逻辑展开之中，才能把握马克思哲学变革与西方形而上学内在逻辑关联的性质，才能真正把握马克思哲学变革的真实意蕴和精神实质。形而上学终结或哲学终结的问题牵涉西方思想两千多年的漫长历史，虽然，西方传统哲学历时久远、内容丰富、流派繁多、形态各异，但是，我们大致可以概括描述出构成形而上学元哲

---

① 米歇尔·艾尔德雷德《资本与技术：马克思与海德格尔》，孙周兴等主编《德意志思想评论》第3卷，同济大学出版社2007年版，第30页。

学或哲学观的基础性题域：终极本体论的形而上学、理性独断论的意识哲学、主客两元论的思维模式、先验自我论的主体哲学、客观规律论的历史哲学、宏大叙事的叙事方式、权力知识论的意识形态。马克思哲学通过对形而上学的终结，对逻各斯主义的颠覆，对终极本体论的彻底摧毁，完成了西方哲学史上真正的思想革命，建立开创了新的哲学观和新的哲学思维方式，开启了西方哲学的新时代。也正是在此意义上，我们说马克思哲学是当今时代难以超越的维度。如何理解哲学终结之后的马克思哲学？如何理解形而上学终结之后的形上之思？这是理解马克思哲学实质的关键所在，也是理解当代哲学意蕴的关键所在，同时也是我们思考形而上学之命运的关键所在。显然，从实践存在论的视域看，马克思对形而上学的颠覆和终结并不是简单地对形而上学的颠倒或倒转，也不是一般意义上的弃绝形而上学，其实质是对西方实体本体论和逻辑知识论的形而上学传统的彻底颠覆和终结，亦即全部形而上学的彻底颠覆和终结。或者说，马克思放弃或终结了在形而上学框架之内来解决意识内在性如何切中外在超越之物的根本难题，即海德格尔称之为"哲学丑闻"的形而上学难题，彻底地转换了哲学的思维方式、提问方式和问题框架，实现了全新的哲学革命，从某种意义上说，甚至是终结或消灭了哲学。与传统的形而上学思想家不同，马克思对人的生存境遇的思考，始终建立在实践的观点之上。传统形而上学将世界理解为抽象的"精神"或抽象的"物质"存在，而马克思则从现实的感性的对象性活动即生产实践活动出发来理解世界及其人的存在，从而描述人的生存境况，揭示人的存在方式的本源性秘密。马克思始终关注人的生存境遇和人的存在方式，关注人的解放与自由，把人的实践活动视为感性现实的对象性活动。因此，从"实践—存在论"或"实践—生存论"视域出发，才可能真正理解马克思哲学革命的精神实质，进而理解马克思实践美学的生存论意蕴。正是通过对生产实践活动的生存论把握，我们才可能真实地描述人的生存境遇，探寻人的存在方式，解答人的存在之谜，解答艺术审美之谜，寻求人的自由与解放的可能。

20 世纪所发生的诸多重大哲学转向虽繁复纷纭、流派众多，但拒斥形而上学、颠覆本体论却构成其鲜明的主题。正是这一主题凸显出当代哲学转向的总体特征。黑格尔之后，西方哲学开始进入颠覆本体论、拒斥形而上学的终结阶段。本体论作为形而上学，奠基了西方传统哲学的绝对主题。从这个意义上看，西方传统哲学两千年的历史亦可以理解为本体论确立、展开和终结的历史，理解为本体论承诺或谵妄的历史，理解为形而上学独断或暴力的历史，理解为存在遮蔽或遗忘的历史。海德格尔、伽达默尔之所以强调20世纪哲学终结或哲学基础的时代背景，将哲学转向或终结置入整个时代背景中加以勘察，就是为了从整体上更为明晰地把握一个多世纪以来诸多重大哲学转向的真实踪迹与内容。20世纪哲学的诸多重大转向标示着西方传统形而上学哲学走向终结，标示着从文艺复兴开始酝酿、由启蒙运动发端推动、以德国古典哲学为集大成的西方传统哲学思维方式从整体上走向了终结，同时，它也表明一个新时代哲学的开启。在这样的勘察中，我们看到西方传统哲学的终结并不仅仅是某一个别的哲学流派或某一个别的哲学理论的终结，而是一个时代所特有的哲学思维方式的终结。20世纪西方哲学诸多重大转向也不仅仅是某一哲学流派或某一哲学理论的转向，而是一个时代所特有的哲学思维方式的转向，一种范式的转换。马克思以实践哲学思维方式完成了西方哲学的革命性变革——实践—存在论或实践—生存论转向，从而开启了西方传统哲学本体论形而上学的批判与颠覆。马克思对传统形而上学哲学的批判，在西方哲学史上实现了一场真正的思想革命，提出了一种新的哲学观和新的哲学思维方式，开创了当代哲学的新时代。"经过20世纪西方哲学对传统哲学的批判，西方传统哲学的理论性质、思维方式和功能作用等元哲学或哲学观问题更为清晰可见。简单地说，西方传统哲学是追求绝对真理的超验形而上学，其思维方式是以意识的终极确定性为基础或目标的逻各斯中心主义或理性主义，其功能和作用是以最高真理和人类理性名义发挥思想规范和统治作用的意识形态。"① 正如随着20世纪西方当代哲学的批判性展开，西方传统哲学的性质更为清晰地呈现出来一样，马克思哲学变革的当代意义及马克思哲学作为与西方传统哲学完全不同质的革命性意义，同样是随着20世纪诸多哲学转向，逐渐显现并越发清晰地凸显出来。在相当长的一个时期里，受制于传统哲学思维方式的困扰，难以真正地理解马克思终结形而上学的革命性意义，经常退回到近代形而上学思维传统中对马克思或进行黑格尔式的改写或补写，或进行康德式的改写或补写，从而遮蔽了马克思哲学革命性变革的当代意蕴。因此，要真正理解马克思哲学革命的当代意义就必须将马克思哲学置于当代哲学范式变革与转换的整体时代背景之中，

---

① 高清海、孙利天《马克思的哲学观变革及其当代意义》，《天津社会科学》，2001年第5期。

离开西方当代哲学范式转换的整体背景，就难以认清马克思哲学变革的真实内容与意蕴，因而也就无法理解马克思哲学的时代超越性。而这也正是马克思与海德格尔相遇对话的意义之所在。

马克思把生产实践活动或劳动实践活动视为人的存在方式的本源性所在，在存在的历史性的生成中，在人的现实感性的对象性存在方式中，在人之社会存在的交互性关系中，理解人及其存在的本质，深刻地分析与批判了人的异化的生存状况，致力于探寻人类自由与解放的道路。马克思将生产实践活动作为人的本源性的生存方式来理解，认为人的存在方式的本源性秘密就在人的生产实践活动之中。换言之，从存在论或生存论视域出发，来理解物质生产活动，与从意识反映论出发来理解生产实践不同，也与从实用经济学观点出发来理解生产实践不同，它始终关注人的生存境遇和人的存在方式，把人的生产实践活动视为感性现实的对象性生存方式。马克思主义美学的巨大历史功绩正在于：它能够从人的存在方式出发，从人的实践活动出发，来说明和阐释艺术审美问题。因此，要想真正理解艺术审美的本源及其特性，就必须从人的存在方式出发，从人的实践活动出发，只有理解和把握生存实践活动的本源性根基及其特征，才可能理解和体悟艺术审美的真正奥秘。人生在世之谜与艺术审美之谜是不可分割的一个问题的两个方面。"整个所谓世界历史不外是人通过人的劳动而诞生的过程，是自然界对人来说的生成过程。"① 离开了人类的感性实践活动就无法理解物质生产和艺术生产的生存论美学意义，同时也就无法理解审美活动的生存论意蕴。因此，无论是物质生产、精神生产还是艺术生产，都是人及其属人世界的实践创造，都是人的生存境遇、存在方式的感性的实现的对象性的展开与呈现。

诚然，"实践－存在论"或"实践－生存论"美学的建构与发展，还要有漫长而艰难的路要走，正如哲学思维方式的转换还有漫长而艰难的路要走，但是，马克思以及海德格尔已经为我们开启了通向后形而上学的崭新境域。我们有理由相信，在崭新的后形而上学的理论境域中，中国当代美学会进入去蔽澄明的境界。

（本文为辽宁省人文社科重点基地 A 类项目："哲学思维方式变革与当代文学理论建构"的阶段性成果）

---

① 《马克思恩格斯全集》第三卷，人民出版社 2002 年第 2 版，第 310 页。

六十年来美学基本原理的研究与科学化阐释

——认知美学概述

李志宏

在美学基本原理的研究方面，比起西方美学的停滞不前，中国当代美学六十年来一直在稳步前进，近三十年来尤其活跃，已经站在世界美学的前列。多种观点的出现及相互碰撞，为美学理论建设提供了丰富的思想资源。由于审美涉及以知觉和情感体验为主要表现的多方面人体机能，借助于认知科学的研究势在必行。多年的科学化美学研究已经积累成一定的规模，可以综合在一起作出概要的讲述。[①]

一、关于美本质问题的研究

当代中国"美本质"研究在六十年中经历了几次高低的起伏；受到西方分析主义哲学美学的影响，主要形成了两种倾向：一种倾向先由后实践美学诸学派所主张，后被实践美学的当前主要形态所接受，要遮蔽"美本质"问题，以存在论或本体论取代认识论。[②] 但是，在美学理论阐释中，

---

① 主要包括拙作：(1)《"美是什么"命题辨伪——认知美学初论》，《吉林大学社会科学学报》，1999 年第 2 期；(2)《美本质研究将怎样终结——再论"美是什么"是伪命题》，《吉林大学社会科学学报》，2005 年第 1 期；(3)《当代中国美与美感关系研究的回顾与分析》《社会科学战线》，2003 年第 6 期；(4)《现代认知科学的发展对美学创新的启示——认知美学论纲》，《社会科学战线》，2000 年第 1 期；(5)《中国当代美学的理论支点：人的本质还是人的智能》，《学术月刊》，2002 年第 11 期；(6)《人类审美是怎样从无到有的?》，《厦门大学学报》(哲学社会科学版)，2006 年第 1 期。

② 潘知常《生命美学论稿：在阐释中理解当代生命美学》，郑州大学出版社 2002 年版，第346 页；朱立元《走向实践存在论美学——实践美学突破之途初探》，《湖南师范大学社会科学学报》，2004 年第 4 期。

"美本质"问题是不可简单回避的。另一种倾向以认识论及科学化的美学理论为代表，承认分析主义美学的启发意义，坚持马克思主义认识论基础，认为："美是什么"命题中暗含着一个内在前提，即"美"概念应该指代一种实际存有的事物。所谓实际存有的事物，可以是具体的、抽象的；也可以是物理性的、社会性的、精神性的。如：山水、规律、关系、价值、思想、情感等等。事实上，"美"概念从没有可以直接指代的事物，在其实际使用中，只能是分别地指代美的事物、审美价值、审美属性等等。因此，"美"概念是个特殊的代名词，不具有名词的意义和作用。所有从代名词出发而去寻找实有事物的努力都违反了事实和逻辑，不可能取得合理的成果。而只要以代名词性来理解"美"概念，"美本质"问题中的所有困惑都会迎刃而解。

当然，美本质问题上的传统误识根深蒂固。现今，仍然不断有人提出"美就是美感"的观点。对此我们可以稍为详细地分析一下：第一，如果"美"（概念）是在指美感，则表明"美"（概念）是用作代名词，不是名词，意味着没有一个可被指代的叫做"美"的事物；第二，如果"美"概念和"美感"概念同指美感，则在美感这一实有事物上，并列地有两个名称；等于说，美感这个事物既叫做"美感"，又叫做"美"。这种情形下，概念虽是两个，事物只是一个。这个事物本来已经叫做"美感"了，再把它叫做"美"，固然也无不可；但仍然表明，除了原来就叫做美感的事物外，并不另有一个独立的叫做"美"的事物；第三，这一说法就等于是：当我们说"创造美"、"欣赏美"、"事物中存有美"时，是在说"创造美感"、"欣赏美感"、"事物中存有美感"，其荒谬是不言而喻的。

从美感要有个来源的问题上看，既然没有一个实存的叫做"美"的事物，美感由何而来？认知美学认为：客观存在的只是一般的事物；是一般事物在人具备一定条件、处于一定状态之时，引发了非功利的快感；这种快感被形容为"美的"，称之为美感；人也因此而把引发美感的事物称之为"美的"；能引起美感的事物就被称为具有审美价值，其原本具有的自然属性或社会属性就被称为审美属性。所以，美感的来源不是"美"，而是一般事物；不存在"美与美感的关系"，只存在事物与美感的关系。这不是意味着美感决定了"美"，而是表明：人是否形成美感，决定了是不是把事物叫做"美的"。那么，人产生美感的条件和状态又是怎样的呢？这就涉及审美发生问题。

二、关于审美发生的研究

所谓审美，是经由对事物外在形式因素的知觉而产生愉悦性快感的活动。所以，正如历史材料所证明，动物和早期人类是不会审美的。[①] 这是由于其智能还不能进行完全抽象的思维，不能在头脑中对事物的内在属性和外在形式加以彻底抽象的、相对独立的把握。不过，这种认知状态却是审美发生的必要前提。

任何事物都是内质与外形的统一体。内质与外形的抽象分离，只在思维中才可实现。在不具有完全抽象思维能力时，人们是把事物的外在样态连同其内在属性和功用价值混一起加以反映的，结果是使事物的外在样态成为内在功利价值的标志，二者紧密地联系在一起。例如，人在吃到一个苹果时，功利性的内在感觉与感官性的口味、视觉是几乎同时发生的；内在感觉的有利性决定了情感体验与知觉的联系；以后再看到苹果的外形，就知道它是好的，形成好感。同样，腐烂的东西对人体有害，使得它的外形和气味都令人反感。经由这样的过程，本来没有功利价值、因而不可能引起情感反应的外在样态就可以因事物内在功利价值的中介作用而同人的情感建立起稳固的联系。

人类在旧石器时代晚期的最后阶段，即距今大约七八千年之前，终于形成了完全的抽象思维能力；形式知觉力随之同步形成，从此产生了单独地对形式因素加以知觉的可能。在人没有功利需求时，一个本来于人有利的事物也不能以其内在功利属性引发人的情感，但其外在形式因素仍可对人的知觉产生刺激作用，引发人的情感反应。这就形成了一种新型的、非功利的认知方式，并引发出非功利的情感即美感。这一活动过程的最初形成就是审美的发生。审美的发生标志着具体审美关系及审美主体和审美客体也同步形成。

可见，人类审美的发生，不是取决于人的实践本质或自由本质的形成，而是取决于智能的高度发展。审美不是一般地标志着人类与动物的区别，还精确标志着早期人类与现代人类的区别。审美是人类智能进化过程中的副产品，不是人类最原初的存在方式。需要强调说明的是，审

---

① 早期人类的艺术作品都出自巫术等实用功利目的。参见朱狄《原始文化研究》，三联书店 1988 年；列维－布留尔《原始思维》，商务印书馆 1985 年。

美过程本身是直觉的，但这种直觉要建立在完全抽象思维能力的基础之上。

为什么非功利的美感与功利性的快感具有不同的性质？这是确定审美活动不同于非审美活动的关键之处。对此，目前还只能提出一个假说：我们所说的情感体验，是机体最高层次的评价性感受，来自于人体的机能。人类在长期的进化过程中，形成了为适应个体和种系生存及发展要求的"评估和控制系统"，[①] 是人体最高的功利性监控中枢。当人进行知觉活动时，这一监控系统就从本能设定和经验设定出发，综合分析机体内部状态及当时外在环境的信息，根据功利意义的轻重缓急来决定注意指向，调整行为。同时，机体内部的相关反应都反馈到大脑中，形成可意识到的情感体验。由于这一监控系统是对生存活动负责的，一切与生存相关的信息和相关活动都在其统摄之下，因而相关活动所引起的情感体验就都带有着功利性的色彩。如，人在饥饿时会造成生理的不平衡状态，感受到生理系统发出的信号。此时吃进食物，会改善不平衡的生理状态。生理状态向着有利于生存的方向改变，也会发出信号，引起相应的内感觉。大脑的最高评估中枢将会把这种内感觉评价为"好"，于是形成与功利需求相关联的愉悦性情感体验。就是说，与生存需要紧密相连的内感觉可以将功利色彩带进最高层次的评价性感受，合成功利性愉悦情感体验。而审美认知是仅凭形式知觉来形成快感的，不伴有生理系统等功利性的内感觉，是非功利的情感体验。因此，有没有内感觉的伴随，可能是审美情感与非审美情感相区别的身体根据。最近的心理学实验表明，功利性社会活动所引发的神经现象，与功利性生理活动所引发的神经现象很相似，[②] 这可能是社会功利活动也能够引起内感觉的实证根据。

三、关于审美知觉的研究

审美发生之后，不是所有的事物都能被审美。为什么有的事物美，有的事物不美？这仍然不是取决于美本质或人本质，而是取决于人的审美眼光，即审美知觉模式。审美知觉模式的形成又取决于心理机制和个人的特定经验。

---

① 黄秉宪《脑的高级功能与神经网络》，科学出版社 2000 年版，第 209 页。
② 《网易新闻》：《中山大学教授研究称：金钱有镇痛功能》。

所谓知觉模式，是指知觉结构中与特定的客观形式信息相对应、带有一定情感倾向的较稳定的神经联系方式。其构成有三方面的因素，分别来自三条途径：第一条，由进化遗传过程中形成的知觉模式。人类 2 - 3 个月的婴儿就偏爱漂亮人脸的照片。这时的婴儿还没有生活经验，不能识别人的面孔。在其偏爱中起作用的，很可能是人脸照片所具有的物理属性，如对称性、曲线性、对比度等等。① 暗示着婴儿具有某种先天的知觉模式。第二条，在较长期、稳定的社会生活中形成的一般文化性知觉模式。这主要是由民族、地域等特定的生活环境所决定的，表现为习惯、风俗、信仰、文化价值观念等等，具有相当的普遍性。第三条，由具体社会存在造成的特定社会性知觉模式。人是社会的；社会存在的具体状态对人的生存具有重要的作用。同社会存在相关联的东西，包括财富、地位都伴有强烈的功利性；与生活密切相关的政治、经济及相关的意识、观念等等也可以成为社会功利因素，催化出相应的知觉模式。由这三种因素混合而成的知觉模式结构，既是审美认知时需要运用的工具，又是引发审美情感反应的必要前提。

知觉模式得以建构的机理，可能是知觉过程中神经系统的"刻画"和"印痕"作用。长期反复的经验造成知觉的不断刻画，可以形成较深的印痕，如同滴水穿石；经验次数虽少但功利性强烈，相当于用力很大的刻划，可以在短期内留下深深的印痕。人的实际审美知觉模式的形成，以功利的强化作用最为明显。所有美的事物都必然是于人有利的。所谓有"利"，包括所有被人所喜欢或希望得到的东西。除了物质的利益之外，也包括荣誉、自尊、关爱、性情、气质、政治倾向、社会理想等等社会性、精神性的东西。在审美形成并发达之后，无害的可以相当于有利的。

决定功利价值如何的，除事物本身的性质外，还需要以人的认识为中介环节。一个本来有利的东西，如果被当做有害的东西看待，对它的知觉模式就将同否定性情感相连接。因此，人的认识、观念及其发展变化对知觉模式乃至审美对象的形成及发展变化具有直接的决定作用。

审美知觉模式的形成虽然以事物内质的功利性为直接的决定性因素，但也可以在同一功利基础之上产生由形式到形式的横向发展，例如艺术形式的变迁。此外，如果多个具体事物的内质和外形都较为相似，可以形成

---

① 陈英和《认知发展心理学》，浙江人民出版社 1996 年版，第 120 页。

类化的知觉模式。在类化的知觉模式的作用下，功利性不同而外形相似的个别事物可以被纳入到有类似外形的事物类型之中。例如，癞蛤蟆虽在客观内质上是于人有利的，但其外形被类化到于人不利的"癞"的知觉模式中，于是不美；许许多多于人有利的花可以构成花的知觉模式类，与美感相关联；在这一前提下，个别的、具有否定性功利价值的花（例如罂粟花）也可以被类化进去因而成为美的。

在知觉模式已经得以构成的条件下，如果人没有审美态度及审美注意，审美知觉仍然无法形成。那么，审美态度和审美注意是怎样形成的？这是西方美学在20世纪60年代提出的问题，也是西方美学无法回答因而就此止步的地方。

认知美学认为，审美注意的有无由人机体的自然状态所决定。受自然规律的制约，如果人没有即刻需要加以满足的功利需求，机体就处于没有功利期待的状态，不会对事物的功利属性形成功利性注意。这时，事物外在形式因素的作用突出出来。如果它符合人的知觉模式，就可以引发感官知觉的注意，形成审美态度，从一般知觉转变为审美知觉。机体的非功利状态相当于审美的待机状态，主要是自然形成的；在一定情况下也可以人为地调动。

四、关于审美需要的研究

审美需要被称为美学的终极问题。目前，许多学派都把审美需要的根源放在生命活动上。从最普遍的意义上说，这是毫无疑问的。具体来说，审美需要基于怎样的生命活动呢？

所有有生命的物体都表现出周期的、循环的、有节律的活动；人的脑内存在着自发的神经元活动，[1] 脑电图测试表明，人在十分安静、并不注意任何刺激的状态下，也产生着清晰的、有节律的脑电波。"在一个静止的个体中神经细胞不是消极的和不活动的。在每一个神经细胞中产生自发扩散的神经冲动……"[2] 神经细胞的这种自主活动现象，应该是一种生物性的本能。凡是需要活动的，都会需要刺激。外界信息的刺激可以更强

---

① 黄秉宪《脑的高级功能与神经网络》，科学出版社2000年版，第220页。
② ［美］克雷奇等《心理学纲要》上册，周先庚等译，文化教育出版社1980年版，第94页。

烈、更持久地使它产生振动。神经系统的适宜的振动相当于神经生物组织有利于自身的活动或运动，自然会使机体产生愉悦感觉。

人在睡足了、吃饱了、没有任何功利性需求时，如果无所事事，就会觉得无聊、沉闷，必须要找点事做。娱乐、审美就是此时最简单、最容易、最便捷的选择。这类与生存需求并无直接关联的事情之所以会使人产生快感，其原因大概就在于它引发了神经系统的振动，使神经系统由低迷状态转入活跃的兴奋状态。适宜的振动是神经系统本能的生物性需求。当神经系统需要活跃地振动而又没能实现时，同样是处于不平衡状态，可以促使人产生活跃振动的欲望或动机；一当活跃振动得以实现，就会由不平衡状态转入平衡状态，于是产生快感。著名的"感觉剥夺"实验证明，当人长时间地什么感觉也没有时——没有任何刺激可以引发神经的兴奋性振动时，会感觉到难以忍受的痛苦。① 从这一意义上说，审美对人类生存能起到积极的作用，是非常符合自然规律的。

审美活动除了单纯的形式与感官之间的对应关系外，还常常含有社会文化内容，与人的意识观念相联系，能形成广泛而深远的联想，调动相关的精神世界。这一过程中，联想的内容可成为美感的社会文化性、精神性来源，更为丰富和深远，可以引发神经系统更为广泛而强烈的振动，从而使人体验到更为强烈的美感。凡是令人愉快的，都是人所追求的。审美由此成为人的基本需要，并且有越来越重要的趋势。

可见，审美需要的机体根据，在于生物性神经系统的振动需要。人们会说：审美是精神性的，已经超越了生理需求的层次，怎么会以比生理层次更低的生物层次为基础呢？原因在于：生理层次的活动与生存活动直接相连，动物就可以感觉得到；生物层次的活动不与生存活动直接相关，必须在具备更高级感觉能力时才能感觉得到。这恰恰表明审美需要是一种更高层次的需要，没有更发达的智能就不能有此需要。

---

① ［美］克雷奇等《心理学纲要》下册，周先庚等译，文化教育出版社 1980 年版，第 380－382 页。

建设能够直面经验、介入实践、前瞻未来的美学

——关于当前及未来美学学科建设与发展策略的思考之一

汪济生

一

创造历史的，是人们的行动，但为人们的行动指引方向、规划蓝图的，却是人们内心存在的对于未来世界的憧憬。在这种憧憬中，必然地会包含着相应时代的人们对于未来世界在经济、政治、文化等等各个方面的具体构想，而在这种种构想中，自然地也会体现出各种价值取向和尺度。笔者从自己的角度，尤其注意到，这许许多多的具体构想、价值取向和尺度，是并非处于同一层次上的。其中恐怕大多数的还是处于作为工具和手段层次上的，如经济、政治、文化方面等之类。至于其中处于深层和核心位置的价值取向和尺度，则是很少的，甚至几乎是唯一的。那么，那是什么呢？笔者以为，那就是美和审美的价值取向和尺度。笔者之所以作这样定位，是因为，人们创造崭新历史的巨大热情和原动力，归根结底，是以他们内心深处存在的关于未来世界的崭新的美和审美的憧憬为渊源，从中涌现出来的。而人们在经济、政治、文化等等领域的价值取向和尺度，我们应该可以说，只是作为前者实现自己的具体工具、途径和手段，而延伸出来的。

所以，笔者觉得，作为热情和原动力的渊源性的事物，相对而言，应该比作为实现它的工具、途径和手段的事物，处于更"深层和核心"的位置，从而具有更大的稳定性。如果我们能够把握一个国家、民族、时代的美和审美的价值取向和尺度，应该比对其他领域的把握，更能够可靠地见

出一个国家、民族、时代的大致历史走向。我们自己的时代，似乎就能为这种见解，提供一些例证。君不见，在并未远逝的短短的历史年代里，我们在经济、政治、文化等方面的具体建构设想，已经几多变更，但中华民族追求更美好生活的执著愿望和信念却并没有变更；而且还可以说，正是这不变的愿望和信念，在促使我们顽强不懈地"一计不成又生一计"地推进着前述领域中变更的频频发生。在一定意义上可以说，正是这种思路，使笔者的关注点，渐渐从别的领域，在向美和审美的价值取向和尺度这一领域聚焦。

二

不过，当我们直面现代中国的美和审美的价值取向和尺度，作比较认真和细致的观察时，就会感到，问题并不像笔者原来设想的那样简单。我们发现：在现代世界上，似乎没有哪一个国家、民族的成员，像现代中国人这样，在美和审美的价值取向和尺度上，呈现出如此多样的形态；而在漫长的中国历史上，似乎也没有哪一个时代的人们，像现代中国人这样，在美和审美的价值取向和尺度上，发生过，并还在发生着如此频繁、剧烈、反差悬殊的变动。我们希望获得的稳定性，却显得相当依稀，难以确认。我们也许应该从更广大悠远的背景上，来寻找这种处于"深层和核心"位置的"不稳定"的原因：它应该是处于漫长而封闭的历史环境中的庞大的中华民族，在近代以来，突然遭遇了迥异的世界格局所造成的。

美和审美的价值取向和尺度，具体表现为人们的美感活动形态。从理论上说，人们是可以通过对美感活动形态的厘定，从深层把握现实、甚至洞见未来的。但是，即使从世界范围来看，美学所获得的成果，也还没有达到这样的水准。就美学在中国的发展水准而言，当然更难自诩已经跻身前沿，因为起步本身就是相当滞后的。但中国美学家所面对的，表现在现代中国人的身上的美感活动形态，却种类更多，变化更大，这自然就使厘定研究更为艰难。正像一句俗语所说的："才学理发就碰上了大胡子。"美学学科引入之后一度表现得雄心勃勃的中国美学，不久就感到了来自生活的繁多、特异、变幻莫测的美感形态的冲击，变得弥隙补漏、穷于应付、牵强附会、捉襟见肘。于是，我们就看到了这样一个"相映成趣"的触目"景观"：一方面，是在向现代世界打开了门窗的我国社会生活领域里，审美、爱美、求美浪潮的急剧高涨和喧腾；另一方面，却是我国美学研究工作在迅速走向边缘化，甚至陷入了面对现实的近乎失语之境。大量的专业美学研究者纷纷转向文化等其他领域的研究，或者较多地倾向于转述、编撰和整理类的工作，其潜在的驱动因素之一，也许就在这里。

三

然而，哲人有言，危机常常就是转机。中国美学为什么就不能在解决自己所面临的尤其艰巨的课题时，对世界美学作出自己的有原创意义的建构呢？我们当然应该努力，不能轻言失败。事实上，仍然有不少美学工作者在不断地探索着。继实践美学之后，新实践美学，以及后实践美学诸说的次递推出，就是其表现。当然，这些努力是否能够取得实质性的、或者突破性的成果，也是不能轻下断言的。在这里，除了主观的愿望以外，还取决于许多其他因素。其中，研究工作是否找到了正确的思路、是否选择和遵循了科学有效的方法，就是至关重要的因素之一。在笔者看来，以走马观花的方式面对审美经验和实践，以天马行空的方式进行思辨性美学体系的建构，这种在世界美学史上占主要地位、并也深深地影响着现代中国美学的研究方法，已经走到了它的顶点，取得了它能够取得的最高成果。在中国，它的具体形态，就是以李泽厚先生的学说为代表的实践美学。但也正是在这里，这种研究方法的潜在能力，也已经面临了它的"瓶颈"。这既表现在经历了许多批评的实践美学，几经努力和自我调整，终难以克服自身的一些深刻矛盾；也表现在，继实践美学之后出现的，作为前者的批判力量的新实践美学、后实践美学诸说的部分主要代表，虽然也常有几分创见和些许新意，但在建设性上，似乎大都没有取得高于实践美学、更不用说能够取代实践美学的研究成果。这恐怕和他们基本上都没有离开实践美学的那种哲学性、纯思辨性的研究路线有关。所以，他们也无可回避地面临着大抵类似的"瓶颈"。

其实，李泽厚先生自己在一定程度上也已经看到了以纯哲学方法研究美学的局限性。只是他表示，他自己并没有打算离开这一研究路径。他说："我只是在哲学上概括一些美学问题，不作具体的实证研究。我也只能停在这里，无法多言。我讲过，要么作艺术社会学研究，要么作审美心理学研究，但我自己不打算搞，所以就告别美学，搞别的东西了。"① 看来，除开李泽厚先生个人的研究计划不谈，他对美学研究下一步应取的走向，还是有他的思考的。他对在美学研究中，引进"具体的实证研究"，引进数学，甚至将审美心理学的研究推进到"数学方程式"的程度，都是相当肯定的。笔者以为他的这些看法，是基本正确的。而且由于这些看法是出于他这样一个把美学研究的哲学方法的潜力几乎开掘到极限的学者之口，就更不能对之掉以轻心。

四

笔者以为，在美学研究中，那种具有超越性和穿透性，在繁多的个体性和变化性中，发现、提炼出统一性的哲学研究方法，确实是不可少的。它曾经为美学研究作出巨大的贡献、也将继续为美学研究所需要。但在当下的中国美学研究中，比较形而下的、细致的、实证科学的研究方法，确实是更为紧要的。它将有助于我们在朦胧变幻的审美世界中，更清晰地看到它的各个组成部分的界限，更细致地看到它们之间的微妙连接，更切实地看到它们各个环节之间的逻辑演绎过程，从而更准确地把握"美的规律"。

考虑到美感的存在，是美学研究的出发点，而美感的获得，又是美学研究的最终目的和归宿，笔者把美感作为了自己的重要研究对象。虽然，美感的形态异彩纷呈、美感的变化流动不居，但笔者以为，要把握美感的变化规律，却并非如许多人认为的那样无迹可循、无从下手。因为美感不管能够升华到如何高超玄妙的形态，它毕竟总是发生在感受主体（例如人体）中的一种感觉；而只要它是感受主体的一种感觉，它就必然以这个感受主体的感觉系统为物质载体，产生在感觉主体的感觉系统中。在当代世界已经深入到生命的基因层次的人体科学研究中，并没有任何迹象表明，人体中有着一种专门为美感活动而存在的生理组织系统。因此，美感的载体，也只能是感受主体中的一般感觉的载体；美感活动，也只不过是这一载体的各种感觉活动中的一种。所以，它的活动规律，不会，也不可能超越感觉主体的感觉系统的感觉活动的总法则、总规律。把它玄虚化、神秘

---

① 李泽厚、戴阿宝《美的历程——李泽厚访谈录》，载《文艺争鸣》（长春），2003 年第 1 期，第 46 页。

化，甚至渲染其不可知的色彩，是过于夸张的和没有依据的。

李泽厚先生也很重视美感研究，他说："美感搞不清楚，别的也就谈不上了。"① 但他对这类研究近期能够取得多大的成果，似乎显得相当悲观。其重要理由之一是，他认为现代科学发展的程度还太低。例如，关于心理学，他说："现在心理学还很不发达，人的心理和动物的心理都还没有区别开来。"② 而关于审美心理学，他说："审美心理学要能够运用数学，如我所提到的数学方程式，恐怕至少在五十年甚至百年以后。"③ 据此，李泽厚先生说："我经常愿意提醒，美学还是一门远不成熟的科学。"他还表示，他很同意"美学科学现在还处在幼年阶段"这种说法。④ 笔者以为，简单地说在现代心理学中，人的心理和动物的心理"还没有区别开来"，恐怕并不准确，但我们姑妄对此暂不细究。就说"没有区别开来"就是"还很不发达"这一说法，似乎是一个很有依据的评价，但笔者同时又产生了一个疑问：如果把人的心理和动物的心理"断然地""区别开来"了，是否就一定意味着心理学很"发达"了？这恐怕也是有问题的。在人类的思想史上，"唯我独尊"，蔑视其他"禽兽"的观点，几乎是根深蒂固、由来已久的。倒是近代以来，尤其是达尔文生物进化论诞生以来，人们突然尴尬地发现自己和动物有一点难以"区别"了。随后在 19 世纪中叶诞生的比较心理学，竟然把研究人类自己和动物在"心理"上的区别，作为一个大难题了。所以，如果从心理学学科发展史的角度来看，人和动物在"心理"上从天壤之别，到难以"区别开来"，恐怕又可以看成是很进步、很"发达"的结果的。退一步，起码我们可以说，心理学的"发达"与否，有很大的相对性，但心理学在进步，却应该是没有问题的。而既然心理学是在进步着的，那么，即使这种进步使人和动物的心理变得难以"区别开来"，对于美学研究也必然是有推进作用的。但李泽厚先生似乎对于这种进步，并不看好，他似乎认定，只有"进步"到将人和动物清晰地"区别开来"，才能于美学的推进有益。笔者以为，这种观念，恐怕是有问题的。它透露出李泽厚先生的美学观中似乎存在着一种先入为主的、或先验的结论：美和美感领域是不能有动物涉足的。（这里，我不得

---

① 李泽厚、戴阿宝《美的历程——李泽厚访谈录》，载《文艺争鸣》，2003 年第 1 期，第 46 页。

② 同上。

③ 李泽厚《美学四讲》，广西师范大学出版社 2001 年版，第 117 页。

④ 同上。

不顺便指出，所谓新实践美学，以及后实践美学诸派的多数，在这至关重要的一点上，也和他们所批评的实践美学区别不大。）一旦科学的进展发现，动物的心理能力竟然能够深入到人类向来自以为独占的领域，一定程度上具有了李泽厚先生所认定的人类能够产生美感的同样的心理能力，他首先产生的反应，不是客观求实地对自己的既有美学观作重新审视和界定，而是有一种被入侵感、一种抵触和否定反应。他似乎打算采取"壮士断臂"之法，或割舍部分已经可能被动物们侵入的"美感疆域"，将"防线"后撤，以维护人类对美和美感"圣地"的独占权。但他似乎是愿望和结论在前，而在科学和学理上则"库存"不足，使他看不准、划不清、道不明新的美学圣地"疆界"何在，所以要感叹"现在心理学还很不发达"了。笔者认为，心理学科学的发展总是对美学起推进作用的。如果一方面肯定科学"发达"的积极作用，另一方面却对这种"发达"的指向，以一种先验的价值尺度或先入为主的观点，去作肯定或否定，这显然是有违真正的科学精神的。

至于审美心理学的"数学方程式化"应该是一个很好的理想。实际上，审美心理学的部分数学化进程，已经是完全可以实现的了——特别是在一些作为心理活动基础层次的生理性感官性活动领域中，甚至在一些更高级的神经活动领域中。可以期待，这一方面的进展，还会不断获得更高的成就。然而，期待毕竟也只是期待。一门科学的发展，取决于许多复杂的条件，常常是可遇而不可求的。而且，另一方面，我们也应该对精神活动领域所可能达到的量化程度，有一种清醒、理性的客观态度，持一种给变量、相对性和不确定性以较大空间的有弹性的尺度。毕竟，就如对浩瀚的宇宙无法做终极的量化那样；对于精微深邃的人心世界的奥妙的无穷性，也是应该给予一个足够充分的估计的。所以，关键的问题是，我们应该更积极、更充分、更及时地将其他科学的新成果，转化为美学领域的新进展，而不能消极等待，更不能把美学本身进展的迟缓之因，笼统地推诿到别的学科的发展缓慢上。"美学科学现在还处在幼年阶段"的判断，如果确实是出于马克思，那毕竟也已经是一百多年前的事了。不等于我们今天的美学仍然还在"幼年阶段"，更不等于我们的美学还是只可能处于"幼年阶段"。我们不应该犯"刻舟求剑"的错误。实际上，当我们以"宽于待人，严于责己"的态度，尝试着做一些具体的努力，就会发现，在美学的发展和提高上，我们已经有极大的可为空间。沿着现代生命科学、人体科学、神经科学、心理科学等给我们提供的基本知识，加上我们从美学学科本身角度出发的辨析和探索，我们已经可以指望对美感活动的规律，达到一个以定向和一定程度的定量相互支撑的、大致的较为可靠而坚实的把握。

五

这些当然只是笔者个人的看法，而且这也绝不意味着笔者把美学的实质性进展，看得简单、容易。实际上，今天出现在我们视野中的任何新的美学学说或思想体系，都无法回避起码的三项检测和挑战。居于首位的，恐怕当数来自人们的审美感性实践的检测或挑战。你提出的理论，如果与人们在日常生活和艺术鉴赏中体验到的美感经验不合拍、不契合、不"贴肉"，要取得人们的信服是不可能的。你的如簧之舌、你的玄说高论，也许能够使人无言以答，但不能使人心服口服。居于第二位的，是专业学界从学理上，对你的理论进行的检测和挑战。这恐怕主要的是从逻辑上比较你的新论，与传统理论的或顺逆、或延展、或精粗高下的关系。第三位的，应当是来自于科学的新进展所带来的检测和挑战。科学在实验和实证上不断地获得的进展，是任何形而上的理论体系所不可忽视的存在，它或者会使你获得更强固的基础，或者会让你成为海市蜃楼式的"建构"。

其实，上述三项检测和挑战，对于历史上出现的任何美学学说都是不可回避的。而对于我们今天的美学界来说，首先应该特别重视的，恐怕仍然是第一项。试看占我国美学主流地位的实践美学，今天正在承受着来自学界的对其学理上的严峻检测和挑战。但客观地看，实践美学在理论建构的完整性、系统性、严谨性上，比起我国美学界传统的主观派、客观派、主客观统一派等，已经要高明许多了。而且，李泽厚先生把经典作家的"劳动创造了人"和"劳动创造了美"这两个权威命题进行的结合，几乎达到了"严丝合缝"、"妙合无垠"的"境地"①，曾经获得了我国众多美学研究者的普遍认可。他的实践美学，迅速地占有了我国美学界的主流地位，可以说是当之无愧、实至名归的。仅仅凭借我国美学界那些原有的理论资源，要原创性地觉察、发现实践美学的缺陷，并清晰有力地表述对于

---

① 可参见其《美学四讲》。

这样一个以经典命题为背景的美学观的质疑，决非轻而易举之事。这样一个美学思想体系，之所以刚刚才"力克群雄"，从我国传统美学的几大派中脱颖而出，就很快又成为众多学人的攻击目标，主要的原因之一，可能还是由于它的"生不逢辰"。

20 世纪 80 年代以来，我国社会经历了、并继续经历着一场又一场深刻的社会变革和社会观念、心理的震荡。这些又与汹涌而入的现代世界信息、观念、西方思潮相交汇，造成了人们的生活旨趣、时尚品位、理想模式、伦理规范、价值尺度等等的变动不居、莫衷一是，也催生出了纷繁错杂、诡异变幻的美感形态。即使是最现代的西方美学体系，在处理如此复杂的美感现象时，都会力不从心，几近陷入失语之境，不要说一个像李泽厚先生的实践美学这样的意识形态背景相当浓厚的美学思想体系了。也难怪它诞生伊始，就很快地在现实面前呈现出那么多的破绽和明显的颓势，成为了在许多美学研习者心目中不但费解，而且贫血，有距离感和牵强感，使人心存疑窦的美学理论。① 其实，可以说，专业美学界对实践美学的几乎是群起而攻般的学理上的检测和挑战，主要是前一项感性检测和挑战的颠覆性结果所催生出来的，而并不是由于这些挑战者自身已经有多么强大成熟了。这表现在他们对实践美学的批评常常比较笼统、比较概念化，当然也确实有一些尖锐有力的批评，但仍然有理论准备"库存"不足的情况。批判之余，却鲜能提出自己的不片面、不零散、不属语焉不详的有足够分量的建设性的东西，更难有能够取代实践美学的成果。

面对现代科学的进展，实践美学所遭遇的检测和挑战也是极为严峻的。例如，现代科学已经揭示，动物的能力是大大地超越了人类原来给它们划定的界限的。尤其是在我们的传统理论所特别重视的"劳动能力"高低的问题上，高等动物显示出它们不但能够"使用工具"，而且能够"制造工具"。但制造工具原本是被我们的经典理论界定为人类所特有的能力的，而人类的种种区别于动物的"属性"，正是在这一环节中"产生"出来的。因此，当人们发现了动物也能制造工具这一新事实，这不能不构成科学领域中一个意义重大的事件。对于我们的社会科学研究，也包括美学研究，它理当带来巨大的影响。李泽厚先生早就看到了这一新事实，但他却并不根据新的科学事实来调整自己的美学建构，仍然我行我素地从"制

① 笔者在拙著《实践美学观解构——评李泽厚的〈美学四讲〉》中比较系统地探讨了这一课题。

造工具"开始，来"建立新感性"。① 这种"以不变应万变"的一相情愿的做法，不能不使他的整个理论建构，危险地立足于空虚、疏松、豆腐渣般的基础之上。② 其"抗震力"薄弱的状态，是不难料想的。

遗憾的是，对于作为实践美学的批判力量的某些学者或学派，他们对于科学的进展的冷漠态度，竟然类似于实践美学，甚至更甚于实践美学。例如，一位主张"新实践美学"的学者说："因为我们（包括旧实践美学）都同意：'美的本质就是人的本质'。既然如此，我们便只要问一个问题就行了：究竟是什么原因使人成为人？或者说，究竟是什么原因使人获得了'人的本质'？答案也只有一个：是劳动。只要'劳动使猿变成人'这一结论不被新的科学研究所推翻，这个答案也就毋庸置疑。"③ 这位学者的这些话，起码表现出，他对"劳动使猿变成人"这一命题对人的研究和美学思想建构的重要的基石性作用，还是有相当程度的认识的。但问题是，在写了上述这些话后，他就放心大胆地去展开他的"以劳动为逻辑起点"的"新实践美学观"阐述了。他的这一做法，使我们对他有两种推测：其一，在2002年这个时间段的科学背景下，他似乎仍然真的认为"劳动使猿变成人"这一结论是岿然不动、毋庸置疑的。或者其二，虽然他也看到，"劳动使猿变成人"这一结论已经遭遇"质疑"，但他的自我定位就是，他只在"劳动使猿变成人"这一结论成立的前提下做美学。万一这一"前提"不能成立，他可能就不打算再去多关注这一课题了。作这样的选择，当然也是学者个人的自由。但在这样的知识水准或研究态度的主导下，是很难取得及得上实践美学的水准的成果的。因为就连李泽厚先生也不像他的批评者那样笼统地谈论"劳动"，还化了不少时间在琢磨"使用工具"的"劳动"和"制造工具"的"劳动"的区别。

再看作为"后实践美学"的重要一支的"超越美学"，在这一方面的问题也不小。这一学说，不仅对自己学术建构的科学基础的重要性认识不足，而且对于自己学说中学理逻辑的贯通问题也重视不够。对于科学发展的细节，甚至对于科学中的重大的进展，都很少关注。在创造自己的"新说"之际，没有花时间和精力先考察自己的立论基石是否先进和坚实。仍然"以不变应万变"地沿用老皇历。以为仅仅靠加强思辨能力、变化观察

① 即建立人的感性。参见其《美学四讲》的第三章第二节。
② 可参见笔者拙著《实践美学观解构》，第107－124页的评析。
③ 易中天《走向"后实践美学"，还是"新实践美学"》，载《学术月刊》2002年第1期。

角度，就能够实现对于前人的"超越"。例如，2004 年高等教育出版社出版的《美学》一书还这样写道："原始劳动并没有直接创造出美，但却间接地为美的起源创造了生理条件，因为正是原始劳动使猿进化成人，并创造了人的感觉。动物与人有多种区别，但是最根本的区别之一就是动物不能劳动，而人具备了劳动的能力。当猿开始使用和制造劳动工具的时候，它就开始向人转化。""人的诞生是审美的基本前提，因为动物是不能审美的，而这个基本前提是劳动创造的。"① 从上述引文看，此书作者所持学说中存在的问题和李泽厚先生十分相像。他似乎也已经看到，甚至承认了动物能够"使用和制造劳动工具"的事实，但奇怪的是他同时却认定"动物不能劳动"（我们应该及时指明，杨春时先生的这一观点已经"逻辑地"指向了这样一个论断："原始劳动"不是"劳动"——尽管"原始劳动使猿进化成人"。这样，他首先不能回避的一个重大的理论建设任务是：阐明"原始劳动"和真正的"劳动"各自的理论内涵、形态表现，尤其是它们之间的"本质"区别。否则，随后的研究中，理论概念和现象因果关系的紊乱是不可避免的——正如我们现在已经看到的）。那么，动物的"使用和制造劳动工具"——要知道这段时间起码也有几百万年——是在做什么？他认为动物是从"开始使用和制造劳动工具的时候"，"开始向人转化"的。那么，很明显，"劳动"是"转化"之"因"；成为"人"，则是"劳动"之"果"。但他又认定只有"人具备了劳动能力"，这样，"劳动能力"岂不又成了"人"的跟随出现物、成了"人"这个"因"的"果"？另外，如果说"审美"的"前提"是"人"，人的"前提"是"劳动"，而"劳动"的"前提"是能够"使用和制造劳动工具"的动物的存在，那么，按照一般逻辑看，前提是应该可以覆盖结论、整体是应该大于局部的。从而，动物应该起码是有一定的"审美能力"的。可是，此书作者却又下了"动物是不能审美的"这一判断，这是不是在演示一种"结论否定前提"、"局部超出整体"的奇怪逻辑呢？上述这些逻辑关系上的紊乱和矛盾，比李泽厚先生的实践美学中的几乎更甚。"超越美学"和"实践美学"的"脚"，都陷在同样的对事物实态把握不准和逻辑关系紊乱纠缠的沼泽里，这一状态如果没有实质性改变，"超越美学"要实现自己"超越""实践美学"的"抱负"，可能性是不大的。

① 杨春时《美学》，高等教育出版社 2004 年版，第 80 页。

还有一种和实践美学论战了多年的美学观点——主张者自己将它命名为"生命美学"。仅仅从名称上看，它似乎体现出一种较有希望的探索方向。但略加细察，却感到并非如此。它所依凭的人类学、生命科学、心理学等基础，还不如它的对手实践美学。与实践美学相比，它似乎更不关心有关科学的进展细节。但它却比实践美学更热衷于用朦胧、空灵、飘逸的句式表述自己。文采斐然，本不是坏事，但总应该以充实的内容为本。只是我们并没有看到这一"学说"的稍微具体些完整些的逻辑演绎或逻辑构架。在这一方面，它似乎还远远不能和实践美学相比。也难怪一些学者批评它"显得过于空泛"① 和"空洞"。② 在笔者看来，这种"空泛"和"空洞"的一个重要表现是，所谓的"生命美学"，甚至对自己命名中的主角——"生命"这一概念的内涵，也不能作出符合现代科学和学术要求的界定，而是依据不知所云的所谓"约定俗成"，将其限定在"人的生命"的定义域中。③ 可是，如果"约定俗成"可以解决问题，那么，任何科学研究中的质疑、发现和创新，岂不都成了多余？笔者以为，这种"生命美学"有些名实不符，也许只能叫"某氏生命美学"。这一"学说"要成为名副其实、要能够挑战实践美学，恐怕还要在自我完善方面进行相当艰巨的努力。

六

笔者自己的美学学术探索，是循着一条尽量贴近实证科学、经验科学、自然科学的路径前行的。尽管笔者并不赞同李泽厚先生的实践美学观，也并不认可他自己所走的过于"哲学化"的研究路径，但笔者却觉得自己所走的路径，比较接近李泽厚先生对其后美学下一步发展路径的期望和展望。

笔者主张并努力从事的，就是要建构能够直面经验、介入实践、前瞻未来的美学。

所谓"直面经验"，就是不回避现实审美活动中我们真实感受到的复杂的感性体验，对它们进行合乎逻辑、概念清晰的分析、归纳、整理和说明。

---

① 阎国忠《走出古典》，安徽教育出版社1996年版，第498页。
② 罗慧林《一种空洞和中庸的生命美学》，载《粤海风》杂志，2006年第3期。
③ 潘知常《生命美学论稿》，郑州大学出版社2002年版，第117页。

美学学科领域中，古今中外的概念、范畴之繁多、复杂、抽象程度高、玄学色彩浓厚是引人注目的。编撰、辨析、梳理这些概念、范畴，确实是一种很有必要、很有价值的工作。但我们不能忘了这一整理工作的最终目的，要不断地尝试从中提炼出科学严密的理论系统，去处理千变万化、貌似无序的现实审美经验，使之见出运动规律。而理论体系之"网"是否科学、周延，最终也还是要由审美经验之"鱼"是否能被更多地罗致其中，甚至一网打尽来检验的。当今中国人的复杂纷纭、流动变幻的审美经验世界，可以说既是各种美学概念、范畴系统的施展天地，又是它们的严峻考场。

所谓"介入实践"，就是不但要说明审美经验和现象，而且要介入现实生活中美的创造活动。美学固然从历史上带来了浓重的哲学色彩，但这既不是它的全部，也不是一成不变的。现实中美的创造活动当然是多方面的，总的来说是物质世界的建设和精神世界的建设。其中美育和艺术应该是两个极为重要的领域。这两个领域在当代中国，甚至世界，都是问题复杂、繁多的。美学介入这些领域，是其自身存在的价值所系，而不能看成是实用主义。

所谓"前瞻未来"，就是要求美学对于人类社会的未来发展具有一定的预见性。应该说，以人性的研究为基础的美学，其实是掌握着人类社会发展的核心价值取向的。所以，要求它对人类情感世界、精神世界、物质世界的发展，具有前瞻，甚至预见的功能，不是越位之举、非分之求。相反，它正是美学不能推辞的使命。

当然，不论是当代中国主流美学，还是西方现代美学，距离上述使命的担当，都还有一定差距。但这也正是我们的机会。我认为，美学的科学化方向，能够使我们逼近这一目标。笔者已经进行了这方面的一些尝试，并欣喜地看到，靠近这一研究路径的学者也越来越多。作为实践美学以后的新一轮探索，笔者相信自己所选择的这一条美学研究路径是正确的和有"生命力"的，并认为它有可能帮助美学研究从长期徘徊不前的困境突围，帮助我们逼进美学奥秘的核心，使它呈现出规律性。而这样，就可能为美学走出玄学迷雾、走出书斋，能动地走进艺术、走向生活，甚至介入历史进程，开拓出道路。

再论审美构形

张 晶

在几年前，我曾在一篇文章里专论审美构形能力，（见载于《社会科学战线》2005 年 4 期《论审美构形能力》）提出"审美构形能力是指审美主体在进行审美创造时在头脑中将杂多的材料构成一个完形的心理能力"。并主张它是"人的一种基本的心理能力，是在进行审美创造的最为关键的一种能力"。现在，关于这个问题，我又有了一些延展性的想法，提出来以就教于学界同人。

一

所谓"构形"（configuration），本是生物科学中形态学方法的一种，形态学方法在 20 世纪被引入到文学研究之中，曾被命名为"形态文艺学"。其中关于诗，从这种方法出发，被称为是构形的整体"（Gestalt），也即是有生命力的有机体，它通过和自然同等的创造力这样一个构形性的中介组成整体。而在美学范围内，我们指的是在艺术想象基础之上借助艺术家主体的独特艺术语言而生成内在的艺术形象的过程。它是艺术创作得以物化为作品文本前的最后一个环节，它是相对稳定的和明晰的。

构形作为人的一种基本的思维品格，有别于逻辑的、概念的思维形式，它的生成物不是概念、判断和推理，不是一个理论性的思想，而是一个创造性的表象。从文学艺术的范围来说，是以不同门类的艺术语言，在头脑中建构出的新的表象。这是就其生成物而言的，构形本身则是一个过程，也是文学艺术创作的一个最重要的环节。歌德于此有这样非常重要的论述："艺术早在其成为美之前，就已经是构形的了，然而在那时候就已经是真实而伟大的艺术，往往比美的艺术本身更真实更伟大些。原因是，人有一种构形的本性，一旦他的生存变得安定之后，这种本性立刻就活跃起来。"① 歌德所说的"构形"，正是从人的审美创造的本性来讲的，即是艺术品尚未得到物化时便已在头脑中呈现了。

构形作为艺术家的能力，虽然与想象密不可分，却非后者所可取代，是需要我们剔抉而出的。这个过程不仅是非常必要的，而且也是艺术品得以产生的最后一个关键环节。正如德国艺术理论家希尔德布兰特所着力指出的那样："由这种构形的方式产生的形式问题，虽不是由自然直截了当地向我们提出的，但却是真正的艺术问题。构形过程把通过对自然的直接研究获得的素材转变为艺术的统一体。当我们讲到艺术的模仿特征时，我们所谈的是还没有按此种方式演进的素材。于是，通过构形的演进，雕塑和绘画摆脱了纯粹的自然主义范畴而进入真正的艺术领域。"② 这是希尔德布兰特在很久之前便明确意识到的，虽然是在造型艺术范围中提出的，但我以为在文艺美学中是颇具普遍意义的。希氏对于文学艺术沉溺于模仿是不以为然的，因此他才撰写了《造型艺术中的形式问题》申言艺术创造中的构形。他指出："在我们的科学时代，今天的艺术品很少能超出模仿的水平。构形的感觉要么丧失殆尽，要么被纯粹外在的、多少具有审美力的形式安排所取代。在这篇论文中，我的目的是引起对构形方式这一思想的注意，从这一观点逐步展开形式所提出的问题，并展示这些问题对我们与自然关系的直接依赖。不过请注意，这种依赖关系并不排斥艺术家的个性。"③ 这段并不费人猜想的话，明晰而全面地道出了希氏的初衷所在。我认为希氏的观点是非常富有远见的，而且是揭示了审美创造过程的一个为人所未重视的环节。这个环节恰恰是相当重要的。

构形的一个重要特质就是它的独特性和创造性，这也是我们超越"模仿说"的一个依据。再现或反映都算不上构形，只有产生了以往的作品都未曾出现过的表象而成为作品中的基本存在，这才是我们所说的审美构形。而其实审美构形并不可能没有任何材质的来源，而应该是以客观的物象或事象作为构形的资源的。无论是文学创作，还是其他艺术门类，如绘

---

① 《论德国建筑》，引自［英］鲍桑葵著、周煦良译《美学三讲》，上海译文出版社 1983 年版，第 59 页。

② ［德］阿道夫·希尔德布兰特著、潘昌耀等译《造型艺术中的形式问题》，中国人民大学出版社 2004 年版，第 20 页。

③ 同上。

画、雕塑等等，外在的物象或事象，一方面作为感兴的契机引发创作冲动；一方面则是作为创作素材成为构形的基础。钟嵘在《诗品序》中所说："若乃春风春鸟，秋月秋蝉，夏云暑雨，冬月祁寒，斯四候之感诸诗者也。嘉会寄诗以亲，离群托诗以怨。至于楚臣去境，汉妾辞宫，骨横朔野，或魂逐飞蓬，或负戈外戍，杀气雄边；塞客衣单，孀闺泪尽，或士有解佩出朝，一去忘返；女有扬蛾入宠，再盼倾国，凡斯种种，感荡心灵，非陈诗何以展其义，非长歌何以骋其情？"① 指出这些物象和事象，都是使诗人感荡心灵，起而赋诗的感兴之源。另一方面，诗歌创作是要有内在的构形的，钟嵘又论五言诗云："五言居文词之要，是众作之有滋味者，故云会于流俗。岂不以指事造形，穷情写物，最为详切者邪？"② 认为诗的功能首在于"指事造形"。从内在的神思来说，也即构形。从构形的外力而言，必然是自然物象的变化或社会事物的刺激，使艺术家兴发了创作的冲动和构形的动力，同时，这些内容又往往成为构形的材质。黑格尔这样认为："艺术家的地位是这样：作为一个天生地具有才能的人，他与一种碰到的现存的材料发生了关系，通过一种外缘，一个事件，或是像莎士比亚那样，通过古老的民歌、故事和史传，通过这一类事物的推动他自觉有一种要求，要把这种材料表现出来，并且因此也表现他自己。所以创作的推动力可以完全是外来的，唯一重要的要求是：艺术家应该多外来材料中抓到真正有艺术意义的东西，并且使对象在他心里变成有生命的东西。"③ 我们所说的审美构形，并非纯然主观的，更非虚空的，是以客观的物象为其材质的。而在作家艺术家心里生成的构形，却是在整体上超越于外在物象的新的东西。恰如刘勰所说："是以诗人感物，联类不穷，流连万象之际，沉吟视听之区，写气图貌，既随物以宛转；属采附声，亦与心而徘徊。"④ 诗人受外在物象的变化之感兴，而生发创作冲动，并以外在"万象"为其资源，在摄写外物时，是"随物宛转"的；但是诗人又对其加以改造，赋予内在的整体构形，这即是"与心徘徊"，创造主体的关键作用是显而易见的。五代时著名画家荆浩论画有"六要"，其一为"气者，心随笔运，取象不惑。"其二为"韵者，隐迹立形，备仪不俗。"

① 钟嵘著、陈延杰注《诗品注》，人民文学出版社 1961 年版，第 2 页。
② 同上。
③ ［德］黑格尔著、朱光潜译《美学》第一卷，商务印书馆 1981 年版，第 365 页。
④ 《文心雕龙·物色》篇。

其三为"思者,删拨大要,凝想形物。"① 所谓"取象不惑",是指画家有选择地撷取物象。所谓"隐迹立形",是画家在心里隐去物象之迹,而立出欲画之形。所谓"删拨大要,凝想形物",则是以清晰的内在的笔触来使构形凝定。这里既指出绘画对外在物象的撷取与选择,更强调了画家内在的审美构形。其间的联系是非常密切的。我们也不妨将其看作是一个关于画家作画时的内在的运思过程。

我们也可以这样看,作家艺术家在头脑中所进行的审美构形,恰恰又是发现和汲取外在事象之美、撷取感性材质的机能和动力因素。构形的过程是一种聚焦,形成强烈的意向性,将那些本来是散在的、变幻不居的想象之物,聚集于稳定的、具有新质的构形之中。黑格尔认为,"所以艺术家须用外在界吸收来的各种现象的图形,去把他心里活动着和酝酿着的东西表现出来,他须知道怎样驾御这些现象的图形,使他们服务于他的目的,它们也因而能把本身真实的东西吸收进去,并且完满地表现出来。"② 通过主体的构形能力和主体意志,吸收外在的图形,使之形成一个新质的内在形象。南朝画家宗炳论山水画所说的"以形写形"③,可以理解为是以画家的内心构形来吸纳外在的山水之形。作为艺术创作活动的审美意向性,构形对外在物象材质的聚集与整合,是有其统一的功能的。现象学的开创者胡塞尔以意向性作为现象学的最为基本的范畴,这是从他的老师布伦塔诺那里承续并加以改造的。但在这样的内涵上他与布伦塔诺并无不同,按着施皮格伯格的阐释,胡塞尔意向性的内涵,"他决不把意向关联看成是一种简单的关系,而是看成一种复杂的结构,在其中材料仿佛被用作原料,并被结合到总体对象上,这总体对象构成全部指向的极。"④ 意向性还有一种统一的功能:"意向对象化功能的下一步就是它使我们把各种连续的材料归结到意义的同一相关物或'极'上。如果没有这种统一的功能,那就只有知觉流,它们是相似的,但决不是同一的。意向提供一种综合的功能,借助这种功能,一个对象的各个方面、各种外观和各个层次,全都集中并合并于同一个核心上。"⑤ 艺术创作的内在审美构形,可

---

① 荆浩《笔法记》,见沈子丞编:《历代论画名著汇编》,文物出版社 1982 年版,第 50 页。
② [德]黑格尔著、朱光潜译《美学》第 1 卷,商务印书馆 1981 年版,第 359 页。
③ 宗炳《画山水序》,见沈子丞编《历代论画名著汇编》,文物出版社 1982 年版,第 14 页。
④ [美]赫伯特·斯皮格伯格著、王炳文、张金言译《现象学运动》,商务印书馆 1995 年版,第 157 页。
⑤ 同上。

以得到这样的理解。

著名美学家苏珊·朗格以"基本幻象"来说明门类艺术的本质："每一门艺术都有自己特定的基本幻象，这种基本幻象便是每一门艺术的本质特征。"① 这种"基本幻象"却非我们所说的构形，而是此一门类与彼一门类相互区别的特征，对于同一门类的艺术来说，却是一个共名的概念。朗格又说："每一种大型的艺术种类都具有自己的基本幻象，也正是这种基本幻象，才将所有的艺术划分成不同的种类。"很显然，朗格所说的"基本幻象"，是属于此一门类所共有的。构形却是属于殊相的，也即个别的，是此一作品区别于其他作品的。构形当然是有其客观基础的，正因为客观事物的千差万别，才有了艺术家头脑中构形的个性化特征。魏晋时期著名文论家陆机云："体有万殊，物无一量。纷纭挥霍，形难为状。辞程才以效伎，意司契而为匠。在有无而黾勉，当浅深而不让。虽离方而遁圆，期穷形而尽相。"② 所论的落脚点并非指物象的殊异，而是"形难为状"的构形烦恼，也说明创作主体是追求在审美构形中的独特与个性化的。"离方遁圆"是要脱略艺术的程式窠臼，而"穷形尽相"则是在客观外物的殊异的基础上而产生的构形的殊异，也即个性化的生成。刘勰在《文心雕龙》中论及创作的运思过程云："故思理为妙，神与物游。神居胸臆，而志气统其关键；物沿耳目，而辞令管其枢机。枢机方通，则物无隐貌；关键将塞，则神有遁心。是以陶钧文思，贵在虚静，疏瀹五脏，澡雪精神。积学以储宝，酌理以富才，研阅以穷照，驯致以怿辞，然后使玄解之宰，寻声律而定墨；独照之匠，窥意象而运斤：此盖驭文之首术，谋篇之大端。"③ 这段在古文论里极其重要为有名的名言，是讲了文学运思的内在过程，而通过声律而最后定型（即"定墨"），是在内在的运思阶段最后的构形。"独照之匠"是作家在内在形成独特的审美观照，它是独特的，也是终极的。庄子所谓"视乎冥冥！听乎无声。冥冥之中，独见晓焉；无声之中，独闻和焉。"（《庄子·天地》篇）也是在冥冥之中得到的独特观照。南朝高僧慧阐析竺道生的"顿悟"说云："夫称顿者，悟语极照。以不二之悟，符不分之理。"④ "极照"即是完整的、终极的。"窥意

---

① ［美］苏珊·朗格著、滕守尧、朱疆源译《艺术问题》，中国社会科学出版社1983年版，第77页。
② 《文赋》，见陆机著、张少康集释《文赋集释》，人民文学出版社2002年版，第99页。
③ 刘勰《文心雕龙·神思》篇目。
④ 引自汤用彤著《汉魏两晋南北朝佛教史》，中华书局1983年版，第471页。

象而运斤"的"意象",也可以说是构形。这同样是非常个性化的。萧子显谈到文学创作的"神思"时说："属文之道,事出神思。感召无象,变化不穷。俱五声之音响,而出言异句;等万物之情状,下笔殊形。"① 揭示了创作中的个性特征。面对同样的"万物情状",创作出来的却是不同的艺术形象。这个"殊形",应是笔下所见;但它又是头脑中已经构成了的。

二

有人不免要问:你的所谓构形,难道就不是想象吗? 我这里要做一个区分:构形当然离不开想象,或者说是想象为其基础;但我所说的构形,并不等同于想象,而是在想象之后借助于独特的艺术语言在头脑中建构而成的最为明晰的艺术样态了。想象带有更多的自发性,而到构形阶段,则有明确的意识和更为明晰的轮廓。艺术家在想象阶段还是较为不确定的,游移的,而进入构形阶段,则是进一步定型,而且是以艺术语言为其载体的。正如黑格尔所言:"艺术家的这种构造形象的能力不仅是一种认识性的想象力、幻想力和感觉力,而且还是一种实践性的感觉力,即实际完成作品的能力。"② 可以说,构形是艺术创作在作品没有问世之前的最后一个环节。从逻辑上说,构形的环节,是在想象之后的,是将想象以艺术语言来赋形的。在构形过程中,审美主体是有着明确的自觉意识的,也是有着强烈而执著的艺术意志的。

构形有着突出的创造性质。也正是在这一点上,即便是以"模仿"为艺术理念的创作,也不可能没有审美构形。可以认为,缺少了审美构形,就不复有艺术存在。正如德国哲学家卡西尔所指出的,"即使最彻底的模仿说也不想把艺术品限制在对实在的纯粹机械的复写上。所有的模仿说都不得不在某种程度上为艺术家的创造性留出余地。"③ 即便是对外在事物的模仿,要在作品中呈现出来,也必须在审美主体的头脑中先要构形。构形超越模仿,模仿蕴涵构形。

在这个模仿过程中,作家、艺术家将外在事物的印象在自己的作品中

① 《南齐书·文学传论》。
② [德] 黑格尔著、朱光潜译《美学》第 1 卷,商务印书馆 1981 年版,第 363 页。
③ [德] 恩斯特·卡西尔著、甘阳译《人论》中译本,上海译文出版社 1985 年版,第 179 页。

复现出来，那就只能以属于自己的艺术家身份的艺术语言作为媒介。而其实这个过程已是灌注了创作主体的情感因素。譬如诗人是要用文字，画家要用笔墨和色彩，音乐家要用音符和旋律，如此等等。构形的一个重要含义，便是运用不同门类的艺术语言来建构出独特的形象。无论是怎样以再现为初衷的作品，都会因了主体的不同，而生成不尽相同的构形。尽管每门艺术都有属于它的基本艺术语言，但是，作为艺术家来说，在其创造过程中，其艺术语言必然具有主体的色彩，这也就导致了构形的差异，创造性也就由此而生。美国艺术理论家古德曼对于写实就有这样的理解，他说："诱人上当的东西依赖于所观察到的东西，而观察到的东西则由于趣味与习惯的不同而有所不同。如果融合的或然与否为一，那么，我们也就没有了再现，我们也就有了统一性。"① 构形必然是个性化的，创造性也就寓于其中。

艺术品作为艺术家情感表达的产物，这无论是在中国，抑或是在西方，都成为人们的共识。中国古代有"诗言志"的命题，这个"志"，就包含着情感因素。西方则有"诗是诗人感情的自然流露"（华滋华斯语）的说法，强调了艺术创作的情感动因。这也就是关于艺术创作的"表现"说。但是，表现就不需要构形了吗？不是的。情感表现与其说是审美直觉，毋宁说也同样需要审美构形。克罗齐的"直觉即表现"的命题是靠不住的。因为只有直觉等于什么也没有说，什么也没有创造出来。艺术品是具有"物性"的。情感的表现要具有艺术的品格，就必须是构形的。我们可以从卡西尔的论述中非常清楚地认识到这种规律，他说："艺术确实是表现的，但是如果没有构形它就不可能表现。"② 构形是内在地进行的，但它之所以与一般的想象之不同，就在于在艺术家的头脑中，构形已然是以独特的艺术语言来进行的。如一位诗人，在其作品尚未写出之前，已经在头脑中用语言构思好了。作曲家亦复如是，其在乐曲没有完全定型之前，也在头脑中用其独特的旋律有了基本的构形。即便是最具有表现性质的作品，也还是要通过艺术语言进行构形的，这才能有作品的物化产生。为此，卡西尔颇为深刻地批判了克罗齐的直觉理论："而这种构形过程中在某种感性媒介物中进行的。歌德写道：'一当他无忧无虑之时，那些悄悄地产生的半神半人就在他周围搜集着材料以便把他的精神灌输进去。'

---

① ［美］尼尔森·古德曼著、褚朔维译《艺术语言》光明日报出版社1990年版，第50页。
② ［德］恩斯特·卡西尔著、甘阳译《人论》中译本，上海译文出版社1985年版，第180页。

在许多现代美学理论中——尤其是克罗齐及其弟子和追随者们——这种物质因素被忘掉或受到了极度的轻视。克罗齐只对表现的事实感兴趣，而不管表现的方式。在他看来方式无论对于艺术品的风格还是对于艺术品的评价都是无关紧要的。唯一要紧的就是艺术家的直觉，而不是这种直觉在一种特殊物质中的具体化。物质只有技术的重要性而没有美学的重要性。克罗齐的哲学乃是一个强调艺术品的纯精神特性的精神哲学。但是在他的理论中，全部的精神活力只是被包含在并耗费在直觉的形成上。当这个过程完成时，艺术创造也就完成了。随后唯一的事情就是外在的复写，这种复写对于直觉的传达是必要的，便就其本质而言是无意义的。但是，对一个伟大的画家，一个伟大的音乐家，或一个伟大的诗人来说，色彩、线条、韵律和语词不只是他技术手段的一个部分，它们是创造过程本身的必要要素。"① 卡西尔还举抒情诗为例来说明构形在表现型艺术中的必要存在。他又认为，"这一点对于特殊的表现艺术正像对描写艺术一样地适用。甚至在抒情诗中，情感也不是唯一的和决定性的特征。——抒情诗人并不仅仅只是一个沉湎于表现感情的人。只受情绪支配乃是多愁善感，不是艺术。一个艺术家如果不是专注于对各种形式的观照和创造，而是专注于他自己的快乐无比或者'哀伤的乐趣；那就成了一个感伤主义者。因此我们根本不能认为抒情艺术比所有其他艺术形式具有更多的主观特性。因为它包含着同样性质的具体化以及同样的客观化过程。马拉美（Mallarme）写道：'诗不是用思想写成的，而是用语词写成的。'它是以形象、声音、韵律写成的，而这些形象、声音、韵律，正如同在剧体诗和戏剧作品中一样，结合为一个不可分割的整体。"② 卡西尔从符号论哲学的立场出发，对于表现型艺术的论述是我所深为认同的。表现型艺术也不可以只是情感的直接宣泄，而是要用语词来进行审美构形。如杜甫写国破家散之痛则是："国破山河在，城春草木深。感时花溅泪，恨别鸟惊心。"这样的具体构形。李商隐写爱情的感伤，则是："昨夜星辰昨夜风，画楼西畔桂堂东。身无彩凤双飞翼，心有灵犀一点通。"都是有着具体的审美构形的。

　　从艺术的角度而言，克罗齐的"直觉即表现"的理论肯定是缺少环节的。克罗齐所说的"直觉"，并非如我们想象的那样，是混沌的感受，而是具有强烈的主体色彩的能力，克罗齐在努力分辨这种差异："直觉有时

---

① ［德］恩斯特·卡西尔著、甘阳译《人论》中译本，上海译文出版社1985年版，第180页。
② 同上，第182页。

被人混为单纯的感受，但是这就违反常识；——直觉据说就是感受，但是与其说是单纯的感受，毋宁说是诸感受品的联想。"① 克罗齐在谈"直觉即表现"时已经注意到了表现的形式化问题了。他认为："每一个真直觉或表象同时也是表现。没有表现中对象化了的东西就不是直觉或表象，就还只是感受或自然的事实。心灵只有借造作、赋形、表现才能直觉，若把直觉和表现分开，就永远没有办法把它们再联合起来。"② 在这一点上，我们宁可赞同克罗齐的观点，他所说的直觉是与表现直接相关的，而不是被动的感受。尤其是他主张的"心灵只有借造作、赋形、表现才能直觉"，其实是讲直觉的心灵创造功能。我所说的"构形"当然还是在头脑中的，还没有物化出来的内在形式，但我强调的是，在逻辑上构形在想象之后，是以不同门类的艺术语言甚或是属于某一独特的艺术家特殊艺术语言习惯而构成的在头脑中业已生成的作品"完形"。它是想象后的产物，又是以不同门类和不同媒介语言所构成的、呼之欲出的"胎儿"。在这个地方，克罗齐还是显得太简单化了，他是为了心灵而忽略了艺术创作的构形环节的。而在这个环节里，不同艺术门类的艺术语言，是通过外在艺术媒介的成熟化而形成的内在艺术语言的构形作用。英国著名美学家鲍桑葵对此甚是关注，他颇为认真地考究了艺术创作的外在媒介对于内在构形之间的深刻联系，如其说："为什么艺术家在木刻上，在泥塑上，在铁画上，制出不同的图案，或把同一图案处理得不一样呢？如果你能够把这个问题回答得彻底，我相信你就探得了艺术分类和情感转变为审美体现的秘密了。"③ 鲍桑葵看到了不同艺术门类的物质性的外在媒介对④于内在的审美构形之间的影响："所以那些伟大艺术之间的区别，仅仅就是模塑泥土、木刻、铁艺之间的区别；这些区别大规模地发展起来，并给审美想象的整个领域带来不可避免的后果。"鲍桑葵特别重视的就是媒介与创作的构形之间的关系，他继而说："因为这是一件无比重要的事实。我们刚才看到，任何艺人都对自己的媒介感到特殊的愉快，而且赏识自己媒介的特殊能力。这种愉快和能力感当然并不仅仅在他实际进行操作时才有的。他的受魅惑的想象就生活在他的媒介的能力里；他靠媒介来思索，来感受；媒介是他的

---

① ［意］克罗齐著、朱光潜等译《美学原理·美学纲要》，外国文学出版社1983年版，第13页。

② 同上，第15页。

③ ［英］鲍桑葵著、周煦良译《美学三讲》，上海译文出版社1983年版，第30页。

④ 同上，第31页。

审美想象的特殊身体，而他的审美想象则是媒介的唯一的特殊灵魂。"（同上）鲍桑葵的这段话极为值得重视，所谓的"媒介"就是指不同艺术门类的艺术语言。鲍桑葵虽然没有用"构形"这样的概念，而是指出想象是要通过媒介进行的，由此我们也可看出构形是与想象密不可分的。而我宁愿将"构形"与想象加以剥离，因为想象还是相对不够稳定的，较为模糊的，而构形则是在艺术作品在物化前最为明晰和定型的内在样态，它是以"媒介"为工具来构造的。在我看来，鲍桑葵在这里所说的与媒介难以分开的"审美想象"其实也就是我这里所说的"审美构形"。在克罗齐看来，"外在的媒介，严格说来，是多余的东西，因此区别这种表现方式和那种表现方式（如绘画、音乐、语言）是没有意义的。"① 在这一点上，我是完全赞同鲍桑葵的看法的。艺术创作的内在的审美构形，不可能是与外在的艺术媒介相脱离的，反之，恰恰是通过外在媒介的思维习惯来进行构形的。如以诗歌创作为例。诗歌是以语言作为媒介的，但却是通过语言来创作一个完整内在的视像，这就是诗歌的构形。鲍桑葵这样论及诗歌创作的审美观点构形："诗歌和其他艺术一样，也有一个物质的或者至少一个感觉的媒介，而这个媒介就是声音。可是这是有意义的声音，它把通过一个直接图案的形式表现的那些因素，和通过语言的意义来再现的那些因素，在它里面密切不可分地联合起来，完全就像雕塑和绘画同时并在同一想象境界里处理形式图案和有意义的形状一样。"② 鲍桑葵特别重视在艺术创作中内在地运用媒介的问题，他认为用语言进行诗的构思，其实是与雕刻和绘画一样构成"有意义的形状"，这也便是诗歌创作中的构形。

三

当然并非所有的作品都是在其未得到物化之前都已经做好了完整的构形，那样，就会缺少了大量的偶然性因素，也即缺少了那些电光石光般的灵性闪现。内在的审美构形是指艺术家在头脑中形成的作为独特而完整的艺术品的统一性。因为任何真正的艺术品，都应该有着内在的完整性和统一性的。苏珊·朗格最为重视艺术品的整体性特质的，这显然是出自于其符号学的美学观念。她说："艺术品作为一个整体来说就是情感的意象。

---

① 鲍桑葵著、周煦良译《美学三讲》，上海译文出版社 1983 年版，第 34 页。
② 同上，第 33 页。

对于这种意象，我们可以称之为这种艺术符号是一种单一的有机结构体，其中的每一个成分都不能离开这个结构而独立地存在，所以单个的成分就不能单独地去表现某种情感。艺术品的这一作用与语言词汇的作用是正好相反的。字或词是语言的组成成分，每一个字或每一词都有它自己的单独的意义，所有的字和词加到一起就构成了整句话的整体意思。——而艺术品却恰好与此相反，它并不是一个符号系统，在一件艺术品中，其成分问题和整体形象联系在一起组成一种全新的创造物。——因此，艺术符号是一种单一的符号，它的意味并不是各个部分的意义相加而成。"① 艺术创作中的审美构形，应该是整一的，这也是作这艺术品的成功前提。

现在再来看一下情感因素对于审美构形的作用。即使是情感表现，也不能是直接的、无构形的宣泄，而应该是以具体的艺术语言加以审美构形，以艺术符号的形式来使人得到感染；这里所论，则是指出情感对于构形的动力作用。审美构形，在艺术创造中情感成为构形的动力和它的含蕴。而审美构形，也是表现情感的最为根本的艺术途径。在苏珊·朗格看来，"艺术品是将情感呈现出来供人观赏的，是由情感转化成的可见的或可听的形式。它是运用符号的方式把情感转变成诉诸人的知觉的东西，而不是一种征兆性的东西或是一种诉诸推理能力的东西。"② 朗格一直把艺术视为表现情感的知觉形式，这样，情感就成为了构形的内涵。而中国古代文论中，则更多是以情感为审美构形的动力因素，如刘勰所说的"神用象通，情变所孕。"③ "夫情动而言形，理发而文见，盖沿隐以至显，因内而符外者也。"④ 明确揭示了情感的发动作为语言构形的动力性质。情感的不同的类型会在很大程度上影响到构形的不同。元代书法理论家陈绎曾说："情之喜怒哀乐，各有分数：喜则气和而字舒，怒则气精而字险，哀则气郁而字敛，乐则气平而字丽。情有轻重，则字之敛舒险丽，亦有浅深，变化无穷。"⑤ 即是认为情感的不同类型使书家在书法创作时有了不同的构形。

---

① ［美］苏珊·朗格著，滕守尧、朱疆源译《艺术问题》，中国社会科学出版社 1983 年版，第 130 页。

② 同上，第 24 页。

③ 《文心雕龙·神思》篇。

④ 同上。

⑤ （元）陈绎曾《翰林要诀》，见《中国历代美学文库·元代卷》，高等教育出版社 2003 年版，第 404 页。

　　情感作为艺术创造的动力和内涵，使艺术家在进行审美构形时注入了自己的生命体验，从而也使其胸中的整一的构形，有了鲜活的生命感。情感的和生命力的，在审美构形中是融贯在一起的。这一点，无论在西方，还是在中国，都有不少类似的看法。黑格尔的论述颇为深刻地指出："通过渗透到作品全体而且灌注生气于作品全体的情感，艺术家才能使他的材料及其形状体现他的自我，体现他作为主体的内在的特性。因为有了可以观照的图形，每个内容（意蕴）就能得到外化或外射，成为外在事物；只有情感才能使这种图形与内在自我处于主体的统一。就这方面来说，艺术家不仅要在世界里看得很多，熟悉外在的和内在的现象，而且还要把众多的重大的东西摆在胸中玩味，深刻地被它们掌握和感动；他必须发出地很多的行动，得到过很多的经历，有丰富的生活，然后才有能力用具体形象把生活中真正深刻的东西表现出来。"① 黑格尔已然看到构形问题的重要，而且认为主体渗透于作品的情感在构形之中起到的作用是非常重要的。再如卡西尔就尤为深刻地指出了作品的内在生命力与构形之间的关系，他说："每一位大艺术家那里，想象力的作用都以一种新的形式和新的力量再次出现。在抒情诗人中我们首先感到了这种连续不断的再生和更新。这些诗人不可能谈及一个事物而不使它浸透了他们自身的内在生命力。华兹华斯就已把这种才能形容为他的诗歌的内在力量：'对每一种自然形态：岩石、果实或花朵，甚至大道上的零乱石头，我都给予有道德的生命：我想象它们能感觉，或把它们与某种感情相连：它们整个地嵌入于一个活跃的灵魂中，而一切我所看到的都吐发出内在的意义。'但是，具有这种虚构的力量和普遍的活跃的力量，还仅仅只是处在艺术的前厅。艺术家不仅必须感受事物的'内在的意义'和它们的道德生命，他还必须给他的情感以外形。艺术想象的最高最独特的力量表现在这后一种活动中。外形化意味着不只是体现在看得见或摸得着的某种特殊的物质媒介如黏土、青铜、大理石中，而是体现在激发美感的形式中：韵律、色调、线条和布局以及具有立体感的造型。"② 我们所说的审美构形，经过艺术语言的传达，给人以带着生命活力的美感，这是艺术品的基本特质，如果没有内在的生命力，只有外在的形式，是很难称之为真正的审美构形的。中国的文论也多有以人的有机生命来比拟创作过程中的审美构形的。如刘勰以"风骨"论

---

① ［德］黑格尔著、朱光潜译《美学》第 1 卷，商务印书馆 1981 年版，第 359 页。
② ［德］恩斯特·卡西尔著、甘阳译《人论》中译本，上海译文出版社 1985 年版，第 196 页。

文章，其云："是以惆怅述情，必始乎风；沉吟铺辞，莫先于骨。故辞之待骨，如体之树骸；情之含风，犹形之包气。"魏晋南北朝著名画论家谢赫在其"六法"中第一条便是"气韵生动"，这是总贯"六法"的基本原则；而"六法"之第三是"应物象形"，即是绘画中的构形过程。晚唐张彦远在《历代名画记》中认为，"夫象物必在于形似，形似须全其骨气，——至于鬼神人物，有生动之可状，须神韵而后全。若气韵不周，空陈形似，笔力未遒，空善赋彩，谓非妙也。"① （《历代名画记·论画六法》）指出绘画不应只有形似，更重要的是要有内在而外显的气韵。气韵是发自于内在的生命力，也体现着生命力的。

由上面的论说来看，审美构形问题并非今天才提出的问题，但在美学领域并未得到认真的对待和讨论。相关的情况，以往的美学与艺术理论著述多在想象论中涉及。我之所以一再撰文阐明这个问题，是因为在我看来审美构形作为文学艺术创造的重要环节，是想象论所无法完全包容的。在作品尚未问世之前，这是依据想象构思，以艺术家特有的艺术语言在头脑中创造出的最为稳定、最为明晰的轮廓了。这个环节无疑是被忽略了。美学学者们并未有专文论述；但与其在艺术创造中的功能相比，这种情况显然是远远不够的。将这个内在的构形过程与想象甄别开来，也许是不无牵强之感；但是艺术家运用独特的艺术语言进行构形，而非一般的想象所致，这就涉及作品形成过程中的内在媒介。它虽然不同于在创作的外在实施阶段的媒介那样显而易见，但我认为却是客观的存在！作家、艺术家在头脑中凝定自己作品的艺术形象时，是以自己的艺术语言运思的。

---

① 张彦远《历代名画记·论画六法》。

"美"的范畴的语义模糊性

史 红

一

　　以往我们对"美"的范畴研究一直停留于本体的精确探究，一直追问
"'美'是什么"，也在努力回答着"'美'是 N"的疑项，寻找"N"的
答案。其实这一问题的焦点应在"美"这个范畴的语义本身意义，而不是
在"美"的范畴指谓"N"的意义上。"美"的范畴的争论之所以成为千
古难题，主要是因为"美"的范畴语义本身一直不明确，不少争论因语义
而起。但"美"的范畴语义究竟为何，人们并不十分清楚。模糊语义学的
研究是一新趋势，美国控制论专家查德（L. A. Zadeh）于 1965 年发表了
《模糊集》一文，提出了著名的模糊理论。他从高矮、美丑等词语的意义
之间没有明确可分的界限来阐述模糊概念，这一理论在哲学已经发生"语
言转向"的当代语境中，对"美"的范畴语义的研究无疑提供了新的思
路与方法。

　　按照古典范畴的观点，"美"的范畴应是清晰的、明确的，但就"美"
的范畴看，现代中西字典对"美"的词义解释既不统一，也不明确。再从
中西美学思想上看，对"美"的范畴的美学解释也多种多样，无固定之
说。对"美"的解释如"理念"、"意志"、"移情"、"快感"等都是主观
性概念，"和谐"、"成功"无法测量，"有用"相对而言，"关系"随语
境而变，"生活"外延广泛。可见，中西对"美"的中心意义的解释多是
语焉不详，解释的词语本身还需要再解释，没有统一意见。因此，用古典
范畴观解释"美"是不适用的。这种解释之难反映出"美"的范畴的模
糊性。

　　现代范畴观主要从认知语言学角度解释，认为范畴就是对事物进行识别（perception）、概括和抽象的结果。即"美"的范畴就是对审美对象的认知产物，在抽象过程中，人们将"美"范畴中的物体所具有的共同属性提取出来。在概括过程中，人们将具有"美"的特征审美事物归成一类。但在维特根斯坦看来，范畴是通过范畴成员之间相互交叉的"家族相似性"建立起来的。以此看"优美、柔美、娇美、甜美、阴柔美"等，在内容上既交叠重合也有差异，形成一个家族相似关系。这一语义链中的交互重叠的内容就是核心部分，就是"美"的范畴原型。这即是说人类对"美"的类属划分不是根据对象之间共同的和必要的属性，而是根据它们与原型范畴之间的相似性。

　　根据原型理论，"美"的范畴是由构成范畴的要素集合及要素间特定的关系组成的，"核心"要素就是"美"的范畴的原型，它是"边缘"要素即其他的范畴成员的参照点，当要素之间的关系对"正确关系"产生某种程度的偏离时，就会产生范畴边界的模糊。"美"的范畴外延界限是模糊的在笠原仲二《古代中国人的美意识》里对"美"的外延的概括里体现的就十分明显，"美"的外延包括：十三类之多。此外，许多领域都有"美"的存在。"美"的范畴不仅外延所指无法明确，而且"美"的范畴内涵与中心意义并无完全统一认识，也是模糊的。从《说文》中可看出，"美"有如下几个义位：美味（甘、旨、甛、甜）；美善（嘉、娿）；美貌（好）；美心（懇）。除《说文》外，我国传统对"美"的范畴内涵也主要为：其一，指味、色、声、态的好。其二，指才德或品质的好。其三，指善事、好事。其四，表示赞美、称美。其五，表示喜欢、称心。这里，"美"的范畴包括了感觉、道德、评价、价值等不同意义，但是它更主要的是其所指难以确定。"美"范畴在表达性状、范围、程度等意义时具有不确定性，意义所指有很大的伸缩性。如"花是美的"，而"美"表达的花的审美性状（颜色、形状、香味等）不确定；是花的颜色为美？还是形状为美？再如"艺术是美的"，"美"的范围不确定；"杨贵妃很美"，"美"的具体程度并不明确。

　　那"美"究竟是语义模糊？还是语用模糊？"美"若是语用模糊，那其产生和消除都必须依赖特定的语境，但是"美"即使在语境中也不会消除其模糊性。尽管"美"处在这样一个上下文，但是模糊性不因这个句子语境产生，相反"美"本身的模糊属性却使这个句义更为模糊。当然

"美"的范畴语义模糊和语用模糊不是完全对立的，语义模糊会导致一些语用模糊的情况。

"美"范畴的模糊性在语义场里表现明显，如"美味—美食"；"美人—美女"；"美—丑"的解释。

二

"美"的范畴的语义的模糊性由多种原因造成。语言世界本身的特点直接导致了"美"的范畴语义的模糊性。

"美"的范畴的语义的模糊性是客观事物模糊性的反映，"美"的范畴对这些对象进行清晰地识别、抽象、概括时就会有相当的难度。

"美"的范畴的语义的模糊性与人们的主观世界也有密切关系。其一，审美认识过程中的模糊性。其二，审美体验的模糊性。其三，审美主客观相遇而形成的审美意象、意境的朦胧性。"美"的词性本身也影响了"美"的范畴的模糊性。

"美"的词性也影响范畴的模糊性。"美"的词性之一是形容词，带有明显的感情色彩，不易准确表达。"美"的词性之二是动词，如赞美、美化。"赞美"含有明显的个人主观因素，"美化"亦有"美"的程度问题。

"美"的语义模糊受一些限制词影响。首先，近似化词。如"很"、"非常"、"挺"、"比较"，表述的是弥散量，具有量幅特征，更加强化了美的模糊程度。其次，遮掩词。它是说者自己的主观判断，如"我感觉她挺美的"，它影响说话人承诺的程度和类型。近似化词将"美"本身模糊化，改变其所修饰的"美"的语义隶属度，而遮掩词是对"美"的语义真值不太肯定。这主要是由于人们缺乏精确的"美"的概念标准而引起的。模糊限制词和"美"基词组合就构成模糊短语。其语法公式是"模糊短语 C =（否定词 N）+模糊限制词 R + 基词 B"。在名词性模糊短语里，如"美少年" C = R（形）+ B（名），它的模糊、清晰与连接名词有关。在形容词性模糊短语里，"十分美丽的" C = R（副）+ B（形），虽然，加上表程度的词语，提供了多层次的、多级的度量，使"美"具有了表示的深、浅等量的程度，但"美"仍然模糊。

三

正由于"美"的范畴语义模糊性，使得精确化的解释就成为它的发展方向，这就涉及"美"的量化的难题，它是"美"的研究里最薄弱的、最欠缺，也是最有争议的部分。否定论否认"美"的可量化性，排斥量化研究方法。肯定论则认为传统美学侧重"美"的定性研究，缺乏精确化，"美"应该进行量化研究。

"美"的量化研究目标是"美"的范畴的可测性，力图构建"美"的描述的量化指标体系、"美"的解释模型、"美"的评判的定量化标准。"美"的语义量化可使"美"的范畴的理论思维从假设、猜想、推断和模糊认定逐步走向实证、准确、精密和科学化。

如果我们想将"美"的模糊语义形式化，采用传统集合论是行不通的，模糊集才是解决此问题的钥匙。模糊集论不遵从排中律和与其对偶的矛盾律，允许集合具有不分明的边界。在传统集合论的基础的二值逻辑中，一个表达明确意义的陈述句，其真值或真（"1"）或假（"0"）。例如"杨贵妃是美人"这个命题，只允许取值"1"或"0"，即杨贵妃或美或丑，二者必居其一，遵循排中律和矛盾律，呈现互斥关系。虽然实验数据证明人们对模糊语言的判断相似度显著，但"美人"的具体标准、程度却是不明确的。这即是说二值逻辑对"美"是不适用的，因为"美"并不是只有"1"或"0"二值方案，"非美即丑"，常有模棱两可的情况"不美不丑"。"美"的集合的边缘往往是模糊的，我们可以在［0，1］的区间内连续取值，规定其成员对"美"的集合的隶属度。"隶属度"是Zadeh提出的，隶属度就构成了这个模糊集合关于它的元素的隶属函数（membership function），这样就可以通过集合的有关运算对"美"的模糊语义进行定量分析。隶属度是一种近似地表示模糊性的方法，而不是要去除模糊性。隶属度反映的是人们对"美"的渐变性的认识。如某一个中国女性对容貌美（A）的隶属度进行测查，我们可以对 N 个人进行调查，在所得的数量区间（A）中，若有 M 个数量区间认为其美，包含 X，那么其容貌对"容貌美"的隶属频率就是 m/n。根据数理统计知识，随着应试人数的增加，这一隶属频率会逐渐趋于稳定，这个定点就是该女性对"容貌美"的隶属度。

条件的变化对"美"的隶属度的制定有一定的影响,"美"的模糊语义的集合程度由于对象要求、社会环境、民族文化等的不同,出现内涵和外延的差异。用隶属度来定义"美"能有效地处理"美"的模糊特征,还可以表示"美"的时空变化以及每一变化的具体进展。"美"的模糊集的等级真值,为不完全确定的"美"概念提供了一种恰当的处理方法,是"美"的定量研究的深化和拓展。

典型集论(Prototype theory)与模糊集论在某些方面相近,它是以集合中典型与非典型之间的关系的形式来说明模糊性。Zadeh(1982:293)也指出典型不一定必须是单个元素,它还可是一个无限集合,这在数字意义上是可行的。所以,对"美"的典型抽象和统一的判断是不可能的,典型美只在一个特定的模糊集中起着标准典范的作用。史密森(1987:301)总结出典型是一个集合中的样板,有以下两个特点:其一,典型本身是其代表的范畴的一分子;其二,范畴中某一个体与典型的相似度越低,它的隶属度就越低。适应于某一特定语境的典型"美"不应视为普遍意义上的"美"典型标准。

我们已经看到量化研究对"美"的范畴语义的突破性进展,当然此研究也带有很大的局限性。它使"美"的范畴往往停留在推理分析和描述界定上,其结论往往只能见仁见智,缺乏自然科学那样的客观性、精确性、普适性和权威性,难以得到验证,因而影响到人们对"美"的范畴科学性的认可。另外,如果单纯强调可量化性,就会夸大量化研究的作用,把量化研究视为唯一科学的方法。同时,目前量化的工具不完备。

从上可见,"美"的范畴在语义上具有明显的模糊性,但不应该被看作是其缺欠,而应该认为这是"美"的复杂性使然,这就难怪"美"成为千古难题了。因此,"美"在理解上就有很大的伸缩性和灵活性,在认识上给人留下丰富的想象空间,而人们在使用"美"时,有一种"软容忍原则",人们可有审美理解的个体差异,但在统一的"软容忍原则"之下,并不影响互相之间的语言交流,"美"既有统一性又有分歧性,二者相辅相成,从而使"美"这一模糊语言能得以存在。

用需求美学改造边际效用理论

鲁晨光

一、引言

我在《美感奥妙和需求进化》（2003）一书中提出需求美学，它肯定美在于不满足。现在我发现它和经济学中的边际效用理论（豪伊，中译本，1999）有很好的兼容性。因为两者都肯定：随着满足程度增加，快感强度逐渐减弱。需求美学认为快感强度取决于不满足程度，边际效用理论认为价值取决于不满足程度。但是两者也有本质不同。我以为需求美学和我的需求进化论可以弥补边际效用理论的不足，由此可以得到一种兼容边际效用论和劳动创造论的新的价值理论。

二、边际效用理论及其问题

关于商品的价值，经济学中最有影响的两个对立学说是：边际效用论和劳动创造论（马克思，中译本，1975）。

劳动创造论区分价值和使用价值，认为价值（也就是交换价值）取决于劳动，可用社会必要劳动时间衡量。而边际效用论不区分价值和使用价值，认为价值取决于边际效用。

为了便于后面讨论，我们先澄清快乐和快感之间的关系。我以为快乐可以解释为快感对时间的积分。或者我们简单地认为：快乐＝快感×时间。类似的：痛苦＝痛感×时间。

功利主义（Utilitarianism）创始人边沁把效用定义为快乐和痛苦。

边际效用思想由杰文斯、门格尔、瓦尔拉斯三人分别提出，异途同归。他们注意到，随着消费数量增加，满足引起的快感强度减弱。用杰文斯的说法：边际效用就是最后一部分消费品满足产生的效用或快乐。这意思比如：一个人吃了一片又一片西瓜，每片西瓜引起的快乐不同。假设他刚刚吃完 5 片西瓜，那么一片西瓜现在对他的边际效用就是他吃第五片西瓜引起的快乐（说第六片也行）。市场价格则取决于大多数人不满足程度或快感程度，一产品对大多数人的平均边际效用就是其价值。如果西瓜价格太高，我们就会不买西瓜而买其他水果，比如桃子或甜瓜。市场价格就在人人追求边际效用时形成。

但是这一理论有两个问题。

第一，不能解释没有交换价值的东西也能使人产生快乐。比如口渴时喝水的快感很强烈，喝多了就没有快感了。边际效用理论可以解释：因为水容易得到，边际效用低，所以价值低。但是，它不好解释，为什么没有交换价值的水会常常使人产生强烈快感。自然风景和冬天的阳光也是，它们没有交换价值，但是很能引起快感。

关于这个问题，我将在别的文章中讨论。我的结论是：应该区别使用价值和交换价值，边际效用就是使用价值，而商品的交换价值不同，它取决于我们得到它的难度——可以用劳动衡量，但是不是唯一由劳动创造的，比如地下煤炭的交换价值（是太阳创造的）。价格既反映使用价值，也反映交换价值。

第二，最终用人的主观感受衡量价值，没有说明主观感受的必然性，这样，边际效用就缺少客观标准。

三、需求进化规律和需求美学

需求这里指生理或心理需要（need），而不是市场需求（demand）。

马斯洛的需求层次理论[①]和马克思在《1844 年经济学—哲学手稿》中提出的对象化理论是两个流行的但是截然不同的需求理论。前者认为人天生就有多层次需求，低级需求满足了就会自然产生高级需求。后者认为，人在创造对象的同时产生了能欣赏对象的感官和心理，高级需求是劳动或社会实践的产物。

---

① 参看 http://www.3322.net/~psychspace.com/psy/book/P-Maslow.htm。

我的需求进化论建立在达尔文进化论基础上，同时也继承了马克思的需求发展理论。

我在《美感奥妙和需求进化》（2003）一书中提出了需求进化一般规律——途径变目的，阐述了快感追求和生存目的的一致性。这样就可以直接或间接用生存的物质需求解释快感和边际效用。

需求的对象是引起快感的感性活动——比如审美，跳舞，做爱……因为人可能为了这些感性活动本身，而不是为了得到某种结果（比如找到对象、上大学、去北京），所以我称这些活动是感性目的（后面简单称之为目的）。而称那些结果是理性目的。理性目的永远是手段，是中点站，不是最终追求。

我以为人的需求就像是一棵大树，是遵循途径变目的规律长成的。人本来只有一种目的——生存。这是遗传基因赋予人的目的，是客观目的。围绕生存目的这个主干，人产生了吃、喝、做爱……等需求，这些需求本来只是生存的手段或途径，后来途径变目的，这些活动本身就使人产生快感，从而成为人的主观目的，它们就像是生存目的的主干上的枝桠；为了这些目的，人类采摘野果、游泳、钓鱼、打猎……这些活动后来也渐渐成为人的目的，以至于有人花钱去钓鱼，钓到又放掉；人本来追求道德和荣誉是获得其他利益的途径，但是后来追求道德和荣誉本身也成了目的。而各种生理快感、美感、荣誉感、崇高感……的意义都是促使人把某种直接或间接符合生存的感性活动由途径变为目的。人类需求之树就是遵循途径变目的规律不断长大的——先天遗传和后天发展两种因素都有。

美学中的功利和经济学中的效用在英文中都是 utility。但是两者含义不同。美学中的功利不是指快感或快乐本身，而是指引起快感的事物的有用性。苏格拉底肯定美在于功利，是功利美学的鼻祖。

需求美学和功利美学不同之处主要在于，需求美学认为美不在于功利，而在于功利的缺少或需求；不在于得到功用，而在于功用的不满足。比如，流浪汉眼中，别人的安逸家园更美；囚犯眼中，山林原野更美；一相情愿者眼中，得不到的意中人更美。人的审美心理有如河床，历史需求有如水流；水流冲刷出河床，河床反过来引导水流。美感如同人类目的之树上的绿叶，其意义是促使人把接近一些对生存有利的对象由途径变为目的。从眼前看，因为对象美，人才想接近，但是从长远看，是因为人想接近，对象才美。类似地，不是因为对象丑，人才想回避，而是因为人想回

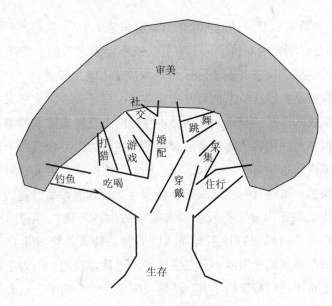

图1 需求进化之树

避（比如毒毛虫，人的病态），对象才丑。

包括阎国忠教授在内的若干学者已经意识到①：美感和喜爱情绪相互依存相互促进。但是最初的喜爱情绪是怎么来的？需求美学认为来自客观的需求关系。

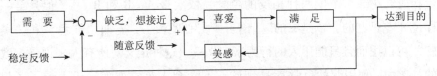

图2 用自动控制框图说明美感、喜爱和需求（需要和想接近心理）三者之间的因果关系

和其他快感相比，美感产生的同时没有其他任何满足。这一特殊性就是美学的奥妙所在。这一特殊性决定了美的东西（比如自然风景、街头美女）通常有使用价值或边际效用，但是没有交换价值。

四、改进边际效用理论

上述观点和边际效用理论同样肯定：

———————————

① 参看本文集阎国忠教授的文章。

1）人类活动的动因是追求快乐，回避痛苦。

2）满足会渐渐削弱快感，不满足（或不满足之后的少许满足）才能带来更强的快感；快感（或边际效用）取决于不满足程度。

不一样的是：经济学家们研究物质需求，但是最终用快感来解释物质需求，他们说的满足也只是得到快感本身，而不是物质需求的满足；我研究快感，但是最终用物质需求来解释快感。我认为人类快感和不快感最终反映物质需求和生存需求。比如，用人和水果之间的需求关系解释水果引起的味觉快感。虽然有时候反映得不恰当（比如烟酒毒品引起的快感，那是因为进化结果还没有来得及反映人类新的生存环境）。但是总的来说，人类的快感和不快感很好地引导了人类行为，使人类更好生存。这样一来，边际效用在我们这里就不仅是主观的，也是客观的。因为主观快感在一定程度上直接或间接反映了客观的物质需求和生存需求。这和马克思的历史唯物主义的基本观点——社会存在决定社会意识，社会意识反映和促进社会存在——也是一致的。

另外，如何对快感下定义，并且保证这个定义对人人有效？我研究过颠倒色觉的逻辑可能性问题（2003），得到结论：个人心理感觉（比如色觉和美感）是无法用语言描述的，语言一致不能保证感觉一致，两个人天生相应红花绿草产生两种相反的色觉，依次是 A、B 和 B、A，但是会一样说"花是红的，草是绿的"。语言所指心理状态，比如"红色"和"美感"可以用而且只能用人的行为来定义——这种定义对所有人来说是一致的。比如，血引起的色觉就是红的，不管个人色觉如何；让人看了还想看，甚至想接近，不为其他，那就是美感。看了不想看，甚至想回避，那就是丑感。

据此，我们也可以用行为度量快乐。比如我愿意走一公里路看小桥流水，超过一公里就不想去了，那么看小桥流水的快乐就等于来回走两公里路的行为（或劳动）。从这个例子可以看出，我们可以在边际效用和必要劳动时间建立某种等价关系。

最近，我用热力学自由能增量公式解释财富增长，得到这样的公式①：

财富增量 = 产品价值增量 − 待加工成本增量

= 涨价引起的增值 + 数量增加引起的增值

---

① 参看 http：//survivor99.com/lcg/cf/cf1.htm。

– 消费和污染引起的减值 + 加工成本降低引起的资源增值

其中涨价引起的财富增值就和边际效用有关。涨价可能是因为供应短缺，也可能是因为人的需求结构改变了。后者比如，居民富有了，为居住环境付出的代价就会超过为饮食付出的代价。一盆花可能贵过一袋米。原因是吃喝容易满足，而居住环境不满足的空间很大。

上面公式后两项和劳动有关。根据这个公式，我们可以建立一种兼容边际效用理论和劳动创造说的价值理论①。

五、总结

本文讨论了边际效用理论存在的问题，介绍了需求美学和途径变目的理论，讨论了如何改进边际效用理论，以及如何建立边际效用和物质需求以及边际效用和劳动之间的联系。本文讨论加强了这样的观点：科学是一个整体，经济学、美学、物理学、心理学、哲学、生物学……是密切相关的。从更广的视野看问题应该可以得到更完善的解答。

参考文献：

[1] 豪伊《边际效用学派的兴起》，中译本，中国社会科学出版社。

[2] 鲁晨光《美感奥妙和需求进化》，中国科学技术大学出版社。

[3] 鲁晨光《色觉奥妙和哲学基本问题》，中国科学技术大学出版社。

[4] 马克思《资本论》第一卷，中译本，人民出版社。

[5] 马克思《1844 年经济学—哲学手稿》，中译本，人民出版社。

---

① 参看 http://survivor99.com/lcg/cf/cf2.htm。

论审美对象的存在形态

张云鹏

一

杜夫海纳反对把审美对象看作是"观念对象"（康拉德）、"纯意向性对象"（茵加登）、"想象的对象"（萨特），他主张审美对象是知觉对象。面对舞台，"我所感知的既不是演唱者，也不是正在歌唱的特里斯坦和伊索尔德，我所感知的是歌唱：是歌唱而不是声音，是配有音乐而非乐队伴奏的歌唱。我来听的就是这歌词和音乐的整体。这整体对我来说，就是实在的东西，就是它构成审美对象"。① 审美对象作为知觉对象这样一种存在方式，也就必然地决定了它的存在形态是"感性"。实质上，杜夫海纳就是把审美对象直接定义为"感性"的，一方面，他从动态的角度说："审美对象首先就是感性的不可抗拒的出色的呈现。"② "审美对象是感性的辉煌呈现。"③ 另一方面，他从静态的角度说："审美对象就是辉煌地呈现的感性。"④ "审美对象不是别的，只是灿烂的感性。"⑤ 其实，无论从动态还是从静态申说，其中心意思是相同的："审美对象首先是感性的高度发展，它的全部意义是在感性中给定的。"⑥ 没有感性的基础，审美对象就不复存在，进而它的意义也就无所从出。因此，在杜夫海纳看来，感性是无法替代的东西，是构成艺术作品的实质本身的东西。这就是审美对象

① ［法］杜夫海纳著，韩树站译《审美经验现象学》，文化艺术出版社1996年版，第35页。
② 同上，第114页。
③ 同上，第259页。
④ 同上，第115页。
⑤ ［法］杜夫海纳著，孙非译《美学与哲学》，中国社会科学出版社1985年版，第54页。
⑥ ［法］杜夫海纳著，韩树站译《审美经验现象学》，文化艺术出版社1996年版，第376页。

之所以显示，任何知识之所以不能与之相当，任何翻译之所以不能取代它的根本原因。

"感性"的重要性不仅体现在审美对象上，放在杜夫海纳整个美学体系中来考察，"感性"也是不可或缺的一个关键概念。审美对象与审美知觉所构成的这种现象学意向性框架便预先决定了"感性"在其中的中心地位。没有"感性"，甚至"感性"退居第二位，不仅对象不是美的①，而且知觉也同样不是纯粹（即审美）的。如此一来，审美经验中的现象学还原就没有得到实现。正是由于这个原因，知觉就不能使"显现"与存在同一，对象就不能与"现象"同一。《文艺现象学》的作者玛格欧纳甚至把"感性"称之为《审美经验现象学》全书的思想核心。程孟辉主编的《现代西方美学》认为，杜夫海纳的"感性"概念，"不仅把艺术作品与审美客体区别开来，而且通过强调审美感知的作用，强调了审美客体是欣赏主体和艺术作品美的形式成分直接相互作用的结果。这样，他就有根有据地在美学研究领域中彻底贯穿了现象学'诉诸事物本身'的根本意向，为主体和客体的直接统一找到了真正的家园。"②

那么，什么是"感性"呢？杜夫海纳对此作过大量的描述。他说：

审美对象首先就是感性的不可抗拒的出色的呈现。如果旋律不是倾泻在我们身上的声的洪流，那又是什么呢？如果诗不是词句的协调和娓娓动听，那又是什么呢？如果绘画不是斑斓的色彩，那又是什么呢？甚至纪念性建筑物如果不是石头的感性特质，即石头的质量、色泽和折光，那又是什么呢？如果色彩暗淡了，消失了，绘画对象也就不复存在。废墟之所以仍是审美对象，是因为废墟的石头仍是石头，即使磨损变旧，它也表现出石头的本质。但是假如遇上一场大火，建筑物失去自身的图形与油漆色彩，那它就不再成其为审美对象了。同样，如果字只不过是数学算式中那样的没有感性特质的符号，只有自身的意义，那么诗也就不再成其为诗了。③

---

① 杜夫海纳在论述美是什么的时候曾说："美是被感知的存在在被感知时直接被感受到的完满。首先，美是感性的完善，……其次，美是某种完全蕴含在感性之中的意义，……说对象美，是因为它实现了自身的命运，还因为它真正地存在着——按照适合于一个感性的、有意义的对象的存在样式存在着。"（《美学与哲学》，第19-21页）

② 程孟辉《现代西方美学》，人民美术出版社2001年版，第463页。

③ ［法］杜夫海纳著，韩树站译《审美经验现象学》，文化艺术出版社1996年版，第114-115页。

"感性"这一概念，在西方美学史上，大约来说，有三种基本含义。一是与理性认识相对的感性认识，具体地说，感性是指一般外界事物作用于人的感觉器官而形成的感觉、知觉和表象的认识形式或认识阶段。自古希腊的柏拉图以降至 18 世纪的英国经验主义和德国理性主义对感性基本上持此种释义。美学之父鲍姆嘉登就是按此义把美学确立为研究感性认识的科学的。二是把感性理解为感性对象，它是事物的一些特征，如色彩和声音，它诉诸人的感官的感觉。三是把感性理解为感性活动，一种不断生成自身的感性生存活动。自黑格尔和马克思通过引入"实践"的概念，使对感性的意义理解呈现出从感性认识向感性生存的演变。

杜夫海纳的"感性"既非指感性认识或感性生存，更不是指一般意义上的感性对象，它所特指的是，在感性生存的基础上，经由现象学还原所回溯到的"现象"，即"那个非现实的东西，那个'使我感受'的东西，正是现象学的还原所想达到的'现象'，即在呈现中被给予的和被还原为感性的审美对象。"① 这个"现象"是纯粹知觉意识的对象。杜夫海纳把感性解释为对象（譬如绘画、舞蹈、音乐、诗歌等）若干因素（这些因素对绘画来说是颜色，对舞蹈来说是可见的动作，对音乐来说是声音，对诗歌来说是词句转化的声音）必要的和巧妙的配合的整体。这个整体的感性，或者说这个感性的整体"就是我试图沉浸在其中的这种音乐的满溢，就是我试图把握其细微差别并跟随其展开的这种色彩、歌唱与乐队伴奏的结合"。②

二

杜夫海纳对感性的解释是不能令人满意的，原因在于它始终停留在描述的层次上。为了对"感性"有一个整体的深入的理解，我们必须把它放在"艺术作品—审美对象—审美知觉"这个理论框架中展开论述。

在这个框架里，艺术作品是作为未被审美地感知的存在物而存在的，或者说，它是审美对象未被感知时留存下来的东西——在显现之前处于可能状态的审美对象。而审美对象则是作为艺术作品被感知的艺术作品，因为审美知觉，艺术作品在完满的感性中获得了自身完满的存在和价值的

---

① ［法］杜夫海纳著，孙非译《美学与哲学》，中国社会科学出版社 1985 年版，第 54 页。
② ［法］杜夫海纳著，韩树站译《审美经验现象学》，文化艺术出版社 1996 年版，第 36 页。

本原。

在此，我们注意到审美对象是处在艺术作品与审美知觉之间的，所以杜夫海纳才认为："感性是感觉者和感觉物的共同行为。当绘画的颜色不再映入眼帘的时候，颜色又是什么呢？颜色又回到了它的物或观念的本质，成为化学产品或光波的振动而不再是颜色。只有通过人的感知，并且只有对感知它的人来说，它们才是颜色。绘画只有被人观赏时才真正是一个审美对象。"在《美学与哲学》中，他同样说："感性产生在感觉者与被感觉者的交叉点上，审美对象仅仅在审美知觉中实现，对于任何被知觉之物来说，这难道不是事实吗？"① 在这里，艺术作品既与审美对象相联系，又与审美对象有区别。当艺术作品未被审美地感知的时候，艺术作品表现为"物质材料"，当被审美地感知时，艺术作品表现为"感性特质"。

"物质材料"首先与"物质手段"有别。杜夫海纳认为，"物质手段"是材料的材料，它作为"物质材料"的载体和依托而存在；而"物质材料"则是因"物质手段"的中性化而出现的。例如，音乐的材料是声音，而作为发声手段的乐器则是物质手段；诗歌的材料是词语这种特殊的声音，而讲出这些词语的喉咙或戏院中用全身讲出这些词语的演员则是物质手段；绘画的材料是颜色，而画布和作为化学产品或振动的光波则是物质手段。原则上，物质手段是不出头露面的，也就是说，它自身不再被人感知。正是基于此种差别，杜夫海纳才说出了如下似乎与事实不相符合的话："阿尔比大教堂不是用砖砌成的，凡尔赛小特里亚农宫不是用大理石建造的，某某罗曼式耶稣受难像也不是用象牙雕制的，这与皮鞋是用皮革或工具是用钢材制成的不同。"② 也就是说，砖之于阿尔比大教堂，大理石之于凡尔赛小特里亚农宫，象牙之于某某罗曼式耶稣受难像这样一些艺术作品而言，仅仅是"物质手段"，而非"物质材料"。

"物质材料"与"物质手段"虽然有别，但并不意味着二者是可以分离的，实际上，二者紧密地结成一体。比如，我们看到的演员的表演与我们听到的歌词是结合在一起的；石头也用来使对象、神殿或雕塑具体化；画布使风景或肖像具体化。因为，"物质手段"也有自身的感性特质，比如说石头的严峻、光滑、灰暗等属性。当"物质手段"不仅仅作为"物质手段"而存在，而是作为感性的载体而存在时，它所构成的就不是一个

① ［法］杜夫海纳著，孙非译《美学与哲学》，中国社会科学出版社1985年版，第208页。
② ［法］杜夫海纳著，韩树站译《审美经验现象学》，文化艺术出版社1996年版，第340页。

实用对象，而是一个欣赏的对象。在此，材料得到了颂扬，"物质手段"正是通过显示自己而不是使自己消失，即通过展开自己的全部丰富性，实现自己的审美化的。在这个过程中，"物质手段"的感性转变为"物质材料"的感性。

其次，"物质材料"与"审美对象"有别。尽管"物质材料"和"审美对象"都可以作为感性而存在，但"物质材料"的感性是一种原始感性，而"审美对象"的感性则是一种审美感性。在论及审美对象的表现性能时，杜夫海纳提到了"原始感性"与"审美感性"两个概念及其转化："感性越显著，表现也越显著。艺术只有凭借感性，并按照使原始感性变成审美感性的操作才能表现。"① 但对两者具体含义并未作出进一步阐释。爱德华·S. 凯西在《审美经验现象学》英译本前言中把"原始感性"归之于在一般知觉中遇到的可归结为非表现性的感觉构成因素，而把"审美感性"归之为通过达到形式上的完美而纯化这些构成因素所导致的结果，并进一步联系到审美对象作为"自为"的存在，而强调发挥其对于知觉主体的主动性的一面："它还具有一种自身特有的，强有力的，甚至是强制性的特性，要求欣赏者向'它那不可抗拒的辉煌的呈现'表示敬意。面对感性所构成的审美对象的'至高无上的统治权'，不管是欣赏者还是表演者都要顺从，都要认识到自己的任务是公正地对待审美对象，而不是凌驾于审美对象之上。"② 这些论述虽都在申说着杜夫海纳关于审美对象的某些观点，但毕竟没有切中"感性"本身。

"原始感性"即非审美对象在一般知觉中所显现的"自然感性"，也就是前述美学史上对感性的第二种理解，它是事物的一些特征和属性，如颜色和声音，它诉诸人的感官的感觉。颜色和声音等作为事物的属性和特征与事物自身的关系，按亚里士多德的观点，就是属性与实体的关系。实体是一切东西的主体或基质、基础，它本身独立存在，不依赖于任何其他东西；而属性则只能存在于实体之中，不能离开实体而独立存在；实体是先是的东西，属性是后是的东西。他说："实体在哪个意义上都在先：在定义上、在认识程序上、在时间上全居第一位。因为其他的范畴没有一个能够独立存在，唯有实体能如此。同时，在定义上实体也占第一位，因为每样东西的定义中都必须出现它的实体的定义。而且，我们认为自己对一

---

① ［法］杜夫海纳著，韩树站译《审美经验现象学》，文化艺术出版社1996年版，第170页。
② 同上，第610页。

件东西认识得最充分，是在知道它是什么——如人是什么，火是什么——的时候，而不是在知道它的性质、它的数量、它的位置的时候；而我们认识这些谓词中的某一个，也只是在知道数量是什么或性质是什么的时候。"① 总之，实体没有属性也仍然是自身，而属性没有实体则无以存身。

杜夫海纳实际上已经注意到"物质材料"与"原始感性"的这种依存关系以及由此带来的差异，在把实用对象与审美对象作比较的时候。他说"物质材料"（它是作品的躯体）和"感性"的关系：

在实用对象的情况下，知觉通过亚里士多德的物理学也采用的那种自发运动，把物质材料和感性特质区分开来，因为知觉在物中感兴趣的是它作为物的实体，即石头之所以是石头并可以用于建筑的东西；即钢之所以是钢并可以用于制造机器的东西；即词句之所以有意义并可以用于交流思想感情的东西。②

在此，"感性"成为"物质材料"可有可无的符号，如同庄子所说"筌者所以在鱼，得鱼而忘筌；蹄者所以在兔，得兔而忘蹄；言者所以在意，得意而忘言"。③ 未获得独立存在的原始感性，被一般知觉作为意指越过，而径直走向实用或知识。感性在此被消解了。海德格尔在《艺术作品的本源》中所说"斧成石亡"的例子就是对上述两者关系的极好说明："器具由有用性和适用性所决定，它选取适用的质料并由这种质料组成。石头被用来制作器具，比如制作一把石斧。石头于是消失在有用性中。质料愈是优良愈是适宜，它也就愈无法抵抗地消失在器具的器具存在中。"④

"审美感性"与"原始感性"之最大不同，在于感性不是审美对象的属性，不再是对象可有可无的符号，而是一个目的。感性是无法替代的东西，也是成为作品的实质本身的东西，以至于感性成为对象本身。当艺术作品诉诸于审美知觉时，艺术的"物质材料"便转化为"审美感性"。正是在这种意义上，杜夫海纳认为艺术对"物质材料"和"感性"不作任何区分：

无论如何，感性确是作品的材料本身，如同图画是用色彩绘成的，音乐是用声音组成的，诗歌或戏剧是用应该念出来的词句构成的，舞蹈是用

---

① 《西方哲学原著选读》（上卷），商务印书馆1981年版，第125页。
② ［法］杜夫海纳著，韩树站译《审美经验现象学》，文化艺术出版社1996年版，第115－116页。
③ 《庄子·外物》，见《老子庄子直解》，浙江文艺出版社1998年版，第333页。
④ ［德］海德格尔著，孙周兴译《林中路》，上海译文出版社1997年版，第29－30页。

应该完成的动作形成的。但这里，感性不是用符号的手段来获得和制定的，它必须立即得到直接的处理。①

因为物质材料只不过是感性的深度罢了。这一大块粗糙而又带光泽的东西就是石头。这种细长、纤弱和动听的声音就是笛子的音色，而笛子则不过是给这种声音起的一个名称。因为声音本身就是物质材料。如果说起木管和钢管，那么我们指的不是乐器的物质材料，而是声音的物质性。同样，当画家们说起物质材料时，他们指的也不是颜料这种化工产品或在上面涂颜料的画布，而是从颜色的厚度、纯度和密度来把握的颜色本身。总之，是根据颜色对创作所起的作用，但丝毫不漏掉它的感性特质和它对知觉的参照。因此，对感知者来说，物质材料就是从物质性也几乎可以说是从奇异性这方面来考察的感性本身。②

这里关键的一点是，当物质材料"丝毫不漏掉它的感性特质和它对知觉的参照"的时候，当它"得到直接的处理"的时候，"物质材料"便转化为"感性"本身。海德格尔对两者的关系及其转化举例说是"庙成石显"："神庙作品由于建立一个世界，它并没有使质料消失，倒是使质料出现，而且使它出现在作品的世界的敞开领域之中：岩石能够承载和持守，并因而才成其为岩石；金属闪烁，颜色发光，声音朗朗可听，词语得以言说。所有这一切得以出现，都是由于作品把自身置回到石头的硕大和沉重、木头的坚硬和韧性、金属的刚硬和光泽、颜色的明暗、声音的音调和词语的命名力量之中。"③ 杜夫海纳深受海德格尔的影响，并进一步发挥其观点，形成了更明确地表述：对象的物质性受到了颂扬，感性也达到了它的最高峰。

清代桐城派作家在谈到欣赏古文时讲究"因声求气"，"声"即语言音节的抑、扬、顿、挫，"气"即文章的意义、感情、形象所共同构成的感性整体。语言只有以其感性之"声"才能建构艺术的感性之象。一方面，"声"以显"象"；另一方面，"声"因"象"显。刘大櫆将文章的构成分为神气、音节、字句三个要素，并借用《庄子·秋水》"物粗物精"之说，将神气、音节、字句分别厘为"最精"、"稍粗"、"最粗"三

---

① ［法］杜夫海纳著，韩树站译《审美经验现象学》，文化艺术出版社 1996 年版，第 61－62 页。

② 同上，第 116 页。

③ ［德］海德格尔著，孙周兴译《林中路》，上海译文出版社 1997 年版，第 30 页。

个层次。但他说："然论文而至于字句，则文之能事尽矣。盖音节者，神气之迹也；字句者，音节之矩也。神气不可见，于音节见之；音节无可准，以字句准之。"① 字句、音节虽为文的粗处，但它可通向文的精处。此即为"因声求气"。

俄国形式主义的代表人物什克洛夫斯基认为，艺术之所以存在，就是为使人恢复对生活的感觉，就是为使人感受事物，使石头现出石头的质感。但是在日常生活中，经过无数次地感受，人的行为模式已经凝固化、机械化，对事物我们不是感受它而是认知它，事物摆在我们面前，我们知道它，但对它却视而不见。为了克服日常生活的机械性，什克洛夫斯基提出了"陌生化"的理论。"陌生化"的基本含义就是对艺术作品中的"材料"作感性的强化，譬如舞蹈之对于走路，诗歌之对于日常语言。

叶秀山先生在评价杜夫海纳"审美对象就是感性"这一命题时，说过一段非常深刻的话："审美对象与其它对象的区别在于：审美对象的感性因素，具有一种存在性的意义，而就一般对象来说，对象的感性特征，只是作为'属性'来把握，杜弗朗说，任何对象当然都有颜色，一般对象'有'颜色，而审美对象则就'是'颜色，譬如，变了颜色的衣服仍是'衣服'，但画上的衣服却与它的颜色不可分，所以杜弗朗看来，在艺术作品中感性的东西已不再只是'标记'，而就是'存在'。长笛的声音不是那种'乐器'的'属性'，而就是那种声音的'存在'，所以我们不说'那个乐器在演奏'，而是说'长笛在演奏'，也不说'一个活人在跳舞'，而是说'生命在舞蹈'。"② "存在性"使感性成为实体，成为主体，成为对象本身。

为了进一步申说作为"物质材料"的艺术作品与作为"感性"的审美对象的区别，我们不妨引入朱光潜先生的"物甲"、"物乙"说。同杜夫海纳非常相似的一点是，朱光潜也是把审美对象放在"物—心"的框架里进行阐述："美不仅在物，亦不仅在心。它在心与物的关系上面。但这种关系并不如康德和一般人所想象的，在物为刺激，在心为感受；它是心借物象来表现情趣。"③ 为了区别物与审美对象，它提出了"物甲"和

① 刘大櫆《论文偶记》，载郭绍虞主编《中国历代文论选》（第3册），上海古籍出版社1980年版，第434–435页。
② 叶秀山《思·史·诗》，人民出版社1988年版，第314–315页。
③ 朱光潜《朱光潜全集》（第1卷），安徽教育出版社1996年版，第346页。

"物乙"的概念："物甲是自然物，物乙是自然物的客观条件加上人的主观条件的影响而产生的，所以已经不是纯自然物，而是夹杂着人的主观成分的物。"① 在"物甲—物乙—美感"的审美链条中，物甲是审美的客观条件，物乙是美感的对象，他把物乙称之为"物的形象"。其实，"物甲"与"物乙"的区别也就是中国古典美学中"物象"与"意象"的区别。尽管朱光潜"物甲"、"物乙"、"美感"等概念与杜夫海纳"艺术作品"、"审美对象"、"审美知觉"在具体含义上并不等同，但它对于我们理解"物质材料"与"审美感性"的区别会提供一个有所助益的参照。

三

在"艺术作品—审美对象—审美知觉"这个框架中，我们还应当注意"审美知觉"对于"感性"的作用和地位。如前已所述，审美对象是作为被知觉的艺术作品，或者说，当艺术作品的"物质材料"被审美知觉意识所把握时，它便转化为"感性"。于是，在此就必然会产生一个争论：感性是否把握它的意识的产物呢？其中一种观点是唯智主义的，即排除知觉，把审美对象看作是纯粹意识的产物；另一种观点则是把审美对象放在主体—客体这个整体的结构中来考察，一方面认为审美对象靠知觉来体现，譬如说，声音靠耳朵来听，它是对耳朵并通过耳朵对全身提出的一个命题；另一方面又认为有某一种先于知觉的声音的存在，其音响材料有一种外在的现实性。杜夫海纳对这个争论以及由此引起的"感性"这一概念的含糊性的态度是明确的，他说："是，也不是。"

对他所作的这一回答的理解，使我们必须回到审美对象的存在方式上去。从存在方式考察审美对象，杜夫海纳提出的总的命题是：审美对象是一个"自在—自为—为我们"的"准主体"。"为我们"指的是艺术作品作为物质材料须凭借、通过主体的知觉才能呈现完成自身，从可能转变为现实，从作品转变为审美对象。正是由于这一点，杜夫海纳才对"感性是不是把握它的意识的产物"这一争论回答说"是"。但是，"为我们"的一面并不否定审美对象"自在"的一面，因为它仍然是一个"物"。这个物具有一种自然存在的内在必然性，对于知觉主体来说，这就是自在的外

① 朱光潜《朱光潜美学文集》（第3卷），上海文艺出版社1983年版，第34－35页。

在性。我们仅仅是作为见证人来实现对象的独立自主权，或者说，对象借助于知觉意识自我构成、自我显示。不仅如此，对于知觉主体来说，审美对象还是一个具有主体意识的"自为"，所以它具有主动性。这表现为审美对象期待知觉、引发知觉，甚至操纵知觉。杜夫海纳因此说："我只是感性实现的工具，发号施令的是对象。"① 对"感性是否是把握它的意识的产物"这一问题杜弗海纳所作另一种回答"也不是"的含义即在于此。

由此，我们就可以做一个定论："感性"虽然是感觉者和感觉物的共同行为，并产生在感觉者与被感觉者的交叉点上，但它并不是主客体双方的"平均数"，它属于客体一极，它仍然是"对象"，它就是对象，而且是一个"全"的对象。笔者不同意国内有的学者把"审美知觉"看作是"审美对象"的构成要素之一的观点。② 因为，首先它有悖于杜夫海纳的原意；其次，它混淆了"现实经验"与"审美经验"两个层次；再次，在审美经验的层次上，"审美对象"与"审美知觉"两个概念划界不清，有逻辑混乱之嫌。更为主要的是，这种看法把感性的地位降低了，照此推理，"感性"就已经不是审美对象之"全"。

如何理解上述定论？以及作为审美对象之全的"感性"是以何种方式产生的？这就需要我们对"审美知觉"做一个分析。

首先是知觉的主体，按梅洛－庞蒂的观点，它不是纯粹的意识主体，而是"身体—主体"。"身体—主体"既是肉体又是精神，是肉体和精神的统一。在梅洛－庞蒂哲学中，作为主体的身体与作为物质存在的身体是不同的。他把前者叫做"现象身体"，后者叫做"客观身体"。在他看来，只有"现象身体"才是活着的、经验着的现实的人的身体，而客观的身体只是一种抽象物，一种只有概念意义的存在。他说："客观身体不是现象身体的真理，也就是说，不是我们体验到的身体的真理，客观身体只不过是现象身体的一个贫乏表象，灵魂和身体的关系问题与只有概念存在的客观身体无关，但与现象身体有关。"③ 在后期，梅洛－庞蒂又把身体—主体称之为"肉体"，并进一步把这个概念由人扩展到知觉的世界，称世界的基质是"肉体"。杜夫海纳在他的美学中接受梅洛－庞蒂"身体—主

---

① ［法］杜夫海纳著，韩树站译《审美经验现象学》，文化艺术出版社1996年版，第267页。

② 张永清《从现象学角度看审美对象的构成》一文说："一个完整的审美对象的呈现，究竟需要哪些构成要素？根据现象学原理，大致需要三大要素：感性与意义，审美知觉，情感先验。"（载《学术月刊》2001年第6期）

③ ［法］梅洛－庞蒂著，姜志辉译《知觉现象学》，商务印书馆2003年版，第540页。

体"的概念，并把它转变为"表演者"。在杜夫海纳看来，艺术作品的创作者是表演者，艺术作品的欣赏者也是表演者；需要表演的艺术（如戏剧、音乐、电影、舞蹈等）的作者、表演者、欣赏者是"表演者"，不需要表演的艺术（如剧本、乐谱、诗歌等）的作者、读者也是"表演者"，只不过"这是想象的表演"。作为常识，我们都知道，"表演"是离不开身体的。各民族初期的诗都是诗、歌、舞三位一体的，这正说明了文学与身体的关联。即使在诗歌与音乐、舞蹈分化成为各自独立的艺术门类之后，诗歌也仍然需要朗诵才能得到充分的表现。即使在默读诗歌时，音乐和舞蹈也已经内化到身体中构成读者感性的体验，读者的身体是与诗歌的节奏、旋律产生共鸣的。杜夫海纳说欣赏艺术作品，身体不会退场，"因为正是通过我们的身体，通过身体的警觉和经验，我们才和对象保持接触。只是我们的身体不是先行发生作用，不是设法使对象服从自己，而是使自己服从对象，听任对象的驱遣"。①

其次，"审美知觉"虽然是一个整体，但在其深化过程中可以区分出三个阶段：呈现、再现、思考。② 杜夫海纳认为，在呈现阶段的知觉主体表现为"肉体"（或"肉身"），这个肉体是什么？他说："这个肉身不是一个可以接受知识的无名物体，而是我自己，是充满着能感受世界的心灵的肉身。"③ 很明显，"肉体"的概念来自梅洛－庞蒂，只不过，梅洛－庞蒂把肉体扩大到了整个知觉世界，而杜夫海纳则把肉体限制在知觉主体一方。但能够作为知觉主体的"肉体"的含义则是同样的："有生命"、"有认识能力"、包含着"我思"（肉体的我思）、"有智力"、"载有精神"。

"感性"在"物质材料"的层面上，作为"自在的存在"，作为"物"，与作为"肉体"的知觉主体的"自在"处于同一水平，属于同一类。所以，"物体首先不是为我的思维而存在，它们是为我的肉体而存在的。"④ 而且，两者之间会发生密切的联结，梅洛－庞蒂把这种联结关系称之为具有可逆性的交织关系，如触摸的手与被触摸的手的关系，画家与画中树木的关系等等。杜夫海纳把这种发生在双方之间的源初的并具有可逆性的关系引申到审美领域，而把它称之为"呈现"或"显现"。

---

① 杜夫海纳著，韩树站译《审美经验现象学》，文化艺术出版社1996年版，第84页。
② 杜夫海纳认为，审美对象作为一个整体包含有三个方面：感性、再现对象和表现的世界。审美知觉的三个方面与审美对象的三个方面是相对应的。（见《审美经验现象学》第371页）
③ ［法］杜夫海纳著，韩树站译《审美经验现象学》，文化艺术出版社1996年版，第374页。
④ 同上，第374页。

　　"知觉都是从呈现开始的。而这正是审美经验所能向我们保证的。审美对象首先是感性的高度发展，它的全部意义是在感性中给定的。感性当然必须由肉体来接受。所以审美对象首先呈现于肉体，非常迫切地要求肉体立刻同它结合在一起。"①

　　"呈现"或"显现"，对于"感性"，对于审美对象，是一个相当重要的概念。我们注意到，杜夫海纳在论述感性的时候，总是把"呈现"与感性连在一起使用。他说："审美对象是感性的辉煌呈现。""审美对象就是辉煌地呈现的感性。"没有呈现，感性又在哪里呢？其实，呈现对于审美对象的重要性，杜夫海纳已经说得很明白："审美对象的存在在于呈现。"②"感性呈现能使我们把艺术作品作为审美对象来理解。"③"对审美对象来说，问题始终是显现。"④

四

　　"呈现"的含义是什么呢？尽管论述审美对象的时候，有多处论及；在论述审美知觉的时候，其中第一章的题目就是"呈现"，但杜夫海纳并没有对其含义作出阐述，或许他以为"呈现"的意义不言自明。

　　"显现"是现象学中的一个重要概念，胡塞尔就把"现象"说成是事物在人们的意识活动中，尤其是在直观中显现出来的东西。他说："根据显现和显现物之间本质的相互关系，现象一词有双重意义。现象实际上叫做显现物，但却首先被用来表示显现本身，表示主观现象。"⑤这是胡塞尔对"现象"一词所作的双重释义，由此带出了它对"显现"一词的双重理解："显现"既可以指显现物的显现，也可以指显现着的显现物，也可以同时意味着两者。在《纯粹现象学与现象学哲学的观念》第一卷中，双重意义的"显现"概念就被"意向活动"与"意向对象"这对概念所取代。杜夫海纳的"呈现"受到胡塞尔的影响是显而易见的，但是，显然又有很大的不同。这主要表现在，胡塞尔的显现与显现物是在反思中回到先验纯粹意识中的两极，而杜夫海纳的"呈现"则是纯粹知觉意识中的感

---

　　① ［法］杜夫海纳著，韩树站译《审美经验现象学》，文化艺术出版社1996年版，第376页。
　　② 同上，第261页。
　　③ 同上，第71页。
　　④ 同上，第63页。
　　⑤ ［德］胡塞尔著，倪梁康译《现象学的观念》，上海译文出版社1986年版，第18页。

觉者和感觉物的共同行为，这既可以指感觉者的呈现，也可以指感觉物的呈现。这种呈现的表现形态就是"感性"，在客体极为审美对象，在主体极则为肉体。

海德格尔则是从存在的角度，对"现象"作了独特的释义："就其自身显现自身者，公开者。"① 所以，显现者就是事物自身，显现就是事物的存在。在此，显现与存在同一。杜夫海纳论审美对象的"呈现"或"显现"，受到海德格尔显现与存在同一思想的直接影响，他说：

因此，对艺术作品而言，问题就是过渡到一种它的显现相等于它的存在的具体存在。②

相反，审美知觉为了使显现与存在同一，就使形相充分地发展。审美对象的存在就是通过观众去显现的。③

所谓显现与存在同一，是指存在的显现，或显现的存在。在此，存在的意义是：显现、敞开、照亮、澄明。譬如说，一双农鞋在作品（如凡高的油画）中走进了它的存在的光亮里，按海德格尔的讲法，它的存在便进入其显现的恒定中了。存在的显现既不是关于某物（客体）的显现，也不是关于某人（主体）的显现，它是"绝对显现"。因为审美经验已经回溯到了世界的前思考阶段。正是因为审美对象达到了显现与存在的同一，所以"感性"才挣脱了在日常活动中作为"属性"的依附地位，而赢得了自己的独立。

给杜夫海纳"感性呈现"以更为直接影响的，是海德格尔《艺术作品的本源》中所提出的一个命题：建立世界和显现大地是作品之为作品的两个本质特征。

何为世界？世界不是客观的、与人无关的物的纯然聚合，不是人所加上的主观的对这些物之总和的表象的想象的框架，也不是我们通常所理解的立身于我们面前可以认识的对象的整体。相对于物，相对于理念，相对于可认识的对象，世界是一个更加完整的存在。因为我们人始终归属于它，此在"在世界中存在"。这是一个在主客分化之前混沌一体的存在境域，这就是人的生活世界。人在世界之中的"在……之中"意味着"居住"、"逗留"、"停住"、"在家"，意味着"决断"、"采纳"、"离弃"、

---

① ［德］海德格尔著，陈嘉映、王庆节译《存在于时间》，三联书店1987年版，第36页。
② ［法］杜夫海纳著，韩树站译《审美经验现象学》，文化艺术出版社1996年版，第63页。
③ ［法］杜夫海纳著，孙非译《美学与哲学》，中国社会科学出版社1985年版，第55页。

"误解"、"追问"，于是人向世界敞开，世界向人敞开，人与世界共同进入敞开状态。所以海德格尔说"世界世界化"，由此我们模仿海德格尔说"人人化"。为什么海德格尔说石头、植物、动物是无世界的，而农妇却有一个世界？"因为她居留于存在者的敞开之中。"① 正是由于人与世界的共同敞开，物有了自己的快慢、远近、大小，世界有了自己的广袤与逼仄，人有了自己的神圣与凡俗、伟大与渺小、勇敢与怯懦。海德格尔说一件建筑作品并不描摹什么，但是它通过自身的敞开开启了一个世界："正是神庙作品才嵌合那些道路和关联的统一体，同时使这个统一体聚集于自身周围；在这些道路和关联中，诞生和死亡，灾祸和福祉，胜利和耻辱，忍耐和堕落——从人类存在那里获得了人类命运的形态。这些敞开的关联所作用的范围，正是这个历史性民族的世界。出自这个世界并在这个世界中，这个民族才回归到它自身，从而实现它的使命。"② 这里提到的神庙作品所嵌合的道路和关联的统一体就是我们称之为世界的东西。

何为建立？"这种建立与一件建筑作品的建造意义上的建立，与一座雕像的竖立意义上的建立，与节日庆典中悲剧的表演意义上的建立，是大相径庭的。这种建立乃是奉献和赞美意义上的树立。这里的'建立'不再意味着纯然的设置。"③ 由于世界不是对象，所以此处所谓建立也就不是对象化意义上的建立，而是，用海德格尔自己的话来说，"世界化"，即世界在作品中的自行敞开。在此自行敞开状态中，作为具有终极精神意义的"神"现身在场，世界因此在神之光辉的返照中发出光芒。建立一个世界，就是"作品在自身中突现着，开启出一个世界，并且在运作中永远守持这个世界"。④

与建立世界紧相连属的作品之为作品的另一个特征是显现大地。何谓大地？大地即作品中被自然所照亮了的"人在其上和其中赖以筑居的东西"，所以它不是纯质料体。"大地是一切涌现者的返身隐匿之所，并且是作为这样一种把一切涌现者返身隐匿起来的涌现。在涌现者中，大地现身为庇护者。"⑤ "作品回归之处，作品在这种自身回归中让其出现的东西，我们曾称之为大地。大地是涌现着——庇护着的东西。大地是无所迫促的

---

① ［德］海德格尔著，孙周兴译《林中路》，上海译文出版社 1997 年版，第 29 页。
② 同上，第 25 页。
③ 同上，第 27 页。
④ 同上，第 28 页。
⑤ 同上，第 26 页。

无碍无累、不屈不挠的东西。立于大地之上并在大地之中，历史性的人类建立了他们在世界之中的栖居。"① "大地的本质是自行锁闭。"② 海德格尔的"大地"概念，实指艺术作品中作为"物质材料"的东西，所以它是人所赖以筑居的东西，是作品回归之处，是世界建基之处。但这个"物质材料"在作品中又是涌现着的，"大地穿过世界而涌现出来"；在涌现中，它又现身为庇护者。大地是涌现者与庇护者的统一。所谓"呈现大地"，"就是把作为自行锁闭者的大地带入敞开领域之中"。③世界的建立和大地的显现在作品的作品存在中是统一的。

由此我们可以看出，杜夫海纳的"感性呈现"与海德格尔的建立世界之"建立"和显现大地之"显现"其义相通。把杜夫海纳分散的论述作一个归结，作为感性"呈现"的含义可作如下系统表述：

（一）"呈现"处在如梅洛－庞蒂所描述的整体的前思考阶段的物和肉体之间，在这个主客尚未分化的阶段，物与肉体处于同一水平，属于同一种类。所以，"呈现"是非对象性的，是存在性的"绝对显现"。

（二）"呈现"是审美对象与肉体的自身呈现，既不是审美对象构成肉体，也不是肉体构成审美对象。"自身呈现"的意思是说对象与肉体自我构成、自我显示、自我敞开、自我照亮。"这里，对象的存在完完全全呈现出来，就是在这存在的呈现面前我惊奇不已，我在它旁边逗留，任它指引我。与此同时，我让对象在我身上自我完成，自我说话。"④ "审美对象，尽管要感知，不失为实在之物。当我们感觉美的东西在我眼中变成审美对象的时候，我们的知觉丝毫没有创造新的对象，它只不过给原有对象以公平的对待罢了。原有对象也必须适于审美化。当对象变成审美对象的时候，尽管知觉赋予它以一种特殊的命运，但它依然只是原来的东西。简单说来，它只是在自身发生了变化，是显现最终在它身上引起的变化。"⑤ 就主体而言，"审美对象不规定我去做任何事情，但要我去感知，即把我自己向感性开放"。⑥ "问题不在于创造感性，而在于感知感性。"⑦

---

① ［德］海德格尔著，孙周兴译《林中路》，上海译文出版社1997年版，第30页。
②③ 同上，第31页。
④ ［法］杜夫海纳著，孙非译《美学与哲学》，中国社会科学出版社1985年版，第62页。
⑤ ［法］杜夫海纳著，韩树站译《审美经验现象学》，文化艺术出版社1996年版，第100页。
⑥ 同上，第114页。
⑦ 同上，第78页。

（三）但"呈现"也是对象与肉体向对方呈现。"审美对象是这样一种对象：它的呈现是无可怀疑的，因为我呈现于它。"① "它是我感知的对象，因为它呈现于我。"② "如果艺术作品想要显现，那是向我显现；如果它想要全部呈现，那是为了使我向它呈现。"③ "向对方"之"向"乃凭借之义，借助对方提供的舞台来演出自己的呈现之戏。所以，各向对方呈现，不是要向对方索取什么，而是无功利性的游戏。杜夫海纳认为审美经验之所以带有纯真的色彩，是因为"它把我们带入一个劳动之前的世界，在这个世界里，一切都是游戏，所有被再现的东西都是非现实的。但同时也因为审美经验使我们与对象实现协调使我们的世界重新达成一项使人回想起黄金时代的协议"。④ 就审美对象而言，呈现就是艺术作品的物质材料，从隔膜、疏远、不透明向人的肉体敞开进入澄明之境，并在这种敞开中是其所是地完成自身，这就是"感性"。就知觉主体而言，呈现就是借助于对象之感性，在向对象的敞开投射的过程中从理性回到感性，由片面回归整体。这也就是说，审美对象通过感性的呈现，在人的身上发展了人，具体点说，就是使人超越自己的特殊性，走向人类的普遍性，但在上升到人类的同时却能最深刻的成为自身。

（四）"呈现"与感性、肉体同一。呈现是感性的活动，正是在呈现中，感性才为感性，肉体才为肉体。感性与肉体是在呈现中创造性地生成的，这是新的独立的感性和肉体。所以，作为审美对象的感性进入肉体成为主体的新感性，作为审美主体的肉体进入对象成为客体的新感性。"重要的是，呈现不能是无动于衷的或空洞的：我要等同于对象，对象才能等同于对象自身。"⑤

（五）须补充的是，在对象与主体，感性与肉体的相互呈现中，同时就开启了一个两者共在其中的"存在性境域"，笔者认为杜夫海纳"审美对象的世界"即是指此。呈现同时就是存在性境域的呈现。

以上，我们借助"艺术作品—审美对象—审美知觉——这个理论框架，分别从两个角度对杜夫海纳的"感性"概念作出了解说，杜夫海纳的意思要而言之可归结为，"感性"在艺术作品的物质材料与知觉主体的肉

---

① ［法］杜夫海纳著，韩树站译《审美经验现象学》，文化艺术出版社 1996 年版，第258页。

② 同上，第258页。

③ 同上，第71页。

④ 同上，第377页。

⑤ ［法］杜夫海纳著，孙非译《美学与哲学》，中国社会科学出版社 1985 年版，第63页。

体之间以呈现的方式生成了具有独立性的自身，成为审美对象。这是杜夫海纳对审美对象存在形态的看法，这也是杜夫海纳对审美对象存在形态理论的一个突出贡献。叶秀山评价说："在这里，杜弗朗把海德格尔'返回大地'的思想与梅洛－庞蒂'知觉'思想结合了起来，从存在论上强调艺术品作为审美对象的感觉性，对理解古典美学中理性与感性统一提出了一个新的角度。"①

以往的审美对象理论并非不讲审美对象的感性特征，如形象性、直观性、可感性、生动性等等。黑格尔在美学上是力图把理性与感性统一起来的人，他给美下的定义就是："美就是理念的感性显现。"他对这个定义有一个解说："首先是一种内容，目的，意蕴；其次是表现，即这种内容的现象与实在——第三，这两方面是互相融贯的，外在的特殊的因素只现为内在因素的表现。"② 在这里，黑格尔是把美的对象看作是由两个层面的因素构成的东西：内容与内容的现象。对这两种因素的轻重，黑格尔是有区别的，紧接着"美就是理念的感性显现"这个定义之后，他说："感性的客观的因素在美里并不保留它的独立自在性，而是要把它的存在的直接性取消掉（或否定掉），因为在美里这种感性存在只是看作概念的客观存在与客体性相，看作这样一种实在：这种实在把这种客观存在里的概念体现为它与它的客体性相处于统一体，所以在它的这种客观存在里只有那使理念本身达到表现的方面才是概念的显现。"③ 尽管黑格尔在强调两者的统一，强调作为客观存在的感性须达到表现才能显现概念，但在他的美学中，理念始终是第一位的，作为显现理念的感性从未实现它的主体性。杜夫海纳在他的美学中赋予审美对象的"感性"以存在性的主体地位，这对传统美学中感性作为属性的审美对象理论是一个反转。因此反转，审美对象的存在形态便有了一个革命性的变化：作为存在形态的"感性"即是审美对象，如果审美对象如黑格尔所说的有一个理念，这个理念也并不先于、外在于感性，而是这个存在性的"感性"本身在它的呈现当中，涵孕、生成、开拓出了属于自己的理念——它的意义和它的世界。

---

① 叶秀山《思·史·诗》，人民出版社 1988 年版，第 31 页。
② ［德］黑格尔著，朱光潜译《美学》（第 1 卷），商务印书馆 1979 年版，第 122 页。
③ 同上，第 143 页。

当代美学发展中的日常生活审美化现象

康　艳

　　日常生活作为人类生存的现实场域，在当代社会日益受到关注，从一种自然的、原初的，甚至被遮蔽的、非合法化的状态，逐渐上升为一种不但取得了其合法性地位并备受瞩目的审美文化，与中国 20 世纪末社会文化转型、多元文化的发展密不可分。对日常生活的重新发现，并进入到美学的视野，既是当代社会文化的一个显著特征，也是当代美学发展中的一个重要现象。

　　中国当代美学曾经经历了一场全面而且近乎狂热的美学潮，它一度将其理论框架建构到几乎囊括了自然、社会、艺术各个领域，但是由于缺少理论的思辨力，对审美所涉及的语义领域的复杂性不能加以深入细致的分析，因此，热潮退却后，人们开始重新思考美学是什么的问题，甚至退回到黑格尔对美学的传统界定，即"艺术的哲学"或"美的艺术"，并将审美与艺术等同起来，把审美局限在艺术的语义因素中，拒绝了审美的多义性，导致美学发展的片面化。但是，随着文化发展的多元化，对美学的思考开始出现了多元的声音，有了"美学：艺术哲学还是文化哲学"的疑问，也有了对日常生活审美化的关注。而后者通过对日常生活与审美在当代发生紧密联系甚至相互融合的现象的分析，以及所引发的相关论辩，应该说，更是在对"美学是什么"的问题思索的深层延续。日常生活审美化，消弭了艺术与日常生活的界限，从而引发了我们对传统美学的理论自省，而它对审美艺术活动在当代的新变化所作出的回应，更具有非凡的意义。回顾与反思当代美学发展过程中对日常生活审美化的思考和论辩，有助于我们更好地理解当下的文化现状和审美特点。

一、日常生活的合法化

日常生活长期以来处于一种被遮蔽的状态，传统意义上的日常生活并没受到关注，这一方面与人类早期的生存状态息息相关，由于与自然和谐共生，日常生活是作为自然界的部分而存在的。而另一方面由于日常生活是一个重复性思维和重复性实践占主导地位的领域，在传统的价值体系中，日常生活是一个并不重要的部分，而自然、理性、上帝等核心价值才是本体论意义上的。因此，日常生活长期以来是一个被忽略的存在或者是处于被批判的地位。特别是进入现代社会以来，由于现代日常生活建立在分工和交换发展的基础上，现代国家导致了私人生活与社会生活的分化，最终造成了日常生活的抽象和异化，日常生活遭遇到了前所未有的批判。但也正因为如此，开启了西方哲学理论界对现代日常生活的广泛关注。对于日常生活的看法向来存在着不同的声音，其中"日常生活的批判理论对日常生活的认识趋向于辩证，既认识到日常生活的普遍异化，又看到了日常生活所包含的创造性、审美化因素，因此他们放弃了唯美主义者以及海德格尔、阿多诺那种以艺术对抗异化的精英道路，而是强调在日常生活中通过狂欢化、大众消费文化等形式建构一种新的有意义的生存。"① 随着对日常生活的关注，特别是在大众消费文化迅猛发展的当代，日常生活的合法性进程逐渐加快。

所谓合法化，也可以称之为"合理化"，是马克斯·韦伯的社会学理论构建中的一个核心命题。它原指在宗教的世俗化过程中，合乎理性的行为方式所起到的推动作用，它以宗教伦理规定了日常生活的走向，指明生活"有权存在的价值"，及生活的合理化发展为艺术担负起世俗的救赎功能，将人们从日常生活的平庸刻板中救赎出来提供了条件。② 尽管韦伯所讲的"生活的合理化"过程是在宗教的合理化过程推动下展开的，与今天受消费文化影响的日常生活的合理化过程存在着极大的差异，但是韦伯的"合理化"概念，以理性的形式肯定了生活的存在价值本身却是相通的。

日常生活的合法化过程离不开大众话语权的确立，而今天，这种大众话语权的取得也无法回避全球化的文化语境，这就是大众文化的全球化。

---

① 周宪《文化现代性与美学问题》，中国人民大学出版社 2005 年版，第 58 页。
② 马克斯·韦伯《新教伦理与资本主义精神》，三联书店 1987 年版。

所谓大众文化的全球化，一方面包含有西方大众文化向非西方国家的文化输出，即主要以美国为主导的大众文化日益成为了全世界的文化示范和模仿对象；另一方面也包含有本民族的大众文化在全球化进程中与西方国家的大众文化的碰撞、冲突。在这场文化的冲突、碰撞与融合当中，媒介文化、消费文化成为大众文化的主要内容，并直接影响了大众文化在中国的发展，为大众话语权的确立和大众日常生活的合法化铺平了道路。

具体来讲，首先，媒介文化在国人教育理念上转变，使大众话语权成为可能。这表现为：教育观念上，由强制教育向自主接受的转型；教育方式上，一体化向多元化转型；以及自我教育从理念向实践层面的转型。这种转变很大程度上要归功于传媒技术的广泛发展，对于网络信息的自主接受性，使大众自我教育成为可能。正像传媒界的知名学者马歇尔·麦克卢汉所声称的"媒介即信息"，媒介不仅仅作为多元信息的传播渠道，它还构造了我们的思想观念和日常生活形态，使大众的自我教育从理念向日常生活的实践层面转型。作为大众文化主体类型的消费文化与媒介文化的渗透，使普通大众在潜移默化中接受了文化消费的理念，并使自我实现、自我表达的精神需要成为其日常生活的重要部分。这同样离不开物质层面的导引。在文化消费理念与电子媒介、互联网的相对廉价的使用费用共同作用下，自我教育走进了大众的日常生活实践。这为话语权从少数人的特权转移到作为社会主体的大众手中创造了条件。

其次，消费文化在推动大众日常生活合法化进程中的重要作用。西方消费文化在中国的全面渗透，开启了国人对大众日常生活合法化的探寻。具体表现在对于日常生活重要性的重新发现。尽管西方消费文化在中国的发展存在着一些盲目性、非理性的因素，但它对思想观念的更新起到了重要作用，更为重要的是，消费文化从根本上改变了大众的日常生活形态，促进了社会整体对于日常生活重要性的认知。消费活动作为大众日常生活里的主要实践活动，在消费文化理念的作用下，通过大众对于商品符号价值所倡导的生活方式和生活理念的接受，日益显露出其在日常生活中的重要地位。日常生活作为"个体再生产要素的集合"，作为"类本质对象化"的实践场域，与消费活动有着紧密的联系。个体的再生产与消费互为条件，因此，一定意义上，消费决定着现代日常生活的持续和完整。在消费文化观念的引导下，大众对于为自己生存提供保障的日常生活给予了前所未有的关注和重视。生存质量、生活方式这样的充满现代性意义的概念进入到大众的日常思维中。大众开始追求更有质量地生活而不仅仅是"活着"，而这种质量又不仅仅在于物的满足，更体现为对于日常生活的美的追求。现代人将生命的自我认同放在了日常生活的世界里，并借助审美来体现自我的存在。

二、审美普遍化与日常生活美学

消费文化改变了人们的思想观念和生活方式，同时也美化了人们的日常生活。正像德国后现代哲学家沃尔夫冈·韦尔施（Wolfgang Welsch）所说："毫无疑问，当前我们正经历着一场美学的勃兴。它从个人风格、都市规划和经济一直延伸到理论。现实中，越来越多的要素正在披上美学的外衣，现实作为一个整体，也愈益被我们视为一种美学的建构。"① 审美的普遍化成为当代社会的一个重要现象。

与韦尔施所描绘的西方社会的这场美学的勃兴相应，中国也经历着这样一场美学勃兴运动。中国社会的转型与全球化的文化交融碰撞，将这一受消费逻辑影响的美学勃兴也迅速渗透到中国。从周围日常生活世界的变化，可以深刻感受到这一审美化的影响。购物场所美轮美奂，楼盘建筑、家居装潢，也都打出美学的牌子，营造出自然生态美与人工美的结合典范。而开进居民生活社区的美容院、健身房数量上的激增，美容、服饰、时尚期刊的热销，则进一步说明了大众不但有了对外部居住环境改变的审美要求，更加强了自身身体审美的追求，审美意识逐步走向自觉。

随着审美普遍化，全球性的日常生活审美化现象逐渐演变为一场关于美学原则的思考及学术的论争。

首先，西方学者对日常生活审美化现象的关注。在西方学者中，英国社会学家费瑟斯通的《日常生活的审美呈现》一文应是最早提到日常生活的审美化问题的。这篇文章是他在 1988 年 4 月新奥尔良"大众文化协会大会"上的讲演。文中指出当代大城市中的日常生活"深藏着审美的意蕴"，并分析了日常生活的审美呈现的三层内涵：第一，指的是艺术的亚文化，即在第一次世界大战和 20 世纪 20 年代出现的达达主义、历史先锋派和超现实主义运动；第二，是将生活转化为艺术作品的谋划；第三，指

---

① ［德］沃尔夫冈·韦尔施《重构美学》，陆扬、张岩冰译，上海译文出版社 2006 年版，第 3–4 页。

充斥于当代社会日常生活之经纬的迅捷的符号与影像之流。① 他认为第三个方面的审美呈现应该与第二个方面联系起来，因为二者是交叉的，前者"这种既关注审美消费的生活、又关注如何把生活融入到（以及把生活塑造为）艺术与知识反文化的审美愉悦之整体中的双重性，应该与一般意义上的大众消费、对新品位与新感觉的追求、对标新立异的生活方式的建构（它构成了消费文化之核心）联系起来。"两者是"相互关联着发展的长时段的过程。就是这一过程，才导致了大众消费文化之梦幻世界的发展，并使独立的（反）文化领域的出现成为必然"。费瑟斯通强调符号与影像构成了消费文化发展的中心。这一观点直接继承了鲍德里亚、杰姆逊的消费文化理论②。

德国后现代哲学家沃尔夫冈·韦尔施的《审美化过程：现象，区分与前景》一文，则进一步阐述了日常生活审美化过程。2002 年，由陆扬与张岩冰根据英国塞奇出版公司 1997 年英文版（*Undoing Aesthetics*）合译的韦尔施的《重构美学》出版，国内大部分学者对"日常生活审美化"这一问题的关注应该最早也是从这本书开始的，而中译本的出版无疑使更多的国内学者开始加入到对这一问题的论争中。韦尔施在这本书里批判地思考了当下全球审美化的现象，阐释了美学与伦理学的关系，并提出美学必须超越艺术问题，涵盖日常生活、感知态度、传媒文化，以及审美和反审美体验的矛盾。他从康德的"超验的审美"、尼采在对现实的审美建构的认识论态度上找到了理论支持，认为认知是有着最基本的审美基础的，现实的存在具有审美的性质，甚至现实就是一种审美的建构。韦尔施对审美化的辩护，并非是认可审美化的每一种形式，相反，他对审美化在现代社会所造成的这种流行趋势——审美化的混乱做了批判。认为"全面的审美化会导致它自身的反面"，正像一条基本的美学法则所说，"我们的知觉不光需要活力和刺激，同样也需要延宕和宁静的领地，也需要间断。"并且"由此观之，恰恰是审美理性，在呼吁打破审美化的混乱"。③

其次，国内文论界对日常生活审美化问题的回应。国内对于日常生活

---

① ［英］迈克·费瑟斯通《消费文化与后现代主义》，刘精明译，译林出版社 2000 年版，第 94 - 99 页。

② 鲍德里亚认为现实与影像混淆在一起，艺术不再是孤立的存在，日常生活被纳入到艺术的商品符号下，这使得"我们生活的每个地方，都已为现实的审美光晕所笼罩"。正是"因为虚饰成了现实的核心，所以艺术就无处不在"。

③ ［德］沃尔夫冈·韦尔施《重构美学》，陆扬，张岩冰译，上海译文出版社 2006 年版。

的审美化现象的关注，最早是从视觉文化的研究领域开启的。周宪在 2001 年的《哲学研究》第 10 期上发表了题为《日常生活的"美学化"——文化视觉转向的一种解读》的文章，针对我们日常生活越来越趋向于美化的现象进行了探讨，指出这种美化现象是"新的视觉文化的崛起"。2001 年 12 月中国人民大学中文系与《文学评论》杂志社联合主办了"人的全面发展与文艺学建设"理论研讨会，陶东风在会上发言论及"审美的泛化与日常社会生活的审美化"问题，明确了日常生活的审美化这一概念，并将会议论文整理发表在 2002 年第 1 期《浙江社会科学》上，题为《日常生活的审美化与文化研究的兴起——兼论文艺学的学科反思》，从文艺学科建设的角度肯定了日常生活的审美化现象。

之后在 2003 年到 2004 年，文论界以《文艺争鸣》、《文艺研究》为阵地就日常生活的审美化问题展开了一场比较大的论争。论辩双方主要分歧在于这一日常生活审美化能否被看作是一种新的美学原则的崛起。其间，许多学者都积极参与到话题的讨论中。而其中尤以向日常生活审美化发难的文章居多。如姜文振在文章标题中直接提出质疑《谁的"日常生活"？怎样的"审美化"》①，杜书瀛也于文题表明否定态度——《后现代：生活与艺术合一了吗——我的回答是否定的》②，毛崇杰则更认为这种所谓的"新的美学原则""离真正的新美学文化不是越来越近，而是越来越远"，将导致"审美泛化无边"③。随着讨论的深入，论争从对美学原则的重新考量扩展到了文艺学学科的边界之争。这场论争持续到 2005 年左右就渐渐平静，但是日常生活审美化的现象并没有因为论争的减弱而有所改变，相反它在现实生活中是愈演愈烈。而且理论界对其的持续关注也在延续着这一话语的言说。

据中国知网中国期刊全文数据库统计情况来看，从 2001 年起至 2008 年收录的关键词为"日常生活审美化"的学术论文有 251 篇，题名包含"日常生活审美化"的有 129 篇，其中最早的一篇是 2002 年《浙江社会科学》第 1 期发表的题名为《日常生活的审美化与文化研究的兴起——兼论文艺学的学科反思》，但是直到 2003 年"日常生活审美化"才得到文论界

---

① 姜文振《谁的"日常生活"？怎样的"审美化"》，《文艺报》，2004 年 2 月 5 日。

② 杜书瀛《后现代：生活与艺术合一了吗——我的回答是否定的》，《汕头大学学报》，2004 年第 3 期。

③ 毛崇杰《知识论与价值论上的"日常生活审美化"——也评"新的美学原则"》，《文学评论》，2005 年第 5 期，第 14 – 22 页。

的高度重视，这大概要归功于《文艺争鸣》在同年第 6 期集中发表的那一组"生活化"论题的文章，为文论界集中爆发对这一话题的论争点燃了导火索。而究其根本原因还在于韦尔施的《重构美学》中译本的出版（2002 年由陆扬与张岩冰根据英国塞奇出版公司 1997 年英文版 [*Undoing Aesthetics*] 合译）。国内大部分学者对日常生活的审美化问题的关注应该最早也是始于此书，而中译本的出版无疑使更多的国内学者开始参与到对这一问题的论争中。因此，2003—2005 年成为就此话题展开论争的一个集中爆发期，公开发表的论文大致有 40 余篇。到了 2005 年末，论争锐减，对于这场论争的发起人以及一直处于话语中心的主要论争者们来讲，似乎论争已经趋于平息，但是从查阅到的资料来看，2006—2008 年 3 年中发表的题名含有"日常生活审美化"的期刊文章却已超过 80 篇，是此前论争期 3 年累计篇数的 2 倍，年平均近 30 篇论文发表，并且从发表期刊的范围、学者的年龄层次等方面可以看到越来越多的学者参与到这一话题当中，从不同角度、不同侧面展开对这一现象的阐释、言说。可见，对这一"日常生活审美化"现象的理论言说仍在延续。

日常生活与美学的相互融合以及相关的思考，在 20 世纪 30 年代中国著名学者朱光潜先生的"人生艺术化"思想中就有过积极的探索，他向国人呈现了一种精神层面的形而上的人生态度，即审美的人生态度，他说：每个人的生命史就是他自己的作品，过一世生活好比作一篇文章，以审美的态度创作艺术作品，亦应以审美的态度对待人生。并指出人生与艺术并没有隔阂，人生的艺术化就是人生的情趣化，真理在离开实用而成为情趣中心时已转化为美感对象，因此，离开人生便无所谓艺术，反之亦然。同时，他也表明艺术的生活是本色的生活，追求艺术化的人生，还要从个人的性分、修养着手，主张至性至情、生命造化①。也就是说，只有从内在的审美完善出发，才能逐渐实现人生的艺术化。朱光潜的"人生艺术化"美学思想，与西方著名哲学家海德格尔的"人诗意地栖居"比较切近，都是在精神层面上探讨审美化的生存方式，只是一个是将艺术化的生活引入审美的伦理学的层面，一个是进入语言学层面，在诗歌语言的功能性中寻找审美地栖居的方式。

从海德格尔"诗意地栖居"、朱光潜的"人生艺术化"，再来看我们

---

① 朱光潜《朱光潜美学文集》，上海文艺出版社 1982—1989 年。

今天的"日常生活审美化"，既有相似之处，也有很大的差异。相似之处是它们无疑都体现了人类对于审美世界的向往。差异则在于，前两者是一种哲学、美学的思辨，并最终将诗意地栖居不同程度地引向了审美的语言学维度和伦理学维度。而后者从社会现象中显形，并最终引向了审美的物欲化。前两者是形而上的审美理想，而后者则是形而下的审美物化。前两者诉诸于精神的审美愉悦，后者则欲求于物质的感官享乐。这种打着审美的幌子的物欲化诉求与审美的诗意性本质的悖逆，特别是在声势浩大的传媒攻势下的审美"轰炸"对于物化事实的遮蔽，使得"日常生活的审美化"成为饱受指责的对象。即使倡导"日常生活审美化"的评论家对此也不无忧虑："当我们离网络、电视画面、广告信息越来越近的同时，我们会不会离底层、真实苦难、现实关注越来越远：把目光仅仅放在日常生活的审美化，现实越来越像幻觉，知识分子终日沉浸在自我审美想象和社会审美想象中，会不会成为迎合政治权力的障眼法，助长新的社会控制与统治方式的形成。"① 这一忧虑不无道理，日常生活审美化使人类对于审美化生存的理想看起来很近，也"看上去很美"，但是当精神世界中超功利、无目的、呈现人类心灵自由的诗意成为一种功利性的需求，变相地服务于市场的经济利益的目的时，人类的心灵便被套上了物欲化的枷锁，失去了自由的、想象的翅膀，审美的诗意性本质也便荡然无存。

三、日常生活美学的审美特征

中国学界在这场关于"日常生活审美化"的论争中，由最初两个阵营的对垒，即对"日常生活审美化"的倡导、辩护与反对、批判两种声音，随着论争的逐渐深入而转向多元化的论辩、思考模式，其审美特征也逐渐清晰起来。

首先，作为审美现代性的一种表征。现代社会中人类所面临的生存困境即是一种由技术理性压制下、影像的密集所导致的碎片化的生存。人由形而上的本质存在转变为形而下的经验性的存在，"意义的丧失"和"自由的丧失"②，乃至最终导致了人类精神秩序的混乱，个体生存的完整感

① 陶东风《日常生活审美化：一个讨论——兼及当前文艺学的变革与出路》，《文艺争鸣》，2003 年第 6 期，第 28 - 33 页。

② ［加］查尔斯·泰勒《现代性之隐忧》，中央编译出版社 2001 年版，第 12 页。

和整体感的丧失，这构成了现代性的基本困境。审美现代性的提出，提供了一种通向捍卫主体性反抗理性化的可能路径。正像席勒《美育书简》所阐明的那样，审美指向了一种人性的整合。审美肯定了人类生命的本能，从而也成为一种反抗的力量，以感性化的形式来反对整个社会的作为理性化过程的启蒙形式。审美对于主体性的强调，使它成为现代性的构成因素，同时，对于理性化的反抗，又使它成为现代性的反对因素。日常生活的审美化也不过是审美现代性的一种表征，它依然要完成对抗理性化、捍卫主体性的职责，只是今天，我们将主体性置换成了个性，审美化也被作为一种手段和策略，来服务于经济利益的目的。审美的救赎功能，如今变成了更为经济实用的功能。归结原因，当然与消费文化的价值观念不无关系。

其次，无处不在的日常生活意识形态。日常生活意识形态作为大众文化的主要特征之一，它表现为对日常生活的沉溺与满足于现状，以及由此滋长起来的现世主义、物质主义、感官主义，对伟大理想与终极意义的追问成为过去①。日常生活美学，无处不表现出对现世日常生活的关注，日常生活构成话语的核心，在淹没了非日常生活的崇高理想和终极意义的同时，它发掘出了现代日常生活之于生存的意义。生存的质量成为现代人价值衡量的标准，也是奋斗的目标和理想。崇高的溃退、英雄的落幕、终极意义的贬值，代之以现世生存的目的和日常的意义，集中呈现出了日常生活美学的世俗化取向。

第三，视觉文化的盛行。图像对文字的取代，在一定程度上也体现了世俗化的取向。现代社会的影像技术迅速发展，影像的信息量、速度以及诉诸感官的审美享受，使文字大有被图像取代之势，这一时代因而被人们称为读图时代。传统的文字书写，阅读者所获得的审美享受具有间接性，它由阅读的期待到阅读完成，中间需要经过接受的环节，也就是借助阅读者个人的经验再度阐释的过程，因此，文字在阅读者大脑中形成形象的过程是从疏散的状态逐渐集中起来的，这中间的过程，就是所谓的审美距离，它为人们留下了想象和阐释的空间。而影像的高密集度，使审美距离消失了，视觉的单一的"看"的功能取代了大脑复杂的思考的过程，人们的审美感受力变得迟钝。借助于高科技的影像技术和强大的传媒力量，以

---

① 姜华《大众文化理论的后现代转向》，人民出版社 2006 年版，第 228 页。

密集型审美影像传播方式，构建起来的现代日常生活的审美化景观，一方面满足了现代人的感官欲求；另一方面，无孔不入的影像也造成了现代人的审美疲劳，形成了一种令人窒息的压抑力量，因此，追求快感刺激成为现代人缓解精神压抑的一种方式。影像技术与传媒推动了日常生活的审美化现象，促进了视觉文化的兴起与繁荣。同时，也滋长了欲望化的感官享乐主义的社会风尚。因此说，视觉文化的盛行，图像对文字的取代，也是世俗化取向的一种表征。

第四，消费文化观念与审美化的缠绕。消费社会中一切行为活动都以取得最大的经济利益为目的，它严格遵守交换的逻辑，以功利主义、实用主义为原则，这种消费主义观念日益控制了现代日常生活的行为范式，形成了以追求感官欲望满足、物质享乐为主导的消费文化。日常生活的审美化，无疑是消费文化观念作用的结果，商品与美学联姻所出现的经济效益的优化，使得一切消费品都被披上了审美化的外衣。现代日常生活的物的丰盛，物对人的重重包围，使人置身于物的世界中，而现代社会中的物又往往以审美化的消费符号的形式出现，这也是一个基本事实，因而现代日常生活的审美化具有普遍性，由它构成了一个审美化的符号的世界。审美化的符号，已脱离了物本身的单一属性（使用价值），它昭示着一种消费的生活方式的生成。简而言之，消费文化生成了审美化，审美化又服务于消费文化，二者形成了互惠的缠绕的关系。

四、日常生活美学的审美弱化

日常生活本身具有重复性特性，正像黑格尔所指出的在现代社会中"他的每种活动并不是活的，不是各人有各人的方式，而是日渐采取按照一般常规的机械方式"。① 西方的日常生活批判理论对日常生活异化现象的批判前提，正是建立在对日常生活的这一特性及其对创造力的剥夺的深刻认知和分析的基础上的。如日常生活批判理论的代表人物之一 A. 赫勒所概括的日常活动的特征是"在生活的给定时期""每一天都发生"的"无条件的持续性"，它的基本图式是：实用主义、可能性原则、模仿、类比、单一性事例的粗略处理②。中国学者衣俊卿据此也明确指出"自在的

---

① 周宪《审美现代性批判》，商务印书馆 2005 年版。
② ［匈］A. 赫勒《日常生活》，衣俊卿译，重庆出版社 1990 年版，第 6 页。

重复性思维与重复性实践成为日常生活的主要方式，其原因主要有两方面：一是日常生活所涉及的都是人为了维护其直接生存所必不可少的基本因素和基本条件，正因为这些因素或条件具有最为基本、原初、不可或缺的性质，它们也就较少变化，具有稳定性和不变性的特征，这构成了重复性思维与重复性实践的客观前提；二是人的活动总是自觉或不自觉地遵循一种最大经济化原则。……日常生活所表现出的实用主义倾向、经验主义倾向、类比模仿等归类活动方式、重复性特征等使人们可以用最小的时间和精力投入获取最大的效益，成功地进行日常生活，从而有可能去从事科学、艺术、哲学等自觉的类本质活动以及各种非日常的社会活动。这一经济化原则构成了重复性思维与重复性实践的主体前提"。[1] 可见，日常生活的重复性、机械性特征必然造成人们在"类本质对象化"的实践活动中的重复性思维与重复性实践，并进而导致了日常生活美学的审美弱化。

以文学艺术创作为例，当代社会不断地改编、仿写乃至恶搞现象的出现，都指明由日常生活的重复特性所导致的创作力的贫乏。而且在重复性的日常生活模式下，关注庸常、琐碎、细枝末节成为普遍的日常思维，这也导致了对崇高美的背离。追求平和的、不张扬的优美替代了能够激起强烈的情感反应，使人进入狂喜状态的崇高美。一大批日常化的文学作品，都不同程度地放弃了对崇高、理想的追求，在庸常琐碎的日常性中嘲弄着神圣、拆解了崇高，生命在日常生活中的展开，一如时间的流逝一维而且匀速，总是重复着发生、日复一日。日常生活美学以日常生活向美学的融入为核心，把日常生活纳入美学的范畴，虽然丰富了美学的内容，但是由日常生活特性所导致的重复性思维与重复性实践模式还是多少造成了这一日常生活美学的审美弱化。

五、结束语

日常生活是人类生存的现实场域，是一个民族全部生活方式发生的起点与终点，它如此切近地成为"自在的类本质"对象化的领域，却又在历史的长河中长久地被遮蔽起来，只是在它以被物化的面貌受到批判的时刻起，才逐渐地挣脱了被遮蔽的状态。日常生活批判理论的可贵的价值不仅

---

① 衣俊卿《现代化与日常生活批判》，人民出版社 2005 年版，第 37 页。

在于对物化的资本主义社会现实的揭示，还在于向日常生活世界的敞开，它为向主体人的生存的关注提供了具体而现实的途径。

如果说，西方的日常生活批判理论是揭开了日常生活的一角羽纱，那么在消费文化中成长起来的日常生活的审美化则使日常生活得到了全面的审美呈现。审美与日常生活的界限模糊，不仅将日常生活带进了审美领域，成为审美的范畴，使传统美学发生了现代转型，而且也改变了对日常生活的认知，日常生活的合理性存在在审美化的趋势中日益澄明，更重要的是，作为日常生活主体的大众在这一趋势中获得了话语权，使大众的生存保障落到了具体、实践的层面。尽管日常生活的审美化在某种意义上是消费文化的伴生物，是消费的逻辑驱动下的服从于经济目的的产物，甚至在一定程度上，这种审美化掩盖了现实日常生活中物化的真相，使人在媒介景观的被动观赏中沦为消费的对象，但是，审美化的意义在这一悖论当中也更为凸显，它最终将打破其生长的逻辑起点，成为对抗物化的革命力量。因为审美具有独立的品格，在技术理性昌明的现代社会里，审美承担着更多的社会责任与现代使命，当下审美与日常生活的融合，也许短时间内还无法摆脱物化的影响，但是它必然是向着审美感性与审美理性相融的趋势发展，逐渐完成人性的整合，实现人类生存场域的纯净。

智慧美学：走出美学学科困惑的基本对策

郭昭第

数千年的美学发展，虽然取得了许多举世瞩目的成就，但也确实存在没有确定思想，摇摆不定，乃至自相矛盾等困惑：总是纠缠于诸如研究视域的宏大哲学视角与狭隘心理学视角、研究对象的艺术美与自然美，研究方法的客体实体论与主体认识论，乃至研究的思想基础的本质主义与反本质主义等矛盾对立的论题之中，乃至无法进行正确选择。这其实是西方二元论文化传统发生作用的必然结果，是美学长期以来总是津津乐道于诸如美与丑等概念范畴的阐释尤其知识谱系构建，乃至对真正关乎人类审美乃至生命境界的生命智慧兴味索然的必然结果。

克服知识美学的困惑，构建真正具有世界襟怀并关注人类发展重大问题的智慧美学，不仅是美学发展的必然选择与最高要求，而且应该是本世纪美学发展的最伟大使命之一。因为知识并不直接就是智慧，知识是对现象界的分别了解与阐释，有特定用途的，只能解决人类面临的它所属领域的特殊问题，对这一领域之外的其他问题则无能为力，而且并不涉及人自身生命的再造与升华；智慧却直接与人的整个生命相联系，是对自身内心智慧的观照与发掘，常常促成生命的再造与升华。知识是经验的积累与延续，是记忆，而记忆是可以培养、强化、塑造和限制的；智慧则是对当下的体悟，是对因为延续而束缚自由的知识的终止，是脱离一切积累的对真实的观照。知识是对开放和未知的阻隔；智慧不是来自知识，而是来自词语、思想的空隙，来自未被知识打断的宁静，是知识缺席时候的领悟与发现。克里希那穆提这样认为："刻意求知是愚昧，不知是智慧的开端。"①

---

① 克里希那穆提《爱与思——生命的阐释》，华东师范大学出版社 2005 年版，第 260 页。

与知识美学崇尚知识不同，智慧美学则是反知识的，甚至是反智慧的。

要彻底克服知识美学困惑，构建智慧美学，必须借鉴中国和印度为代表的东方一元论文化智慧，最大限度克服西方二元论文化传统。所谓一元论，也就是不二论或无二论，其主要特征是，不再将世界拆散若干不同的部分，不再以对立的二元论思维方式看待世界，不再将世界上的一切事物一分为二为矛盾对立的两个方面，而是将所有部分集合为一个整体，并且作为整体来看待；不再通过日积月累的知识来分门别类地获取知识信息，而是通过发自内心的瞬间直觉乃至生命本性来直接把握生命智慧。中国美学向来主张一元论或者不二论，方东美对此有精辟概括："中国哲学一向不用二分法以形成对立矛盾，却总是要透过一切境界，求里面广大的纵之而通、横之而通，藉《周易》的名词，就是要造成一个'旁通的系统'。这是中国哲学与其他哲学最大的差异。"① 比较而言，印度美学，无论吠檀多美学还是佛教美学，似乎更系统地阐述了一元论。虽然《奥义书》关于梵的阐释并不完全一致，但其基本精神是相信梵我同一或梵我不二论，认为世界的客观本原与主观的自我完全统一。如《唱赞奥义书》就有"此与彼同一"②，《由谁奥义书》有"'大梵'为真、智、乐'自我'"，"'自我'为真、智、乐'大梵'"。③ 后来《薄伽梵歌》继承了《奥义书》的"梵我同一"观点，至《梵经》甚至发展成为"梵我不二"，如《梵经》就有"这（个我）与这（梵）的合一"④，乃至"梵是我"、"我是梵"诸说⑤。这种梵我同一或梵我不二论的思想，不仅是印度文化传统，而且是典型的东方思维方式。《金刚经》也有"应无所住而生其心"⑥ 的观点。中国禅宗美学向来将不二之法作为禅，作为佛性。所谓不二之法，其实是非善并非不善的，就是《坛经》所谓"无念为宗，无相为体，无住为本"⑦。可以说《坛经》是将《涅槃经》所谓"明与无明，凡夫见二，智者了达，其性无二，无二之性，即是实性"之"无二之法"阐发到了极致的，于是便有"见一切人及非人、恶之与善、恶法善法，尽皆不

① 方东美《中西哲学之根本差异》，《生生之美》，北京大学出版社 2009 年版，第 55 页。
② 《唱赞奥义书》，《五十奥义书》，中国社会科学出版社 1984 年版，第 77 页。
③ 同上，第 265 页。
④ 《梵经》，《古印度六派哲学经典》，商务印书馆 2003 年版，第 253 页。
⑤ 同上，第 343 页。
⑥ 《金刚经·坛经》，上海古籍出版社 2001 年版，第 22 页。
⑦ 同上，第 90 页。

舍，不可染著，犹如虚空，名之为大"① 的观点。因此借鉴一元论或者不二论的根本目的在于构建无取无舍、无住无念、内外明彻、旷然无累的智慧美学。

构建无取无舍、无住无念、内外明彻、旷然无累的智慧美学，必须整体地而不是分门别类地感知世界，感知人与自我、社会、自然的和谐关系与创造精神，并以体悟和安顿生命而不是以建构审美知识谱系作为宗旨，这是智慧美学区别于知识美学的主要特质。生命本身就是一个完整的自由创化过程，生命的美也只有通过整体感知才能被把握。自然界一切生物的发展也许并不总是遵循达尔文的进化论，它们之间还存在一种协同关系，往往通过协作间接地决定自身的命运。对宇宙万物协调共存、生生不息进行整体思考，真正体现天地之大美，使美学具有启迪人们智慧的功能，才是使美学走出困惑的一个有效途径。最高境界的美学智慧常常遗忘天地万物与自我，外不察乎宇宙，内不觉其自身，旷然无累，自我与天地万物和谐统一，共同自由创化；中等的智慧虽然意识到天地万物与自我，但没有彼此分别；最低的智慧虽则对天地万物与自我有所分别，但没有厚此薄彼、孰是孰非的计较。庄子有这样的阐述："古之人，其知有所至矣。恶乎至？有以为未始有物者，至矣，尽矣，不可以加矣。其次，以为有物矣，而未知有物矣，而未始有封也。其次，以为有封焉，而未始有是非矣。"② 有了人与自我的和谐，就有了作为生命存在物的人类之每一个体自我从肉体到精神的协调与宁静，就能够从根本上克服现代社会肉体的疲惫与精神的焦虑；有了人与社会的和谐，就有了作为生命存在物的每一个个体之间的协调与融洽，就能够从根本上克服现代社会人与人之间关系的隔膜甚至冲突；有了人与自然的和谐，就有了人与自然的交融感化、相与创化，就能够克服现代社会人与自然的仇隙与对立。

比较而言，西方美学智慧显然是最低级的，他们往往将自我、社会和自然最大限度地孤立起来区别看待，大多热衷于自我审美经验和趣味的研究，强调审美的个体性，基本上属于自我问题层次。即使将这种研究拓展到人类共同的审美规律比如艺术领域，如席勒以及西方马克思主义美学强调审美对抵制异化社会的功能，也仅限于社会问题层次。而且将人与自我、人与社会、人与自然的关系，常常对立起来看待：不仅人与自我之间

---

① 《金刚经·坛经》，上海古籍出版社 2001 年版，第 106 – 107 页。
② 郭庆藩《庄子集释》，第 3 册，中华书局 1961 年版，第 735 页。

存在着矛盾，而且自我内部也矛盾重重，经常地存在诸如精神与肉体、人性与动物性等方面的冲突。不仅人与社会之间存在着矛盾，而且这种矛盾常常演化为"他人即地狱"的观念，似乎人与人之间只有通过激烈的竞争乃至极端的战争才能解决问题。不仅人与自然之间存在着矛盾，而且人似乎必须通过征服自然才能实现自身的价值，似乎只有通过弱肉强食的优胜劣汰，才符合自然发展规律。这虽然使他们在单纯发扬理性分析精神，将世界分割为破碎残片的分类研究上取得了一定成绩，使他们赢得了自信，但是因为盲目自尊的无节制发展，最终形成了人是宇宙万物主宰的根深蒂固的观念，并成为西方文化的基本精神。中国美学智慧较高，虽如儒家美学《论语·子张》也有所谓"君子尊贤而容众，嘉善而矜不能"的观点，但这种宽容实际上是建立在区别的基础上的，而且主要着眼点在社会伦理道德秩序的范畴，也基本上属社会问题层次。当强调与天地自然的和谐关系时，就具有了自然问题层次的性质，《周易》以及老庄道家美学大体上属于自然问题层次。如《周易》美学之所谓"范围天地之化而不过，曲成万物而不遗"①，就是这种智慧美学精神之体现。而印度美学智慧最高。如吠檀多美学、佛教美学不仅没有区别，如《薄伽梵歌》有所谓："于同心之人，友与敌，漠然者，中立者，所恶与所亲，善人，不善人，——而一视同仁兮，彼为卓越无伦。"②而且追求人与社会、自然的最大限度融合。如《薄伽梵歌》有这样的意识："彼遍处皆见'我'兮，观万物皆在'我'；'我'则不离于彼兮，彼亦不失'我'③。可见在美学智慧的最高层次，人与自我、社会和自然的和谐达到了极致。不仅自我与人类社会之间没有隔阂，整个人类社会与宇宙万物之间没有隔阂，而且每个自我的生命，与人类的生命乃至宇宙万物的生命相互贯通，交相催化，共同创化。《中庸》有这样的描述："万物并育而不相害，道并行而不相悖。小德川流，大德敦化。此天地之所以为大也。"④

构建无取无舍、无住无念、内外明彻、旷然无累的智慧美学，其次必须实现对西方美学、中国美学与印度美学生命智慧的最大整合。一个完整美学体系理所当然应该将青年、中年和老年智慧兼而有之。鲁迅在《青年

---

① 李道平《周易集解纂疏》，中华书局 1994 年版，第 557—558 页。
② 《薄伽梵歌》，《徐梵澄文集》，第 8 卷，上海三联书店，华东师范大学出版社，第 54 页。
③ 同上，第 18 页。
④ 朱熹《中庸集注》，《四书章句集注》，中华书局 1983 年版，第 37 页。

必读书》中关于世界文化有一段著名阐述："我看中国书时，总觉得就沉静下去，与实际人生离开；读外国书——但除了印度——时，往往就与人生接触，想做点事。中国书虽有劝人入世的话，也多是僵尸的乐观；外国书即使是颓唐和厌世的，但却是的颓唐和厌世。我以为要少——或者竟不——看中国书，多看外国书。"① 这段阐述虽然有一定偏颇，但是他关于西方文化、中国文化和印度文化的把握基本上有一定道理的。西方美学确实体现了人类青年时代乐观进取而偏于粗暴武断的风格，中国美学则似乎更集中地体现了人类中年时代进取而不粗暴，深刻而不至退缩的风格，印度美学则主要反映了人类老年时代成熟深刻而偏于消沉退缩的风格。虽然西方美学的生命智慧总体而言较为有限，但毕竟具有裸露与展示自我的解放意识、否定与超越社会的批判精神、发展与肯定自然的协同观念，如拙作《审美智慧论》所描述："西方美学经过漫长的历史发展，积累了较为丰富的生命智慧，主要表现在弘扬审美的自我解放意识、社会批判精神和自然协同观念"，中国和印度美学虽然较之西方美学缺乏积极进取的精神，但毕竟有着更可贵的生命超越乃至解脱的自我理念，和而不同乃至一律平等的社会观念，以及天人合一乃至无限契合的宇宙意识②，而且最大限度地体现了直面宇宙万物生命的真实存在，善待自我，对所有人充满慈悲与怜悯，并将这种博爱推广到宇宙万物的智慧美学的基本特征。

　　构建无取无舍、无住无念、内外明彻、旷然无累的智慧美学，再次必须强化关于诸如美与丑等不取不舍、等物齐观乃至无所凝滞的非美非不美美学智慧。真正的智慧美学不但没有明确的美与丑、善与恶之类的区别乃至对立，而且也从来不对诸如美与丑等问题斤斤计较，乃至有所选择与舍弃。《道德经》第二十章所谓"美与恶，相去何若"之类的观点，印度《奥义书》甚至有所谓"美者不美者皆无所凝滞"③，《薄伽梵歌》所谓"彼遍处无凝滞兮，美恶随其相应，无欣欣亦无戚戚兮"④。构建无取无舍、无住无念、内外明彻、旷然无累的智慧美学，尤其必须从根本上放弃对诸如研究视域的宏大哲学视角与狭隘心理学视角、研究对象的艺术美与自然美，研究方法的客体实体论与主体认识论，乃至研究的思想基础的本

---

① 鲁迅《呐喊·自序》，《鲁迅全集》，第 3 卷，人民文学出版社 1981 年版，第 12 页。
② 郭昭第《审美智慧论》，人民出版社 2008 年版，第 169－196 页。
③ 《波罗摩诃萨奥义书》，《五十奥义书》中国社会科学出版社 1984 年版，第 996 页。
④ 《薄伽梵歌》，《徐梵澄文集》，第 8 卷，上海三联书店，华东师范大学出版社，第 18 页。

质主义与反本质主义等矛盾对立论题的没完没了的纠缠、取舍与饶舌，而将主要精力用来阐发和彰显天地之美及其所蕴涵的宇宙万物协调一致、自由创化、生生不息的自然规律，通过对天地之美的推究，参透宇宙生生之条理，体悟天人合一，协和天地万物，相与俱化，生生不息的宇宙创意，即如庄子所谓"原天地之美而达万物之理"①，这是智慧美学的最高使命。如方东美所说"天地之美即在普遍生命之流行变化，创造不息"。② 生命的和谐与创造既是天地之美的集中体现，同时也是美学智慧的最高体现。因为关于美的本质乃至特征的许多细节知识充其量只是对于一个专业的人有用，而对生命境界乃至智慧的阐述，则对一个自然的人本身有用。

总之，坚持一元论，放弃对实际上存在很大困难的二元论，乃至实际上不可能真正建构的关于美的知识谱系的研究，放弃对美与丑、主体与客体等所谓对立因素的斤斤计较，将宇宙万物相互和谐、共同创化的生命智慧作为研究的主要宗旨，充分彰显不依赖知识积累，注重自我智慧观照的美学智慧，甚至连同所谓美学知识乃至智慧一并无取无舍、无住无念、内外明彻、旷然无累，使美学真正达到最高境界，成为第一哲学，是使美学走出真正困境，转向智慧美学的根本途径。如果说否定知识、崇尚智慧是一种初级智慧的话，那么连同智慧一并否定才是真正的最高智慧。如果智慧是对知识否定与超越之后所形成的高度自由创造，是高度自由解放的生命心性的圆满体现。那么连这种本来就关涉高度自由解放的智慧都作为否定的对象，那就证明已经否定和超越了包括智慧在内的一切可能的束缚因素，真正达到了生命绝对超越与自由，以及人与自我、社会，乃至天地万物共同自由创造、生生有条理的至高无上境界。

（本文为国家社科基金项目《中国文学经典的生命智慧研究》的阶段性成果，项目编号 08BZW010）

---

① 郭庆藩《庄子集释》，第 1 册，中华书局 1961 年版，第 74 页。
② 方东美《中国人的艺术理想》，蒋国保编《生命理想与文化类型》，中国广播电视出版社 1992 年版，第 366 页。

文化多元主义与美的本质问题：
关于形式化的历史

韩书堂

　　文化与艺术的多元主义时代，思考艺术与美的本质问题，已然成为一种冒险。

　　我们如何理解我们居住的这个时代？尤其是艺术已经历史地发生了太多的变化。20世纪后半叶以来的艺术探索，使得关于艺术的传统的经典言论已经过时，现代主义者们为艺术提供了五花八门的解说和界定，并在创作实践领域继续身体力行。然而，在物品艺术、行为艺术等等艺术形式的实验普遍地得到人们感情和认知上的实际认可之后，对于艺术的定义更是无从把握。于是，人们用"多元主义"的宽阔胸怀、以后现代主义对于意义的放逐，放弃了对艺术的本质性的逻辑努力，艺术理论家们因此而释怀：本质的东西，我们有时代合理性地可以存而不论了！然而，思维可以停滞不前，艺术实际却并不裹足。今天，作为人体的延伸，媒介的发展已经让人摆脱了此前的任何艺术形式赖以存在的空间和技术形式，例如艺术在网络中的表现，让某些艺术理论家们再次产生阐释的意图，但同时也萌生了更深刻的绝望：任何人都可以创作文学或其他"艺术"形式，这些东西是不是艺术？这个疑问反映了艺术哲学对于艺术现实阐释的潜在本能：艺术哲学就是为艺术的阐释而存在的；也反映了艺术理论家们以"多元主义"和"后现代主义"对意义的放逐造成的存而不论原来不过是思维枯竭的掩饰，实际上于其本心本性并非如此。艺术时时刻刻需要阐释，艺术必须有新的定义，本质问题作为判断艺术之所以为艺术的原则一定存在，并且要面对斗转星移的艺术现实经过重新挖掘和阐释。当然，作为艺术的定义、作为对艺术的本质的界说，它必须具有绝对的普遍性：既适用于经典的或古典的艺术，也适用于现代主义艺术，更要适用于当下的诸般艺术形式。

1984年，声望隆盛的美国艺术批评家阿瑟·C.丹托提出了艺术的终结理论，震惊了艺术界。我们就以批评丹托的艺术哲学史理论为契机，开始一次关于艺术的本质的逻辑试验，试图为被丢弃的艺术本质找到一个栖居之所，也试图为当下的艺术形式提供存在的合理性，作为结论，也可能就顺理成章地否定了艺术终结论。我们可能存在误读，但是，如果误读能够引发我们稍微有些意义的思考，也就不枉我们理解并有效运用了接受美学赐予我们的"偏见"这一恩典。

早在1961年，艺术家安迪·活霍尔展出了一些生活中的东西，如广告画、生活中的纸盒子，并把它们称为艺术。此后出现波普艺术、极少主义艺术和观念艺术，使高雅艺术与通俗艺术、艺术作品与大众图像、生活物品的界限消失。艺术史打破了传统的艺术观念、取消了从传统意义上定义的艺术与非艺术的对立。丹托由此开启了他的艺术史哲学思考。"实际上，这个时候开始似乎一切都可以成为艺术品"[1]，声称我们已经进入一个艺术多元主义的时代，并为我们详细描述了多元主义的艺术景观：第一，创作主体多元化，"艺术在某种程度上是属于一切人的东西。"[2]"它们不再需要艺术家——任何人都可以'做'艺术品。""艺术家可以真正地做任何事情，似乎任何人都可以成为艺术家。"[3]艺术家不再是高不可及、游离于大众之外的高雅的、独立的职业。其次，媒介也多元化，声、光、电、文字、图像、行为、生活物品等都可以成为艺术元素或艺术形式并且多种媒介都可以在作品中同时使用，例如，"画家通过完全属于不同媒介的手段——雕塑、录像、电影、装置等等——不再迟疑地去定位他们的绘画作品"[4]，当代画家离开正统美学非常遥远，媒介的纯粹性、单一性这一传统艺术的决定性内容消逝。第三，艺术创作也不必需要严格的技术训练。"艺术品不需要多少技能来制作。"[5]"在美术学院里，技能不再被教授。学生一上来就被看作是艺术家，教师在那里只是帮助学生实现他

---

① 阿瑟·C.丹托《艺术的终结之后——当代艺术与历史的界限》，江苏人民出版社2007年版，中文版序第5页。

② 同上，第6页。

③ 同上，序第3页。

④ 同上。

⑤ 同上，中文版序第5页。

们的创意。这种态度就是学生可以学习任何他或她需要的东西，为的是创作他或她想创作的东西。"① 艺术从创作走向制作，而且是可以完全按照自己的主观创意进行的任意制作。第四，艺术创作的模式也随意化，人们既可以选择传统的艺术模式，也可以置传统于不顾，锐意创新，别开生面；可以创作传统意义上的纯粹艺术，也可以走物品艺术、行为艺术、多媒体艺术之路。这样，艺术世界作为无中心、无模式、无技术、无统一价值观念的荒原，失去了艺术判断的统一标准，"艺术世界自身已经没有中心。人们会说，中心到处都是。"② 过去，批评家从艺术史上学会了一些固定的经典的艺术判断的教条，掌握了某种关于艺术的本质性规定，并因此获得了判断艺术的权威标准，用于区分艺术和非艺术；而现在，随着艺术的多元化，批评家被剥夺了艺术的特权，但他们并未怨天尤人，而是顺时而动、与时俱进地摇身一变，由过去的审判者演变为阐释者。这样，有多少个艺术作品，就产生了多少个艺术批评标准。艺术全面进入多元主义时代，"我们的时刻是深刻的多元主义和全面宽容的时刻，至少在（也许唯一的）艺术中。什么都不会排除在外。"③

多元主义的论断自然有其时代根据，但是，"一切都可以成为艺术品"，以及"艺术的终结"，是科学的真值吗？艺术的本质退化成为古典时代的特殊产物，成为艺术史的纯粹装饰了吗？美的本质也具有同样的命运吗？

诚然，既然艺术的多元主义使传统的艺术标准丧失，关于艺术与美的本质的定义便不再适用。其中既有传承，也有需要拓展之处。关于艺术论不能回避的本质问题，丹托曾极有见地地提出"某物成为一件艺术品的条件。一个条件是一个对象应当是关于某物的，另一个条件是它表达了它的意义"，并认为"这些具有普遍性，适用于历史上任何时候的艺术品，同样适用于世界各地的艺术品"。但是，后来他敏锐地发现这些条件"与我在 20 世纪 60 年代遇到的艺术毫不相关"④，因此他开始思考一种"从这些极少受到改变的作品与那些人类在早期作为艺术加以回应的人性化的东西——关于英雄和神祇的喜剧、悲剧、小说、交响乐、戏剧、芭蕾、壁

---

① 阿瑟·C. 丹托《艺术的终结之后——当代艺术与历史的界限》，江苏人民出版社 2007 年版，中文版序第 6 页。

② 同上，中文版序第 7 页。

③ 同上，序第 4 页。

④ 同上，序第 3 页。

画、雕塑——之间找到共性的东西"①，即寻找传统艺术和现代艺术之间共有的东西、一种能够涵盖两种时代的艺术的关于艺术本质的定义和逻辑。

从当代艺术的现状来看，艺术对于美的执著已经让位于对真的追求。过去，艺术的首要标准就是美；一件作品是真的和善的，如果它不是美的，那么它也不能成为艺术。而现在，美不再是艺术之所以成立的首要条件，甚至不是必要条件。在我们的行为艺术中，有很多作品是诉诸于人的负面感受的，有时甚至于让人感到恶心。它们甚至连丑都不是。但是，艺术家们仍然宣称它们就是艺术，而且，艺术界对此也能够予以认可，如杜桑的"马桶"。显然，在现代艺术中，美不再具有普遍性和典型性，"艺术并不是审美地向我们呈示。……艺术中的真可能比美更重要。它之所以重要，是因为意义重要。……这样，艺术事实上就是关于经验了艺术的那些人。它也关于我们是谁、我们如何生活。"② 也就是说，艺术向我们传达的是我们的生活经验和人性。不论艺术形态如何变迁，艺术与人性的关系永远不能变更，人性是艺术史的定海神针：艺术是关于人的，并且表达了存在的某种意义。艺术的这一永恒内容就是真和善。如果我们不能从艺术是关于人的生活经验和人性的再现的角度理解现时代的艺术，我们便无法理解艺术史何以会认可现代艺术。这样，我们既可以理解传统的经典艺术或纯粹艺术，也可以理解现代艺术之所以能够成为艺术的根据。在我们认可的传统艺术和现时代的当下艺术的本质性规定之间，我们找到一个交集，即真和善。这个交集不是美，美不一定出现在当代艺术的价值规定中。在当代艺术中，作为艺术的首要和必要条件，美为呈现于历史中的真、善等意义或价值所取代。

这样，艺术与历史在本质层面发生联系。艺术不再与美具有本质联系，而是与历史中的真和善相伴随。艺术必须依赖历史的支持才能够重新定义并得到认可。丹托也认为，"关于艺术本质的哲学问题的真正形式只有到可以历史性地去提问时才可以问——也就是，要等到历史性地可能要出现像《布里洛的盒子》一样的艺术品的时候。直到它成为一种历史的可能性的时候，它才成为一个哲学可能性；毕竟，甚至哲学家也受到了历史

---

① 阿瑟·C. 丹托《艺术的终结之后——当代艺术与历史的界限》，江苏人民出版社 2007 年版，中文版序第 3 页。

② 同上，中文版序第 7 页。

可能性的制约。一旦这个问题在艺术发展历史的某个时刻被意识到，那么一种新的哲学意识层面就达到了。"在这种历史眼光的烛照下，艺术的多元主义景观才能够获得存在的理由，"随着更清楚的理解，人们承认艺术史不再有可采用的进一步方向。它可以是艺术家和赞助人想要的任意东西。"① 艺术的存在和艺术史的方向决定于历史的意识。

但是，丹托并没有为我们理清艺术的本质和历史的关联。这就为我们进一步思考艺术的历史规约提供了可能。关于艺术的历史属性，我们是否可以从两个层面论说和理解。其一，历史首先意味着时空的距离：我们人类的当下生活在当下状态下当然不是历史，历史的东西是与我们产生了时空距离的人类的经验或生活。而当作为历史的人类经验或生活与我们产生了距离，它们就可能成为艺术，因为艺术之所以不同于生活经验，正是因为它与我们有某种不能忽略的时空距离。历史恰恰具有这种功能。这样，在这个层面上，历史与艺术似乎合二为一了。只有历史的东西才有可能成为艺术，当下的生活不是艺术。岩画、陶器乃至于甲骨文，在其产生和使用的时代肯定不是艺术，其原初的意义在于实用功能，尽管不能排斥其附属的审美价值。但是，在后人眼中，它们变化为纯粹的艺术，实用性消失了。若干年后，当后人看我们今天曾经生活于其中并作为一种生活方式利用的网络，就如今天的我们看原始时代的岩画一样，网络上的一些东西如大量的现在看来不甚入流的涂鸦，可能就会变成艺术。因为它是我们的生活内容之一，是我们的生活形式之一，表达了我们这个时刻的生活的形态、模式和价值，是以具有时代性的表达手段表现的我们这个时代的生活方式和意义，总之，是我们的生活经验与人性的表达。但是，当前，我们不能把网络上的一切笼而统之地一概称为艺术。艺术与现实有着时空的、心理的距离，那甚至是一种隔阂：艺术与现实存在着不可调和的矛盾，艺术并不是现实，现实也不是艺术。凡是主张"艺术地生活"和"审美的人生"态度的人，我们认为那只不过是一种美学的人生态度，而不是真正的人生现实。生活与美学是两码事，生活是当下的经验，而美学是一种远距离的观照。因此，所谓"历史"，就是一种时空的距离，距离给我们以想象的空间，也给我们以理性反思的空间，所以历史化的东西才有可能成为艺术，成为艺术哲学观照与反思的对象，才能成为美的载体。

---

① 阿瑟·C. 丹托《艺术的终结之后——当代艺术与历史的界限》，江苏人民出版社 2007 年版，第 40 页。

其三，历史元素所以能够被认为是艺术的东西，那需要一个"形式化"的过程：历史要获得某种形式，才能成为艺术。能够获得这种形式的历史，就一定能成为艺术。在上述层面上，已知历史的东西可能成为艺术，但是，并不是所有的历史元素都能成为艺术，那么，其选择的标准是什么呢？历史和艺术的界限何在？存在着另外一种距离，即形式化。所谓距离，不仅有历史的时间和空间的距离，也有形式属性的距离。如电影、绘画为什么是艺术？因为它们不是我们的生活，而只是与生活——存在形式及其意义相关，但却与之具有不同的形态和属性的东西。生活是吃穿住行七情六欲举手投足，艺术与此相关，内容关联，但是手段与形式不同，如绘画是线条与色彩，电影是声音与行动，舞蹈是行动的音乐化，文学作品是人类存在的文字表现：一句话，艺术与当下的生活经验或历史的区别在于形式，艺术要求生活经验的形式化。它们在形式属性上与主体的生活经验存在不同。所以它们才能成为艺术。当代的行为艺术与物品艺术之所以成为艺术，就是因为我们赋予它某种形式：它有一个场所：舞台、展厅或橱窗、大街，也有具体而微的表现形式，从而与生活内容与形式拉开了距离。

所谓形式，主要地就是指"艺术形式"。但是，何谓艺术形式？我们并不单纯意味着艺术体裁的区分，也不是纯粹是诸如文学、电影、雕塑、舞蹈等艺术形式，否则，诸如行为艺术、物品艺术便不能获得某种艺术形式。如果对此概念下一完整且涵盖性较强的形式，我们认为，艺术形式是在传统的艺术形式之外，还有一种约定俗成的规定，以及一种心理的认同。文学是艺术，这是传统的定义，不容更易；城市环境是一种艺术，这是一种约定俗成；行为艺术是一种艺术，我认为这是一种心理认同：艺术家认为这是艺术，大家也都这么认为。所以，形式主要地作为艺术形式，具有上述三个方面的本质规定。历史化了的东西，一旦具有这三种艺术形式，就成为艺术。比如，上述使物品艺术与行为艺术成为艺术的形式——舞台、橱窗或展厅、大街，有的是传统定位，如在舞台上表演的就是艺术，有的是约定俗成，如在橱窗或展厅里展出的就是艺术，有的就是心理的认同：如大街上表演的东西，有时候也是艺术。

从以上两个层面思考的结果，使我们能够勇敢地表达艺术与美的本质：与我们的当下生活经验状态，在时间、空间、形式属性上具有距离；当生活经验成为历史，并且获得某种形式性时，就能够并且必然成为艺术。例如回忆。回忆是一种艺术，因为我们人类总是给"回忆"赋予"诗意"，而诗意就是艺术的。"回忆"具有两个条件：一、它是我们的历史；二、它获得了作为"回忆"的一种诗的形式。所谓"诗意地栖居"，那也是我们把我们的"栖居"当做了哲学反思和评价的对象，把它变成了思维和感情中的历史。又如史诗。史诗更典型：一方面，它含有历史的成分，尽管它与历史可能并不重合；另一方面，它无疑是诗，具有诗的形式。史诗就是因为它具有形式化了的历史，才成为了艺术。任何艺术形式，其内容都是必须经过了历史化的过程，其形式都必须经历了艺术的形式化过程。即使是来自于我们的当下生活的艺术作品，也必须经过这么一个过程。任何艺术品都是位于我们生活的当下状态之外，并且必须具有某种艺术形式。我们不是生活于其中，而是理性地或情感地反思与体验远离我们的历史内容与技术形式。这样一个对艺术的本质规定，使我们获得了放之历史任何阶段和任何艺术形式的普遍的标准与定义，用以判断它们是不是艺术。

因此，只有历史的才可能是艺术的，并且，只有与我们的生活经验具有形式差异的，才是艺术的。人性这一永恒不变的内容，潜藏在历史内容之中，以善或真的形式呈现。现实生活经验进入历史并获得艺术的形式从而远离我们的自身经验之后，它就是艺术。这么说，我们生活着，可能意味着我们就是在创作，就是可能在创造后世的某种或某个艺术品。因为我们的生活经验随着时间的流逝就会成为历史，就具有了成为艺术的可能。当然，它成为艺术品，是在后人眼中成为历史之后，并且是在它获得艺术形式从而与我们产生时空的或心理的距离之后。生活经验是不是艺术，一切取决于属性与存在空间、存在形式的改变。随着未来生活方式的变革，人们将创造无以数计的新的艺术作品向后人呈现。艺术在历史中不断地被创造、延展，从而获得新的时代形式。在当代，既然任何人都可能历史地被追认为艺术家、任何东西或行为都可能历史地成为艺术，那么，关于艺术的本质，我们就在类似于古希腊人的泛艺术的观念背景上得出：艺术是人的生存的历史化和形式化。历史是我们的艺术源泉；只要人类不灭亡，那么人类的历史思考和美学反思就会存在，艺术就不会终结。

总之，历史地看，美的本质不能缺失，而是需要对原有的本质界定进行拓展：过去，不同的对于本质的界定针对不同时代的艺术，因而对艺术本质的认识具有历史的差异；现在，多元主义文化时代需要从艺术实际出发，寻找一种涵盖性更强、能够超越历史局限性的本质界定。当人们的生活经验变成历史，并获得了与生活不同的时空或属性形式时，就历史地演变为艺术：艺术就是形式化了的历史；艺术与历史的界限只在于有无形式性，艺术不会终结。对美的本质的界定也就有了时代性的内涵规定：形式化的历史。由此我们可以判断和解释一切现时代的艺术与美的问题。当然，这一规定，不是源于思辨，而是对于艺术与美的现实的解释。

那么，丹托关于艺术的终结的结论，究系源于何处？

对于这个问题，丹托曾经有过说明，他的关于艺术的终结的观点来自于黑格尔的历史哲学。黑格尔认为，艺术作为精神现象学的一种形态，人类的艺术史也呈现为三个阶段，一是早期阶段，如古希腊艺术，是人们孜孜以求的东西，是人们的精神需要，就像吃饭是人的生命存在的需要一样重要和不可或缺。而到 18、19 世纪，黑格尔认为我们已经超越了这个需要，艺术进入我们的反思之中，成为艺术的哲学，它只是着力于对艺术的阐释。而古典形态的艺术，我们已经不再需要。所以，黑格尔宣称艺术终结了。但是，当艺术在哲学王国里越来越成为哲学的注解，成为观念的形态时，它自身就不能满足于自身的这种纯粹理念形态——按照黑格尔式的分析和描述方法，艺术会再次进入一个类似于早期的古希腊艺术的繁荣阶段，从最基本的人类生活开始，甚至于艺术就是生活。"艺术成为生活的艺术，与人的自然生存有机结合，而不是疏离于人的生活和生存，这就是多元主义的艺术理想国。"①

所以，不论是基于对艺术的本质的理解，还是基于黑格尔式的对艺术发展史的现象学言说的同情，我们都有理由为艺术的多元主义时代、为这个时代的艺术的生活化、一切都可能成为艺术这一现实状况备感欢欣鼓舞，但是，基于同样的理解，我们并不能认可生活自身、一切行为或作品就是艺术，也不认为艺术已经终结。我们应该告诉丹托：历史不容许艺术终结，因为我们的存在有历史，也不能离开对形式的依赖；而形式化了的历史，就是艺术。艺术与美就是历史的形式化的必然结论与产物。

参考文献：

[1] 阿瑟·C. 丹托《艺术的终结之后——当代艺术与历史的界限》，江苏人民出版社 2007 年版。

---

① 阿瑟·C. 丹托《艺术的终结之后——当代艺术与历史的界限》，江苏人民出版社 2007 年版，第 244 页。

论美与过程

孙殿玲

一、问题的提出

人类活动的意义是什么，如何达到人生目的，一直是古今中外历代哲学家不断追问至今仍然成为困扰人类的重大问题之一，也是美学研究所关注的一个重大问题。对此，哲学家、美学家与伦理学家、社会学家各持不同意见。中国古代儒家与道家对此理解有很大差异。儒家把舍生取义、杀身成仁以服务社会的道德作为人类活动的意义和目的，具有他律性；道家则把实现人的生命的完整、完善、完美作为人类活动的终极意义和目的。二者相比，儒家人生哲学是政治的、历史的、社会的，道家哲学是人生的、宇宙的、美学的。而人生、人类活动及人的感觉的审美化就成了人类追求的理想目标，人类为了这个目标世世代代进行着不懈的努力。

从历史发展来看，究竟有多少空间属于人类的审美空间，人类不懈的努力是否使这个空间递增式地扩大？这是个很复杂的问题。在文明程度还不够高的时代里，在人们的物质生活还不够极大丰富、艺术形式还不够绚烂多彩的时候，人们还有那么一股精神上的狂热和崇拜，生活的俭朴还能令人乐观、充满希望，人们的满足感和幸福感达到了相当高的程度，即是说审美空间与物质财富成正比例。古代哲学家老子、庄子曾怀念原始初民"鼓腹而游"、"其行颠颠"、"其乐融融"的社会，这不是主张社会倒退，而是说人类除了向自然索取衣食住行的基本生活资料外，无过多奢侈观念，远离了欲望，保留了一颗平常心。而随着文明的进步，物质日益丰富起来，但人们开始不满足"剩余"，还要获得最大利益，于是开启了功利之心，欲望开始膨胀。此欲望止，彼欲望生，而人的欲望是无止境的，王国维说："其所欲弥多，又其感苦痛亦弥甚故也。"① 科学的进步，技术的发展，人们的思想观念、行为方式、目标追求、评价标准都发生了变化，以成果多少、成就高低作为衡量人的价值尺度，导致了人的强烈目的性和成果观念。经济效益中心论、实用价值目的论导致人们急功近利、用功尚利、唯利是图。虽然人类创造了巨大物质财富，但精神财富却一点点流失，人的心灵空间被物质占据，审美空间越来越小，美感越来越少。造成这个现状的原因很多，究其根本，重结果轻过程是其主要根源。现在这个时代是信息时代，它是高速发展时代的代名词。高速发展的时代意味着快节奏、高效率，快出成果。总之，快速出成果、快速积累有形财富就必然缩短活动的过程。过程缩短，甚至缺失，人停留于事物的时间就短，人的体验就会越来越少，以至终止，人的感觉就越来越钝化，包括美感。因此说，美来自过程，失却了过程，就失却了美。现代人之所以创造了历史无可比拟的物质财富，享受着古代君王不可能享受到的美好生活，却依然感到不自在、不轻松、不舒适、不美，就因为轻视了过程的重大意义。因此讨论过程与美的问题是必要的。

二、过程论与美

哲学领域中的过程论思想是我们研究美与过程的思想和方法论基础。"过程论"思想原是黑格尔辩证思想的一个内容，是他对辩证法的重大贡献。在哲学史上，黑格尔第一个把整个自然界、历史和精神世界描写为一个过程，并意欲揭示过程的内在联系，但他的过程思维是建立在唯心主义基础上的，逻辑起点是"绝对精神"。恩格斯改造、丰富、发展了黑格尔的过程论思想，最早地提出了"过程论"，他说："即世界不是一成不变的事物的集合体，而是过程的集合体。""整个自然界是作为……种种联系和种种过程的体系而展现在我们面前。""社会经济形态的发展是一种自然历史的过程"，"思维过程同自然过程和历史过程是类似的"。② 后来毛泽东进一步丰富和发展了恩格斯的过程论思想，揭示了过程论的核心，他说："事物（经济、政治、思想、文化、军事、党务等等）总是作为过程而向前发展的。而任何一个过程，都是由矛盾着的两个侧面互相联系又互

---

① 刘刚强《红楼梦评论》，《王国维美论文选》，湖南人民出版社 1987 年版，第 29 页。
② 马克思、恩格斯《马克思恩格斯选集》第四卷，人民出版社 1972 年版，第 239-247 页。

相斗争而得到发展的。"① 而对马克思主义过程论研究最为系统的是我国哲学家杨超,他在《过程论》一文中他认为,马克思主义过程论和唯心主义过程论的区别就是物质性和实践性,他是在肯定毛泽东思想体系的贡献时提出的过程论。②

从一般意义上看,"过程"指的是事物萌生、生长、发展、繁荣、衰落所经过的所有程序。从上述思想上看,过程包括自然过程、社会过程、思维过程。具体包括物质发展过程、人类活动过程,包括审美活动。审美活动是主体情意见之于客体的沉思与观照过程,深思与观照本身就是过程,审美愉悦由此产生。在审美观照与沉思中,人以愉悦身心为目的,感受多姿多彩的感性世界,受到新颖壮观、生机勃勃的生命形式感染,在生命的活动中自由、和谐、愉快、伸展。可以说,人类社会的审美活动的展开,推动了人类文明不断进步,社会不断和谐,人自身不断完美。所以,审美只能是过程,有了结果就进入了下一个过程。因此,过程论思想是从事美学理论研究和美学实践的武器,是美学问题研究遵循的基本指导思想和方法论。

这个过程论思想揭示的要义是:一切事物总是作为过程而发展的,一切感受和认识的来源都在这个过程中产生。其根本原因在于矛盾,矛盾即过程。它引发出很多美学意义。其一,一切事物的过程都是一切事物产生的根源,没有这个根源,美就无从产生。一切事物的生命在于运动,人更是如此,离开了运动,就失去了快乐。人的创造活动本身就是运动过程,只有处于目标的过程中,人才有生命力。试想一个人一出生什么也不做,甚至对游戏也不感兴趣,他不会快乐。事物的生命在于活动过程。其二,既然一切事物都是作为过程发展的,美也作为过程发展,没有过程,美就停止了。对于审美创造而言,创造使人达到自由境界。人除了需要利欲满足外,还渴望自身的本质力量得到肯定,在本质展开的过程中,人能够激发出与生俱来的节奏感和音乐感等一切艺术潜质,心与物游,超越物我,进入与物合一的境界。庖丁解牛就是一例,庖丁的美感不是来自物质奖赏的快乐,而来自他解牛的游刃有余、整个解牛过程对技术的娴熟驾驭的踌躇自得;斗牛士的快乐也不是获得一只牛耳朵的快乐,而是斗牛的技术达到了高巧绝妙,显示了自己的智慧与灵巧。因此,技术的创造过程能使人

① 毛泽东《学习马克思主义的认识论和辩证法》,《毛泽东著作选读下册》,人民出版社1986年版,第842页。
② 杨超《论过程》,《社会科学战线》,1979年第2期,第40页。

达到自由，获得美感。就历史来讲，过程本身孕育着生机。人类由茹毛饮血到享受美食，由窝居山洞到进住摩天大楼，人变得越来越聪明，生活质量也越来越高，都是创造过程的结晶。只有经过所有的运动过程才能显现出生机和希望，才有美的存在。对审美欣赏而言，驻留过程，人就会留意宇宙世界的奇异景象，观察天空大地的瞬息万变，发现身边一草一木的生机和真趣，感人生的真味。所以，恋爱在"恋"，旅游在"游"，集邮在"集"，钓鱼在"钓"，品茶在"品"，人生在"生"。恋、游、集、钓、品、生都是过程。所以，人类不能结束过程。生活中过程就是如此，过程产生趣味和情趣，使人得到享受，如嗑瓜子、吃螃蟹，其肉不多，全在品味的过程，真的食用去了皮的，省略了剥的过程，也就失掉了情趣和滋味；听音乐、看电视，也在过程。其三，过程产生解决矛盾的动力，过程催生人的创造力，过程增强人的体验，过程发展了人的一切感觉，也包括审美感觉、审美体验，马克思说，在过程中，人的本质得到了全面展开。人类从实践活动一开始就产生了审美意识，发展了审美感觉，创造了美，最后不断完善了人的美感，还要探索美之所以美的原因，探索美的规律，进而研究如何按照美的规律创造。对美的求解性使人对美的理解、创造、欣赏能力不断加强。就艺术而言，人类不但要创造诗歌，还要创造小说、戏剧，还需要创造更多文艺样式。20 世纪 80 年代出现的小品是不满足于相声的结果。因此过程产生求美的动力。有了动力就会有美的创造力，宇宙世界之所以有美存在，就因为有了人类创造。马克思实践美学的核心精神就在于劳动创造美的内容。他认为，劳动发展了人的一切感觉，人的实践不仅改造了外在世界，使自然成为"人化自然"，美化了世界，也改造了人自身，使自身的本质力量得到丰富发展，使人变得健康聪明、灵秀神气、生动和完美，"我们从那些由于劳动而变粗变黑的脸上看到了全部人类的美"① 这一思想实质揭示了过程创造了美的本质。没有了过程，人类会永远停留在原始、古朴的状态，美也就停止了。

三、美在过程的艺术考察

"过程论"推及艺术，艺术活动也是一个过程。艺术创造首先就是一

---

① 马克思《1844 年经济学—哲学手稿》，《马克思恩格斯全集》第四十二卷，人民出版社 1979 年版，第 139 页。

个过程。作家艺术家的美感来源于审美体验、审美观照,作家把粗糙、芜杂、分散的生活材料变成可视、可感、生动、新鲜、陌生化的艺术品是一个艰苦的过程,但又是一个自身的艺术才能彻底展开的过程,是确证自己本质力量的过程,又是再次体验人生的过程,是艺术家不断克服艺术创造的不足,不断创新艺术样式的过程。在这个过程中,艺术家的艺术潜质得以成为现实素质,人的艺术气质得到展示,艺术能力得到发挥,艺术成果不断呈现,艺术带来美的愉快。艺术欣赏更是一个过程,接受者的喜怒哀乐只有在欣赏体味中才能驻留;离开了审美过程,人又可能投入非审美的氛围中了。所以,整个艺术活动就是一个过程。我国资产阶级改良者梁启超的"趣味主义"美学思想包含着过程美思想。他在《趣味教育与教育趣味》中说:"假如有人问我:'你信仰的什么主义?'我便回答:'我信仰的是趣味主义。'有人问我:'你的人生观拿什么做根底?'我便答:拿趣味做根底。'我生平对自己所做的事,总是做得津津有味,而且兴会淋漓。什么悲观咧,厌世咧,这种字面,我所用的字典里头可以说完全没有。我所做的事常常失败——严格的可以说没有一件不失败——然而我总是一面失败一面做。因为我不但在成功里头感觉趣味,就在失败里头也感觉趣味。"① 这个趣味包括快乐。他又在《"知不可为而为"主义与"为而不有"主义》中接着说,有结果也是快乐,无结果也是快乐,带着趣味去做,就是"知不可而为,""把成功与失败的念头都撇在一边,一味埋头埋脑地做,"人才能超越功利,为什么"学画画,学打球,因为画画有趣,打球有趣。"趣味就是"劳动的艺术化"、"生活的艺术化",所以"趣味是生活的原动力",② 他甚至在《学问之趣味》干脆道出:人类只有"常常生活于趣味之中,生活才有价值"。如果"人类到了把趣味失掉了的时候,老实说,便是生活得不耐烦。那人虽然勉强留在世间,也不过是行尸走肉"。③ 梁启超趣味主义美学思想并不是说结果不重要,而是不唯结果。重结果,就失去了主体性,人只有将自己从结果的患得患失中解放出来,才能完全自由,富有创造性。这是他的趣味主义美学思想的实质及其指导性贡献,开启了文艺创作和文艺欣赏的趣味主义。

20 世纪末,随着市场经济的不断深入,竞争的不断激烈,人们的思

---

① 梁启超《饮冰室合集:第 5 册》,中华书局 1941 年版,第 12 页。
② 同上,第 15 页。
③ 同上,第 13 页。

维和行为运作方式发生了迅速变化。人们为了最大限度地出效益，在最短的时间多出成果，在有限能力中作出超人的成绩，于是就开始缩短创造时间，缩小细致和耐心，缩写对象的细节，缩减创造的环节。一句话，减少了过程。任何事物的发展都有一个过程，有过程才有美的存在。美在过程理论的现代意义是多方面的。就艺术而言，其一，益于掘弃浮躁情绪，保持一颗平常心，有助于提高艺术活动及其作品的质量。任何事物的萌发、生长、发展、成熟都需要一定的过程，缩短了其中的任何一个过程质量就无法得到保证。而现状是人们为了更多更快地获得结果，一再地缩短了过程，于是出现了无味、无质、无色、无品、无个性（复制）的作品。人们却普遍感到品之无味、观之不妙、审之无神、赏之不美。是人们久嗜美味、久闻美音、久视美色的缘故？还是人们的审美趣味提高？可能兼而有之。但审美对象的品质下降、品位的丧失、品格的缺少是造成审美疲劳的主要原因。以致人们坐在电视机前，手里的遥控器遥来遥去，很难锁定一个频道，大辫子戏一演就是铺天盖地，产生于古代的戏曲也将走进历史博物馆。尽管人们每天都沉浸在丰富多彩的艺术世界里，但留下的深刻的、美好的、永恒的记忆并不多。因为创作压缩了过程，制作稀释了过程（电视剧越来越长却无更多内容），造成欣赏者看不到精彩，赏不到神奇，听不到美妙，美的片段与镜头少之又少。

其二，过程催生创造艺术美的灵感和内容。马克思主义认为，任何感觉都是在实践中产生并发展起来的，这种感觉包含审美灵感。如何说人与人的不同就在于先天素质的差异，那也只能说素质也是潜在的，它要靠后天实践活动的激发，才能把可能的素质变成现实的素质。一个无所事事、闭目塞听的人很难产生创作灵感、冲动和激情。纵观历史，几乎所有的技术美和科学美的创造都出自劳动者之手，是劳动者在生产过程中设计和发明的，是科学研究者在无数次失败的实验和试验中发现和创造的。没有这个长期的过程，很难推动文明进步。艺术创造和艺术接受也是如此。艺术创造来自艺术的灵感和冲动，艺术灵感和冲动是作家艺术家在人生体验过程中形成的，是沉思与默想激发的，是勤奋笔耕的结晶。一个唯美主义作家曾向屠格涅夫请教创作的秘诀，屠格涅夫说，没有别的办法，你逼着你自己每天伏案写作两个小时，久而久之，才能写出作品来。他的意思是说，艺术创造灵感产生于不断的创作实践。一个创作过程的终止，其成功的喜悦会调动了艺术家进入下一个创作过程，只要有过程，美的艺术就会源源不断地产生出来，并不断创新内容。过程一旦中断，再发动起来就有一定的困难。在艺术接受中，欣赏的过程不仅是催生美感的途径，更重要的是提高艺术欣赏者的艺术修养、审美能力，提升欣赏者的审美趣味，还能使欣赏者产生美学批评的冲动，这既能丰富文艺活动的内容，又能打造艺术活动的氛围，为人类生存拓展审美空间。因此艺术活动不能不重视过程。

其三，过程满足现代审美需要。审美需要是人类重要的精神需要之一，在现代生活中，随着物质文明的快速发展，绝大多数人物质需要基本得到了满足，但人类不但没有放缓奋斗的步伐，而且紧紧抓住过程，以前所未有的热情和欲望实现着每一环节，人们希望过程常存，以享受过程为乐。世界上许多腰缠万贯的人仍然不断地进取，本来可以身成功退的人还要继续奉献的行为就是最好的见证。在艺术活动中，没有稿费也能笔耕不缀的文学家、艺术家享受的就是创作过程美，创作过程本身就是他自身本质力量的一种确证。艺术欣赏者本来就知道读一首诗、一篇小说、听一曲音乐、欣赏一幅画也不会得到金银财宝，却把很多时间投放到艺术欣赏中，自得其乐。这也说明了过程满足了现代人的审美需要，离开了这个过程，生活就会变得枯燥无味。因此说，过程是人生存的一种形式和方式，也是人类生活内容的一部分。离开了过程也就说明了没有需要，需要的缺席意味着精神的枯萎，美的消失，也将是生命的结束。

宇宙世界由过程组成，所以天道循环，周而复始；人类社会由过程链接，因而历史绵延不断；人的发展是过程的聚合，因而铸就了生命的律动。这一切都构成了世界的美，创造了人类的物质美和精神美，也完善了人自身的美。人类活动没有终极目标，也无法达到终极美，生存的意义在于不断地创造，不断地探索，这个过程是人类不断繁衍、发展、进步的本身，是不断创造美的依托和凭借。离开了过程，美无从谈起，所以，重视过程对现代人的心理健康发展、对整个自然良性运行、对国家社会的和谐发展、对美的创造具有不可低估的促进力量，从这个意义上说，美在过程。但科技的发展必然要缩短过程，这是自然法则，无法抗拒。是重过程还是重结果，如何处理好"重结果"和"重过程"的矛盾关系是我们今天需要研究的一个重要课题。

参考文献

［1］刘刚强《红楼梦评论》，《王国维美论文选》，湖南人民出版社 1987 年版。

［2］马克思、恩格斯《马克思恩格斯选集》第四卷，人民出版社 1972 年版。

［3］毛泽东《学习马克思主义的认识论和辩证法》，《毛泽东著作选读下册》，人民出版社 1986 年版。

［4］杨超《论过程》，《社会科学战线》，1979 年第 2 期。

［5］马克思《1844 年经济学—哲学手稿》，《马克思恩格斯全集》第四十二卷，人民出版社 1979 年版。

［6］梁启超《饮冰室合集》第 5 册，中华书局 1941 年版。

转型期美学的现代化行程

龚举善

以 20 世纪 50 年代中期"实践论美学"的大讨论为标志，我国学者对马克思《1844 年经济学—哲学手稿》进行了深度研究，马克思主义美学建设步入了新的历史阶段。转型期以检视为契机，实践美学逐渐成为我国当代美学主潮。目前，"这个主潮的巨大生命力正在日益充分显示出来，并且在各个不同流派（如李泽厚派、蒋孔阳派、刘纲纪派等）的具体构建中越发显得生机勃勃。"①

总体而言，实践美学以"实践"范畴为有效核心视域，并因此在当代世界美学格局中独具特色。具体说来，实践美学到后实践美学的转进，呈现出明晰的建构——反叛——超越轨迹。这说明，转型期美学研究正在自我否定中不断走向深化。

一、客观论实践美学的建构路向

20 世纪 50 年代，中国当代美学的建构工程开始启动。以蔡仪、李泽厚为代表的"客观社会论"美学，强调审美实践活动的客观性和社会性，侧重于从客观物质属性中把握"自然的人化"。这种状况一直持续到 80 年代。

蔡仪在《新美学》、《新艺术论》以及 20 世纪 80 年代中期出版的《蔡仪美学讲演集》和由他主编的《美学原理》等多种著作中，清楚地表述了他的客观论美学主张。他首先确认，"现实中事物的美，无论自然界

---

① 张玉能《展望 21 世纪中国美学》，《武汉教育学院学报》，1998 年第 1 期。

事物的美或人物的美，是我们要讲美学问题的首要根据。"① 在他看来，美是客观存在的，与人的主观评价根本没有关系。他说："关于自然界事物的美，除了人的容貌的美、身体的美之外，原则上说，是和人没有关系的。……而人的身体的美、容貌的美，我们认为那也是天生的，也就是属于自然美范畴的。"② 这种观点显然派生于唯物主义哲学认识论。他特别强调，"在唯物主义的认识论上，美和真理应该是一致的，也就是说都是客观的。根据客观真理论的原则来看，事物的美只能是客观的，不能是主观的。"③ 由上述引证不难看出，蔡仪的客观论美学直接脱胎于哲学上的客体决定论。事实上，他的美学理论混淆了"客观关系"与"主观关系"的界限，将"美感"与"美"割裂开来，并不同程度地抹杀了主体与主观的区别，因而其缺陷是明显的。

李泽厚的客观论实践美学观主要体现在《美的客观性和社会性》、《关于当前美学问题的争论》以及 1962 年发表的《美学三题议》等论文中。他认为："美是客观的。这个'客观'是什么意思呢？那就是指社会的客观，是指不依存于人的社会意识，不以人们的意志为转移的不断发展前进的社会生活实践。……它所以是社会的，是因为：如果没有人类主体的社会实践，光是由自然必然性所统治的客观存在，这存在便与人类无干，不具有价值，不能有美。它所以是客观的，是因为：如果没有对现实规律的把握，光是盲目的主体实践，那便永远只能是一种'主观的、应有的'善，得不到实现或对象化，不能具有感性物质的存在，也不能有美。"④ 亦即说，美既是客观的，又是社会的，其社会客观性亦即普遍必然性。

显见，李泽厚的实践美学观既否定了朱光潜美论的极端主观性，又扬弃了蔡仪美论的绝对客观性，在协调与融会中获得了理论上的适度"中庸"，因而一度成为我国美学理念的权威形态。

二、主观论实践美学的反叛品格

进入 20 世纪 90 年代，随着社会结构、生活方式和思想观念的不断嬗

---

① 蔡仪《蔡仪美学讲演集》，长江文艺出版社 1985 年版，第 8 页。
② 同上，第 9 页。
③ 同上，第 153 页。
④ 李泽厚《美学论集》，上海文艺出版社 1980 年版，第 160－163 页。

变，实践美学的客观论权威话语面临怀疑和挑战，改造实践美学的呼声日高。诚如刘纲纪所言："我个人一向是主张实践美学的，但我并不认为包含在这一概念下的各种观点都是完全正确的，也不认为实践美学已经很好地解决了美学中的各种问题。实际上，实践美学的主要成就在于它把马克思主义的实践观作为美学的哲学前提确立了下来，它为了完善自身还需要进行大量的研究工作。"①

在转型期后实践美学的反叛性努力中，李泽厚、高尔泰、蒋孔阳等人贡献尤著。

20世纪80年代末90年代初，李泽厚以坦诚的自我反省开始了实践美学的转轨尝试，提出了著名的"心理本体"概念。他指出，"人类历史的遗产也包括心理本体。工具本体通过社会意识铸造和影响着心理本体，但心理本体的具体存在和实现，却只有通过活生生的个人，因之对心理本体和工具本体不仅起着充实而且也起着突破的作用。"② 这表明，李泽厚的美学观念正由社会本体论转向心理本体论。他在《美学四讲》中呼吁："回到人本身吧，回到人的个体、感性和偶然吧。从而，也就回到现实的日常生活（every day life）中来吧！不要再受任何形场上观念的控制支配，主动来迎接、组合和打破这积淀吧。"③ 这种由"社会实践"向"个体生存"的价值位移，不仅构成了鲜明的自我否定，而且标志着转型期美学研究心态的成熟。

高尔泰从美感入手，自80年代中期开始关注"感性动力"的研究。他认为，"美感是人的一种本质能力，是一种历史地发展了的人的自然生命力。它首先是人的自然生命力，是人类创造世界和选择进步方向的一种感性动力，它永远是开放的和进取的，永远是通向未来的。……它首先是一种感性动力，在其中，理性结构不过是一个被扬弃的环节。"④ 在注重人的社会实践的前提下，高尔泰将美感看作一个来自过去又面向未来的开放式感性动力结构，"自然生命力"是该结构图式的制高点。因此，高氏的感性动力说被视为对李泽厚早期美学思想的有益补正。

蒋孔阳在人与自然关系的求证中，将人的主体创造功能置于突出地

---

① 刘纲纪《马克思主义实践观与当代美学问题》，《光明日报》，1998年10月23日。
② 李泽厚《美学四讲》，安徽文艺出版社1994年版，第452页。
③ 同上，第580页。
④ 高尔泰《美是自由的象征》，人民文学出版社1986年版，第103－104页。

位。他强调指出，美须不断创造，"美的创造是一种多层累积所造成的一个开放系统，是一种'恒新恒异'的过程。在空间，它有无限的排列与组合；在时间，它生生不息，处于永不停息的创造与革新之中。"① 蒋孔阳的美学本质上是创造性"动态美学"，它为"超越美学"的出场铺平了道路。

三、走向跨世纪的超越论美学

除前述"开放美学"、"动态美学"的反叛性探索外，刘晓波、杨春时等人则极力主张建立"超越美学"。

早在 80 年代，刘晓波便主动寻求与李泽厚"对话"，意欲在反叛权威的同时超越权威。刘晓波认为，李泽厚的"积淀"说压制了主体的审美创造力，"美的永恒价值不在理性的、社会的'积淀'，而在于美作为一个开放而具有无限可能性的、永远指向生命本身的、活的有机体，能够不断地唤醒在理性法则、社会规范之中沉睡的感性个体生命，为人的自由开辟通向未来的道路。"② 在他看来，李泽厚的美学思想以社会、理性、本质为本位，他则以个人、感性、现象为本位；李泽厚强调整体主体性，自己则力倡个体主体性；李泽厚由"积淀"转向过去，实应由"突破"把握未来。尽管刘晓波的观点有些偏激，但却相当敏锐地切中了"积淀"说的要害，人称"片面的深刻"。

受存在主义及西方其他现代哲学思潮的深刻影响，杨春时在批判实践美学的理性主义和现实化倾向的同时，紧紧抓住审美的超越性质，认为审美是源于非理性、进而达致超越性境界的过程。为此，他极力鼓吹"超越实践美学，建立超越美学"。超越美学以人的存在为本体论基础，以生存为美学的逻辑起点，企图以自由和超越准则重建审美过程。因审美是生存的高级形式，故而，它也是超越的生存方式和解释方式，亦即"自由的生存方式和超理性的解释方式"。概括地讲，超越性体现为审美使片面发展的现实个性升华为全面发展的审美个性。这正是美学方式的至高追求。

转型期美学由建构、反叛到超越的演进轨迹，有力地证明了现代美学思维的强劲活力。同时表明，重构跨世纪未来形态的具有中国特色的马克思主义美学工程前景广阔，任重道远。

---

① 参见蒋孔阳《蒋孔阳美学艺术论集》相关阐述，江西人民出版社 1988 年版。
② 刘晓波《选择的批判——与李泽厚对话》，上海人民出版社 1988 年版，第 17－18 页。

中国美学研究

谈谈改革开放以来中国美学史的研究

王向峰

在中国，从 20 世纪 30 年代到 60 年代，相继有几部中国哲学史，如冯友兰的《中国哲学史》、张岱年的《中国哲学大纲》、任继愈的《中国哲学史》，并且都有较为广泛的影响。相比之下，当时中国的美学家也不少，水平也不差，如朱光潜和宗白华先生，都是学贯中西的美学大家，他们虽然都具备编著中国美学史的条件，并且也有许多相关论著，但朱先生编著了《西方美学史》，却没有撰写"中国美学史"的意图。而对中国美学史的真正进入系统的美学历史的通史研究阶段，却正式发端于改革开放的同步，这不能不让我认真思考与探求其原因所在。

在 20 世纪 80 年代以来，作为正式的中国美学史的研究与著述，有几个标志性的成果：1980 年由北京大学美学教研室编的《中国美学史资料选编》在中华书局出版；1982 年由复旦大学学报编辑的《中国古代美学史研究》由复旦大学出版社出版；1984 年由中国社科院哲学所美学研究室李泽厚主编的《中国美学史》由中国社会科学出版社出版；1985 年由北京大学叶朗撰著的《中国美学史大纲》由上海人民出版社出版。与此同时，对中国美学史中的人物、专著、专题研究也不断扩展与深入，差不多是在十年左右的时间里，几乎找不到没有被涉笔论及的问题。可以说，改革开放的新时期是中国美学史作为学科开展全面深入研究的空前未有的历史阶段，甚至是以其作为学科开创和深入系统建设的历史阶段也不为过分。

作为中国美学史的系统文本的编著能否成行，因其是学科系统的历史全面展开，须有几个先决性条件。这些条件大体是：

1. 中国美学史因学科具有综合性的历史视域，其中以代表人物、重点论著、学派系统、核心范畴等为论述主要内容。对于这些对象内容，必须先有分点研究的成果积累，才能构成著史的条件。而在中国，不论是从史来说还是从论来说，对于史料的广泛存在以美学视角收取论析则较少，多是在不同文艺门类理论中被论述着，如何从美学角度纳入史中，则属于有待整合的对象。实际上这一工作是从 1978 年以后的改革开放的新时期才普遍开始，此前则很少有具备这种条件。

2. 中国古代美学史的理论样态独具特点，主要是以文艺美学的分类形态存在着，并多属经验实证和评点式的表现方式，与西方美学史所见的多为直接的美学论析，在对象上有明显的不同。对于此种历史对象，以之建构美学史，不是以某一西方美学史为体例参照即可编著而成的。所需要的则是宗白华那样对中国传统美学的慧眼独具，因此可以说，没有全学界的美学理论修养的相当程度，没有多数学人对于中国美学特点较为深入的认识，就不可能提供足够的成为美学史直接摄纳的对象，因而要编著中国美学史也是不可能的。

3. 在新中国成立的 60 年中，不论编著社会科学任何门类的理论思想历史，对其总体与分体上的政治倾向性、唯物唯心性质的认定，都是首要的判别之点。虽然美学史的内容也关系于此，但却不是必须判别而后又成为加以取舍之点。因此可以认为美学史编著中是最行不得二元对立的思想方法的。有鉴于此，很难想象有谁在中国的 1949 年以后以阶级斗争、政治挂帅的年代，能编出中国美学史而不招致麻烦。

4. 在中国的学术研究中，很多学科的学术理论建设与大学的专业教学需要直接联系在一起，所以，有什么专业和学科，与此相对应的专业理论和历史就能应需而生。中国哲学史、中国文艺思想史、中国史学史等，都是应教学设课而创生的。而就"中国美学史"的学科来说，在新时期以前没有与之直接对应的专业教学需要，而一般文科科系也没有以此为必修课，所以即使是专搞美学的人也很少见有人专门从事此项研究并诉诸历史文本的写作。改革开放以后普遍开设研究生专业教育系列课程，哲学、文学、艺术专业的研究生教育，此课成为专业所必需，所以在 20 世纪八九十年代，由时势造成了很多专门研究中国美学史的人，不论专著与论文都多了起来，以致今天成为美学研究领域中大有人在、多有成果的一个分支领域。

中国美学史的学科建设和学术创造，除了以综合的学术成果体现在美学史的文本构成中，更具基础性的工作是体现于各个分体方面。在改革开放的 30 年中，不论是美学的通史、断代史，还是体类的美学理论史，美学史中人物、论著、学派和范畴史论，以及中外美学理论比较史等，皆有大量著作成果出现。可以说，中国古代美学的历史天地中，至今尚未涉足之地，就像今日的地球上人迹未到之地一样稀少，已经不剩有哪一块了。当然，任何历史的研究都是没有终极之日的，都是可以在新的期待视野中不断生成为新的问题，这在今后只有靠美学界的广大同人不断努力，才会开创出更大更好的境界。

论中国美学与学术智慧

袁济喜

中国美学与文论是一种智慧的结晶，有着形而上的学术支持。西方学术大多追求学术的知识性与工具性，而中国学术则是以求真向善致美为宗旨，它的最高境界则是一种审美境界，这一点与西方美学重在知识建构是不同的。回顾中国美学的这种学术智慧，我们可以获得许多启发，从而对于建构中国当代美学思想有着诸多的启迪。

一、何谓中国美学的学术智慧

古代中国哲人有着自己对于智慧的理解，中国美学正是在这种智慧启发下产生的。我们先来看老子《道德经》的下面几段话：

> 知者不言，言者不知。挫其锐，解其纷，和其光，同其尘，是谓"玄同"。（《五十六章》）
> 知不知，尚（上）矣；不知知，病也。圣人不病，以其病病。夫唯病病，是以不病。（《七十一章》）
> 信言不美，美言不信。善者不辩，辩者不善。知者不博，博者不知。（《八十一章》）

这几段话都是在强调道即精神智慧的超验性，而反对从认识论的角度去穷尽世界的本质。老子一再告诫世人，真正的智慧并不是自我炫耀，而是在于老老实实地同于大道，圣人不去做那种强而为之的认识之事，所以才能"不病"，而表面的聪明才智正是无知的表现。老子的思想方法即

"反者道之动"，是一种逆向思维。他认为世界上的终级是一种"不可致诘"即穷尽的神秘本体。老子说："视之不见名曰夷；听之不闻名曰希；搏之不得名曰微。此三者不可致诘，故混而为一。其上不皦，其下不昧。绳绳兮不可名，复归于物。是谓无状之状，无物之象，是谓惚恍。迎之不见其首，随之不见其后。"（《十四章》）老子所说的知者，其实是一种有自知之明、留有余地的智慧。包括美学在内的人文智慧，有着天地人三者合一的至精至妙的奥妙，是老子所谓"玄之又玄，众妙之门"。中国美学智慧正是在此基础上建构的。稍后的庄子与老子相比，更注重天人相合中的去我去欲。《庄子·秋水》中云："可以言论者，物之粗也；可以意致者，物之精也；言之所不能论，意之所不能察致者，不期精粗焉。"庄子认为语言与意会无法掌握道。道蕴藏在万事万物之中，当它作为审美对象与艺术创作对象时，便是其中只可神会的意蕴。《庄子·养生主》中的庖丁解牛，其高超的技术不是感觉的高超，而是来自于对道的神悟，感觉与思维只能受支配，而无意识倒是创作自由的前提，所谓"以神遇而不以目视，官止知而神欲行"。王夫之解释说："行止皆神也，而官自应之"。

不仅是老庄，儒家从先秦开始即奠定了以性与天道作为人生与天道相契合的精神本体的学说。《易传》的作者引述了孔子的话来说明这一点：

> 子曰："书不尽言，言不尽意。然而圣人之意其不可见乎？"子曰："圣人立象以尽意，设卦以尽情伪，系辞焉以尽其言。"变而通之以尽利，鼓之舞之以尽其神。（《系辞上》）

孔子在这里强调语言与意义既有矛盾的一面，即书不尽言，言不尽意的一面，又强调有统一的一面，即言尽意的一面。处理好其中的关系最终的目的是为了达到变而通之，鼓之舞之的目的，即使"神"即精神得到激活与传导。既然象中之意是言不尽意的，因此，君子要得到意必然要"观其象而玩其辞"，即从中表象之中获得欣赏之美感，领略其中的意义，达到"以尽其神"即与物为一的境界。而中国古代哲学中的"神"这个概念，是最能说明美学性质的。《周易·系辞上》云：

> 《易》无思也，无为也，寂然不动，感而遂通天下之故。非天下之致神，其孰能与于此。夫易，圣人之所以极深而研几也。惟深也，

> 故能通天下之志；惟几也，故能成天下之务；惟神也，故不疾而速，不行而至。

这是对于《周易》中所贯穿的感应方式的概括。它提出《周易》对于世界的体认是无思无为，即不用日常理性，而是一种冥感，这种冥感亦可以说是灵感思维，而这种冥感的方式相对于理性与意志的体认是一种深入万物底蕴的把握，它的具体表现便是致神即达到与万物合一的境界，这是一种最高的人生与精神境界。它表现为深、几、神三种境界。"深"便是通晓万物奥秘，这是认识的境致，"几"便是带有占卜预见的意思在内，而"神"则是对于外界的游刃自如，是一种从心所欲不逾矩的人生境界。不疾而速，不行而至，是说明精神超越时空，自由飞升的特性。它对于中国古代文论的"神思说"的影响是显而易见的。从主体的角度来说，为了把握这种神，则必然要通过虚静的心态来达到。《易传》上还说："神也者，妙万物而为言也"，这是形容艺术创作的极致而言的。

孟子将"神"这个概念以说明人格境界，并且深刻地影响到中国美学思想。《孟子·尽心下》记载了孟子与他的学生浩生不害的一段对话：

> 浩生不害问曰："乐正子何人也？"孟子曰："善人也。""何谓善，何谓信？"曰："可欲之谓善，有诸己之谓信，充实之谓美，充实而有光辉之谓大，大而化之之谓圣，圣而不可知之谓神。乐正子，二之中，四之下也。"

这是孟子与他的学生评论人物时一段著名的话。孟子将人格境界分为善、信、美、大、圣、神六个层次。首先，他将"美"与"善"、"信"分别对待。"善"、"信"只是以道德本性去做人，而美则不然，它是在自我觉悟情况下的升华，在人格修养中使人性中固有的善变成自己的东西，升华成人性的闪光点。在它之上，还有大、圣、神几个层次，所谓"大"也就是崇高之美；"圣"是使人景仰的人格圣境；"神"则表现了对伟大人物人格力量的顶礼膜拜，如后人对尧、舜、禹、周公一类人物的赞叹。孟子以人格塑造为美的思想，对后世的审美观念产生了极大的影响。人们将那种伟大超凡的人物称作为"圣人"，将艺术作品中的上品称作为"圣品"、"神品"，如东晋书法家王羲之被称作为"书圣"；唐代画家吴道子被称作为"画圣";唐代书论家张怀瓘最早将书法艺术分为"神"、"妙"、"能"三品,宋代画论家黄休复在此基础上踵事增华,又以"逸"品置于三品之上,展现了新的美学观念。

在后世的中国古代诗论中,重"神"的观念在批评论与创作论中广泛引用。比如殷璠的《河岳英灵集》为盛唐诗人名家的选本。集子以王维、王昌龄、储光羲等二十四位"河岳英灵"的诗选,通过卷首序论及正文选录作品,加以评论,其体制与钟嵘的《诗品》大致相似,是通过诗选与作品评论的方式,来阐发自己的文学观点。在序文中,殷璠仿效钟嵘的《诗品序》,率先提出自己的诗学观:

> 夫文有神来、气来、情来。有雅体、野体、鄙体、俗体。编纪者能审鉴诸体,委详所来,方可定其优劣。

这一段话是殷璠论兴象的基本理论支架,鲜明地提出:"夫文有神来、气来、情来。""神"指神气,"气"指气骨,"情"指情感内容。这三者兼提,既是对汉魏风骨的继承,更是对盛唐佳作的揄扬。"都无兴象,但贵轻艳",这四个字是殷璠对齐梁诗人的批评。在六朝美学与诗论中,对神韵气力的尚好是一个重要的特点。六朝美学将人物内在的精神气质作为最高的审美层次,从创作主体来说,则倡导"应会感神"、万趣融其神思,即以直观感兴的态度来捕捉与表现出对象的内在精神之美。杜甫论诗,也十分重视用"神"这个概念来表现创作时入神投入,心物一体的神妙境界。这种创作境界类似于灵感境界。比如,在他的诗歌中,有许多这样的描述:

> 感激时将晚,苍茫兴有神。(《上韦左相二十韵》)
> 醉里人为客,诗成觉有神。(《独酌成诗》)
> 草书何太古,诗兴不无神。(《寄张十二山人彪三十韵》)
> 诗应有神助,吾得及春游。(《游修觉寺》)

从这些诗句来看,杜甫通过自己的创作经验与体会,意识到在诗作过程中有一种天机自动的境界,他不假思索,兴会神到。唐末诗论家司空图在《与李生论诗书》中慨叹:"盖绝句之作,本于诣极,此外千变万化,不知所以神而自神也。"南宋严羽在《沧浪诗话·诗辨》中提出："诗之极致有一：曰入神。诗而入神至矣！尽矣！蔑以加矣！惟李杜得之，他人得之盖寡也。"这也是对于诗中之神的礼赞。所以，中国古代美学和文论的智慧首先表现在于对于文艺特殊性的体认上面，这与今天我们的美学与文艺学将文艺本质归纳为认识论与意识形态的观念是不同的，我们是否应当从先人那里获得一些启发呢？这大约也是一种学术智慧的养成吧！

二、中国美学智慧的启示

中国古代美学认为，文艺境界的空灵与神秘有赖于体验。而体验是最高的审美境界的获得。六朝时，一些名士在从事山水赏会时常常用神会来形容。东晋末年画家王微在《叙画》中谈到绘画之乐时感叹："披图按牒，效异山海。绿林扬风，白水激涧。呜乎！岂独运诸指掌，亦以神明而降之。此画之情也。"王微所说的"以神明降之"，也就是神会感应的心理过程。南朝画家宗炳在著名的《画山水序》中谈到对山水画的欣赏时说："夫以应目会心为理者。类之成巧，则目亦同应，心亦俱会。应会感神，神超理得。"宗炳认为对绘画中的精神之美，只能是用神会即直觉感悟的思维方式来把握。在对诗的鉴赏时，六朝人也往往用"神会"的概念来说明。《世说新语·文学篇》载：

> 郭景纯诗云："林无静树，川无停流。"阮孚云："泓峥萧瑟，实不可言。每读此文，辄觉神超形越。

东晋著名文人郭璞的两句诗使阮孚在鉴赏时感受到了"神超形越"的魅力，之所以会产生如此美感，是因为诗中展现了意在言外的境界，使人在读后感到妙不可言。这种神会心理在绘画中也常有。

中国传统审美心理学从神会走向妙悟，是随着唐代中叶之后，士大夫的审美心理走向淡泊宁静而形成的，在这一过程中，中国化的佛教禅宗的形成起到了促进的作用。佛教的学说在泯灭主客体的界限，以及对于现象世界的空灵化方面，显然较之传统的老庄哲学方面要更为彻底。六朝时代的竺道生借鉴玄学的言意之辨，用佛教的"顿悟"说来补充修改老庄与玄学的"得意忘言说"。所谓"顿悟"就是指对于外界事物超越时空的一刹那间的大彻大悟。后来的达摩、慧能等禅宗先驱人物突出了"真心本觉"的作用，将内心之悟作为参透万物的前提，认为对于佛性的把握只能心领神会，难可言说尽述。《五灯会元·释迦牟尼》条中说："世尊（释迦牟尼）在灵山会上，拈花示众，是时众皆默然，唯迦叶尊者破颜微笑。世尊曰：'吾有正法眼藏，涅槃妙心，实相无相，微妙法门，不立文字，教外别传，付属摩诃迦叶。'"这则禅宗故事，说明了禅宗的"悟"便是不立文字，心领神会。南宗慧能本不识字，但是他比那些富有学识的高僧先得真谛。原因在于禅宗的功夫全在于心的启悟上，它彻底结束了心物二元论的认识论历史，较之老庄更完全地融心灵于万物之中，化万物于心灵之内。于是从唐宋开始，士大夫面对严酷的人生与失落的精神世界，渴望在禅宗之中，讨得心灵的宁静与人生的超然。艺术作为抒情明志的器物，是人的非功利心境的转化，它与禅宗倡举的物我两冥的心境不谋而合，于是士大夫开始用妙悟来说明对艺术的欣赏与学习。初唐与中唐一些诗人之作往往有禅境，如皎然、灵澈、权德舆等人的诗论经常援禅入诗。唐代画论家张彦远在评论东晋画家顾恺之所画维摩诘形象的超越众人时指出：

> 遍观众画，惟顾生画古贤，得其妙理，对之令人终日不倦，凝神遐想，妙悟自然，物我两忘，离形去智。身固可使槁木，心固可使如死灰，不亦臻于妙理哉？所谓画之道也。（《历代名画记》）

张彦远盛赞顾恺之的绘画表现出人物的精神气韵，可以使人在观赏后得到物我两忘的境地。这种观赏性质上属于"妙悟"，不同于认知。这是传统美学中较早地正式用"妙悟"一词专门来说明艺术欣赏心理，值得我们重视。宋代时，禅宗在社会上更加流行，士大夫与禅宗派关系也更为密切。苏轼、黄庭坚这些文坛卓有影响的人物均为禅林居士，其诗论也很自然地用禅来说明，到了严羽《沧浪诗话》中论悟，则更加自觉地运用禅宗的理论来解释与发挥对诗的欣赏与创作问题了。严羽在《沧浪诗话》中，据此提出学习诗歌要有一套独特的方式，这就是"妙悟"。在《诗辨》中他说：

> 大抵禅道唯在妙悟，诗道亦在妙悟。且孟襄阳学力下韩退之远甚，而其诗独出退之之上者，一味妙悟故也。唯悟乃为当行，乃为本

色。然悟有深浅，有分限，有透彻之悟，有但得一知半解之悟。汉魏尚矣，不假悟也。谢灵运至盛唐诸公，透彻之悟也。他虽有悟者，皆非第一义也。

严羽论悟，是从禅宗那儿借喻而来的。本来，在禅宗学说之中，悟乃是指一种直指本心，不立文字的独特地把握对象本体，心与物冥的意识活动。严羽之后，妙悟作为一种新的审美心理学说，在中国宋代以降的画论、书论、文论、曲论方面产生了很大的影响。这种理论更加突出了审美与艺术思维自身的特征在于它的融合情理、感觉与知觉于一体的独特性，它以情感体验、直觉与认知相统一的心理来从事审美感受与艺术创作，承认艺术在陶冶人的情性，鉴赏与创作文艺过程中的独立价值。它并不排除词、理、意、兴等传统美学范畴，而是将其纳入妙悟的心灵世界之中，境界论正是在这种以妙悟为特征的心理基础之上生成的。它充分体现出东方美育论的情感范畴是建立在心理体验之上的。所谓心理体验，不同于逻辑思维的纯任理性，宋代江西诗派力图建立逻辑思维类型的诗学，但结果却使诗歌走入歧途，而严羽倡导的妙悟之说，虽然有理论结构缺乏严谨的毛病，为此受到后人的批评。但是他的意义在于首次将禅宗的顿悟之说，用来说明诗歌的审美特点，使传统的老庄神会说得到提升，奠定了传统美学重视直觉感悟的理论。

最后我们可以讨论一个有趣的问题，为什么中国古代美学与文学批评不叫"文论"而叫"论文"？实际上涉及中国美学的学术智慧。中国古代文论的学术智慧，强调从个案出发去体认文艺现象，将认识与体会相结合。曹丕《典论·论文》说："今之文人：鲁国孔文举、广陵陈琳孔璋、山阳王粲仲宣、北海徐干伟长、陈留阮元瑜、汝南应德琏、东平刘桢公干，斯七子者，於学无所遗，於辞无所假，咸自以骋骥於千里，仰齐足而并驰。以此相服，亦良难矣！盖君子审己以度人，故能免於斯累，而作论文。"陆机《文赋》自叙作《文赋》的缘由时说："余每观才士之所作，窃有以得其用心。夫放言遣辞，良多变矣。妍蚩好恶，可得而言，每自属文，尤见其情。恒患意不称物，文不逮意，盖非知之难，能之难也。故作《文赋》以述先士之盛藻，因论作文之利害所由，他日殆可谓曲尽其妙。"《文心雕龙·序志》说："详观近代之论文者多矣：至如魏文述典，陈思序书，应场文论，陆机《文赋》，仲治《流别》，弘范《翰林》，各照隅隙，鲜观衢路，或臧否当时之才，或铨品前修之文，或泛举雅俗之旨，或撮题篇章之意。"刘勰《文心雕龙》的《序志篇》批评汉魏以来的文论家"各照隅隙，鲜观衢路"，未能振叶寻根，观澜索源。这些文论家在观点上都很激进，比如曹丕的《典论·论文》，陆机的《文赋》，但是在方法论仍然是沿用汉代的文学批评单篇杂论的体式，而刘勰要超越前人，除了观点上的创新外，更主要的是要用新的方法，为此他自觉地借鉴王弼的举本统末的方法来组织《文心雕龙》的篇章结构与理论体系。在《序志篇》中他指出：

> 盖《文心》之作也，本乎道，师乎圣，体乎经，酌乎纬，变乎骚：文之枢纽，亦云极矣。若乃论文叙笔，则囿别区分，原始以表末，释名以章义，选文以定篇，敷理以举统：上篇以上，纲领明矣。至于剖情析采，笼圈条贯，擒《神》、《性》，图《风》、《势》，苞《会》、《通》，阅《声》、《字》，崇替于《时序》，褒贬于《才略》，怊怅于《知音》，耿介于《程器》，长怀《序志》，以驭群篇：下篇以下，毛目显矣。位理定名，彰乎大衍之数，其为文用，四十九篇而已。

王弼在解释《周易·系辞上》的"大衍之数五十，其用四十有九"时提出："演天地之数，所赖者五十也。其用四十有九，则其一不用也。不用而用以之通，非数而数以之成，斯易之太极也。四十有九，数之极也。夫无不可以无明，必因于有，故常于有物之极，而必明其所由之宗也。"王弼对于《周易》中所说的大衍之数何五十的现象作了自己的解释。他强调著占时所用的五十根著草中有一根不用，但是却起着总率全局的作用。这是用以无统有的观点来解释《周易》中的著占现象。而最后的一即是"无"，是真正的智慧之道，是空灵的，而非是实有的体系。"一"通向超验与玄妙而不是成为现成的结论与几个教条。玄学对于刘勰的写作《文心雕龙》产生了直接的影响作用。这种"一"也就是老子所说的道，是一种无法证明的精神之道。

而刘勰最后对于玄学的境界也是不满的，他用佛教的般若说超越有无之辨，营造他的佛学境界。在《文心雕龙》的《论说》中提出："夷甫、裴頠，交辨于有无之域；并独步当时，流声后代。然滞有者，全系于形用；贵无者，专守于寂寥。徒锐偏解，莫诣正理；动极神源，其般若之绝境乎？"可见刘勰骨子是认为文学的精奥是佛教的般若即无上之智慧，具备这样的慧眼与法眼才能真正洞晓文学精奥。《知音篇》中慨叹："知音其难哉！音实难知，知实难逢，逢其知音，千载其一乎！"即是这种文学心态的体现。"文章千古事，得失寸心知"，这是古往今来的共同事实。因此，要想将这种最高的精神智慧纳入可知的理式，是根本不可能的，也是愚蠢的。

清代纪昀在《四库全书》总目提要集部诗文评类中说出："文章莫盛于两汉，浑浑灏灏，文成法立。无格律之可拘，建安、黄初，体裁渐备，故论文之说出焉，《典论》其首也。其勒为一书，传于今者，则断自刘勰、钟嵘。勰究文体之源流而评其工拙；嵘第作者之甲乙，而溯厥师承，为例各殊。至皎然诗式，备陈法律，孟棨本事诗，旁采故实，刘攽中山诗话、欧阳修六一诗话，又体兼说部，后所论着，不出此五例中矣。宋明两代均好为议论，所撰尤繁，虽宋人务求深解多穿凿之词，明人喜作高谈多虚憍之论。然汰除糟粕，采撷菁英，每足以考证旧闻，触发新意，隋志附总集之内，唐书以下，则并于集部之末，别立此门，岂非以其讨论瑕瑜，别裁眞伪，博参广考，亦有裨于文章欤？"从这段叙述可以看出，中国古代之所谓"诗文评"乃是对于具体作品的具体品评，有着鲜明的针对性，而不是泛泛的"概论"、"通论"、"原理"一类今天常见的美学与文艺学模式。中国古代美学与文论到了后来《文心雕龙》这样的体大思精的作品变成大量的以欧阳修《六一诗话》为代表的诗话、赋话与曲话，还有小说评点，大概和这些观念有关。这是一个值得探讨的问题。在中国古代文论史上，有着许多《金针诗格》一类的诗法，还有八股时文的做法，这些都是不入流的。但像《文镜秘府论》这样满足科举考试用的东西是不足以道的，还有许多应付场屋中的诗法与文法更是无法算作真正的智慧。

我们今天谈这些并不是反对西学化的美学概论与文学概论，而是强调美学是一种复杂而玄奥的精神现象，既有可以认识与学习的器用层面，更有着形而上的神秘意蕴，要用一把尺子来概括千变万化的文艺现象是不现实的，也是不明智的，但是西方文艺学逻辑学是可以借鉴为我所用的。我以为，王国维的《人间词话》与钱钟书的《管锥编》是比较成功的范式。反顾中国古代美学的历史，或许可以得到一些启发，产生一些智慧。这也是拙文的用意。

中国美学史研究的观念更新及路径创新

祁志祥

一、中国美学史研究的现状

在美学研究中，中国美学史是重要一块。关于中国古代美学史的研究起步于 20 世纪 80 年代中叶。研究大体分两种情况。一种是从理论的角度切入美学史，主要成果有叶朗的《中国美学史大纲》（上海人民出版社 1985 年），李泽厚、刘纲纪的《中国美学史》第一卷、第二卷（中国社会科学出版社 1984 年、1987 年），敏泽的三卷本《中国美学思想史》（齐鲁书社 1989 年），陈望衡的《中国古典美学史》（湖南教育出版社 1998 年），王向峰的《中国美学论稿》（中国社会科学出版社 1996 年）、张法的《中国美学史》（上海人民出版社 2000 年）、王振复的《中国美学的文脉历程》（四川人民出版社 2002 年）、王文生的《中国美学史：情味论的历史发展》（上海文艺 2008 年）。21 世纪以来，随着文艺美学研究从本质论走向形态论，美学史研究出现了另一种走向，即兼顾艺术作品等审美文化形态切入美学史，这方面的主要成果有陈炎主编的四卷本《中国审美文化史》（山东画报出版社 2000 年）、许明主编的 11 卷本《华夏审美风尚史》（河南人民出版社 2001 年）、吴中杰主编的三卷本《中国古代审美文化论》（上海古籍出版社 2004 年）。经过二十多年的辛勤耕耘，中国美学史研究积累了相当的成果，不过毋庸讳言，也存在着一些缺失。这些缺失主要是：一、过去的美学理论史存在着美学观念与美学史研究脱节，甚至矛盾的情况。一些美学史家不回答、不界说"美"和"美学"是什么，而埋头于"美学史"的描述，使"美学史"好多地方变成了"美学"以外的东西。另有些史家美的观念是一套，美学史的阐述另是一套，相互矛盾，令人难以信服。二、缺少宏通的知识视野和足够的哲学深度，尤其表现为对佛教、道教的美学观挖掘不够。三、对不同时代美学家或同一时代美学家之间的类属联系缺少分析，停留在按编年顺序罗列对象的层面，不仅使读者难以把握同一时代诸多美学家的思想，而且令人很难认同其对美学史时代特色与历史脉络的概括。四、从审美文化切入美学史的著作则用具象描述淹没了理论思辨，拖累了美学理论史研究深化的步伐。五、独立撰著者或显力量单薄，协同作战者或显水平不齐，有机性周密性不足。

有鉴于此，笔者以一人之力，在十多年来悉心研究美本质和中国古代文学原理、中国古代美学精神的基础上，返论于史，倾五年之功，以美是普遍愉快的对象、美学是感觉学的观念为指导，择取古代文献中论述感性经验，尤其是快乐情感的理论资料，并以儒家美学、佛教美学、道家道教美学等哲学美学门类和诗文美学、书画美学、园林美学、音乐美学等文艺美学文类为抓手分类相从，在兼顾横向联通与纵向贯通中重写中国美学史。如果说笔者完成的《中国美学通史》有什么创新之处，主要得益于研究观念的更新。研究者对美、美学、中国古代美学精神的观念更新了，研究中国美学史的视角、路径自然会随之更新。

二、"人的本质力量对象化"美本质观的失误

研究中国美学史，不能回避对"美"的本质、含义的考量。美学史必须聚焦历史上关于"美"的看法。如果"美"的义界不明，那么将无法从历史文献中选取关于"美"的材料；如果对"美"缺少自圆其说、一以贯之的思考，也无法对历史上关于"美"的言论的是非得失作出令人信服的评判。

"美是实践"或"美是人的本质力量的对象化"，曾经是我国美学界占主导地位的美本质观，也曾是我国大学讲坛相当长时期被讲授的美学定义，至今影响不小。这个定义是否可以成立呢？在我看来，问题不少，难以令人信服。

说美是"人的本质力量的对象化"，最大的问题是"人的本质"尚是一个有争议的概念。用"人的本质"这样一个含义不确定的概念来界定美本质，只能使美本质更加模糊。

这里要区别回答两个问题：一、马克思认为什么是"人的本质"，这

种"人的本质"的"对象化"是不是"美",这种"人的本质"观是否能够成立。二、究竟什么是"人的本质",用这种意义上的"人的本质"的"对象化"界定"美"是不是准确。

马克思所说的"人的本质"或"人性",从语义学上讲指人与动物的根本区别。所谓"人的",即"非动物的"。从内涵上说,人与动物的根本区别是什么呢?受西方古典哲学传统观念影响,马克思早期曾将人的根本特性理解为"理性"或"自我意识"。当唯物史观形成后,他开始从决定"意识"的"劳动"方面说明人与动物的根本区别。这一转变的标志是《1844年经济学—哲学手稿》(以下简称《手稿》)、1845年写的《关于费尔巴哈的提纲》和1845—1846年与恩格斯合写的《德意志意识形态》。这一时期,马克思的唯物史观开始形成。用唯物史观来看人的特性,他发觉原来的观点太肤浅了。从"意识"的内容、本质来看,"意识在任何时候都只能是意识到了的存在,而人们的存在就是他们的实际生活过程"①;从"意识"的发生史乃至人类的发生史来看,人"使自己和动物区别开来的第一个历史行动并不是在于他们有思想,而是在于他们开始生产自己必备的生活资料"。② 可见,人的"意识"是由人类的特殊谋生活动——"劳动"或者说"实践"决定的,"劳动"或者说"实践"是比"意识"更为根本的人与动物的区别。

以"劳动"为人与动物的根本区别之后,"意识"还是不是人与动物的区别呢?仍然是的,但不是根本区别。《手稿》指出,"劳动"的特征就是"有意识":"一个物种的全部特性就在于物种的生活活动的方式,而人的物种的特性就在于他的活动是自由的、有意识的。"③

那么"社会性"呢?它也是由"劳动"派生的人与动物的另一区别,但不是根本区别。马克思指出,人的劳动有一个特点,即必须在一定的群体协作关系中才能进行。人类的这种群体协作关系,就是"社会关系",人因而具有了"社会性",成了"社会动物":"人是最名副其实的社会动

---

① 《德意志意识形态》,《马克思恩格斯选集》第一卷,第30页。人民出版社出版,江苏人民出版社重印,1975年9月江苏第5次印刷。版本下同。

② 同上,第24页。按:这段话在《德意志意识形态》手稿中删去了,但与正文意思相合。如正文说:"可以根据意识,宗教或随便别的什么来区别人和动物。一当人们开始生产(二字原文为着重号)他们所必需的生活资料的时候,他们就开始把自己和动物区别开来。"同上书第24-25页。

③ 见朱光潜《经济学—哲学手稿》节译,《美学》第2期第5页,上海文艺出版社1980年7月第1版。

物，不仅是一种合群的动物，而且是只有在社会中才能独立的动物。孤立的一个人在社会之外进行生产——这是罕见的事，偶然落到荒野中的已经内在地具有社会力量的文明人或许能做到——就像许多个人不在一起生活和彼此交谈而竟有语言发展一样，是不可思议的。"① "一切生产都是个人在一定社会形式中并借这种社会形式而进行的对自然的占有。"② 由于人必须在一定的社会关系中才能从事劳动生产，所以，"人的本质并不是单个人所固有的抽象物，在其现实性上，它是一切社会关系的总和。"③ "社会关系"只对人而言，"动物不对什么东西发生'关系'，而且根本没有'关系'。"④ 可见，"社会关系"即"劳动关系"。依据"人的本质……在其现实性上……是一切社会关系的总和"，将"社会关系"视为人的根本特性，视为马克思对"人的本质"的定义，是我国理论界认识的误区之一。

由于马克思、恩格斯把"人的本质"视为"劳动"，于是，按照马克思主义的本意，"人的本质的对象化"即"劳动的对象化"。显然，以此作为美的定义是以偏概全的，也是不合逻辑的。并非所有的劳动产品都是美，只有部分的劳动产品才是美。劳动的目的是创造使用价值，满足人的生活所需。随着物质文明的发展，人类在使用价值之外赋予劳动产品以审美价值，但审美价值并不构成劳动产品的必要属性。正如马克思在《手稿》中揭示的那样："劳动固然为富人生产出奇妙的作品，却替劳动者生产出穷困。劳动生产出宫殿，替劳动者生产出茅棚。劳动生产出（刘丕坤译本作'创造了'）美，替劳动者却生产出丑陋。劳动者用机器来代替劳动，却把一部分劳动者抛回到野蛮方式的劳动，把剩下的一部分劳动变成机器。劳动生产出聪明才智，替劳动者却生产出愚蠢和白痴。"⑤ 可见，把"劳动生产出美"当做主词和宾词都周延的美的定义，不符合马克思的原意。另外"劳动"作为人的意识的对象化（物化）活动，本身就含有"对象化"含义。说"劳动的对象化"亦即是说"人的意识的对象化的对象化"，或"人的意识的物化的物化"，逻辑上也讲不通。

---

① 马克思《〈政治经济学批判〉导言》，《马克思恩格斯选集》第二卷，第87页。
② 同上，第90页。
③ 《关于费尔巴哈的提纲》，《马克思恩格斯选集》第一卷，第18页。
④ 《德意志意识形态》，《马克思恩格斯选集》第一卷，第35页。
⑤ 马克思《1844年经济学—哲学手稿》，译文从朱光潜，见《美学》第2辑，上海文艺出版社1980年版。本节所引《手稿》译文，均采朱译。

在马克思的语词系统中，"劳动"就是"实践"。认为美的本质是"劳动"、"实践"，一个致命的弱点是外延过于宽泛，以致消解了美与非美的界限。如果说"劳动"、"实践"是美，那么，"劳动"、"实践"何尝不可以是"善"、"文化"或其他什么东西呢？倘依照这个定义，美学史就成了人的实践史。以此来写《中国美学史》，必然导致大而无当。

由于马克思将"人的本质"理解为人的根本特性，我国不少学者有时把它误解为"意识"（"理性"）、"社会性"（"社会关系"）。这样，"人的本质的对象化"就成了"意识的对象化"或"社会关系的对象化"。这同样不能解释所有美的现象。众所周知，并非所有"意识"的对象化都是美。审美实践表明，不只善的理性的对象化是美，而且情欲的对象化也是美。因此，"意识的对象化"不能笼统地作为美的本质。至于"社会关系的对象化"，它既可以是美，也可以是丑，将这当做美的定义，就像狄德罗的"美是关系"说一样不得要领。

总之，无论"劳动"、"实践"，还是"意识"、"社会关系"，其"对象化"都不能视作美的定义。

值得指出的是，无论美在"劳动"、"实践"，还是美在"意识"、"社会关系"的"对象化"，抑或是美在"人的本质"或"人的本质力量"的"对象化"，都不是马克思的原话和本意，而是后来实践美学的引申和发挥。这是牵强附会的。黄海澄早在1986年出版的《系统论控制论信息论美学原理》一书中就指出："人的本质或本质力量的对象化及类似的说法，的确在马克思的著作中出现过，然而他不是在给美下定义时使用这些语言的。如果我们机械地照搬过来给美下定义，就显得不够全面，不够准确，看起来似乎是尊重马克思，而实际上是歪曲了马克思的意思。"① 就其本身而言，"人的本质或本质力量的对象化"也存在着"美在关系"一样大而无当的毛病。"'对象化'的说法没有规定究竟是人的什么样的本质或本质力量对象化了才是美的。事实上，并不是一切人的，也不是人的一切本质或本质力量的对象化都是美……岳飞与秦桧……之流在本质上怎能相提并论？"② 为了解决这个矛盾，实践美学说："人的本质力量……是促进人类进步、推动历史前进的求真、向善的积极力量。……一切反动分子的腐朽、没落的行为，都是与历史发展的潮流相违逆的，不能算是人的本质

---

① 黄海澄《系统论控制论信息论美学原理》，湖南人民出版社1986年版，第97页。
② 同上。

力量，而是人的本质力量的反动。"① 所以，岳飞之类的道德上的好人是具有"人的本质力量"的，秦桧之类道德上的坏人是不具有"人的本质力量"的。这种解释，看似自圆其说，细按则令人疑窦丛生。一来，"人的本质"或"人的本质力量"到底是一个哲学概念还是道德学概念？把"人的本质力量"等同于"向善的积极力量"，这到底在语义学层面上能否成立？二来，这是更重要的，坏人是不是"人"？如果是，可不可以说这种"人"不具备"人的本质力量"？那把"好人"与"坏人"统一起来而都叫做"人"的是不是"人的本质"？如果是，它是什么？这正是开头所说的本节要回答的第二个问题。

马克思很欣赏黑格尔的辩证法，曾告诫我们要用"联系"的观点看待问题。"联系"就是对立统一。用这个观点去看待"人的本质"，人作为动物界的一个物种，既有与其他动物属性统一的一面，又有与其他动物属性对立的一面。这与其他动物属性统一的一面，是人的动物属性、基本属性。这与其他动物属性对立的一面，是人的非动物属性、特殊属性。"人性"、"人的本质"就应当是人的动物属性、基本属性与人的非动物属性、特殊属性的统一。单提"人性"、"人的本质"是人的非动物属性、特殊属性，容易造成对人的基本属性——动物属性的否定和践踏，在实践上带来无穷遗患，正像"文革"中所表现的那样。

那么，人的非动物属性、特殊属性有哪些呢？可以有好多，如意识、社会性、劳动、文化等等。哪一种是根本特性？西方古典哲学认为是"意识"，马克思主义认为是决定意识的"劳动"，西方当代哲学认为是"文化"。比较诸说，我认为"意识"说更为合理。"劳动"本质说曾经发生过很大影响。我曾经信奉此说，不过后来发现"劳动"仍是由"意识"决定、以"意识"为基础的；当我们承认"劳动"是人与动物的不同时，我们势必就得承认决定"劳动"的基础"意识"是人与动物的更为根本的区别。"劳动"是什么？马克思的定义是"有意识的"谋生活动。活动主体倘无"意识"机能，哪来"有意识的"谋生活动——"劳动"？马克思说，"人使自己和动物区别开来的第一个历史行动并不是在于他们有思想，而是在于他们开始生产自己必备的生活资料"。② 恩格斯在《劳动在从猿到人转变过程中的作用》中指出：是"劳动"把人从动物界分离出

---

① 夏之放等《美学基本原理》，上海人民出版社 1986 年版，第 48 页。
② 《马克思恩格斯选集》第一卷，第 24 页。

来，并创造了人脑的意识机能，产生了以社会劳动生活为反映内容的意识形态。事实上，即使按照马克思主义"物质决定意识"的唯物史观，我们仍然必须承认：是类人猿的长期的无意识的物质性谋生活动（注意：这不是劳动）使大脑产生了"意识"机能，标志着"人"的诞生，然后才产生了人区别于动物的特殊谋生活动方式——"劳动"。因此，不是先有"劳动"后有"意识"，而是先有"有意识"的大脑，后有"有意识的"谋生活动"劳动"；不是"劳动"创造了人，而是类人猿的漫长的无意识的物质谋生活动创造了"人"。①

人们通常把"社会关系"理解为群体合作关系，其实这与马克思的原意不合。在《德意志意识形态》中，马克思恩格斯明确指出，"社会关系"只相对于人才存在，"社会关系的含义是指许多个人的合作"，动物的群体合作关系叫"畜群"关系，只有"人"的群体合作关系才叫"社会关系"。那么"人"是什么呢？马克思在《关于费尔巴哈的提纲》中将人的本质界定为"社会关系的总和"，这里又说"社会关系"是"人的合作关系"，二者就不自觉陷入了同义反复，使人不知"人"和"社会关系"究竟为何物。事实上，马克思说的"社会关系"其实是一种"劳动关系"，"劳动关系"即"有意识的"谋生活动的主体——"人"相互结成的合作关系。而在一般意义上，"社会关系"一词是被当做群体关系使用的，可适用于一切生物，比如我们说蚂蚁、蜜蜂是"社会动物"一样。

这里必须将人脑机能的"意识"与意识形态的"意识"两个概念甄别清楚。通常所说的"意识"既可指人脑机能，也可指意识形态。人们常常将两者混为一谈，其实一词二义，大相径庭。人们常用"意识"一词界说人与动物的区别。这里的"意识"应当是人脑的一种生理机能，而非"意识形态"。"意识形态"必须有反映内容，而其反映内容大多与劳动生活有关，可以说是由劳动生活构成、决定的。而作为人脑机能的"意识"，则无须反映内容，仅指人脑具有的认识功能，它并不依赖"劳动"生活才能存在。婴幼儿刚出生时没有意识形态，但有意识机能，所以仍须承认他是人。

"文化"特性说是卡西尔在《人论》中提出的，一时附和者甚众。"文化"是什么？定义有若干种，令人不知所云。卡西尔在《人论》中也

---

① 笔者曾在《马克思恩格斯"人的本质"定义献疑》一文中表述过相关思考，载《探索与争鸣》1988 年第 2 期。《新华文摘》1988 年第 5 期转摘。

没有说清楚。不过有一点是共通的，就是文化依赖"人"而存在，不外曰"人"所创造的一切，包括物质文明和精神文明。这样，又出现了主词与宾词循环互释的同义反复情况：人是什么——是能创造文化的动物；文化是什么——是人所创造的一切。在我看来，人所以能创造动物所无法创造的文化，就在于人有意识，能够认识规律，改造自然，创造世界。人的文化特性仍然是建立在"意识"基础上的。

由此看来，人的特性从根本上看是"意识"、"理性"。"人的本质"作为人的基本属性与根本特性、动物属性与非动物属性的统一，在具体内涵上是本能与意识、感性与理性的统一。它构成了人类一切活动的基础。"人的本质或人的本质力量的对象化"，就应当是本能与意识、感性与理性等一切属人的力量的对象化。显然，如果以此作为美的定义，失之过于宽泛。如果依照这个定义去寻找美、创造美，势必使人如坠烟雾之中。

三、非本质主义美学的罅漏

"美是实践"、"是人的本质力量的对象化"，曾经是我们在对中外历史上几乎所有美的定义都表示不满后提出的据说是最圆满的美学定义。当这个定义普遍遭到质疑后，非本质主义美学则悄然抬头，迄今大有愈演愈烈之势。这种观点说：追问"美是什么"是错误的，因为这个问题不可究诘，没有最终答案；美学研究者应当放弃"美是什么"的本体论思考，去关注"美是怎样"的形而下描述。朱立元先生后期的观点可为代表。他在2008 年出版的《走向实践存在论美学》一书中指出："我们应该用生成论而不是现成论的观点和思路来看待美，否则容易陷入本质主义。当然，笔者并不认为不能讨论美的本质问题，……但是如果思路不变，讨论是不会有结果的。"[1] 过去"所有的"艺术和美学的"定义或论点""都只是在回答两个问题：'艺术是什么?''美是什么?'但结果是，无论哪一种回答都没能真正回答好这两个问题。"[2] "只有在审美的实践活动中，美才能存在，才现实地生成。"[3] "我们要取得根本性的突破，就必须首先跳出一上来就直接追问'美是什么'的认识论框架，重点关注'美存在吗'、

---

[1] 朱立元《走向实践存在论美学》，苏州大学出版社 2008 年版，第 299 页。
[2] 同上，第 298 页。
[3] 同上，第 303 页。

'它是怎样存在的'的一些存在论的问题。"① 朱立元主编、2001 年由高等教育出版社出版的高校教材《美学》正是按这一思路编撰的。

其实，这种观点并不新鲜。

伴随着对历史上各种美的定义"公说公有理、婆说婆有理"的教训的反思和现代科学思想从确定走向不确定，从求真走向求效的转变，近代以来，西方美学从形而上走向形而下，从本质主义走向实证主义和实用主义，出现了美学取消主义和艺术解构主义的非本质主义声浪②。如狄德罗（1713—1784）说："我和一切对美有过著作的作家一样，首先注意到人们谈论得最多的东西，每每注定是人们知道得很少的东西，而美的性质则是其中之一……几乎所有的人都同意有美，并且只要哪儿有美，就会有许多人强烈感觉到它，而知道什么是美的人竟如此之少。"③ 托马斯·里德在 1785 年出版的《人类智力论稿》一书中指出："我不能设想，在被我们称为美的各种不同的事物中，会存在任何相同的特性。"④ 维特根斯坦认为：美是"不可言说的东西"，我们应当对它保持沉默。⑤ 莫里斯·韦兹在 1959 年出版的《美学问题》一书中指出："一切美学理论试图建立一个正确的理论，便在原则上犯了错误……它们以为'艺术'能有一个真正的或任何真实的定义，这是错误的。""我们所要开始的问题不是'艺术是什么'……在美学中，首先的问题便是对艺术概念的实际运用的说明，给予这个概念的实际功能一个逻辑的描述。"⑥"如果我们实际考察我们称之为'艺术'的东西究竟是什么的时候，那么我们也将发现：各种艺术活动之间根本没有什么共同的性质。"⑦ 麦克唐纳则说得更极端："假定从遍及艺术史的艺术家与欣赏者的广泛而复杂的关系系统中，人们能够概括出艺术的'永恒的本质'和对于它们评价的某一种统一的方法，这只能是一种神话。"⑧

---

① 朱立元《走向实践存在论美学》，苏州大学出版社 2008 年版，第 303–304 页。

② 祁志祥《现代科学思想的拓展与美学新变》，《文艺理论研究》1993 年第 4 期。

③ 转引自《文艺理论译丛》，1958 年第 1 期第 1 页。

④ 转引自朱立元、张德兴等著《西方美学通史》第六卷，上海文艺出版社 1999 年版，第 340 页。

⑤ 毛崇杰、张德兴、马驰《二十世纪西方美学主流》，吉林教育出版社 1993 年版，第 615 页。

⑥ 韦兹《美学理论的作用》（又译为《理论在美学中的作用》），发表于 1956 年。蒋孔阳主编《二十世纪西方美学名著选》上，复旦大学出版社 1987 年版，第 25 页。

⑦ 韦兹《理论在美学中的作用》，转引自毛崇杰、张德兴、马驰《二十世纪西方美学主流》，吉林教育出版社 1993 年版，第 668 页。

⑧ 麦克唐纳 1954 年《文艺批评的论证方法的一些显著特征》。转引自朱立元、张德兴等著《西方美学通史》第六卷，上海文艺出版社 1999 年版，第 381 页。

　　应当说，非本质主义美学认识到美的本质的复杂性、不确定性，打破了传统美学乐观主义的梦想，给传统美学简单化的思维方式当头一棒，这是美学的进步。然而，它对自己所信奉的否定主义美本质观过于偏执，以致否定、剥夺别人思考美之为美的权利，这就把自己推向了另一种不合情理的境地。诚如朱立元等人曾经指出的那样："否定美有统一的本质，这无异是抽掉了整个美学学科的基石，从而否定了任何美学研究的可能性。"①

　　非本质主义美学一方面认为美不可界定，另一方面又在对美作界定，这个定义即"无可界定"。而肯定自己取消主义的美学见解事实上也是一种"有"。正如大乘佛教所勘破的那样：执物为有故是有，执物为空也是有，只有把"色即是空"的见解也空掉，才是真正的"毕竟空"。真正的美学取消主义应当对美什么也不说。它既然有所言说，并竭力要人们放弃其他美的定义，信奉它否定本质的美学定义，本身就是自相矛盾的。关于这个自相矛盾的现象，对西方当代文论研究有素的学者阎嘉有一段很好的分析："所谓'解构'，已成了后现代的典型特征。解构主义者所针对的目标是所谓'元叙事'或'元话语'，它们多半是传统的文学理论与批评当作出发点或理论诉求的'理论预设'……然而，我们时常可以发现，'解构'成了一些理论家和批评家的策略，即借'解构'之名来张扬自己的观点和立场。""例如，当我们认真阅读那些解构'大师'们（从尼采到福柯、利奥塔）的著作时，实际上可以发现一个确凿的事实：他们在对既有理论和观点进行解构时，同时也在建构自己的观点和理论。"他提醒人们："我们不能被他们表面上的姿态所迷惑。"②

　　非本质主义美学取消美本质的研究，转而走向具体的形而下的审美活动或审美形态、审美文化的描述与分析。事实上，在对某一门类的美学资料进行选择、分析时，在对某种审美活动或审美形态、审美文化进行取舍、描述、分析和评价时，又必然暗含、体现了自己对美的看法。因为区别审美活动与非审美活动、审美形态与非审美形态、审美文化与非审美文化的根本关键，还在对"美"的看法上。这种通过对审美活动、审美形

---

　　① 朱立元、张德兴等著《西方美学通史》第六卷，上海文艺出版社 1999 年版，第 358 页。引者按：朱立元先生后来用"实践存在论"的"生成论"否定了他前期所持的本质论，同样面临着他十年前批评西方非本质主义分析美学时所说的问题。

　　② 阎嘉《21 世纪西方文学理论和批评的走向与问题》，《文艺理论研究》2007 年第 1 期。

态、审美文化的认可暗寓的对美的看法恰恰是与否定主义美本质观直接对立的。我们看到，在"美学史"一类的形而下的描述性研究著作中，如果编著者缺少对美的一以贯之的思考，就会在评述中出现自相矛盾的逻辑漏洞。

因为美之难解，于是干脆放弃思考，这也是美学研究中的鸵鸟行为。事实上，"美是什么"的问题是回避不了的基本问题。搞美学研究不回答"美是什么"，正如搞经济学不回答"商品是什么"，搞伦理学不回答"什么是善"，搞哲学不回答"什么是真"一样荒唐可笑。一个美本质缺席的美学理论体系必然是残缺不全的，一个对美本质毫无己见的美学研究势必是不能令人信服的。

大自然馈赠给我们形形色色的美，人类文明给我们创造了缤纷多彩的美，我们日益生活在一个高度审美化了的世界中。面对令人眼花缭乱的各种各样的美，我们追问"美的本质是什么"，是极其自然的，也是极其合理的。多少年来，人类正是依据同样的认识方式创造了灿烂的文明。人们对于事物本质的认识，始于不知，中于知，终于不知。自然科学尚且如此，社会科学更复如此。在社会科学领域，没有绝对真理，有的只是包含的绝对真理颗粒多一点的相对真理。对于"美是什么"的思考和回答也只能以此相求。非本质主义美学一方面从思维的开放性出发否定过去种种自我封闭的美学定义，一方面又将自己取消主义的美本质观封闭起来，要别人把它当做绝对真理而放弃美本质的思考，体现了"当局者迷"式的愚妄，任其扩散，只会阻碍美学研究的进步。其实，只要我们不过于求全，认识到任何学说建构只是相对真理的探索，人们顺着"美是什么"的思路作些新的思考，不仅无妨，而且也是形而下的美学研究，包括中国美学史的探究所必需。

四、美是普遍愉快的对象

那么，那个相对说来比较正确的美的定义究竟是什么呢？

人们无时无刻不在与美打交道。奇怪的是，一旦对各种各样的美作出本质性的统一概括，便露出破绽。比如说美是"和谐"，但不和谐有时也美；美是"典型"，但有些非典型的事物也美；美是"视、听觉快感"的对象，但人们又常常把"美"的桂冠送给嗅觉、味觉、肤觉快感的对象。

又如说美是"自由"，何为"自由"？若指超功利，则我们显然不能完全否认美与功利的联系；若指情欲对理性规范的突破，则无可否认，在另外一些情况下，恪守规范恰恰是美的。再如说美是"合规律性与合目的性的统一"，那么，何为"合规律性"和"合目的性"？如果它们指真和善，那么，美之为美的独立性何在？说美是"人的本质的对象化"，那么，什么是"人的本质"？用一个本身就一直争议不下的概念界定另一概念，这种定义是否经得起推敲？人们自身很难对美作出满意的解释，于是求助于美学理论家，但面对上述种种令人眼花缭乱的定义，结果往往是"你不说我还明白，你越说我倒越不明白"了。

理论本来产生于阐释经验的需要。一种美的定义，如果不能有效地说明审美经验，指导审美实践，便是理论的异化。用上述定义去指导人们美化自己，或从事审美创造活动，必然叫人有无从下手之苦。

既然作为审美实践的审美经验是检验美的定义正确与否的根本标准，它自然应成为我们找寻美本质的逻辑起点。在审美经验中，一种事物如果不能引起快感，人们决不会承认这种事物是美的；反之，人们总是将引起愉快感的对象称作美。托马斯·阿奎那（1226—1274）指出：美是"一眼见到就使人愉快的东西"。① 沃尔夫（1679—1754）指出："产生快感的（事物——引者）叫做美，产生不快感的（事物——引者）叫做丑。""美在于一件事物的完善，只要那件事物易于凭它的完善来引起我们的快感。""美可以下定义为：一种适宜于产生快感的性质，或是一种显而易见的完善。"② 这一点，已为西方美学家一再论证，乃是不言而喻的不争之理。因此我们得到第一个推断：美是愉快的对象。

然而审美经验表明：个体愉快的对象虽被这独特的个体称做美，它是不是真正的美，却不能由个体快感决定，而应由这个物种的大多数成员的快感决定，否则就会走向无共同标准的相对主义，抹杀美与丑的区别以及审美价值的客观性。笛卡儿（1596—1650）在"使人愉快"之前加上"最多数人"的限定："凡是能使最多数人感到愉快的东西就可以说是最美的。"③ 后来康德论美之快感特征时概括为"普遍有效性"。因此我们可得到第二个推论：美是普遍愉快的对象。

---

① 北京大学哲学系美学教研室编《西方美学家论美和美感》，商务印书馆1982年版，第66页。
② 同上，第88页。
③ 同上，第79页。

愉快究其实属于主体的感觉。只要是具有感觉功能的生命体，都有自己普遍愉快的对象。因此可得到第三个推论：美不是人的专利，动物也有自己的普遍快感对象、有属于自己的美——当然与人类感受的美不是一回事。决不能将"美是普遍愉快的对象"简单理解为"美是普遍令人愉快的对象"，准确的具体说法应是：美是不同物种的生命体感到普遍愉快的对象。这一点西方美学未置一辞，而中国古代美学则言之凿凿，如庄子①、王充②、刘昼③，足可作为支撑我们观点的论据。

在这里，我们没有把美感局限在视听觉快感范围内，没有在美感与快感之间再作区分，是因为五觉快感在本质、机制上是相通的，在情感指向上是趋同的。在审美经验中，人们总是依据同一机制，将嗅觉、味觉、肤觉快感对象指称为"美"。"中国古代的人们明显地将味觉和嗅觉感受的悦乐，即味觉性的感受和嗅觉性的感受同样意识为'美'。"④ 当前日常生活的审美化潮流也印证了这一点。现代美学的科学研究表明，视觉、听觉并不具备凌驾于其他感觉之上的地位。"味、嗅觉的美感快感，其实只是一种神经组织对外界物质的直接感应性愉快，这一点和视、听觉快感物质过程机制上，除了具体媒介物或者说刺激物的不同外，没有什么本质区别。""只要我们把视、听觉的肯定性感觉称为快感，我们也就没有什么理由反对把味、嗅、肤觉的肯定性感觉也称为美感。"⑤ 人类美是五觉快感的对象，而不仅仅是视、听觉快感的对象，这是我们对美的又一规定。

美由快感决定的审美经验，奠定了美的独立性以及纯形式美存在的基础。事物的形式只要普遍引起人的快感，人们就把它叫做美。这即美之为美的独立性。借用康德术语，叫"纯粹美"。在客体一端，"纯粹美"只涉及对象的纯形式，叫"形式美"；在主体一端，"纯粹美"只涉及五官感觉层面，叫"官能美"。五官对应的恰当合适的形式可以普遍有效地引人愉快，这便构成形式美学。

依据同一原理，人们也把真、善内容的形象表现叫做美，因为它们在引起人们哲学判断和道德思考满足的同时，也同时给人们带来了情感的愉

① 祁志祥《中国美学通史》，第一卷，人民出版社 2008 年版，第 117 页。
② 同上，第 101 页。
③ 同上，第 234 页。
④ 笠原仲二《古代中国人的美意识》，三联书店 1988 年版，第 13 页。
⑤ 汪济生《美感概论——关于美感的结构与功能》，上海科学技术文献出版社 2008 年版，第 11 页。

快。孟子指出："理义之悦我心，犹刍豢之悦我口。"① 西哲说："美是一种善，其所以引起快感正因为它是善"②，"美是道德观念的象征"③，这就形成道德美学。而真理的形象总是令人愉悦，空幻的事物常常令人痛苦，所以哲学本体常常与美本质相交叉，这就构成了本体论美学。《庄子·田子方》说"心游于物之初（道）"则"至美至乐"；佛家所以否定现实世界中的官能美，是因为它空幻不实，所以肯定涅槃道的"极乐"之美，是因为它具有"常"（永恒）、"我"（自体）的真实属性。事物既可以单凭纯粹的形式原因使人愉快，也可以由于善或真的原因使人感到愉快。美与善、真就是这样走向了统一。可见，将美视为由快感决定的事物，并没有导致唯形式美论或唯官能美论，恰恰是走向道德美、真理美的逻辑前提。

对象的美由主体的快感来决定。快感的本质是什么呢？即对象的物质信息与主体的生理—心理结构阈值的契合。形式美对应、契合于主体的生理结构阈值。如光波契合了人的视觉阈值（波长在 400～760 毫微米之间），人感到适宜、快适，便觉得美。道德美、真理美对应、契合于主体的心理结构阈值。如某种行为契合了人的道德取向标准或真理判断标准，便同时使人感到愉快。因此，汪济生指出：快乐的"美"是"动物体的生命运动和客观世界取得协调的感觉标志"。④

不同的物种有不同的感官生理结构，因而有不同的普遍愉快对象、不同的"审美尺度"，所以不同的物种有不同的美。应当破除以人这一物种的审美尺度为中心去对待其他物种的偏见。对此，庄子《至乐》篇有一段绝妙的论断："昔者海鸟止于鲁郊，鲁侯御而觞之于庙，奏九韶以为乐，具太牢以为膳，鸟乃眩视忧悲，不敢食一脔，不敢饮一杯，三日而死。此以己养养鸟也，非以鸟养养鸟也。……咸池九韶之乐，张之洞庭之野，鸟闻之而飞，兽闻之而走，鱼闻之而下入，人率闻之，相与还而观之。鱼处水而生，人处水而死。彼必相与异，其好恶故异也。"当然，不同物种的美也可能有交叉现象，这势必导源于其生理结构阈值存有交叉相通之处。

① 《孟子·告子上》。
② 亚里士多德《政治学》，北京大学哲学系美学教研室编《西方美学家论美和美感》，商务印书馆1982年版，第41页。
③ 朱光潜对康德崇高美观点的概括。朱光潜《西方美学史》下卷，人民文学出版社1982年版，第375页。
④ 汪济生《美感概论——关于美感的结构与功能》，上海科学技术文献出版社2008年版，第21页。

人类美与其他动物之美相交叉的地方，发生在形式—官能美范围之内，人类的真、善之美，在动物是不可能存在的，因为动物界不存在人类的心理结构阈值。

什么是审美规律呢？人类如何按照审美规律美化自我呢？说到底，审美规律，即是特定生命体普遍愉快的规律；人类的审美规律，即是人类普遍愉快的规律。所以研究人类审美规律的根本途径，是研究人类快乐与否的感觉规律、心理规律。

美所引起的情感愉快的普遍性是一个伸缩性颇大的相对概念。不同的民族、国度，不同的历史时期，同一美的事物所引起的快感的普遍性是不同的，这便决定了美的历史性、民族性、主观性差异；同时，又有一些美的事物能够引起不同的民族、国度，不同的历史时期人们的普遍快感，美的共同性、永恒性、稳定性、客观性由此得以彰显。

五、美学即感觉学、形式学

我们所以要花很大气力探讨"美"的本质或含义，因为它是美学的核心问题。什么是"美学"？1750年，美学之父鲍姆嘉登在《美学》一书中首先提出："美学的对象就是感性认识的完善，这就是美；与此相反的就是感性认识的不完善，这就是丑。"研究感性认识的完善或不完善即美丑规律的学科就是"感觉学"。所以，"美学"又叫"感觉学"。受西方美学传统观念影响，鲍姆嘉登要求美学研究的"感性认识的完善"或"感性认识的不完善"还局限在视觉、听觉范围内，这是笔者所不同意的；但他将"美"或美的反面"丑"视为"美学"研究的中心对象，并由此来界说"美学是感觉学"的思路却是可取的，也是弥足珍贵的。后来康德《判断力批判》进行"审美判断"分析，首先从"美的分析"开始追溯，与此出于同一机杼。

然而，鲍姆嘉登之后，愈来愈多的美学家将"美学"的疆界弄得复杂起来。首先是黑格尔，他从自己特殊的世界观和美本质观出发，将美学推演为艺术哲学，理由是只有在艺术中，自然的东西心灵化，心灵的东西自然化，"理念的感性显现"——"美"才能存在。再后来，各种"美学"定义真可谓是五花八门，美学作为研究美和美感的本质、特征、规律的传统定义不断遭到挤压，美学是研究人对现实和艺术的审美关系、或审美活动、或审美文化的学科等等说法呼声日隆。在坚持以"美"为美学研究中心对象的本质论者那儿，或认为美的本质是"实践"、"劳动"，或认为美是"人的本质力量的对象化"，或认为美的本质是"自由"，或认为美是"合规律性（真）与合目的性（善）的统一"，结果导致美学研究异化为美学以外的"实践""劳动"研究、人的本质研究、"自由"研究、关于真的哲学研究和关于善的道德研究。在主张美学重在研究审美关系、审美活动、审美文化的非本质论者那儿，由于不正面回答"美"的本质特征这个前提性的问题，结果导致他们的审美关系、审美活动、审美文化研究变成不知审美为何物的模糊研究。

在笔者看来，任何"审美"的研究都必须以"美"为逻辑起点。鲍姆嘉登、康德以"美"为起点的美学研究思路值得发扬。由于美是五觉愉快和心灵愉快的对象，反之为丑，所以鲍姆嘉登"美学"是"感觉学"这个界说仍然有效，只要加上我们的一点补充说明即可。既然我们承认美是普遍愉快的对象，那么人类美的规律实即普遍令人愉快的心理规律及与之对应的物理规律，因而美学即感觉学（或叫情感学）和形式学。从主体方面说，它研究人类心理结构中的情感规律，肯定性的情感具有审美的正价值，否定性的情感具有审美的负价值。从客体方面说，它研究何种物态使人愉快，何种物态使人不快，也就是与人类正、负情感对应的物质形式的特征、规律。

基于上述认识，中国美学史所关注的美学资料，就应是中国文化史上关于感觉、情感经验，尤其是肯定性的感觉、情感经验及其对应的物态特点、规律的那些理论材料。由官能满足和心灵满足所带来的愉快感，包括娱乐、爱、崇拜等肯定性的情感，都将作为美学材料而纳入视野。中国美学史，质言之即中国感觉规律、情感经验认识史，中国物质形式愉乐规律的思想史。

以上述关于"美"、"美学"的观念对中国古代美学史进行重新解读，就会得出许多新的认识。比如由美是快乐的对象，可发现庄子"游心于物之初"而"得至美至乐"、"至乐无乐"，佛家"涅槃最乐"、"乐无所乐"，王弼"美者，人心之所进（追求）乐也"，阮籍"恬淡无欲，则泰志适情"，陶弘景"味玄咀真，于是至乐"，康有为"人性之道""求乐免苦"，梁启超情感至上、快乐至上等等命题的美学意义。由美是一种超越于视听快感之外的一切快适滋味，可重新发现儒家"仁义之悦我心，犹刍

豢之悦我口"，道家"至味去味"、"无味而五味形焉"，佛家"涅槃"如
"醍醐""甘露"，"淡乎无味，乃真道味"，夏曾佑"小说之所乐，与饮
食、男女鼎足而三"，王国维包含"烟酒"、"博弈"、"艺术"在内的
"人间嗜好"研究等等的美学价值。由美可以是道德的象征、真理的形象，
在考察中国古代美学史时就可以不局限于形式美学，而理直气壮地把引人
快适满足的道德真理的物化纳入考察范围。由美是心性的寄托和形式的律
动，在考量中国古代诗文、书画、音乐、园林的美学思想时就有理由兼顾
意与象、神与形、心与手、道与技两极，而不偏一端。通过以新观念、新
视角对中国古代若干人物美学思想个案的研究，我们也可在若干地方取得
独到发现。比如孟子的"充实之谓美"含义不明，历来理解存有歧义。笔
者联系后继者荀子"不全不粹，不足以为美"的特定语境，考证荀子
"不全不粹"的主语指道德修养，由此返证孟子"充实之谓美"的"充
实"之道德修养的充实，从而与孔子的"善者，美之实也"（朱熹语）思
想一起，构成了儒家的道德美学观。又如对魏晋玄学提倡的"适性"之美
的分蘖的考辨，对隋唐华严宗以"十"为美思想的揭示，对明清词论从
"小道"到"尊体"走向的揭橥，等等，都别具识见，富有新意。

六、中国古代美学精神的基本把握

在对"美"、"美学"作了上述种种辩证后，是不是就可以一劳永逸，
直接进入中国美学史的撰述了呢？不。对"美"、"美学"义界的返璞归
真的考量固然可以给美学史的检讨带来新的视角，但美学史的著述要避免
一系列现象和材料的堆砌与罗列的弊病，还应当注意现象背后本质的抽象
和材料之间神理的提炼。正是这种逻辑的把握构成历史描述的轴心和时代
分期的依据。中国古代美学史现象背后的本质和材料之间神理就是中国古
代美学精神。

那么，如何把握中国古代美学精神呢？

如上所述，既然我们肯定美学研究的中心问题是"美"，那么，中国
古代美学精神究其实就应当是中国古代关于"美"的基本思想。这基本思
想究竟是怎样的呢？

首先是以"味"为美。这是中国古代关于美本质的不带主观价值倾向
的客观认识，可视为对美本质本然状态的知性界定。孔子欣赏"尽善尽

美"的《韶》乐，感觉是"三月不知肉味"。孟子感受"理义之曰我心"，是如"刍豢之悦我口"。老子比喻"道"之美，是"无味"之"味"。许慎《说文解字》训"美"为"甘也"。王充《论衡·别通》形容美善带来的快乐，叫"美善可甘"。钟嵘《诗品序》形容五言诗之美，是"众作之有滋味者也"。由于中国人很喜欢用"味"去指称快乐之美，所以汉译佛典《大般涅槃经》对涅槃佛道的形容"譬如甜酥，八味具足"成为中国僧人一再引述、重申的论断。而官能的有味之味是"分味"、有限之味，道德、真理的无味之味是"全味"、"至味"，成为中国古代味美说的一个基本划分。中国古代以"味"为美，构成了与西方把美仅限制在视听觉愉快范围内的美本质观的最根本的差异。

其次是以"意"为美、以"心"为美。这可视为中国古代对美本质当然状态的价值界定，寄托了中国古代的审美思想。在中国古代美学看来，令人快适的"味"主要来源于哪里呢？主要来源于事物所寓含的人化精神或心灵意蕴。如《说文解字》训"玉"为"石之美者，有五德"。邵雍告诉人们："观花不以形"，"花妙在精神"。刘勰指出："物以情观，故辞必巧丽。"王国维揭示："以我观物，故物皆著我之色彩。"梅、兰、菊、竹，因为符合"君子"理想，所以成为历代墨客的钟爱对象；山、水、泉、林，因为契合隐逸心境，所以成为历代文人的吟咏题材。现实的美源于人化的自然，艺术的美亦在心灵的物化。"诗"者"言志"，"文"为"心学"，"书"为"心画"，"画"尚"写意"。"文所以入人者情也"（章学诚），"情不深则无以惊心动魄"（焦竑），只有"意深"才能"味有余"。所以古人主张："文以意为主"，"诗文书画俱精神为主"（方东树）。由此中国古代形成了"趣味"说。"趣"即"意"；"趣味"即"意味"。"趣味"说凝聚了中国古代这样一种美本质观：有意即有味。这与西方以模仿外物为特色的现实主义美学观明显不同。

再次是以"道"为美。这是中国古代关于美本质当然状态价值界定的另一种形态。这个"道"既可指善的道德，也可指真的本体。前者如孔子说"礼之用，和为贵，先王之道斯为美"，孟子说道德"充实"故"为美"，"理义"可以"悦我心"。荀子说道德修养"不全不粹之不足以为美"。以道德善为美，成为后世儒家的一贯主张。道家也以道德充实为美。《庄子》有一篇《德充符》，明确把美视为道德充盈的符号，其中描写了不少形体畸形而道德完满的"至人"、"神人"，当然庄子的"道德"与儒家所指不同。后者如老子说的"希声"之"大音"、"无形"之"大象"，庄子说的"天下莫能与之争美"的"朴素"，其实均是特定的"道"之形象。佛家认为真实永恒、清净无垢的涅槃佛道才具有"大乐"的至美，如《大般涅槃经》反复阐述："以大乐故名大涅槃。""涅槃名为大乐。""彼涅槃者，名为甘露，第一最乐。"这涅槃佛道就是真的本体与善的道德的统一。

复次是同构为美。这是中国古代对美的心理本质的认识。人性"爱同憎异"，"会己则嗟讽，异我则沮弃。""同声相应，同气相求。""百物去其所与异，而从其所与同。"这些是同构为美思想的明确说明。它源于中国古代天人感应、物我合一的文化系统。在中国古代文化中，天与人、物与我为同源所生，是同类事物，它们异质而同构，可以互相感应。《淮南子》指出："天地宇宙，一人之身。""物类相同，本标相应。"这种感应属于共鸣现象，是愉快的反应。

最后，中国古代尽管以"意"、以"道"为理想美，但并没有否定物体形式的美。"文"的本义是交错的笔画、纹理，引申为"文饰"、"美丽"。以"文"为美，是中国古代关于形式美思想的集中体现。这体现了中国古代在偏尊道德美、本体美的同时，亦未完全忽视形式美。在对待形式美的态度上，重视礼教的儒家表现出强烈的"好文"传统；佛家从"色复异空"的角度对世俗的声色形式之美作过变相肯定和丰富建构；而历代文人艺术家对文学艺术美的巨大贡献则为形式美的创造立下汗马功劳。不过总体说来，古代反对"玩物丧志"，要求"文以载道"，只有"载道"的形式美才有存在价值。

以味为美、以意为美、以道为美、同构为美、以文为美的协同互补，构成了中国美学美本质观的整体风貌，也是考察中国美学史演进轨迹和时代分期的轴心和依据。

七、中国美学史的演变轨迹和时代分期

中国古代美学精神是一个由以"味"为美、以"心"为美、以"道"为美、同构为美、以"文"为美构成的复合的互补系统。以此考察中国古代美学史的演变和分期，笔者得出的主要看法是：

先秦两汉：这是中国美学的奠基期。中国美学的"味美"说、"心

美"说、"道美"说、"文美"说、同构为美说这些基本思想不只在先秦，而且至两汉才奠定了坚实基础，各家美学（如儒、道、佛）的初步建构也直至两汉才大功告成。比如以"味"为"美"，"美"、"味"互训是到东汉许慎《说文解字》中才明确界定下来，先秦儒家的"心美"说、"比德"说离不开汉代董仲舒的《春秋繁露》和刘向的《说苑》的奠定，先秦道家的"道美"说、以"无"为美思想也离不开汉代刘安《淮南子》的夯实。因此，笔者不赞成把先秦与两汉划分开来作为中国美学史上的两个时期来对待。在美学思想的发展神理上，二者一脉相承，密不可分，形成了与后来的六朝美学不同的时代特征。这一时期的时代特征是：一、美学思想集中在现实美领域里展开。二、儒家美学阵容强大，紧密呼应，在肯定情感欢乐的美生存和实现的权利的同时，主张用道德理性对此加以控制和约束。道家美学一方面追求"贵生"和"适性"，另一方面又以无情无欲为自然人性，所以"适性"的结果是去除情欲的欢乐之美，是否定肉体感性生命的存在。东汉传入的佛教以去除情欲的寂灭之道为大快乐，与此不谋而合。

魏晋南北朝：这是中国美学的突破期。整个魏晋时期，思想界占统治地位的不是儒学，也不是道家学说，而是儒道混合而出新的玄学。玄学继承了道家"适性""逍遥"的美学主张，后来又改造了道家"无情无欲"的"人性"观，给"人性"注入了有情有欲的现实内容，于是"适性"一变而为"人性以从欲为欢"，变成了"越名教而任自然"。于是，"情"从心灵的理性约束中挣脱出来，形式从道德的附庸中解放出来，以"情"为美的情感美学和以"文"为美的形式美学潮流一下子突涌出来，覆盖了人格美和艺术美，一直延展到南朝。在人格美方面，形成了"情之所钟，正在我辈"、放浪形骸、不拘形迹的"魏晋风度"；在艺术美方面，诞生了"缘情"而"绮靡"的山水诗、宫体诗、格律诗。在情感美学和形式美学取得巨大突破的同时，中国美学在诗文美学、书画美学等文艺美学领域也取得重大突破，在佛教美学、道教美学领域也迎来了各自的第一个高潮。

隋唐宋金元：这是中国美学的发展期。六朝在情感美学和形式美学取得巨大突破的同时，也带来了无视一切道德规范的社会问题。隋统一南北朝后，便着手整顿世风，恢复儒家道德美学的统治地位。由唐至宋，政治日趋专制，思想日趋保守，统治者更重视载道之美，而贬低情感之美和文饰之美。于是，从隋朝的李谔、王通，到唐初四杰、陈子昂、新乐府诗人、古文家，再到宋代道学家，形成了儒家道德美学的主潮，一直流淌到金元乃至明初。儒家的"比德"为美思想在这一漫长的时期得到进一步的加强和巩固。这种美学观更多地体现在这一时期的诗文美学中。与此同时，佛教与道教迎来了再度兴盛，二家出世的道德美成为这个时期书画美学和园林美学的主要追求。此外，唐代相对宽松的社会环境使得诗文理论园地在道德美学占主导地位的边缘地带，产生了形式主义美学论著的支脉；而唐宋金元时期，又有一部分诗文理论既不明确强调"载道"美，也不唯形式美是求，而更多地强调"意"的自由抒写，以"意"为美的表现主义美学观由此得到了丰富建构。

明清：这是中国美学的综合期。所谓"综合"，有总结、集大成的意思。明清时期，在吸收、总结中国古代美学思想成果的基础上，中国美学诞生了许多集大成的美学论著。如在诗文美学领域出现了谢榛的《四溟诗话》、王夫之的《姜斋诗话》、叶燮的《原诗》、刘熙载《艺概》中的《文概》、《赋概》、《诗概》，章炳麟的《国故论衡·文学总略》；在曲学领域出现了王骥德的《曲律》、李渔的《闲情偶寄·词曲部》和金圣叹的《西厢记》评点；在词学领域出现了刘熙载《艺概》中的《词曲概》，王国维的《人间词话》；在小说美学领域出现了李贽、叶昼、金圣叹的《水浒传》评点、毛宗岗的《三国》评点、张竹坡的《金瓶梅》评点和脂砚斋的《红楼梦》评点等；在音乐美学领域出现了徐上瀛的《溪山情况》；在园林美学领域出现了计成的《园冶》、李渔的《闲情偶寄·居室部》；在画学领域出现了董其昌的《画旨》、沈宗骞的《芥舟学画编》、郑绩的《画学简明》；在书学领域出现了项穆的《书法雅言》、费瀛的《大书长语》、包世臣的《安吴论书》、刘熙载《艺概》中的《书概》、康有为的《广艺舟双楫》。这些著作论述的系统性、丰富性、深刻性较之前代大大提高，达到了中国古典美学的最高峰。"综合"又有"融汇"的意思。明清时期，在程朱理学继续占据思想界统治地位的同时，从中明起，思想界又掀起了一股启蒙浪潮。朝野士大夫无出其右。于是这个时期的美学思想出现了多元共存的倾向。以"道"为美与以"心"为美、以"情"为美、以"文"为美的思想并行不悖，在矫正了前一阶段沉重的道德美学的板结偏向的同时，情感美学和形式美学取得了丰硕而不落一偏的思维成果。

近代：这是中国美学的借鉴期。中国美学借鉴西方美学的观念和方法，论述中国艺术和美学问题，译介与建构现代美学概论，呈现出中西合璧的特色，标志着古代美学向现代美学的转型。"近代"作为一个时间概念，既与晚清相交叉，又与"五四"相接壤。晚清一些在中国古典美学方面集大成的人物如康有为、王国维同时成为近代借鉴和融合西方美学的大师。康有为借鉴西学熔铸《大同书》，建构了"去苦求乐"的人生美学体系。其弟子梁启超将"趣味"和情感快乐的美抬到人生最高的位置，对人生的美和艺术（诗、文、小说、书法）的美作了极富现代逻辑色彩的剖析，并掀起了声势浩大的"小说界革命"。黄人明确用西方文学理论所说的"美"来界定小说，指出小说是"文学之倾于美的方面之一种"。徐念慈首倡"感情美学"、"形象美学"、"理想美学"，分析小说感人的美学魅力。而章炳麟以西方美文学观念为参照，对中国古代的泛文学概念第一次作了明确概括和理论分析。而王国维则以叔本华的"人生痛苦"说为美学起点，对美的"快乐无利害"本质、美的"无用"而"独立"的价值、美作为"人间嗜好"的诸种形态，以及文学的"情感"与"想象"特征、词曲的"意境"内涵、小说形象的典型塑造等美学问题作了深广的研究和阐述，堪称现代美学体系的奠基人。"五四"时期蔡元培最早介绍西方"美学"学科的产生和发展历程，首次将"美学"课程引进大学课程并亲为授课，并在全国范围内倡导"美育"，并对"美"的"超越性"和"普遍性"作了探究和界定，"美学"作为一门独立于哲学（包括艺术哲学，即各门文艺理论）、道德学、宗教之外的学科正式诞生。1923 年，吕澂出版《美学概念》，1926 年陈望道出版《美学概论》，中国美学逐渐走上了独立的学术行程，以后整个现当代，中国古代美学开始了向现代科学美学的转换期。美学不再依附于诗论、文论、画论、书论、乐论、园艺理论，也不再寄居于儒家学说、道家学说、佛教学说等哲学学说中，而作为一门独立的学科沿着自身的轨道发展起来。

中国美学"目击道存"缘在构成论及其文化思想渊源

李天道

一

"目击道存"说是由庄子借孔子之口提出来的。《庄子·田子方》云："仲尼曰：'若夫人者，目击而道存矣，亦不可以容声矣。'"郭象注云："目裁（才）往，意已达，无所容其德音也。"成玄英疏云："目裁（才）运动而玄道存焉，无劳更事辞费，容其声说也。"王先谦集解引宣颖曰："目触之而知道在其身，复何所容其言说邪？""玄道"、"道"，应该就是老子所谓"道生一"之"道"。所以说，所谓"目击道存"之"道"，即构成宇宙万物纯粹本原之"道"，而"存"，就是"道"如其所是、道其所道之呈现。"目击道存"则是说通过缘在、此在，而构成"道"域，并由此体悟到至为深微精妙的宇宙生命意蕴。在中国美学，"道"是生化构成万物的原初域，所谓"天地大小无不由道而生也"（《太平经》）。"道"生天生地，无所不包，无处不在，其大无外，其微无内。人与万物都生成于"道"并内涵有"道"。"道"在万物中，也在人中。"道"不离人，人在"道"中。万物生生不息，自行天机法道，自化万物，在于目而化于目，故曰"天机在目"。顺此契机之机，目到心亦随之，此即目击道存。如老子论"大音"、"大象"，庄子论"天籁"，亦莫不是强调"道"境的缘在构成与直觉感悟、内心体验。老子要求"涤除玄鉴"，强调洗清杂念，摒除妄见，而返自观照内心的本明，所谓"圣人不行而知、不见而明"（十七章），重视内在直观自省。庄子推崇的"心斋"，更是如此。所谓"无听之以耳而听之以心，无听之以心而听之以气。……气也者，虚而待物者也。唯道集虚，虚者，心斋也。"（《庄子·人间世》）徐复观以为，通过"心斋"，"忘掉分解性的、概念性的知识活动，剩下的便是虚而待物的，亦即是徇耳目而内通的纯知觉活动，即是美地观照"。这种缘在构成的审美境域恰如明镜照影、不将不迎，孤心自现而历历空明。庄子曰："圣人之心静乎，天地之鉴也，万物之镜也。"（《庄子·天道》）审美境域的缘在构成须心如明镜，以虚灵静现万物，方能冥契世间万有，洞彻宇宙根源。

"目击而道存"缘在构成的例子在《庄子》一书中很多，如庄周观鱼，得鱼之乐；庖丁解牛，技近乎道、梓庆削木，轮扁斫轮等，皆超脱世俗、功利，超越逻辑、认知，身与物化而心与道通，卒归于忘怀一切、超乎万有之自由境界。以老庄美学为主的中国美学认为引发审美活动的契机是"感物心动"，强调"情以物兴，物以情观"（《文心雕龙·诠赋》），要求审美者必须以当下的观物为审美体验活动的起点，走向自然，去感物起兴，使"天人合一"，从而于我与物、主体与客体的相通相应中领悟到天地之精神、造化之玄妙。可以说，由感物使当下之"景物"与审美者之"心目""磕著即凑"而达到的心境相合、情景相融、意象相兼，是以老庄美学为主的中国美学努力追求的一种审美极致。它既体现出"道"境的缘在构成中审美者进行心灵化加工的双向异质同构的精神活动；同时，又规定着审美者心理时空的构筑必须以当下景、眼中物触发情志，直观外物，自然兴发，瞬间即悟，以进入"以天合天"、"以合天心"的审美境域，并深切地体验到审美对象中所蕴藉的生命之"道"，从而在审美缘在构成活动中举重若轻地营构出审美意境。这种营构审美境域的途径也就是庄子所说的"目击道存"（《庄子·应帝五》）。

应该说，"目击道存"中所谓的"道"，和"气"相同，就是老子所谓的"道生一"中的"道"，是万物生命的本原。它主宰着自然万物、宇宙天地和人的生命与存在，体现着宇宙的活力和生机。老子说："道冲而用之或不盈，渊兮似万事之宗。""道"气化流行，生生不息。在审美缘在构成活动中，审美者只有走向生活，走进自然，去以目观眼见为感发审美冲动的重要推动力，于遇景触物的瞬间，促使兴会爆发，迅速沉潜到自然宇宙与社会人生的生命底蕴中，用心灵拥抱整个宇宙，去体悟那总是处于恍惚窈冥状态的生命本原之"道"。目击之，心入之，神会之，从而始可能容纳万物，辨识万物，综合万物，进而从整体上把握到那种"元气未分"、"气化流行，生生不息"的"万物之宗"，以进入物我合一的亲和、陶然、温馨的审美境域，也即天人源自"道"又归于"道"的天人合一的最高境界。在这种审美境域中，人的心灵自得自由、自适自在地"逍遥"于天则之中，深刻地体验到人的心灵的高蹈和对人生真谛的突然悟解。应该说，这也正是中国美学所标举的"顿悟"的一种表现形式，是乘兴随兴，自得自在，豁然开朗的审美极境。

"目击道存"中所谓的"目击"，又称"即目"、"寓目"、"应目"，就是要求审美缘在构成活动应遇景起兴，即目兴怀。它强调直接的审美感悟，注重具象的感悟呈示，重视具有强烈感知效果的审美认识或审美感兴。认为对审美对象的"目击"式审美感悟，以及通过此而滋长的生机勃勃的审美意象是营构审美境域的直接源泉。唐代大诗人王维在审美创作活动中就喜欢采用这种方式。如他从"目击道存"、遇物兴怀中就获得过这样的佳句："中岁颇好道，晚家南山陲。兴来每独往，胜事空自知。行到水穷处，坐看云起时。偶然值林叟，谈笑无还期。"（《终南别业》）在这里，人与自然相招相引，相感相应，相亲相和；审美主体徜徉于山水烟霞之间，独来独往，悠哉游哉，怡然自适。徐增在《唐诗解读》中说："右丞中岁学佛，故云好道。晚岁结庐于终南山之陲以养静。既家于此，有兴每独往。独往，是善游山水人妙诀，……随己之意，只管行去。行到水穷，去不得处，我亦便止。倘有云起，我即坐而看云起。坐久当还，偶遇林叟，便与谈论山间水边之事，相与留连，则便不能以定还期矣。"应该说，"随己之意，只管行去"这种随缘自适、任运自在的审美态度正好揭示了以老庄美学为主的中国美学所主张的"目击道存"审美境域营构中物沿耳目、临景结构的审美特征。"目击道存"审美境域的营构活动特别注意从日常生活的细微小事中得到审美启迪，从对自然万物的悠然游览中获得超然顿悟，其审美心态突出地表现为一种自得性。它强调无心偶合，不期然而然。王羲之《兰亭诗》说："仰观碧天际，俯瞰绿水滨。寥闲无涯观，寓目理自陈。大矣造化工，万殊莫不均。群籁虽参差，适我无非新。"天地自然中，作为审美对象的山水景物，变化无穷，万象罗列，美不胜收，既有高山峻谷，千峰万嶂，晴岚烟雨，激流飞瀑；更有杜鹃红艳，春兰幽香，松鸣泉笑，山鸟啼啭。它们或给人凌云劲节慨当以慷之思，或给人以春意盎然心旷神怡之想。步入自然山水之中，或"仰观碧天"，或"俯瞰绿水"，放眼落霞云海，以眼与心去追寻美的踪迹，探求美的造型，体悟美的韵律和节奏，领略美的风致和情味，"寓目理自陈"，通过直观，以揭示自然景物中所蕴藉的宇宙生命的微旨。可以说，这里的保持自由随兴的心境与自然的节律相一致，纵目游心，从而获得"适我无非新"的审美心理表现状态，就呈现为一种自得性。

应该说，自得心态能使审美者于心物相感、情景相合的瞬间，沉潜到宇宙自然的底蕴，把握住生生不已、大化不息的自然万物的脉律。只有与自然一体，才能使"理自陈"，以体悟到万物自然的生命微旨，使"适我无非新"。程颐说："天地人只是一道也。"（《河南程氏遗书》卷十八）朱熹也说："天即人，人即天"，"天人本只一理。"（《朱子语类》卷十七）从物与心的关系来看，中国美学认为，宇宙便是我心，我心即是宇宙，故"能尽我之心，便与天同。"（《陆九渊集》卷三十五）即如王守仁所说："人者，天地万物之心也。心者，天地万物之主也。心即天，言心则天地万物举矣。"（《王文成公全书》卷六）人的心即是天，人心与天可合为一体。"夫人者，天地之心，天地万物本吾一体也"（《王文成公全书》卷二）。"盖天地万物与人原是一体"（《传习录》下）。人本是自然的一部分，受天地灵气的作用，使人成为自然万物中最有灵气和智慧者而为"万物之主"。审美体验活动中，要领悟天地万物间生命的意味，人就得回归自然，让自我融于自然万象的生灭化迁之中，与自然合而为一，随自然万物的自由生息而冥合自然中所蕴藏的生命之根——"道"。陶渊明《饮酒》诗其五云："采菊东篱下，悠然见南山。山气日夕佳，飞鸟相与还。此中有真意，欲辨已忘言。"这里表现出的就是一种自由自得的审美心态。诗人以一种空明的澄静的审美心境，逍遥闲放，无为自得，因景物的偶然触发，而使蕴涵于心灵深处的情愫如泉水般自然溢出，朴实真纯，给人以强烈的审美感染力。故张戒指出："'采菊东篱下，悠然见南山'，此景虽在目前，而非至闲至静之中则不能到。此味不可及也。"（张戒：《岁寒堂诗话》卷上）苏轼也指出："渊明意不在诗，诗人以寄其意耳。'采菊东篱下，悠然见南山'，则来自采菊，无意望山。适举首而见之，故悠然忘情，趣闲而累远。此未可于文字、语句间求之。今皆作'望南山'，觉一篇神气索然。"（见周紫芝《竹庄诗话》引）是的，只有在"至闲至静"、"悠然忘情"的"无意"自得、任运自适的审美心态中，凭借一种明澈、睿智、迅捷、灵敏的目光和心灵，于刹那间化入自然万物生气流动的韵律中，才能捕捉到自然万物的生命之美和转瞬即逝的诗意的灵感，并使之化为永恒。可以说，正是在对审美实践活动进行总结中，以老庄美学为主的中国美学才提出"目击道存"来规定审美缘在构成活动应通过触物兴怀、瞬间顿悟以追求一种刹那以见永恒的审美极境。"目击"中所谓的"击"，具有瞬间的触动、感发、直寻的意思，是天然自得、"触物有感"。即如许印芳《二十四诗品跋》所指出的，是"比物取象，目击道存"。它强调的是无心任性中，"随其成心而师之"，由所见之物触发主体的生命意识，引起心旌摇动，此也即所谓"兴于自然，感激而成……应物便是"①；是"我初无意于作是诗而是物是事适然触乎我，我之意亦适然感乎是物是事，触先焉，感随焉，而是诗出焉"（杨万里：《诚斋集》卷六七）。也正是由于"触先焉，感随焉"，决定了在"目击道存"审美境域的营构活动中，讲究不是我感物，而是物来感我，注重保持审美自得心态，由物起兴、睹物兴情的传统审美境域缘在构成方式。

"目击道存"所强调的这种随其所见，任兴而往，由物感触，忽有所悟，从而由心物两交、情景两契中完成审美感兴活动，以构筑出天然空灵审美境域的审美方式，看似以动追静，动以入动，实质上仍是以静追动。在这种审美境域营构活动中，徜徉漫步于自然万物中的审美主体，形态虽处于行动之中，其审美心境却是空明澄澈、无为自在的，"适然感乎是物是事"，"感激而成"的整个审美缘在构成活动过程中都显出一种"兴于自然"，如陶渊明所谓的"云无心以出岫"，"无心的遇合"，似行云流水般自然自得的审美心态。

"自然无心"，也就是中国美学所主张的虚静无为。"目击道存"审美境域营构活动中这种强调随心适意，天机自动，把观物起兴作为激发审美冲动的重要契机和兴会到来的直接诱因，表现为对自然万物的委顺、亲和的自得心态，同中国人"静以体道"的传统思维模式分不开。受老子贵柔主静思想的影响，中国美学认为动生于静，又复归于静，静能明照一切，而尽烛天地万物的情状。虚静是天地自然之本。老子说："夫物芸芸，各复归其恨，归根曰静。"庄子也说："夫虚静恬淡，寂寞无为者，万物之本也。"（《庄子·天道》）动而归静，实生于虚，自然万物只有通过寂静才能呈现自己的形态，显示其美的本质特征。宇宙万物作为有形的运动变化的实体，最终依旧是要恢复到"静"之中。与此相应，在审美缘在构成活

---

① 皎然《文镜秘府论·论文意》，人民文学出版社 1980 年出版，第 127 页。

动中，主体也只有保持虚静空明的审美心境，才能以静追动，以静制动，以静体静，以俟于天而从于天，与天为一，与物为一，达到与自然万物的相通相融并把自己托付于整个宇宙大化，让自己的生命完全消融于万物自然中，领悟到宇宙自然的生命真髓和美的精义。老子说得好："致虚极，守静笃。万物并作，吾以观其复。"庄子也说得好："水静则明，烛须眉，平中准，大匠取法焉。……圣人之心静乎，天地之鉴也，万物之镜也。"（《庄子·天道》）郭象说得更为明确："我心常静，则万物之心通矣。"（《庄子·天道注》）是的，在中国美学看来，唯静，在审美缘在构成活动中才能掌握纷繁复杂、气象万千的大自然的动，并控制动，此即以静味动，静以体道。正如《管子·心术》所说："是故有道之君，其处也若无知，其应物也若偶之。静因之道也。"要体认到宇宙自然中的生命意旨和美的精神，就应超越世欲、超越感官、超越智巧，"处若无知"，"应物若偶"，排除主观的成见，完全循因客观自然的运行变化规律，无所用意，猝然与景相遇，使心灵与万象相合，率意天成。以老子为首的中国哲人这种强调审美活动应以静制动，"静因之道"，"静以体道"，要求审美者应实现在一种宁静自得的审美心理状态中直观宇宙人生妙谛的审美思想，为历代美学家所提倡，世代相循，逐渐积淀并潜藏于中国人的深层审美心理结构之中，遂形成中国人的一种"静"的审美心态。

以老庄美学为主的中国美学静以追动，以柔克刚，自然无为的思想对中华民族的心理要素、民族性格和民族文化、传统审美观念具有根深蒂固的影响，为传统审美观念的根本特征。故李大钊认为，和西方"动的文明"相比，东方则表现为一种"静的文明"[1]。朱光潜也认为"西方民族性好动，中国民族性好静"[2]。这种"静的文明"与"好静"的性格特征显然影响及"静以体道"的传统审美体验方式，促成其"目击道成"审美境域营构途径与审美境域营构过程中的自得心态的形成。此外，受老子贵柔观念的作用，并积淀在中华民族文化心理结构中的尚"柔"心态，也影响着中国人审美活动中的"静以待物"、"静因之道"、"目击道存"审美体验方式及其审美心理状态的形成。鲁迅说："老，是尚柔的；'儒者，

---

① 李大钊《李大钊文集》，人民出版社1984年版，第557页。
② 朱光潜《长篇诗在中国何以不发达》，载《中国比较文学研究资料》，北京大学比较文学研编，北京大学出版社1989年版，第220—225页。

柔也',孔也尚柔,但孔以柔进取,而老却以柔退走。"① 儒道两家都崇尚"柔",主张以柔克刚,强调心灵和谐宁静。这种思想自然会影响到中国人的文化心理结构,并扩大到审美心理结构和审美观念,从而形成中国美学所标举的触物起兴、遇景兴怀的审美缘在构成方式与自得心态。

必须指出,"目击道存"审美境域营构活动中强调自得心态的重要,而这种自得心态也并非完全、纯粹地排除审美者的能动作用。宁静自由的审美心境使心灵获得真正的自得自适,从而才能在清空明静的心胸中涌起深层的活力,以"妙机其微"。即如曾巩在《清心亭记》中指出的:"虚其心者,极物精微,所以入神也。""入神",即深入与体悟到自然万物的生命本原。中国美学这种静而自待,静以体道,虚心入神的审美缘在构成方式和注重由外物触发,感物起兴,即景兴怀的审美构成态势,用现代美学理论来阐释,实际上就是审美缘在构成活动中一种审美直觉心理状态的表现。换言之,即自得心态是"目击道存"审美境域营构中进入直觉体验的心态基础和前提性条件。王夫之说:"兴在有意无意之间,……关情者景,自与情相为珀芥也。情景虽有在心在物之分,而景生情,情生景,哀乐之触,荣悴之迎,互藏其宅。"(王夫之:《姜斋诗话》卷一)又说:"天壤之景物,作者之心目,如是灵心巧手,磕着即凑,岂复烦其踌躇哉?"(王夫之:《唐诗评选》卷三)这里所谓的"有意无意之间",就是一种自得心态。并且,不难发现,这种自得心态乃是静中藏动,柔中蕴刚,暗含着审美者的能动作用。所谓"景生情"中的"景",是指作为审美对象的自然万物,为"天壤之景物",而"情生景"中的"景"则是审美者通过"目击""即目"的审美活动在其脑海中生成的审美意象,是主体之"情"与作为客体之"景"的相互应合,是"哀乐之触,荣悴之迎,互藏其宅"。要能够达到情景合一,心物合一,"景物"与"心目"合一,使天人应合同构,审美者必须具备并保持"有意无意之间"的自得心态。同时,主客体之间还存在着一种默契,作为审美者的个人,有哀乐之兴;而作为审美对象的景物则有荣枯之象,因而始能于毫不踌躇的刹那"磕著即凑",相互凑泊。

受老庄美学作用而形成的中国美学"目击道存"审美境域营构活动中这种于"有意无意之间"感物起兴以获得心解妙悟的方式和禅宗美学主张

① 鲁迅《鲁迅全集》(第六卷),人民文学出版社1973年版,第520页。

的世尊拈花、迦叶微笑，用自己的直觉观照，当下顿悟清净本性的参禅相通。所谓"禅道惟在妙悟，诗道亦在妙悟"，"惟悟乃当行，乃为本色"（严羽：《沧浪诗话·诗辨》），一旦悟入，豁然开朗，"信手拈来，头头是道"（《沧浪诗话·诗法》）。诗僧惠洪《题珠上人所蓄诗卷》说："余于文字，未尝有意，遇事而作，多适然耳，譬如枯株，无故蒸出菌芝。"这也就是所谓的"天机自动"，一出本心，皆出自心灵的自然要求。禅宗美学主张以"无心"的直觉体验去参悟"道"，在感性中获得心灵的超升，既超升又不离感性，此即所谓"悬解"。禅是一种明心见性的功夫，它的本体是"真如"，或曰"佛性"，可以体验冥契，而不可以思维求，不可以知性解，不可以语言取。禅宗美学所谓的参禅悟道，其实是一种"无目的的合目的性"行为。和"目击道存"所主张的"兴在有意无意之间"相同。禅与"目击道存"审美活动之所以能够在对大自然的仰观俯视中当下顿悟，获得宇宙的生命意旨与美的精义，就在于天地万物本身是无目的性、无意识的。水流花落，鸢飞鱼跃，其本身都是无意识、无目的、无思虑、无计划的，也就是说，它们都是"无心"的，然而，就在这种"无心"中，在这种无目的性、无意识中，却可以深悟到那冥冥之中使这一切所以然的宇宙"大心"、大目的性和"大美"。并且，审美者只有通过"致虚"、"守静"，保持"无心"、无目的性、无意识的心境，才能参悟这蕴藉于自然万物中的"大心"、大目的性和"大美"，让"道"如其所是而"存"。

二

应该说，中国美学"目击道存"说的提出与道家美学"道"论，以及由此生成道万物一气、物我相亲的审美存在意识分不开。

如上所说，在以老子为首的道家哲人看来，"道"是天地万物的纯粹构成境域，天地万物都是由"道"发生构成的，都从"道"那里构成自己的形体和性能，所以它们的本性和"道"是一致的，它们的行为都以"道"的自身缘构为构成式。从"道"为原发生构成境域思路的出发，老子认为天、地、人的原初生成域是"道"。他说："有物混成，先天地生。寂兮寥兮，独立而不改，周行而不殆，可以为天下母。"（二十五章）。作为天地万物的纯粹构成本原，"道"较之于"天地"更为根本，更为久远，可以为天下母。因此，老子主张"人法地、地法天，天法'道'，'道'法自然（二十五章）"强调在天地万物构成中纯任自然的思想。作为道家形而上学的本体论预设，"道"的存在状态不是"有"（实体），也不是纯粹的"无"："视之不见，名曰'夷'；听之不闻，名曰'希'；搏之不得，名曰'微'。此三者不可致诘，故混而为一。其上不皦，其下不昧。绳绳兮不可名，复归于无物。是谓无状之状，无物之象，是谓惚恍。迎之不见其首，随之不见其后。"（十四章）这里"夷"、"希"、"微"都是对"道"的存在状态的说明。"道"超出人类的感官，不是感官经验中的具体事物，所以是"无"。"无"即无形无象，超出感知范围；其次，"无"即无规定，没有任何具体属性，只能强名之曰"大"，大，即趋于无限之意。"无"的意识，是道家哲学自由思想的闪亮。因为自由是对有限事物的超出，意识不到"无"，就不可能超出有限事物，也就没有更高层次的自由。"无"这一思想，在西方直到海德格尔才第一次作为原则而出现。海德格尔教人不要沉沦于"有"（现实事物），而要从"有"中超出，在"无"中敞亮存在的可能性，以复归于"本真状态"。当然，老子之"道"与海德格尔之"本真状态"不可同日而语，但其精神意向却是共同的。

但是，作为原初生成域与表征为"无味"的"道"并不是绝对的虚无（Nothingness），不是什么都没有，也不是绝对的、与现象界分离的精神实体（如西方形而上的神或理念），而是"无状之状，无物之象"，"老子用"惚恍"来说明。惚恍，即若有若无，闪烁不定。"道之为物，惟恍惟惚。其中有象；恍兮惚兮，其中有物。窈兮冥兮，其中有精；其精甚真，其中有信。"（二十一章）吴澄在《道德真经注》里曾对"物"、"象"作注说："形之可见者，成物；气之可见者，成象。"可见，物，象都是可由感官感知的形而下存在，人们可以从形而下的物、象之中体悟到"道"的真实存在，领悟到"道"的内在生命（精）与灵验（信）。所以"道"的存在状态是若实却虚，若有却无，若明却昧。"道"不仅是真实的存在，而且正是那"真实的存在"之所以存在的根和本。老子说："'无'，名天下之始；'有'，名万物之母。"（一章）又说："天下万物生于'有'，'有'生于'无'。"（四十章）"有"生于"无"，或者反过来说，"无"中则生"有"。"有"即有限、有规定性。"道"虽超出人的视听感官，但又借"有"以显示自己的真实存在，因为它生成一切存在者

（有），包含一切存在者。从体用关系看，"无"乃道之体，"有"乃道之用；道之体由用而显，道之用由体而定。有与无就这样统一于"道"之中。所以老子讲："故常无，欲以观其妙；常有，欲以观其徼。"（一章）有与无，有限与无限，是老子对"道"的性质的规定。这个规定，其实也就是美之为美的规定。美是要在有限之中看出无限。一切作用于人的视听感官的美，同时又表现出某种超出视听感官的性质。美作为人类创造的一种社会性质，既存在于一定的物理时空，是实在的、有限的，同时又呈现于无限的心灵时空，是经验的、超验的。声、色、形、质等有限存在物，不过是将我们导入经验与超验的媒介、手段、途径。在老子看来，那些可以由视听感知的美，是浅层次的；人们应当追求的是那种超越感官阈限、诉诸心灵体验、趋于无限的美，即"道"之美，或可称作"大美"。

显然，对呈现为"大美"的这种生成天地万物的"道"的把握则只能"味"。老子说："道可道，非常'道'；名可名，非常'名'。"（一章）如所周知，老子所说的"道"，既非前人或他同时代的人所说的礼乐制度、经术政教之道，也不是现象界物理之道，而是带有普遍性的、形而上的"道"，亦即"常道"。"常道"是超验的，本根性的，是一切由之生成的最终根源和始源。"常道"是不可言说的。不可言说即意味着语言有效性的丧失。在中国古代的语言哲者看来，言以定名，名以指实，这是学，但是老子则认为，语言所把握的只是有限的外界事物，而不可能是宇宙的整体。语言之为逻辑符号，往往容易割断事物的因果链条。损害宇宙的和谐与完整，也损害"道"的整体，混沌的状态，成为体"道"的障碍。所以对"道"的把握就不可能通过语言，而只能超越语言，另辟他途。这就是"致虚极，守静笃，万物并作，吾以观复"（十六章）。"观复"之"观"，不是主客二分式的理性观察，也不是概念分析式的，而是主体修养实践能达的境界，是一种超然于智识之上的生命投入与整体把握。所以有人说："观"只能是一种自我反观，亦即自我修养的实践活动。"复"即"道"，即万物之始与根。"致虚极，守静笃"实际是对观者提出的要求，就是让心灵达到素朴明澈，至于无为的境地，从而以心的自然状态，回归到宇宙的本真状态。所谓体"道"的过程，也就是"味无味"，就是将自己的生命与天地万物融为一体的过程。使整个心灵安息沉浸于宇宙自然之中，从而超越有为与世俗，通达宇宙境界。老子这种通过反观以求无限，较之西方哲学通过反思以求无限，是一种更高的智慧。"观"蕴涵着超越思想，这种超越，既不是舍弃生命与世俗的宗教超越，也不是舍弃现象与个别的思辨式超越，而是既离不开感性事物，又不滞于物的审美的超越——于每一感性事物上面，看出超越的意味。

老子所提出的通过"道"与"道法自然"的审美观决定了中国艺术风格崇尚"无为自然"的审美取向。这里的"自然"，并不是一个实体，如后世将自然作为天地的代称，而是一种状态。这一"自然"义，最先出现在《老子》中，为道家首创。即如陈鼓应所指出的，"自然"的观念是"老子哲学的基本精神。"① 对老子所提出的"自然"，朱谦之《老子校释》解释说："黄、老宗自然，《论衡》引《击壤歌》：'日出而作，日入而息，凿井而饮，耕田而食，帝力何有于我哉！'此即自然之谓也，而老子宗之。"② 认为《老子》的"自然"，就是"帝力"无作用于我的自由状态。蒋锡昌则解释说："《广雅·释诂》：然，成也。'自然'指'自成'而言。"即，自然就是自己如此，自然的状态就是本然、天然、自然而然。王充《论衡·谴告篇》也云："夫天道，自然也，无为。"可见，"道"的存在态势为本然、天然、自然而然。这在老子"道法自然"的表述中体现得最为充分。对老子所谓的"道法自然"，汉代河上公解释说："'道'性自然，无所法也。"吴澄也解释说："'道'之所以大，以其自然，故曰'法自然'。非道之外别有自然也。"③ 意思很清楚，他们认为，作为万事万物生成本身的境域所在，"道"的构成式与构成状态，都是"自然"。这就是说，"自然"是对"道"发生构成状态的描述，这也就是说"道"的构成状态是"自身的缘构在生"，即所谓道任天势。而"天势"，其本身就鲜活"自然"。对此，王弼解释得好："道不违自然，方得其性。法自然者，在方而法方，在圆而法圆，于自然无所违也。"（《老子注》）宋吕惠卿也解释得好："道则自本自根，未有天地，自古以固存，而以无法为法者也。无法也者，自然而已，故曰道法自然。"④ 也就是说，在道之上并不是还有一个实实在在的主宰，而只是强调道作为纯粹构成境域，不是缘境之外的实体或意义单位，而是在境域中构成自身，必然表现出自然而然的构成态，从而突出了道的自然无为的本来状态。这一强调和突出，

---

① 陈鼓应《老子注译及评介》，中华书局 1984 年版。
② 朱谦之《老子校释》，中华书局 1984 年版。
③ 陈鼓应《老子注译及评介》，中华书局 1984 年版，第 168 页。
④ 张继禹《中华道藏》第 10 册，华夏出版社 2004 年版，第 326 页。

展示了老子学说的终极目的，这就是通过对万事万物生成本身的境域所在，与"道"的构成式与构成状态都是"自然"的探寻，以揭示"道"的构成是"自身的缘构发生"，天地万物的发生构成总的缘在在"道"，总的构成态则是自然。既然如此，域内一切事物的发生构成都是自然而然，便成了无可异议的事情，因为道是纯粹构成境域，而天、地、人、物则都是由"道"生成。万事万物的构成态为自然，其构成式则表征为自然。因此，可以说，法自然，宗无为，是老子思想的核心。

老子学说与道家思想的主旨在"无为"与"道法自然"。这种独具特色的"自然"观，深刻影响了中国哲学、中国文化。从老子的"道"论出发，其"道法自然"的思想包含着三层意义。第一是说天地万物、宇宙人生的构成都有所法，有其构成式。第二是说天地万物、宇宙人生都无所为。第三是说天地万物、宇宙人生的构成是自然而然的。换而言之，是说构成是生生不息、永无休止、自然而然的，天势是不可违背的，天地万物都共同遵守一个总的构成态势。将这三层意义融合在一起，便形成一条基本的思路：探究事物的构成态势，探究万物的总构成态势；用事物的构成态势解释事物的一般属性，用万物的总构成态势解释事物的根本构成态势；自觉遵循事物的构成态势来认识事物，以领悟万物的总构成态势作为人生的最高境界。道家、道教是这样，其他学派也趋向于这样。可以说，正是这种构成观奠定了中国美学史的基本思路。

"道法自然"的思想，突出地强调了自然而然、无为无作的构成态势。所谓"法"，在这里就是指遵循、仿效、取法之意，老子是希望人们用"道法自然"的构成论思维方式去观察事物，认识事物。后来的学人大多依循其旨，去探究事物发生构成的态势。如韩非子曰："道者，万物所然也，万理之所稽也。理者，成物之文也；道者，万物之所以成。故曰：道，理之者也。物有理不可以相薄，故理之为物之制。万物各异理，万物各异理而道尽。"（《韩非子解老》）把具体事物的构成态势称为"理"，把万物的总构成态势称为"道"。认为理（即态势）制约着万物，万物借助于理而相互区别；道总合万物之理，是万物之所以存在的总态势。汉初陆贾亦说："故事不生于法度，道不本于天地，可言而不可行也，可听而不可传也，可小玩而不可大用也。"（《新语·怀虑》）认为一切事物都有其存在态势，万物都有所循，而根本的构成境域则在于"道"。在他看来，所谓"道"，是指遵其而行则可达到目的行径，亦即物行的轨道、事行的法则。按他自己的话说："道者，人之所地也。夫大道，履之而行则无不能，故谓之道。"（《新语·怀虑》）扬雄也接受了老子的自然观，主张因循物则的思想。他说："夫玄也者，天道也，地道也，人道也，兼三道而天名之，君臣父子夫妇之道。"（《太玄·玄图》）又说："道者，通也，无不通也。"（《法言·问道》）即把事物的构成态势分为二层，一层是诸类事物各自的构成态势，一层是诸类事物的共同构成态势。他将各自的构成态势称为"道"，即天道、地道、人道；将共同的构成态势称为"玄"，认为"玄"兼有三道。"道"是各类事物的构成所遵循的，"玄"则是所有事物的构成都遵循的。理解这一构成态势，循之则通，无所不通。

　　受"道法自然"思想的影响，中国美学在两个方面形成了自己鲜明审美诉求。一是推崇性情表现的"自然"。如刘勰就指出，"人禀七情，应物斯感，感物吟志，莫非自然"（《文心雕龙·明诗》）；钟嵘则推崇表征为"自然英旨"风貌之作，即"应目会心"、"直寻"、"性情"表现自然而然的诗歌佳作（《诗品序》）；宋张戒肯定那种情感自"胸襟流出"，"卓然天成"的诗歌精品（《岁寒堂诗话》），金元好问认为诗歌创作的极致是"一语天然万古新，豪华落尽见真淳"（《论诗三十首》）；明袁宏道则要求为诗歌创作应该"独抒性灵，不拘格套"（《叙小修诗》）；王国维则强调指出："古今之大文学无不以自然胜。"（《宋元戏曲考》）可以说，鄙视矫情与伪饰，推崇性情之真实自然，是中国文艺美学优良的传统。二是文艺作品语言表达上追求"芙蓉出水"的"自然"之美。美学家宗白华曾将中国艺术的美归结为"错采缕金"和"芙蓉出水"的美。他说："楚国的图案、楚辞、汉赋、六朝骈文、颜延之诗，明清的瓷器，一直存在到今天的刺绣和京剧的舞台服装。这是一种美，'错采镂金、雕缋满眼'的美。汉代的铜器、陶器，王羲之的书法、顾恺之的画，陶潜的诗、宋代的白瓷，这又是一种美，'初发芙蓉，自然可爱'的美。"① 在吸取以老子道家美学"道"的"无为"精神的中国传统美学看来，后者比前者更美，因而历来就反对华巧雕琢和卖弄人巧而标举素朴自然，并长期以来形成一种自觉的审美追求。如在书法眉心方面，南齐王僧虔就曾以"自然"法则作为品评准则，称赞孔琳的书法作品，"天然绝逸"（王僧虔《法书要录》卷一）；孙过庭则要求从造化自然的千姿百态中吸取灵感，妙笔精书，标

---

① 宗白华《美学散步》，上海人民出版社 1981 年版，第 29 页。

举"同自然之妙有"（《书谱》）。在文学艺术方面，陆游则认为"文章本天成，妙手偶得之"（《文章》），明谢榛认为"诗有天机，待时而发，触物而成"，"自然妙者为上，精工者次之"（《四溟诗话·卷四》）李贽也推崇自然表现，认为："自然发乎情性则自然止乎礼义，非情性之外复有礼义可止也。"（《杂述·读律肤说》）反对用教条束缚艺术创作。在创作规律的把握上，他主张重"化工"而轻"画工"，认为"画工"之作虽工巧至极，却忽略自己真心的表现，缺乏一种真情实感，"其气力限量只可达于皮肤骨血之间"；而"化工"之作，"虽有神圣"，却"不能识之化工之所在"，"风行水上之文，决不在于一字一句之奇"，而在自然天成。故他强调无意为文，反对有意为文。认为"世之真能文者，比其初皆非有意于为文也"，"其胸中有如许无状可怪之事，其喉间有如许欲吐而不敢吐之物，其口头又时时有许多欲语而莫可所以告语之处，蓄积极久，势不能遏。一旦见景生情，触目兴叹；夺他人之酒杯，浇自己之垒块；诉心中之不平，感数奇于千载"（《杂说》）。从绘画艺术看，唐以后，中国山水画由水墨替代青绿着色，一个根本的原因是，水墨更能体现"道"的自然无为的特性而耐人玩味。所以荆浩在《笔法记》中用"墨"替代谢赫"六法"中的"随类赋彩"，并称赞项容"用墨独得玄门"。这种转向，实际是"道"的精神在艺术审美传达上的落实。"道法自然"，既然宇宙万物与人都以"气"为生命本体，与人完全对应，那么，创作主体要在"意境"创构中"身与事接而境生，境与身接而情生"（祝允明：《送蔡子华还关中序》），并从中获得情趣的陶冶与心灵的净化，就必须表现出自得冲和、舒坦自在、优游闲适的心情，超越个体生命有限存在的精神需求，让自己"胸中灵和之气，不傍一人，不依一法，发挥天真"（戴熙：《习苦斋题画》），以纯粹自由天放的心境，与自然灵秀之气化合，从而始能陶醉于宇宙万物的生命本源之中，触摸到自然的生命底蕴，使"天地之境，洞焉可观"（《文镜秘府论·论文意》），并从中把握到宇宙生命的节奏和脉动，获得精神的高蹈与审美的超然，以创构出心灵化的、璀灿的意境。

参考文献：

[1] 皎然《文镜秘府论·论文意》，人民文学出版社 1980 年版。

[2] 李大钊《李大钊文集》，人民出版社 1984 年版。

[3] 朱光潜《长篇诗在中国何以不发达》，载《中国比较文学研究资料》，北京大学比较文学研编，北京大学出版社 1989 年版。

［4］ 鲁迅《鲁迅全集》（第六卷），人民文学出版社 1973 年版。

［5］ 陈鼓应《老子注译及评介》，中华书局 1984 年版。

［6］ 朱谦之《老子校释》，中华书局 1984 年版。

［7］ 陈鼓应《老子注译及评介》，中华书局 1984 年版。

［8］ 张继禹《中华道藏》第 10 册，华夏出版社 2004 年版。

［9］ 宗白华《美学散步》，上海人民出版社 1981 年版。

"美"字"六书"与"本义"研究述评

马正平

　　"美"字的"六书"类型及其本义研究对于文字学界来讲，只是对一个古文字——"美"——的解读问题，而对于美学界来说，则是一种天大的问题，终极的原理问题。所以，20世纪以来文字学家对这个问题进行不懈的探索，产生了种种观点。目前学术界对"美"字之本义的探讨，主要集中在对"美"的字形结构"从羊"、"从大"的含义理解上面展开的。我们发现，目前关于"美"之本义的理解的种种争论，都是源于两个层次的阐释差异所致：第一，对"美"字中的"从羊，从大"这个字形结构的"六书"造字法类型不同的理解；在第二个层次上，则是对"从羊，从大"中的字形部件含义理解的审美意向、阐释视觉、阐释视野上的差异。这两个问题联系至为紧密，没有前者便没有后者。因此，本文对"美"字之本义研究的述评，便自然从这两个层面进行分类叙述与分析评论。但是，任何考证都是一种意义循环，都是作者运用文字学、美学理论来证明、阐述自己的美学观点而已。因此，要想运用字源学考证方法获得成功，只有在对文字学、音韵学以及美学原理有较为深刻的认识的基础上才能对考证的问题得出一个科学、可信的结论来。"美"之本义的考证也是如此。

一、"美"字"六书"类型与本义的传统解释

　　在中国美学史上，首次在辞书上进行的解释是《尔雅》："《尔雅·释言》："盱盱、皇皇、藐藐、穆穆、休、嘉、珍、祎、懿、鑠，美也。"但是，这种诠释方法是描述式的而非概括的本质定义式的。也就是说这里只

是对美的现象的罗列，就像柏拉图说的那样，这非"美本身"，即美的本义、本质的概括归纳。而概括性定义式的解释首次见于许慎《说文解字》。许氏对"美"的解释是："美，甘也。从羊从大。羊在六畜主給膳也。美與善同意。"① "甘"，即"感"也。即是有味道感觉的意思。这里的味道感觉是一种生理的功利的官能快感，相当于康德《判断力批判》中所否定的"快适"的感觉，而不是"愉悦"的形式美感。正因为这样，许慎才认为"美与善同意。"之所以得出这个结论又是因为"羊在六畜主給膳"。显然，他对美的本质还是不能理解的。在许慎的心目中，"美"应是一个会意字，因为只有"羊大"才是"甘"的，也才是"善"的。所以，唐徐铉明白地将"从羊从大"解释为"羊大则美，故从大。"徐铉的解释实际上是为许慎的"美，甘也"寻找依据：羊，大则肥，肥则甘，甘则美。这样"美"字作为一个会意字的性质被首次明确确定下来了。

段玉裁《说文解字注》对许慎《说文》中的"美"字的解释较为复杂。一方面，他对"美，甘也"的解释时说："甘者，五味之美皆曰甘。"他基本同意许慎、徐铉对"美"的解释——"甘也"、"羊大则美"的解释，并且企图把徐铉的解释更加说透。在对"从羊大"的解释时，他说："羊大则肥美"，同时，他对"美，甘也"解释时又说："引申之，凡好皆谓之美。"② 这里的"好"并非甲骨文中的"好"——少女少男之美，而是功利之好之美。显然段氏把美与善混同在一起了。但另一方面，段玉裁在对"羊在六畜主給膳也"的解释时又说："羊者，祥也。故美从羊。此说'从羊'之意。"③ 请注意：段玉裁在这里对"美"字所从之"羊"做了截然不同的两种解释：一方面，"羊大则肥美"的"羊"，是一个名词的动物之"羊"；另一方面，他在对"羊者，祥也"的解释中，又把"羊"解释成一个形容词的"羊（吉祥、吉羊）"④。这样一来，我们无法知道"美"这个字，究竟是从作为动物的名词的形符的"羊"呢，还是

① 段玉裁《说文解字注》，浙江古籍出版社1998年版，第146页。
② 同上。
③ 同上。
④ 把"羊"作出这两种解释的原因正是我在《六书新论》、《从从"羊"字的形音语法，看"美"之本义》两篇文章讲的汉字造字过程中发生的"转注"现象：将具体的独体象形之"文"，一方面升格、抽象转注为表示对象事物的名词性质的形符，另一方面，升格、抽象转注为表示主体对事物的评价议论意理理想的形容词、动词性质的声符，于是"形声相益谓之字。""转注"是一种中介型的造字阶段而并非最后的造字行为——像象形、指示、会意、形声那样——其目的是为创造汉字结构元素的"形符"和"声符"，为最后的会意、形声的造字方法做准备。

从作为主体对事物的评价议论意图理想的形容词性质的声符的"羊（详）"。如果是后者，"羊大则肥美"就变成"吉祥大则肥美"，这显然是很荒唐的。但是，段玉裁说不清产生这种荒唐的原因何在，也更说不清楚怎样化解这种荒唐："吉祥"本身就有美，并非要从大小之"大"，更为严重的是，这两种解释好像一种也不能成立。

二、作为"会意"理解的"羊大为美"和"法大则美"

第一，"羊大为美"乃味觉之美

把"美"解释为"会意"字，就会简单地把"美"的本义理解为味觉感受，即美味。这样的观念到现代也还有人主张。20世纪20年代中期日人高田忠周认为："《易》：'甘节'，虞注：'坎为美'。《管子·五行篇》：'然后天地之美生。'《注》：'此谓甘露醴泉之类也。'然则美元系于肉味之义。转谓凡食味之美。又为佳膳之称。"① 所以，日本学者笠原仲二说："'美'字从'羊'、'大'，就是说，它是由'羊'和'大'二字组合而成的，他的本义是'甘'。……所谓'羊大'是指'肥胖的羊'的羊肉是'甘'的，在这样的意义上，由'羊大'两字组合成了'美'，这是美的本义。……按段氏的解释，并不是指对那些羊的姿态性的感受性，而是肥大的羊的肉对与人们来说是'甘'的。"李泽厚、刘纲纪先生也同意这种观点："最初所谓'美'，在不与善混淆的情况下，专指味、声、色而言的。……在中国，'美'这个字也是同味觉的快感联系在一起的。"② 近年来有的学者认为"羊、大"即食美，'女、子'即色美。"所谓"食美"也是指味道之美。李泽厚先生认为，"汉许慎的《说文解字》说：'美，甘也。从羊从大，羊在六畜给主膳也。'宋徐铉说：'羊大则美，故从大。'这就是说，'美'是味道好吃的意思，'美'与'甘'是一回事。《说文解字》释'甘'云：'甘，美也，从口，含一'。虽然是汉人的说法，但保存了起源很古的以味为美的观念。……上述字源学的考证况明，在中国，'美'这个字也是同味觉的快感联系在一起了。"③

---

① ［日］高田忠周《古籀篇》，1925年，李圃《古文字诂林》第四册，上海教育出版社2001年版，第184页。
② 李泽厚、刘纲纪《中国美学史》第一卷，中国社会科学出版社1984年版，第79-80页。
③ 洪成玉《"羊、大"即食美，'女、子'即色美——从汉字看民族美感的萌芽》，《汉字文化》，2004年第1期，第79-80页。

20 世纪末，李壮鹰先生非常强调中国古代美学中的"滋味说"，为了证明"滋味说"的权威性他撰文论证说："单就艺术审美领域上来说，中国人一开始有意识地感受和欣赏艺术，就是与舌头对美味的感觉密切结合在一起的。"因为"中国之所以用"味"作为艺术审美概念，与我国人的审美意识本身即起源于味觉具有十分密切的关系。"为此，他先用字源学的方法对这个观点进行证明："'美'……这个字，早在先秦就已经是具有高度概括性的美学概念了，不论在视觉上还是听觉上、外形上还是内质上，凡能引起人美感的东西，都称之曰"美"。而这个字在创钶之初的原始意义，却只指味道的美，亦即好吃。""许慎认为"美"是个会意字，古人觉得羊肉最好吃，尤其是大羊的肉，故将'羊大'二字合而为一来表示味道的甘美。所谓大羊，也就是肥羊。"李壮鹰先生运用音韵学方法进行证明①："提起'肥'，我们又想到'肥'与'美'在古音中同属旨部字，也就是说，它们是同韵的。古音韵学者告诉我们："凡同一韵之字，其义皆不甚相远。"不仅如此，"古音中，与"美"同韵的还有一个字，那就是"旨"。而"旨"字从甘，它在古代指美味，历来是没有争议的。"但是，"最能说明"美"字的本义是指味道的，是"美"、"味"二字古音的相同。""美'、'味'二字在上古皆为重唇音的明母字，发音都近似于今天的'美'或'味'。"所以他认为"'美'、'味'在古时声韵皆一，亦即为同音字，这是证明它们的本义相同的。"李壮鹰这里讲述的这些东西并无新意，只是进行了新的论述，但这种论述是无力的。我们只能感到小羊的肉好吃，而从未听说"羊肉最好吃，尤其是大羊的肉"这种怪论。李壮鹰先生显然是被许慎、徐铉、段玉裁的解释捆住了手脚。

日本学者笠原仲二也不同意许慎、徐铉、段玉裁关于"美"的本义的解释。他认为"'美'字的写法，自古以来即从'羊'从'大'，所以关于'美'字的本义，关于中国人的美意识的起源，有人直接从对所谓'羊大'所表示的羊的姿态感受去解释，又从那样的羊给牧羊部落以幸福感方面去理解，还有如《说文》那样从羊肉之'甘'的味觉感受方面加以解释。"而笠原先生认为这里的每一种解释都太片面，都是"盲人摸象"，真实的情况应该在一个立体的多元感知系统去理解。在他看来，"那时候，……在人们的心目中，有所谓'羊大'而引起的直接的意识和感

---

① 李壮鹰先生的观点及其运用的材料，基本接受了臧克和《汉语文字与审美心理》的观点。

情，'美'字所包含的最原初的意识，其内容是：第一，视觉的，对于羊的肥胖强壮的姿态的感受；第二，味觉的，对于羊肉肥厚多油的感官性的感受性；第三，触觉的，期待羊毛羊皮作为防寒必需品，从而产生一种舒适感；第四，从经济的角度，预想那种羊具有高度的经济的价值及交换价值，从而产生一种喜悦感。这些感受归根结底来源于生活的吉祥，包含着心理爱好、喜悦、愉快等等，可以叫做幸福感吧。① "通过以上考证，对于中国人原初的审美意识的内容与本质，我们可以一言以蔽之，主要是某种对象（羊）所给予的肉体的、官能的愉乐感。"②

应该说，在所有关于"美"之本义的研究中，笠原先生是最为全面立体系统的，令人获益非浅。但是，问题在于，笠原这里关于"美"的本义解释的所有内容都是关于功利价值、经济价值、日常生活问题生活感受，这些功利价值、经济价值的是怎样转化为审美价值的，我们从"羊大"的"美"字构形中一点也看不出来。这里的关键错误在于，把功利价值、经济价值等同于审美价值。另外，笠原先生关于"中国人原初的审美意识的内容与本质"的最后界说，把"美"的"本质"理解为"美感"（愉快感、快感），这还是一种"同义反复"或"循环解释"，并未解决这个问题。除了这个"同义反复"、"循环解释"之后，剩下的就是关于"肉体"和"官能"的感官刺激的因素了，如果这样来理解中国人审美意识的本质，那太低估了中华民族的先民们崇高的精神追求了。这个问题，日本美学家是很难理解的。令人不安的是，学术界竟然认为，"时至今日，人们早已接受了关于汉语'美'的这么一种词源学解释：羊大则美。美，意味着肥大的羊肉给人的味道甘甜可口。"③

上述几种阐述有一种共同的特点，就是把"美"看成一般的会意字来理解的。会意字的造字思维与理解原理是：字符本身的意义并不是这个字的真正的、最终的意义，它的真正的、最终的意思只能从字符的意思上推论、猜测、联想出来，最后才能得到字义的"领会"。在"会意"论阐释者看来，"美"字中的"羊"就是"六畜"之一的作为动物的"主给膳"的牛羊之"羊"，因此，"羊大"就是"大羊"、"肥羊"所以，这样一来，"美"字中的"羊大"的意思并不是"美"的真正字义，它的字义应

---

① ［日］笠原仲二《古代中国人的美意识》，北京大学出版社 1987 年版，第 3 页。
② 同上，第 4 页。
③ 徐岱《来自神学的美学》，《文艺理论研究》，2001 年第 1 期，第 65 – 66 页。

该是"羊大"产生的功能——"肥"——"甘"从推论出来。由此可以看出，许慎、徐铉、段玉裁、李泽厚、刘纲纪等人所理解的"美"之本义，并不与"大"有关系，只能与"肥"以及"甘"、"味"的感受有关系。当人们巧妙地把"羊大"转换为"羊肥"，再产生"甘"、"味"的思维过程，这变成了一种并不严密的双重"会意"字，因为，这种观点认为"羊大"便"肥"则味道就美，好像与常识不合。"羊大"不一定"肥"，老羊就不会肥，"羊小"也不一定就"瘦"，因为羊羔饲养的好则更容易"肥胖"。只有小羊羔的味道才是最具美味的，所以作为美味的"羹"，从羔，从美，所以，现实中我们看到内蒙全国著名的火锅品牌叫"小肥羊"，并未叫"大肥羊"，原因正在这里。① 上述种种解释并没有把"羊大"之"羊"和"大"的语境意义解释清楚。

显然，"羊大为美"的观念，是把"美"与"善"、功利相混淆起来了。从美学的角度来看，即使从许慎的味觉的角度来看，也不是"羊大则美"，而是"羊小则美"。我们来看"羍"字。如果望文生义，那么一定会得出"羊大则美"的结论，但是，《说文》："羍，小羊也。从羊大聲。讀若達。""羍"即"畅达"的"達"字，即简化字"达"。"畅达"是指一种生小羊时的顺利生产的顺畅感觉，看来，这个貌似"大羊"的"小羊"，仍然是美感的来源。由此上述分析看来，"美"与羊的身体的肥大无关。

这种常识错误后面隐含着的却是学理上的错误。"会意"论者的问题在于，他们把"美"中的"羊"字符理解成了牛羊之羊的名词，而把"美"中的"大"字符理解为大、小之"大"的形容词。我们通过对《汉语大字典》中所有的"大"字符字族的研究后发现：凡是把"大"作为偏旁，只能放在下面，这时"大"字符是作为"大人"、"成人"的"物类"来理解而不能作为大小之大来理解。例如，夫、天、夭、央、契、奖、奕、奚、奘、爽、燊、奭、奠、夷：等等。凡是把"大"放在上面的显要部分时，"大"字就是作为会意字的形容词——大小之大来理解。例如夯、奋、夸、套、奈、奇、奋、夰……根据这一规律来看，"美"肯定不是"羊大则美"的"会意字"。

---

① 据互联网报道，台湾也有一家著名的"小肥羊"餐饮公司，目前正在和大陆的"小肥羊"争论商标权的问题，这也说明"小肥羊"比"大肥羊"的商标更具有商业广告的效应，因为小肥羊的味道更加鲜美。

我们又通过对《汉语大字典》中"羊"字符的研究发现，凡是把"羊"作为偏旁，只能放在不显眼的左边，这时"羊"字符是作为牛、羊之"羊"的物类之属性、特征的表达的，这时，"羊"是形符而不是声符。例如，羚、羚、羝、羒、羭、羶等等。凡是把"羊"放在右边或上边显要位置时，"羊"字符就一定个"声符"，由它构成的字，一定是个形声字。例如，羊、洋、羕、祥、垟、珜、恙、佯、痒、蛘、蛘、烊、詳、翔、鸏、羞、羡、羲、養，只有极少的情况才是表示动作行为的会意字，例如。養、羴、彭。这样看，"美"字上面的"羊"就应该是一个"声符"，下面的"大"应该是一个"形符"（意符），按理，"美"本来应该是一个形声字，但是，"美"字的读音和"羊"或"祥"的读音相去甚远，人们一般觉得说它是形声字好像是说不过去的。

另外从审美发生的角度来看，把美感产生确定在"味"上是不准确的，因为，作为一般的酸苦甘辛咸的五味只是一种生理的感觉，是不能成为审美判断的，这一点康德在《判断力批判》一书中讲的非常清楚：这仅仅是一种"快适"而不是审美，因无形式感可言。"味"要成为一种美感必须产生一种味道感觉的形式感——即"滋味""味外味"这种无限感的时候方有可能。而这样的味觉体验便是一种休闲的、奢华的、欣赏的、品味的味觉境界，这种体验在先民们那里是不存在的。最初人类对饮食的感觉不会是这种审美感觉，而是一种生理的、功利的感觉而非美感。人类最初的审美感官、感觉应该从最为明显、具体的视觉和听觉上产生，而不是微妙、奢侈、发达、高级的审美味觉上产生。所以，西方美学史上"美"的字根都是从视觉和听觉的感觉经验。从这个意义上讲，"美"字中的"大"就是一种正人君子的胸襟感觉的生命空间的美感。更进一步地说，可能"美"中的"羊"字符也应该是一种高扬、洋洋、泱泱、阳阳的视觉审美感受。因此，自许慎、徐铉、段玉裁等人用"会意"来解释"美"字的本义，并将其本义理解为"味觉"这条解释之路是行不通的。

第二，"羊大为美"乃道德精神之美的"大羊为美"

日本著名美学家今道友信认为："美，作为最高价值，可以说是为了人类牺牲自己"。因为，在他看来，汉语"美"字中的"羊"字一定要和《论语》中"告朔之饩羊"[①] 联系起来理解，是牺牲的象征："汉字'美'

[①] 《论语·八佾》："子贡欲去告朔之饩羊，子曰：'赐也，尔爱其羊，我爱其礼。'"

字中的'羊'字……是牺牲的象征。美比作为道德最高概念的善还要高一级,美相当于宗教里所说的圣,美是与圣具有同等高度的概念,甚至是作为宗教里的道德而存在的最高概念。"① 但是,"美"字中的"大"与它是什么关系,形成了何种"造字法",今道友信先生并未阐释。这个问题不讲清楚,是无济于"美"字的本义探索的。

有的国内学者受此启发,便把"羊"和"法"联系起来理解。研究者认为:"在远古时代,羊是远古先民的最早伙伴,羊是华夏初民的祭祀牺牲品,羊是沟通鬼神的灵物法官,羊是公正的道德法度。汉语中的'美'字虽由'羊'和'大'组合而成,但其本义并不在于羊的肥大美味。在上古时代,'羊'是一个与牺牲有关并属于法道德范畴的文化符号,而'大',正如宋代王筠所说:"此谓天地之大,无由象之以作字,故象人之形以作大字,非谓大字即是人也。""'美'字中的'大'是形容词,表征无比极致和完备。《庄子·知北游》:'天地有大美而不言';《文心雕龙·原道》:'文之为德也,大矣。'"由此可知,"'美'是古人对无比极致(或完备)之法(鹿—羊)的崇敬和颂扬。……其伦理意义重于感官意义。"这位论者的意见是:"美"字的"羊",一方面是勇于牺牲的形象,另一方面,还是一种灵物法官。前者是道德,后者是灵物法官法治。总之,"羊"是道德法治精神的象征。而"大"并非羊的肥大美味,而是作为表达"无比极致和完备"的形容词的大小之"大",那么,"羊""大"结合构成一个新字的时候,就是"羊大(道德法治精神)则美"。总之,"美"即公正伟大、法律完备,这样,"美"便是一个会意字。

我们前面讲过,从造字法规律的意义上来讲,"大"这个字符出现合体字中,作为形容词的大小之"大",最后形成了"会意"字时,这个"大"绝大多数都是放在显眼的上边部分,以突出其大小之大的含义,因此,这里的"大"肯定不是形容词的大,而应该是物类性的形符的"大"。第二,勇于牺牲的道德精神也好、公正严明的法治精神也好。这都不是美的问题,而是功利的问题,而美则是无利害、功利的。美和善和利肯定是有关系,善和利是怎样转化为美的原理的,论者显然无法给出,因此,这种法道德、法制的会意说解释还是无法说服人的。

① [日]今道友信《关于美》,黑龙江人民出版社1983年版,第175页。

三、作为"象形"字理解的"羊人为美"、修饰之美

第三，"羊大为美"乃视觉听觉的装饰之美

自从近代以来殷墟甲骨文字的大量发现，对于许慎、徐铉、段玉裁的"会意说""美"字本义的观点古文字学界每多献疑问，使这一传统观点受到了极大挑战与冲击。著名文字学家王献唐很早就指出："《说文》：'美，甘也。从羊从大，羊在六畜主给膳也。'小篆作美，上从羊，乃由羊体伪变，晚周鍅文所 ﹖ 已然。契金因不尔也。所云大义，段王皆谓'羊大则肥美'其实，羔羊尤美。《周礼》：'善夫膳用六牲'，亦无羊为主膳之说，盖据伪体解说，致生窒碍。"① 那么。"美"字的结构是"六书"中的哪一"书"呢？

早在 20 世纪 20 年代初，著名文字学家商承祚先生就认为"美"是一个象形字。因为"美角作 ﹖ ，与此略同。﹖象角敳之形。"② 如果"﹖象角敳之形"，"大"就应该是指"人"了。"所谓"敳"，不整齐的样子。这就是说，一个人戴着不整齐的羊角就是美。或者说"美"字的本义就是不整齐。这种审美观念是很后代的事了。古希腊最古老的审美观念并非不整齐而是整齐，所谓"比例"、"对称"、"节奏"，这些都是整齐的美。显然这种象形说的"美"字本义论是不能成立的。

60 年代初，于省吾并不同意商承祚先生"﹖象角敳之形"的观点。他说："《说文》：'美，甘也，从羊从大。'……又《说文》：'媄，色好也。从女美声。'许氏以美为甘美，以媄为色好。按：媄为美的后期孳乳字，今则美行而媄废。"而"美"是一个象形字。因为"卜辞早期美字作 ﹖ 、﹖、﹖ 等形，以后逐渐渐演变为 ﹖、﹖ 等形，也间作 ﹖ 或 ﹖ ，繁简无定。商代金文《美爵》作 ﹖ 。从卜辞美字的演化规律来看，早期美字象'大'上戴四个羊角形，'大'象人之正立。'美'字本系独体象形字，早期美字的上部没有一个从羊者。后来美字上面由四角形讹变为从羊，仍有从两个六角而不从羊形者。"③ 他进一步指出："现在世界各少数民仍然保持着

---

① 王献唐《释每、美》，李圃《古文字诂林》第四册，上海教育出版社 2001 年版，第 184 页。

② 商承祚《殷墟文字类编》卷四，1923 年；李圃《古文字诂林》第四册，上海教育出版社 2001 年版，第 183 页。

③ 于省吾《释羌、苟、敬、美》，《吉林大学社会科学学报》，1963 年 1 期，第 184 页。

戴两角或四角的风尚。因此，可以考索出古代文字中美字的起源系取象于为美观外族戴角形，是没有疑问的。"总之，"美为商人西方的少数民族而时常被俘虏者，美字构形的趋向同于羌，系根据少数民族的装饰特征而创造出来的。"① 于省吾先生的意思是说，西方民族头上戴着帽子的形象是美的。或者说美是一种装饰。问题在于，帽子的功能并非装饰审美而是实用保暖，谈不上美不美的问题。如果帽子是美的，那么，帽子美的本质在哪里，是形状？是颜色？是装饰，是怎样的装饰？是羽毛吗？如果是羽毛，为何还有帽子的形象？这些都与帽子本身无关。因此，说美在帽子，或者美在羊角帽的美字本义说无法令人信服的。

于省吾先生关于"早期美字的上部没有一个从羊者。后来美字上面由四角形讹变为从羊，仍有从两个六角而不从羊形者。"于省吾先生这个发现十分重要，这说明"美"字"从羊从大"并非本然如此，这是一个文字的显眼便发展的历史过程所致，或者说这是一种美学观念的演变发展所致。但是，于省吾先生把早期甲骨文"美"字上所从的那个非"羊"字符的字符，错当为"帽"或"羊角帽"的观点是不正确的，这里美学问题太远了。

王献唐先生也不同意商承祚先生"❀象角敆之形"的观点，他认为："商锡永（按：商承祚）《殷墟文字类编》谓美字❀象羊角敆之形。敆诚有之，但未见羊生四角上下排列如此状也。"② 他也不同意于省吾先生关于"美"字从大，从帽的观点。在王献唐先生看来，长期以来，人们把"美"字的本义理解为"羊大为美"，是因为人们不知道"美"字的上边本来应该是从"毛羽"而不是从"羊"。"美"字从"羊"那是后来的事。因为，在甲骨文中，"以毛羽饰加于女首为'每'，加于男首则为'美'。卜辞'美'作❀前七·八二，作❀一二九二·八❀后下十四九，金文美爵作❀，下从大为人，上亦毛羽饰也。女饰为单，故从❀、诸形祗像一个偃仰。男饰为双，故从❀诸形，像两首分披，判然有别。卜辞字亦省作❀甲二十三九，或加笄作❀前二十·八二，与每字省加者，同条共贯，其毛羽多少偃仰亦都相合。"这还是另一种象形说的"美"字本义论：美在头上之装饰（毛羽）。③

---

① 于省吾《释、羌、苟、敬、美》，《吉林大学社会科学学报》，1963 年 1 期，第 184 页。
② 王献唐《释每、美》，李圃《古文字诂林》第四册，上海教育出版社 2001 年版，第 184 页。
③ 同上，第 184 页。

台湾著名文字学家李孝定先生认为："美字金文及卜辞，不尽从'羊'，王献唐氏此说，与于襄在《集释》卷四第一三二三页所采用相同。惟金甲文'美'字，未见用于本义者，金文多用川、䵃为美，或亦借用'眉'为之，则不可解尔。"①

王献唐先生的贡献是是发现了早期甲骨文中的"美"字上面是作为装饰的"毛羽"，而不是"帽子"，准确地理清了"美"字的字形产生发展演变的历史，其意义非常重要。但是，王献唐先生对这种演变的解释是不能令人满意的。因为，如果"美"是一个象形字，美就在于作为装饰的"毛羽"，那么，何必要在下面放上一个"大"（人）？"美"是一个合体字，其本义究竟是在"毛羽"，还是在于"大"上？如果是前者，"大"就多余，如果是后者，"毛羽"就变得多余。如果合在一起，又没有这样的"事类"（类形），因此，就不能是象形字。总之左右为难。

第四，"羊大为美"乃视觉听觉的乐舞之美

在上述观点的影响下，20世纪70年代末，文字学家康殷先生认为"美"字就像头上戴羽毛装饰或雉尾之类的舞人之形。这就是说，"美"是一个象形字，而美的本质在于乐舞声色感官之美。这一时期，人类学家萧兵先生也认为"'美'的原来含义是冠戴羊形或羊头装饰的'大人'，最初是'羊、人为美'，后来演变为'羊、大为美'。美学家韩玉涛先生基本接受萧兵解释之后对"美"之本义作了"美即乐舞"的想象性阐述。他认为："（美）像一个"大人"头上戴着羊头或羊角，这个"大"在原始社会里往往是有权力有地位的巫师或酋长，他执掌种种巫术仪式、把羊头或羊角戴在头上以显示其神秘和权威。这是原始的"狩猎舞"、狩猎巫术、这种"狩猎舞"、狩猎巫术，往往与图腾跳舞、图腾巫术结合起来。

① 马按："金甲文'美'字，未见用于本义者"的原因在于，甲骨卜辞主要是占卜，不会涉及审美评价的问题。"金文多用川、䵃为美，或亦借用'眉'为之"的原因在于，汉语本身可将名词作为形容词、动词来运用。《说文》："川，贯穿通流水也。"《尔雅·释水》："溪畔流川。"注云："通流"。这里把作为名词的"川"理解为动词的"穿"，还可以理解为形容词的"川"，作为审美评价就是流畅之美、通畅之美、节奏之美。就像作为名词的"羊"可以理解为形容词的"扬"、"祥"一样。䵃，《说文》："血祭也。祭灶也。从䵃省，从酉。酉，所以祭也。从分，分亦声。"许铉注曰："分，布也。"《齐语》："比至，三䵃三浴之。"《注》："以香涂身曰䵃。"《周礼·春官·肆师》："共其䵃刨。"《注》："以刨涂尸，使之香美也。"《周礼·春官》："女巫掌岁时被除䵃浴。"《注》："䵃浴，谓以香薰草药沐浴。"䵃，本是涂的意思，因为是"涂香"，所以"䵃"这个动词被形容词化，具有香美的意思。"眉"即"媚"，而"媚"即"美"，本身也表达"美"的意思。《说文》："眉，媚也。有妩媚也。"郭璞注："眉，言秀眉也。"秀即秀美。

'美'字就是这种动物扮演或团腾巫术在文字上的表现。……当然,牧羊民族、牧羊人所扮演的图腾羊,跳的图腾舞,就是最美的事物了。可见美最初的含义是'羊人为美',它不但是个会意字,而且还是个象形字。'美'由羊、人到羊、大,由巫术歌舞到感官满足,这个词为后世美学范畴(诉诸感性又不止于感性)奠定了字源学的基础。"①据此,李泽厚、刘纲纪先生认为,"中国的'美'字,最初是象征头戴羊形装饰的'大人',同巫术图腾有直接关系,虽然其含义与后世所说的'美'有关,但所指的是在图腾乐舞或图腾巫术中头戴羊形装饰的祭司或酋长。在比较纯粹的意义上的'美'的含义,已经脱离了图腾巫术。"②李泽厚先生将述这种观点进行阐释后,变成了美的社会性的一个证据:"另一种看法是'羊人为美'。从原始舞蹈材料看,人戴着羊头跳舞才是'美'字的起源,美字与舞字与巫字最早是一个字。这说明'美'与原始的巫术礼仪活动有关,具有某种社会性,而同味觉的快感相连了。"③

如果说"美"是"巫术乐舞"形象,但是甲骨文、金文、小篆里本来就专门造有一个"舞"字来表示这个事类:甲骨文、金文、小篆。由于,"舞"和"巫"同音,因此,这个"舞"本来就是指"巫术乐舞舞蹈",有了这个"舞"字之后,先民们当年不会专门再去重复创造一个表示巫术舞蹈、或"巫术"的"美"字来浪费脑筋,这是不可思议的事情。"乐"字也是如此。因此,"美"是不可能是"巫术乐舞"或"乐舞"形象,不是一个表达乐舞之美的象形字。

第五,"羊大为美"乃怀胎孕妇之美

赵国华先生认为"上古人类的审美观念……不能脱离生殖崇拜",而"美"字中的"大"是女性的"羊人"(头戴冠羊角或羊骨的孕妇),因此,美的本义应该理解为这个孕妇的"生殖之美"或"孕妇之美"或生殖形象之美。④这就是说,"美"字是刻画"孕妇"形象的象形字。问题在于,虽说在母系社会,作为部落的领袖是女人,但是,到了文字创造的时候,已经是父系社会了,这个时代,"美"字中的"大"只能是指大男人、大丈夫(夫,从大,从一)。如果"美"字的本义真的是指"冠羊角

---

① 李泽厚、刘纲纪《中国美学史·第一卷》,中国社会科学出版社1984年版,第81页。
② 同上,第79页。
③ 同上,第79-80页。
④ 赵国华《生殖崇拜文化论》,中国社会科学出版社1990年版,第252页。

或羊骨的孕妇"，那么，苍颉当年造"美"字时，为什么不从"母"，要从"大"呢？显然论者是无法讲清这一点的。

应该说，把"美"意向于生命、生殖这是很有眼光的，例如，对女性性感美的审美中，对于女性的丰乳的敏感，应该是一种生殖、生命之美的表现，但是这样的特征却体现在"母"的甲骨文字形上而不是"美"的字形上。"美"的原初意识是与生命、生存有关的，但不是在生殖、孕妇的形象上，而是在其他方面。况且在《诗经》中有那样多的篇幅对女性之美的吟唱，有谁歌颂过孕妇的"形体之美"呢？孕妇的形象能够产生美感吗？显然这样解释"美"之本义是难以成立的。

第六，"羊大为美"是生育顺产之美

王政以为"美"这个字是对孕妇头戴羊头或羊骨这种生殖崇拜形象的描绘，因此，"美"字还是象形字。因为，"美的本义缘由"羊"的生殖崇拜，是羊的生殖特性给人们感官想象中的一种美的感觉的一种祈求。"因为羊的生殖顺达畅美。羊生小羊，胞衣不破，胞胎出母羊体后，母羊咬破胞衣，小羊羔才从里面挣脱而出。这种胞胎的产育，滑溜顺利，母羊没有太大的痛苦。""中国人最初的'美'的观念是感觉中的美，是羊生殖崇拜的折光，是宗教祈求中的祥美，是分娩安顺没有肉体痛苦的畅美。"这样的理解的问题在于，无法解释为何"孕妇头戴羊头或羊骨"，在造字的字形偏偏用的是一个表示男性的"大"丈夫之大？而且，前面已经说过，当"大"字符放在字的下边时，上面的一定是表音的声符，这样，"羊"就不是什么"孕妇头戴的羊头或羊骨"了，形象说便不能成立。因为，从美学上来看，"美学"被称为"感性学"（Aesthetics），在审美对象上一定是与形象、形式的感性特征相联系，而不会与"羊的生殖特性给人们感官想象中的一种美的感觉"相联系。想象的心理活动有美感成分，但是与"羊的生殖特性"是没有关系的。这就是说，在这里，没有审美活动应有的形式感。此外，这个观点也不合常识。尽管我们可以对许许多多的事物进行审美，但是不可能对孕妇的"生殖特性"，即痛苦无比的生育过程的状态进行审美活动，因为想象中的顺畅的瞬间是不能构成一种审美活动的，除非形成节奏感、韵律感，这样才能产生流畅通达的"畅美"的美感，否则那就是"顺产"，而不是所谓"畅美"。

上述这几种观点都把"美"字理解为一个象形字，从而导致对"美"字本义的蒙蔽。把"美"理解为象形字的一个最为致命的问题是，它不符合"六书"中"象形"字的特征、规律。许慎说:"苍颉之初作书,依类象形谓之文,形声相益谓之字。"① 许慎又说"象形者,畫成其物,隨體詰詘,日、月是也。"② 所谓"依类象形谓之文",所谓"畫成其物,隨體詰詘"是说,作为独体的"文"是对某一类的事物形象形状的抽象刻画,即事物轮廓的简笔画。此即许慎所谓"文者字之本"的意思。例如,金、木、水、火、土等。就问"美"这个象形字是对哪一类事物的形状的抽象刻画,即事物轮廓的简笔画?

总之,象形字就是许慎所谓"文",它具有几个特点,第一,象形是对一类事物(人物、事物)的形象轮廓的抽象描绘;第二,所有象形字的都是独体字;第三,这些最初的"文",最后在"转注"阶段主要转化为"形符"(意符),少部分转化为"声符";第四,象形字包括两大类,一类是表示实体对象的字,比如山、水、日、月之类,一类是表示动作行为的字,比如,手、走、看、奔之类,前者是名词,后者是动词。有一部分名词象形字最后在"转注"过程提升为声符,变成了后来所谓的形容词。比如高、大、小、长之类。用这些标准来判断,"美"字属于哪一种"象形"字现象呢?最为重要的是"美"字已经是一个由"从羊(羽毛),从大"合体的"字",而不是独体的象形之"文"。因此,"美"并不是一个"象形"字,这是显而易见的。

四、作为"形声"字理解的"羊人为美"

第七,"羊大为美"乃视觉女色之美

上面我们在分析"会意"论者的观点时说过,根据"美"中"羊"和"大"被安排的空间位置,无论如何"美"不可能是一个"会意"字,相反,根据文字空间位置的安排原理、规律,它本来应该是一个"形声"字,但是发现,"美"字的古音和今音和"羊"的读音相去甚远,甚至连双声叠韵、音转也谈不上。有意思的是 50 多年前著名文字学家马叙伦先生就特有创意地认为"美"字本来就是一个"形声"字。他说:"《说文》:'美,甘也。'伦按:甘为含之初文。甘苦字当从香甘,然美训为含为香甘,义自何出?徐铉谓'羊大则美',亦附会耳。伦谓'美'字盖从

---

① 段玉裁《说文解字注》,浙江古籍出版社 1998 年版,第 754 页。
② 同上,第 755 页。

大、从芈。芈声。芈音微纽，故'美'音无鄙切。《周礼》美恶字皆作嫩，本书（按：《说文解字》）：'媄，色好也。'是媄为美之转注异体，媄转注为嫩。从女，亦可证美从芈得声也。芈、羊形近，故讹为羊；或羊古音本如芈，故美之得声，当从人，大部。盖媄之切文，从大，犹从女也。"① 他的意思是说，"美"为"媄"的初文，而"美"字本来是"从大、音芈"，由于"芈"与"羊"字形体相近而讹变为"羊"了，而"芈"的古音与嫩、媄同属古音微部。因此，"芈"应该读为微、媄的音，所以，"美"原本就是一个形声字。

这里有两个问题，第一，从甲骨文、金文上面找不出"芈"讹变"羊"的证据，仅仅是猜想。第二，的确，我们从《古文字诂林》中看到，"嫩"字连汉代的《说文解字》的小篆都不载，只见于古文《尚书》、古《孝经》、汗简本《老子》、《籀韵》这些春秋战国末期或秦汉时期的文献。而"媄"字连春秋战国末期或秦汉时期的文献均不载，只见于《说文解字》的小篆。这就说明，"嫩"是"媄"是后来的文字，"美"比"嫩"和"媄"都要早。但是，最为重要的是，"美"字已经是在"羊"和"大"两个字符结合的基础之上"孳乳"出来的合体"字"，而非"独体"的"象形"之"文"。因此，我们只能追问"美"的初文，而不是寻找"美"字新组合的合体字，这是无助于理解"美"之本义的。第三，"美"下明明是一个大男人、一个大丈夫，硬要说"从大，犹从女也"，这也是匪夷所思的说法。更何况，女色之美还有一个专门的"好"字。近年来有的学者认为"羊、大"即食美，从女、从子的"好"才是表示女子之色美。总之，说"嫩"、"媄"是指"女色之美、美女之美"的形声字是可以成立的，但是要说"美"的本义是指"女色之美、美女之美"是无论如何也说不过去的。因此，有的文字学家认为马叙伦先生的说法只是一种"连连假设"的推论，并没有进行论证，也无法论证的猜想②。看来，马叙伦先生这种"形声"论的"美"字本义的解释，好像有道理，但是缺乏可信的依据，同样是不能令人信服，难以成立的。

再从"女色之美、美女之美"的审美意向、视野来看。从人类文化学理论来看，人类的的审美意识首先是从人类的物质生活的生存、生命的物质层次来开始萌芽、发展审美意识的，最后才从精神层面来发展提升非功

① 马叙伦《说文解字六书疏证·卷七》，科学出版社1957年版，第119页。
② 臧克和《汉语文字与审美心理》，学林出版社1990年版，第75页。

利的审美意识的。显然"女色之美、美女之美"属于后者，这不可能是最早的审美意识的最初状态。对于中国人来讲，最初的审美意识是开始于人类的直接的生活、生存的对象之上。用马克思在《资本论》讲过的观点来看，人们首先必须吃住穿，然后才能从事宗教，政治，信仰及文化娱乐等审美活动。借用康德的美学概念来说，人类审美意识最初是从功利上开始的一种"依存美"（功能美），然后才是"纯粹美"（形式美）。虽然，"女色之美、美女之美"在美学中是非常重要的一个方面，甚至有人统计，《诗经》所讲的"美"字绝大多数都是讲的"女色之美、美女之美"，但这是后来的事情，作为"美"字之初文肯定不是指此。

马叙伦先生把"美"的"六书"类型理解为"形声"，从而把"美"的本义解释为"女色之美、美女之美"缺乏依据不能成立。但是，他启发我们可以从"形声"的角度来理解"美"字的"六书"类型，因为，从"会意"、"象形"这两种角度阐释"美"字的"六书"类型遇到了极大的麻烦，而"形声"的阐释角度很少有人去探索。而从"羊"字符和"大"字符所处的空间部位来看，它们都符合形声字的构形规律，因此，"美"字很像一个形声字，但是，问题同样麻烦的是，"从羊，从大"的"美"无论如何也无法理解为形声字，因为，在古音和今音中，"羊"字的读音与"美"字的读音都想去甚远。只要解决了这个问题，离"美"字的本义，美的本质的答案就不远了。

五、没有"六书"解释的"美"之本义探讨

第八，"羊大为美"乃味觉之美、生命繁殖之美。

上面几种"美"之本义阐释都是从"六书"造字法来理解"美"字中"羊＋大"的部件语义，但是有些学者的阐释则并未从"六书"任意一"书"进行阐释，这是很奇怪的事情。文字学家臧克和先生对"羊大则美"阐释时，一方面与上述观点一样认为"美"字中的"羊"就是牛羊之"羊"。例如他在著名文字学家裘锡圭先生关于"大"的"取类构形"思想的启发下，认为"'美'字在切取象于'大人'，'大人'是取类，即以一种具有'大'这个特征的具体事物来表示一般的'大'。取象于'羊'，'羊'亦是取类，即以羊为代表的'六畜'，以此象征初民赖以'给膳'、生存的生畜的丰满甘肥、繁殖旺盛。照巫术思维规律的说法，在

'羊'的下部画成一'大'像，就是真实有助于羊类的繁殖生长。……因此、'美'字字源取象的深层历史背景当是初民对生殖的渴望繁衍的崇拜。""古代人表现以'羊'类为代表的'主给膳'之'六畜'的繁盛肥大，也只能以人体之'大'（即'近取诸身'）来加以象征。"① 他的意思是说，由一般意义上的"大"的视觉感受"通感"到了"羊"的"丰满甘肥、繁殖旺盛。"换言之，在"美"字中的"大"是"'羊'的'丰满甘肥、繁殖旺盛'"的象征。那么，这是什么造字法呢？

按臧克和先生的意思，"美"是一种象征，是一种相似思维。的确，"六书"中的确有象征，有相似、思维，例如，作为"象形"之一种类型的象征，它的特征是以某种具体形象去表征某种抽象的概念评价，例如甲骨文中的"文""私"、"小"、"大"等等，就像"比"一样。但是这里有一个原则，具体形象所象征的抽象概念是不必出现，也不能出现的。但是，臧克和先生分析的"美"却不是这样，他说，"古代人表现以'羊'类为代表的'主给膳'之'六畜'的繁盛肥大，也只能以人体之'大'（即'近取诸身'）来加以象征。"② 真实的情况应该是：在"美"字中，"大"和"羊"一方面，是指具体的"人"和牛羊之"羊"，另一方面，又是大小之大和吉祥之祥的象征。但是这两个字复合体构形的时候，就不是象征（象形）了。按臧克和先生的理解，于是"羊"和"大"构成同义反复。"六书"中没有这种造字法，不仅王宁先生的《汉字构形学》的11种构形模式中没有这种构形模式，而且从六书原理上也讲不出道理来。

作为文字学、文献学家的臧克和先生深知他这样解释"美"字字形的解释显然不符合任何一家"六书"说论者的观点，即不符合"六书"中的任何一"书"，因此，他这样解释道："（'美'字的）这个构形规律，我们在结论部分称之曰'汉字构形取类'。另外，语源方面考察的情形表明：'美'、'肥'、'味'等字都存在着同源的关系。"当'美'被理解为盛大之义时，'美'、'肥'、'味'三者在训诂过程中可以互相通训。"③这里有两个问题，第一，他所谓"汉字构形取类"只讲了汉字中的"字符"、"部件"的形成机制是"构形取类"，但这仅仅是"部件构形取类"或"字符构形取类"，而并不出"汉字构形取类"，因为，这条原理并未

---

① 臧克和《汉语文字与审美心理》，学林出版社1990年版，第77页。

② 同上。

③ 臧克和《汉语文字与审美心理》，学林出版社1990年版，第53页。

涉及汉字整体的合体结构原理、机制。这样一来，他就无法讲清他所谓的"汉字构形取类"字的字义是按怎样的原理、机制怎样产生的，属于怎样的"六书"类型。第二，既然"'美'被理解为盛大之义"，那么把"大"上的"羊"理解为"'肥'、'味'"这又是一种同义反复，显然多余，显得字符资源浪费累赘。正是由于他讲不清楚这些问题，所以他只好含糊其辞地说："我们从'美'字兼跨上述两个'语义场'，《说文》提供的语言文字事实也会清楚地发现，'美'的字源取象意义原本就是一个多边多维的东西。上述各种注本提供的材料表明，《说文》释'美'实在是将视觉形象与味觉体验通贯一气，俱在'羊'之一形一象。"我们还是要追问：这些"多边多维的东西"的内在造字机制、构形模式、"六书"类型是什么呢？这个问题可能是不好回答的。

问题还是出在这个"大"字符的理解上面，研究表明，凡是放在下面的"大"是不能作为形容词的大小之大来理解，而应该作为"大人"、"正人"、"文人"、"君子"来理解，在这里起到的作用是物类提示而已。作为独体字"大"字是"构形取类"，一旦通过"转注"之后，它的身份就发生了深刻变化，这就要看造字把他放在什么位置上：放在显眼的主要的位置上（上面、右边）就是主声的"声符"，是对该字的语音标示，而放在不重要的较狭窄的位置（左边作为偏旁、下边）上，则是作为物类的标示。不明确汉字这种结构的部位原理、规则是造成对"美"之本义阐释错误的根本原因。

第九，"羊大为美"乃功利与形体姿态之美

由于笠原仲二先生的《古代中国人的美意识》用一本书来探讨中国人的"美"的本质观，这对中国学者影响极大。同时，臧克和先生的《汉语文字与审美心理》、《汉字的观念史体系》等著作对研究者也产生了很大的影响，许龙就是这样。一方面他接受了笠原仲二关于"美"字中的"'羊'这个部件的功利化含义之后，认为'美'字中的'羊'包含的审美要素在于"中国古人的'美'中含有功利性质，大有功利于人的就会视为美。""不论是羊肉可食，羊皮可制衣，还是羊可作礼品、祭品、都是对人有利有用，因此，羊在古人心目中具有多种功利要素，也即是美的要素。"另一方面，他又接受了笠原仲二、臧克和关于汉字"大"所包含的审美意识的解释①。笠原仲二阐述的是"大"和"美"互训的关系，这位学者则把笠原仲二所讲的"大"的美学含义运用到对"羊大为美"的论题上去解释"美"字中的"大"的构形部件美学本质在于身材体形高大健壮（羊）和广大无垠的天地的审美感受（大）。他认为"美"字中的"大"包含的审美要素在于"中国古代有一较突出的审美价值取向，就是以大为美，而以身材体形高大健壮作为衡量人美的尺度，这是这种审美时尚的主要内容之一。②古代以大为美的审美价值取向另一主要内容，是以广大无垠的天地为美，这在先秦儒、道著作中有明显的表现。"在许龙看来，"古代'美'之本义是'羊'与'大'合而为'美'，表明古代原始审美意识发源于人对外在形体姿态的视觉感受，它蕴含了先民们强烈的生命意志和阴阳哲学观念。中国古代美学以此为滥觞，经过千百年的演变与发展，最终形成了自己独特而又丰富多彩的思想理论。"总之，"'美'之本义所显示出的，无论是原始先民们对自身形体高大雄健的崇尚，还是对羊图腾的崇拜，其内驱力无一不是先民强烈的生命意志"。

许龙的意思是说，在"美"字中，"羊"是"功利要素"的象征，"大"则是指"以大为美"，"大"这个部件已经具有美的本义。因此，美的本义就是"羊"＋"大"。许龙的这中心阐释具有两个明显的问题，第一，你说"功利要素，也即是美的要素"，根据何在？何以可能？如果"功利要素，也即是美的要素"，那么，分别分出真、善、美三个不同的概念就行了。第二，这样对"美"中的"羊"和"大"定义，"羊"和"大"之间就不能够成一种"六书"的造字法关系——"美"既不是"依类象形"的象形字，也不是"羊大则美"的会意字，更不是"形声相益"的形声字——因此，你就无法确定"美"的"六书"类型、何种造字法，而不明确理解文字的创造法就无法理解文字的本义，因为，文字是一种对本义的视觉符号的组织构形。

再从美学思想来看，许龙说："中国古代有一较突出的审美价值取向，就是以大为美……古代以大为美的审美价值取向另一主要内容，是以广大无垠的天地为美。"这个观点是很有道理的。但是，许龙对于"大"何以能够产生美感的美学原理问题的回答则是不准确的。因为他又回到功利上

---

① 参阅笠原仲二《古代中国人的美意识》一书第三章《表现在文字上的中国人的美意识》的第三节《"大"和"美"》。

② 在这里我们看到了臧克和观点的影子。

去了，他认为"'大'作为'美'的本义产生根源于"'美'之本义所显示出的，无论是原始先民们对自身形体高大雄健的崇尚，还是对羊图腾的崇拜，其内驱力无一不是先民强烈的生命意志"。应该说，把美的本质引向生命问题的美学方向是对的。问题在于，许龙在这里看到的是作为实体肉身的"雄健"的"躯体"，有这个"雄健"的肉身"躯体"想到的"生命意志"的"雄健"，但这还不是审美的态度，审美的思维应该从这个形体中直观到一种形式时空，从这个形式时空中我们感到生命自由，这才是美。从这里看出，许龙所讲的除了"自身形体高大雄健"之外的"另一主要内容"，就是"以广大无垠的天地为美"。只有在后者那里才能获得这种审美感受，这就是自然的"大"的形式美。实际上，许龙所谓"形体高大雄健"产生的并非"大"之美，而是一种"生"、"气"、"生机"、"生气"充盈之美，这是与"天地之美"（大）不同的另一种审美形态。另一方面，许龙又认为"大"取象于成年男子，古代把男归属阳，"大"就常常用作阳刚健壮的具体表述词。其实，"阳刚"之美是不能与"大"并列而谈，因为，"阳刚"本身就是一种"大"之美。此外，许龙还认为，在"美"字中，"羊"属阴柔之美，"大"属阳刚之美，因此，"美"体现了阴阳观念。其实，阴、阳之美的问题属于审美范畴、风格的问题，而非美之本体、本义、本质的问题。

许龙关于功利与美的关系的理解是最有问题的。按照美学常识，审美是非功利的，无利害的。你说"大有功利于人的，就会视为美"，"具有多种功利要素，也即是美的要素"。我们要问的是何以可能？在我们看来，功利的东西本身不是美，要通过某种审美思维之后，才能将功利的东西转化为美，这个转化方法是什么呢，许龙没有解说，可能很多人也讲不清楚。但是美学原理则要求我们必须讲清楚，这就道出美学的难处所在之一。

从上述分析中，我们已经看到，"美"不是一个"会意"字，因此，"羊大为美"就不能成立，同样，"美"字中的"大"字符就不能作为形容词来理解，而只能理解为名词（人、正人、大人、文人、君子）。"美"也不是一个形声字，美在装饰的观点就不能成立，这样，"美"字上面的"羊"字符就不能理解名词，而只理解为一个为一个形容词的"羊"（扬、祥、羕、恙、羊）。这样将"羊"和"大"结合起来，从六书字法学原理上讲，这样的字符结构，"美"就应该是一个形声字，而"羊"应该是一个声符。但是，当马叙伦先生把"美"讲成一个形声字时，又矛盾重重，实在无法令人信服。我们只能认为，马叙伦先生的研究的问题出在没有从"美"字的字形发展史的角度进行研究。前述著名古文字研究专家王献唐先生、李定孝先生、于省吾先生、徐中书先生都认为，早期甲骨文中，"美"字上面最初并非从"羊"，而是从"毛羽"，准确地说，应该是从"毛"，如果是从这样，"美"之初文就是"从大，从毛，毛声"，这样的"从毛"的美的初文就应该是一个形声字，而"毛"与"美"是音转关系，这样，"美"之初文就是一个形声字了。原来，"从羊，从大"的"美"是文字字形发生演变发展的最后结果状态，而不是初文。

六、结语

20世纪以来，文字学家出于文字学研究的目的，美学家们出于美学研究的目的，对"美"字之"六书"类型和"美"字之本义、本质进行了不懈的努力探索，一个总体的倾向是，利用近代以来出土的甲骨文献资料，对许慎、徐铉、段玉裁等文字学家们的"羊大则美"、"美在味觉"的"会意论"传统观念和观点进行质疑和颠覆，人们试图从更加广阔的生活视野、美学视野去理解"美"字的造字本义，这样开阔了我们的研究视野，使我们从这些探索中获得了有益的启发感悟，其学术性的贡献是不容置疑的。

但是，我们又不得不承认，要证伪"会意论"的"羊大则美"是很容易的，而要证实"美之本义"确实是很艰难的，就像美学界论证美的本质一样困难。人们也许并没有发现这个问题的难度究竟有多大，所以许多学者对这一问题的探索还是准备并不充分的。因而我们十分意外看到，百年来文字学家、美学家们对于"美"之本义的9种解释中几乎没有一种阐释是基本正确的：如果你说"美"是一个象形字，但"美"却不是一个类型的、物种的"物"，它是一种评价、判断的态度思想情感，因而它无形无象，无形可象，既不是乐舞形象（乐舞形象的象形字已经有"乐"、"舞"二字创造出来），也不是巫术形象（已经有了"巫"字创造出来）。如果"美"不是"象形"字，那么，把"美"字本义理解为装饰、孕妇的观念就不能成立了。如果你说"美"字是一个"象征"，但是，在象征中，只会出现喻体，而不会出现本体。这样，你要说"美"字中的"大"

是"'羊'的'丰满甘肥、繁殖旺盛'的象征"就说不过去。如果你说"美"字是一个"形声"字，但是，形声字中，必须一个部件是形符，一个部件是声符，而"美"字中的两个部件都是形符，没有一个是声符，这样，形声字的概念就不能成立，因此，在这个基础上你要说"美"字的本义是少女、美女的观点就难以服人。那么，为什么会出现这种尴尬困境，原因何在呢？

第一，汉字字法学原理的文字学基础研究没有建立。人们在没有深刻理解"六书"的造字法原理的基础上去进行阐释，就会流于肤浅、表面，得出错误的观点。不能否认绝大多数的学者（尤其是那些进行阐释的著名的文字学家们）都是从"六书"造字法的角度对"美"字的"六书"类型和"美"字的本义进行解读的，但是，人们对于"六书"的资格特征（思维特征、空间部位）本质原理的深度研究不足，甚至没有研究，而是匆忙利用现成的"六书"表面知识，进行望文生义的局部的肤浅理解阐释。例如，如果把"美"解释为会意字，但是，会意字的造字规律是这个字的意思不能从文字符号本身表现出来，而是间接地推导出来，但是，"美"字的意思已经在文字符号上表现出来，无论"羊"和"大"都可以是美的意思。许慎《说文》就说"羊与美、善同意。"《仪礼·公食大夫礼》："士羞，庶羞皆有大，赞者辨取庶羞之大，以授宾。"注曰："大，以肥美者特为胾，所以祭也。"又如，人们没有去研究作为"美"字的造字部件的"羊"、"大"这两个字符在其他汉字中的中区位空间符号学规律，因此，人们不能发现，把"羊"理解为动物的牛羊之羊的名词时，它在汉字构造的空间区位原理、规则中是不能放在上面的显眼之处的。

第二，美学原理的素养不够。人们应该知道，对"美"字的本义考释，绝不仅仅是一个文字学的问题，还是一个美学原理研究的问题。我们发现，许多研究者在没有较深入的美学基本原理的理论修养的基础上便匆匆进行"美"之本义探索。上述国内从事"美"之本义探讨的学者中，大多不是真正属于美学理论研究的学者。[①] 这样一来，研究者分不清"功利"和"审美"之间的本质差异及其关系。一些论者把先民们头上戴的帽子、把怀孕的孕妇，总之把"多种功利"也理解为美。于是，人们无法解释"美"是怎样从"形式"中产生出来的？同样无法解释人们怎样从

[①] 李泽厚、刘纲纪、韩玉涛三位美学家在《中国美学史》中也是引用的人类学家萧兵先生的研究成果。

"功利"中产生"美"来的？"生命意志"和美的关系是怎样的？人类审美思维方法究竟是怎样的？于是，"美"之本义、美的本质问题便无法解决。就这一点而言，即使是大美学家也未能幸免，曾任国际美学学会主席的日本著名美学家今道友信也是如此。当我们对上述这两个问题得到基本解决以后，"美"字的本义问题，美和审美的本质问题的探讨才是可能的，有效的。①

第三，知识结构学科单一。"美"这个字不是一般的字，既包含古文字学，尤其是金文甲骨文的知识，也包含着美学的知识。比较而言，文字学知识比较实在，比较容易把握，而美学知识则比较玄虚，迄无定论，难以把握。更何况目前的古文字学和研究的基础很薄弱，这样就给研究这个问题增添了极大的难度。说得深入一点，要最后解决"美"字的"六书"和本义的问题，实际上是要在汉字字法学原理和新的美学原理建立的基础上才有可能，而不是相反。这决不是危言耸听，故弄玄虚，而是本来如此。因为阐释学本来就是一种"解释循环"。没有上述的知识准备，要解决这个问题，基本上是不可能的。

临到结尾，我还是再说一遍："美"字的"六书"类型及其本义研究对于文字学界来讲，只是对"美"这一个古文字的解读问题，而对于美学界来说，则是一种天大的问题，终极的问题，美学原理、美的本质研究的关键问题，美学界万不可掉以轻心。

参考文献：

［1］段玉裁《说文解字注》，浙江古籍出版社 1998 年版。

［2］［日］高田忠周《古籀篇》，1925 年，李圃《古文字诂林第四册》，上海教育出版社 2001 年版。

［3］［日］笠原仲二《古代中国人的美意识》，1979 年，北京大学出版社 1987 年版。

［4］李泽厚、刘纲纪《中国美学史·第一卷》，中国社会科学出版社 1984 年版。

［5］洪成玉《"羊、大"即食美，"女、子"即色美——从汉字看民族美感的萌芽，汉字文化》，2004 年第 1 期。

［6］李壮鹰《滋味说探源》，《北京师范大学学报》（社会科学版），1997 年第 2 期。

［7］徐岱《来自神学的美学》，《文艺理论研究》，2001 年第 1 期。

---

① 关于上述两个问题的解决，我将在《时空美学视野下的"美"之本义新考》中进行深入阐述论证。

［8］［日］今道友信《关于美》，黑龙江人民出版社 1983 年版。

［9］黄杨《"美"字本义新探—说羊道美》，《文史哲》，1995 年第 4 期。

［10］王献唐《释每、美》，李圃《古文字诂林》第四册，上海教育出版社 2001 年版。

［11］商承祚《殷墟文字类编》卷四，1923 年；李圃《古文字诂林》第四册，上海教育出版社 2001 年版。

［12］于省吾《释、羌、苟、敬、美》，《吉林大学社会科学学报》，1963 年 1 期。

［13］李孝定《金文诂林读后记，卷四》，香港中文大学 1982 年版。

［14］康殷《文字源流浅说》，荣宝斋 1979 年版。

［15］萧兵《从羊人为美到羊大为美》，《北方论坛》，1980 年 2 期。引自《美学》，1981 年第 3 期。

［16］赵国华《生殖崇拜文化论》，中国社会科学出版社 1990 年版。

［17］王政《美的本义：羊生殖崇拜》，《文史哲》，1996 年第 2 期。

［18］马叙伦《说文解字六书疏证·卷七》，科学出版社 1957 年版。

［19］臧克和《汉语文字与审美心理》，学林出版社 1990 年版。

［20］马正平《探索从"大"字之形音语法，看"美"字之"六书"类型》（未刊稿），2009 年版。

［21］许龙《中国古代"美"之本义形成新探》，江西社会科学，1995 年第 3 期。

［22］马正平《"六书"新论及汉字中的微观写作思维本质研究》（未刊稿），2009 年版。

［23］马正平《探索从"羊"字之形音语法，看"美"字之"六书"类型》（未刊稿），2009 年版。

金岳霖《知识论》中的美学思想初探

宛小平

在现当代中国美学思想界，有一个几乎完全被人们忽略了的人，这个人就是金岳霖先生。当然，金岳霖是以在中国建构了一个融贯中西的知识论体系而闻名于世。他首先是哲学家，但是，他那个时代的哲学家心目中的哲学是一个"大哲学"概念，是以人性为分析对象，知、情、意都在论及范围，如此说来，作为以情感为研究对象的美学自然也在之中。更何况金先生又是一个从头至踵都浸着名士风流的艺术家，他日常生活中喜读小说，吟诗，作对联和赏画无所不透着一种至情至深的态度，无怪乎冯友兰先生总喜拿他和嵇康相比而说："金先生的风度很像魏晋大玄学家嵇康。嵇康的特点是'越名教而任自然'，天真烂漫，率性而行；思想清楚，逻辑性强；欣赏艺术，审美感高。我认为，这几句话可以概括嵇康的风度。这几句话对于金先生的风度也完全可以适用。"又说："我想象中的嵇康，和我记忆中的金先生，相互辉映。嵇康的风度是中国文化传统所说的'雅人深致'、'晋人风流'的具体表现。金先生是嵇康风度在现代的影子。"[①]

当然，我们的主要兴趣不在金先生的为人处世的态度，而在他的思想。事实上，他的美学思想虽不成体系，甚至有些和他的哲学结论相左，但无论如何，作为一种以西方逻辑思想系统和近代学科来整理"国故"而又自成一格的人，当应引起足够的重视。

---

① 转引自刘梦溪主编《金岳霖卷》（上），胡伟希"金岳霖先生小传"，河北教育出版社1996年8月版，第6页。

一、金岳霖论"意象"和"意境"

照理说，金岳霖受英国经验论的分析习惯，尤其受到罗素哲学的影响，应该对形式分析持赞成态度，然而在哲学中他尚能坚持以逻辑的真为标准，全不顾实际的经验内容如何，但他一进入到美学领域，他的态度发生了一百八十度的转折，他发现艺术终究和哲学不一样，也许艺术所追求的"真"是另外一种东西，它至少和哲学所讲的真不是一回事。

更重要的是，金岳霖对中国旧学有很高的造诣，他自然想到中国美学中讲的"意象"和"意境"总不能全以西方的逻辑思维涵盖其意蕴的。另一方面，金岳霖同时也认识到五四新文化运动之后，以西方科学为尺度来整理"国故"的趋势似已在所难免，所以他讲："中国哲学家没有发达的逻辑意识，也能轻易自如地安排得合乎逻辑；他们的哲学虽然缺少发达的逻辑意识，也能建立在已经取得的认识上。"① 又说："现在的趋势，是把欧洲的哲学问题当作普通的哲学问题。如果先秦诸子所讨论的问题与欧洲哲学问题一致，那么他们所讨论的问题也是哲学问题。以欧洲的哲学问题为普遍的哲学问题；当然有武断的地方，但是这种趋势不容易中止。"② 这就是说：一方面，肯定中国哲学（包括美学）有独特的品格，远不是以西方逻辑的尺度能穷尽的；另一方面，又承认不以西方的哲学为标准，恐又难以把中国哲学整理成一个系统。

因此，金岳霖的这种矛盾心理在他以西方的逻辑分析为"手术刀"来解剖中国传统美学的"意象"和"意境"中显示了出来，让我们来看看他是怎样来说明中国美学的这两个关键范畴的。

1. 关于"意象"

一般认为，中国美学范畴"意象"具有独特含义，是"情"和"景"的交融，"意象"既非单纯不蕴涵"情"的景，也非不显"景"的情之抒发，它是一个新的质。那么，它到底是"独立自足"的完整体（具有一定普遍性）？还是具体的？这是一个关键问题，朱光潜曾在《文艺心理学》初稿中把审美看作"直觉"，这个"直觉"就是"孤立绝缘"的"意象"，他起初认为这个"意象"是一个完整体，不需要"旁牵他涉"，

---

① 刘梦溪主编《金岳霖卷》（下），河北教育出版社1996年8月版，第1224页。
② 同上，第1172页。

不要"联想"，排斥概念，因为"联想"不免要破坏这"独立自足"的"意象"，不免要用涉及概念的逻辑来代替"直觉"。后来，朱光潜发现审美离不开"联想"，也不可能不涉及内容，但他并不把"意象"看作特殊的，这一观点始终未变。

然而，金岳霖却把"意象"看作是具体的。他说："意象是意象者之私，意念不是意念者之所私"①。这就是说，意象是类似具体的，而意念才具备普遍性。为了说明这一点，金岳霖还批评了休谟只注重这"意象"，而不注重"意念"，所以，"休谟既只承认意象，当然不能承认有抽象的意念。"② 进一步说，休谟是一个只承认和意象关联的"想象"，而不承认和意念关联的"思议"的人。

其实，在我们看来，在美学观上，金先生并没有像他所标明的那样和休谟有什么根本性的不同。由于休谟并不是像金先生所说的将"想象"和"意象"放在一个层次上，恰恰相反，休谟把"想象"放在观念或思想的一类（按金先生的话就是"思议"的），如单就这点看，金先生和休谟的观点确有不同，但是说到底，就金先生和休谟都非常重视想象和联想的作用这一点看，两人的观点可谓异曲同工。

和早期朱光潜否认联想在美感经验中的作用观点不同，金岳霖认为"文学欣赏靠联想的符号化"。他指出："文学欣赏，尤其是诗词歌赋，需要联想联思上的符号化。欣赏文学，比欣赏逻辑或算学，要复杂得多。后者只有意念的意义问题，只有所思的结构问题，前者除意念问题之外，尚有意象问题。意象问题来了之后，复杂情形随着就发生。意象与意象之间的相联，有习惯，有风俗，有环境，有历史背景，而最难得的是符号化的意象的意义。"③

不难看出，金岳霖和他在哲学里的强调的逻辑形式化很不一样，他在这里承认美感经验中远不是一个逻辑问题或者"意念问题"，而是"意象"的问题，这个"意象"又是靠着联想在起作用，会产生许多种意象来，这里不能排斥习惯、风俗、环境和历史的影响。如此说来，金岳霖显然不属于美学中的形式派方面，他更加从中国人的立场出发，把生命理解为一个有机体，在美感中科学和伦理是结合在一起的，而且，"意象"通

---

① 刘梦溪主编《金岳霖卷》（上），河北教育出版社1996年8月版，第452页。
② 同上，第518页。
③ 同上，第545页。

过想象创造出丰富多彩的艺术作品，"想象的内容是意象。"① 而这个"想象"也就是金岳霖称之为"联想快而符号的成分多"的意思。② 这样，金先生把想象看作是"联想的符号化"，这实质上和休谟把想象列入观念或思想一类为殊途同归。也许，我们把休谟讲的"印象"和金岳霖讲的"意象"可看作一类；而把"想象"看作和"联想的符号化"属一类，两者美学观貌离而神合。

同时，我们也还必须指出，金岳霖之所以要绕一个弯要用"联想的符号化"来定义想象，实际用意在说明"意象"，因为他看到美感经验中生成的"意象"不是简单地复写自然，而是要比自然的"多一点"东西，这个"多一点"既是艺术的创造，又是标明艺术不满足于抄写过去的经验。那么，是什么能使这"意象"是常新的呢？在金岳霖看来，恰恰就是这"联想"的重要合作用。所以，他说："如果意象只是抄写经验，则艺术品只是抄写自然的实物而已。要意象不抄写经验，也就是要联想不抄写经验。照我们的说法，联想本来是不抄写经验。不抄写经验的意象的重要，就是联想的重要。"③ 可见，金先生通过"联想"赋予了"意象"动的特征，克服了写实主义的毛病，增加了表现主义的内容。从这个意义上说，的确，在金岳霖界说的"意象"要比休谟"印象"（impressions）内涵深刻些。

2. 关于"意境"

一般认为，"意境"虽大体属于"意象"范畴，但并不是任何"意象"都是"意境"。这就是说，"意境"除有"意象"一般规定性（如情景交融）之外，还有自己特殊的规定性。"意境"的内涵要大于"意象"，而外延小于"意象"。

金岳霖先生也认为"意境"确乎要比"意象"有"味"，这就是说："所谓意境似乎不是意念上的意义，而是境界上的意味。"④

即便如此，金先生依然坚持这个"意境"也只能以"特殊"来体会，他也承认这"特殊"没有一般具体"东西或事体"的意思，不过毕竟诗人在创造诗的意境时是拿自己经验中所提供的意象作内容去想象的。基于此，金先生指出："诗的意境当然可以用普遍的字眼去形容，但是念诗的

---

① 刘梦溪主编《金岳霖卷》（下），河北教育出版社 1996 年 8 月版，第 1038 页。
② 同上，上卷，第 545 页。
③ 同上，上卷，第 548 页。
④ 同上，下卷，第 1033 页。

人所得到的意味，并不寄托在这普遍的情形上面，而实在是寄托在诗对于他多引起的，他自己经验中所供给的，类似特殊的意象上面。即以'千山鸟飞绝'那首诗而论，每一字都有普遍的意义，如果我们根据普遍的意义去'思议'，对于这首诗所能有的意味就会跟着鸟而飞绝了。诗既有此特殊的意境，它的意味大都是不容易以言传的。"① 如此说来，"意境"是"固意得味"，这个"味"不是"言"（概念）能传达的。或许，金先生讲得这个不能言的"味"就是艺术家要有特殊的人生经历作背景，这才是"意境"的内蕴。无怪乎金岳霖先生还补充道："这意境更是不能独立于历史风俗习惯环境山河城市……等等。没有这一方面的经验、意识、体会、意境是得不到的。"②

总的看来，金先生肯定"意境"有比"意象"多点"味"，而这个"味"似又不好"言"，因此，把握"意境"当还是从可见的"象"出发，通过"象"和艺术家的"历史风俗习惯环境山河城市"联系起来。不言而喻，金岳霖这种矛盾心理表露无遗：一方面，中国"意境"不能按西方科学方法去分析，一分析，总有其味不能言之处。另一方面，西方的分析方面毕竟使我们本来似不可理解的对象达到了近似的理解。我想，金先生下面的一番话大致反映了他这种无奈的情境："我们也可以用近乎科学的方法去研究中国的经学，可是研究了之后，经学的面目也改变了，它也许成为史料而不复是教义了。从知识说，中国的国学现在比任何以前时代都有进步，我们可以说，学者'懂'的比从前是多得多。可是从原动力或推动力着想，居今之世而欲行古之道的人们，的确可以说世衰道微，国学式微，因为以经学为立身行道的工具的人们，或者以经学为教义的人们，的确比从前少了。好些的书，经过严格的理智上的整理后，意义清楚了；意义清楚之后，情感上的蕴藏就减少了。这是就书说，若就字说，情形同样。'道'字的情感上的蕴藏非常之丰富，'四方'这两字没有多少情感上的蕴藏。"③ 我们认为，"意境"大致很类似"道"这样的字，经西方科学方法分析，总显尴尬的境地。

二、金岳霖论情感

西方自亚里士多德始，一般把知、情、意的划分视作对人性的基本规

---

① 刘梦溪主编《金岳霖卷》（下），河北教育出版社 1996 年 8 月版，第 1033 页。
② 同上。
③ 同上，第 1014 页。

定，似乎讨论美与丑当在情感的领域，纯知识论是知的领域，意志是道德和伦理的领域。这个划分在休谟的《人性论》里也是如此，金岳霖先生受休谟影响巨大，他讨论情感实也主要是在讲文艺。

根据金岳霖的看法，情感的寄托可以分作三种：一是哲意的，二是诗意的，三是普通的。

对于哲意的情感寄托于字里，金先生举中国人对于道德仁义礼义廉耻，英国人之对于君主、上帝都各持相应的情感。换言之，这只有在各自的文化背景下方能理解和表达这种情感。此外，金先生还指出，样形同而意义不一的字，其蕴藏的情感则愈多，譬如中国的老庄讲的"道"。而一样型一意义的字，所蕴藏的情感则少得很。并且，意义愈清楚，情感的寄托就显得愈加的贫乏，而相反，情感上寄托愈丰富，往往寄于字的意义也模糊，甚至不清楚。似乎金先生有一个逻辑上可推导出来的想法：中国哲学在字的情感寄托要多于西方，像气、势、道、理等，皆是意义多且不确定。

对于诗意的情感寄托而言，金岳霖认为："诗歌能发泄情感，也能引起情感。"① 他以自己亲历的境况说明这点，指出当他因孤单、情绪没有着落时，他念念诗或唱唱歌，这就通过诗歌和调子把郁积在心里化不掉的情绪宣泄出来。同理，有时却因念诗唱歌引出别样的情感来。

有趣的是，金先生对旧体诗要比对新诗了解，所以他说："对于不懂诗的人，念新诗不如念旧诗，念不能唱或不能诵的诗，不如念能唱或能诵的诗。"②

那么，和哲意不同的诗意的情感究竟在哪里呢？金岳霖指出："情感总难免有动于中即要求形于外的问题，可是所形于外者，不必求懂也不必有力行问题。这种情感不是立德立言立功底推动力量。我们叫它做诗意的情感，以别于上段所说的情感。要这样的情感能寄托到字上去，当然要靠历史习惯风俗……等等。"③

这里，金先生指出了两个要点：其一，诗意的情感并不像哲意的从立功立德立言大处着眼，它是情由内而外的发用。其二，这个诗意的情感在字上的寄托一定要靠着历史习惯风俗的长期浸润。

毫无疑问，上述的第二点恰恰是理解美感经验的关键所在。让我们来看看金先生是怎样看这个问题的。

---

① 刘梦溪主编《金岳霖卷》（下），河北教育出版社 1996 年 8 月版，第 1015 页。
② 同上，第 1016 页。
③ 同上。

前面我们说过，金岳霖先生认为"想象的内容是意象"，不仅如此，他还认为"意象是有情感的；有可喜可怒、可哀可乐……的意象"①。诗的表现总是某种情感和意象的结合，在一定意义上，"诗歌的情感上的蕴藏同时是字的情感上的蕴藏，它们所有的情感上的寄托，也是字的情感上的寄托。"② 当然，"字句的情感上的寄托，总有历史，环境，习惯，风俗，成分，而这些不是长期引用是得不到的。"③ 总之，"字句的情感或意味，与想象情感或意味，关系非常之密切。"④

显然，金岳霖考虑到中国文化和西方文化的不同，对于诗的意象和情感乃至想象力的关系，他是把诗和文字结合在一起考察的。这就是说，由于中国文字的特殊性，"意象"这个范畴尤为重要，所以，金先生在既接受了休谟的"想象和感情有一种密切的结合，任何影响想象的东西，对感情总不能是完全无关的"⑤ 观点之外，把"想象"和"意象"联系起来，又从"情感"在"字"上的寄托，细致入微地分析了"诗意"的"情感上的寄托"。

此外，金岳霖还说明了第三种情感寄托的方式，他又把这种普通情感的寄托方式称作"风俗习惯上的情感寄托"。在这里，金先生指出了许多有趣的现象，譬如：在中国农业社会和西方工业社会对"别离"的理解是不一样的，如果把"十里长亭"译成英文一定索然无味。同样，在中国的"父与子"和英美人的"Father and Son"自然也不同，这涉及社会制度问题。

还有一点值得一提：金岳霖非常注意节令对人们的情感的影响。他说"中秋"两字本身对中国人来说就具有一种"美的感觉"。显然，金先生没有进一步揭示节庆和艺术的本源关系，但至少他注意到人们的情感表现总具有某种象征意义。

三、金岳霖论美感的形式与内容

一般来说，金岳霖在美学上是属于和形式派美学对立的表现派美学的

---

① 刘梦溪主编《金岳霖卷》（下），河北教育出版社 1996 年 8 月版，第 1038 页。
② 同上，第 1016 页。
③ 同上，第 1038 页。
④ 同上。
⑤ ［英］休谟：《人性论》下册，商务印务馆 1980 年版，第 462 页。

阵营，他不相信美感经验只是一种"孤立绝缘"的"独立自足的意象"。在他看来，联想是重要的，凭借着联想的作用，意象和意象是交互作用的，甚至可以说，意象也有"私"和"公"之分，"私"当然是就个人来说的，而"公"则"意味也许是他亲自经验中所得到的，也许是和别的意念者交换而来的。前一方面的意味（指'私'方面——引者注），显而易见不必靠语言文字。意象中的组织成分都是经验所供给的，虽然整个的意象图案不必是经验所供给的。意象总免不了带着原来经验中所有的意味。这意味也因别的经验成分的保留而保留，它的保留也许靠文字，然而不必靠文字。可是一社会的意象者所有的公共的意味，则必须语言文字的帮助，才能感觉到。照此说法，意象的意味一部分虽不必靠语言文字的意味，另一部分是要靠语言文字的意味的"①。可见，金先生肯定了美感中必然和概念相联系。他举一个人在乡下的路上走，"他也许得到相当的美感；也许他回到家里回想起来，那美感也就跟着他的意象而回来了。可是假如他是中国人，他想起'青山绿水'几个字，他也许还可以得到一部分中国人对青山绿水所有的意味。"② 毫无疑问，金先生讲的这个"青山绿水"就包含着社会内容，作为文字（概念），它也对美感产生影响。

众所周知，形式派美学强调美感经验只是对"物的形式"（意象）的孤立绝缘的"凝神观照"，排斥联想，排斥概念，排斥社会内容（风俗习惯等）对美感的作用。与此对立，金岳霖相信美感由于和情感关联，情感总要向外扩张，"凝神"、"不旁牵他涉"、"用志不纷"似很难以做到。他举自己观赏一张英国油画馆的经历以此说明"移情"是难免的，他说："英国油画馆里有一张画，画的是父亲看见小孩病倒或死去（我记不清楚），这可哀的情节动人怜悯，看的人似乎相当得多。从画家的立场说，这怜悯和那张画不相干；画家所要的是美感，如果那张画画的好，它能引起美感，画的不好，它不能引起美感；假如它不能引起美感，我们看者不应以怜悯感来代替美感。这倒已经表示，从某某立场说，某某情感也许不相干，而某某另一情感相干，其结果当然仍是情感相干。"③ 这里，金先生说的很肯定："结果当然仍是情感相干。"换言之，形式派美学从一个小的范围内也许是有道理的，强调美的纯粹性，但情感是复杂的，想象和联

---

① 刘梦溪主编《金岳霖卷》（下），河北教育出版社 1996 年 8 月版，第 1040 页。
② 同上。
③ 同上，第 1038 页。

想总要把观赏者引向他途，最终还是以"怜悯来代替美感"。你能说这就不是美感了吗？当然不能。

应该说，金岳霖对美感的复杂性是体会深刻的。他还注意到"通感"问题，他指出就艺术创作的想象来说，不能单纯地称内容限制在"视觉意象"上，他指出："艺术的创作离不了想象，如果想象果然限制到视觉、音乐、文学等都不会有创作，也都不成其为艺术了。'象'字也许不若'相'，但是我们既把相字用到共相上去，似乎还是保留象字为宜，本条表示它不限于视觉的象而已。"① 这就是说，美感经验中的"意象"不能限于某种感官，视和听并不相隔，也许"相"比"象"更能表明美感过程中这种统觉或通感的意思。

四、金岳霖论小说中的真和逻辑中的真之不同

金岳霖对文学的理解是异乎寻常的。在西南联大，有一回好友沈从文先生拉他去给文学爱好者讲课，题目是《小说和哲学》，是沈先生给他出的，大家以为金先生一定宏论小说和哲学如何之关联，不料金先生讲了半天结论是：小说和哲学没有多少关系。有人问：那么《红楼梦》呢？金先生答曰："《红楼梦》里的哲学不是哲学。"

大概，上述广为流传的故事措词不太严谨，事实上，金岳霖的确写过一篇《真小说中的真概念》的长文，意思是想说明小说中的"真"和逻辑里说的"真"毕竟不是一回事。这题目单从字面看似乎给人感觉并不是一篇美学文章，其实不然，里面包含许多真知灼见，也涉及美学问题，不妨来分析一下：

首先，金岳霖把小说的真和逻辑的真，以及科学的真放在一起比较，认为"逻辑中的真被描述为永恒不变的"。② 科学的真虽然和逻辑的真不一样，但"科学的真是一个真的一般命题"。③ 然而，经过分析，小说的真确很难找到定义。金先生用一种置拟似的语气说："什么导致我们说这篇小说是真的或假的？因为既不是语句本身，也不是段落本身能做到这

---

① 刘梦溪主编《金岳霖卷》（上），河北教育出版社 1996 年 8 月版，第 533 页。
② 同上，下卷，第 1178 页。
③ 同上，下卷，第 1179 页。

点，所以一定还存在一些别的东西，而这些东西我们至今还没有发现。"①
这就是说，小说的真即便是有，也很难确定，至少，"在逻辑和历史的意
义上，小说都不能被称为真的，就算是小说中包含了一般关系，它也不是
用在科学中所断定的方式来判定的。"②

其次，金先生在谈到历史和科学区别时，他的观点对美学也有启发意
义。他指出历史要想成为一门科学是徒劳无益的，因为历史是以事件出现
的，事件是不可重复的，"只有历史学家才相互重复"。③ 而且，"没有一
个一般命题能够陈述不可重复事体"，如此说来，"就像科学的历史不是科
学一样，历史的科学也不是历史。"④ 如果我们根据金先生这番推理，也
可以在美学上得出惊人的结论：审美也是不可重复的，如果照金先生的推
理，同样审美判断也不能以"一般命题"说出来（这在康德已证明了），
那么，我们也只能有美的科学，但这不是美的本身，毕竟是停留在美学家
脑海里的"美的科学"。这个思想金先生虽没说，但从他的逻辑中可以推
演出来，这一思想实际恰恰是现代西方美学许多流派所持的观点，把美作
为"形而上学"的无意义概念加以拒斥。

总而言之，金岳霖以缜密的逻辑思维来清洗美学上的诸问题，提供的
答案未必能为学界所苟同，但他的这种独特的视角在中国现当代美学家中
还是少见的。况且，金先生的生活又全然是逻辑以外的一种面貌，他种花
养草、谈书论画、养猫、斗鸡、玩蟋蟀，完全是"赤子之心"。他的幽默
和俏皮也透出他艺术家的才情。1936 年中国哲学南京分会成立会上，方
东美发表了《生命悲剧之二重奏》，说明希腊的生命情调是可以演出"从
心所欲的悲剧"，而近代欧洲生命则属"不能从心所欲的悲剧"。这是一
篇典型的美学论文，方氏宣完后，金岳霖接着宣读他的《科学方法与逻
辑》，念毕，他拿起大衣要出门，幽默地说："这便是生命悲剧的二重
奏！"（意指进门须脱大衣，出门天太冷要穿大衣）难道这样一个既能写
出和西方人具有同等思维水平的大著《知识论》；又有着艺术家才情的人
在美学上的"微言大义"不值得我们深思吗?！

① 刘梦溪主编《金岳霖卷》（下），河北教育出版社 1996 年 8 月版，第 1187 页。
② 同上，第 1200 页。
③ 同上，第 1180 页。
④ 同上。

新时期以来中国美学史书写的
形态与反思

朱存明

　　随着美学学科的发展，20 世纪 80 年代以后，中国美学史的研究受到美学界的关注。研究者从各种不同的角度、运用不同的方法对源远流长的中国美学史进行了挖掘建构与阐释。一时间，中国美学史的研究热闹非凡，成果迭出，出现了一批有一定影响的著作。进入 21 世纪以来，随着社会的转型与理论的变迁，美学研究也走向价值的多元重构，重写中国美学史的历史诉求也成为学术界关怀的问题之一。目前中国美学方面的通史、断代史、部门艺术美学史已经出版有百余种。在新世纪的转折点上，在新的美学观念指导下，中国美学与中国美学史的书写，面临着一场新的反思、变革与转型。

一、美学与美学史建设

　　美学是从西方引进的，是中西文化冲突和交融的产物。它最初是依据近代欧洲的学科和学术规范建构而成的。美学在中国是一个现代化的历史事件，它是中国知识分子在寻求发展强国过程中企图通过教育救国的表现。美学在中国已经有百余年的发展历史，目前已经形成一门显学。从美学在中国的发展来看，美学在不同的历史时期，有着不同的学术内涵，美学理论也就呈现不同的特征。在不同的美学理论指导下产生的美学有不同的学术追求，美学史也就显示不同的形态。20 世纪的上半叶，中国美学有了很大的发展，但是却没有产生通史性的美学著作，仅仅有一些部门美学的探讨，或者专门问题的探讨。新中国成立初期的十几年里，美学虽然也在讨论，但是那时主要争论的是美的本质、美学的研究对象等问题，没有产生美学通史性质的著作。到了新时期，随着改革开放的到来，美学得以复苏，美学以其独特的理论视野，成了历史进步的言说方式，成了历史启蒙的时代工具，火热的革命狂热，逐渐被审美的愉悦与快感所代替，对历史的反思也可以以美学的事业展开。历史的反思走向历史的深处，美学史也开始新的开拓与建设。在新时期，美学的基本理论是在哲学指导下形成的，不同的哲学倾向形成不同的美学理论，在新一轮的美学理论指导下，美学史的建设渐渐走向繁荣。李泽厚的《美的历程》开启先河，李泽厚、刘纲纪的《中国美学史》，叶朗的《中国美学史大纲》① 等继其后，终成蔚为壮观之势。美学是从实践中来的，是美学家思维创造力的结晶。美学反映了时代的精神面貌，是时代精神的晴雨表，又是时代精神的表征。因此美学理论往往对美学史的书写起到规范作用，不同风格的美学史，是不同的美学家遵循不同的理论选择的结果。当然中国美学史的书写对美学理论的建设也起到推动作用。

美学史当然有自己的发展历程，但是美学家的美学观念对选择什么样的美学问题写进美学史是至关重要的。现在来看，有人企图对美学史作全面的描绘，有的人只对某一时代感兴趣，有的只对自己熟悉的某一美学现象感兴趣，于是便有美学通史、美学断代史、美学部门史、美学问题史。或直观描述、或理论概括、或逻辑论证、或范畴演绎。四处寻觅、穿凿附会、考据求实、津津乐道。

二、美学史书写的类型

美学史的建设，是历史观念的一部分，也是审美观念历史发展的一部分，不同的历史观与美学观会产生不同类型的美学史。作为对一个历史时期美学史著作的反思，我们只探讨那些有较强系统历史观念的著作。

---

① 李泽厚《美的历程》，文物出版社 1981 年版。李泽厚、刘纲纪主编《中国美学史》第一卷，中国社会科学出版社 1984 年版。叶朗《中国美学史大纲》，上海人民出版社 1985 年版。

就目前来看，已经出版的中国美学史方面的著作有一百多部①。从中可以看到关于中国美学史的写法有两种基本类型。一是理论型的，一是经验型的。早在 20 世纪 80 年代，李泽厚、刘纲纪认为，中国美学史的研究对象有广义和狭义之分。所谓广义的研究，是对各个历史时期的文学、艺术以至社会风尚的审美意识进行全面的考察。所谓狭义的研究，则以哲学家、文学家或文学理论批评家著作中已经多少形成系统的美学理论或观点作为主要研究对象。他们的研究是从思想家的著作的有关美与艺术的言论观点入手。② 叶朗认为一个民族的审美意识的历史表现为两个系列：一个是形象的系列，一个是范畴系列。研究形象系列的是各门艺术史，研究范畴系列的是美学史。"一部美学史，主要就是美学范畴、美学命题的产生、发展、转化的历史"。③ 敏泽也认为，"美学思想史研究的对象，最根本的一点是研究民族的审美意识、观念、审美活动的本质和特点发展的历史。"④ 但他把基本的和主要的范围放在有关美学思想的理论形态的著作上。

20 世纪 90 年代以来，随着中国现代化的不断发展，美学的现代性提到了学术研究的前沿。中国美学的研究有转向审美文化的趋向；中国美学史的研究也就转化成了对中国审美文化史的研究。⑤ 审美文化史的研究，从方法论意义上说，综合并超越了审美思想史和审美物态史的研究，既不是一种单纯的思辨推理，也不是一种单纯的实证分析，而是一种建立在思

---

① 我们从近百部著作中选部分有代表性的著作：李泽厚《美的历程》，文物出版社 1981 年版；复旦学报社会科学版编辑部《中国古代美学史研究》，复旦大学出版社 1983 年版；李泽厚、刘纲纪《中国美学史·先秦两汉卷》，中国社会科学出版社 1984 年版；李泽厚、刘纲纪《中国美学史·魏晋南北朝卷》，中国社会科学出版社 1987 年版；栾勋《中国古代美学概要》，漓江出版社 1984 年版；叶朗《中国美学史大纲》，上海人民出版社 1985 年版；皮朝纲《中国古代文艺美学概要》，四川省社会科学出版社 1986 年版；郁沅《中国古典美学初编》，长江文艺出版社 1986 年版；敏泽《中国美学思想史》，1－3 卷，齐鲁书社 1987 年版；王兴华《中国美学论稿》，南开大学出版社 1993 年版；张涵《中华美学史》，华中师范大学出版社 1995 年版；王向峰《中国美学论稿》，中国社会科学出版社 1996 年版；陈望衡《中国古典美学史》，湖南教育出版社 1998 年版；陈炎主编《中国审美文化史》1－4 卷，山东画报出版社 2000 年版；许明主编《华夏审美风尚史》1－10 卷，河南人民出版社 2000 年版；张法《中国美学史》，上海人民出版社 2000 年版；王振复《中国美学的文脉历程》，四川人民出版社 2002 年版；王振复《中国美学史教程》，复旦大学出版社 2004 年版；陈望衡《中国美学史》，人民出版社 2005 年版。

② 李泽厚、刘纲纪主编《中国美学史》第一卷，中国社会科学出版社 1984 年版，第 4 页。

③ 叶朗《中国美学史大纲》，上海人民出版社 1985 年版，第 4 页。

④ 敏泽《中国美学思想史》第一卷，齐鲁书社 1987 年版，第 2 页。

⑤ 陈炎主编《中国审美文化史》，河南人民出版社 2000 年版。

辨成果和实证材料基础上的解释和描述。这种研究根本有别于美学思想史，它不是现成的美学史上关于什么是美的论断，而是从大量材料出发得出的理论性结论。它包括的范围很广阔，诸如行为文化、物质文化、精神文化、审美观念等，都在研究之列。

两种思路的美学史的书写，都取得了一定的成绩。把中国美学史的研究对象主要确定为美学思想史，以一些已经形成系统的美学理论和观点为其主要研究对象的看法，其研究方法主要受到西方科学与哲学的影响。他们主要是运用哲学的方法来研究美学，他们所追寻的美学思想和意识最早起源就是在一些哲学家和美学家的言论中。但是在一个抽象的系统内，描述两千余年的中国美学史的存在与发展，在不同时代的美学家的著作和各种思想观点中企图寻觅出美学发展的范畴史或者理论史是值得怀疑的，不要说历史上的某一个人的观念多少受到历史上他的前辈的影响很难断定，就是关于某一个问题的历史资料就不可能被一个美学史书写着完全把握，因此他们书写的美学历史仍然是易于陷入武断、粗疏和任意的。因为中国古代美学史的特征恰恰是在它的无系统性，不同时代、不同风格的艺术形式与审美观念是不同的，有时研究的最大失误就在于把它系统化。我们更需要具体细致的实证研究，而不是虚构一个被后现代理论家批评的"宏大叙事"的中国美学史。这种美学史，虽然打着客观性的旗号，仍脱不掉独断论的错误。美学思想的发展绝不是单线进化论的，历史有时是在断裂的中断中突然崛起的。因此按照某一学派的观点建立一个美学通史几乎就是不可能的。

那种把美学史看成审美风尚史和审美文化史的研究，从一个更广阔的视野看待中国美学史的建设，摆脱了美学思想史的束缚，不仅注意表现为理论形态的著作，而且尤其重视中国几千年的艺术创造。他们更多地考虑中国美学研究的特殊性，并试图在方法论上摆脱西方哲学美学方法的影响。但是从目前出版的著作看，还缺乏对审美文化、审美风尚本身作为一个独立的真实问题的探讨。洋洋巨著易被人怀疑成了杂糅种种艺术形态或形式的混合物。审美文化不是一个言说各种门类艺术的场所，而审美文化正是中国美学与中国美学史要确立的一个问题。在中国美学史的研究中，宗白华先生的研究表明，以审美文化与审美理论相印证方法来研究中国美学史是一种很好的方法，但是除了宗白华等人写出少量的论文外，还缺乏通史性的著作来加以支撑①。审美文化绝不是文学、美术、音乐、舞蹈等不同艺术门类的随意组合和对各门类艺术的任意剪裁。审美文化应该有其质的规定性，而这个问题，不是在审美文化史建立之后才开始确立，而应该在审美文化史确立之前就已经形成。

三、中国美学史书写的历史反思

中国古代没有一部美学史而我们要总结一部美学史出来，这是中国现代性的要求。20世纪80年代以来，中国美学史研究对象和方法的确立都是适用的，取得的成果是巨大的。但若各执一端，则是不完全和片面的。进入21世纪，在新的历史条件下，在新的美学理论的视野中，在经过后现代的理论争论的学术洗礼后，中国美学史书写面临新的理论支点和历史的转型。

中国的现代化包括着学术体系的现代化，这就是按照世界主流学术的规范重建中国的现代学术。在这一学术重建中，西方有西方的美学史，中国也有中国的美学史。这就要求我们要从美学学科的角度去寻找古代材料而挖掘出中国古代美学。有人认为这是一种审美观念的"还原"。但这一"还原"是在一定时期的美学理论的指导下进行的，受中国美学学科学术体系的影响，从解释学来看，"还原"就意味着一种现代性的"建构"。古代仅有美学史的材料，但古代没有现代意义上的中国美学史的形态。在这一意义上，可以说，中国美学史的研究活动是用还原的形式去建构一种中国美学史。因此，也可以说，中国美学史的研究活动，是一种中西对话和古今对话，不是像一些人认为的那样，是用中国的材料去印证西方美学的命题，或者剪裁历史片段来证实自己的美学观点。而是在中西与古今的对话中建立现代性的中国美学史，把中国古代的美学资源纳入今天的学术体系，为重构中国现代美学服务。因此，中国美学史的研究活动有双向任务，一方面是还原的基础上重构古代，同时又是在历史的视野中重塑现代。这一任务是巨大的，同时又是困难的。

在新一轮的中国美学史的书写中，我们应该吸收后现代主义的学术精神，破除只存在唯一正确的一种中国美学史的观念，尊重不同风格的美学

---

① 宗白华《美学散步》，收录有《中国美学史中重要问题的初步探讨》、《中国艺术境界之诞生》等论文，上海人民出版社1981年版，第26-74页。

史的写作；破除只有理论的、范畴史的写作才是美学史的观念，尊重美的文化史、审美趣味史、美的民俗史等的地位；我们要引进历史书写中的主体意识，从材料出发，重新编撰中国美学史的学术档案，突破中心，开发边缘，发掘歧异，释放异质，重新阐释中国古代不同时期、不同民族、不同艺术、不同艺术家丰富多彩的美学观念。

福柯在《知识考古学》中，针对历史学研究的思想介入，提出了考古学的研究方法。他认为考古学的研究是对历史学研究思想史方法的摒弃，是"对它的假设和程序的有系统的拒绝，它试图创造另外一种已说出东西的历史"。① 因此："美学史应该研究审美意识的原始记录和理论概括。"它应该从原始的材料中重新发现中国人的精神和心灵发展的历史。新的中国美学史的书写，不应该是过去研究的重复，而应该是每个有个性的个体美学家的独立创造。近年我做的工作是对汉代的"汉画像艺术审美观念"进行的个案研究，我的研究说明，某个时代的审美观念不过是那时的人对自己审美理想的一种乌托邦的虚幻建构，随着历史的发展它在历史的中断中断裂了，另一种审美理想则在新的乌托邦的精神中生成。②

克罗齐曾提出："一切真历史都是当代史。"他说：只有在现在生活中的兴趣方能使人去研究过去的事实。历史主要是一种思想活动，编年史主要是一种意志活动。一切历史当其不再是思想而只是用抽象的字句记录下来时，它就变成了编年史。③ 柯林伍德也指出，历史学家的任务就在于挖出历史上的各种思想，而"要做到这一点，唯一的办法就是在他自己的心灵中重新思想它们"。④ 这些看法，对中国美学史的研究也是具有启示意义的。伽达默尔说：历史精神的本质并不在于对于过去事物的修复，而在于对现时生命的思维性的沟通。⑤ 美学史研究的重要目的就在于寻求这种精神的会通。我们今天为什么要从事美学史的研究？这并不简单是一个古史面貌的还原的问题，它是中国当代文化建设所提出的一项任务。

中国美学界的大师们，如宗白华、朱光潜、钱钟书等，都在这方面作出杰出贡献的。要研究中国美学史，就必须对当代审美意识和文化有着自觉的认识，就必须对中西文化精神、思维方式、美学形态的差异有基本认

① 福柯《知识考古学》，三联书店1998年版，第一章引言。
② 朱存明《汉画像的象征世界》导论，人民文学出版社2005年版。
③ ［意］克罗齐《历史学的理论和实际》，商务印书馆1982年版，第2页。
④ ［英］柯林武德《历史的观念》，中国社会科学出版社1986年版，第244页。
⑤ ［德］伽达默尔《真理与方法》上，上海译文出版社1999年版，第385页。

识，就必须以研究主体自己的思路和视野对历史事实进行重新编撰，以达到与现代美学的思维性沟通，从更深层次意义上发掘中国美学的价值和意义。

有人反对中国美学史研究中引入西方学术观念，想象一种纯中国话语的美学史的建设，这种美学史是值得怀疑的。美学本身就是一个西方的话语方式，中国美学史必须在中西比较的学术话语中才会存在。中西美学有许多相似之处，求同，相互印证，相得益彰，是必要的。中西美学也有许多不同之处。西方美学的原理、范畴、命题、论说形式代替不了中国的；同样中国美学的思想、范围、命题、论说方式也代替不了西方的。中西美学应平等对话、交流，取长补短，融合出新，才能真正促进各自美学的发展。充分认识以上特点，便可以明白，研究中国美学史，有它的特殊的困难条件，有它的特殊的优越条件，因而也就有特殊的趣味。中国古代美学史必须用现代白话文进行书写，西方的美学也好，中国古代的美学资料也好，都必须转化成现代汉语的表达，对这种表达工具的研究，我们才刚刚起步。由语言文字产生的美学史表达方式的历史变革对美学史建构的影响值得我们进行深入的研究。

大量的出土文物器具给我们提供了许多新鲜的古代艺术形象，可以同原有的古代文献资料互相印证，启发或加深我们对原有文献资料的认识。因此在研究中国美学史时，要特别注意考古学和古文字学的成果。从美学的角度对这些成果加以分析和研究，将会提供许多新的资料并从中得到新的启发。作为学术史上相对年轻的中国美学史研究，依然存在着不少盲点、空白，整个领域存在着失衡和研究框架的"跛足"现象。这就要重新确立起研究对象和领域，实现美学思想和审美形态在总体上的整合。在这一建构过程中，需要有新的美学史观，寻求美学史框架的平衡性。

中国美学史在基本研究方法上，应体现美学史的本体性机制、美学的根本特征、研究主体素质发挥的综合要求。所要回答的问题是：历史复活、现代视界、现象描述、经验揭示。用中国美学史的思维方式体认美学史，从而实现审美的诗性体验的目标。美学史研究和学科体系的建构应当具有和焕发个人的学术风采，要有个人独特的体认、领略、把握、感受，甚至属于其个人的话语系统。这一切需要学术创新和遵守学术规范，才能在良好的文化环境和精神氛围内建构起中国美学史的学科体系。

两种美学观的撞击

——鲁迅对朱光潜的批判及其他

姜略雨

20世纪30年代，曾发生两种美学观念的交锋，即鲁迅对朱光潜的"静穆观"的批评。双方表述了对于审美及艺术的功能、作用和价值的不同理解。从某种意义上说，所讨论的问题，即使在今天，无论对于艺术理论的研究，还是艺术创作，依然启人思考，发人深省，值得回味。

1928年，朱光潜在法留学期间，写了《给青年的十二封信》，提倡在"喧嘈"的世界中，保持"心界的空灵"而静观世界，达到超是非、超善恶的境界："许多人把人生看作只有善恶分别的，所以他们的态度不是留恋，就是厌恶。我站在后台时，把人和物也一律看待，我看西施、嫫母、秦桧、岳飞也和我看八哥、鹦鹉、甘草、黄连一样，我看匠人盖屋也和我看鸟雀营巢、蚂蚁打洞一样，我看战争也和我看斗鸡一样，我看恋爱也和我看雄蜻蜓追雌蜻蜓一样。"[①] 30年代初，朱光潜又作《谈美》一书，提出"从怡情养性"做起而达到"人心净化"："人都要抱有一副'无所为而为'的精神，……不斤斤于利害得失，才可以有一番真正的成就。"[②] 1935年，朱光潜发表"曲终人不见，江上数峰青"，又把这种"空灵""静观"具体化为"静穆之美"。就作品来说，"和平静穆"是"诗的极境"，是美的"最高境界"，而且"这种境界在中国诗里不多见"；就欣赏者来说，有了这种境界，"好比低眉默想的观音大士，超一切忧喜，同时你也可以说它泯化一切忧喜"，如同"诗神亚波罗在蔚蓝的山巅，俯瞰众

---

① 朱光潜《给青年的十二封信·谈人生与我》，开明书店1932年版，第23页。
② 朱光潜《谈美》，开明书店1948年版，第2—3页。

生扰攘，而眉宇间却常如作甜蜜梦，不露一丝被动的神色。"① 即置身世外，对世界作超功利的旁观。

其时，这种超功利的艺术观、审美观颇有呼应者。如创造社的某些作家也提倡"除去一切功利的打算，专求文学的全与美"，提倡"一种美的文学"，它所给予我们的是"美的快感与慰安。"② 林语堂认为"文章者，个人灵性之表现……文学之生命寄托于此"③。

这种竭力否定艺术、审美与现实内在关联的美学观受到了鲁迅的激烈批评。置身于喧嚣混杂的世界，行走于是非善恶并存的人间，而标榜静穆，自诩超然，在鲁迅看来，是不可能的。"心究非镜，也不能虚，所以立'虚心平气'为选诗的极境，并不自立意见，为做史的极境者，也像立'静穆'为诗的极境一样，在事实上不可得。数年前的文坛上所谓'第三种人'杜衡辈，标榜超然，实为群丑，不久即本相毕露，知耻者皆羞之，无待这里多说了。就令自觉不怀他意，屹然中立如张岱者，其实也还是偏倚的。"④ 而真正的艺术家，面对社会的罪恶、人性的沉沦及苦难、挣扎、哀痛、呻吟，又如何能平淡超脱、心如止水？必然像拜伦那样，"怀抱不平，突突上发，则倨傲纵逸，不恤人言，破坏复仇，无所顾忌，而义侠之性，亦即伏此，烈火之中，重独立而爱自由，苟奴隶立其前，必悲哀丽疾视……"⑤ 事实上，所谓静穆、超脱，不食人间烟火，摒弃喜怒哀乐的艺术家也是没有的。鲁迅在《魏晋风度及文章与药及酒之关系》中指出："据我的意思，即使是从前的人，那诗文完全超于政治的所谓'田园诗人'、'山林诗人'是没有的。完全超出于人间世的，也是没有的。既然是超出于世，则当然连诗文也没有。诗文也是人事，既有诗，就可以知道于世事未能忘情。"艺术家的价值，就在于对于历史、人生、社会、生与死、血与火，对于人性的缺欠、症结及其恶的原发，有深刻的体察、感受、理解，并行诸于笔端，昭之于世间、使人有自我的省察、解悟。鲁迅推崇高尔基："至于高尔基，那是伟大的，我看无人可比。"⑥ 其伟大就在

① 朱光潜《曲终人不见，江上数峰青》，《中学生》，开明书局上海1935年版，第31-32页。
② 成仿吾《新文学之使命》，《中国新文学大系：文学改争集》人民文学出版社1983年版，第237页。
③ 林语堂《有不为斋随色一论文》（上）《论语》半月刊，第十五期，1934年，第17页。
④ 鲁迅《"题未定"草（九）》。
⑤ 鲁迅《摩罗诗力说》。
⑥ 鲁迅致萧军，一九三五年，八月，二十四日。

于"他的一身，就是大众的一体，喜怒哀乐，无不相通，"① 置身于现实，融于最广大的民众，与最广大的民众一体，焦虑、痛苦、呐喊、奋争，才能实现自我，实现创作的价值。鲁迅展示自己的精神世界时说："魂灵被风沙打击得粗暴，因为这是人的灵魂，我爱这样的灵魂……"②

鲁迅还进一步考察艺术作品所谓的"静穆"，并以某些美学家所推崇的"静穆"风格的古希腊艺术为例，指出："以现存的希腊诗歌而论，荷马的史诗，是雄大而活泼的，沙孚的恋歌，是明白而热烈的，都不静穆。我想，立'静穆'为诗的极境，而此境不见于诗，也许和立蛋形为人体的最高形式，而此形终不见于人一样。"③ 古希腊艺术中，也是多种美学风格的并存，而且，其主流是为雄浑，如荷马史诗；是为热烈，如沙孚恋歌；是为悲怆，如三大诗人之悲剧。以"静穆"概括古希腊艺术，是偏颇的，不正确的。对于被朱光潜所称道的"静穆"诗人陶渊明，鲁迅指出，陶渊明的《述酒》，还是非常政治化的，"可见他于世事也并没有遗忘和冷淡，不过他的态度比嵇康阮籍自然得多，不至于招人注意罢了。"④ 更何况陶渊明还有"精卫衔微木，将以填沧海，刑天舞干戚，猛志固常在"，可谓金刚怒目，慷慨激昂之志，证实陶渊明也并非远离尘世，超越功利。

不难看出，朱光潜的"静穆观"，就是美学理论中的"审美超功利"特征，这在康德《判断力批判》、布洛《作为艺术因素与审美原则的"心理距离"说》等著作中有详尽的论述及阐释，甚至马克思在《1844年经济学—哲学手稿》也有提及。时下，已是被普遍接受、鲜有质疑的理念：它揭示了审美感知的基本特征，揭示了艺术创造的基本特征，使之区别于实用、宗教、科学等认知形式，使艺术作品区别于物质生产产品。朱光潜把这一理论以通俗浅近的语言引入中国，应该是对中国审美理论的贡献，作为深刻、睿智的思想家、文学大师的鲁迅，是不是对审美感知的这一基本特征没有理解，甚至没有看到，从而也没有意识到这一理念的内在价值？

追索鲁迅的思想轨迹，我们发现，鲁迅对于审美感知、艺术的特性——区别于物质生产的特性不仅有所感知，而且有较详尽的阐发。世所

① 鲁迅《且介亭杂文·关于太炎先生二三事》。
② 鲁迅《野草·一觉》。
③ 鲁迅《且介亭杂文二集·"题未定"草（七）》。
④ 鲁迅《魏晋风度及文章与药及酒之关系》。

熟知的鲁迅关于诗创作的名言；激昂感奋之时。不宜作诗，因其易将诗美"杀"掉，实质上揭示了主体必须与审美对象保持心理距离，超越功利关系，才能达到审美的境界、创作的境界。在《儗播美术意见书》中，鲁迅指出：美术的目的"要以于人享乐为卓极，惟于利用有无，有所牴午……固在发扬真美，以娱人情，比其见致利用，乃不期之成果。沾沾于用，甚嫌执持……"在《摩罗诗力说》中，又有论及：文学"与个人暨邦国之存，无所系属，实利离尽，究理弗存"。甚至，"其为效，益智不如史乘，诚人不如格言，致富不如工商，弋功名不如卒业之券"。

从创作体验中，从艺术实体的考察中，冷静、客观地发现、阐述了审美及艺术的超功利特征，那么，鲁迅为什么又激烈地反对、批驳朱光潜的"静穆"观？

此时，我们不能不考察审美的超功利概念在两种不同文化的移植过程中，或说审美的超功利概念在两种不同的文化情境中，其内涵及功用所发生的悄然的变化。

对于形而上的好奇，对于世界本体的探求，对于人的终极关切，对于人的存在价值的追问，对于人性要素及格局的深思，在西方文化中，表现于自柏拉图、康德、弗洛伊德等思想家的精密思想体系之中。他们超越个人的自身功利需求、直接的功利目的，客观地、冷静地观察、探讨、表述、阐释对于对象的属性、关联、逻辑过程的理解及建构。这一学术方式或说学术传统，也表现于自毕达哥拉斯定理至爱因斯坦相对论的科学发展过程。相反，中国传统思维的特征是"实践理性"（李泽厚语），其价值取向是"经世致用"。从儒家的"未知生，焉知死"、"未能事人，焉能事鬼"，到道家的"逍遥游"、"养生主"，无不与直接的功利目的、实用需求相关，远则群体、社会，近则个体、自身。对于本体、终极，或偶有涉及，并无深究。且道、气等，多与善恶、利弊、穷达、福禄相关，多具道德、伦理属性。而与"理念"、"绝对"并不相同。"审美的超功利"概念被移植入中国，与中国的文化环境相结合，与中国知识分子的处境相结合，在中国文化的整体中获得了新的价值和意义。西方思想家对审美过程中，主体的感知条件、内在机制发生的前提所作的客观探究及描述，被中国美学家赋予了全新的含义：成为在中国这一特定的文化空间、文化情境中，具有存在意义的，关乎于人之本体的生存哲学概念：即如何在一种喧嚣的、动荡的、痛苦的甚至是危难的生存环境中得到相对完整的个体存活，并享受尽可能多的生命乐趣，即超越或摒弃对现实的善恶的，也就是伦理评价和实际介入，与之保持心理的和现实的距离，既可获得自身的安全感，又可得到把现实作为观照对象所带来的愉悦。这里，西方美学理论，对于具体审美感知的特性的发现和描述，在中国被转化为具有普遍意义的生存方式和人生态度，被转化为个体生存保全，并能在特定意义上享受人生的启示和方式及理念支柱。可以看出从"超功利"到"静穆"，超越、摒弃对现实中的善恶是非道德评价、理性认知和解析，实质是回避、逃避，是身临其境，而置身其外，任现实中的苦痛、悲剧蔓延滋长，自我超然、漠然，视而不见，充耳不闻。不能不说，西方具有特定内涵的美学概念，在中国，已经成为一种具有可操作性的生存技巧。

因此，鲁迅对朱光潜所提倡的"静穆观"批评，并非对审美感知过程发生的主体审美机制概念的批评，并非对康德的"审美超功利"概念、布洛的"心理距离说"的批评，而是对朱光潜把审美感知概念转化、扩展为回避现实、对于某种特定感知的机巧及世故的批评，是对于在邪恶现实、惨淡人生面前的无知无觉、麻木沉醉，且自娱自乐的人生态度的批评。进一步说，是对所谓"出世"、"超脱"的传统文化人格批评。这是一种对文化的批评，一种对道德伦理的批评。鲁迅深刻地指出："徘徊于有无生灭之间的文人，对于人生即怕扰攘，又怕离去，懒于求生，又不乐死，实有太板，寂绝又太空，疲倦得要休息，而休息又太凄凉，所以又必须有一种抚慰"① 又说："残酷的事实尽有，最好莫如不问，这才可以保全性灵，也是'是以君子远庖厨也'的意思。"② 而这一类艺术品，则是"靠着低诉或微吟，将粗犷的人心磨得渐渐的平滑"，结局是"麻醉性的作品"，是"将于麻醉者与被麻醉者同归于尽的"。③

作为传统文化的批判者，作为改造国民性倡导者，鲁迅所主张的是"为人生而艺术"。他说，文艺"必须是'为人生'，而且要改良这人生"，④ 要"传播被虐待者的苦痛的呼声和激发国人对于强权者的憎恶和愤怒"。⑤ 而所求的作品是叫喊和反抗。作为最具人性的思想家，作为肩负着整个民族的苦痛，在文化的荆棘丛中跋涉的探索者，鲁迅在文学事业

---

① 鲁迅《"题未定"草（九）》。
② 鲁迅《且介亭杂文·病后杂谈》。
③ 鲁迅《南腔北调集·小品文的危机》。
④ 鲁迅《南腔北调集·我怎么作起小说来》。
⑤ 鲁迅《坟·杂忆》。

起步时就是思考着人性、国民性问题，这也是在中国思想史上空白的问题：一、怎样才是最理想的人性；二、中国国民性中最缺乏的是什么；三、它的病根何在。① 因此，鲁迅的呐喊、呼号、反抗、进攻，并非为宣泄、为破坏，而是对旧的腐朽的文化进行揭露、批判、解析，目的是"将旧社会地病根暴露出来，催人留意，设法加以疗治的希望"②。生于中国封建社会末期的风雨飘摇之际，置身于"满纸上写的都是吃人"的文化情境之中，直面社会及人性之不公正、之罪恶、之残暴，强者之横行、之肆虐，弱者之隐忍、之泪水，鲁迅感叹："在风沙扑面、虎狼成群的时候，谁还有这许多闲工夫，来玩赏琥珀扇坠、翡翠戒指呢。他们即使要悦目，所要的也是耸立于风沙的大建筑，要坚固而伟大，不必怎样精；即使要满意，所要的也是匕首和投枪，要锋利而切实，用不着什么雅。"③ 因此："作者的任务，是在对于有害的事物，立刻给以反响或抗争，是感应的神经，是攻守的手足。"④ 呼吁在作品中展现"真实的生活，生龙活虎地战斗，跳动的脉搏、思想和热情"。⑤ 创作出"对于前驱者的爱的大度"，"对于摧残者地憎的丰碑"。⑥

拂去久远时间的尘埃，梳理历史在流逝中的思绪，我们还应该看到，在鲁迅对朱光潜"静穆"观的批评中所展现出的两种对立的美学观的背后，是两类截然不同的作品，这又不能不引发我们对于艺术本质、艺术功能等一系列问题的深入思考。

猛烈地抨击传统文化的非人性，无情地揭露民族的劣根性，鲁迅的作品是《狂人日记》、《祝福》、《药》等，它们源于作者对于残酷现实的深刻省察，对于被侮辱与被损害者的深切同情，更有哀其不幸、怒其不争的痛苦和彷徨。通过这些作品，鲁迅把文化的悲剧、民族的悲哀呈现给大众，所求的是"叫喊和反抗"，⑦ "将旧社会的病根暴露出来，催人留心，设法加以疗治的希望"。⑧ 对于现实，鲁迅是绝望的，"老大的国民尽钻在

---

① 许寿裳《亡友鲁迅印象记》，上海文化出版社2006年版，第24页。
② 鲁迅《自选集·自序》。
③ 鲁迅《南腔北调集·小品文的危机》。
④ 鲁迅《且介亭杂文·序》。
⑤ 鲁迅《且介亭杂文未编·论我们现在的文学运动》。
⑥ 鲁迅《白莽作"孩儿塔"序》。
⑦ 鲁迅《我怎么做起小说来》。
⑧ 鲁迅《自选集·自序》。

僵硬的传统里，不肯改革，衰朽到毫无精力了"。① 但他还是呼吁，"救救孩子"，希望能放他们到宽阔光明的地方去。透过鲁迅作品的艺术形象，我们看到的是，传统文化对于人的摧残、人性的摧残，个体心灵及肉体的对于生的挣扎、死的无奈，是黑暗里痛苦的生命、扭曲的灵魂，闪烁着无尽的血水和泪水。而所有这些，都展示着鲁迅阔大深沉的慈悲胸怀，崇高至善的艺术良知，欲窃火予人间的普罗米修斯式的勇猛、奋进和悲剧精神。相反，超然于现实，默然于社会，沉溺于自我，悠然、淡然地品味自然、艺术或某种瞬间感受，则是梁实秋的雅舍小品、周作人的散文、鸳鸯蝴蝶派的小说。由于现实的残酷、文化的残酷，个体的无助与无奈，使中国绝大多数文学家、艺术家或移情于山水，或沉醉于书画，或在褊狭琐屑的个人空间寻找心灵的慰藉。他们所谓的"静穆"，实质是麻木，文学艺术所起的作用是"抚慰和麻痹"。事实上这一类作品也是贯穿中国文学史、艺术史的红线之一，至中国封建社会衰落期，而发展到极致：如明清的闲情小品，中国山水画的四王。文学艺术成为点缀、成为赏玩，成为怡情悦志、应目会心的完全个人化的愉悦方式，"不求形似，聊以自娱"（倪瓒语）与现实、与社会甚至与对象想脱离，是消遣、消闲，是装饰、修饰，追求闲情逸致、笔性墨趣，所折射的是中国文人在山光水色、月下花前的生命的麻醉和消磨。文学艺术以其感觉化的形式脱离了其生命内核，所带来的是委靡、消沉、堕落，甚至是死亡。

追溯历史，所带给我们的，并不应该仅仅是好奇心满足。鲁迅对朱光潜"静穆观的批评"更应该使我们对当下的文学艺术创作及理论研究有一新的审视和评价。

---

① 鲁迅《华盖集·忽然想到之六》。

回顾与反思

——中国古典美学现代性建设十年

刘桂荣

中国美学就是中国古典美学，本不应加上古典二字的限定，但是，鉴于当下学界的使用可能会造成的歧义，只好如此。歧义之所以丛生自有渊源，中国古典美学与现代性问题的关联并不是空穴来风。因此，回顾近十年来中国古典美学的研究，其旨趣则是在于思考中国美学之建构。

一、十年来中国古典美学的研究概况

本文研究的资料来源主要是北京图书馆（中国国家图书馆）、北京大学图书馆、北京万圣书园、河北省高校数字图书馆、中国知网、中国期刊全文数据库、中国优秀硕士学位论文全文数据库、中国博士学位论文全文数据库。资料的限定时段：1997 年至 2007 年十年间的学术研究成果。

在查询资料的过程中，北京图书馆的资料查询以"美学"作为主题词输入进行检索，中文及特藏数据库检索到 5064 条目，北京大学图书馆以"美学"为题名检索到 3382 个条目，北京万圣书园：书名："美学"，检索到 918 个条目。以关键词"审美"进行检索，北图检索到 827 条，万圣书园 254 条，为了防止疏漏，又以美感、中国美学、中国传统美学、中国古典美学、中国艺术、传统与现代美学、艺术美学、书法美学、绘画美学、中国音乐美学、道家美学、禅宗美学、儒家美学等为关键词进行检索，查询到的内容包括硕博论文。论文主要根据中国知网：以"美学"为关键词，共查询文章 11186 篇，涉及中国古典美学的 1768 篇，占美学文章总数的 15.8%。

通过对查询到的著作和硕博论文进行梳理，涉及中国古典美学研究的共 422 部，分类如下：

类型	艺术美学	文化哲学的视角	史的研究	范畴、命题	人物研究	比较的视域	经典文本	审美心理研究	传统与现代	资料	接受	英译中的美学	物象	共计
数量	142	70	47	42	39	36	16	8	8	5	4	4	1	422

（近十年来的相关文章基本上都能含纳到这种分类当中，文章研究的范围、问题视域更为广泛、开阔，只是研究的深度和阐释的力度与著作相比尚不足够，因此，对分类的分析主要依据的是著作和硕博论文。）

根据查询到的资料，拟作如下说明：

1. 本文是基于中国古典美学的研究，因此，有的虽然书名是中国美学，但如果内容不是基于古典美学的，不包括在内。

2. 著作再版的只计算一次，既有博士论文，又以相同的内容出版的，只计算一次。

3. 史的研究包括对整个中国美学史的梳理和断代史的研究，多卷本的美学史作为整体只计算一次。其中有交叉的内容不重复计算，如属于艺术美学，但又是断代性的研究，归于艺术美学类；如既是断代的研究，又是基于文化哲学的视角，归于文化类，如《隋唐五代道教美学思想研究》，《隋、唐、五代道教美学简史》、《两宋理学美学与文学研究》、《南宋金元时期的道教文艺美学思想》。像这样交叉的著作，更主要是看此类研究更着重哪个层面，如《论禅境中的意象及其审美意蕴》，更主要的是对意象这一范畴的理解，只不过是将其放在禅文化的境域中，再如《〈周易〉之"象"的文化内涵及审美意义》一书，虽是基于经典著作，但主要的是对"象"这一范畴的理解，因此，分类归属为范畴一类。再如《西方人眼中的东方文学艺术》（东方美学对西方的影响丛书）虽属于艺术美学之类，但更着眼于比较的视域，因此，将其归入比较类型。

4. 在艺术美学一类中，有的虽没有冠以艺术美学的书名，但其内容颇具有美学的品位，其中贯注以美学的精神，如再版的徐复观先生的《中国艺术精神》，朱良志先生的《中国艺术的生命精神》，《曲院风荷：中国艺术论十讲》，张法先生的《中国艺术：历程与精神》等，这样有代表性的著作也纳入进来。

5. 有的虽然书名中没有"美学"、"审美"的关键词，但属于搜索内容之列也计算在内，这包括《中国佛教学术论典》、《道家文化与中国现代文学》。

通过对十年来中国古典美学的研究成果进行分析解读可以看到，学者研究的视角、关注的范围、把握的深度都有重大的扩展，这十年应当说是成果丰厚的十年。

在艺术美学的研究中，一部分是整体性的探究，揭示出中国艺术美学的哲学根基、文化内涵、独特的生命精神以及思维方式；另一部分是涉及到各种艺术门类的美学研究，主要集中到对中国古代绘画、音乐、建筑、园林、书法、诗词等方面，这占到艺术美学研究的大部分，另外还有对中国古代戏曲、服饰、小说、色彩、武术、家具的研究，但这样的研究只是一小部分。

在以文化哲学的视角研究中国美学的 70 项成果中，研究者以整体性的视域阐释了中国美学的精神、体系、原理、哲学根脉、审美文化等诸多层面，如朱良志的《中国美学十五讲》、祁志祥的《中国美学原理》、吴中杰的《中国古代审美文化论》、刘纲纪的《传统文化、哲学与美学》等。整体性的研究占到这一部分1/2强；另外，研究者力图开掘出儒释道各家思想的美学意蕴，如皮朝纲的《禅宗美学思想的嬗变轨迹》、陈昭瑛的《儒家美学与经典诠释》、高楠的《道教与美学》等著作，并且这种文化的视角已经突破了各家思想的框架局限，打通了三家壁垒，研究视野更为深远广阔，如刘成纪的《青山道场——庄禅与中国诗学精神》、王建疆的《庄禅美学》、《修养·境界·审美：儒道释修养美学解读》、张文勋的《儒道佛美学思想源流》、张国庆的《儒、道美学与文化》等研究成果。

在史的研究方面，一是立足整体的历史的脉络，一是断代的美学考察。断代美学史主要集中在先秦、魏晋南北朝和唐宋，其他朝代的研究相对较少。

范畴、命题主要涉及"气"、"真"、"趣"、"象"、"兴"、"和"、"淡"、"清"、"韵"、"俗"、"狂"、"意境"、"形神"、"风骨"、"雄浑"、"沉郁"、"妙悟"、"虚实"、"写意"、"自然"、"气韵"、"天人合一"、"外师造化，中得心源"。

人物研究有老子、庄子、孔子、苏轼、杜甫、朱熹、王阳明、王夫之、李渔、刘熙载、康有为、文徵明、司马相如、李日华、阮籍、石涛。

比较方面的成果包含有审美文化、人物、审美与艺术教育、文学艺术美学方面的比较，比较的范围主要是中西的比较，只有高兵兵的《雪·月·花：由古典诗歌看中日审美之异》进行的是中日之间的比较。

经典文本的美学成果一部分是对经典文本的美学导读，如刘蓝的《诸子论音乐——中国音乐美学名著导读》，朱良志的《中国美学名著导读》，左克厚主编的《中国美学》，另外就是对经典文本的美学思想的探究，如刘纲纪的《〈周易〉美学》等。

审美心理这部分的成果，一是针对中国古代审美心理的总体考察，如陈德礼的《人生境界与生命美学——中国古代审美心理论纲》，彭彦琴的《审美之魅：中国传统审美心理思想体系及现代转换》，户晓辉的《中国人审美心理的发生学研究》，陶东风的《中国古代心理美学六论》，另外是对艺术审美心理的研究，涉及音乐、画论、诗学中的审美心理。

传统、现代主要是探究中国传统美学的现代转换，以现代性的视野反观中国传统美学，力图开掘传统美学的现代意义。

资料方面，2003年由高等教育出版社出版的叶朗任总主编的《中国历代美学文库》可谓是美学资料方面的巨大成果，此文库集中了全国30多所高等院校和学术机构的100多位学者，历经十多年的艰辛工作完成的一部中国古典美学思想的巨型资料库，共计19册，收录了自先秦至近代的具有美学意义和美学价值的重要论著和文章，内容涉及哲学、宗教、音乐、舞蹈、诗歌、书法、绘画、散文、小说、戏曲、园林、建筑、工艺、服饰、民俗、收藏等广泛领域。另外，2002年版，安徽教育出版社出版的林同华主编的《中华美学大辞典》也是一部力作，本书收取中华美学观点、范畴、术语、命题、人物、学说、流派、著作、刊物、历史文化名城、名胜、服饰等内容辞条。

接受方面的主要成果借鉴了接受美学的观点来反观中国的古典美学，主要有查清华的《明代唐诗接受史》，陈文忠的《中国古典诗歌接受史研究》，李剑峰的《元前陶渊明接受史》，刘中文的《唐代陶渊明接受研究》，《汉语古诗英译的研究：从接受美学和翻译等效理论的角度》。

英译中的美学主要是从接受美学或是审美的角度研究中国古典诗歌的翻译问题，著作只有顾正阳的《古诗词曲英译美学研究》，其余均是硕士论文。

物象方面的研究是俞香顺的对中国荷花的审美文化研究。

二、研究中的问题省思

十年间，中国古典美学的研究可谓成果丰厚，取得了一些骄人的、难能可贵的成绩，但综观其整体的研究态势，透视其内部的研究细节，考察其致思的维度，仍有很多值得省思的问题。

其一，整体性研究深度、广度上的欠缺

整体性的研究是开掘、把握中国古典美学必要的课题。中国古典美学的独特性，它的生命力正是要通过整体性的开启而呈露出来。就近十年取得的成果来看，这种整体性的视域已经敞开，只是深度和广度上的问题。

欠缺之一是对中国古典美学的精神挖掘不够，还没有充分的将其内在的生命精神开显出来。很多研究只是停留在简单的描绘上，而这种描绘往往是知识性的、介绍性的、自说自话性的，这必然造成中国古典美学的生命精神缺乏它本有的亲和力、生命的互动性、体验性，从而使接受者难以进行生命的交流和融通，其感染力锐减，魅力不再。

欠缺之二是开掘的方式单一。目前的研究大多是纵向的史的脉络，或是以儒道释三家为主线，但基本上还是史的沿革，这固然可以感受到史的那种整体性和穿透力，但这也框臼着生命精神的开显和透出，局限着人们的思维视野和思考的力度。因此，这种方式就造成中国古典美学所深蕴的生命精神缺乏鲜活性，不能深深契合接受者的心灵，触动其性灵，无疑也难以达到精神上的承续。

欠缺之三是意义的追问意识薄弱。这是目前的研究力度不够，难以深入、难具震撼效果的重要原因。中国古典美学所深蕴的生命精神何以生成？何以就能有如此长久的流布？其中蕴涵的生命意蕴究竟是什么？何以能波动、震撼着人生之途中前仆后继者的性灵？它有普世性的意义吗？有现世关怀的价值吗？如此等等。如能以这种追问的意识来进行研究的话，对于中国古典美学的生命精神的显豁开掘是否可以更深广一些。

其二，思维理路的误导

近十年的中国美学学人逐渐认识到以西学的路径解读中国古典美学的诸多弊端，但是西方美学的思维理路却依然固执的伴随着十年的探索路程。在很多学人的思维视域中，这是中国古典美学接续现代的必然途径，是其实现现代转型的唯一模式，只有这样，中国古典美学的价值才能被开显疏导出来。在这样的思维导向中，中国古典美学正在获得"现代性"的话语权，以"合法性"的身份进入到美学的家族之中。

反观十年来学人对中国古典美学的研究，尽管学术视野不同，历史的、文化的、艺术的、比较的、传统与现代的、心理的等等，但是可以看到西学的框架、体系、范畴都会出现在不同的研究视野中。这种思维理路已经将中国古典美学的研究导向一种不归之路，如果对这种误导不叫暂停、任其远行，就会离其基源之地越来越远，最终忘却了它源自何方。即使"前见"是先行具有的，即使误读是后来者的必然，但问题是已经看到了这种路径之误，又何妨及时调整方向。中国古典美学是一种文化生命的存在，因此，抛却本不属于它的外在的框架，在其生命之体上，不再任意的涂抹自己的色彩，不再随心所欲的肢解以适合自己的先在的模具，这是学人首先应有的对文化生命的尊重。

其三，整体的弱势状态及其研究的不均衡性

从近十年的数据统计来看，对中国古典美学的研究整体上仍处于弱势状态，在所有美学的研究成果中所占的比例不容乐观。纵观这些学术专著、硕博论文以及相关文章，似乎是繁花似锦，但抬头望去，原来这个群体以及他们的研究成果却是如此的弱小。这并不是轻视我们取得的成就，而是在整个美学的研究领域中其相对力量的薄弱，在面对广博深厚的研究对象时，这个群体及其成果实在骄傲不起来。

研究的不均衡也是突出的问题。根据上述的统计，艺术、文化哲学、历史维度的美学研究相对强劲，而其他方面则很薄弱，尤其在比较、传统与现代、审美心理等这些关乎所谓的"现代性"的层面。这表明，虽然学界一直在高扬现代性的旗帜，在力图寻找中国古典美学现代性转换的途径，而实际上困顿仍是主要的，并没有找到一条合适的转换的"通途"，因为究竟为何以及如何"转换"，"转换"的动因、意义都还在迷蒙之中。所以，我们会看到比较的研究难以深度展开，传统与现代的探索只是一种期许，难以落到实处，审美心理的探究基本是还处在疏解的阶段，而且从事这方面研究的并不是很多，像彭彦琴的《审美之魅：中国传统审美心理思想体系及现代转换》能给予现代的观照已经是很难得。所有这些层面都是需要加大力度研究的领域。

研究的不均衡性也体现在"强劲"的层面，如在艺术美学的研究中，对中国艺术的美学揭示，尤其是精神特质的开显还远远不够。在艺术门类的美学探究中，多数集中在园林、绘画、书法、诗词方面，其他相对薄弱。在历史的脉络的梳理中，断代性的研究主要集中在先秦、魏晋南北朝、唐宋，对其他朝代的研究的薄弱性是很明显的。

另外，这种不均衡性还体现在美学意识的不均衡，尤其是美学批评意识的疏离。在众多的研究成果中，美学批评意识几乎是缺席的，这是值得美学研究者深思的问题。这种缺席的直接后果是问题意识的薄弱。难以以问题的视角面对传统，也难以倾情于现代的问题情境，这正是中国古典美学现代性的症结所在。

三、未来的路途

20世纪中国美学的百年是在中西、古今交织、碰撞和融合的大背景中前行的，中国的学人为中国美学的营建苦心爬搜，涌现了值得后人敬仰、给后学者以巨大支撑的学界巨擘，王国维、梁启超、蔡元培、鲁迅、徐复观、朱光潜、宗白华，等等。近十年来对中国传统美学的研究基本上还是在沿着前辈开拓的路径在走，成绩卓著，但同时困顿与问题仍在。因此，未来的路途的选择应是值得进一步探究的课题。

在未来中国传统美学的研究中，应着重注意如下的问题：

其一，突破西方美学的框架体系

回首百年来中国美学所走过的道路，西学的框架体系一直制约着中国美学的发展。西方美学的概念、体系、方法、思想，中国古代的资料，就像西方提供的是现成的，而且是众人捧护的机器，而中国只是向里边填充原材料，这在百年来、十年来甚至是今天仍被有些人看作是必须的路径，中国美学的现代性，中国古典美学的现代性转换当然也是西学的框架。迎合西方美学的范式就成为中国美学合法性存在的前提，这可以说是中国美学发展的一种"荒谬"。也许有感于这种荒谬，中国美学的"危机"、"失语"等焦虑感也日益浓厚。

何以"荒谬"？何以"焦虑"？又为何要"突破"？实际上，只要深入到中国古典美学之中，她的精魂自然会给予回答。那种只在门外徘徊，或距此门很远但却对此户人家说三道四的所谓"专家"是值得质疑的。

突破西方美学的框架体系，并不是说要否定西方美学的观照视角，也不是要排斥西方的理论的进入，而是要打破"他者"的强势话语，避免任意裁剪中国古典美学的学术状况，使中国古典美学以其应有之面目呈现出来，并建构中国美学的未来之途。实际上，我们的问题不是出在引入西方美学的学理，以西方美学思想来反思自己，而是将其奉若"神祇"予以崇拜和传播，从而将自己的美学思想置于被裁剪的地位，甚至无视其存在。

其二，开显中国古典美学的生命精神

探究中国古典美学，关键在于开显出其美学的精髓，即深蕴其中的生命精神。这是中国古典美学最核心、最有价值的思想所在。在前辈人的苦心耕耘中，宗白华先生的路径值得后学者深思和借鉴。宗先生学贯中西，但他的思想是以中国美学的生命之思为基底的，阅读宗先生本人以及他的著作，获得的是一种生命之美的浸润。反思近十年来对中国古典美学的研究，宗先生所开辟的这种路径正在迎来更多学者的认同，在未来的探索中，沿着这一方向前行，中国古典美学的生命精神必将得到更全面的彰显并滋润更多人的生命。

北大朱良志先生在他的《中国美学十五讲》中谈道："中国哲学是一种生命哲学，它将宇宙和人生视为一大生命，一流动欢畅之大全体。……生命超越是中国哲学的核心"，"在这样哲学背景下产生的美学，它不是西方感性学或感觉学意义上的美学，而是生命超越之学；中国美学主要是生命体验和超越的学说，它是生命超越哲学的重要组成部分。……中国美学是一种生命安顿之学"。[1]朱先生正是立基于此来开显中国美学的生命精神，这一路径的选择正是未来中国古典美学研究的归途，也是建构中国美学现代性的必然途径。

其三，审美现代性的观照

古典属于某段历史，但古典的精髓存活于历史性之中，它是过去、现在和未来三维之间生命的对话和交流，它在生命的相互邀请之中延续。因此，开放、涵融、创造，是使中国古典美学精神活在当下，并营建未来的当然之途。审美现代性的观照不是简单的在古典和现代之间搭建桥梁，也不是立足于现代而评判、截取古典，而是彰显贯彻于历史性之中的精魂，滋养当下生命的性灵。

中国古典美学的生命精神根深于中国的生命哲学，而往往又是通过中国艺术而呈现，因此，中国艺术的生命精神建构了中国人的艺术生命，艺术化生存、艺术人生就成为一种理想的期盼，人们往往摇荡艺术的一叶扁舟驶向性灵的彼岸，诗意地栖居于精神的家园，而这种扁舟不仅度己，更要度人，名为"渡"，实为"度"，人们需要的是精神生命的安顿。每个人都是待度之人，过去如是，现在更如是。艺术化生存应成为现实人生的现代性追求。

中国艺术的"度人"正体现了中国美学的生命超越精神，因为在中国美学精神中深蕴着对生命自身的拷问和探寻，而这种拷问是具有穿透时空的魅力的。它面对的是栖居于大地上的每一个生命，它所彰显的是深深的人文的关怀，它那种萦彻天地的忧思与性灵的摇荡同在。立基于此，放眼天地，中国古典美学不仅属于古代，不仅属于中国。

因此，审美现代性的观照首先要打破的是当下成形的、正在禁锢着人们思维的那种"现代性"，只有这样，中国古典美学的现代性才能真正实现。

生命本体的反省与忧虑

——中国古代惆怅审美范畴研究提纲

黄南南

一、中国古代审美范畴研究现状与缺失

把"惆怅"作为中国古代文学审美范畴加以考察，目前学术界尚未展开，这是一个新的学术命题。

惆：悲伤，失意。《荀子·礼论》"惆然不嗛"，即此意。怅，《史记·日者传》"怅然嚘口不能言"，描述的也是失意、懊恼的情绪。惆怅，在中国古代文学中，多为因失望、失意而哀伤的意义。这种人类共有的心理现象，是一种深沉却委婉、悲凉却淡冶，"剪不断，理还乱"的忧思。这种忧思，由厚重的人生感悟而起，却又为历史与时代的制约所限，难以排遣，无以名状。叶嘉莹先生析为："仿佛如同有所追求，仿佛又如同有所失落，是一种精神上没有依傍的一种落空的感受"，十分精当。

作为一种心理状态的表现，惆怅，在中国古代文学作品中的出现是大量的。仅在对《四库全书》检索中，全书仅涉及"惆怅"一词的地方有8108个匹配，单独使用"惆"或"怅"的地方已数万，加上与此近义的"惝"、"懭"、"悯"、"悢"等词汇的使用，"惆怅"意味在中国古代文学中的出现，更无以数计。但是，对"惆怅"一词做学理性探讨，把"惆怅"上升为具有体系性、代表性意义的重要风格类型、文学审美范畴的研究成果，至今尚未出现。

从 2006 年开始，我们关注并开始探讨这一命题。我们认为，"惆怅"，是中国古代文学具有鲜明民族个性，表现出深刻艺术与文化内涵的一种艺术风格与审美范畴，是一个新的、值得开拓的学术研究话题。

　　审美范畴，是人在审美实践活动中特定的人生样态、自由人生境界的对象化和审美情趣、审美风格等的感性凝聚、显现及其逻辑分类。中国古代对文学作品审美风格类型及风格特点的探讨，为时已数千年。

　　先秦两汉时期，《尚书·尧典》"直而温，宽而栗，刚而无虐，简无傲"，《左传》中"直"、"曲"、"迩"、"远"、"哀"、"乐"，《论语》"乐而不淫，哀而不伤"，《礼记》"温柔敦厚"等风格类型的提出，开启该话题的先河。

　　魏晋南北朝时，曹丕以"雅、理、实、丽"为风格分类；陆机分文体为十类并有其风格特点；刘勰《文心雕龙》创立"八体四组"理论，从作品与文体两个方面对文学创作风格类型与特点，作出精湛评析，把中国古代文学风格、文学审美范畴理论研究推进一个新阶段。此后直至盛唐，钟嵘"风骨论"以"骨气奇高"为文之上品；鲍照的"初发芙蓉"与"铺锦列绣"之说；皎然定诗风为"高、逸、气、情、思、闲、达、力、静、远"十格等等，论家辈出，观点众多，把中国古代文学审美范畴的探讨，推向繁荣。

　　晚唐司空图《二十四诗品》与宋代严羽《沧浪诗话》的出现，形成中国古代文学风格理论研究的一个高潮。司空图把诗歌风格分为"雄浑、冲淡、纤秾、高古"等24种类型并加以分析，推崇体现儒家教化精神的温柔敦厚型的艺术风格。严羽吸纳禅宗超言绝虑的顿悟直觉方法，以禅喻诗，开创了中国古代文学审美风格理论研究的新境界。

　　此后，中国古代学者，诸如朱熹、真德秀、张炎、胡应麟、王夫之、王士祯、刘熙载、陈廷焯、况周颐等，有从二分法角度，如"阴阳、刚柔"；有从三分法角度，如"神、逸、妙"；有从四分法的角度，如"意、趣、神、色"；有从十二分法的角度，如郭麐的《词品》、杨夔生的《续词品》；有从三十六分的角度，如许奉恩的《文品》；甚至有从一百零八分法的角度，如窦蒙的《语例字格》，对中国古代文学风格类型加以探讨。我国古代学者对中国古代文学中重要的审美范畴，诸如"文"、"气"、"道"、"势"、"象"、"境"、"奇"、"神"、"逸"、"妙"、"味"、"趣"、"韵"、"清"、"淡"、"和"、"雅"、"雄浑"、"风骨"、"自然"、"豪放"、"含蓄"、"神韵"等等数以百计的概念加以探讨，研究成果蔚为大观。

　　20世纪以来，姚永朴《文学研究法》、陈中凡《中国文学批评史》、郭绍虞《中国文学批评史》、朱自清《诗言志辨》、朱东润《古文论四象述评》、李泽厚《"意境"杂谈》、宗白华《中国艺术表现的虚与实》、蓝华增《论意境》、吴调公《说诗味》、钱钟书《谈艺录》与《管锥编》以及罗宗强、唐圭璋、周振甫、王元化、王运熙、杨海明、徐复观、叶嘉莹、张少康、马茂元、皮朝纲、朱良志、王振复等众多学者对中国古代文学审美类型与范畴均作了大量深入与精湛的研究。

20 世纪 80 年代后期，随着曾祖荫《中国古代美学范畴》、蔡钟翔主编的《中国美学范畴丛书》、王振复主编的《中国美学范畴史》的出版，中国古代文学及艺术审美风格类型、审美范畴的研究成为热点，成果不断，以"寒"、"适"、"狂"、"圆"、"愤"等前人涉及甚少的审美范畴研究成果也不断增多。

这些研究，张立文《中国哲学范畴发展史》，张岱年《中国古典哲学概念范畴要论》，李泽厚、刘纲纪《中国美学史》，叶朗《中国美学史大纲》等，从哲学、美学的角度观照文学审美范畴的内涵与意义；赵沛霖《兴的源起——历史积淀与诗歌艺术》、张法《中国文化与悲剧意识》、韩经太《"清美"文化原论》等，考察中国古代文化与文学审美范畴的内在联系；周来祥、皮朝纲、陈良运、吴调公等以某一个文学审美范畴为基点，对中国古代文学理论体系的整体框架进行思考，分别提出"和"、"味"、"志"、"意境"是中国古代美学、诗学体系的逻辑起点的观点。这些研究，大大地丰富了中国古代文学审美范畴研究的宝库。

当前，各种学术观点竞相出现，让人目不暇接。单个范畴研究、断代型集群范畴研究的成果不断推出。詹福瑞《中古文学理论范畴》、张海明《经与纬的交结——中国古代文艺学范畴要论》与汪涌豪《范畴论》等专著，从宏观的角度，对中国古代文学审美范畴的起源、构成范式、特征、内部规律、创作风格与文体的关系等诸多重大问题作出全面考察，为探索中国古代文学审美范畴的发展脉络、演化规律、文学与文化特征作出了新的贡献。可以说，中国古代文学审美范畴的研讨，进入了一个前所未有的深入与发展阶段。

然而，我们注意到，从古到今，在中国古代文学审美风格领域内，一个很重要、很有普遍性意义、具有深刻中国文化内涵与特色的文学审美范畴——"惆怅"，却鲜有人提及，这引发我们的思考。

本课题意在对这一前人基本上没有论及的"惆怅"风格类型作一研究，为中国古代文学理论研究，拓展一个新的思路。

二、惆怅，一个值得高度重视的中国古代惆怅审美范畴

1. 新的学术命题，新的研究视角

与西方崇高、悲剧、喜剧审美范畴内涵具有相对稳定的指向性不同，古代中国无论是豪放还是婉约，经常性地笼罩着一种"淡淡的哀愁"。上古神话《精卫填海》、《嫦娥奔月》、《夸父追日》，或为壮烈，或为优美，但一种挥之不去的无奈之忧，深嵌其里。《诗经·采薇》"昔我往矣，杨柳依依。今我来思，雨雪霏霏。行道迟迟，载渴载饥"，内心怅惘，由然而生。《古诗十九首·行行重行行》"思君令人老，岁月忽已晚"，叹时光的易逝；曹操"对酒当歌，人生几何"，"绕树三匝，何枝可依"（《短歌行》），充满对世事难测的抑郁。李白浪漫，却"但愿长醉不复醒"（《将进酒》）；东坡豪迈，仍感"人生如梦，一樽还酹江月"（《念奴娇·赤壁怀古水调歌头·明月几时有》）。就是作为奇丽豪放典范的王翰《凉州词》"醉卧沙场君莫笑，古来征战几人回"，视死如归的深处，也隐含对战争残酷的伤感。更不用说晏殊的"无可奈何花落去，似曾相识燕归来"这样一种感叹，以至于郑板桥"难得糊涂"这样一种人生哲理，都充满着深沉的迷离与无奈。从心理情绪角度看，这种"迷离与无奈"的心态，就是"惆怅"。

中国文学艺术，浓浓地笼罩惆怅意蕴。据我们初步查检，仅在中国古代文学史上有一定影响的文人，在其创作中表现出"惆怅"或经常涉及"惆怅"话语的就有7000多位。中国古代文学，从《诗经》、《离骚》、《天问》、《九辨》到汉赋、乐府、唐诗、宋词、明清小说直至现当代中国文学艺术，浓浓的"惆怅"的意绪，构成中国古代文学审美风格的一种重要特色。

为什么中国古代文学有着这种如此浓厚的惆怅感？为什么这种"深沉的迷离与无奈"会成为中国古代文学一个重要审美特征？其深含的艺术、哲学、文化内蕴是什么？这一点，目前国内、国外学术界基本上没有深入的研究。厘清这一审美范畴，深入把握这一范畴的内涵与特征，对于我们认识中国古代文学整体发展特征与规律，无疑是一个新的补充，也是对中国古代文学理论研究的一种丰富。

2. 古代中国人的文化个性的标志

中国古代文学"惆怅"审美范畴，是深刻体现中国传统文化个性的集

合体，是中国传统文化特质的一个重要表征符号，是古代中国人调节生存心态的一种模式与智慧。对这一审美范畴的深入探讨，有助于深化对中国传统文化特质的理解，具有重要的哲学、社会学、文化学意义。

我们认为，中国古代文学中的"惆怅"，不仅仅是一个心理学概念，也不仅仅是一种审美风格类型，它具有极其丰富的哲学、社会学、文化学、历史学内涵，作为中国传统文化的符号表征，标志着古代中国人的文化个性。

从心理学角度看：惆怅，是指主体以沉思与内省为方式，以个人期望境界为目标追求而不达，产生出的一种"失意"、"失望"、"无奈"乃至于"绝望"的情感状态。它不同于单纯的悲与怨，与人的情感、神经的脆弱性无关。由于它产生于人对自然、社会生活中某种矛盾性现象的深刻思考，因此，它体现了主体内省的能力与思想的深度。对现实与理想的沉思与内省，构成这种心理活动的特征。

从哲学角度看：惆怅，是古代中国文人对生命本体的反省与忧虑，是古代中国独特思维模式的产物。

从社会价值形态角度看：惆怅，是古代中国文人对自由、正义追求而不得的心灵扭曲，是一种心灵的自守，是古代中国人的一种生存智慧。

从艺术审美类型角度看：惆怅是一种以表现出沉沉的迷惘与淡淡的哀愁的审美范式而构成的艺术化境，是中华民族传统中和之美的集中体现。

从文化形态的角度看：惆怅是中国教化（儒学）与"逍遥"（老庄）文化交融的结晶。

从发生学的角度看：中国古代半封闭大陆性地域、小农自然经济格局、宗法制社会组织结构、伦理型文化特征，相互影响与制约，形成产生这种审美类型的土壤。

这种惆怅审美形态，从内容上看，渗透于大量的自然景物、人生世事的描写与情感的抒发中，大体表现为"时光之怅"、"离别之怅"、"家国之怅"、"命运之怅"、"情爱之怅"等多种类型。

它与人类的"哀"、"愁"、"忧"、"怨"等情感模式紧密相连，但因中国古代文学作品中这种惆怅，所包含的"失意"、"失望"、"无奈"乃至于"绝望"的情态与造成这种情态的厚重社会、历史、文化原因，深刻复杂的心理扭曲过程等因素，使这种"惆怅"，比之于忧愁类的其他情感，有着更为深沉、更感人的生命感悟与心灵的震撼力，有着更为深厚的哲学、社会学、文化学意义。

考察几千年中华民族的文化艺术发展历程，惆怅情绪，在中国古代文学创作中，比之于西方、阿拉伯、印度等其他民族，表现得尤为深沉与突出，这既与古代中国天人合一、执两用中、忧乐圆融的宇宙观、方法论、人生观分不开，也是古代中国人的内倾性性格、气质特点在审美理想上表现为刻意追求含蓄内蕴、崇尚"雅"（儒）、"妙"（道）、"悟"（佛）精神境界的特点所致。

因此，中国古代文学"惆怅"审美范畴，是一个哲学、艺术、道德、政治、文化的集合体，它丰富的内涵，折射出整个中国传统文化的底蕴，对它的深入研究，既具有人类文化学意义，又可从一个新的角度加深对中华民族文化审美心理结构的把握与了解。

3. 中国传统审美观念的重要范式

惆怅作为一种重要的审美范式，有着极高的审美价值，是古代中华民族代表性审美情趣之一。这一审美范畴的研究，将进一步拓展我们对中国古代文学艺术特征与艺术魅力认识的深化。

惆怅情感被凝聚于艺术作品中，便形成作为审美对象而存在的惆怅性审美类型。这种审美类型，因中国传统文化赋予它独特的文化与艺术内蕴，作为一种重要的审美范式，有着极高的审美价值，是古代中华民族代表性审美情趣之一。

从艺术的表现力看，惆怅作为一种重要的审美范式，有着极高的审美价值。"惆怅"情境，以一种深沉的生命体验，震撼人的灵魂；以哀而不伤，怨而不怒的审美格调，使人玩味无穷；以炉火纯青的景、事、情高度融合与"羚羊挂角、无迹可求"的味外之味、韵外之致的意境给人以无尽的遐想。

在表现内容上，中国古代惆怅文学审美形态，常出现在两大类作品中。一是对自然、人类社会充满生命力现象的赞叹与不解后的困惑；一是对正义的事物在现实生活中惨遭泯灭而发出的叹喟与无奈。困惑与无奈，本质上都是以赤诚、炽热、正义的生命发展需求为底色。这种"惆怅"，既来自于个体生命发展的欲求与现实生活的制约之间的矛盾，来自于个人认识的有限与宇宙、社会发展的无限之间的矛盾，又来自于追求真理、追求本真、追求理想、追求美好而不得的痛苦。这种情状，深刻地体现出人类本质需求的搏动，并以一种震撼人心的艺术魅力，感染着千秋万代的读者。

因此，中国古代"惆怅"文学审美范畴的内核，是一种对理想、正义、美好生活的崇尚，是一种对高品位艺术境界的追求而不得的感悟。这种追求，跨越一切时空条件而具有人类的普遍意义。任何其他时代的人们都可以从中找到自己的心灵共鸣点，使自己的心弦与艺术家的心弦发生共振，得到一种艺术的熏陶与情感的满足。

研究这一审美范畴，将进一步拓展我们对中国古代文学艺术特征与艺术魅力的把握。

作为积淀着深厚民族文化基因的中国古代文学审美范畴，惆怅，在当今中国社会，仍然有重大影响，并作为一个审美范式，为人们所推崇。《红楼梦》、《三国演义》、《窦娥冤》、《牡丹亭》、李白、杜甫、苏轼、柳永、姜夔、马致远、鲁迅、曹禺、老舍……经典作家作品中一唱三叹的心灵呼唤，仍以巨大的艺术魅力，震撼着读者，并在世界范围产生着重大影响。

把"惆怅"作为中国文学一个独立的审美范畴加以全面、系统、深入的研究，实质上是对中华民族传统审美文化一个重要特质的探讨；也是对中国古代文学、古代美学尚未得到深入了解的一个重要命题的探讨。界定这一范畴的本质，厘清这一范畴形成的脉络，揭示它的特征与价值，是本课题希冀并努力达到的目的。

这一研究，国内外学术界至今尚未展开。本课题的深入研究，进一步拓展了中国传统文学理论、传统美学研究的视野，具有一定的创新意义。

三、中国古代惆怅审美范畴的定义与内涵

1. 中国古代惆怅审美范畴的定义：

①惆怅，是一种对理想、正义、美好生活的追求而不得的忧患体验，以一种深沉的生命体验，震撼人的灵魂。

②惆怅的基本审美格调是哀而不伤，怨而不怒的中和之美。

③惆怅的审美风格特征是：景、事、情浑然一体，"羚羊挂角、无迹可求"的味外之味、韵外之致的意境，使人玩味无穷；以给人以无尽的遐想。

④惆怅，是古代中国人的一种生命智慧。

2. 中国古代"惆怅"审美范畴的主要内涵：

①惆怅是一种生命本体的反省与发展忧虑。

②惆怅是一种表现出沉沉的迷惘与淡淡的哀愁风格的审美范式。其深沉的生命体验震撼人的灵魂；哀而不伤、怨而不怒的审美格调，使人玩味无穷；以炉火纯青的景、事、情高度融合与"羚羊挂角、无迹可求"的味外之味、韵外之致的艺术手法创造出的意境，给人以无尽的遐想，是中华民族传统中和之美的体现。

③惆怅是中国教化（儒学）与"逍遥"（老庄）文化冲突后的交融，本质上已经成为古代中国的一种文化符号、一种文化基因深蕴于中国人的文化心理结构之中，是中国传统文化特色的一个重要表征。

④惆怅审美范畴的主要表现类型："时光之怅"、"自然之怅"、"家国之怅"、"功业之怅"、"离别之怅"、"命运之怅"、"情爱之怅"等。

四、"惆怅"审美范畴形成原因

本部分内容通过中、西文化比较的方法，揭示中国古代文学惆怅审美风格形成的原因。

①从人文地理条件看：中国半封闭大陆小农自然经济规模式，制约了人的开放、拓展精神，是产生惆怅审美形态的人文地理土壤，与西方典型的海洋商业文明显著不同。

②从思维模式的特点看：中国重天人合一，主客交融，感悟式思维方式，缺乏西方重"肌理结构"逻辑分析的抽象思维，对自然规律认知的模糊性，更易于惆怅心态的产生。

③从中国传统政治制度看：中国以血缘为纽带的宗法体制，忽视人的主体精神，衍生中国人重群体、重他人，重责任，重使命感，在报国无门的情态下，惆怅之情油然而出。

④从宗教作用看：中国宗教世俗化，祖先神灵化并与神合而为一，世俗的享乐和现世思想融为一体，儒道互补成为中国古人的精神主轴。然而，在二者无法协调之时，精神抑郁缺乏一种宗教疏导，为惆怅的产生创造了条件。

⑤从艺术效果形成的基因看：中国审美形态实质是诗性与音乐性，中

国古代艺术的主要表现形式是文学和音乐。语言文字、音乐表现形象的间接性、抽象性，描绘、传达情感的蕴藏性这也是构成中国古代文学"惆怅"审美意蕴浓郁的原因之一。

我们认为，惆怅不仅仅是一种心理情绪，是一种审美风格类型，更是一种展示中国传统文化特色的重要符号，是古代中国人的一种生命智慧。

惆怅，是中国古代文学的重要表现母题，上至上古，下至当代，始终是文学作品表现的重要内容。"惆怅"的审美意绪，浓浓地笼罩于中国文学艺术的创作之中。

惆怅，具有深刻的中国文化内涵，是一种具有中国文化特色的生活模式。作为一种文化符号，惆怅是中国古代文人对自由、正义追求而不得的心灵扭曲，是一种心灵的自守，是对生命本体的反省与忧患意识，在中国文学乃至中国文化中，具有重要的政治学、社会学、历史学、哲学与美学意义。把"惆怅"作为一种审美范畴加以研究，可从一个新的角度加深对中华民族文化审美心理结构的把握与了解。

"惆怅"的本质是对生命的健康发展与社会正义的追求。这一追求，是跨越一切时空条件推动人类社会前进与发展的动力，也是文学艺术创造的永恒动力。

惆怅作为一种重要的审美范式，有着极高的审美价值。"惆怅"，既来自于个体生命发展的欲求与现实生活的制约之间的矛盾，来自于个人认识的有限与宇宙、社会发展的无限之间的矛盾，又来自于追求真理、追求本真、追求理想、追求美好而不得的痛苦。文学作品对这种深刻地体现出人类本质需求的搏动情结的表现，是震撼人心的艺术魅力产生的重要因素之一。

这一命题提出，揭示了一个长期未被学界关注的中国古代文学发展历程中的重要现象，扩大了中国古代文学研究的视野开拓了一个新的中国古代文学审美范畴研究领域，丰富了中国古代文学理论研究宝库。我们将认真对中国古代"惆怅"审美范畴作本质、特点、作用、意义、发展脉络与规律的学理性、系统性分析，力图中国古代审美范畴研究的丰富与发展，做一些力所能及的贡献。

论中古时期出处思想的演变及其审美意蕴

李昌舒

出即出仕，处即退隐。在中国古代的封建制度内，一方面，士人的政治理想必须通过出仕来实现；另一方面，这种理想往往会与君主权威及其他势力产生冲突，这不仅会阻碍理想的实现，而且会影响到士人的现实生存；有时甚至会危及自身的生命安全，① 因此，士人在选择出处时必须十分谨慎，在漫长而稳定的封建社会体系中，出处是士人必须面对的一个基本问题。②

士人是中国古代美学的创作主体，士人的出处方式必然也影响到他们的审美趣味、美学理论，因此，从出处的角度探讨中国古代士人的心态以及由此而形成的美学思想，应该是有一定意义的。

从魏晋到中晚唐，学界常称之为中国历史的中古时期，是出处关系从尖锐对抗到趋于和解的过程。从思想上讲，魏晋玄学和中晚唐时期的禅学（主要是慧能开创的南宗禅）分别导出大隐和中隐，到了中隐，出处矛盾基本得以解决，此后出现的各种吏隐大多以中隐为基本模式。因此，本文对出处思想的探讨主要以玄、禅哲学为对象；从美学上讲，这一阶段也是中国美学从自觉到兴盛的时期，尤其是中晚唐时期出现的意境范畴在中国美学史上

---

① 《论语·微子》云："微子去之，箕子为奴，比干谏而死。"这是商纣王时期关于出处矛盾的残酷事实，朱熹于《微子》篇题下注云："此篇多记圣贤之出处。"（《四书章句集注》，中华书局，第182页，1981年）

② 王瑶先生在《论希企隐逸之风》一文中指出："在封建社会里，士农工商是职业划分的类型，士大夫的出路除了仕以外，只有隐之一途；所以出处问题是士大夫的切身的问题。"①（《王瑶全集》第一卷，河北教育出版社，第211页，2000年）余英时先生认为：（古代士人）"在出处辞受之际丝毫轻忽不得。"（《余英时文集》第四卷，广西师范大学出版社，第142页，2004年）

具有重要意义，因此，本文主要以魏晋到中晚唐的美学为探讨对象。

一、大隐与审美

魏晋更替之际，出处的选择意味着是否与司马氏合作，在司马氏的猜忌与残酷镇压下，① 士人往往是进退失据，"忧生之嗟"成为时代之音。如何从思想上调解这一矛盾？这成为魏晋玄学的一个重要问题。

玄学的基本命题是名教与自然的关系，简单的说，名教指向群体秩序，自然指向个人自由。作为魏晋玄学的集大成者，郭象从"性"出发，较为成功的统一了二者。"性"是郭象哲学的本体，它是不可改变、不可逃避的。"天性所受，各有本分，不可逃，亦不可加。"（《庄子·养生主注》)② 既然一切都是"性"中注定的，则任何人为的努力都是毫无意义的，这就是郭象反复强调的"无心"。"故以有心而往，无往而可；无心而应，其应自来，则无往而不可也。"（《庄子·人间世注》）"无心"是顺应"性"之必然，对命运中的各种遭遇不动心、不思虑、不违逆。郭象将"性"之必然作为人之本然、自然状态，因循"性之"必然也就是任运自然，"夫物有自然，理有至极，循而直往，则自然冥合。"（《庄子·齐物论》注）在此意义上可以说，"无心"而"任自然"是郭象哲学的基本概括。表现在名教与自然的关系上，郭象主张"游外以弘内，无心以顺有"，（《庄子·养生主》注）"外"为名教，"内"为自然，内外不仅不矛盾，而且是相济相融的。

> 夫圣人虽在庙堂之上，然其心无异于山林之中，世岂识之哉！徒见其戴黄屋，佩玉玺，便谓足以缨绂其心矣；见其历山川，同民事，便谓足以憔悴其神矣，岂知至至者之不亏哉！（《庄子·逍遥游》注）

在此思想的直接影响下，两晋时期大隐观念开始盛行，简单地说，即所谓"小隐隐陵薮，大隐隐朝市"。（王康琚《反招隐诗》）简单地说，即虽出入庙堂之上而不为庙堂之事所纠缠，虽身陷案牍之间而以无心应之。

---

① 《世说新语·栖逸》注引王隐《晋书》云："魏晋去就，易生嫌疑，贵贱并没。"《晋书》卷四九《阮籍传》云："属魏晋之际，天下多故，名士少有全者。"

② 本文所引郭象之语均出自曹础基、黄兰发点校《南华真经注疏》，中华书局1998年版。

孙绰《刘真长诔》云："居官无官官之事，处事无事事之心。"（《全晋文》卷六十二）隐不在于外在之迹，而在于内心之意。《晋书》卷八十二《邓粲传》云："足下可谓有志于隐而未知隐。夫隐之为道，朝亦可隐，市亦可隐。隐初在我，不在于物。"只要得意，形骸可忘。

大隐对于士人心态产生深刻影响，由此又影响到审美思想。就士人心态而言，小隐是彻底的遁迹山林，虽然必须忍受物质生活的艰辛，但没有官场的束缚与污浊，所以能获得精神的自由；大隐意味着获得物质上的享受，但必须忍受官场的倾轧与束缚，所以内心时时感受到焦虑与痛苦。就审美而言，出仕与庙堂密切相连，与之相对，退隐总是与山水自然联系在一起。小隐者是全身心地隐于山水，没有表现出对山水的特别喜爱；大隐时时流露出对山水的向往，因为庙堂意味着束缚与污浊，山水意味着自由与高洁。现在，大隐者既然不能真正遁迹山林，又不愿等同于一般的俗吏，正是在此意义上，山水的重要性得以彰显。

具体而言，主要有三点：1. 玄言诗的兴起。东晋时期的玄言诗中有很多是表现大隐思想的，[①] 山水诗脱胎于玄言诗，这是学界已经确证的。但玄言诗的意义不仅于此，虽然从艺术技巧上讲，玄言诗是"淡乎寡味"，但从思想境界上讲，它对于此后的中国美学具有深远影响。如谢安的这首《与王胡之》之六："朝乐朗日，啸歌丘林。夕玩望舒，入室鸣琴。五弦清激，南风披襟。醇醪淬虑，微言洗心。幽畅得谁，在我赏音。"营造的是一种超越、玄远、清幽、淡雅的自然环境与心灵境界。从当下的自然山水中体悟内心的超越与宁静，这可以说此后中国美学的一个基本思想。2. 私人园林的出现。因为不能经常登山临水，所以需要在自己的住处经营私人园林。既然如此，则其在设计上就必然显现出大隐的趣味。[②] 3. 山

---

① 阎采平认为："纵观有晋两代之玄言诗，因循自然之说是贯串始终的一条红线。……歧义表现在如何得意，如何因循自然这一点上。关于这一点的讨论，是以隐显出处为中心来展开的。在玄言诗发展的不同阶段，士人们对隐显出处持不同的看法。大致而言，西晋诗人以为出处殊途而崇尚隐逸，故其诗写隐居游仙者多；江左诸家则主张出处同一，乃至以朝隐为上，从而鼓吹心隐的方式，故其诗重在阐发玄理。"（《玄学人生观的艺术体现——论玄言诗的主旨》，《文学遗产》1986 年第 5 期）

② 石守谦先生在论述中国庭园的起源时说："后世文人大都服膺这种'大隐'的说法，一方面尽其为士的责任，在政府中执行济世的工作（当然物质酬劳也可能是动机之一）；另一方面则在私生活里过着隐士的生活。庭园便提供了一个环境来满足士大夫公余或退休之后追求隐逸的心理需求。既是如此，则庭园在设计上，便无处不透露出文人的品位。"（《赋彩制形——传统美学思想与艺术批评》，载《港台及海外学者论中国文化》（上），第 587 页，上海人民出版社，1987 年）

水诗和山水画的兴起。山水诗和山水画均兴起于这一阶段，其原因当然有很多，学界对此已有充分探讨，但值得注意的是，大隐的出处方式对此也有深刻影响。晋宋之际宗炳的《画山水序》云："闲居理气，拂觞吟琴，披图幽对，坐究四荒，不违天励之丛，独应无人之野，峰岫峣嶷，云林森眇，圣贤映于绝代，万趣融其神思，余复何为哉？畅神而已。"作为中国美学史上第一篇山水画论，宗炳认为山水画的功能即在于足不出户而能得山水之"畅神"。①

二、亦官亦隐与审美

王维虽然身处盛唐，但由于其早年坎坷的仕途经历，更由于其对佛学的精深理解，使其能够对出处矛盾作出深刻思考。对其亦官亦隐的出处方式，学界对此已多有论述，本文主要探讨这种出处方式的思想基础及其美学意蕴。《与魏居士书》可以视为其一生出处思想的基本概括：

古之高者曰许由，挂瓢于树。风吹瓢，恶而去之。闻尧让，临水而洗耳。耳非驻身之地，声无染耳之迹，恶外者垢内，病物者自我。此尚不能至于旷士。岂入道者之门欤！降及嵇康，亦云："顿缨狂顾，逾思长林而忆丰草。"顿缨狂顾，岂与俯受维絷而有异乎？长林丰草，岂与官署门阑有异乎？异见起而正性隐，色事碍而慧用微，岂等同虚空，无所不遍，光明遍照，知见独存之旨也。此又足下之所知也。……苟身心相离，理事俱如，则何往而不适。②

王维的佛学造诣很深，与他同时代的苑咸就说："王兄当代诗匠，又精禅理。"后世更称之为"诗佛"，以与"诗圣"杜甫、"诗仙"李白并列。虽然对于王维具体接受的是南宗还是北宗禅学仍有争议，但可以确定的是，南北禅皆重视般若性空，"空"意味着荡相遣执、不落两边的中道思想，落实到出处观上，意味着对出和处的区别皆是一种"执"。王维对于般若之"空"十分熟悉，《与魏居士书》中所说的"虽高门甲第，而毕竟空寂"、"离身而返屈其身，知名空而返不避其名"可以说都表现出般

① 拙著《意境的哲学基础——从王弼到慧能的美学考察》，社科文献出版社 2008 年版。对此已有较详细的论述，兹不赘论。
② 本文所引王维之语，均出自陈铁民点校《王维集校注》，中华书局 1997 年版。

若之"空"的思想。①《谒璇上人》是研究王维佛教思想的一个重要文本，对于其中的"浮名寄缨佩，空性无羁鞅"，杨径青解释为："虚名倚赖于仕宦，所以我将虚名寄于仕途。认识到诸法皆空，虽然身在官场，但是精神却不受任何束缚。"并进而认为："王维认为用不着放弃仕途同样也可以享受到悟道后的精神自由。于是王维便用其对佛教思想的深刻理解成功地为自己滞于仕途作了辩护。既然诸法皆空，连自性都是空的，那么当官仕宦又有什么大不了的。"② 这说明王维的亦官亦隐以般若之"空"为思想基础。

需要注意的是，王维对许由的批评与郭象如出一辙，而其对嵇康的批评应该也是郭象潜在的思想，③ 因为郭象哲学在某种意义上正是对嵇康代表的竹林玄学的反拨与纠正。类似的表述在王维诗文中还有很多，如，"人外遗世虑，空端结遐心。曾是巢许浅，始知尧舜深。苍生诚有物，黄屋如乔林。"（《送韦大夫东京留守》）巢许是隐而不仕者，尧舜则为济世之君王，在庄子那里，前者受推崇后者受贬抑，在郭象这里，则恰恰相反。王维以前者为"浅"后者为"深"说明他认同郭象的观点，黄屋指代庙堂，乔林指代山林，"黄屋如乔林"，此句似直接源于郭象哲学。再如，"理齐少狎隐（一作理齐狎小隐），道胜宁外物。"（《留别山中温古上人兄并示舍弟缙》这是说，只要在道理上出处齐一，就可以轻视小隐（"狎小隐"），既然领悟了出处同归之"道"，何须象执著于"外物"之不同？这说明亦官亦隐同样与郭象哲学密切相关。

"苟身心相离，理事俱如，则何往而不适"，这不仅是《与魏居士书》，也是王维出处思想的核心，在为慧能所写的《能禅师碑》中也说过类似的话："苟离身心，孰为休咎？""身心相离"意味着精神境界之"心"可以超越于尘埃之表，游于六合之外，此为"隐"；日用践履之"身"则落实于朝堂之上，案牍之间，此为"官"。嵇康愤懑的抗争精神消失了，陶潜高洁的人格操守也淡漠了，"无可无不可"带来的是对立的化解、紧张的消融。"理事俱如"是佛家追求的至高境界，理为本体，事

---

① 《维摩诘经》早在魏晋时期就风靡中土，其基本思想是从般若性空的中道实相出发，强调即世间出世间、不离红尘而得解脱。王维字摩诘，这说明他十分仰慕维摩诘。

② 《王维的终南隐居——与陈铁民先生商榷》，《文学遗产》，2001 年版第 4 期。

③ 邵明珍《论王维"无可无不可"说及其思想渊源》认为："王维所接受的是向秀、郭象的玄学观，恪守君臣大义，并深受郭象'虽处庙堂之上'，'心无异于山林之中'思想的影响。"（《学术月刊》2003 年第 8 期）

为现象，如为真实，真实即空。在王维看来，只要身心相离，即可体悟理事俱如的境界。身心相离的最终结果是"适"，"适"是一己之"意"的闲适、自由。①

《旧唐书·王维传》载：王维常与裴迪等人在辋川别业"浮舟往来，弹琴赋诗，啸咏终日"。这种自由与闲适来自于亦官亦隐的生活方式，如果仅有隐而无官，则不能有充裕的物质条件作为支撑；更重要的是，这种闲适与自由是相对于庙堂的紧张与拘束而言，如果失去了庙堂的背景，则隐逸不会有如此强烈的吸引力，自然在王维的目光中也不会如此美好，或者说，其山水诗所表现的自然就不是这种清幽、宁静、淡远的景象。在此意义上可以说，王维诗歌的艺术特点与其亦官亦隐的生活方式密切相关。闻一多先生说："王维替中国诗定下了地道的中国诗的传统，后代中国人对诗的观念大半以此为标准，即调理性情，静赏自然，他的长处短处都在这里。"② 所谓"调理性情"，也许可以说，就是要调理庙堂所带来的焦虑与动荡，所以他们对于自然，是"静"，是"赏"。"静"不仅是欣赏的方式，也是欣赏的内容，是他们从自然中所要体悟的；"赏"说明他们并非与自然融为一体，而是为官之余的一种赏玩，这也许就是宋人所说的"富贵山林，两得其趣"的生活方式。③

三、中隐与审美

安史之乱的爆发不仅意味着盛唐气象的结束，而且意味着士人对君主政权信心的丧失，出处矛盾重新突出。一方面，对于大多数出身一般的士人而言，必须依靠官俸维持生计，这使他们不能决然而去；另一方面，面对"元和中兴"之后更为黑暗的朝局，大多数士人深知大厦将倾，无意朝政。如何解决这一矛盾？慧能开创的南宗禅盛行于中晚唐，虽然作为一种宗教，南宗禅没有直接论述出处问题，但它对于士人的出处观具有深刻影响。

---

① 由此可以看出王维在出处问题发展上的特殊意义：一是会通郭象哲学与南宗禅思想，这是后来白居易等人的共同特点；二是确立"身心相离"的思想基础，这同样是白居易等人普遍遵循的。

② 郑临川述《闻一多先生说唐诗》（下），《社会科学辑刊》，1979 年第 5 期。

③ 张戒《岁寒堂诗话》评王维诗歌语，载丁福保辑《历代诗话续编》上册，中华书局1983 年版，第 960 页。

　　慧能禅学最重要的内容有二：一是心性论，其核心是"自性"，"佛是自性作，莫向身外求。"① 这是把自性当做众生成佛的根据。自性如何获得？关键在于"悟"。"前念迷即凡，后念悟即佛。"在此意义上，佛与众生之间的区别就在于一念之间的转换。二是修行论，其核心是"无念"，"无念法者，见一切法，不著一切法；遍一切处，不著一切处，常净自性，使六贼从六门中走出，于六尘中不离不染，来去自由。"这可以说是般若性空荡相遣执思想的彻底贯彻。

　　由此出发，慧能主张无心而为、任运自然的修行态度。"亦不念佛，亦不捉心，亦不看心，亦不计心，亦不思惟，亦不观行，亦不散乱；直任运，不令去，亦不令住。""直任运"是说任运随缘，不刻意于某种固定形式，"只要'于一切法上无有执著'，活泼泼的'一切无碍'，行住坐卧都是禅。"② 在此意义上，我们也可以将"无心"而"任自然"作为慧能禅的基本概括。在慧能之后的南宗禅师那里，无论是神会的荷泽宗，还是马祖的洪州宗，希迁的石头宗，这一思想得到淋漓尽致的发挥。

　　落实到出处观上，一方面，出处平等，二者之间没有高下之分；其次，即凡即圣，平凡的日常生活中也能有圣人境界。前者使士人不再焦虑于出处之别，后者使士人享乐于个人世俗生活，白居易的"中隐"可以说是这一思想的集中体现。

　　　　大隐住朝市，小隐入丘樊；丘樊太冷落，朝市太喧嚣。不如作中隐，隐在留司官。似出复似处，非忙亦非闲。不劳心与力，又免饥与寒。终岁无公事，随月有俸钱。君若好登临，城南有秋山。君若爱游荡，城东有春园。君若欲一醉，时出赴宾筵。洛中多君子，可以恣欢言。君若欲高卧，但自深掩关。亦无车马客，造次到门前。人生处一世，其道难两全：贱即苦冻馁，贵则多忧患。唯此中隐士，致身吉且安；穷通与丰约，正在四者间。（《中隐》）③

　　中隐的要义即在于这两方面：对出处之别的淡化和对个人生活的拓

① 本文所引慧能之语，均依杨曾文点校《敦煌新本·六祖坛经》，宗教文化出版社2001年版。
② 印顺《中国禅宗史》，江西人民出版社1991年版，第279页。
③ 本文所引白居易之语，均出自顾学颉点校《白居易集》，中华书局1979年版。

展。二者密切相连、互为因果，因为淡化出处之别所以能安心享受个人生活，又因为个人生活的丰富多彩所以能进一步淡化出处之别。① 中唐时期的名臣裴度，在 20 年间曾四度为相，几乎可以说社稷安危存乎一身，然而，面对混乱、动荡之时局，只能放弃兼济之志，转而追求私人身心之适意。

> 中官用事，衣冠道丧，度以年及悬舆，王纲版荡，不复以出处为意，东都立第于集贤里，筑山穿池，竹木丛萃，有风亭水榭，梯桥架阁，岛屿回环，极东都之胜概。又于午桥创别墅，花木万株，中起凉台暑馆，名曰："绿野堂"。引甘水贯其中，酾引脉分，映带左右。度视事之隙，与诗人白居易、刘禹锡酣宴终日，高歌放言，以诗酒琴书自乐，当时名士，皆从之游。(《旧唐书·裴度传》)

在私人园林的山水花木中，在诗酒琴书的闲适生活中，兼济之心日渐隐去，出处之别日渐淡化。从政治上讲，这是一种不幸，从审美上讲，中晚唐时期文学艺术的兴盛，正是得益于此。如果我们考虑到"宋初诸子，多祖乐天"，② 直至苏轼的"出处依稀似乐天"，(《去杭州》) 即，以白居易为代表的中唐士人的中隐对于宋人的深刻影响，则更可以见出中隐在中国美学史觞的重要意义。③

概括而言，中隐对审美的影响主要有三点：1. 审美趣味的士人化。白居易的经历与思想典型地体现了中隐及其美学意蕴，其"似出复似处"的出处方式，"闲"、"适"的生活情趣，"慵"、"钝"、"愚"、"拙"的个性追求，清幽淡雅的审美趣味，以及对个人精神自由的探寻，对于此后的中国美学具有深远影响。概括而言，这就是后来所说的"士夫气"、"士

---

① 需要注意的是，大隐与中隐有相似之处，在出处关系上都是出处同归；在审美上，都表现出清幽、淡远的文人趣味。因此，学者对二者的区别大多语焉不详，有人甚至直接将二者等同，但通过白居易这里的表述可以看出，虽然二者有内在联系，但仍有重要区别：1. 中隐自觉远离权力中心，一般是隐于郡县；而大隐无此自觉，往往处于京都。2. 中隐对日常生活艺术化的建构是大隐缺乏的，这意味着中隐对庙堂之风尘之涤除更为彻底，对审美的影响更为深远。

② 明胡应麟语，载陈友琴编《白居易资料汇编》，中华书局 1962 年版，第 210 页。

③ 李泽厚说："真正展开文艺的灿烂图景，普遍达到诗、书、画各艺术部门高度成就的，并不是盛唐，而毋宁是中晚唐……从中唐到北宋则是世俗地主在整个文化思想领域内的多样化地全面开拓和成熟，为后期封建社会打下巩固基础的时期。"《李泽厚十年集》第一卷，安徽文艺出版社 1994 年版，第 144－145 页。

人气"，它最典型的体现在文人画的思想中。

2. 审美的日常生活化。中隐意味着在个人生活上追求闲适消遥，在社会事务上追求恪尽职守，即"方外"之个体自由与"方内"之群体秩序的统一。在此意义上，中隐从地点上讲，是直接于官舍之内；从时间上讲，是处理公物之余、于个人闲暇时间内；从方式上讲，包括琴、书、画、诗，宴会、酬唱；饮茶、喝酒；种植、园林；谈禅、论道等等。正是凭借这些因素，士人得以从琐碎枯燥的日常吏务中超越出来，体验到一种高雅玄远之境界，这也意味着审美日渐成为愉悦自我、赋予日常生活以诗意的生活美学，这与南宗禅日渐成为生活禅的趋向是完全一致的。

3. 审美个性的张扬。作于中唐时期的《唐国史补》云："长安风俗，自贞元侈于游宴，其后或侈于书法图画，或侈于博弈，或侈于卜祝，或侈于服食。"如同魏晋时期个人的觉醒导出文的觉醒，中唐时期这种对个人生活的关注同样导出了文学和艺术的兴盛。"（南宗）禅开发了无限的个性天地"，[①] 与此相似，中唐时期，一方面，文学家、艺术家的个性多样，风格多样，自觉的求新求变是这一阶段美学思想的普遍特点；另一方面，各种不同的文艺门类，如文学、绘画、书法、园林等等均有丰富多彩的发展。

四、出处与意境

意境是中国古代美学、文学的一个核心范畴，但迄今为止，学界对意境虽已有深入研究，对意境却仍没有一个统一的定义，这说明意境十分复杂，本文尝试从出处的角度对意境的形成及其特点略加探讨。

从郭象哲学到南宗禅具有内在的发展逻辑，傅伟勋先生在《老庄、郭象与禅宗——禅道哲理联贯性的诠释学试探》一文中指出："郭象不但贯彻"自然"之义有功，亦有功于特标"无心"之旨，而为庄子与禅宗打通了一道哲理连贯的桥梁。"[②] 这也许就是我们前文概括的"无心"而"任自然"，虽然郭象与南宗禅师在对"无心"与"自然"的具体理解上有诸多不同，但更有内在的一致性。就出处问题而言，"无心"而"任自然"正是从大隐到亦官亦隐、中隐的思想基础。在另一篇文章中，傅先

---

① 柳田圣山《禅与中国》，中译本，三联书店 1988 年版，第 162 页。
② 《从西方哲学到禅佛教》，三联书店 1989 年版，第 410 页。

生说：

> 禅道艺术的旨趣并不是在艺术作品的高度审美性，而是在乎此类
> 作品能够自然反映或流露禅者本人（无位真人）无我无心的解脱境
> 界。禅道亦如庄子，所真正要求的是人人转化成为修证一如的生活艺
> 术家。对于此类生活艺术家，日日必是好日，平常心必是道心；禅道
> 审美性即在于此。①

对于大多数通过科举登入仕途的中下层庶族士人而言，中晚唐的朝局
是如此令人沮丧，甚至是令人恐惧，但生计的压力又使他们无法挂冠而
去，于是只能是一边沉沦于宦海风波，一边寻找精神解脱。我们读这一时
期很多士人在及第授官之后所写的诗，也许会惊讶于如此之多的愁苦之
语，如此强烈的归隐之情。他们或炼丹求仙、或流连歌舞、或饮酒品茗、
或写诗填词，从某种意义说，都是要化解内心的痛苦与绝望，寻求人生的
意义与价值。

中隐的意义正在于此：其对各种出处矛盾的消除使他们可以心安理得
地出仕，不必如前人那样焦虑于隐显出处之别；对吃饭睡觉、语默动静的
肯定使他们可以充分享受日常生活，在此意义上可以说，中隐的出处方式
促使士人自觉地在日常生活中探求人生的价值与意义，从而与南宗禅师同
样成为"修证一如的生活艺术家"。

意境也许就是这种人生方式的审美结晶。美国汉学家列文森在分析中
国古代士人的心态时，说过一段很著名的话：（对于艺术）"他们是全职
的业余爱好者"。② 似乎可以理解为：艺术对于士人，并非作为谋生手段
的职业，而是政务之余的休憩之地，借助于艺术，他们摆脱了来自于政务
的种种束缚。在此意义上可以说，通过艺术，士人得以在政务和个人、群
体秩序和个人自由之间获得了一种平衡。如果上溯到魏晋时期，我们可以
说，这是对名教和自然的统一。通过被名教所允许的"私人空间"的建
立，③ 通过对"私人空间"艺术化、审美化的建构，士人们无须对抗、或

---

① 《禅道与东方文化》，《禅学研究》第 1 辑，江苏古籍出版社 1992 年版。
② 列文森《儒教中国及其现代命运》，中译本，中国社会科学出版社 2000 年版，第 16 页。
③ 参见［美］宇文所安《机智与私人生活》，载《中国"中世纪的终结"：中唐文学文化
论集》，三联书店 2006 年版。

逃离名教，就能体味到自然的乐趣。需要注意的是，如果仅仅把"私人空间"当做私人园林一类的具体的地理空间，也许太过狭隘，而应从将日常生活审美化这一角度去理解，换句话说，整个日常生活只要经过审美化的建构，都可以成为"私人空间"。

如何建构？这并不是说具体的生活方式，而是说如何将当下的日常生活与超越的审美境界统一起来？这涉及大隐、亦官亦隐和中隐的一个重要特点："身心相离"的思想。汤用彤先生于《言意之辨》一文中指出："言意之辨，不惟与玄理有关，而于名士之立身行事亦有影响。按玄者玄远。宅心玄远，则重神理而遗形骸。神形分殊本玄学之立足点。……魏晋名士之人生观，既在得意忘形骸，……夫如是则身虽在朝堂之上，心无异于在山林之中。"[①] "神形分殊"可以说是大隐的思想基础。到了王维这里，它被概括为"身心相离"，二者具有一致性：都是强调"身"处于庙堂之上而"心"游于山林之中，都是一种内在超越。它同样是白居易中隐的特点：

形骸委顺动，方寸付空虚。（《松斋自题》）

身虽世界住，心与虚无游。（《永崇里观居》）

兀然身寄世，浩然心委化。（《冬夜》）

已将心出浮云外，犹寄形于逆旅中。（《老病幽独，偶吟所怀》）

关于意境最早，也是最基本的定义是刘禹锡所说的："境生于象外。"[②] 这种对"象外"之"境"的追求是中晚唐美学的共同特点，它与当时士人中隐的生活方式相关，中隐意味着"身"陷于尘俗之"象内"，"心"则向往超越之"象外"，这是一种境界之超越，即，无关乎人的实际存在，而是求得一己内心境界之改变。中晚唐之后，"心"在文学艺术中的地位逐渐突出。抒写"心"中之"意"、追求"心""意"之自由成为文学艺术的一个基本主题。从思想内容上看，"身"所处的现实世界越是动荡、混乱，就越要追求超越于现实之上的"心"的安宁、平淡。"身"的陷于平庸、囿于有限促成了"心"的趋向高洁、无限，这种"身心"之间既矛盾又统一的关系表现在审美上，就是意境这一范畴。

中唐之后，封建政治日趋没落，士人们无法挽救，只有躲进自己的内心。中国美学的内倾性、超越性，或者说内在超越性也许在于此：社会越

---

① 《魏晋玄学论稿》，上海古籍出版社1998年，第35–37页。
② 瞿蜕园笺证《刘禹锡集笺证》，上海古籍出版社1989年版，第517页。

是混乱，人生越是困苦，审美意境的重要性就越是突出，无论外面有多少惊风密雨，借助于艺术化的人生方式，士人可以在私人空间中建构一个审美意境，由此，"身"虽陷于动荡、嘈杂的现实中，"心"则可游于无限的自由与宁静中。

在此意义上，审美又影响到士人的出处方式。在艺术化的人生方式中，他们消解了兼济天下的雄心，淡漠了理想受挫的痛苦，不再执著于出处之对立。这意味着由中隐导出的艺术化人生方式形成以后，又反过来影响到士人心态，并进而影响到士人的出处方式。如果说从魏晋开始的大隐确立的思路是：出处→士人心态→审美，那么，到了中隐之后，审美转而又反过来影响到士人之出处方式，概括而言，即，审美→士人心态→出处。

试论嵇康审美人生的思想内蕴

谢兴伟

"目送归鸿，手挥五弦。俯仰自得，游心太玄"的审美化的人生理想，却要面对"鸟尽良弓藏，谋极身必危。吉凶虽在己，世路多崄巇"① 的凶险世道。在"越名教而任自然"的振聋发聩的呐喊中，我们又隐约听到了《太师箴》中的忧虑和《家诫》中的良苦用心的回响。渴望"爱憎不栖于情，忧喜不留于意"，然而本性却又是"刚肠疾恶，轻肆直言，遇事便发"。这就是嵇康，处在一个纷乱之世的贤者，渴望"游心太玄"却又"世路崄巇"，渴望"越名教而任自然"却又心忧家国，渴望"口不论人过"却又"轻肆直言，遇事便发"。一个充满矛盾与困惑的嵇康，正是一个真实的嵇康。成复旺先生在《中国古代的人学与美学》一书中认为："嵇康的《释私论》要求'情不系于所欲'，而他的《难自然好学论》又说'从欲则得自然'。这显得有些矛盾，而且'从欲则得自然'这句话又有以情欲为自然之意，故需略加说明。"② 这里的确"需略加说明"，但本文认为并非如成先生所指出的那样是因为"《难自然好学论》旨在否定'积学明经'是出于人的自然，这是驳论而不是立论，故凡有利于驳难者均可以援用，不必如《释私论》那样严密。但正因如此，老庄学说中那个既主张'任其性命之情'又强调'无我'、'无欲'的固有矛盾便更加地暴露出来了"。③ 本文认为成先生所谓的"矛盾"的造成是由于对嵇康"自然"概念的理解不全面，该文所提及的"嵇康、阮籍所提倡的'自

① 《嵇康集·兄秀才公穆入军赠诗十九首》，第 286－288 页。
② 成复旺《中国古代的人学与美学》，中国人民大学出版社 1992 年版，第 238 页。
③ 同上。

然'，仍是老、庄所谓'人法地，地法天，天法道，道法自然'的'自然'。"① 与本文的观点是不一致的。本文认为，在嵇康那里，"自然"应该在两个层面上加以理解，第一个层面是"天道自然"，这是从本体的角度谈的真理问题，第二个层面是"人情自然"，这是从个体角度谈的真情的问题。

一、天道自然：无为而自然

嵇康说："老子、庄周，吾之师也。"② 老庄的"道"本体的思想必然对嵇康产生过影响，他说："飘飘戏玄圃，黄老路相逢。授我自然道，旷若发童蒙。"③ 由此可见，这个"自然道"在嵇康心中是很清晰的，并且他还领悟到了"体道"之法："渊淡体至道，色化同消息。"④ 即是说，体味至道须有深邃而淡泊的心性，只有众色化一才能与道同消长、与道同生。很显然，嵇康这里所说的"自然道"、"至道"都具有本体论的意味，所以，对嵇康"自然"概念的认识，必须要有一个本体论的角度，本文称之为"天道自然"。嵇康指出："情不系于所欲，故能审贵贱而通物情。物情顺通，故大道无违。"⑤ "大道无违"即大道之自然状态，要做到"大道无违"，则须"物情顺通"，要"物情顺通"则须"情不系于所欲"。以此观之，嵇康这里所说的"情不系于所欲"是为了达到"大道无违"即"天道自然"的要求，而非一般意义上自然的要求。这里，就是要求做到无为而自然。在本体论的意义上谈论自然，我们应该注意分析嵇康语汇中的这些概念：至道、至德、至人、至物、至理、至乐、至味、至妙。

（一）嵇康对天道自然的探究

嵇康说："夫推类辨物，当先求自然之理。理已定，然后借古义以明之耳"⑥。可见，嵇康认为在推理辨析事物之前，心中要先有一个自然之理，并以此为根据才能作出判断。而嵇康这里提到的"自然之理"的本体

---

① 成复旺《中国古代的人学与美学》，中国人民大学出版社1992年版，237页。
② 《嵇康集·与山巨源绝交书》，第372页。
③ 《嵇康集·游仙诗》，第311页。
④ 《嵇康集·五言诗三首》，韩格平校本据吴钞本补，第352页。
⑤ 《嵇康集·释私论》，第466页。
⑥ 《嵇康集·声无哀乐论》，第434页。

依据正是"天道自然"，他从"至道"、"至德"、"至人"、"至物"、"至理"、"至乐"、"至味"、"至妙"等多个角度探究了这一依据。嵇康讲到了体味"至道"的要求是"渊淡"，要"渊淡体至道，色化同消息。"①这里的"渊淡"即指一种深邃而淡泊的心境，而这样一种心境正是嵇康所认为的达到"天道自然"在主体上的要求。嵇康说："［昔］洪荒之世，大朴未亏，君无文于上，民无竞于下，物全理顺，莫不自得；饱则安寝，饥则求食，怡然鼓腹，不知为至德之世也。"②这里，嵇康描绘了一幅"至德之世"的画面：君王上不制礼法，臣民下不争利，万物周全而道理顺畅，无不欣然自得，饱则安然入睡，饥则四处求食，心情喜悦则鼓腹而歌。这正是"至道"之下的"至德之世"，怡然自得，物全理顺。可见，在嵇康心目中，能够做到怡然自得而又物全理顺，即为至德，这也正是道家无为而自然的最高境界。

嵇康心目中的"至人"应该"文明在中，见素表璞；内不愧心，外不负俗；交不为利，仕不谋禄；鉴乎古今，涤情荡欲。"③"至人之用心，固不存有措矣。"④"唯至人特钟纯美，兼周内外，无不毕备"⑤。嵇康认为"至人"是"特钟纯美，兼周内外，无不毕备"的，所以，才能够文明存于内而素朴见于外，心志不愧于内而世俗不违于外，交友不为利而为官不求财，以古今为鉴而涤情荡欲，其用心才能够不存是非，自然而然。嵇康说："夫至物微妙，可以理知，难以目识。"⑥他认为，"至物"是世间的一些高深精微玄妙之事，只有靠理才能把握，而无法凭感官去辨识。例如，"养生"即属世间之"至物"，除了要"清虚静泰，少私寡欲"以外，还要"守之以一，养之以和，和理日济，同乎大顺"。⑦即除了内心的清静以外，还要用玄妙的"道"持守自己，用和来调养自己，然后才会和理逐渐增加，同归于自然之道。嵇康说："夫至理诚微，善溺于世，然或可求诸身而后悟，校外物以知之者。"⑧又说："今若以从欲为得性，则渴酌

---

① 《嵇康集·五言诗三首》，第 352 页。
② 《嵇康集·难自然好学论》，第 490 页。
③ 《嵇康集·卜疑集》，第 388 页。
④ 《嵇康集·释私论》，第 466 页。
⑤ 《嵇康集·明胆论》，第 483 页。
⑥ 《嵇康集·养生论》，第 396 页。
⑦ 同上，第 397 页。
⑧ 《嵇康集·答难养生论》，第 409 页。

者非病，淫湎者非过，桀跖之徒皆得自然。非本论所以明至理之意也。"①
这里，嵇康指出"至理"虽然很玄妙精微，且常隐于世间之事，但却可以
由自身而体悟到，也可以通过比较外物而领会到。那么，嵇康所说的"至
理"到底是什么呢？他说"若以从欲为得性"，则"桀跖之徒皆得自然"
"非本论所以明至理之意"。显然，这里嵇康所说的"至理"即"天道自
然"，而"天道自然"所显现的是"古之王者承天理物，必崇简易之教，
御无为之治；君静于上，臣顺于下；玄化潜通，天人交泰；枯槁之类浸育
灵液，六合之内沐浴鸿流。荡涤尘垢，群生安逸，自求多福，默然从道，
怀忠抱义，而不觉其所以然也。"②，并非一般意义上所说的"从欲"或由
此而来的"得性"。由以上可见，"天道自然"作为"至理"在嵇康的头
脑中是十分明晰的，是他进行推类辨物的自然之理的依据。

嵇康说："〔若〕以大和为至乐，则荣华不足顾也；以恬澹为至味，
则酒色不足钦也。"③ 这里，嵇康指出了若能以"大和"作为"至乐"，即
"乐之自然"的状态，则荣华不足一顾；若能以"恬澹"作为"至味"，
即"味之自然"的状态，则酒色不足羡慕了。嵇康分别以"大和"和
"恬澹"对"乐"和"味"作了本体上的规定。嵇康又说："若夫郑声，
是音声之至妙。"④ 认为"郑声"是音乐中最美妙的乐曲，是"音声之至
妙"。这里，嵇康用"至妙"对郑声作了一个审美的纯艺术的评价，充分
肯定了郑声在艺术上的水平。但他又认为："妙音感人，犹美色惑志"，这
就违背了"大和"的"至乐"理想和"恬澹"的"至味"理想。"〔若〕
以大和为至乐，则荣华不足顾也；以恬澹为至味，则酒色不足钦也"，而
"妙音感人，犹美色惑志"，故"妙音"亦"不足钦也"。在本体的意义
上，嵇康肯定的最高价值是"自然之和"而不是"音声之至妙"。

以上我们探讨了嵇康对于"至道"、"至德"、"至人"、"至物"、"至
理"、"至乐"、"至味"、"至妙"等范畴的看法，认为这些范畴是嵇康在
本体的意义上从不同角度对"天道自然"的认识和理解。对此，嵇康也曾
肯定性地反问道："顺天和以自然，以道德为师友，玩阴阳之变化，得长
生之永久，任自然以托身，并天地而不朽者，孰享之哉？"⑤ "天道自然"

① 《嵇康集·答难养生论》，第409页。
② 《嵇康集·声无哀乐论》，第441页。
③ 《嵇康集·答难养生论》，第410页。
④ 《嵇康集·声无哀乐论》，第442页。
⑤ 《嵇康集·答难养生论》，第410页。

是嵇康在本体论意义上谈及的自然，是最高意义上的自然，是嵇康心目中的"真理"。他使用了"至道"、"至德"、"至人"、"至物"、"至理"、"至乐"、"至味"、"至妙"这些概念，一个"至"字，可见"天道自然"在嵇康思想中的至高地位。同时，"天道自然"也就不折不扣地成为了嵇康美学思想乃至一切思想的哲学基础。

（二）"天道自然"中"自然"概念的美学内涵

魏晋名士玄学活动的基础和前提始终存在着一个如何对待儒道两家思想资源的问题，虽然不同时期有着不同的态度和观点，但总体上都有一种选择性的融合的特征，这也就必然使得魏晋人的自然观有着儒道的两面性。当然，作为竹林名士的嵇康也不例外。嵇康虽然"家世儒学"，但又以老庄为师，身受儒道思想的双重影响。从总体上看，他的自然观还是更偏重于道家超越的虚静而恬淡无为的自然。所以，嵇康持的是一种通脱放达的人生态度，处处与礼法之士反道而行，追求一种越名任心的逍遥人生境界，并以返归自然作为一种人生观和人生实践，以一种独有的玄学气质来实现个性的自由追求。我们这里分析的嵇康"自然"概念的美学内涵是其审美人生的理论依据的一极，下文我们还将从"人情自然"的角度分析另一极。

本文认为，从美学的角度来理解嵇康"天道自然"中"自然"的内涵，应该包括渊淡的审美心境和逍遥的审美境界两个层面。关于审美心境的问题，在老庄的哲学中均有论述，老子提出要"涤除玄鉴"，庄子提出要"心斋"、"坐忘"，虽然他们都是在哲学的意义上提出的对"体道"的要求，即要求要摒弃心中的一切功利思想和杂念，达到虚静澄澈的心灵状态，但是这一思想对于中国古典美学中关于审美心境的理论产生了巨大的影响，甚至可以直接作为审美心境的理论而加以理解。嵇康继承了这一思想，提出"渊淡体至道，色化同消息"，这里的"渊淡"即是对审美心境的要求，要求人们要有一种深邃而淡泊的心境，只有这样才能众色化一而与道共消长。在老庄的思想中，自然的内涵应该是虚静恬淡无为的，嵇康显然继承了这一思想，他的关于"渊淡的审美心境"的思想自然也包含这样几层意思。第一，虚静的心境。虚静是自然的内涵和至道的本性，要体道先须获得空明澄澈的心境，才能与道同一，回归到至道的虚静的自然状态。第二，恬淡的情怀。"饱则安寝，饥则求食，怡然鼓腹"需要建立在摆脱外在功利欲望束缚的基础之上，还需要有恬然淡泊的情怀，需要一种超越。第三，无为的真实。无为才能保持虚静的自然本性，才能超越功利欲望的束缚而怡然自乐，才是最高的真实。最高的真实是自然而然，无为而为，是本真。所以，嵇康心目中的"至人"是"文明在中，见素表璞"，这里"素"乃是无色之衣，"璞"乃未雕之玉，皆为自然之物，是无为之真实。

关于审美境界的问题，可以概括为逍遥。嵇康心目中最高的审美境界应该是与道同一的逍遥，这也是对老庄思想的直接继承。庄子在《田子方》中曾借老子之口说出："得至美而游乎至乐者，谓之至人"，这里指出的正是至人所达到的与道同一的逍遥境界。嵇康提出的"色化同消息"即众色化一而与道共消长的思想也表明其追求一种与道同一、逍遥自由的审美境界，"目送归鸿，手挥五弦，俯仰自得，游心太玄"的审美理想与"抱琴行吟，弋钓草野"的诗意人生是嵇康追求的逍遥自由的审美境界的最好的注解。逍遥追求的是心灵的超越，是对现实与自我的双重超越，而追求超越与自由可以说是嵇康美学中的最高准则。嵇康所追求的物我两忘、与道齐一的逍遥状态就是一种审美的状态，而嵇康又在现实人生中践行了这一追求，所以，其整个人生才具有浓重的诗意的审美色彩。剥去人生虚伪的面具，袒露生命的真实，打碎人为的桎梏，凸显生命的自然状态，这就是嵇康的逍遥。

以上我们从审美心境与审美境界两个层次分析了嵇康"天道自然"中"自然"的美学内涵，这是其思想中道家思想的一极，同时，也是其整个审美人生的最为重要的理论依据。但是，这并不是唯一的依据，因为嵇康的思想中还有选择地融合了儒家的思想。

二、人情自然：有为而自然

如果我们将上文探讨的"天道自然"概括为关于"真理"的问题，那么，这里我们所讲的"人情自然"则是嵇康关于"真情"问题的探讨。嵇康说："仁义务于理伪，非养真之要术；廉让生于争夺，非自然之所出也。"[①] 认为仁义道德只能为营治虚假而服务，并不是颐养真情的好方法；

---

① 《嵇康集·难自然好学论》，第491页。

清廉谦让产生于争名夺利，不是出于人的自然本性。又说："人之真性无为，不当自然耽此礼学矣。"① 认为人的天性是崇尚无为的，不应沉迷于礼法之学。但现实中大多数人的真性往往已被礼法之学污染，需要一个恢复人之真性的过程，这个过程应该是有为的，通过有为之途而达至无为之境，这个为的过程是一个不断去除的过程，有的消逝，便是"人情自然"的复归。所以，"人情自然"即应该是人的真性，能够体现出人之真情。

（一）嵇康对人情自然的探究

嵇康对"人情自然"的探究持一种有为而自然的态度，将有为作为通达无为的途径，"人情自然"与"天道自然"虽然层次不同，但二者是相通的，通过"仰准阴阳"、"中识性理"、"俯协刚柔"的有为之途，祛除人的贪欲与杂念，使人的情性回归本真，达至"人情自然"的状态。所以，嵇康对人的"欲望"与"情性"的问题作了重点的探讨。嵇康说："今若以从欲为得性，则渴酌者非病，淫湎者非过，桀跖之徒皆得自然。非本论所以明至理之意也。"② 这里所说的"至理"即"天道自然"，而"天道自然"是"人情自然"所要依凭的准则，即所谓"仰准阴阳"。"以从欲为得性"至多是达到"人情自然"的一个条件，所以嵇康在说"从欲则得自然"时，仅仅是在"人情自然"这个层次上说的，其最终的目标还是通过"人情自然"而逐步达到"天道自然"的境界。所以，他说："夫嗜欲虽出于人，而非道之正"，"世未之悟，以顺欲为得生，虽有厚生之情，而不识生生之理，故动之死地也"③ 这里，嵇康就明确地指出了仅仅"嗜欲"、"顺欲"并非真正的养生之道，也无法通达"天道自然"的境界。那么，嵇康是否主张人们应该禁除欲望呢？

嵇康并非要求人们完全禁除欲望，他说："今不使不室不食，但欲令室、食得理耳。夫不虑而欲，性之动也；识而后感，智之用也。性动者遇物而当，足则无余；智用者从感而求，倦而不已。故世之所患，祸之所由，常在于智用，不在于性动。"④ 这里"欲令室、食得理"即让欲望的实现要符合自然之理，嵇康认为人的贪婪的欲望是由于"智用"造成的，

---

① 《嵇康集·难自然好学论》，第491页。
② 《嵇康集·答难养生论》，第409页。
③ 同上，第404页。
④ 同上，第405页。

而不是人的本性的要求，应该禁的是贪欲，而非本性之欲。若能做到"循性而动"，则会"各附所安"。那么，如何才能做到符合自然之理呢？嵇康认为："智用则收之以恬，性动则纠之以和，使智止于恬，性足于和。然后神以默醇，体以和成。"① 很显然，嵇康在用"智止于恬，性足于和"使"人情自然"向"天道自然"提升。

嵇康说："夫元气陶铄，众生禀焉。赋受有多少，故才性有昏明。唯至人特钟纯美，兼周内外，无不毕备。降此以往，盖阙如也。"② 认为人的才性是禀受于元气的，除了至人之外，其他人都是有所缺失的。所以，出于"人情自然"的考虑，我们在一定程度上还是应该去"顺性""从欲"的，这样才是正确的导引之法，不能"约己苦心"地压抑自己。他说："夫民之性，好安而恶危，好逸而恶劳，故不扰则其愿得，不逼则其志从。"③ 又说："故民有四业，各以得志为乐，唯达者能通之。"④ 除了要"仰准阴阳"、"中识性理"以外，还要"俯协刚柔"，通达世间万物之情性，才能"迎其情性，致而明之"。⑤ 所以，嵇康说："仰准阴阳，俯协刚柔，中识性理，使三才相善，同会于大通，所以穷理而尽物宜也。"⑥ 这里，嵇康讲到的"仰准"、"俯协"、"中识"以及"穷理而尽物宜"皆是有为之举，然其目的却是通过有为之举而明自然之理，从而达至有为而自然。

以上我们探讨了"人情自然"的问题，其实，概括地说嵇康所理解的"人情自然"即"人之真情性"。对待"人之真情性"，嵇康认为要做到不可压抑亦不可放纵。然而，"人情自然"并非最终的目的，嵇康认为还应该由此向最高层次的"天道自然"提升，这种提升是人的境界升腾的过程。

（二）"人情自然"中"自然"概念的美学内涵

魏晋玄学的自然观虽然以道家的虚静恬淡无为为自然的基本规定，但同时也吸纳了儒家文化内在自然化的思想，在一定程度上肯定了人的感性

① 《嵇康集·答难养生论》，第 405 页。
② 《嵇康集·明胆论》，第 483 页。
③ 《嵇康集·难自然好学论》，第 490 页。
④ 《嵇康集·与山巨源绝交书》，第 374 页。
⑤ 《嵇康集·声无哀乐论》，第 441 页。
⑥ 《嵇康集·答释难宅无吉凶摄生论》，第 522 页。

欲望，认为人的本有的情性欲亦是人之自然本性，嵇康的自然观也明显具有这种倾向，他充分肯定了"人情自然"的重要性，赋予"自然"概念以更加丰富的内涵。

嵇康"人情自然"中"自然"概念的美学内涵，可以从两个角度来理解，即"不虑而欲"的朴真与"循性而动"的率直，这两个方面合而为一讲得就是人的真情。嵇康认为"从欲则得自然"，可见他并不否认人的感性欲望，反而认为"从欲"乃是通达"自然"之途，但应该注意这里的"欲"不是"贪欲"，而是人的本有之欲，是"不虑而欲"，这种欲望是人在清虚静泰下的自然之欲，是朴真无染的。显然，嵇康这里提及的"不虑而欲"是人的一种素朴本真的需求，这种欲望得以满足就是自然，人生中的这种欲望需求也是自然的。嵇康指出："性动则纠之以和"，使"性足于和"，即是说要以平和为准则来限制按本性进行的活动，因为情与欲虽是人的自然本性，但"情不可恣，欲不可极"，对情欲的放纵同样背离人的本性而会使生命受害。然而，嵇康现实中往往并未做到，他们表现出的是一种"循性而动"的率直，是一种"轻肆直言，遇事便发"的耿直。这时，他背离了道家的理想，而遵循的是儒家的"直臣"之道，往往是"直道而行之"。无论是朴真还是率直，都体现了"自然"内涵之真情的一极，对真情的认可与重视是嵇康"人情自然"中"自然"概念最重要的内涵。

三、"自然"与"情性"

"自然"与"情性"在魏晋南北朝时期已经开始转变为中国古典美学的核心范畴，宗白华先生在《中国美学史中重要问题的初步探索》一文中就曾指出："魏晋六朝是一个转变的关键，划分了两个阶段。从这个时候起，中国人的美感走到了一个新的方面，表现出一种新的美的理想。那就是认为'初发芙蓉'比之于'错采镂金'是一种更高的美的境界。在艺术中，更着重表现自己的理想，自己的人格，而不是追求文字的雕琢。"① 这里，有一点应该注意，"'初发芙蓉'比之于'错采镂金'是一种更高的美的境界"中强调的"初发芙蓉"之美应该指的是一种自然而然的不

---

① 宗白华《美学散步》，上海人民出版社 1981 年版，第 35 页。

雕饰的美，而不应该理解为自然景物之美，因为宗先生这里强调的是"一种更高的美的境界"。

魏晋南北朝是一个政治与社会动荡不安的时代，是传统的儒家价值观念受到质疑否定的时代，人们从对名教的依附中独立出来，人的个体情性和才华兴趣得到了伸张。"自然"在这一时期成为中国古典美学的核心范畴，也就注定了其内涵必然是十分丰富的。"魏晋时代是以自然为人生最高理想的时代，也是自然范畴内涵最丰富的时代。魏晋时代的自然范畴既包含了道家文化以虚静恬淡无为为人性自然的内涵，又包括了儒家文化和屈骚传统的以感情为人性自然的内涵，甚至包括了世俗文化以感性欲望为人性自然的内涵。总的来说，魏晋时代的自然既内在又超越。"[①] 这些特征，在嵇康的思想及审美人生中都或多或少地有所体现。

在嵇康那里，"自然"更多的是被作为本体论上的概念来使用的，即包含有"天道自然"的意义。在这一层意义上，嵇康崇尚的是无为而自然的终极自然之境，其落脚点是宇宙大化的真理，追求的是心灵的自由与人生的超越。然而，除此之外，嵇康还有一个理解自然的层次，即从个体的角度来理解自然。在这一层次上，嵇康强调的是有为而自然，为祛除礼法之学的污染，要"仰准阴阳，俯协刚柔，中识性理"，恢复人的真情性，使"耽于礼法之学"的人复归到"人情自然"的层次，其落脚点在人间的真情，追求的是内心的澄澈与情感的朴真。

魏晋南北朝时期，对自然的崇尚有两种表现方式，否定性的表现方式是蔑视世俗礼法、放诞不羁，肯定性的表现方式则是顺情任性，同时执著追求自我个体的人格尊严、个性自由以及审美化的人生理想。在这一时期，人的情性也受到了极大的重视。情性涉及个体的才性情趣以及情感方面的内容，是人觉醒之后必然会涉及的一个不容忽视的领域，同时也是自然的审美追求所产生的必然结果。袁济喜先生曾指出："自然论作为中国美学的一个重要范畴，在六朝时代有了新的发展。……在审美上，自然说提倡'吐纳英华，莫非情性'，讲究艺术创作的'自然之势'，摈除'讹'、'滥'、'淫'的创作倾向。'自然说'从本质上来说，，就是将艺术创作看作情性的自由抒发过程，反对外在的牵拘，倡导审美体现人的自由本质，与两汉儒学的'发乎情止乎礼义'相异。"[②] 可见，在魏晋南北

---

① 赵志军《作为中国古代美学范畴的自然》，中国社会科学出版社 2006 年版，第 112 页。
② 袁济喜《六朝美学》，北京大学出版社 1999 年版，第 21 页。

朝时期，对"自然"的重视必然会引出对"情性"的重视，这就使"自然"与"情性"这一对范畴在这一时期同时成为中国古典美学探讨的核心。

嵇康既以道的虚静恬淡无为为自然，又以人的内在感情欲望为自然，即上文所提到的"天道自然"与"人情自然"。"天道自然"赋予了自然以自由和超脱的审美意味，而"人情自然"则给自然渗入了感性和情感的审美内涵。"天道自然"追求的是宇宙的真理，"人情自然"向往的是人间的真情。

参考文献：

[1] 戴明扬《校注·嵇康集校注》，人民文学出版社 1962 年版。

[2] 韩格平《译注·竹林七贤诗文全集译注》，吉林文史出版社 1997 年版。

[3] 张节末《嵇康美学》，浙江人民出版社 1994 年版。

[4] 袁济喜《六朝美学》，北京大学出版社 1999 年版。

[5] 白化文，许德楠《历代人物传记译注：阮籍嵇康》，中华书局 1983 年版。

[6] 赵志军《作为中国古代审美范畴的自然》，中国社会科学出版社 2006 年版。

[7] 成复旺《中国古代的人学与美学》，中国人民大学出版社 1992 年版。

[8] 章启群《论魏晋自然观》，北京大学出版社 2000 年版。

[9] 汤用彤《魏晋玄学论稿》，上海古籍出版社 2001 年版。

[10] 余敦康《魏晋玄学史》，北京大学出版社 2004 年版。

[11] 刘运好《魏晋哲学与诗学》，安徽大学出版社 2003 年版。

[12] 崔富章《论嵇康的著述指趣》，《浙江大学学报》（人文社会科学版），2000 年第 1 期。

[13] 李耀南《"任自然"的"逍遥"——嵇康人生美学试析》，《华中科技大学学报》（社会科学版），2004 年第 1 期。

[14] 蒲长春《"循性"与"逍遥"——嵇康哲学的超越之途》，《重庆社会科学》，2006 年第 8 期。

唐代美学范畴之王维"默语说"

吴 琼

王维，字摩诘，人称摩诘居士，太原祁人。值得关注的一点是，从其名和字中我们可以联系到他的思想成因的一些因素。正如叶嘉莹先生所分析的，"他的名与字合起来是维摩诘，这是梵文的英译，本来是指一个印度人的名字，这个人是佛在世时的居士。"① 所谓居士者，就是相信佛法，但没有出家剃度而在家修行的人。为什么要提王维的名和字？叶嘉莹先生认为，这可以联系到他的信佛与信佛的家庭因素。太原王氏是很有名望的贵族，而王维就出生在一个有名的家族，他母亲是博陵崔氏，也属于望族，并且他的母亲笃信佛教，这是一种潜在因素，对王维以后的诗歌产生了很大的影响。提到王维的诗歌，特别是山水诗，前人有着颇多的精湛论述。诗中有画、画中有诗，已经成为对其诗歌评论有口皆碑的定论。而从另一维度来欣赏，我们可以以美学的眼光发现其中的"默语"与不言。

所谓"默语"，也可以说是无言、寂寞，王维的诗歌美学不像孟浩然处处表现出情感流露，他更多的是静默无语，自然而然，保持着与万物相和的本真，而其中的美也便体现于其中。

叶嘉莹先生就认为："至少在诗里边，他总是深藏不露，只表现那种可以言说的感情。"② 在王维本人的《谒上人并序》中，有这样一段论述：

> 上人外人内天，不定不乱，舍法而渊泊，无心而云动。色空无碍，不物物也。默语无际，不言言也。故吾徒得神交焉。玄关大启，德海群泳。时雨既降，春物具美。序于诗者，人百其言。

① 《叶嘉莹说初盛唐诗》叶嘉莹著，中华书局 2008 年 1 月版，第 173 页。
② 同上，第 172 – 173 页。

这里除了蕴涵一定哲理外，是赞扬一种高尚的品格。达到沉静默守之态，超越有限而趋于无限，便可进入自由的境界，体现在美学上就是"默语无际，不言言也"。这里的默语可以对应于老子《道德经》中的"有无相生"这一对审美范畴，此中默语和无言并非绝对的，而是寓有言于默语（无言）之中，静默在王维诗歌中占有非常重要的地位，提起最多最熟悉的当属《山中与裴秀才迪书》，其中就描写过"此时独坐，僮仆静默"的美。

人在静思默想状态中进入虚静、空寂的宇宙，领悟人生的真谛。静默和寂寞往往是二而一的，只是两者有时与之相关的主体不同，静默可与人相联系，寂寞除此之外，还与宇宙大化的虚空相关。在中国美学史上，寂寞也是一个重要的美学命题。中国古典美学的哲学渊薮中的奠基专著《周易》，早就对静默、无言、寂寞的精义作了概括："静默成之，不言而信"①。正是基于这一点，魏晋时代的阮籍，在其《通易论》中才会高唱"寂寞者德之主"的赞歌。王维对于静默、无言、寂寞的理解，同他的《易》学认知也是有关的。此外，晋代陆机在《文赋》中说："课虚无以责有，扣寂寞而求音"，这就是说从虚无中寻觅实有，从寂寞中探求消息。这也就是无中生有、以静求动的美学命题。寂寞，拥有无尽的时间上和无垠的空间，富有宇宙时空的静谧美、寥廓美，又有审美心理的感悟美、辽阔美。这也就是中国人在审美空间上的观照特点，体现在诗画艺术中，即所呈现的"时空合一体"这也是宗白华有关中国空间意识的一贯看法。他在《中国古代时空意识的特点》中写道：

> 空间、时间合成了他的宇宙而安顿着他的生活。他们的生活是从容的，是有节奏的，春夏秋冬配合着东南西北。时间的节奏（一岁，十二个月二十四节气）率领着空间方位（东南西北等）以构成我们的宇宙。中国哲学既不是几何空间哲学，也不是柏格森意义上的"纯粹时间"哲学，而是"四时自成岁"的"律历哲学"。②

虽然这种说法带有几分神秘的色彩，但也多少显示出了中国人很早就体察到了流转在宇宙空间的生命韵律。诚如宗白华先生所言："中国诗人画家却是用'俯仰自得'的精神来欣赏宇宙，而跃入大自然的节奏里去

---

① 《易传·系辞上》。
② 宗白华《中国古代时空意识的特点》。

'有心太玄'。中国人于有限中见到无限，又于无限中回归有限。他的意趣不是一往不返，而是回旋往复的。"①"这是中国人尤其是中国诗人的时空意识，它不同于希腊人的空间立体感，也不同于埃及人的直线时空感，更不是欧洲地中海沿岸渺茫无际的空间感，而是中国人沧桑巨变、生命无常时所发现的那种周而复始包含着节奏变化的空间感，因为中国人不是用物理的目光而是以心理的尺度来体悟空间万象这无疑受到古老的'天人'哲学的影响，同时又和古人的天文知识和宇宙模式有关的。换句话说，中国诗人的宇宙意识在很大程度上，不是天文或人文的宇宙，而是诗意化和神秘化的宇宙，这种宇宙是运动着内在生命、流荡着神思气韵的宇宙，它包孕着一阴一阳、一虚一实的节奏，它是时间空间化和空间时间化的合一体，和唯有中国诗人才能感受和把握。"②

在审美心理这一层面而言，我们可以以西哲中叔本华反观中国古典哲学美学。叔本华是超越静观的，透视苦难，直探生命核心的审美。以此西哲中的哲学美学重建庄子式的旷达空灵的人格理想。而"静观"是审美的起点，它要求悬挂起一切功利考虑和执迷的偏见，以便深入到宇宙动向的核心，抓取创造不息的旋动生命力。这也就是除了自然的静寂之外，融入了创作主体的主观审美心理感受。所以寂寞不仅仅是指客观的自然，而且还指主观的心灵。王维的诗歌中也渗入了这种心理体验上的静寂和寂寞。

在诗文中的表现，据王明居的统计，我把它分为以下几类：

一、文方面：上面提到的《山中与裴秀才迪书》，其中就描写过"此时独坐，僮仆静默"的美；在《请诗庄为四表》中，就描写过"乐往山林，志求寂静"的美；在《工部杨尚书夫人赠太原郡夫人京兆王氏墓志铭》中，描写了"山花喜静"的美；在《西方变画赞并序》中，就描写过"寂而无闻，若离于言说"的美。

二、诗方面：

1. 显示大自然的壮美景色的：

王维《华岳诗》："西岳出浮云，积翠在太清。连天凝黛色，百里遥青冥。"其中所表现的溟默、寂寥、壮阔的磅礴气势流于字里行间。此外，在《使至塞上》："大漠孤烟直，长河落日圆"中，其中的苍凉、荒漠、遥远、雄丽的景色如在目前。这其中虽然都没有出现寂寞等关键字眼，但

---

① 宗白华《天光云影》，北京大学出版社 2005 年版。
② 同上。

却显示出寂寞的意境美。

2. 并非以体积之大和威力之大为特色的诗

在王维的那些并非以体积之大和威力之大为特色、而又表现寂寞意境的诗，则具有另一种风采、情调、韵味。例：

《辛夷坞》："木末芙蓉花，山中发红萼。涧户寂无人，纷纷开且落。"从这里，我们看不到画面中的人物，只有景物，而细细品味其意境，却有诗人的影子，这也就是王国维所谓的"无我之境"。再如《竹里馆》："独坐幽篁里，弹琴复长啸。深林人不知，明月来相照。"这首就和上面的正相反，是"有我之境"，因为诗中亦无"寂"字入诗，但画面上有人物也有景物，其所表达的意境是寂寞的。

三、直接出现"寂寞"字眼的诗：

从《早秋山中作》"寂寞柴门人不到，空林独与白云期"；《哭殷遥》"行人何寂寞，白日自凄清"；《山居即事》"寂寞掩柴扉，苍茫对落晖"见出。

由上观之，作者把寂寥、孤寂、清寂、幽寂等，以轻柔的笔触，细微的观察、精到的刻画表现出寂寞的优美。诗人把寂寞作为其生活的一部分，融入生命里，不断咀嚼、品味寂寞，成为其心灵中的安息所，所以在王维的心中，这已成为一种不可言传的美。

究其原因，我们可以总结以下几点：

1. 自然之静默　感性的审美体验基础上，审美主体对审美客体的接受，也在于审美客体对审美主体的诱惑。寂寞之美，符合大自然亦动亦静、动中有静、静中有动的客观规律。所以大自然作为客体，凭着它所有的特质，激发了审美主体诗人的情感，使其对审美客体有了情感的投射，也可以用"移情说"加以进一步阐释。

王维在表现寂寞的时候，充分重视了动的因素，《鸟鸣涧》"人闲桂花落，夜静春山空。月出惊山鸟，时鸣春涧中"；《寄崇梵僧》"落花啼鸟纷纷乱，涧户山窗寂寂闲"，都是从动静相参的角度写的，但还是寂静占主导地位，这也迎合了他本人的美学追求。

2. 心境之寂寞　从当时的政治生活局面看，统治阶级提倡佛、老，造成一种由仕而隐和由隐而仕的特殊的士大夫生活情调，同时统治集团内部矛盾的激烈也造成隐逸之风的盛行，在亦退亦隐、明哲保身的状况下，王维也在失意惆怅之时，在寂静的山居生活中，形成了这样的心境。在这样的心境之下，大自然的寂寞物境与王维的寂寞心境正好吻合，达到了主客体、心与物的互渗和圆融，他笔下的寂寞的景物，与他自己的心情，存在着对应的亲和关系。

在王维所追求的寂寞之美中，我们也可以看出美学在唐时的发展，也就是将中国古代前期一向追求的壮美（阳刚之美）理想发展到了一个新的高度（虽在李白那里表现为极致）。例如：《使至塞上》"大漠孤烟直，长河落日圆"，其中所体现的苍凉、荒漠、雄丽、旷远等皆跃然纸上。

3. 寂寞的美学境界　从社会思潮的演变来看，盛唐后期禅宗盛行，随着政治形势的急转直下和禅宗思想与中国文化的进一步契合，许多诗人尤其是山水田园派诗人，都把禅宗哲学与美学引入自己的生活和诗歌，从而为他们提供了新的诗歌审美尺度。

在这一点上，与王维追求寂寞的哲学思想信仰有关。而其哲学上的信仰，我们可以从唐代整个历史背景中窥见一二。唐代美学，从当时国际大背景来看，也可谓取得了非凡的成就，唐代美学的发展离不开唐朝盛世的大背景，这里暂且抛开这些内部因素，仅从审美方面对其进行阐述。唐代美学具有中国古典美学传统的特色，具有中国作风和中国气派，它富于感性体验的特征。感性体验的特征主要建构在审美主体与审美客体之间形成的审美关系中，它表现为审美客体对于审美主体的诱惑，更表现为审美主体对于审美客体的接受，这一点具体前面已略论述。而唐代美学的哲学思想，体现出容纳百川、海涵大度和共济精神。这可以从其统治者把老子视为祖先看出，他们虽然推崇道家，但对儒、佛、玄学，却采取兼收并蓄的态度，儒教的入世、儒学的内部之争、儒释道的三者合一、佛教登上它的历史高峰，这显然同唐代社会敢于吸收、敢于开放的文化性格有关。而唐代诗歌的高度繁荣正是这一文化性格的体现。中唐以后，禅宗异军突起，代替了其他宗派，几乎垄断了整个佛教，而禅宗精神对唐代中晚期审美理想的嬗变产生了极为深刻的影响。总的看来是儒道佛玄，互通有无，显示出哲学思想的圆融性。唐代美学的整体哲学思想必然影响到每一个身处唐代的诗人，王维亦不例外，上述所谈的佛禅思想在王维的诗中表现尤为明显。这也直接影响到上述所谈的他的"默语说"的形成。

王维信佛，对佛家所特有的色空观念有精到的研究，认为"寂"与"空"是同义词。他在《绣如意轮像赞并序》中说："寂等于空"；但是，空与色又是对应的，有所区别的："色即是空非空有，是故以色像观音。"

王维认为，自然界的色相并非皆空；但由于色即是空、空即是色，因而空是色的渊薮，最后，一切的一、一的一切，都要归结为空。所以对空的崇尚，在佛学中具有绝对的意义。王维就是把佛学的空引进文学中，形成了其哲学思想的元素，衍化为美学观念中的寂寞、空灵、静默、冲淡。

静默的艺术表达以及空，需要色来表现，才能更好实现其价值，王维描写大自然，就是以大自然的色象为依托，通过写景表现出空灵、静默。此外寂寞的境界要用冲淡的风格来表现。这也是王维诗歌美学的又一主要特征。冲淡，冲和、淡泊是也。像司空图在《诗品·冲淡》中这样解释："素处以默，妙机其微"司空图认为王维诗"澄澹精致，格在其中"，①"趣味澄澹，若清流之贯达"，② 在寂寞中品尝人生的冲淡，忘却昔日给心灵留下的创伤，在尘世喧嚣之外，寻求静谧、安宁、平和、虚空的寂寞境界。

王维所追求的"默语说"美学，不仅体现在他的诗歌中，在他的画中也多有体现，此不赘述。纵观王维的美学追求，不难看出，他的"默语"、"不言"、"寂寞"等美学追求，或许飘忽不定、难以捉摸，但却在静观、沉思、意会中窥见其影子，或隐或显地存在于审美创造、审美观照、审美研究中。

四、"默语"的当代美学意义　王维的美学思想和追求在当代仍有其重要的影响和价值，他在几千年之前便以其睿智透视出人与自然之间的奥秘，在理论上沿袭继承儒家的"和"，并且在自己创作实践中，在山水诗中歌咏冲和、淡泊、宁静、寂寞，这无疑把其诗论和创作提升到了一个新的美学高度。而这一思想对当今生态文化的建设也有着一定的启示。

生态文化是一种以"和谐"为核心的精神文化，从人的角度来看，它意味着身心关系、人与人、人与自然、人与神的关系的和谐；从文化的角度看，它意味着历史、现实与未来，文明与自然的和谐；从生命整体的角度看，"和实生物，同则不继"，它意味着多样化的物种、个性、文化彼此之间的和谐共生，生态文明正是一种使自然生态和人类精神生态都保持和谐状态的文明。

美的本质在于和谐。古希腊毕达哥拉斯学派认为音乐的美在于数的和谐，狄德罗认为美是事物的和谐关系，康德把美的本质归结为想象力与知

---

① 《与李生论诗书》。
② 《与王架评诗书》。

解力的和谐。中国古典文化以"和"为最高境界，在宇宙论层面上，"万物负阴而抱阳，冲气以为和"，"和"是多种生命元素彼此作用、相互协调、生机化育的自然精神之体现；在社会文化层面上，"大乐与天地同和"，体现着天地之和的乐与体现等级秩序的礼节合是儒家培养君子人格，塑造文明社会的重要手段；道家审美化的人生追求的则是与大道和一、物我和一的"大和"境界；在文学艺术领域里，追求的则是"乐而不淫，哀而不伤"的无邪之美，"文质彬彬"的内容与形式和谐之美。这在王维的诗画里均有所表现。总之，中国传统文化把存在理解为阴阳相互作用、和谐运转的生命整体，这种和谐的宇宙精神在自然与人生的一切方面。"和"也意味着在整体性生命法则的作用下，事物在舒展各自生命天性和维系整体生命和谐之间达到的一种最佳平衡状态，从而创造出一个健康而富有生机的生命境界。

就自然和人的和谐而言，人将大自然看成是自己生命的机体，赞美大自然的同时也是在赞美自己，在这过程中同样凸显了人的价值。就大自然之间的和谐而言，宇宙万物相生相克、相互依存。维护自然之间的生态平衡，不仅仅是保护自然之间的和谐，也是保持人与自然之间的和谐。

王维"静默"说与寂寞、不言中蕴涵的冲淡平和，并不意味着静中就丧失了生命的创造力，相反，它是指面对生命的各种冲突、矛盾和对立，能通过"一种不偏不倚的毅综合的意志，力求取法乎上、圆满地实现个性中的一切而得和谐"①。也就是说，和谐是一种在生命创造过程中的动态平衡，这种境界必须通过对生命规律有着全面深入把握并付诸实践的"中庸"智慧才能实现。在未来的文明生态社会中，人与万物各自按天性生存，人类文化创造以看护自身和宇宙整体的生命延续为目的，在一片气象万千的生命化育中，自我、他人、自然和谐共存，这正是天地间的至美。这也符合当今社会所倡导的"和谐"价值观取向。

参考文献：

[1] 叶嘉莹《叶嘉莹说初盛唐诗》，中华书局 2008 年 1 月版。

[2] 宗白华《天光云影》，北京大学出版社 2005 年版。

[3] 宗白华《意境》，安徽教育出版社 2000 年版。

----

① 宗白华《意境》，安徽教育出版社 2000 年版，第 64 页。

［4］王明居《唐诗风格论》，安徽大学出版社2001年7月版。

［5］王明居《唐代美学》，安徽大学出版社2005年4月版。

［6］霍然《唐代美学思潮》，长春出版社1997年8月版。

［7］司空图、袁枚《诗品集解 续诗品注》，人民文学出版社1963年10月版。

西方美学研究

费瑟斯通论日常生活审美化

陆 扬

中国文艺学和美学界的日常生活审美化论争红火已经有年，迄今余波未消。"日常生活审美化"，作为 Aestheticization of everyday life 这个英语术语的中译名，它是西方资本主义消费文化一路发展下来的必然产物，它的要害毋宁说是一种美学和艺术的泛滥化，使大众日常生活的衣食住行，都给消费文化的审美设计圈套起来。它的西方理论资源，除了只言片语、断章取义，或者转引复转引的例子，比较有系统的主要是来自两部均有中译本的著作：一是英国社会学家迈克·费瑟斯通 1991 年出版的《消费主义和后现代文化》。二是德国后现代哲学家沃尔夫冈·韦尔施 1998 年出版的《重构美学》。前者系 2000 年译林出版社出版，刘精明译。后者系 2002 年上海译文出版社出版，陆扬和张岩冰合译。比较来看，《消费主义与后现代文化》有专章讨论日常生活审美化，唯因该书中译本面世当时中国的日常生活审美化论争尚且未见端倪，是以译者为求通俗故，每以日常生活的审美呈现、日常生活的审美转化等语来对译 Aestheticization of everyday life 一语。加上其他一些原因，以至于不读原文，难觅究竟。有鉴于日常生活审美化已经成为近年文艺学和美学这两个传统学科与时俱进，"成功转型"的一个范例，有鉴于费瑟斯通是议及日常生活审美化言必称西学资源的一个主要来源，本文在细读费瑟斯通有关著述英文原文的基础上，拟比较全面地来考究他的日常生活审美化思想。相信这一考究对于澄清当代中国日常生活审美化论争的来龙去脉，并非多此一举。

一、日常生活审美化的三个层面

迈克·费瑟斯通长期在英国诺丁汉特伦特大学教授社会学与传播学，

迄至今日，其著作中译本主要是两种，其一是著于 1991 年的《消费文化与后现代主义》，其二是著于 1995 年的《消解文化：全球化、后现代主义和身份》。被中国日常生活审美化论争援引不断的，是他著作的第一个中译本《消费文化与后现代主义》。除此之外，费瑟斯通的有关著作，包括他主编的文集，主要还有《身体：社会过程与文化理论》（1991 年）、《全球的不同现代性》（1996 年）、《全球文化：民族主义全球化与现代性》（2000 年）、《身体修正》（2000 年），等等。仅从这个书目上面就可以发现，费瑟斯通谈日常生活审美化这样的话题，无疑是驾轻就熟，游刃有余的。

费瑟斯通《消费文化与后现代主义》的第五章，标题就是"日常生活审美化"。该章开篇作者就明确以后现代主义和消费文化，为日常生活审美化的理论起源和时代背景。用他的说法是，假如我们考察后现代主义的种种定义，那么就不难发现，这些定义的一个侧重点，即是在于艺术与日常生活、高雅艺术与大众文化之间的边界不复存在，五花八门大杂烩式的文字游戏、符号游戏泛滥成灾。费瑟斯通认为这是后现代主义畅行其道的结果，而后现代主义的特征，即是鼓吹平等、破除学科等级、笼统拒绝文化分类，并且反对存在任何基本信念。而此种后现代经验，毋宁说就是波德莱尔笔下的"现代性"。因为波德莱尔使用"现代性"（modernité）这个术语，表达的正是 19 世纪巴黎这类现代都市里，同传统社交形式决裂之后，那种惊诧、迷惘和栩栩如生的感觉印象。换言之，作为日常生活审美化理论因缘的后现代主义，在费瑟斯通看来，早在波德莱尔时代，就已经初见端倪了。它的背景是巴黎，这个纸醉金迷，日后为一切时尚范式追慕向往不已的都市原型。正是立足于这一思考，迈克·费瑟斯通比较系统地反思了日常生活审美化的纵横谱系。他认为日常生活的审美化包括三个方面的含义，或者说，它具有如下三个维度：

其一，日常生活审美化是指"一战"以来产生了达达主义、先锋派和超现实主义运动等等的艺术类亚文化，它们一方面是消解了艺术作品的神圣性，造成经典高雅文化艺术的衰落；一方面是进而消解了艺术与日常生活之间的界限，导致艺术可以出现在任何地方，任何事物之上。在这一"双向运动"中，费瑟斯通枚举的例子一是 20 世纪法国的达达主义画家杜尚，认为他 60 年代那些声名狼藉的"现成物品"艺术，被同时期纽约的超先锋派艺术家奉若至宝，真是很有意思的事情。在费瑟斯通看来，杜尚可以代表 60 年代的后现代艺术，它反对的是博物馆和学院中被制度化了的现代主义，而此种所谓后现代主义艺术的策略，正是旨在消解传统艺术的神圣光晕，消解艺术与日常生活之间的界限。二是美国的安迪·沃霍尔和他的波普艺术，费瑟斯通认为他最好不过显示了大众文化中的鸡毛蒜皮，以及那些低贱的消费商品，如何化身而一跃成为艺术。值得注意的是，达达主义、超现实主义和先锋派所使用的这些策略艺术技巧，已经为消费文化中的广告和大众传媒所广泛采纳。

其二，费瑟斯通指出，日常生活审美化是指与此同时生活向艺术作品逆向转化。这同样可以追溯出一段悠久历史。比方说，19 世纪和 20 世纪之交的英国的布鲁姆斯伯里集团中的分析哲学家 G. E. 摩尔，就说过人生之中最伟大的商品，即是由个人情感和审美愉悦构成。这样一种生活观念，同样见于 19 世纪末叶的唯美主义作家，诸如佩特和王尔德。对于费瑟斯通引王尔德的话，谓一个理想的唯美主义者应当"用多种形式来实现他自己，来尝试一千种不同的方式，总是对新感觉好奇不已"。①无疑这是一种永远用童真眼光看待世界的唯美态度。可是我们的日常生活审美化里，考究起来究竟又有几分这样一种无瑕的天真呢？在费瑟斯通看来，这样一种不断追求新趣味、新感觉，不断探索新的可能性的脉络，就是从王尔德、摩尔、布拉姆斯伯里集团，乃至理查·罗蒂一脉相承下来的美好生活的标准，而它们在后现代理论中，尤其鲜明地凸显出来。在费瑟斯通看来，这也就是日后成为日常生活审美化原型的那一种生活方式。

其三，也是最重要的，日常生活审美化是指深深渗透入当代社会日常生活结构的符号和图像。而此种符号和图像的迅猛发展，其理论来源很大程度上是受益于马克思的商品拜物教批判，以及卢卡契、法兰克福学派、本雅明、豪格、列斐伏尔、波德里亚和詹姆逊等人对这一马克思主义批判传统各显神通的发展。这一系列名单都是始终浸润在马克思主义传统之中的中国读者所熟悉的。就日常生活审美化的此一维度来看，费瑟斯通指出，据阿多诺的观点，商品的抽象交换价值与日俱增占据主导地位，这不仅是湮没了其最初的使用价值，而且是任意给商品披上一层虚假的使用价值，这就是后来波德里亚所谓的商品的"符号价值"。图像通过广告等媒介的商业操纵，是在持续不断重构当代都市的欲望。所以：

---

① 见 Mike Featherstone, *Consumer Culture and Postmodernism*, London: Sage Publications, 1991, p. 67.

消费社会决不能仅仅视为释放着某种一统天下的物质主义，因为它同样向人们展示述说着欲望的梦幻图像，将现实审美化又去现实化。波德里亚和詹姆逊正是抓住这一方面，强调了图像在消费社会中担当的新中心角色，而使文化有了史无前例的重要性。①

费瑟斯通注意到，除了本雅明和波德里亚的后期著作，上述人等均对这一过程持批判态度，由此也导致有人从正面角度来呼吁艺术和生活整合为一，著名的例子如马尔库塞的《论解放》（1969），以及列斐伏尔的《现代世界中的日常生活》（1971）。

这一切似乎都是徘徊在波德里亚的影子里面。费瑟斯通认为要说明日常生活审美化与后现代主义的关系，首先就要读读波德里亚，特别是波德里亚的两本书，一本是《模拟》，另一本是《沉闷多数的阴影》。这两本书的主题，都是反客为主、反仆为主的拟像和真实的故事。《模拟》一开篇，波德里亚就引《旧约·传道书》中的语录以为题记："拟像从来就不是遮蔽真实的东西——它是什么也不遮蔽的真实。拟像就是真实。"② 拟像就是真实，或者是拟像比真实更为真实，这是波德里亚一贯旨在阐述清楚的思想。可是《传道书》什么时候说过拟像从来就不是遮蔽真实之物这一类的话？不说波德里亚的《传道书》语录没有照例圣经引文哪一章哪一节的出处说明，只怕读者将篇幅有限的《传道书》从头到底通读下来，也无从寻觅波德里亚的上述引文。这或可显示，波德里亚的《传道书》引文，本身就是一种"拟像"？这用《红楼梦》里的话来说，真是"假作真时真亦假，无为有处有还无"了。对应于后现代社会，拟像先于本原，真实和再现之间不复存在任何障碍，甚或真实消隐不见，所见唯有拟像。这就是我们当代由拟像构成的超现实世界。信息、传媒、商品无限膨胀，反客为主压迫主体，真实的体验给广告的体验取而代之，主客体角色成功逆转。从当年的《银翼杀手》开始，当今好莱坞《终结者》、《黑客帝国》、《变形金刚》等一系列科幻大片，无疑正在演绎波德里亚这一绝非耸人听闻的拟像和模拟理论。

费瑟斯通注意到波德里亚早年论述消费社会的著述，是提出了一种商

---

① Mike Featherstone, Consumer Culture and Postmodernism, London: Sage Publications, 1991, p. 68.

② Jean Baudrillard, Simulations, New York: Smiotext (e), 1983, p. 1.

品—符号理论，借此波德里亚显示了商品如何变成为某种索绪尔意义上的符号，其意义取决于它在一系列自说自话的能指当中，处在哪一个任意的位置上面。而在80年代波德里亚的一些著作中，费瑟斯通发现波德里亚是变本加厉发展了上述逻辑，将注意力转向媒体提供的超负荷信息，致使千奇百怪、无穷无尽的图像和拟像扑面而来。真所谓"电视就是世界"。费瑟斯通转引的这个比喻，其实是非常适合当代中国日常生活审美化论争的核心问题之一，谁的日常生活审美化？这个问题的正方观点，那就是日常生活审美化虽然无缘于中国大多数远谈不上富裕的人口组成部分，可是随着电视普及最遥远的边陲乡曲，是不是那些美轮美奂的画面，一样变成了触手可及的真实？或者，至少可以雄辩地成为普罗大众"梦想的权利"？

　　费瑟斯通在波德里亚的文字中，也读出了超现实主义，如他所引波德里亚《模拟》一书的话：

> 　　今天的现实本身，都是超现实主义（hyperrealist）的东西。超现实主义（surrealism）的秘密迄今为止，是最陈腐平庸的现实也能变成超现实，然而那仅仅发生在特定的契机，并且依然同艺术和想象有着联系。而今天的全部日常现实——政治、社会、历史和经济的现实——自此以还整合进了超现实主义（hyperrealism）的模拟维度。我们生活的每一个地方，皆已处在现实的某种"审美"幻觉之中。①

　　上文中，波德里亚基本上是 hyperrealism 和 surrealism 两个词并提。这两个词中文约定俗成的翻译，都是"超现实主义"。但两者译名相同，旨趣并不相同，支撑 hyperrealism 的主要是媒体，反之 surrealism 的后援主要是先锋艺术。两者在时间上的发生点，也相距半个多世纪。但是既然波德里亚愿意将这两个概念并提，它们想必就有相提并论的理由，比方说，至少对于日常生活，两者都有化腐朽为神奇的画龙点睛神功。对此费瑟斯通的看法是，当代的模拟世界里，焦虑释放的幻觉已如穷途，观点和深度被悉尽掏空，真实和想象之间的冲突已经不复存在了。

---

　　① Jean Baudrillard, Simulations, New York: Smiotext（e），1983, p. 148. See Mike Featherstone, Consumer Culture and Postmodernism, London: Sage Publications, 1991, p. 69.

二、19 世纪的都市经验

耐人寻味的是费瑟斯通强调后现代将日常生活无边审美化的倾向，根基是在现代性之中，至少，它早已见于现代性的反思。对此他举证的三个人物，分别是波德莱尔、本雅明和西美尔。即是说，早在 19 世纪，具有哲人气质的诗人和具有诗人气质的哲人，便已开始对现代社会的商业气息给予深切关注。对于波德莱尔，费瑟斯通强调他考究的是 19 世纪中叶的巴黎。而波德莱尔笔下的巴黎，反过来成了本雅明著作《拱廊街研究》中的典型语境。其后西美尔的《货币哲学》出版是在 19 世纪和 20 世纪之交的 1900 年，它的语境是新柏林熙熙攘攘的都市空间，而西美尔笔下的柏林，又正是本雅明童年时代的城市环境。由此围绕这三个人物的现代性都市经验，来探讨日常生活审美化的缘起，无论如何是意味深长的。

关于现代性意味着什么，后来费瑟斯通在他 1995 年出版的《消解文化：全球化、后现代主义与认同》一书中，有过如下说明。他指出今天"现代性"一语已被广泛用于社会科学当中，其原因是多方面的，包括 20 世纪 80 年代以来对各种形式的马克思主义和新马克思主义兴趣衰落，对以"资本主义"之类概念来概括当代社会生活方面面感到不满，以及对后现代主义，特别是当下的文化经验兴趣上升，等等。费瑟斯通认为吉登斯风行一时的的现代性界说更多关注的是现代性的制度层面，反之对现代性的文化层面很少留意。就费瑟斯通本人来看，他更关心的显然是现代性的都市生活的层面，为此他举譬歌德《浮士德》下部普罗米修斯式的可歌可泣的人类生活的英雄形象，指出此种形象在 19 世纪后期的德国和 20 世纪初期的美国的社会思想中尤其流行，那正是这两个国家工业化和城市扩张高速发展时期，例如柏林和芝加哥，就变成了世界性的大都市。诚如后来美国社会学主流芝加哥学派，将芝加哥描述成一个不断消化蜂拥至此的移民人口的城市，而在吸纳移民的过程中出现的贫民窟、犯罪、青少年违法、流浪汉，等等，都被视为现代都市生活不可或缺的组成部分，甚至动力所在。费瑟斯通认为芝加哥学派的现代都市生活观念是受到了西美尔的影响，而从西美尔又可以追溯到波德莱尔：

> 西美尔并不是第一个试图探究现代文化之困境的人，他探究现代

性飞逝的经验感和"日常生活审美化"的兴趣以某些主题为基础。它们在波德莱尔的著作中都能找到。普遍认为，是后者引入了现代性这个概念。在波德莱尔看来，现代生活经历的关键特征是"求新"感。现代社会制造出无穷无尽的商品、建筑、时尚、类型与文化活动，而它们又都将注定被其他东西迅速取代，这些事实都强化了眼下时刻的转瞬即逝感。①

对此费瑟斯通的感受是，都市公共空间那些游手好闲的公子哥儿，即波德莱尔笔下的"游荡者"（flâneurs），最能够体验现代都市光怪陆离、流动不居的碎片形象。他指出，波德莱尔看到的是时尚生活走马灯般流转不息，"游荡者"们悠闲漫步在如影飞逝的人群中间，此一类花花公子，正是现代生活的主角，而照列斐伏尔的说法，他们都是自然而然的艺术家，追求将自己的日常生活转化为艺术作品，同职业艺术家作为，恰恰相反。对于波德莱尔来说，艺术就应当殚精竭虑来捕捉这些现代生活的场景。

费瑟斯通发现本雅明的《波德莱尔：发达资本主义时代的抒情诗人》中，是将恩格斯反感之乌合之众，以及他对乌合之众那种心怀恐惧的描写，同波德莱尔的"游荡者"作了对比。而游荡者是身处出没在拱廊街之间的另外一群乌合之众当中，可以游刃有余、悠闲信步在巴黎这个特殊的都市空间。进而视之，这些时新巴黎的拱廊街，正是本雅明《拱廊街研究》计划的主题。费瑟斯通说，《拱廊街》顾名思义，它指的就是巴黎的拱廊街，那是没有窗户的世界，当然窗户在这里是一个比喻，喻指的是"心灵空间"。拱廊街和百货商场，那是消费文化的"梦幻世界"，对于本雅明来说，它们意味着什么？费瑟斯通指出，对于本雅明来说，它们是魔幻世界的物化表现，这也是马克思在《资本论》第一卷中所言的"商品拜物教"，而本雅明则是试图表现商品的拜物教性质中隐而不现的性欲指向。商品的拜物教性质中隐而不显地潜藏着性的欲望？费瑟斯通对于本雅明拱廊街经验的这一阐释，或许用于当代中国日常生活审美化的有关论争，也是适得其所。

费瑟斯通注意到波德莱尔熟悉的 19 世纪现代都市生活，也是本雅明

---

① 见费瑟斯通《消解文化：全球化、后现代主义与认同》，杨渝东译，北京大学出版社 2009 年版，第 207 页。

《拱廊街研究》中的主题。在此一"光晕"消陨的"大众文化"语境中，绘画演变成广告、建筑演变成技术工程、手工艺和雕塑演变成机械复制艺术，这一切现代生活的新场景在巴黎这个大都市都有最好的见证。对于此，费瑟斯通引了美国学者苏珊·巴克–莫斯《本雅明的〈拱廊街研究〉》一文中认为如洪水猛兽扑面而来的资本主义工业文明，是导致了"现实"和"艺术"出现有趣逆转的观点，强调"现实"和"艺术"的这一逆转，其中的意味是双向的：一方面，20世纪的机械复制艺术，特别是包括好莱坞电影、广告工业和电视在内的大众媒体，可以一路畅通无休止复制这个商品世界；而另一方面，大众媒体，特别是电影，可以用来作为一种批判手段，即不是去复制幻象，而是致力于阐示现实就是幻象。

由是观之，费瑟斯通复引述苏珊·巴克–莫斯上述文章和1986年所撰《"游荡者"，三明治人与妓女：闲逛政治学》一文中的观点，指出在审美化的商品世界中，艺术与历史主题的持续不断地循环再现，意味着城市景观给我们的童年记忆加上此种如梦似幻、半醒半梦的特质。在现代城市这个神出鬼没的世界里，儿童是一而再、再而三发现新的东西，成人则是在新东西中重温旧梦。故都市日新月异的变化勾起人浮想联翩，旧时记忆如潮汹涌，亦是充分满足了人群中游荡者们的好奇心。"游荡者"是本雅明读波德莱尔读出的形象。这个出没在巴黎拱廊街上的特有的族群，诚如波德莱尔本人，始终是以游荡者的目光，不动声色来对周边的花花世界作寓言式的观察。游荡者漫步在人群之中，并非出于日常生活的实际需要，反之毋宁说是追求声色感官的刺激。不断遭际的时新事物，由此勾起的新旧交接的复杂体验，足以形成个人身处现代社会的那一种特有心理机制。故此游荡者虽然出没人群之中，却并非与芸芸众生同流合污，他有一种大隐隐于市的悠闲，是在不断克服惊颤的体验中，检验自己于中快速反应的生存能力，他们就是新兴都市生活的当代英雄。

德国社会学家西美尔，在费瑟斯通看来，也是属于波德莱尔和本雅明一路的关注现代都市日常生活审美化的先驱。他认同西美尔研究专家大卫·弗利斯比的说法，以西美尔为第一个现代性的社会学家，认为本雅明在波德莱尔笔下读出的神经衰弱、都市居民和顾客这一类主题，一样鲜明体现在西美尔的现代性讨论之中。费瑟斯通感兴趣的是西美尔对历届世博会建筑审美风格的洞见，这些建筑来来去去，幻若昙花一现的过眼烟云，正相似前述之商品的审美维度。费瑟斯通同样注意到西美尔对于日常生活审美化中位居中心地位的时尚，亦有过细致分析。他曾经以是时柏林规模愈演愈大的形形色色贸易博览会，为现代审美文化的标记。贸易会上琳琅满目，时尚流转幻若过眼烟云，没有什么东西可以长存不变，不求最好，但求最新。用西美尔自己的话说，便是时尚的新奇感永远是刹那间的魅力，永远展示出强烈的现在感。所以时尚总是短暂易逝，昙花一现，由此成为崇尚时髦感觉的现代文化的象征。

那么，波德莱尔、本雅明、西美尔这三位日常生活审美化描述的先驱，又意味着什么呢？对此费瑟斯通作如此言：

> 在波德莱尔、本雅明和西美尔的著作中，我们读到大量观察者先是超然物外，然后又身不由己陷入其中的感觉。但是他们三个人都认定城市人流是一大群匿名个体组成的乌合之众，他们可以侧身其间，随波逐流。比如，波德莱尔《现代生活的画家》就谈到观察"世界，身处世界中心，又隐身于世界之中"的快感。但是观察者并非隐而不见，我们可以追随布尔迪厄《区隔：趣味判断的社会批判》一书中的看法，找出充分理由来说明何以小资知识分子或艺术家要追求这样一种隐身，感觉到他是漂游在社会空间之中。①

这个观察者，不消说就是波德莱尔笔下的"游荡者"。对于日常生活审美化的都市文化研究来说，显而易见这个"游荡者"的视角，也是费瑟斯通最为推崇的视角。对此费瑟斯通的阐释是，这个游荡者不是单纯的录音机、照相机，他就是人类的化身，他的外观、他的行为举止，都在向他四周的人们发散可以读解的印象和符号。这些符号不仅见于各行各业人等以及妓女，同样见于艺术家和知识分子。虽然行人比肩接踵，匆匆而过，悄无声息，但是解读他人相貌以及由此得到的愉悦，诚如波德莱尔所言，同样应接不暇，是飞逝而过。就此而言，费瑟斯通再一次推举波德莱尔大隐隐于市的立场，强调波德莱尔不仅意识到知识分子和一艺术家的活动，包括他自己的作品，是怎样被商品化了，而且对那些自命不凡、好高骛远的艺术家逃避公共生活，避免被卷入其中的做法，嗤之以鼻。这就够了。对于费瑟斯通的日常生活审美化态度，波德莱尔的"游荡者"意象，以及

---

① Mike Featherstone, Consumer Culture and Postmodernism, London: Sage Publications, 1991, p. 75.

这个意象意味深长的所指，就是最好的榜样。在这个榜样的后面，是本雅明和西美尔对新兴都市文化更为冷静和细致的现代性分析。

三、布尔乔亚与波西米亚

但是费瑟斯通同样愿意说明，波西米亚和布尔乔亚即中产阶级的趣味，在日常生活审美化中有着怎样举足轻重的地位。他引美国社会学家丹尼尔·贝尔《资本主义的文化矛盾》一书中的观点，认为19世纪中叶以降，离经叛道的现代主义，就一直在主导艺术。特别是在1848年革命之后的巴黎，见证了波西米亚式放荡不羁作风的兴起，不但波及艺术，而且波及生活。它活跃在布尔乔亚社交圈子之外，被认同为无产阶级和左派艺术。费瑟斯通复引阿诺德·霍塞《艺术社会学》中的相关叙述，指出所谓的波西米亚艺术家，是第一批真正的艺术无产者，他们家徒四壁，一贫如洗，在大城市的廉租区域，与三教九流混杂而居。他们养成了相似的风格，推崇自然而然，工作伦理讲究随意，反对系统，却没有怎么注意到可敬的中产阶级的趣味，诸如他们井井有条的生活空间、具有控制力，以及按部就班的生活方式，等等。问题是，中产阶级的这些符号及生活方式，看起来像是新鲜东西，实际上是已经有了很长一段作为叛逆策略的历史。即是说，在中产阶级内部，就有人尝试使用这些逆反符号，来制造惊诧效果，一如它通过行为举止的培养，来控制情感的文明过程。正是在这里，费瑟斯通发现波西米亚和布尔乔亚可以联手创造日常生活审美化：

> 故此，按照斯塔利布拉斯和怀特《离经叛道的政治学与诗学》(1986) 一书中的说法，波西米亚艺术家可视为是在生产"大杂烩式的象征型节目"，与早期狂欢节形式提供的类似节目，一脉相承。中产阶级的波西米亚艺术，特别是超现实主义和表现主义，从狂欢节传统那里改头换面接过了许多象征性的颠覆与忤逆。因而我们可以追溯到中世纪狂欢传统中许多栩栩如生的侧面，诸如断断续续、流动不居的意象链，声色犬马，情感大释放，以及万变归一等，它们如今同后现代主义和日常生活审美化，有了千丝万缕的联系。①

---

① Mike Featherstone, Consumer Culture and Postmodernism, London: Sage Publications, 1991, p. 79.

　　狂欢是欧洲古已有之的节庆传统，一年一度在罗马、佛罗伦萨、威尼斯、巴黎和科隆等地举行，但是让这样一种司空见惯的日常生活现象见出前所未有的文化意义，主要是得力于巴赫金《陀斯妥耶夫斯基诗学问题》和《弗朗索瓦·拉伯雷的创作与中世纪和文艺复兴时期的民间文化》两部著作中的独到阐释。巴赫金的狂欢节理论赋予民间文化、狂欢节广场、狂欢节式的笑等以深刻含义，认为它们是在日常生活的现实世界之外，建立起了"第二个世界和第二种生活"。费瑟斯通本着他的日常生活审美化需要，于中所见的是巴赫金狂欢节理论中的意识形态颠覆性质，即是说，狂欢节文化里，高雅与低俗、官方与民间、经典与怪诞等的分野悉数不见，或者说，是盘根错节纠缠在一起了。特别是怪诞的身体、狂食烂醉、男女杂交，构成了狂欢节的主要内容。怪诞的身体是不纯洁的低级的身体，比例失调、直截了当、及时行乐，是为物质的身体。同它相反的，则是古典的身体，它美且匀称、超凡脱俗、给人以距离感，是为理想的身体。先者是波西米亚，后者是布尔乔亚，两者显然是格格不入的。

　　除了狂欢节的传统，费瑟斯通发现与日常生活审美化关系密切的，还有集市。他转引美国学者 P. 斯塔利布拉斯和 A. 怀特《离经叛道的政治学与诗学》一书中的有关描述，指出集市是具有双重的功能。一方面是一个开放的市场空间，展示着来自国内和国际其他市场上的商品，人们在这里发生商业交易行为。但是另一方面，它也是一个充满快乐的场所：它是与真实世界隔绝开来的地方空间，人群聚集，富有节日气氛。故此，集市不光是地方传统的守护人，而且通过交会不同文化，也成为大众传统的转化场地，一如巴赫金所言，它们就是那些"混血化"的场所：异国的和本土的、乡下人和城里人、职业演员和资产阶级观众，全都相聚一堂。集市上来自世界其他不同地方的异国商品琳琅满目，千奇百怪的招牌、纷彩并存的货物，不同衣着、不同仪态和不同语言的人们摩肩接踵，奇形怪状、杂耍表演，无所不及，这一切都刺激着欲望，莫不让人蠢蠢欲动。事实上，它们就是 19 世纪后半叶的百货商店和世界博览会的户外先驱。只是情感放任不羁的程度，稍有不同而已。而集市所提供的兴奋和恐惧，费瑟斯通发现在今日电影这个有限空间之中，依然可以体验到它们。进而视之，今天的迪斯尼这一类主题公园和游乐场，同样是为我们有所羁绊的不羁情感，提供了宣泄场所，虽然是以更为有序和安全的方式。在这里，大人可以再一次像儿童那样，为所欲为。

很显然，狂欢节也好，集市也好，它们所体现的明显是属于波西米亚一类的狂放不羁传统。它们和布尔乔亚即中产阶级，又有什么关系？对此费瑟斯通认为，中产阶级正表现为对这些不羁情感的羁绊和引导。故它毋宁说就是种文明化的过程，不但控制情感，而且与对下半身的厌恶，和对自己身体空间的敏感同步增长。这一过程使中产阶级与普罗大众拉开距离，但是，厌恶门槛的升高，反过来也使人尤其渴望起那被放逐的"他者"，而后者正是迷恋、欲望和怀旧的源泉。一如 19 世纪后半叶中产阶级妇女的歇斯底里，即是排斥下半身欲望，将之视为无序混乱象征的结果。故而波西米亚和布尔乔亚，两者之间不在于壁垒森严，而在于相互对话。这样来看后现代主义，便是从 20 世纪 60 年代的离经叛道社会与文化运动中，吸收了不少东西，对此费瑟斯通说：

> 狂欢节的因素位移进入艺术，保留在消费文化的场所和场景里，见于电影和电视一类媒体，它们今天拥有更多的中产阶级受众，后者背离贝尔《资本主义的文化矛盾》（1976）一书中议及的那张维系着清教伦理的谨严人格结构，如今能更好地来直面那些富有挑战性的情感。事实上，一些中产阶级的新人受到更好的教育，以至于在有控制地发泄情感，以及在更好地欣赏日常生活审美化的敏锐与趣味方面，都更是游刃有余。①

这可见，日常生活审美化在费瑟斯通看来，是狂放不羁的波西米亚和讲究节制的布尔乔亚两种精神的合二为一了。先者是反文化，后者是文化。当反文化的冲动反过来给文化收编进来，那么文化本身就有了一种摆脱羁绊，永远追求开辟新天地的本能。费瑟斯通至此的结论是，日常生活审美化并不是后现代社会的专利，如上所见，早在 19 世纪中叶，资本主义城市化的过程中，已经见诸波德莱尔、本雅明和西美尔的都市生活经验描写。进而言之，它的渊源还可以追溯到中世纪以降的狂欢节和集市文化，其间中产阶级殚思竭虑，同底层阶级的忤逆欲望不断较量，从而使后者成为同文明进程齐头并进的常新不败的"他者"。控制和反控制，有序和无序，终于在波西米亚和布尔乔亚的两相结合之中，铺陈出日常生活审

---

①　Mike Featherstone, Consumer Culture and Postmodernism, London: Sage Publications, 1991, p. 81.

美化的迷人景观。要之，狂欢节、集市、音乐厅、博览会、休闲地，及至今天的主题公园、购物中心、旅游业等，都是典型的"有序的无序"之地，永远发散出让布尔乔亚欲罢不能的异国异域的他者情调，即便这情调是人为的。

由是观之，日常生活审美化的流行趣味，毋宁说便也是正在成为我们当代英雄的"布波"一族的趣味所向。布尔乔亚是中产阶级，它象征的是财富和地位，文化和秩序。波西米亚是艺术家和知识分子的气质，它不拘小节、无视传统、不识时务，是为一种遗世独立的反文化潮流，它与中世纪以降的狂欢节传统，正是一脉相承。很显然，作家和艺术家大都具有波西米亚的血统，虽然，除了巴尔扎克这样的资产阶级作家，保守的文化批评家大多对它持保留态度，但是即便这些恪守传统的文化守护人，内心深处未必没有此一足以同尼采所谓狄俄尼索斯酒神精神交游的波西米亚冲动，适因于此，"布波族"（Bobos）一语作为"布尔乔亚波西米亚族"（Bourgeois Bohemians）这个合成词的缩写，最终见诸《纽约时报》专栏作家大卫·布鲁克斯笔下，2000 年布鲁克斯出版的《天堂中的布波族：新上层阶级及其成功史》一书中，率先使用"布波"一词，用来指上个世纪 90 年代"雅皮"（yuyuppies）后代们的生活方式，作者指出他们极少对抗主流社会，对异端和他人意见表现出高度宽容，高学历、高收入、高消费，从而形成一个"新上层阶级"，是为 60 年代自由主义和 80 年代个人中心主义，即 60 年代"嬉皮"和 80 年代"雅皮"的联姻，而当仁不让成为后现代工业社会的主流精英。① 以布波族为日常生活审美化的主角，我们发现费瑟斯通的有关立场倒是毫不含糊的。按照费瑟斯通的逻辑，日常生活审美化莫若说就是中产阶级和艺术家们的专利。而且，即便艺术家有为非作歹的叛逆冲动，也早晚必中规中矩，削足适履给纳入中产阶级的道德框架之中。要之，日常生活审美化跟灰头土脸的劳苦大众又有什么关系？即便有关系，后者的桀骜不驯也给收编过来了。而且，桀骜不驯似乎是艺术家们的专利，用来形容沉浮在温饱线上的中国的普罗大众，好像还是词不达意。谁的日常生活审美化？看来主张日常生活审美化是当代中国普遍现象的论者，援引西方理论是不是最好还是绕过这位独独钟情于布尔乔亚和波西米亚的费瑟斯通？

---

① David Brooks, Bobos in Paradise: The New Upper Class And How They Got There, New York: Simon $ Schuster, 2000.

审美认知：美学与认知心理学的联姻

赵伶俐

当代信息科学尤其是多媒体信息处理技术的发展，促进了各门学科高度交叉综合发展的进程，一些过去被认定毫不相干的学科例如自然科学与人文科学、数学与美学等，以及被认定不能被量化和机械操作的现象例如造型、色彩、乐音、诗歌、情感等这些信息，都在一定水平上实现了和正在实现数字化运算。这一切促成了以人工智能研究为核心的认知心理学的诞生与发展；也促成了美学与认知心理学的联姻，产生了审美认知这一崭新的研究领域。

一、审美认知：美学的信息化、数字化、科学化、综合化

认知心理学，又称信息加工心理学，"是心理学与教育学、计算机科学等学科相互交叉渗透的产物"①，其本质特点在于将人心理的认识过程看成是一个信息加工过程②。美学，是对主体人与客体事物之间审美关系建立规律的探索，而主客体能否建立审美关系，受到多因素影响，其中一个不可或缺的重要中介因素，就是人对信息的认知加工过程。完全相同的信息，经过不同个体的不同认知过程与方式处理后，会得到不同结果：判断为美或者相反，体验到美感或者相反。审美认知概指伴随审美判断和美感体验的信息加工过程、方式、类型与水平等，人是如何处理审美信息或者将信息处理为审美信息的，即如何进行审美感觉、知觉、记忆、想象、思维、判断、体验等，或如何接受输入、储存提取、处理运算、输出发送

① 田运《思维辞典》，浙江教育出版社 1996 年版，第 94 页。
② 王甦、汪安圣《认知心理学》，北京大学出版社 1992 年版，第 3－4 页。

信息的，其与处理一般信息有何不同等，这些就是审美认识要回答的核心问题。

1957 年，认知心理学的创始人之一，诺贝尔经济学奖获得者 H. A. 西蒙（Simon）预言："到了 1967 年，心理学的理论将被编制为计算机程序。10 年内，数字计算机将成为世界象棋冠军；10 年内，数字计算机将会发现和证明一个重要的数学新定理"；1965 年他又预言："20 年内，机器将有能力完成人类所能做到的任何工作"。然而 10 年过去了，20 年 30 年过去了，预言还未实现，西蒙及所创立的认知心理学受到了质疑。究竟预言错了？还是遇到了难以逾越的障碍？如果说障碍，最大障碍之一就是如何处理各种复杂的模糊信息。审美认知首先必须面对的就是审美和艺术的各种表达形式、感觉、语义、语境、意味、价值、评价、美感等这些模糊信息的量化即数字化处理问题，而这些也是目前信息科学与技术发展要攻克的一群最坚硬的堡垒。攻克了这群堡垒，西蒙预言的实现就近在咫尺。

因此，审美认知的背后，是美学的信息化、数字化和科学化问题。必须首先从理论上紧接着从技术上解决一直被学界公认的美学与科学之间的尖锐矛盾：模糊性与确定性、感性与理性、形象与意义、情感与逻辑、表象与概念、现象与本质等。科学是对客观世界本质和规律的揭示，包括理论、实证、数量化三大构成要素，而科学理论和实证两个环节，都少不了数量化方法的运用。也可以说，正是因为采用了数量化研究与表述方法，才有了今天意义上所说的意义准确、逻辑严谨的"科学"，也才有了今天的信息科学与技术。解决美学与科学的矛盾，是审美认知研究得以成立的最基本的认识论和技术论前提。

科学认知的审美性，有助对审美认知科学化的理解。人类探索自然规律所采用的认知方式与所获取的真理（知识）本身，就存在着与美和审美认知的同质性，正如哈奇森所说在牛顿的力学系统中，引力就是这种与美同类性质的东西①。而这就是科学美。一些著名科学家把科学理论美定义为"部分与部分之间和部分与整体之间固有的统一"，且把自己从科学活动中得到的审美愉悦归因于"在某些理论中非常强烈地知觉到某种适当性"②。

---

① 哈奇森（Hutcheson. Francis 1725），An Inquiry Concerning Beauty, Order, Harmony, Desing. Edited by Peter Kivy. The Hague：martinus Nijhoff, 1973：p. 49.

② 海森堡（Heisenberg. Wemer 1970）."The Meaning of Beauty in the Exact Sciences."In Werner Heisenberg, Across the Frontiers Translated by Peter Heath. New York: Haroer and Row, 1974；p. 166 - 183.

正如温伯格（Steven Weinberg, 1993）所描述的，他们因此而体验到同艺术创作恰到好处时一样激烈的美感："在聆听一首乐曲或欣赏一首十四行诗的时候，当人们意识到在该作品中没有任何东西可以更改，没有一个音符或者语词你会让它是别的样子时，人们有时会感到一种强烈的审美愉悦。在拉菲尔的《圣家族》这幅油画中的人物布局是完美的。在世界的所有绘画中这一幅也许不是你最喜欢的，但是当你看这幅画时，没有什么地方你会要拉菲尔做不同的处理。在一定程度上（仅仅是一定程度上），广义相对论同样如此。一旦你了解了爱因斯坦采用的一般物理原理，你就会理解，由这些原理引导，爱因斯坦得出的不可能是其他的显著不同的引力理论。……同样的注定如此的感觉在我们关于作用于基本粒子的强和弱电力的现代模型中（再说一遍，只是一定程度上），也能够找到。"[1] 科学是最热切地追求对自然世界和谐性最恰适的解释的，这就是科学内在的审美性质。恰适性即"和谐就是美"[2]。"如果一种科学理论"具有这样的审美性质，能够"让观察者感到这个理论有高度的适当性（aptness）"，那"就能轻易地打动观察者"[3]。也正如居里夫人的《我的信念》："我认定科学本身就具有伟大的美。一位从事研究工作的科学家，不仅是一个技术人员，而且是一个小孩儿，好像迷醉于神话故事一般，迷醉于大自然的景色。这种科学的魅力，就是使我能够终生在实验室里埋头工作的主要原因。"[4] 类似阐述在杰出科学家那里频频可见。

杨振宁博士的《美与物理学》[5] 关于整个物理学实验、唯象理论和理论架构三大层次的阐述，是对科学认知和科学审美认知的基本加工过程与水平的恰适解释。他说等当自然界雨后初晴或晴天有水雾时，阳光从某种角度照射上去，就会产生虹和霓的现象，那升腾在空中的彩带，光艳夺目十分动人。对这美丽的自然现象物理学家们不仅欣赏赞叹，还一定要研究如此生成的道理。于是首先从"实验"开始，进行现象观测和量化记录；然后对其产生原因（因果关系）作本质抽象，形成"唯象理论"；然后再对众多同类现象及关系进行本质抽象，对若干唯象理论再归纳，便形成了

① 温伯格（Weinberg. Steven 1993）. Dreans of a Final Theory. London: Hutchinson.
② 朱光潜《西方美学史》（上），人民文学出版社 1979 年版，第 32 页。
③ ［英］詹姆斯.W 麦卡里斯特（James W. MeAllister 1996），《美与科学革命》，李为译，吉林人民出版社 2001 年版，第 42 –43 页。
④ 玛丽·居里《我的信念》，选自《现代人的智慧》，科学普及出版社 1999 年版。
⑤ 杨振宁《美与物理学》，《人情物理杨振宁》，译林出版社 2003 年版，第 223 –268 页。

具有高度抽象和更大普适性的"理论架构"。经过实验、唯象理论、理论架构这三级加工过程，"物理学最后的精华便是那些为数不多的、概括度极高且简洁优美的理论架构"即这样一些经典方程式：牛顿的运动方程；麦克斯韦方程；爱因斯坦的狭义与广义相对论方程；狄拉克方程和海森伯格方程，此外最多还有四五个方程。杨振宁说"把这些方程写在一起就是整个物理学的理论架构，这个可以说是真正包罗万象。了解了这些理论架构以后，你所得到的感受我认为可以说这些方程式是造物者的诗篇，因为它们用了非常浓缩的语言，而能够把这么广大的宇宙之间包罗万象的物理现象给它准确地描绘了出来。""理论架构的浓缩性和它们像诗一样的诗意"如同 W. Blake 有名的诗句："一粒沙里有一个世界/一朵花里有一个天堂/把无穷无尽握于手掌/永恒宁非是刹那时光"，让人不能不产生雅致感、神秘感、畏惧感、庄严感、神圣感、崇高感。

在科学创造性活动中，科学家们还总是自觉不自觉地运用着审美与艺术表达方式。例如有机化学分子式就像一个个简笔的建筑意象；量子力学的量子就被图像化为一个个互为联结的各有运动方向的箭头。20 世纪中后期产生了一种为爱因斯坦统一场理论求解的科学假说"超弦理论"，认为物质的基本单元是一些微小的、比质子还小 1 万亿亿倍的振动着的弦，各种粒子如质子中子等最终都由弦构成，从人体到遥远的星体皆如此。创建者之一米切奥·卡库阐释道：这些弦"类似于小提琴的琴弦能够用来'统一'所有的音调和和弦规则……一根弦可以用不同的频率振动，每一种都会在音阶上产生不同的声调"。该理论是"一个能够统一世界中所有已知的力的综合的数学框架"[①]，且充满了非凡的审美想象力（一种审美认知过程与能力），在科学基础上描绘的一幅微观世界声像合成的精致的艺术作品。

在哈奇生、杨振宁、居里夫人、米切奥·卡库，以及还有许多现当代富有高度创造性的科学家例如爱因斯坦、海森伯格、霍金、希尔伯特等的心目中，整个科学认知过程，同时也就是一个科学的审美认知过程。科学和科学家，对审美对美学有那么深邃的理解和天然亲近感，为什么美学和美学家就不能向科学、向数学、向实证靠近一些？

不可否认，模糊性使得审美活动更显丰富生动，轻松愉悦，意味深

---

① ［美］米切奥·卡库，詹妮弗·汤普逊著《超越爱因斯坦》，陈一新，陆志成译，吉林人民出版社 2001 年版，第 5－6 页。

长，所以人人喜欢美喜欢审美。但是在信息科学技术发展需求的大背景下，审美认知已经是一大不可回避的科学研究领域，且这只是少数学者所能为所必为的事情，是美学向科学靠近的一大步，是美学信息化、数量化、科学化及跨学科综合发展的一大标志。

二、国外审美认知研究

19 世纪后期盛行的实验美学，也称实验审美心理学，心理美学，科学美学等。"产生于 19 世纪后半期的美学中的实证精神的典型表现，它是节节胜利的实验科学要求在精神的领域也有同样的发言权的结果，是近代哲学和自然科学的共同后代。"[①] 其借助自然科学的实验方法来探讨审美心理现象，可以说是在西方科学心理学系统中，为现当代审美认知研究的发生发展埋下的最漂亮伏笔。实验心理学奠基人和实验美学创始人 G. 费希纳 "当了七年的生理学家 （1817—1824）；十五年的物理学家 （1824—1839）；卧病十年 （1839—1851）；十四年的心理物理学家 （1851—1865）；十一年的实验美学家 （1865—1876）；最后十一年……复以老年人的注意，集中于心理物理学 （1876—1887）"[②]，在多学科领域都有创造性贡献。他认为 "哲学的美学可以建立在实验的美学之后和之上，正好象自然哲学可以建立在生理学和物理学之上一样"，并亲自 "进行了有系统的实验来尝试完成这一任务"[③]。实验起因于判断两幅圣母画像，哪一副是画家霍尔拜因的真迹，争论很激烈而共同点是人人都认为最美那幅是真的。那么究竟哪幅画最美呢？费希纳决定用实验法解决这一难题。他把在德国两地的两幅画像调到一起展出，在画展旁的桌上放了留言簿，请观者留下评语。他本想通过评语分析，得出欣赏两幅画的普遍心理标准，但没想到参观者有一万一千人以上，而只有一百一十三人表示意见，且这些人的情况各不相同，有专业批评家、普通人和已看过这两幅画的等。由于实验条件控制不佳，所得评语难以统计分析，实验失败了。然而这一实验方法的运用却揭开了审美问题科学化研究的历史。

---

① ［英］C. W. 瓦伦丁《美的实验心理学》，周宪译《艺术的心理世界》。中国人民大学出版社 2005 年版，第 179 页。

② ［美］E. G. 波林著《实验心理学史》，高觉敷译，商务印书馆 1982 年版，第 320－321 页。

③ ［英］李斯托威尔《近代美学史述评》，蒋孔阳译，上海译文出版社 1980 年版，第 39 页。

《美学导论》（1876）是费希纳用 11 年时间采用实验法研究美学问题的著作。他实证了"黄金分割律"（1:0.618）这个关于形式审美愉悦的简单的数学模型①，尽管后来有学者例如伯拉因（Berlyne，1971）等质疑这一结果的普遍性，认为其运用范围"是很有限的"，但是这一成果却开启了用数学模型来表述和解释审美认知与审美快乐价值感之关系的先河。费希纳还通过实验发现了 13 条审美认知与美感定律②，迄今仍不失其参考价值：（1）审美域定律：刺激必须达到一定强度才能够产生快乐或痛苦。（2）审美加强律：几种快乐条件联合起来产生的总满足，大于任何一种孤立条件产生的满足，也大于各个条件分别产生的满足的总和。例如音乐旋律与和声，诗歌韵律，各种感官感受的联合。（3）多样统一律：表现了多样性又表现了统一性的事物带来的快乐，高于千篇一律或错综杂乱的事物。（4）和谐或真实律：宁可选择诸表象间和谐的，真实的；不愿选择相互矛盾与错误的。（5）清晰律：当各种表象清清楚楚汇集在意识中的时候，能够体验到较大满足。（6）审美联想律：一件事物会令我们回想起曾经有过的愉快或不愉快的经验，并将之与当前事物印象进行比照，从而产生快乐或不快乐的瞬间体验。（7）审美对比律：相反的两种体验同时产生，会有相互加强的效果。（8）整体大于部分相加律：多因素总和产生的效果比单因素分别产生的效果的总和要大。（9）审美顺序律：A、B 两种不同量的快乐和痛苦，在时间顺序上一个接一个出现的时候，趋于快乐方向上体验到的快乐总和，要大于在趋于痛苦方向上体验到的痛苦总和。（10）审美调和律：两件相互连续地朝着一个积极方向前进的事物所连续产生的快乐总和，可以大到完全弥补之前的痛苦。（11）刺激持续律：任何刺激都必须持续一段时间，才能够产生足够的快乐或者痛苦。（12）快乐转化律：审美快乐一旦产生，将会逐渐增加到最大值，然后再降到无所谓的程度，甚或转到它的反面。（13）用力最小律：快乐来自与有关事件相关的最小精力的消耗，而非精力的最大节省。费希纳之后审美实验、审美测量、审美数学建模等方法一度流行起来。

美国美学学会创建者托马斯·门罗（Toward Science）在其重要著作《走向科学的美学》（1956）中，反对对美的本质作纯哲学探讨，认为美

---

① 朱光潜著《文艺心理学》，安徽教育出版社 1996 年版，第 294 页。
② 据［英］李斯托威尔《近代美学史述评》，蒋孔阳译，上海译文出版社 1980 年版，第 32 - 33 页整理。

学应持科学态度走实证道路；但也不完全赞成费希纳方法，认为那"确实太狭隘、太呆板了，它不配称为'实验美学'"。他极力推崇包括实验在内的更多适宜于审美经验实事的各种实证方法，认为"广义上理解，美学研究中的实验态度，应当是那种尽量利用从各种可能的研究途径和方式中所得到的有关审美经验的本质的全部线索的态度"①。这些见解为理解美学的科学性，保留了更大的余地与空间。

美国数学家、实验心理学家伯克霍夫（Birkhoff）的《审美测量》(1933)，以四种刺激——多边形、希腊花瓶的轮廓线描、曲调、诗行等为材料进行实验，提出了一种测量多边形、简单装饰物、瓷器外形、花瓶轮廓等的韵律特征和音乐的若干特征的方法，更重要的是他据此实验还提出了一个用以计算伴随审美认知而产生的快乐价值梯度的快乐公式，亦称为审美程度公式（formula of aesthetic level）②，或和谐公式：$M = O/C$。即审美感受的程度（M）与审美对象的秩序性（O）成正比，与审美对象的复杂性（C）成反比。依照公式推理，简单的多角形会引起高水平的美感，因为它有高秩序性和低复杂性。伯克霍夫声称这个公式不仅适用于对简单几何图形也适用于对一切艺术品的知觉解释。艾森克（1942）针对该公式认为，审美快乐（和谐性）肯定与材料（对象）的复杂度和秩序性密切相关，但三者究竟是怎样相关的呢，他对伯克霍夫的多边形研究进行了分析（1968）指出，三者间有某些关于审美规则的认知因素在起作用，伯克霍夫却忽视了这个因素。艾森克修改后的公式被认为"能够较好地适合于说明一般多边形偏爱中的某些令人惊异的规则"③。

英国心理学家瓦伦丁的《实验审美心理学》④，有 1919 年版和 1964 年增补版，对实验美学家们的思想及通过实验获得的研究成果进行了总结，考察了对色彩、图画、音乐等艺术形式进行的各种实证研究，区分了客观、心理、联想、性格等基本心理类型的审美感知（审美认知的第一加工环节）特点，揭示了审美愉悦产生的一般心理原则等。这两个几乎是跨越半个世纪的同名版本，被认为是反映和连接了实验美学几乎半个世纪发展

① ［美］托马斯·门罗《走向科学的美学》，石天曙、滕守尧译，中国文联出版公司 1985 年版，第 18 页。

② 林崇德，杨治良，黄希庭主编《心理学大辞典》，上海教育出版社 2003 年版，第 1093 页。

③ ［美］阿恩海姆、霍兰、蔡尔德等《艺术的心理世界》，周宪译，中国人民大学出版社 2005 年版，第 10 页。

④ ［英］C.W·瓦伦丁《审美实验心理学》，周宪译，北京大学出版社 1991 年版。

的重要著作，"据我所知"这几十年间"心理美学中几乎没有可与之相比的其他著作问世"，"两个版本的比较表明，在半个世纪的岁月里，我们对人与艺术交互关系的知识扩大了"，但是也有局限性，"这种扩大相当程度上是一些孤立单一的研究"，"尚未形成一系列积累和彼此相关的研究"①。

1996 年美国国际"意识科学研讨会"，来自 22 个国家的神经科学、哲学、数学、计算机科学、物理学、析梦学、药理学、医学、人种学、心理学、灵学、宗教学、预言学等领域千多名专家学者参会。哥伦比亚大学计算机科学家杰伦·拉尼尔博士演奏一首钢琴曲，拉开了大会序幕，这似乎意味着关于意识和大脑功能的研究，也融进了信息科学技术与艺术审美认知的因素。

1965 年，在美国成立了国际经验美学学会（IAEA）。首任主席弗朗西施斯（Robert Frances）是一位认识心理学家，1968 年出版了他的《审美心理学》，该书"虽然篇幅较小，但是却涉猎了好几门艺术的心理学的各种传统的研究结果，诸如早期的实验美学，或像瓦伦丁所说的美的实验心理学，以及人格心理学，并开始把认知心理学和发展心理学的思想模式用于审美问题"② 等。国际实验美学学会是一个用科学方法研究审美经验、审美认知和审美行为构成的学会，每两年召开一次世界大会。目前学会有来至全世界 20 个国家的成员，大多数成员是心理学家，还有哲学家、美学家、各审美和艺术领域的专家例如音乐、绘画、雕塑、电影、博物馆行为观察员等、社会学家等。1973 年在卢汶、比利时大会上任大会主席的欧文 . L 蔡尔德作了《科学美学的最新发展》③ 的发言，对各国会员主要近期成果进行了综述，如伯拉因《美学与心理生物学》、加纳德《艺术与人的发展》、阿恩海姆《艺术与视知觉》、皮科福德《心理学与视觉美学》、瓦伦丁 1962 年增订再版《美的实验心理学》、贝伦《创作中的艺术家》、莫尔斯《信息论与审美知觉》等，在审美唤醒与审美联想的关系、审美认知与人格特质和类型的关系、多元智能与艺术认知、审美认知和体验的比照变量、美学信息加工论、模式与符号化等方面取得的突出成绩。2008 年国际实验美学大会以"心理学与美学的未来"为主题在美国芝加

---

① ［美］欧文·L 蔡尔德《科学美学的最新发展》，载《艺术的心理世界》，周宪译，中国人民大学出版社 2005 年版，第 23 页。

② 同上，第 24 页。

③ 同上，第 21－31 页。

哥召开①，160多名来自全世界（包括中国大陆、香港、台湾）的专家参加了会议。特在此将会议关于审美认知方面的交流论题包括英文排列如下，以反应当前国际研究的主要走向：视觉行为和审美评价过程（Visual Behavior and the Aesthetic Evaluative Process.）；认知与视觉艺术（Cognition and Visual Art）；创造性（力）（Creativity）；音乐知觉（Music Perception）；审美经验与结构（Aesthetic Experience and Structure）；艺术家及其艺术（Artists on Their Art）；审美经验与情绪（感）（Aesthetic Experience and Emotion）；个体差异（Individual Differences）；神经认知心理美学（Neurocognitive Approaches to the Psychology of Aesthetics）；认知与文学（Cognition and Literature）；建构理论与视觉（The Use of Architectural Models for Studying Visual Perception）；审美经验与欣赏（Aesthetic Experience and Appreciation）；结构与视觉艺术（Structure of Visual Art）；结构与文学（Paper Session：：Structure and Literature）；艺术的工具：理论与测量（Symposium VI：Means and Devices of Art：Theory and Measurements）等。

实验美学与现代信息科学技术的结合，产生了试图运用信息论概念和原理来解释审美现象的信息论美学。例如将音乐的认知、体验与价值解释成是对信息的秩序和非秩序、冗余码和明确信息达到最适当的混合后所具有的效果，等等。而此类也就是审美认知研究。正如欧文．L.蔡尔德所言："美学的科学研究已介入了这场近一二十年来人类科学向更适合方向发展的一般运动"，因此在综述会员们的成果时他自信地说："近几年的变化——我认为是非常重要的——可以归诸我们这个组织"，"我之所以想把焦点集中在这些著作上，就是因为我相信，这些著作以及我们这些研究论文的科学论题，作为近来科学美学中所出现的思想趋向的代表，是值得注意的"。

三、当代国内审美认知研究

当代国内审美认知研究，从一开始就深受国外科学美学与认知心理学思路和研究方法影响，力图使美学问题的探究建立在科学实证基础上并与信息科学技术紧密联系。借此要特别感谢滕守尧教授、周宪教授和刘兵教

① http://www.science-of-aesthetics.org/index.htm.

授等，本文大量引用了他们自己翻译和主持翻译的作品，是他们敏锐和宽广的学术视野与坚持力，从观念和理论上推进了国内当代美学科学化和信息化即审美认知研究的进程。

心理学家和美学家们，采用问卷调查对中国青年色彩和图形感知的审美趣味倾向进行了研究①；调查分析了审美意识美与真、善意识的关系②；对中国公民的审美素质包括对美的认知水平进行了大规模调查③；采用教育实验的方法证明了审美价值认知对积极人生价值观的建立有显著影响④，结合测量方法证明了审美感性与审美理性之间的互为关系⑤，证明了基于审美逻辑的审美概念学习具有积极的迁移效应，并通过回归统计得出了审美迁移的基本数学模型和线路⑥，证明了审美概念理解对提高审美感性水平有显著作用⑦，且有助于显著提高创造性思维的成绩⑧；倡导审美和美育的脑机制的研究⑨，采用神经生理实验揭示审美认知的神经活动机制，证明了审美活动是一种由神经系统控制的高级意识形式，涉及感知、情感、想象、记忆，以及价值评判等高级认知过程⑩，等等。

《审美认识机制论》⑪一书将美和审美活动本质建立在认识论的规定性上，强调审美活动是认知活动与评价活动的统一，"美作为人的本质力量对象化的感性显现，必须在内容上反映人的本质力量，必须在形式上表现为存在于主体中的关于客观事物的感性显现。正是在评价活动和认识活动统一的基础上，客体才能以人的本质力量对象化的感性形式呈现在主体的意识之中，从而使主体产生情感上的愉悦和享受"（序言 P1）。因此，审美认知是作者立论的基本点和全书赖以展开的逻辑出发点，由此展开

---

① 黄希庭《当代中国青年价值观与教育》，四川教育出版社 1994 年版，第 288 页。
② 冯莉《中国高校师生求真、求善、求美意识调查分析》，《高教发展与评估》，2006 年版第 6 期。
③ 项目主持人：石亚军；调查设计负责人：赵伶俐。
④ 赵伶俐《人生价值的弘扬——当代美育新论》，四川教育出版社 1994 年版。
⑤ 赵伶俐《多值逻辑与审美逻辑——论审美认知的逻辑基础》，《西南师范大学学报》，2003 年第 2 期。
⑥ 赵伶俐《审美概念学习效应与迁移的逻辑线路探究》，《心理科学》，2001 年第 4 期。
⑦ 赵伶俐《审美概念理解对审美感性水平影响的实验探索》，《心理科学》，2007 年第 4 期。
⑧ 赵伶俐、黄希庭《审美概念理解对于创造性思维作业成绩的影响》，《心理科学》，2002 年第 6 期。
⑨ 曾繁仁《美育与脑科学关系初探》，《文史哲》，2001 年第 4 期。
⑩ 丁晓君、周昌乐《审美的神经机制研究及其美学意义》，《心理科学》，2006 年第 5 期。
⑪ 陈新汉《审美认识机制论》，华东师范大学出版社 2002 年版。

为：美和审美活动的认识论规定；审美活动的认识结构；形象思维及其诸形式；审美活动中的艺术活动；最后归结为理想人格的建构和对待人生的审美境界等五个部分构成。

《审美概念认知——科学阐释与实证》① 是该书作者认知心理方向博士论文（导师黄希庭）经过再加工形成的。上编"审美概念认知的科学阐释"，提出作为审美理性认知问题及其基础审美概念认知问题，涉及美学、审美心理学、艺术学、哲学、教育学、科技美学等领域长期以来关于审美是否有理性、审美理性在整个审美心理活动中的地位，以及与审美感性和其他心理因素之间的复杂关系。围绕此，对心理学、美学等领域已经进行相关研究，包括理论和支持这些理论的实证研究成果进行了阐释。下编"审美概念认知实证研究"，由三项实验构成，分别证明了审美理性认知、审美概念理解对于审美感受水平和创造思维作业成绩有显著积极影响，验证了该书首章提出的四个理论假设成立。

美学学位点和相关学位点的建设，审美认知实验室的建立等，是促进美学理论与实践研究信息化、数字化、科学化、跨学科综合发展，培养研究人才的重要平台。研究生培养的方向、思路、课程、毕业论文选题、研究方法和撰写方法等，应当作出积极主动的响应。

2005 年 11 月厦门大学成立了艺术认知与计算实验室，室主任周昌乐教授。这一中国当代首家开展审美与艺术认知研究的专业实验室，招收硕士生、博士生和博士后，主要针对音乐、诗歌与书画等艺术载体，系统开展审美认知的神经机制研究，揭示审美认知的生理和心理规律，建立人类审美活动的基本神经模型，神经计算模型及机器的技术实现等。诗歌方面主要涉及汉语预设、隐喻、象征分析与理解研究，以建立汉语诗歌语言理解的计算体系；诗词计算分析与自动创作研究，以建立中国诗歌语料库；在此基础上广泛进行诗歌语言现象分析、不同风格诗歌自动生成、诗歌机器翻译系统的开发等。音乐方面，主要结合人工智能的成熟技术，研究各类音乐的机器自动生成方法，并应用于具体音乐体裁的机器创作、古曲与民歌和声的自动编配、音乐信息检索技术等。例如根据中国琴学主要涵盖的内容，开展古琴曲谱数字化数据库建设、减字谱的机器编码、编辑、识别、分析与翻译（打谱）方法的研究，面向古琴音乐体裁的算法作曲基本

① 赵伶俐著《审美概念认知》，新华出版社 2004 年版。

方法的研究、弦歌歌词创作与自动谱曲方法及其应用研究，以及古琴演绎的音乐仿真技术和动画实现技术等方面的研究。

西南大学 2004 年在重点学科基础心理学（负责人黄希庭教授）中首创设置"审美认知"方向，2005 年在美学中首创设置"审美心理学与教育"方向，两个学位点跨学科联合培养博士生，2007 年在教育部认知与人格重点实验室（负责人李红教授）中设立了"审美认知实验室"，2008 年在应用心理学中设置了"审美认知与行为实验室"，重点在审美认知与美感体验、审美价值判断关系的揭示，在审美认知与科学认知、审美概念认知、审美意象认知、美术和音乐意象认知、科学意象认知、隐喻审美认知、人体与服饰意象、审美变化觉察等方面进行了一系列理论与实证研究并取得了突破性进展。建立了审美感念认知迁移模型，区分和验证了音乐意象的七个加工水平，开发了水平测量软件①，科学意象加工的两大水平三种类型，开发了物理问题创造性测量的基本方法②，证明了概念隐喻中科学认知和审美体验的交互作用及其对学生教学认知效果的影响③，等等。1986 年该校刘兆吉教授创建的"美育心理学"④ 及领衔主研的国家重点课题"美育心理研究"⑤，对中国古代哲学、文艺理论尤其音乐、诗歌、小说、绘画和书法理论中的美育心理思想及艺术审美认知方式的理论研究⑥；同人们和研究生继续考察了中国古代文化例如易经中人类科学思维、数理思维和审美思维方式的逻辑统一性⑦、采用调查法对青少年儿童的审美心理包括审美认知发展与规律进行研究⑧、通过实验探究场依存性对中学生绘画欣赏的影响⑨、审美价值认知对人生价值观的积极影响⑩、实验发现

---

① 李杰：音乐意象加工水平。2009 届西南大学心理学博士毕业论文。

② 滕翰：科学意象加工水平对高中生物理问题创造性解决的影响。2009 届西南大学心理学博士毕业论文。

③ 丁月华：概念隐喻中审美体验对学科概念理解的作用研究。2008 届西南大学心理学博士毕业论文。

④ 《中国大百科全书·心理卷》，中国大百科全书出版社 1991 年版，第 286 页。

⑤ 刘兆吉《美育心理研究》，四川教育出版社 1993 年版。

⑥ 刘兆吉《中国美育心理学思想》，刘兆吉《美育心理学》，四川教育出版社 1993 年版。

⑦ 赵伶俐《易经：人类科学思维和审美思维方式的精典阐释》，《心理科学》，1999 年第 3 期。

⑧ 赵伶俐《大美育实验研究》，西南师范大学出版社 1996 年版。

⑨ 李红《场依存性对中学生绘画欣赏的影响》，《心理科学》，1992 年第 5 期。

⑩ 赵伶俐《人生价值的弘扬——当代美育新论》，四川教育出版社 1991 年版：附录：审美教育对青年人生价值观影响的实验研究。

造型结构化的美术教学模式对学生造型能力发展①，以及视点结构审美化书法教学模式对学生书法能力的提高等都具有显著作用②等，为后来审美认知的深入研究奠定了思想理论、方法与坚实的人才基础。

北京师范大学2006年在哲学与社会学院建立了"应用美学实验室"，主要功能是基于电脑和网络信息技术进行社会调查包括大众的审美调查，这是实证研究但还没有展开实验研究，这一当代中国哲学与美学界最早建立且至今还是唯一的美学实验，其特殊价值也许更在于观念和行为的突破。

2007年12月18—21日中国自然辩证法研究会在西南大学召开了"科学、艺术（审美）、创新：跨学科理论与研究方法创新高峰论坛"，特邀全国著名高校和科研单位的哲学、心理学、教育学、音乐学、美术学、舞蹈学、数学、化学、物理学等领域的中青年专家学者近30人参会，提交论文40余篇，由教授博导论坛、新生代论坛和六个跨学科辩论分会三部分组成。在此列出有关发言者和发言主题，也可窥见国内研究的基本走势：在教授博导论坛发言的有清华大学刘兵教授《艺术与科学之关系的层次与相应的研究定位的》，浙江大学陈大柔教授《艺术与科学整合的依据和中介》，四川社会科学院查有梁研究员《创新：科学与艺术的融合》，著名挪威华裔画家汪光华先生《文化、方法、材料重组与融合》，吉林大学李志宏教授《审美机制的科学猜想和审美机器人》，中国科学院方在庆教授《爱因斯坦的创造能力从何而来》，上海师范大学樊琪教授《美感及其结构的心理测量学分析》，清华大学尹应武教授《化学家、企业家、教育家的诗意人生》，武汉大学邹元江教授《象思维：〈寒江独钓图〉的审美意味》，中国科学院李文林教授《数学发展的文化激素》，首都师大周世斌教授《实证研究在音乐学术研究中的价值和意义》，重庆交通大学庞跃辉教授《跨学科研究的结晶——现代交通美学》，中科院王大明教授《发挥期刊促进学科交叉综合作用及建议》，上海科学与技术学会陈积芳副会长《"科学与艺术"在上海》，重庆邮电大学李益教授《科技与审美交融漫议》等；新生代论坛发言的有北京师范大学田松副教授《"科学与艺

---

① 李良炎、鲁邦林《初中造型结构化教学对学生造型能力发展影响的实验研究》，《西南师范大学学报（社科版）》，2003年第3期。

② 余立新、李斌《书法欣赏教学对小学生书法能力提高的实验研究》，《西南师范大学学报（社科版）》，2003年第3期。

术研究"领域的可能方向》，中央教科所李铁安副研究员《笛卡儿解析几何的创生：数学逻辑与审美直觉的交融》，西南大学心理学院白智宏副教授《文理艺大综合课程实验报告》，还有河北省社会科学院朱菁菁副研究员、白涵颖副研究员等做了发言。晚上的"跨学科辩论会"如同多声部大合唱，在六个分会场同时举行，每分会场三至四名专家学者与各院系学生们进行了直面交流和学术争论。西南大学赵伶俐教授在闭幕式上解读了论坛会标的寓意：横向摆放的太极图，一如婴儿般瞪大眼睛充满生机的脸，左右两个阴阳点呼应，两个曲面蓝红交融，象征着科学与艺术的互摄融合；边缘用黄色的字体围绕圆圈标示会议名称，似冉冉上升的太阳，光芒万丈。她说这次高峰论坛没有闭幕式，直到科学与艺术的跨学科研究为普遍认可、接受、卓有建树那天为止。本次论坛在广泛的学科背景上提供了一次美学、美学、心理学与多学科的互访对话机会，对当代跨学科包括审美认知研究将产生深远影响。基于此，目前正在筹备成立的中国自然辩证法研究会"科学与艺术"专业委员会，也将领先于美学和心理学，为科学认知和审美认知的跨学科研究及国际交流，搭建更高的平台。

四、审美认知的应用进展

20世纪70年代后期，美国麻省理工学院建立了世界上第一个多媒体实验室（Media Lab），集聚了自然、社会、艺术等十数门学科的几十位专家学者，共同研制多媒体数字语言。自实验室创建人尼葛洛庞帝（Negro-ponte）教授1976年提交项目协议书到现在才短短三十余年，多媒体信息技术已在几乎所有学科和社会生活领域迅速扩展，现代艺术设计、现代传媒、产品设计、生产控制、教育等领域，都成为了多媒体信息技术应用的前沿。

现代艺术设计这一艺术美学与信息科学技术结合的新兴领域，是审美认知研究成果应用的佼佼者。理性与数学逻辑的系统参与，不仅使得对色彩、图形、声音等这些被认为是美和艺术作品构成要素的信息处理达到了相当水平，而且使得人主体与客观事物的审美关系也悄然发生了深刻变化，过去的直觉性、随机性、模糊性正向着逻辑性、数字化、精确性方向加速迈进。电脑的艺术和美的创造力，因此在某些方面已远远超过了过去用人工和纯直觉完成的水平，所设计的作品不仅不失而且更加充满了动人的感性与独创性，正如前些年央视台有两句意味深长的广告词："TCL 手机，科学技术美学化"；"松下电器使我们的梦想，更加花繁叶茂"。当代审美越来越离不开科学技术的内在支撑，科学技术也越来越具有审美品位。

信息化、数字化、科学化、跨学科综合化等，使人们的生活充满了前所未有的美感和创造感，人的信息化审美素养的培养也因此不可避免地成为了当今教育的崭新课题，也必然性地导致学校教育教学内容模式的大幅更新："在这种教学中，艺术与科学之间、左脑与右脑之间，不再泾渭分明。当一个孩子使用 Logo 这种计算机语言，在电脑屏幕上画图时，所画出的图形就既是艺术的，也是数学的，可以看做两者中任意一种。即使抽象的数学概念现在都可以借助视觉艺术的具体形象来加以阐释。"[1] 这就是在信息化背景下更广义的审美教育。

其实现代审美教育理论本身，就是建立在心理学和实验美学基础上的。蔡元培先生作为美育的倡导者，是一位教育家、美学家，同时也是一位心理学家和实验美学家。他在德国留学时，曾亲聆科学心理学创始人、世界上第一个心理学实验创建者冯特讲授心理学，并接触了实验心理美学。因此"他不但提倡美育，而且从心理学的角度解释美育"："以心理学各方面衡之，军国民主义毗于意志；实利主义毗于知识；德育兼意志情感二方面；美育毗于情感；而世界观则统三者而一之"，而"美育者神经系也，所以传导；世界观者，心理作用也，附丽于神经系统而无迹象之可求"。

美与美育具有和谐性和全息性[2]，审美认知也具有和谐性和全息性，因此足够用以培养全面和谐的人格[3]，"是健康人格塑造中必不可少的手段"[4]。与德育、智育、体育相比，美育及其审美认知教育突出地兼有"形象性、情感性、自由性和深远性等特点"，能够借助"审美对象的形象，以自由交往的方式，给受教育者以情感陶冶的教育"[5]，协调促德、益智、健体、尚美的全面教育和有助个体内外世界的平衡、和谐与完善建构。

---

① [美] 尼葛洛庞帝著，胡泳、范海燕译《数字化生存》，海南出版社 1996 年版，第 258 页。
② 赵伶俐《人生价值的弘扬——当代美育新论》，四川教育出版社 1991 年版。
③ 赵伶俐《人格与审美》，安徽教育出版社 2009 年版。
④ 杜卫《美育学概论》，高等教育出版社 1997 年版，第 37－38。
⑤ 黄希庭，郑涌《当代中国大学生心理特点与教育》，上海教育出版社 1999 年版，第 242 页。

20 世纪末 21 世纪初期，作为现代美学重要实践领域的中国美育实践，有了更喜人的发展，包括长期遭到反对的美育实践的科学化，也有了新的说明。以美育心理学实证研究为基础进行的"大美育"理论与幼小中大系列教材和教学模式方法等实践造作系统的建构①；《大学美育》（2000）②第九章科学审美与技术审美，开端语就表明本章建立在现代科学与信息科学技术发展的背景上，因此而与以往类似著述科学美一章的立意明显区别开来；《大学生美育》（2003）③ 陈述了"美育的科学整合""美育心理的逻辑构成""美育过程的逻辑走向"等；我国著名音乐家、美术家、美学家等直接参与了从 2001 年开始的当代中国最大规模的基础教育新课程改革，领衔"音乐"④、"美术"⑤ 和"艺术综合"⑥ 课程的改革、创设、编制与实施。滕守尧先生明确界定《综合艺术课程》"从艺术生成环境的角度讲，它是生活、情感、文化、科学的综合体"，并力主将"崇奉科学精神"、"大力推出科学性"放在重要位置上⑦；《文理艺大综合》则以"科学、审美、实践"的有机结合为逻辑主线，将中小学的 18 门课程联系起来，建构了学科最多跨度最大的综合课程、教材与教学系统⑧，等等。这些审美教育的新特点，在不同程度上都是对当代美学信息化、科学化、数字化、跨学科综合发展作出的积极实践反映，美育也因此比任何时候都更加显现出在人的培养中的全息价值。

审美认知研究成果在各个领域的实践应用，使美学的潜力在新的社会条件、科技条件、经济条件下得到最充分释放；也必将为 21 世纪人文社会科学信息化、数字化、科学化、跨学科综合化发展提供最富有说服力的示范。

结语：美学和美学家的"数字化生存"

美学归属哲学，这就意味着她的发展高度与哲学一样，在相当程度上

---

① 赵伶俐《大美育系统论》，西南师范大学出版社 1996 年版。
② 仇春霖主编《大学美育》，高等教育出版社 2000 年版。
③ 叶学良、查有梁《大学美育》，四川人民出版社 2003 年版。
④ 王安国、吴斌主编《全日制义务教育音乐课程标准》（实验稿），北京师范大学出版社 2002 年版。
⑤ 尹少淳主编《全日制义务教育美术课程标准》（实验稿），北京师范大学出版社 2002 年版。
⑥ 滕守尧主编《全日制义务教育综合艺术课程标准》（实验稿），北京师范大学出版社 2002 年版。
⑦ 滕守尧主编《艺术的综合与综合的艺术教育》，中国艺术教育，创刊号，第 10 页。
⑧ 赵伶俐总编《文理艺大综合——科学、审美、实践书系》，中华书局 2005 年版。

取决于其跨学科综合反映的宽度、深度与速度；同时从应用层面看，在社会生活的各个领域"美无处不在"，因此美学也无处不在，当代信息科学技术背景下，这越来越被证明是普遍真理。无论形而上还是形而下，都向美学和美学家们惯有的依赖个人经验进行纯主观理论的狭隘的学术生存方式提出了无情挑战。

尽管西蒙的预言遭到了质疑，但是尼葛洛庞帝教授在《数字化生存》(1993) 中提出的许多预言包括审美的预言，却已经看到了实现的曙光："20 年后（即约 2013 年后，本文引者注），当你从视窗中向外眺望时，你也许可以看到距离 5000 英里和 6 个时区以外的景象。你观看到的电视节目长达 1 小时，但把它传送到你家中所需要的时间也许不到 1 秒钟。阅读有关巴塔哥尼亚高原（Patogonia）的材料时，你会体验到身临其境的感觉。你一边欣赏威廉·巴克利（Watogonia Buckley）的作品，一边可能和作者直接对话"① 等。预言是否能够准时实现已经不重要，重要的是我们已经坚信，不久的将来人类绝大生活包括审美活动都将在信息化数字化世界中进行。而任何预言，要变成现实都必须一个步骤一个步骤地解决问题、一个细节一个细节地将之创造出来，例如如何能够使"你从视窗中向外眺望时，你也许可以看到距离 5000 英里和 6 个时区以外的景象"，就包括了对大自然景观审美信息的接受、储存、提取、重组、输出等一系列数字化运算过程和运算方法的理论研究与技术设计、操作。

美学的信息化、数字化、科学化与跨学科综合化，如同所有人类学问与生活的《数字化生存》一样，仅仅是时间问题且这个时间已经不容商量地逼近。如果大势所趋而美学和美学家却永远视而不见，永远仅仅热衷于解读个别经验、过去的理论和抽象谈论未来；如果有关美学问题最终是由其他学科例如信息学科的专家而不是美学家来解决的，那么这样的美学包括哲学，是否会显得过于轻飘和虚弱？在当代背景下，美学中久已存在的或许是它诞生之日起就存在的问题和新生问题，都到了非解决不可的程度。有说法值得铭记："无疑地，尼葛洛庞帝是一位优秀的未来学家。但在我们看来，他最出色的贡献不是这本书，而是一句话：'预测未来的最好办法就是把它创造出来。'（The best way to predict the future is to invent it.）"②

---

① ［美］尼葛洛庞帝著，胡泳、范海燕译《数字化生存》，海南出版社 1996 年版，第 15－16 页。
② 同上，第 9 页。

有关灵性的思考与美学的建设及发展

夏训智

前　言

美是人类（本体意义上）生存的三大支柱之一（另外二者为真和善），其无目的和目的原则就是用快感的方式，有助人类往真和善的方向生存和繁衍。因此美的彰显不是孤立的。但人往往孤立地追求美的外在形式，甚至因此陷入情欲之中，单纯地追寻感性的虚幻的美，因此总是把美与真、善割裂开来。

美学作为独立的学科是从德国 18 世纪的鲍姆嘉登开始的，但其理论基础建立在自古希腊以来，历代思想家关于美的理论探讨之上。因受当时"唯理派"与"经验论派"论战和"人类中心论"的影响，从那时开始，美学的思考就在感性、理性的二元预设框架中进行。

但人除了感性、理性还有灵性。人的超我，人生存意义的体认、追求都与人的灵性不可分割。美感的最深的根是扎在人性的超自然、超社会的灵性之中的；当人类寻求美、真理、意义、终极，如只埋头在感性、理性的土壤中去刨掘，而不仰望天空（人性的源头），找到的只能是一鳞半爪的解说，而不是直指本体的真相。在当今中国后意识形态期的美学建设及发展中，灵性的思考是一个需要面对的沉重课题。

美的属性

"无目的合目的性"是康德美学中的一个重要概念，在这里康德给目的定义为："一个关于对象的概念在它同时包含着这个对象的现实性的基础时叫做目的。"康德把目的分为内在目的与外在目的两种，外在目的指一物的存在是为了他物，是一事物对另一事物的适应性。而当他谈到美时所谓的"目的"是一种"内在目的"，意指在一事物的概念（本质）中包含着它自己的内在可能性的根据，也就是说，一个事物的形成与发展不取决于任何外在的因素，而是有赖于其内在必然性。具体来说，他认为人类普遍性中有先天的反思判断力，当其运作时人会得到某种的快感——美感，而不是知识。其原因在于当人的判断诸能力（如直观想象力、知性能力、理性能力、判断力）不带目的地运作时，不是为了认识外界的某个对象，而是从外部世界的具体对象返回到自身内心，由此引起内心诸认识能力自由地产生了协调，这时的人就会产生享受的快感，我们称之为美感。

人生存、繁衍与快感（包括美感）直接有关。人生活于世是顺着快感作选择的，无论选食物、居住地或选配偶，都被快感所牵引。南宋洪迈的《四喜诗》谈到人的快感时，将马斯洛所谈人的五种需求的其中四种包括在内："久旱逢甘露，他乡遇故知，洞房花烛夜，金榜题名时"；秦观的前期恋情词《鹊桥仙》里说：金风玉露一相逢，便胜却，人间无数。所有的这些快感都是背后的生存、繁衍的本质在作祟。

由于快感和不快带领人的生存，造成人生境界从肉体到精神的几个关怀层次（1. 肉体和情欲，2. 生存和现实，3. 终极。因在中文的语境中有终极关怀这一约定俗成的词语，因此我们在此将"关怀"这一词语借用于其他两方面）。当人进入高的层次，就有能力超越或克服低层次的需求得不到时所产生的不快或痛苦，甚至超越人生最高的痛苦——死亡。如当年谭嗣同为了"变法及救亡图存"英勇就义时大声说："有心杀贼，无力回天，死得其所，快哉快哉！"从谭的例子我们可以看到重要的两点：1. 人可因追寻高（终极关怀）层次的快感胜过死亡的痛苦，2. 审美（或艺术作品）在它处于高层次的人生关怀时，无疑是一种表达人对于生命意义领受的手段，而我们常常称对于生命意义的追寻为终极关怀。

当然人活于世，不可能每时刻都生活在最高的"人生境界和审美的需求"中。正如马斯洛讲到人有五种的需求，人首先要满足的是生存和生理的需要。在审美的实践中，审美对象给人有想象的空间就有美感，不分层次的高低。如淫诗、黄色小说、黄色电影都可以促发人丰富的想象，艺术手法也可以很高超。人的一生，无论他的道德品质或精神境界高低如何，其现实生活状态和审美需求，不尽然全在高层次的关怀中进行，人生境界高低分别在于对几种关怀所取比例的不同罢了。

美与善

　　然而正如人对物质生活环境的需求不断向更高处发展一样，人对精神和审美的要求和追求也是从低的关怀层次向高的层次发展。审美层次的高低是与人的价值观相对应。反过来说，审美环境塑造人的价值观。我们将澳门和拉斯维加斯的赌场文化比较一下，不难发现人的价值观决定其建造的审美环境，及审美环境如何倒过来影响人的价值观。

　　据统计前往澳门的游客平均只在澳门停留一个晚上，而且除了赌博没有什么其他娱乐。主要的娱乐就是看脱衣舞、真人秀和嫖妓。为了吸引游客去看脱衣舞，赌场区中张贴着印有东方女人裸体的海报。从理论上来说，这是用一种艺术或美的形式来作招引。但不知是东方裸女的胴体进入人的感官必然引起的不是美感，而是性遐想的缘故，还是海报设计者的意图使然，此类海报给人"黄色作品"的感觉居多，或许这对某类人是美的享受。有曾在澳门看过脱衣舞的人投文在网上说道："那些舞女，在舞台上展示的，不是艺术，而是脱的动作，是脱和脱之后的引诱。她们使出浑身解数，极尽妖媚，把女人最隐秘的地方，用最夸张的姿势，坦露在众多的眼光底下；她们用最能够引发男人冲动的动作、眼神来诱发男人体内的欲望。"

　　赌博不是一件好事，但每个人的内心都有赌博心理，这种心理是天生的。从某种角度来说，这种赌博心理也是一种"好奇心"，出于对未知东西、不可预测结果的一种好奇。因着这种好奇心恐怕人人都有走进赌场的经历。然而进入到澳门的赌场区，当地的环境气氛驱动人欲性的发动，驱动人去赢钱，用钱去满足情欲的发泄。如此由金钱和人欲构成的环境，将人的关注引到人性生理的层面，因此由赌区回到现实生活，潜意识里充斥的就是：发奋赚钱，有了钱就可以有更多的条件满足自己的情欲和欲性。余英时当年曾说过一句让港澳同胞哗然的话：香港（澳门）的文化用四个字就可概括了——"声色犬马"。

　　但在拉斯维加斯，赌场建造得金碧辉煌，多间赌场都有文化主题的标榜。如恺撒宫，除了门口有恺撒大帝的大理石雕像，里面布满了古希腊雕塑的复制品；希腊思想先哲的头像；巴洛克风格的油画；悦耳的古典音乐低声回荡。墙上的海报都是名设计师的手笔，色块对比及构图都非常讲究。如果上面印有女人的身体，在华服的包装下，不同于澳门海报所给人的下流遐想之类。每天晚上拉城同时上演上百场各种题材和风格的、比较健康高雅的（也有裸体但不庸俗的）歌舞和演唱会。即使是裸体类的歌舞，通常是由十几人或几十人组成的无上装舞蹈。舞女们穿着华丽的舞袍，头上戴着精美绝伦的高冠，个个脸上带着专业的笑容，大家作出每个舞姿整齐无二，动作的高难度非经专业训练无法企及，再伴着华贵的音乐，令人联想的应是造物主的大手笔，何以让人体在舞蹈中展现如此大的震撼力。许多世界级大型的展馆在这里建造，国际的学术会议常常在这里召开。并不是说拉城没有低俗的一面，相较而言，它能全面迎合人身体和精神的需求。在那儿走一遭出来，同样会体会到金钱与人生活的质素成正比，但却不是局限在生理需求的层面，人会为着有文化高度、有较高精神生活的人生目标去拼搏、去赚钱。

将两地赌场进行比较，可以说，孰美孰不美见仁见智，因为关于美的定义有几十种，是一个主观判断，无法定论，但谁善谁不够善却有比较。善有两层含义：1. 符合于人或团体目的的东西就是善的。（但仅使个人或少数人得益，不顾他人利益或有害他人利益，只是短暂利益，到头来得到的可能是损失）2. 就人类社会的整个历史发展的进程来看，只有与社会发展规律相一致，并与推动着社会由低级向高级发展的普遍利益相符才是真正的善。

历史上美学研究在二元框架进行

美学作为独立的学科是从德国 18 世纪的鲍姆嘉登开始的，是建立在从古希腊以来历代关于美的理论探讨之上，将以往美学理论的体系化、科学化。自此，美或美学的思考都在预设的感性、理性二元框架中进行。因此形成三派观点：1. 美感是感性的；2. 美感是理性的；3. 美感是感性、理性的统一。

"感性"一词有着各种不同的理解，通常或指不假概念、判断、推理的直接性；或指视、听、触、嗅等感官的运用及其相关对象的外部可感性质；或指一种较低级的认识形式；或指某种身体力量与生理感受，等等。美感与感性的关系也依上述理解的不同而有相应的内容。在把美感转到等同于主观快感上，休谟和博克可说开了风气之先。前者把美感视为一种"同情感"，后者则视为"类似爱的情欲"。

另一些美学家却不这样认为，在他们看来，把美感的性质划入感性，特别是归结为生理性的快感或生物性的性欲，是看低了美感。美感应该是某种更高东西的表现。理性就是这种更高的东西。

但在不同的使用中，理性（the rational）也有不同的含义。在美学中，与理解相关的认知能力和与实践相关的社会性为其基本含义。一般说来，凡推崇理性的思想家们都易于主张美感是理性的或是强调它的理性方面。鲍姆嘉通早就提出"美是感性认识的完善"，而车尔尼雪夫斯基也坚持认为"美感认识的根源无疑是在感性认识里面"，都是把美感当做认识来看待的，虽说这种认识的级别较低。更有的（如 Rother）甚至断言，"美只能自理性去领略，而美所给予的愉快，亦非感觉的愉快"。这就完全把美感划归到理性的范围之内了。

康德的美学著述依旧循着理性和感性的二元框架中前进，对于他以前的美学家只提到过德国唯理主义的继承者的鲍姆加登（Baumgarten）和英国经验主义的心理分析的思想家布尔克（E. Burke）。康德的美学思想是完全否定客观美的存在的。因此，他的论美实际上是论述的美感，即所谓审美判断力。而其所著《判断力批判》就是旨在批判地研究这种审美判断力的方式和限度。不过，通过康德对美感的论述亦可窥见其对美的基本品格的认识。康德打破了长时期以来美学研究中经验派和理念派的形而上学的桎梏，开辟了感性与理性统一的美学研究的新路。他提出了美在无目的的合目的性的形式，认为美是沟通真与善的桥梁，是两者的统一。

克罗齐是康德、黑格尔之后西方影响最大的美学家。作为西方美学现代转型的枢纽，克罗齐美学立足于从主体的方面看感性直觉。他认为美学就是直觉（或表现的知识）的科学。直接是表现，而且只是表现（没有多于表现的，却也没有少于表现的）。直觉的成功表现即是美。直觉的功用在于给无形式的情感赋予形式，使情感成为意象而"对象化"。这种"心灵的综合活动"有成功与失败之分，美只是指成功的表现，不成功的表现则是丑。美感就是成功的表现引起的一种快感。

灵性之考证

从以上可看到以往美学大师，对于美的探讨仅在理性和感性两个向度中进行，但人性无时无刻不跨过这两个疆域而进入到灵性。只是时至今日，对灵性尚无贴切的定义，莫可名状，无法言说。灵性在心理学上无法测度，在人类学上不能定义，逻辑推演进不到灵性的领域。

我们试着从灵和灵性这两个概念的使用上找出一些端倪。

在线新华字典写道：（作为名词的）灵（靈）从巫。本义：巫。（《说文解字·工部》：女能事无形，以降神者也。灵，灵巫也。以玉事神。——《说文》。甲骨文的"巫"像两块玉交错，古代用玉来表示灵物。巫师执玉，因此以交错的玉形来表示巫祝。象人两袖舞形。最初，"巫"是不分男女，后来才有男女之别，男巫称为"觋"（xí），也称祝，女巫才称为"巫"。用今天的话来说，古时称跳舞降神的巫为灵（靈）。

> 之后灵字引申为神如：
> 天神曰灵。——《尸子》
> 灵者，神也。——《风俗通》
> 阳之精气曰神，阴之精气曰灵。——《大戴礼记·曾子问》
> 合五岳与八灵兮。——《楚辞·怨思》。注："八方之神也。"
> 灵之来兮如云。——屈原《九歌·湘夫人》

又引申为灵魂，附于人体的精神或心意之灵。

> 灵（靈）（作为形容词的）的用法引申为：
> 假借为"良"。善，美好。
> 灵，善也。——《广雅》
> 吊由灵。——《尚书·盘庚》

再接下来还有很多的引申义：
灵动、灵感、灵活、灵机、灵利、灵敏、灵巧、灵验、灵秀、灵长目等。

> 概括地来说，灵（靈）字有以下几层意思：1. 与神交通的巫师，2.（中国古人所认定的）神，3. 超越物质界的事物。4. 不同于感性和理性的能力。5. 高过世人的一般心思意念。6. 不同于感性和理性

的思维方式。7. 超常的功效。

接下来我们继续思考什么是灵性。灵性由以上"灵"字的意思衍生而来。人们一般将世上超越了物质或人性中超越了身心的就归类于灵性的范畴，因此它是属于宇宙中超越的品性，有彼岸、超越、超出人所能把握、高于人的理性等属性。但立场、背景、信仰不同者之灵性有不同含义。儒家的灵性是"仁和礼"，推行仁政，用道德教化的方法建立社会的道德秩序；道家的灵性就是"悟道"，崇尚自然，清净无为；哲学家的灵性就是"理性思维"，追求世界的本源、共性和终极；佛教徒的灵性就是明解脱之道的智能；伊斯兰教徒的灵性就是顺从真主的意愿，遵守教义的五"信条"及"五功"；基督教徒的灵性就是对神的"信心"，进而凡事祷告；中华人民共和国公仆的灵性就是"守法、爱国、爱人民"。

在心理学文献中最早出现的对灵性的定义是由威廉·詹姆斯（William James，1842—1910）作出的，"灵性是人类超越自身的过程。对于信仰上帝的人，灵性是他们与上帝的关系的体验。对于人道主义者来说，灵性是与他人相处的自我超越体验。对某些人，它可能是与自然或宇宙的和谐或同一的体验。它引导我们进入一个王国，在那儿我们可以体验到与某种大于自身的事物的联合，并由此找到自己最大的安宁"。人的第一要素是"灵性"。

"灵性"在美学中缺失的原因

既然灵性在人的生命中如此地举足轻重，为何在美学史上，从不讨论灵性与美的关系？主要有两方面因素：

1. 唯理派和经验论派之争

美学正式作为一门学科出现，是在 18 世纪，欧洲正处于启蒙运动时期时。当时欧洲大陆的唯理派和英国的经验论派正展开哲学上真理的经验论和唯理论之争。唯理论最早由笛卡尔创立，然后有斯宾诺莎、莱布尼茨、沃尔夫、康德步随其后；海峡对岸的英国由培根创立了经验派，并经历了霍布斯、洛克、贝克莱、休谟的发展。霍布斯继承和发展了培根的唯物主义经验论，并紧密结合心理学的传统和成果，对英国经验论心理美学的形成起了开拓作用．他分析了想象和判断两种认识能力的区别和联系，强调诗的创作更重于想象力，并且需借助判断力，对与审美相关的愉快、笑、怜悯等情感作了独特分析，对后来从情感、情欲出发探讨美学问题。唯理派的莱布尼茨继承和发展 17 世纪笛卡儿、斯宾诺莎等人持唯理主义的世界观，企图用严整的数学体系来统一关于世界的认识，达到对于物理世界（包括美）清楚明朗的完满的理解。休谟在英国经验论哲学基础上提出怀疑论思想。他认为，一切知识来自经验。并认为，美只是人的一种感觉。人的知识是以人的心理习惯为转移的，即所谓习惯性联想。当时他的怀疑主义的经验论把客观的因果性即因果律给解构了，对唯理派提出了尖锐的挑战。作为唯心主义的康德，为了回应经验论派的挑战，竟沉默了十年时间，之后写出了著名的"三大批判"。

在这样一场"理性"与"感性"对峙中，美学诞生了，鲍姆加登在莱布尼茨哲学原理的基础上，结合着当时英国经验主义美学"情感论"的影响，创造了一个美学体系，带着折中主义的印痕。鲍氏认为感性认识的完满，感性圆满地把握了的对象就是美。并且给它命名为 Asthetik（后来人们就沿用这个名字发展了这门新科学——美学）。

从此美学就在"理性"和"感性"二元的架构中发展，因为无论是推崇"理性"的唯理派，还是恪守"感性"的经验论派，必然是要坚持自己的教义宗旨。任何一派如节外生枝地提到灵性，恐怕只能起到画蛇添足的效果。

2. 人类中心主义的兴起

自 13 世纪末兴起的文艺复兴运动始，人本主义开始兴起。如果说文艺复兴最大的功绩是找到了自然人，从强调人的灵性的基督教教义（人是按神的形象和样式创造的有灵的活人）中，发掘出人的人文性向度，丰满人性的内涵，发挥了人的潜能，带动人类社会向前发展；启蒙运动则将人文属性上升为人的主要品性，进而把人看做万物的尺度，看为世界的主体和中心，并以这种视角重新解释人和世界。从此人的灵性退居后位。从笛卡儿的"我思故我在"的观念开始，人类走上了"人类中心主义"的不归路。在一切以人为中心，一切从人的利益出发，人是最高目的，相信理性具有至上性，科学没有解决不了的问题的语境中，灵性这种用科学无法测度和证实的东西是无法登堂入室的。

灵性的价值与理性、感性的关系

人生在世求生存（指个人的存在与种族的延续），首先需要凭"感性"和"理性"。"感性"（the sensual），是人赖以生存的基本能力。饿了知道吃，渴了知道喝，情欲发动知道找异性。用自己的感官和肢体与外物打交道，获得生存所需的物质；用器官去繁衍后代。感性给人基本动力，理性则提供指导和带领感性的能力。人们常用"你的感情你的舵，你的理智你的风帆"来形容二者的关系。灵性是人与世界基本的关系之一，是人性的重要组成部分。文化即是人性的感性、理性和灵性的外化和展开。感性与理性所标示的是人的"此岸性"，即现实性；灵性所标示的是有别于现实的另一个维度，即人的"彼岸性"，也即"超越性"。为了生存，人用感性与世界进行物质交换，用理性与世界进行信息交换，但人不仅要生存，还要寻求生存的意义，灵性就是人寻求生存意义的天然秉性。

人求生存的意义，则主要靠"灵性"。维特根斯坦曾说："在世界之内不存在价值。价值必然在世界之外。"因他认为外部世界是由物质和事实构成，而不是由价值构成。价值是物质世界以外的东西，无法用感性和理性触摸。因此当我们寻求人生的价值和意义时只能是用灵性去寻求。当灵性与"意义"打交道时才显出其本质力量。

当寻求意义时，既不是"感性"与"材料"发生关系，也不是"理性"与"感性"产生互动，而是灵性带领着生命追寻活着的意义和价值；不是形而下的活动，而是形而上的冥思。求生存与求意义二者常常是交融在一起，不分先后。美感与二者都有关联，审美情趣的高低由求生存的欲性和求意义的灵性决定。同样人生价值观和对意义的追求也由欲性和灵性决定。体恤欲性的必看重物质的价值和更多欣赏低层次的美（如低俗、色情作品等）；看重灵性的必重精神追求，嗜好高雅的、具生存和终极关怀的文艺作品。

人用感性和理性去求生存很重要，但人对意义的需求也同样重要，甚至还更重要。四川地震过后很多的心理辅导师，随着救灾人员奔赴灾区。他们要重建的不是看得见的房屋校舍，生存环境；而是看不见的，被灾害摧毁了的人（包括灾区居民和救灾人员）的心灵。感性、理性和灵性再次在此显出自身本色。对于形而下的救援、医治、重建必然由感性和理性承担，对于形而上的心灵的康复，只能用超越肉体的灵性来完成。其中最重要的手段就是给被辅导者的心灵中再次注入生命的意义。在这过程中也需要用理性的语言作详细的分析，感性言辞表示爱的关切；但最终起作用的却是当事者的灵性带领自己重新拾回生命的意义。没听说有被救活的狗猫牛羊等动物自杀的，但涉及此次震灾的政府官员和平民百姓都有轻生自尽的消息传出。

灵性与"超越世界"

感性、理性为人性的基本内容，但它们只是人性的一个方面（现实性向度）；亚里士多德曾提出："人是有理性的动物。"康德认为人光有理性还不够，人的理性如果仅仅是为了满足生存需求，就和动物的爪牙没有什么区别，不过更锋利而已。所幸人还有另一个方面，就是灵性（the spiritual），这是人性的超越性向度。我们的心灵时刻都向往着幸福、美好，体验着劳苦愁烦、转眼成空，等等，但我们能否将心灵作为一个实体去把握，用灵性去带领它，而不是把灵性等同于我们的头脑的理性功能；灵性带领的审美实践是一种对意义的精神体验，而不是对形式的感性观赏，它包含着后者但却高于后者。对于一个意义失丧的人，再美的形式也激不起他的兴趣。这就表明了灵性的背后还有更深的寓意，连接着一个超越的世界。（这个超越世界是指人们相信在经验世界之外，还有一个与此在世界不同的世界。这个世界更真实，更本质，拥有三重性质，一是终极感，认为超越世界是经验世界中万事万物的终极源头；二是无限感，经验世界的万事万物都是具体有限的，但超越世界是无限的；三是神圣感，当人们想到超越的时候，总是带有崇高敬畏的感觉。）

"超越世界"的衰落

当今全世界的核心问题之一，是超越世界的衰落。许纪霖教授在《世俗化与超越世界的解体》一文中指出：在启蒙运动和人类中心主义占主导地位之前的传统社会，人们普遍持有超越的神圣观。它或者是有位格的神（上帝），或者以绝对精神、天命、因缘等形式出现。此岸的终极意义、人生价值由其决定。随着人本主义、理性与意志至上等以人为本体的思潮占主导地位后，超越的神圣价值观消亡、神圣的超越世界崩溃。人替代超越之物成为自己精神的主宰。人们的终极关怀、价值源头和生活的意义不待外求，而要从世俗生活本身自我产生，精神生活开始走向世俗化。

20 世纪 90 年代中期以来，在市场经济的大发展和全球化大潮中，世俗化大潮铺天盖地，不仅垄断了经济和社会生活，而且也侵蚀到精神生活领域。在全球消费主义意识形态的强烈支持下，物欲主义以一种前所未有的压倒性优势价值观，侵入了中国人的日常生活。这一切都在世界朝向现代化的快步迈进中发生。

马克斯·韦伯曾说：现代性是一个祛除神魅的过程。这一神魅就是超越世界。现代性是超越世界的坟墓，一个祛除神魅的世界就是世俗化社会，所谓的世俗化，不是说不再有宗教，或者任何超越世界，而是说在这个世俗的社会中，人们的价值、信念和制度规范的正当性不再来自超越世界，来自此岸世界，是此时此地人们自我立法，自我决定。人是自由的，有自由的意志和理性，可以自由选择自己的命运，运用理性设计理想的未来。

许教授继续说道：近代的世俗化将"欲望的自我"从超越世界中解放出来，赋予其价值上的合法化。由于超越世界的消失，神圣性被解魅，现实世界中冒出各种意识形态，冒充神圣性，从国家、公意到神魅人物，都在自我神化，冒充神圣性。从 18 世纪末的法国大革命，到 20 世纪的集权主义，都与凡人凡物冒充神圣有关。这些神圣之物、神魅人物由于不具有超越性，都在历史的实践里面暴露出凡俗的一面，最后——以历史的悲剧收场。

灵性与超越世界的重建

今天东、西方都不同程度上面临（以超越世界为依归的）信仰危机。世俗社会中的超越与神圣，是全人类所需关注的问题。当我们今天思考美学的建设与发展，这是无法绕过的主题。审美是人感受意义的一种方式，在经历美的过程中体察到人性的各个层面，进而带出对意义的追问；灵性是人与意义打交道的能力，很多时候灵性还须借助美这一载体来完成自己的使命。美感虽是各种形式的对象作用于人感官所产生，但实质上是体验意义的一种方式。当我们说"美感是超越的"，是指着它在给人意义感而说；当我们说"美感是自由的"，是指着它有非功利的合目的性。正是美激活了感性和理性的因子，使人的存在脱离功利生存的状态，升华到愉悦的、释放的或所谓顶峰经验的状态，希望、意义感油然而生。灵性带着它自身潜在的使命君临天下，架起此岸进入超越的桥梁。如没有灵性的带领，美如飘浮的流云，可能沦为欲性的奴仆，载着生命滑向更低的层次。只有灵性点燃的美，其火焰才冲向高空，照亮超越的世界，以致超越世界诗意地展现在我们的面前，将盼望和意义的花朵撒向生命、撒向人间。

谈海德格尔晚期美学思想

杨 波 齐 石

一

毫无疑问，海德格尔是西方 20 世纪最具独创性的思想家之一，他使存在这个古老的问题焕发出崭新的生机。特别值得关注的是，在 20 世纪 30 年代以后，海德格尔大量论及了艺术、诗、美的内容，这些思想构成了我们现在所说的海德格尔美学。学界常称这是海氏的思想转向：通过对艺术、语言的角度考察存在的意义、存在的真理。写于 1935 年的《艺术作品的本源》一书就是个典型的代表作，在这本书中，海氏提出了著名的"艺术是自行置入作品的真理"。

《艺术作品的本源》一书对理解海德格尔美学思想具有举足轻重的作用，因此被解释学大师伽达默尔称之为"哲学的轰动一时的哲学事件"。海氏从对传统美学的批判出发，指出艺术作品的本质不在于追问艺术家和艺术作品是什么，因为"艺术家是艺术作品的本源。艺术作品是艺术家的本源"，这里面有一个循环论证。按传统美学的思维框架，追问将到此为止。但海德格尔运用现象学的方法，勇敢地走进了这一循环。他引入了一个第三者，就是艺术。而要弄清艺术，又要追问什么是艺术作品，这个"艺术—艺术作品"的循环论证具有终极性，它是"艺术家—艺术作品"这一循环论证的深层结构。只有进入"艺术—艺术作品"这一循环，才可能找到艺术的本源，因此，海氏就从艺术作品那里开始追问艺术的本源。

在对艺术作品的追问中，海德格尔首先遵循着当时流行的将艺术看做物的观点，将物区分为用具、艺术作品和纯然之物，而艺术作品就处于用具和纯然之物之间。诚然，凡·高的画被文化商从一个展厅带到另一个展厅。贝多芬的交响曲也可能被存放在书柜中，就像土豆存放在地窖里。海氏指出，艺术作品绝非普通的物，只有从用具的用具性出发，才能找到那最终规定为物的东西。用具之用具性就在于其使用中的上手性，用具的存在是隐藏自身，这就是用具存在的本质。而在艺术作品中，用具之为用具是作为一个事件被揭示出来，由此，海德格尔进入了艺术作品的分析之中。他指出，在艺术作品中，用具不是筹划中的用具，它不是对用具的使用和消耗，而是直接描写用具之为用具。即描写用具的为……所用，从而揭示了一个世界。海德格尔举了一个可以传世的例子，凡·高的画《农鞋》，它象征着农妇的生活世界。

"农妇穿着鞋在田间劳动。只有在这个地方，农鞋才作为农鞋而存在……农妇的艰难步履透过鞋上那因磨损而形成的黑洞显现出来。原野上寒风呼啸。整齐的田埂伸向远方。这双起了皱的僵硬而笨重的鞋凝聚着农妇缓慢跋涉时的坚忍和刚毅。皮质鞋帮携带着泥土的潮湿和丰盈……这用具体现了农妇对面包的确定性的无怨无悔的焦虑，凝聚着她在经受了匮乏的考验之后所感受到的发自内心的喜悦，包含着她对即将来临的分娩的担忧以及在面对死亡的威胁是所发出的战栗。这用具属于大地，却在农妇的世界中得到保护。"

可见，凡·高所画的绝不是平平常常的一双鞋，而是通过农鞋揭示了农妇的存在，揭示了她的整个世界。而艺术作品在显现世界的同时，也揭示了这个世界所依据的大地。大地的本质在于"它那无所迫促的仪态和自行锁闭"，这种自行锁闭只有通过一个世界，才能被觉察和领悟。大地在海德格尔那里还有另一层含义，即"自行置入"，它是一种状态，德文词"sich setzen"的本义就是"坐"，指真理就稳坐与其中，它不是谁放里的，而是存在自动显现自己。"美是无蔽真理的现身方式"，艺术的真理不是某一主体的行为，而是存在者的真理显示的那个状态，是存在自己自动显现自己。海氏这里所说的真理不是指认识与对象的符合，他坚决反对传统哲学的"真理符合论"，他认为真理是存在的自身的显现，在他看来，我们应当像早期希腊哲学家那样，把"真理"理解为"存在者的无蔽状态""无蔽状态"是相对于"遮蔽状态"而言的。如果没有艺术作品建立起来的农妇的世界，农鞋就无法走出"遮蔽状态"。"遮蔽"它的是常人所理解的那个世俗世界，在这个世界，物只是现成存在者，而艺术的作用就是去蔽，就是让存在者存在。因此，海氏所说的真理包含两层含义，一是真理是无蔽与遮蔽的统一。这是两个不可分割的环节。传统哲学把真理当成某种永恒现成存在者，这种真理观实质上只是无蔽的一个环节。二是，真理作为无蔽与遮蔽的统一，是一个从遮蔽到无蔽的过程。进入无蔽状态的存在者来自遮蔽状态，海氏称之为真理的发生。真理发生中的无蔽与遮蔽关系在艺术作品中也有所反映，就是世界与大地的冲突和斗争。屹立在峡谷中的希腊神庙建立起一个世界。在这个世界中，人类把生死、祸福、荣辱和兴衰当做自己的命运。这是一个历史性的人的世界。不仅如此，它还揭示了一个周围世界：正是神庙的出现，暴风雨才能施展其威力，浩瀚的苍穹才能显示出其广阔，天光云影才能昭示其壮美；它的宁静映衬出大海的澎湃，它的肃穆晓示着芸芸众生的到来。神庙的世界建立在神庙的基础上，海氏称这一基础为"大地"。世界的本质是敞开，是开放性；大地的本质是自我封闭，是封闭性。世界和大地的对立是一种抗争，这是敞开与封闭、澄明与遮蔽的斗争。作品就是这种抗争的承担者，而真理就发生在这种对立和抗争之中。在斗争中，存在者整体显现出来，这显现的就是美，也就是真理发生的一种方式。由于艺术具有建立世界和显现大地的两大特征，因此艺术便具有揭示世界的意义和人生真理的价值。总之，存在的澄明就是真理，真理是存在自身的显现，是一种不断从遮蔽走向去蔽的过程，艺术是真理的发生方式，艺术的显现就是真理的存在。

二

海德格尔晚期的美学思想主要以《通向语言的途中》、《路标》、《面向思的事情》等为代表。在这一阶段，海氏依然沿着"存在"的路标，展开了对语言和诗的探讨。海德格尔首先区分了艺术语言与技术语言。他说"如果全部艺术在本质上是诗意的，那么，建筑、绘画、雕刻和音乐艺术，必须回归于这种诗意"。在他看来，诗意的东西贯穿在一切艺术之中，艺术的本质就是诗。他甚至认为语言本身就是根本意义上的诗。艺术的语言即诗的语言显示出语言之为语言的特质，并使语言成为语言。与艺术语言相对的是技术语言，技术是另一种去蔽方式，它的本质是座架，而座架就是摆置的聚集，它使人以订制方式把现实事物作为持存物而去蔽。在他看来，去蔽的命运以座架方式运作，使命运成为最高的危险。座架在人与其自身和一切存在者的关系上危害着人。在技术时代，不允许事物作为事物，而是把事物变成加工和统治的客体，以便为了人类无限增长的欲望和绝对的需要而开掘和耗尽这些事物。这样，对每一事物来说只有一个尺度由以产生的准绳，即技术需要。技术上的专制势必使技术语言流行并被广泛接受。而技术语言的结果就是把人变成计算理性的动物，他总在技术上算计和谋算自然事物，变成技术化的动物。为摆脱座架和技术语言的控制，海德格尔找到了艺术语言。他强调语言是存在的居所，艺术语言如诗具有多义性、模糊性和超越性特征，因而具有强大的生命力。在他看来，现代语言所追求的元语言是语言技术化的形而上学。随着现代科技的发展，语言的形式化、符号化和数学化趋向使语言具有单一性、精确性和齐一性特征，这将导致语言生命力的衰竭。因此，限制技术语言的无端泛化与滥用，保持艺术语言之纯真，成为看护存在之家的首务。因为"语言是存在的家"。语言的本质（这里指的都是诗意语言）是人的领悟的一种澄明的投射，它通过命名，召唤存在者，使他们去除隐蔽，进入开放，敞亮自身，显示他们的存在。语言的基本功能是命名和召唤，让它从隐匿不显中走到澄明的朗照之中。因为，语言来自存在，产生于存在，语言的发生是存在的天命，在这个意义上，海德格尔说语言言说并非人的言说，而是存在的言说。语言在本原上归属于存在真理的现身，属于存在者自身显现、澄明、无蔽状态。所以海德格尔得出一个与常论甚远的结论：语言不是表达的工具，而是人的存在的家园。语言的本质是说，这个说不是人之说，而是道之说。即海氏把语言的本质理解为道说或言说。道说的意思是显示，即让呈现，让存在者自身显现。这种道说就成为关于真理，也就是源始地关于存在者之无蔽境界。正是在转让敞开的澄明之境的道说或言说意义上，海德格尔认为语言在本源上是诗，即原诗。而诗人就是存在家园的守护者，诗人通过命名令存在者存在，诗人创建了存在，进而道说了神圣，使我们诗意地栖居。即诗性言说守护着物的存在，并以命名的方式揭示出物的存在，从而为人在大地上的栖居筑造着家园。

海德格尔还有一个比较重要的美学思想，即人应诗意地栖居与天地人神的四元之中。人作为短暂者生存与大地上，就是居住。因为存在根本上应该是诗意的，即敞亮的、澄明的、本真的，所以诗意的居住才是人的真正的生活。海德格尔引用荷尔德林的诗句，指出人类生存的这种诗意的存在化和存在的诗意化的理想境界。诗意地栖居意味着与诸神共在，接近万物的本质，而要看护着自然的自然性。这种看护要领悟人这个短暂者是居住于天空下，居住于大地上，居住于神圣者前的。这样海德格尔把人的生存世界的结构概括为天、地、人、神的四元合一。"诗意地栖居"意味着与诸神共在，自然大地才是人真正的家园，人应深切地看护着"自然的自然性"，而不能让自然彻底消失在数字的计算和欲望的打量之中。由此可见，人应诗意地栖居不是一种浪漫诗化的栖居，而是一种与技术性栖居艰难抗争的本真栖居。但是，这个四元却是一语言的世界，是语言使人可能居住与天地人神的四元中。海德格尔希望人能以一种泰然任之的态度去倾听语言的道说。只有这样，人才有可能诗意地栖居。

海德格尔的天地人神思想还有反对传统二元对立思想的意义。在传统美学中的主体与客体的对立中，主体与客体或人与艺术品总是无法和解，不是人创造了艺术品，就是艺术品建立了独立的世界。海氏的天地人神思想突破了近代自笛卡儿以来把主体独大的思路，在前者那里，人重新回到了古希腊的家园，又找回了本真的生存状态：在广阔的天空下，大地无限延展，人怀着感恩的心生活着。他们虔诚、安详、勤劳、坚忍、心胸宽广，这一切都拜神所赐，神能保证人间的公正和秩序。人居住在这个天地人神的世界上，不再孤独，不再冷漠、不再迷茫，"与天地万物同在"。

三

海德格尔美学与他的哲学一样，是个永远取之不尽的宝藏，需要后人不断地去"解释"。他总是在思的"林中路"中不断追索存在的意义。海氏对近代以来遗留的美学困境做了有益的破解，从视角到思路、范畴、方法都有了重大的跃进。特别是其针对现代技术对自然、大地的掠夺和对人类诗意的摧毁所做的深刻批判，对当下现实世界具有发人深思、引人反侧的意义。在理论上，海德格尔美学一方面确立了存在的本体地位，另一方面又开拓了语言释义学的存在领域，使语言获得了某中本体论的地位，他把语言与人的存在联系起来，在西方现代美学的语言学转向中，占有重要地位。海氏美学对中国的美学建设也有着异乎寻常的意义，众所周知，其后期思想曾受到中国道家思想的深刻影响。而道家美学作为中国美学精神的主体，在与海德格尔美学的接近中，将可能焕发出新的生机和活力。因此海氏美学是中国美学走向世界的捷径，值得我们进一步探索和挖掘。

后现代消费社会身体的转向与去向

张　建

21 世纪，人们从谈论灵魂进入谈论身体，从谈论身体到谈论肉体，从谈论超越性思想到谈论下半身。后现代消费社会令人惊讶之处在于：为什么是身体或性欲而不是理性或灵魂成了注意的中心，从柏拉图到笛卡儿，从尼采、德勒兹到福柯，我们发现身体的文化及其符号学意义已经悄然发生了显著的改变。那么身体在意识长期的压抑中，是如何发生转向的，后现代消费社会中身体有怎样的现代性自我话语，后现代消费社会身体的归属在哪里？

一、身体的转向

意识哲学的发源地在笛卡儿那里，笛卡儿将意识和身体对立起来，其实在柏拉图那里，灵魂与身体早就是对立的。他在《裴多篇》中记录了苏格拉底面对死亡时的从容态度。柏拉图解释道，真正的哲学家一直在学习死亡，练习死亡，一直在追求死之状态。因为死亡不过是身体的死亡，是"灵魂和肉体的分离；处于死的状态就是肉体离开了灵魂而独立存在，灵魂离开了肉体而独立存在"①。在《高尔吉亚篇》中，柏拉图也拼命贬低身体，正是身体的欲望和需求导致了尘世间的苦难和罪恶。在《理想国》中，柏拉图同样对身体的满足感嗤之以鼻，灵魂的快乐以压倒身体的满足。那些理智的人，真正充实的人无论如何不会听信身体的无理性的野蛮快乐，甚至不会将健康作为头等大事，除非健康有助于精神的和谐调节。

---

① 柏拉图《裴多篇》，杨绛译，辽宁人民出版社 2000 年版，第 13 页。

在这些论述中，身体和灵魂的对立"二元论"是一个基本的构架：身体是短暂的，灵魂是不朽的；身体是贪婪的，灵魂是纯洁的；身体是低级的，灵魂是高级的；身体是错误的，灵魂是真实的；身体导致恶，灵魂通达善；身体是可见的，灵魂是不可见的。灵魂同知识、智力、精神、理性、真理站在一起，并享有一种对于身体的巨大优越感。

中世纪漫长的教会和修道院的历史，是身体沉默不语的历史：克己、苦行、冥想、祈祷、独身、斋戒、甘于贫困，这都是控制身体的基本手段，并旨在将身体的沸腾能量扑灭。

从中世纪后期，神圣的超验（上帝）世界进入了它日见衰落的黄昏。世俗景观重新进入了人们的视野。哲学和科学逐渐击退神学，国家逐渐击退教会，理性逐渐击退信仰。身体摆脱了压制，但并没有获得激情洋溢的自我解放。

尼采说上帝死了，而人尚活着。他的口号是，一切从身体出发。"一切有机生命发展的最遥远和最切近的过去靠了它又恢复了生机，变得有血有肉。一条没有边际、悄无声息的水流，似乎流经它、越过它，奔突而去。因为，身体乃是比陈旧的'灵魂'更令人惊异的思想。"[①] 尼采说身体就是权力意志，在德勒兹这里便意味着身体和力是一体的，它不是力的表现形式、场所、媒介或战场，而就是力本身，是力和力的冲突本身，是竞技的力的关系本身。"界定身体的正是这种支配力和被支配力之间的关系，每一种力的关系都构成一个身体——无论是化学的、生物的、社会的还是政治的身体。任何两种不平衡的力，只要形成关系，就构成一个身体。"[②] 身体跳出了意识长期以来对它的操纵和摆布圈套，甩掉了意识，身体完全自我做主了。

德勒兹将身体看做是一部巨大的欲望机器，将身体抽象为一种生产性的力量，抽象为无内容的生产性欲望。"社会生产在确定条件下纯粹是而且仅仅是欲望生产本身。"德勒兹的欲望没有一个明确的欲望对象，欲望只和欲望连接，只向别的欲望流动，欲望的唯一的客观性就是流动。力创造了世界，欲望也生产了社会现实。力和欲望正是通过身体达成了连接关系和等式关系。在德勒兹这里，从来就没有意识对身体的压制，反俄狄浦斯的革命，从来就是身体及其欲望的革命。德勒兹创立的是"一元论"，

---

① 尼采《苏鲁支语录》，徐梵澄译，商务印书馆，1997 年版，第 27－28 页。
② 德勒兹《尼采与哲学》，周颖、刘玉宇译，社科文献出版社 2001 年版，第 59 页。

这个"一元论"，从来没有将意识纳入到自己的视野中。

同尼采和德勒兹一样，福柯将身体作为纷乱的社会组织中的一个醒目的中心焦点突出出来，他和尼采一样相信，是身体而不是意识处在历史的紧要关头，"身体是事件被铭写的表明（语言对事件进行追忆，思想对事件进行解散），是一个永远在风化瓦解的器具"。① 福柯认为，今天的社会惩罚，"最终涉及的总是身体，即身体及其力量、它们的可利用性和可驯服性、对它们的安排和征服。"身体总是卷入了政治领域中，"权力关系总是直接控制它、干预它，给它打上标记，训练它、折磨它，强迫它完成某些任务、表现某些仪式和发出某些信号。"② 在福柯这里，矗立着的是身体和权力的关系。自我和自我意识，围绕着意识的争斗，以及意识形态的巧妙改造，却成为无关紧要的话题。权力和身体这密切而又纷争的一对，成为历史的主导内容。从尼采到福柯，身体终于露出了它的被压抑的一面，身体的一切烦恼，现在都可以在历史中、在哲学中，高声地尖叫。

二、消费社会身体的现代性自我话语

随着市场经济的不断推进，消费文化逐渐形成，传媒中充斥着各种大写的身体形象。"身体写作"开始拥有越来越多的市场，与身体有关的术语诸如身体语言、性别文化、身份政治也流行开来。"理性死了，身体复活，理性时代心对身的压抑变为后现代的身体及感性至上，救赎抽象的灵魂演变为救赎具体的身体。多元化、边缘化的后现代社会，人们远离一般社会政治经济问题而转向关注文化和个人身份，这就是所谓'身份政治'。"③ 身体的凸显，从理论上讲和后现代话语直接相关，简要地说，福柯的主题是规训，鲍德里亚的主题是消费，巴特的主题是愉悦，梅洛－庞蒂的主题是知觉。正是后现代解构了现代思想的各种二元对立（包括心身二元论），为身体的浮动奠定了基础。

福柯关注的历史，是身体遭受惩罚的历史，是身体被纳入生产计划和生产目的中的历史，是权力将身体作为一个驯服的生产工具进行改造的历史，那是生产主义的历史。而今天的历史，是身体处于消费主义的历史，

---

① MichelFoucault: Language, Counter－Memory, Practice, Bouchard, 1981, p. 148.
② 福柯《规训与惩罚》，刘北成、杨远婴译，三联书店，1999 年版，第 27 页。
③ 彭逸林《真实，人文的宿命》，重庆出版社 2005 年版，第 115 页。

是身体被纳入消费计划和消费目的中的历史，是权力让身体成为消费对象的历史，是身体受到赞美、欣赏和把玩的历史。身体从它的生产主义牢笼中解放出来，但是，今天，它不可自制地陷入了消费主义的陷阱。

传统的以"生产"为中心的社会转变到以"消费"为中心的社会，身体在消费实践中的位置，不同于在生产实践中的位置。90 年代以来，国人的消费方式和消费观念发生了巨变，尽管西方消费主义文化分析的符号学解读是否适合中国社会的现状仍然有待商榷，但一个优越、富裕、有足够消费能力的社会群体正在形成，他们既是消费主义文化的所指，又是消费主义文化的能指。在一个由消费所主导的社会里，自我观念、身体形象和消费偶像之间存在紧密的联系，自我的规划等同于身体的规划。"身体就是自我，在根本上就是自我，我们都体现在身体上。"自我的感觉与个人对符号和物品的无拘无束的消费观念密切相连。如果说笛卡儿强调"我思故我在"，那么现在可以说是"我消费故我在"。打开电视机，一个又一个频道的广告节目表明，身体和幸福直接联系在一起，越来越多的人通过整容手术、器官移植和变性手术重塑自我，运动科学和营养科学也都致力于塑身运动。通过身体的美来追求自我实现已成为一种大众的意识形态。

消费社会的身体景观已经成为一种时尚的、自恋的、符号的消费，"身体正在被工业化、消费化，在消费社会里图像传播的盛况使色情成为该体系中的话语符号，被推销的美丽正变成一种制度，一种霸权。"① 鲍德里亚一针见血："女性通过性解放被'消费'，性解放通过女性被'消费'……性欲是消费社会的'头等大事'，它从多个方面不可思议地决定着大众传播的整个意义领域。一切给人看和给人听的东西，都公然地谱上性的颤音。一切给人消费的东西都染上了性暴露癖。当然，同时，性也是给人消费的。"如今打着精神解放的旗帜解放了身体，更解放了肉体中火山喷发般的欲望，身体不再是承载精神的地基，而是否定精神的平台；凝视身体使得内在欲望徜徉于世，并获得世俗化的阵阵喝彩，力图冲破社会的规范，而活跃在无思想或反思想的文化前沿。

---

① 彭逸林《真实，人文的宿命》，重庆出版社 2005 年版，第 112－116 页。

三、消费社会后现代身体的去向

文明的过度压抑将导致身体的造反，这种造反超出了一定的界限，所压抑的本能的释放就隐藏威胁社会文明发展的危险，出现一个奇怪公式：人性解放＝精神自赎＝身体解放＝肉体敞开＝目光敞开＝感官刺激。[①]

当代艺术正在发生位移——精英文学让位于世俗文学，上半身写作让位于下半身写作，如果说"私人化写作"中对身体的书写脱离了"民族"、"国家"、"阶级"、"意识形态"、"理性"、"启蒙"等宏大叙事，转而关注与表现女性的私人经验，特别是性经验，在"私人化写作"中，作者关注的是"上半身"，并不把肉体器官本身当做目的进行展示。那么"身体写作"的卫慧和棉棉则是带着遮羞布的肉体之舞，木子美的《遗情书》就是纯粹娱乐与游戏身体。

在张扬"下半身"的肉体策略中，整体意义上的身体和身体升腾出来的精神死了。究竟是"书写身体"还是"身体书写"有着本质的区别。书写身体使我们对身体的受虐和过分压抑加以关注，力求使被扭曲的身体在放大的视野中获得伸展。身体书写则满足和玩味于肉体，使得肉体从身体和精神中剥离出来成为一堆消失人的差异性的性别载体，成为充满欲望享乐者制造事件和挑衅姿态的对象化身体。[②]

时至身体的藩篱已然拆除的今天，在身体暴露与不暴露、整形与不整形的问题已经不会再成为意识形态强制性话语的时候，这本该是身体多元形态自由发展的一个最好时期，然而社会现实中肉体罪恶与身体崇拜、服饰遮蔽与肢体狂欢、机械矫正与"科技美体"却总是"你方唱罢我登场"，在肉体的跃跃欲试中灵魂反而沉睡不醒了。心灵意识的薄弱以及灵与肉的严重分离，已成为当前社会的一大症结。而注定要生存在文化观念与话语实践中的身体，求解放的最大力量却只能来自自我的精神意志。

灵魂对身体的压抑应该造成的反弹是身体和灵魂互相分离，还是身体和灵魂互相憎恨？是在身体的反叛中放逐灵魂，还是身体和灵魂互相寻找？是在新的意义上使得精神肉体化或使肉体精神化，进而使身体和灵魂互相契合？还是让灵魂与身体互相遗忘，使身体不再成为文化动物的承

[①] 王岳川《肉体沉重而灵魂轻飘》，《美苑》，2004 年第 5 期。
[②] 同上。

载体？

　　"下半身写作"已然在当代社会走向前沿，人类在获得肉体解放的同时将告别神性和理性，成为精神溃败后的欲望张扬和肉体满足的"新新人类"，迅速蹿红的木子美、竹影青瞳、流氓燕、芙蓉姐姐等利用性、肉体及欲望消费开辟了一个崭新的呕吐时代。肉体与灵魂，我们要不就是不食人间烟火的超越，要不就是无限的沉沦，沉沦到理性之人都耻于和这样的写作者对话。我们不要在肉体欲望中驻足，也不要回归纯粹的理性，需要在肉体与灵魂中找到一个中间点，从而获得真正的完美人性。

透入物的深处

——巴什拉物质想象理论释析

高艳萍

在孤寂中，只要我们在手中
有一块面团就足以让我们开始梦想。
对于物，犹如对于心灵，奥秘在于内部。

——加斯东·巴什拉

加斯东·巴什拉（Gaston Bachelard，1884—1966）是法国 20 世纪新认识论的代表人物、科学哲学家，后期转向诗学理论和文学批评的实践，其人亦俨然一诗人。巴什拉诗学理论的核心关注是诗歌形象及其源起，他一方面提出诗人的想象扎根于物质之中，另一方面提出诗人的意识本也是形象的渊薮。本文以为诗歌形象源起的两端其实统一在其物质想象的理论之内，正是在此意义上，物质想象理论乃是其诗学的核心。在巴什拉这里，物质想象对立于形式想象，两者在人类精神迥然不同的轴上展开，前者照看物质因，后者照看形式因。令巴什拉惊讶且困惑的是，传统美学在形式因上做足了文章，一俟触及物质因，却总是匆促一瞥而罕有停驻。[①] 巴什拉的物质想象的理论基础《水与梦——论物质的想象》（1942，以下简称《水与梦》）的序言已然完成，而《水与梦》本身、《天空与幻想》（1943）、《土地与意志的遐想》（1949）、《土地与静思的遐想》（1948）

[①] 巴什拉举证 Marx Schasler 的《美学》，提出要研究"具体的自然美"，在此书中，对本原只写了 10 页，3 页写到水，而中心段落是写海洋的无限，巴什拉提出要研究自然的水，常见的水，无须用无限来吸引想象者的相关联的联想的水。参加斯东·巴什拉：《水与梦——论物质的想象》，顾嘉琛译，岳麓书社 2005 年版，第 16 页。

则是他理论的实践样本。在他晚年现象学转向之后的《空间的诗学》（1957）和《梦想的诗学》（1961）中，他对主体意识的探索其实也可以视为对物质想象过程中诗人意识的解释。对此，日内瓦学派代表人物乔治·布莱（Georges Ploulet）曾如此盛赞："从巴什拉［尔］开始，不可能再谈论意识的非物质性了，很难不通过相叠的形象层来感知意识了。因此，巴什拉［尔］完成的革命是一场哥白尼式的革命。在他之后，意识的世界，随之而来的诗的、文学的世界，都不再是先前那副模样了。他是弗洛伊德之后最伟大的精神生活的探索者。"①

一、巴什拉的物质：物质性与物的深处

巴什拉物质想象理论的基本内容是，物质培育并规定着想象，物质赋予想象以实质、规则和特殊的诗学。巴什拉的此种理论勇气源自古希腊前苏格拉底时期的原始哲学的启示。在论及泰勒斯、赫拉克利特、恩培多克勒等人的哲学时，巴什拉由衷赞美："博学的思想总是同某种原始的物质想象有关，安详而持久的睿智深植于实体的恒定中。"② 原始哲学无论开辟怎样形而上的领地，却总是能从物质本原中找到它们的始基。从中，巴什拉倒是发现了诗学的灵魂。于是，原始哲学中思想与物质的此种关联在巴什拉的诗学中转译成了想象与物质的关联。原始哲学的理论景象于是成为了物质想象诗学的愿景。

然而，同为物质，水、火、土、气这西方传统哲学和宇宙论意义上的四本原，在巴什拉这里，却不具有同等的意义。在《水与梦》中，巴什拉提出："泥团是物质性的基本示意图，物质这个概念本身应该说是同泥团这概念密切相连的。"③ 泥团是水与土的结合。而至于为何泥团竟可以彰示物质性，其原因在于，"外形已被排除、消失、化解。……它使我们的直觉摆脱了对形式的关注。"④ 作为水与土的结和的泥团的物质性在于它摆脱了形式而且减弱了我们对形式的关注。因此，在巴什拉处，物质性其实就是非形式，物质之为物质的最终依据在于形式之外，形式之下。这同

---

① 乔治·布莱《批评意识》，郭宏安译，百花文艺出版社1997年版，第158页。
② 加斯东·巴什拉《水与梦——论物质的想象》，顾嘉琛译，岳麓书社2005年版，第4页。
③ 《水与梦——论物质的想象》，第15页。
④ 同上，第15页。

时也就意味着，一切容易引起形式联想或具有形式确定性的物质也就无法成为物质研究的范本了。如四元素中的火与气，较之土与水，更易引起形式化的想象，在《水与梦》中，巴什拉将"大地与天空"对应了物质想象与形式想象。同样，固体物质的外形清晰确定，因而较易引起人们对形式的而非物质的知觉。在《直观原子论》中，巴什拉如此写道，"怎么能忽略那流动的水、静静的油、黏黏的蜂蜜、面团、泥浆、黏土、粉沫和灰尘呢？这些物质也许最终均趋向于固体化，但这并不妨碍它们具有与固体物质完全相反的某些特性"。① 这些黏性的、流动的、未定形的物质由于外观的变动不居而不在形式层面获得确切规定，其同样是物质性的示意图。不同于理性主义传统观——在那里，形式是意识性的而先在，而物质是被动而短暂的——在巴什拉这里，具有始源性的不是形式而是物质，物质较之形式更为恒久，原因在于"形式会结束，物质不会"②，形式会变化，而物质持续；而且物质是形式的始基，"物质是形式的无意识"，③ 物质之中已然潜含了形式的可能性。

其实，巴什拉对物质的理解以及朝向黏质的、流动的物的肯定性目光中是留有古代哲学的印迹的，从泰勒斯、赫拉克利特等人的哲学表达中，我们常可遭遇类似的见解。④ 巴什拉同样也受到古代物活论的影响，⑤ 在那里，物质神秘而富活力，巴什拉则更明确物质具有属己的力量，物质深处蕴涵的个体性使得物质纵然在最小的片块中仍然是一个整体，而无论其外在形式如何改变，物质依然是其自身。

然而，对于物质，巴什拉感兴趣的是它的深处。这是因为，对于物质而言，物质本然地在深处成为自身，而形式和外观却易变化或摧毁。虽然物质在相对固化状态之下必有外观且似乎借以自我呈现，但思维要想探得究竟，就不可唯停泊于此。进一步讲，只有深处才是本质的渊薮，本质并不轻易或恒常彰显于外观。巴什拉如此探究事物，个中因素是因为他的科学哲学家的身份，在他看来，物质的科学从来都是从容而确信地从事着深度的研究，它们迅速穿戳浮面表象，在此层面其应该是艺术和哲学的"它

---

① 加斯东·巴什拉《直观原子论》，转引自弗朗索瓦·达高涅《理性与激情》，尚衡译，北京大学出版社1997年版，第73页。
② 《水与梦——论物质的想象》，第126页。
③ 同上，第126页。
④ cf. Thilly, A History of Philosophy, New York: Henry Holt and Company, 1926, p. 16–18.
⑤ 物活论的基本观点是自然能够活动而有生命。

山之石"。

而哲学家,在巴什拉眼里,欲学会滞留在"现象层面",禁止人们思考"自在之物";在艺术中,大多数绘画实与事物的外形打交道,似无关乎事物内里的本质。在审美静观中,对物的无功利凝视看似可以直观物的原貌,然而,按照巴什拉的看法,这种凝视无非是对表象的观照,并无法进入未定形的、流动的、沉默的物质内部。这样,巴什拉是与从现象中直观本质的现象学大异其趣的,倒是在古老的炼金术中找到了自己的精神同盟:炼金术士不信任物质如其表象所是,期待从一种物质中戏剧性地产生出另一种更为本质的物质来。而在精神世界中,似乎唯有诗歌具有科学家所拥有的深度感。与哲学家在物质面前的向来的缄默不同,在巴什拉看来,诗歌可以打探"自在之物",人的精神由此可以透入物质之中。

二、透入物的深处:体力劳动者的双手与诗人的物质想象

在巴什拉的认识论中,表面和外形是认识活动的最大障碍,而视觉活动的对象恰恰是表面和外形,既然如此,与视觉相关的活动就成为了某种可疑的东西。而体力劳动者通过双手的活动给予巴什拉极好的启示。他大胆提出,深透物质,需要双手的介入。"手帮助我们了解物质的内在深处"①,手使我们获得接触实物的本然的兴奋感。在此,体力劳动者的活动成为了透入物质深处的典范性活动。(不过,全面理解物,巴什拉也指出必须通过形式意向、富有朝气的意向和物质意向,从力量、抗力和物质上把握之②)

体力劳动者通过揉捏、粉碎、挤压而透入物质深处,在揉面者、铁匠的双手之中,沉默的物质完成了自己的告白。然而,哲学家的双手尤其是存在主义的双手,是不可与体力劳动者的双手相提并论的。他说,在萨特的《恶心》中,主人公洛根丁只要稍微碰到海滩上的卵石就会感到一种真正的"微微的恶心":"一种手里的恶心",巴什拉说,"于这双手,人们尚未及时给予一项客观工作。"③ 他说,洛根丁在物质形象的世界中病倒

---

① 《水与梦——论物质的想象》,第 119 页。
② 同上,第 175 页。
③ 转引自安德列·巴利诺《巴什拉传》,顾嘉琛、杜小真译,东方出版中心 2000 年版,第 230 页。

了，也就是说他在同物的实体建立有效关系上，失败了。① 洛根丁的双手因此是被动的双手，是倒退和眩晕的双手。面对让存在主义者感到恶心的事物，劳动者却不会感到焦虑，反而是调动起他的建设和创造的热情。这里，劳动者的双手是因劳动的遐想而充满生气的手。劳动者把一种坚定的生成强加给滑溜的物质，在此种主动、积极状态中，与物质建立了深层的联系，并通过被改造的物质和自己付出的劳动，获得对宇宙的直觉。因此，劳动直达物质；而洛根丁却与物质实体相互隔离。在他那里也就是萨特那里，黏质的、未定形的东西，这种黑格尔意义上的"自在"之物是危险的，蜂蜜、胶水、河泥、树脂、泥团皆令人厌恶。巴什拉指出，之所以如此，是因为萨特注意到的只是现象世界，就其表象而言，泥团之类的黏性物质令人难以把握。然而，这种黏性的、无形式的物质内部包含着"自己的梦"，包含着深沉的本质。因此劳动者不是现象的沉迷者，不会仅仅滞留于物质的表面或为表面所迷惑，他用双手透入物的深处。在此意义上，其"深刻"实不亚于哲学家。

同样喜爱泥团之物的是诗人。同体力劳动者一样，诗人并不惧怕流动、无定形之物，因为不确定性、原重的物质性正可以唤起诗人的梦想。"在孤寂中，只要我们在手中有一块面团就足以让我们开始梦想。"② 爱尔兰诗人谢默斯·希尼（Seamus Heaney）在思考他诗歌天赋的来源的时候，总是追溯到他对泥泞、沼泽、泥炭以及同类湿软之物孩子般的迷恋。巴什拉这样描述诗人的想象活动："目光为它们命名，双手熟悉它们。一种充满朝气的喜悦在触摸，揉捏并抚慰着它们。"③ 如同体力劳动者在揉制、焊接和粉碎中透入物质深处，诗人通过想象活动深入物的本原。按照巴什拉所说，人类的精神想象包括形式想象和物质想象，形式想象无助于透入物质世界，而诗人的物质想象却抵达了物的本质。

这是因为，形式想象驻留于事物外观的联想活动，"在新生事物面前发生了飞跃；它嬉戏于色彩缤纷的、五花八门及意料之外的事情当中"④，这种想象活动在发生的那一刻即逃离引发想象的物质而投向与物质实体无关的去处，它与物质实体的粘牢短暂而轻微；这种想象在喜悦向往之处下

---

① 参阅安德列·巴利诺《巴什拉传》，第 311 页。
② 《梦想的诗学》。
③ 《水与梦——论物质的想象》，第 2 页。
④ 同上，第 1 页。

工夫，受美的愉悦表象的诱惑，朝着形式和色彩、多样化和变化的方向展开。形式想象抛弃了实体的内在性和容量，抛弃了深度。形式想象沉浸于虚浮的表面，因而不足以将物质内部各种杂乱的特征连贯起来。

而物质想象，它是直抵事物内部而扎根在物质实体之中的想象活动，并不过多停留在表象世界。它"深挖存在的本质；它欲在存在中既找到原初的东西，也要找到永恒的东西"①。物质想象始终在物质中寻找牢固的恒定性，在实体因中汲取着力量。物质想象将想象维系在物质之中，缓慢地扎进物质世界而透入物的深处。物质想象是物质力量的表达。物质想象并不汲汲于美的表象，而是尽全力在显露的形象后面寻找隐藏着的形象，同时排除着会消亡的形式、虚浮的形象和表层的变幻。如此，物质想象深入了物质的底部，让物质底部阴暗的植物开出相宜的花朵来。当然，物质想象之中并非不包含形式，恰恰是形式深入于实质之中而变得内在了。就人对水的想象而言，如若只是自动地顺从于水波的幻影带来的闲情和遐想，那么，水的本质依然隐匿。只有当诗人埃德加·坡感到水之沉重，当莎士比亚让死去的奥菲利亚漂浮在水面，水的物质想象才算诞生，因为水之沉重和水之死亡幻想，触及了水之深度本质，是在水之实体之中开展的想象。又比如当法国诗人米绍说，"我把苹果放在桌子上，然后进入苹果内部。这里是多么寂静啊"；抑或当诗人在白色牛奶中看见隐藏的黑色，因为黑色乃是内密性的语码，而牛奶内里稠密结实。这样巴什拉毫不费力地成为了诗歌中的象征主义和超现实主义的理论辩护者。象征主义者和超现实主义者离奇的、脱离表面关联的喻象在他看来是物质内部奥秘的适当形象。不过，巴什拉对想象的此种深描并非独步，其实"物质想象"非常接近于早在 19 世纪的英国美学家罗斯金所说的"洞察性想象"（imagination penetrative），罗斯金将这种想象力界定为不滞留于事物的外壳而直抵核心、从内部实质出发来论证、判断与描绘事物的想象力。② 而且，通过物质想象的理论，巴什拉重新阐释了传统的审美静观，使得"静观"一词更可靠地描述了审美活动的真相，也使得他的理论部分置身于传统美学的框架之中。他指出，人在观看的同时，被静观的自然也在帮助着人的静

---

① 《水与梦——论物质的想象》，第 1 页。

② 罗斯金将想象力分为联想性想象、洞透性想象以及凝思性想象。其中"洞透性想象"主要参见 John Ruskin, Modern Painters, A Volume of Selection, London, EdinBurgh, Dublin&New York：Thomas Nelson & Sons, pp. 132–133.

观。"在被静观的自然与静观的自然之间，其关系是狭窄而相互的。想象的自然实现着原生的自然和所生的自然的统一。"① 实际上，被静观的自然以"主动视觉"的方式参与了静观的活动。如此，静观也就不单纯是人指向物的一般的视觉或沉思的活动，静观之中已然深嵌了物质想象。

由于物的深处较其表象更为恒定，因此通过那抵达物之深处的物质想象而结成的诗歌的形象，将形象的客观性纳入了自身，围绕物质本原的所谓诗学忠诚的体系由此形式。与此同时，想象的忠诚伴随着想象的单一，于是同样的意象在我们的历史中反复出现，荣格以"集体无意识"解释之，巴什拉的原型却源于自然物质的深处的强加给我们意识的力量。② 因为想象并非任意主观，而是沿着物质世界本有的某个斜坡运动。"想象力受到的限制远远超出了人们的想象，就连最具人工特征的形象也具备一种定律。"③ 由此，诗歌形象之中自然地嵌有了物的恒定形象，诗歌形象间自然地就拥有了物的显现，仿佛是对它们的忠实记录。

其实，对于物之显现，西方现代美学家也颇有关注，法兰克福学派阿多诺认为自然物的显现形态最终应归于沉默与谜质，在同巴什拉一样希图返回到苏格拉底之前的海德格尔那儿，物是在剥离了感官经验之后的意识中显现的。而巴什拉认为物质直接就在诗歌的想象物之中，在诗人的经验世界中直接就有着物的丰富、多样的深痕，物直接地言说而不沉默，物拥有自己的主体性。其实关于物的显现，中国古典诗学亦有反映但多兼顾人物之间的相互往返，如刘勰在《文心雕龙·物兴》中就有"目既往还，心亦吐纳"的说法，纵然周全，目中之物自身的深度在理论上却是悬置了起来，物的深处似乎因为人心的过于殷情的介入而封锁了。

三、人的深处："面团我思"及其他

如果说，巴什拉在《水与梦》中完成的物质想象理论侧重的是诗歌形象中物的决定性和客观性的一面，那么，在诗人这边，物质形象如何在意

---

① 《水与梦——论物质的想象》，第32页。
② 巴什拉很晚才听说荣格，彼时，他的大部分学说都已经确立。cf. C. G. Christofides, "Bachelard's Aesthetics", The Journal of Aesthetics and Art Criticism, Vol. 20, No. 3（Spring, 1962）, p. 267（http://www.jstor.org/stabel/4274）
③ 加斯东·巴什拉《意志论》，转引自金修森：《巴什拉：科学与诗》，武青艳、包国光译，河北教育出版社2000年版，第189页。

识中最终完成？诗人的意识如何向物敞开？作为意识主体的诗人如何屈从于物的影响？本文认为，巴什拉在后来的《梦想的诗学》和《空间的诗学》对诗人的特殊意识作出了相当的解释，其旨在于"在个体意识之中考察诗歌形象的发端"①，这也可以视作是对物质想象理论的拓展或补充。

在《梦想的诗学》中，巴什拉借用了笛卡儿的"我思"（cogito）建立了以遐想为基础的新的"我思"。这种新的"我思"也被巴什拉称为"面团我思"或"揉面者我思"。巴什拉明确地说出，"在光芒四射的形象中心生活的梦想者的心灵中，'可伊托'（即'我思'）得到了确定"，②而在"美好形象的随波逐流"中，新的"我思"无从安顿。深居形象中心并感觉到它四射的光芒的过程正是物质想象的过程，新的"我思"在物质想象过程中得以确立。

当诗人开始梦想，诗人的自我意识依然牢固不迁？巴什拉对梦想与夜梦的比较就触及了这一问题。巴什拉指出，夜梦是没有主体的，夜梦中的意识是"一个正在减弱的意识，入睡的意识，漫想的意识，不再是一个意识"。③ 因而，夜梦者已没有"我思"，夜里的梦是在"劫持我们的存在"④；而在诗人的梦想中，即便梦景依稀，仍然继续存有着意识的微光。诗人的"我思"在梦想的过程中从未离开。

然而，诗人的"我思"又不同于笛卡儿式的思想者的"我思"。思想者的"我思"以锋利、专注、骄傲的观照使我脱离世界，而"对世界梦想的人并不把世界视为物，咄咄逼人的锐利的目光对他毫无用处"⑤，诗人的意识与世界并无明确的界隔，因为诗人的意识本身渗透了物质，并保持着与物的亲密性。在诗人的物质想象中，世界向梦想者渗入了它们的存在，"多亏了果实，梦想者的全部存在都变圆了。多亏了花朵，梦想者的全部存在舒展了"⑥。诗人在意识中模仿着世界，与世界打成一片，"思想和他的滑行目标融合得如此彻底，以至于它有可能作为思想而消失，作为

---

① Gaston Bachelard, The Poetics of Space, trans. by Maria Jolas, Boston: Beacon Press, 1994, p. XIX.

② 《梦想的诗学》，第 192 页。

③ 同上，第 8 页。

④ 同上，第 182 页。

⑤ 同上，第 233 页。

⑥ 加斯东·巴什拉《梦想的诗学》，刘自强译，生活·读书·新知三联书店 1996 年版，第 194 页。

物质的一个组成部分而淹没于物质之中。"① 约瑟夫·祁雅理这样描述巴什拉式的意识对世界的观照："不能通过理智来了解存在，只能通过想象所培育出来的变动的感觉去了解存在，这种感觉经常在存在与非存在的边缘活动，并从下意识和非存在中产生一种对存在的了解，这种了解还没有经过理智的加工，还在后面拖着物质性的影子和深根。"② 拖着物质性深根的意识与物质世界紧紧缠绕，在存在与非存在之间变动地活动。思想者的意识以极度的光照将物质的影子驱逐得干干净净，从而只留下了纯粹的精神，物质世界的存在荡然无存，因此锐利目光的穿透无助于透入物的深处，唯有拖着物质深根的意识才是诗人抵达物质的谦逊的"我思"。这种与物质世界缠绕的"我思"中包含了物的形象，在物质与意识的相遇中，物质塑造了意识。于是，对应于物的不确定性、流动性、未定形性，与物同行的"我思"也具有了变幻、伸缩的可塑性形态，"和对物的无限深入对应的是精神的无限可塑性。"③ 或许这种泥团般的、流动的可塑的精神正是巴什拉从手工劳动的过程中获得的启示。也正是在此意义上，这种新的"我思"被唤作了"面团我思"或"揉面者我思"。

"面团我思"重在描述诗人意识中物向人的流动，但这种"我思"实则也构成了人朝向物的精神进展，对象在精神进展中亦向自身无限透入。诚如乔治·布莱所解释，"自我在物或物的形象中流动，其结果是，如果说从物的方面对由思想开始的这种深入运动没有任何阻力的话，那么，思想对于这种流动、它自身在对象中的流动也没有任何阻力"，④ 物质的显现离不开意识自身的形态，唯有无限的精神才能发现无限的存在，换言之，物的深度唯有在人的深处中才有彰显的可能。梦想者的"我思"是这样的"我思"：我梦想，故世界像我梦想那样存在。⑤ 诗的心理行为在某种程度上也就是灵魂深度的心理学。如此，物的深处被暗转为人的深处，巴什拉的寻求物质元素客观性的立场也暗转为对人的趋向无限及人心中特殊的普遍性的肯定。巴什拉晚年现象学转向的意义或许正在于此。他以现象学的方式察看形象的起源，注意到形象的主观性的一面，即形象的产生

---

① 乔治·布莱《批评意识》，郭宏安译，百花文艺出版社 1997 年版，第 175 页。
② 约瑟夫·祁雅理《二十世纪法国思潮》，吴永泉、陈京璇、尹大贻译，商务印书馆 1987 年版，第 163 页。
③ 乔治·布莱《批评意识》，郭宏安译，百花文艺出版社 1997 年版，第 175 页。
④ 同上，第 175 页。
⑤ 《梦想的诗学》，第 199 页。

无法脱离诗人朝向物的意向。朝向物的深处的形象唯有在富有深度的心灵中得以诞生。正是心灵深处对存在之回响（repercussions）将存在的深度赋予了我们①。在《空间的诗学》中，巴什拉说，"我们永无可能抵达箱之底部"，原因恰恰在于我们内心空间维度的无限性。② 在物质与人的精神（毋宁说是灵魂③）的同构之中，人和物的相互流动无阻碍，且使得彼此向各自的深处透入。

"我们是一些深刻的存在。我们隐蔽在表层下，在表象下，在面具下，但我们不仅是向别人隐藏，我们向我们自己隐藏……我们深感，下降到我们自己身心中决定着另一种考核，另一种沉思……我们下降到我们自己奥秘中。"④ 巴什拉这样说道。而按照巴什拉在《梦想的诗学》中的观点，我们的深处其实蛰居着安尼玛，也就是无意识，即心灵中阴性、深沉的部分。我们的深处蕴藏了秘密而永恒的幸福。⑤ 如此，巴什拉式的栖居不在"林中地"，恰在于以鸟巢、贝壳为原型的可以安放人深沉内心的空间之中。

巴什拉信任土地，但是他的土与水相合而成泥团，唯有借着双手的触摸而得以领悟，因而不是超越和沉思的对象。这样，巴什拉不是形而上学家。在他这里，物质不是精神欲去超越的对象，其邀请精神同行并汲取其中能量，而精神亦因此开阔并丰富了自身。巴什拉对物质力量的信任对今日已然置身"非物质社会"⑥ 的我们带来了的近乎救赎：通过物质或大自然，现时代的人兴许可以获得精神的疗救。当物质的力量向我们涌动而来，我们原本是可以获得简单而厚实的在世之幸福。亲近巴什拉，我们猛然感觉到树木沉静的目光、河流默默承载自身的厚度、石头尚未从自己的梦中醒来，而无法不对存在发出大的赞美了。诚如巴什拉道出，对存在的最后我思实乃是"赞美"我思。

---

① 在巴什拉这里，共鸣（resonance）散布在生活的不同层面中，而回响（repercussions）邀请人进入存在的更深处。通过回响，人的新的存在产生了。cf. Gaston Bachelard, The Poetics of Space, trans. by Maria Jolas, Boston: Beacon Press, 1994, p. xxii.

② Gaston Bachelard, The Poetics of Space, trans. by Maria Jolas, Boston: Beacon Press, 1994, p. 85.

③ 巴什拉特别指出灵魂与精神含有不同的意义，灵魂是表示不朽的词，它开创了整首诗歌。

④ 转引自《巴什拉传》，第 351 页。

⑤ 现代心理学将基督教的上帝解释为无意识。这样，人与上帝合一的幸福其实也就是人沉入自身无意识的幸福。在此，巴什拉与其相遇了。

⑥ 即所谓数字化社会、信息社会或服务型社会。参看［法］马克·第亚尼编著《非物质社会》，滕守尧译，四川人民出版社 1998 年版，"译者前言"。

"同物品在一起不会有深梦。要深深地做梦就必须同物质在一起。"[1]物品充斥着我们的后工业时代，在技术、媒介、远程通信和其他消费形式的裹挟之下，经过复制、加工、再现，物质蜷缩于人为的功能和非己的形式之中，在媒介之间似现实隐，原初的物质离我们远去。本雅明的技术的兰花之乡中并不见真实的花朵，倒是"经验的贫乏"成为现代人生存的实相，因为：没有物质，我们就不会有梦想；没有梦想，我们的体验缺失深度；缺失深度的体验无以增加生存的光泽。或许正缘乎此，在当今的艺术和设计领域，才会有如此突显的对物质的怀念。人类早期的艺术家研究材料而从不热衷于显示材料，原因或许是人们与物质世界的原初联系从未割断，而梦想跟世界本体保持连接的如今的艺术家们对画布上材料的显现则近乎执著。当今的设计界也试图通过表征或暗示原初的物质景象，将物质的香甜气息重新归还给现代人。诚然，现代人需要回到物质本原那里去，去它的深处梦想。

国内当代艺术的一部分亦通过种种手法极力揭显物质，其或是将物质直接搬移进艺术画面之中而自我宣告，或是通过不同物的不和谐的共存而令观众在惊讶中知觉到物本身，或是以此物为材料而塑造彼物从而在物质的冲突中突显物的存在。遗憾的是，艺术家尚未向我们揭显物的奥秘，原因似乎在于他们尚未对物进行适当的想象：物在艺术中的精神显现是片段化的，物向深处延续的声音也总是戛然而止。如此，物止于物自身，物的诗学付诸阙如。故而，巴什拉对当代艺术的启发兴许在于，艺术家在成为艺术家之前应该成为诗人，对存在作出自我的回响，从而谦逊从事物质想象的劳作。

自然，巴什拉在法国智识阶层的影响从未消散。譬如，萨特在论及诗人弗朗西斯·蓬热（Francis Ponge）时曾说，"在物的中心，我们远离了理论"，这句话曾被西方学者认为是巴什拉教导的回声[2]。而我们也可以说，在巴什拉理论的中心，我们发觉自己是在接近原初之物。

---

① 《水与梦——论物质的想象》，第15页。

② cf. C. G. Christofides, "Bachelard's Aesthetics", The Journal of Aesthetics and Art Criticism, Vol. 20, No. 3 (Spring, 1962), p. 263 – 271（http://www.jstor.org/stabel/4274）